普通高等教育"十一五"国家级规划教材
农业农村部"十三五"规划教材
中国轻工业"十三五"规划教材
高等学校食品质量与安全专业适用教材

食品安全保藏学

（第三版）

罗安伟　刘兴华　主编

U0219643

中国轻工业出版社

图书在版编目（CIP）数据

食品安全保藏学 / 罗安伟，刘兴华主编. —3 版 .—北京：中国轻工业出版社，2023.1

普通高等教育"十一五"国家级规划教材　农业农村部"十三五"规划教材

ISBN 978-7-5184-2625-6

Ⅰ. ①食…　Ⅱ. ①罗…②刘…　Ⅲ. ①食品保鲜-高等学校-教材 ②食品贮藏-高等学校-教材　Ⅳ. ①TS205

中国版本图书馆 CIP 数据核字（2019）第 177618 号

责任编辑：马　妍　责任终审：劳国强　整体设计：锋尚设计
策划编辑：马　妍　责任校对：晋　洁　责任监印：张　可

出版发行：中国轻工业出版社（北京东长安街 6 号，邮编：100740）

印　　刷：三河市国英印务有限公司

经　　销：各地新华书店

版　　次：2023 年 1 月第 3 版第 4 次印刷

开　　本：787×1092　1/16　印张：21.75

字　　数：480 千字

书　　号：ISBN 978-7-5184-2625-6　定价：54.00 元

邮购电话：010-65241695

发行电话：010-85119835　传真：85113293

网　　址：http://www.chlip.com.cn

Email：club@ chlip.com.cn

如发现图书残缺请与我社邮购联系调换

230074J1C304ZBW

高等学校食品质量与安全专业教材
编审委员会

本书编委会

主　　编　罗安伟（西北农林科技大学）

　　　　　刘兴华（西北农林科技大学）

副 主 编　曾名湧（中国海洋大学）

　　　　　任亚梅（西北农林科技大学）

　　　　　韩育梅（内蒙古农业大学）

参编人员　（以姓氏笔画为序）

　　　　　关文强（天津商业大学）

　　　　　闫师杰（天津农学院）

　　　　　张丽华（郑州轻工业大学）

　　　　　李桂峰（山西师范大学）

　　　　　徐　超（河南农业大学）

第三版前言 | Preface

　　《食品安全保藏学》是国内首部系统阐述食品特性、保藏原理、保藏技术、物流中的质量变化理论及质量安全控制技术的教科书，其内容体系新，学科适用性强，因而出版上市后即受到国内同行及广大读者的关注。该教材第三版是在第二版的基础上进一步吸收、借鉴国内外的最新研究成果，吸纳同行及广大学生的合理意见和建议，根据近十年来本学科的发展和编者的教学实践进行的再次修订。本教材被列为普通高等教育"十一五"国家级规划教材、中国轻工业"十三五"规划教材和农业部"十三五"规划教材。

　　教材修订的指导思想是修正错误，弥补不足；理论联系实际，应用与学术并重；去陈纳新，紧跟科技和学科发展前沿。修订的要求是基本坚持第二版的体例，对内容进行适当增减；增补的内容要求新颖、真实、适用，具有较高的科学与学术价值。

　　根据教材修订的指导思想和要求，对第二版教材进行了以下修订：①在第一章第一节"二、食品中的天然物质"部分"1. 碳水化合物的分类和存在"中，在多糖中增加纤维素和半纤维素、果胶质的内容。②第二章第三节中增加栅栏技术。③第三章第一节中增加粮食的定义和分类；明确界定禾谷类、豆类、薯类等粮食，增加主要粮种（如小麦、稻谷、玉米、大豆等）储藏的特性与技术；第二节增加鲜食枣、核果（桃/油桃、李、樱桃）、坚果（干/鲜核桃、板栗）、热带亚热带水果（菠萝、芒果、荔枝、龙眼）、其他浆果（柿、石榴、草莓）的贮藏，且生物特性相近的放到一起；花菜类的贮藏中增加西蓝花的贮藏；叶菜类的贮藏中增加甘蓝的贮藏，甘蓝内容适当增加；第三节增加肉的辐照腌制、保鲜剂处理及烟熏保藏技术；增加冷鲜肉的保鲜技术；第四节丰富水产品的冰温微冻保藏内容；增加第五节薯芋类的贮藏，包括马铃薯、红薯、山药、木薯、芋头。④第四章第六节中增加速冻米面制品（饺子、包子、汤圆）的保藏和速冻饮品（冰淇淋、雪糕）的保藏。⑤第五章成品食品保藏中，增加超高压、辐照等处理保藏技术，增加乳粉和咖啡的保藏。⑥第六章题目改为"食品物流中的质量安全控制"；本章内容中的"流通"均改为"物流"；第一节分三部分：一、食品物流的概念，二、食品物流的形式，三、食品物流的技术规程；原来第二节中，"一、食品的包装"只需简要说明包装在食品物流中极为重要，其具体内容在第七章进行详细介绍。⑦增加第七章"食品物流中的包装"，分为三节：第一节食品包装的定义和功能，包括食品包装的定义、食品包装的功能；第二节食品包装的材料和类型，包括食品包装的要求、食品包装材料、食品包装类型和食品包装技术；第三节各类食品的包装，包括果蔬类食品的包装（包括鲜销、贮藏、加工、鲜切、速冻品的包装）、粮油类食品的包装（包括小麦、稻谷、玉米、大米、面粉等主要粮食及食用油的包装）、畜禽类食品的包装（包括冷鲜肉、熟食肉制品、冷冻禽肉、鲜蛋等的包装）、水产类食品的包装（包括冰鲜、冷冻及活体物流的包装）、调理类食品的包装（主要是各类速冻调理产品的包装）、饮料与酒类的包装（包括各类饮料、白酒、啤酒、果酒的包装）。
⑧第八章第一节粮食仓库中，增加现代化的粮库粮仓、油脂罐的内容及图片；机械冷藏库和气调库也增加相关图片；第二节第二条之后，增加"三、控制食品的贮藏期限"：贮藏期限的概念；各类食品的贮藏期限；过期食品的处理；原来的三、四条改为四、五。

本次教材修订，编者变动较大，参与本教材编写的人员均是各高校从事果蔬贮藏运销、水产品加工与保藏、粮食油脂加工与储藏、畜禽产品保藏等教学和科研的高校教师，具有一线教学和科研经验，他们熟悉教材内容，了解存在的问题和不足，掌握修订的切入点，可使教材修订后更臻完善。本次教材由罗安伟、刘兴华主编，并负责制定修订方案和统稿。刘兴华修订绪论、第二章第一节；曾名湧修订第一章、第三章第四节；李桂峰修订第二章第二节、第四章第四节；罗安伟编写第三版前言，修订第二章第三节、第三章第二节一至七部分的内容；张丽华修订第三章第二节八至十一部分内容、第三章第五节、第四章第五、六、七节；任亚梅修订第三章第三节、第五章；徐超修订第三章第一节、第四章第一、二、三节；闫师杰修订第六章；关文强编写新增的第七章；韩育梅修订第八章。

在教材修订过程中，再次承蒙中国轻工业出版社和西北农林科技大学教务处的大力支持，在此表示衷心感谢！

本教材在查阅大量文献资料的基础上，结合生产实践系统地阐述了各类食品的特性、保藏原理、保藏技术及在物流中的质量安全控制措施。教材内容丰富并有新意，理论联系实际且实用性强，既可作为高等院校食品质量与安全、食品科学与工程、农产品贮藏与加工等专业的教材，也可作为食品科学相关专业研究生的教材或教学参考书。同时，对在食品贮藏保鲜及食品物流领域从事科研、管理、营销、配送的人员有一定的应用和参考价值。

本教材在修订过程中参阅了大量同行专家新的科研成果和资料，并给予标注，每章后附录了参考文献。但疏漏或不妥之处仍恐难免，在此除表示衷心感谢，还敬请批评指正。本教材编写的结构体系和案例选用仍有不当之处，诚望广大读者和同行专家提出宝贵意见，力求使本教材日臻完善。

罗安伟　刘兴华

于陕西　杨凌

2019 年 8 月

第二版前言 | Preface

　　《食品安全保藏学》是国内首部对食品贮藏、流通中的质量变化理论及质量安全控制技术进行较系统阐述的教科书，其内容体系的创新性和学科的适用性均比较强，因而出版上市后即受到国内同行及广大读者的关注。该教材第二版是在第一版的基础上进一步吸收、借鉴国内外的最新成果，吸纳同行及广大学生的合理意见和建议进行了认真修订，被列为"普通高等教育'十一五'国家级规划教材"。

　　本教材修订的指导思想是修正错误，弥补不足；理论联系实际，应用与学术并重；去旧纳新，紧跟科技和学科发展前沿。修订的要求是基本坚持第一版的版式和内容体系；文字篇幅在第一版的基础上可适当增减；增补的内容要求新颖、真实、有用，具有较高的学术价值和应用价值。

　　根据教材修订的指导思想和要求，对第一版教材着重进行了以下修订：①在第二章的第二节中，增加了"病毒性食物中毒"的内容，并充实了本节中有关微生物的具体内容；②第三章的第一节中，去掉了"七、粮仓"部分，将这部分内容编入第七章，叙述得更加翔实；③在第四章的第四节中，增加了"干果的保藏"内容，对红枣、核桃、葡萄干、桂圆等常见干果的商品特性及保藏技术进行了简要介绍；④将第六章的原标题"食品流通中的保护"改为"食品流通中的质量安全控制"，并在相关内容上进行了适当修改；⑤去掉了第七章"食品保藏中的质量安全控制"的全部内容，这是本次修订变动最大之处，是因为本章涉及的大部分内容属于环保的知识范畴，与本教材的知识关联度不大；⑥将第一版的第八章改为第七章，本章第一节中更新、充实了粮食储藏库的内容，第二节中增加了食品出库的内容。

　　由于教材修订的时间紧迫，个别编者因出国学习而不能承担修订任务，故而根据工作需要，对第一版的个别编者进行了调整。本次教材由刘兴华主编，并负责统稿。刘兴华编写第二版前言，修订绪论、第二章、第三章的第二节；曾名湧修订第一章、第三章的第四节；蒋予箭修订第四章、第三章的第三节；任亚梅修订第五章；闫师杰修订第六章；赵丽芹修订第七章；李桂峰参与修订第二章第二节和第四章第四节的部分内容。

　　在修订过程中，承蒙中国轻工业出版社和西北农林科技大学教务处一如既往地大力支持，中国农业大学罗云波教授和浙江大学叶兴乾教授百忙中拨冗审稿。对他们的支持、关心及辛勤工作表示深切地谢意！

　　本教材内容翔实，理论联系实际，技术先进实用，既可作为高等院校食品质量与安全、食品科学与工程、农产品贮藏与加工等专业的教材，也可作为食品科学学科有关方向研究生的教材或者教学参考书，同时对在食品贮藏保鲜及食品物流领域从事科研、管理、营销的人员有一定的应用和参考价值。

由于编者的水平有限，书中的错误和不足之处在所难免，恳请广大读者将意见和建议反馈给我们，以便今后修改完善。

刘兴华

2007 年 5 月

第一版前言 | Preface

　　食品保藏学是阐述食品在贮藏、流通及消费过程中的化学特性、物理特性、生物特性的变化规律或变化趋势，介绍这些变化对食品质量及其保藏性的影响，以及控制食品质量变化应采取的技术措施的一门科学。在"食品保藏学"中贯以"安全"一词，即为"食品安全保藏学"，意在突出食品保藏中安全问题的重要性，强调食品保藏中所采取的技术措施应符合食品的卫生、安全要求，减少以至杜绝不安全因素对食品质量的影响。

　　本教材编写中贯彻"厚基础、强能力、高素质、广适应"的指导思想，坚持"起点要高、目标要清、内容要新、形式要活"的基本要求。编写中借鉴了国内外同类教材之长，吸收了众多的最新科研成果，总结了我国食品传统的保藏技术，并融入编者多年来的研究成果和专业工作经验。

　　本教材按照现代物流理念，融入先进的食品物流技术，并根据我国的经济水平和食品市场的实际状况，对原料类食品、半成品食品和工业制成品食品安全保藏的基本理论、主要方式及基本技术进行了比较全面、系统的阐述。全书分为八章，依次介绍了食品的特性、食品保藏的原理、原料类食品的保藏、半成品食品的保藏、成品食品的保藏、食品流通中的保护、食品保藏中的质量安全控制和食品仓库的管理与卫生。本教材在内容体系上独具特色，在国内外同类教材中尚不多见。

　　本教材由刘兴华主编，并负责统稿工作。刘兴华编写绪论、第二章、第三章的第二节；曾名湧编写第一章、第三章的第四节；蒋予箭编写第四章、第三章的第三节、第五章第一节的部分内容；寇莉萍编写第五章；闫师杰编写第六章；程建军编写第七章；赵丽芹编写第八章；宋伟编写第三章的第一节。

　　在编写过程中，承蒙中国轻工业出版社和西北农林科技大学教务处的大力支持，中国农业大学罗云波教授百忙中拨冗审稿，西北农林科技大学博士生徐金瑞参加校稿，对他们的辛勤工作及大力支持谨表谢意！

　　本教材内容翔实，注重理论联系实际，技术先进实用。既可作为高等学校食品质量与安全、食品科学与工程、农产品贮藏与加工等专业的教材，也可作为食品学科有关方向研究生的教材或者教学参考书，同时也对在食品贮藏保鲜和食品物流领域从事科研、管理、营销的工作者有一定的应用和参考价值。

　　本教材是由全国多所院校的作者共同编写完成，是集体智慧的结晶。但是，由于编者水平所限，加之本教材内容体系较新，可供参考的文献很少，故书中错误、疏漏、不妥之处在所难免，欢迎诸位同仁和广大读者斧正。

编者

2004 年 5 月

目录 | Contents

第一章

CHAPTER

1

绪论

在对"食品安全保藏学"展开阐述之前，有必要先对"食品保藏"的概念加以界定。有关食品保藏的提法很多，诸如食品贮藏、食品保鲜、食品储藏、食品贮存、食品保存等，至今未见有统一的概念或者提法。但就各种提法的内涵而言，基本上应该是一致的，即农产品收获后或食品加工后，保持各种产品固有质量的技术手段。通常将贮藏期较短食品的保藏称为保鲜，贮藏期较长食品的保藏称为贮藏，粮食油料的保藏习惯上称为储藏或储存，普通食品的保藏习惯上称为贮存或保存。

本书中所言"食品保藏"是指可食性农产品、食品半成品、工业制成品等在贮藏、运输、销售及消费中保鲜保质的理论与实践，既包括鲜活和生鲜食品的贮藏保鲜，也包括食品原辅料、半成品和工业制成品的贮藏保质，而不是一些著作中长期固有的"食品保藏"即食品加工制造意义上的保藏，例如，食品脱水干制保藏、食品浓缩保藏、食品发酵保藏、食品罐藏、食品腌制保藏等。

一、 食品安全保藏学概述

食品是人类赖以生存繁衍和社会发展的物质基础，与人类活动和社会发展息息相关。食品生产是人类社会活动中最基本、最重要的活动，"民以食为天"便是食品生产重要性的生动写照。食品生产除了农业生产中的种植、养殖、海洋捕捞等产前作业外，还包括农业产后领域农副产品的贮藏保鲜、加工制造、运输销售等后续关联产业，它们是农业产业化的重要组成部分，也是农民增收、农业发展、市场繁荣的重要途径。

食品保藏就是根据各种食品的特性，通过物理的、化学的、生物的或兼而有之的综合措施来控制食品的质量变化，减少食品的数量损失，最大限度地保持食品固有质量的一门科学技术。食品的种类繁多，特性各异，保藏措施及方法也不完全相同。例如，新鲜的果蔬、禽蛋属于有生命的鲜活食品，而且它们的含水量很高（果品80%左右，蔬菜90%左右，禽蛋70%左右），在贮藏中由于呼吸、蒸腾、成熟衰老（禽蛋为陈化）等生理作用而对其质量产生不良影响，控制这类食品质量的主要措施是降温、控制高湿度及调节气体成分，有的果蔬还需要结合防腐保鲜剂处理；对于同样具有呼吸作用的小麦、玉米、稻谷、豆类、油菜籽等粮食油料，由于它们属于低含水量的食品，生活力很弱，温度对其质量变化的影响不像果蔬那样显著，但它们容易吸潮、生霉、生虫，所以保持此类食品质量的主要措施是控制入贮时的安全含水量、保持空气干燥（低湿度）及进行必要的通风降温；对于宰杀后的畜肉、禽肉、鱼虾等生鲜肉类食品，宰后会发生一系列活跃的生理生化变化而对其品质产生不利影响，加之鲜肉含水量高而易被微生物感染，因此，为了抑制鲜肉的酶促变化和微生物活动，长期贮藏时必须采取-18℃的商业冻藏温度，有时还需要控制更低的温度；对于罐装食品、饮料类食品、无菌袋装食品等工业制成食品，由于它们严密的包装隔绝了食品与环境中 O_2 的接触及微生物的侵染，同时加工中使食品原料中的酶钝化失活，残存的有害微生物被杀灭，O_2 大部分被脱除，因而此类食品的稳定性很高，更易于保藏，在常温下即能安全地贮藏、运输和销售，在低温下的质量能保持得更好。

"食品保藏学"则是研究食品在保藏过程中的化学特性、物理特性、生物特性的变化规律或趋势，这些变化对食品质量及其保藏性产生何种影响，以及控制食品质量变化应采取的技术措施的一门科学。食品的化学特性是指食品中的水分及水分活度（A_w）、各种天然（碳水化合物、脂类、蛋白质、矿物质、维生素、色素、风味物质、气味物质等）以及食品添加剂在食品中所具有的性质；食品的物理特性主要是指食品的形态、质地、色泽、密度等物理性质；食品的生物特性主要是指食品中的微生物和酶的特性，其次包括食品的生理作用、生化变化以及食品害虫等生物特性。各种食品在保藏过程中，受其内因和外因的共同影响，其质量会发生有规律的或者趋势性的变化。例如，果蔬贮藏中水分含量减少、糖和酸含量降低、果胶质降解等均呈现规律性变化；而食品贮藏中发生的霉变、变色、变性等则有趋势性和环境依附性，即在贮藏条件不良、或者贮藏期过长、或者加工处理不当等因素影响下，食品质量就有发生不良变化的可能。为了保证食品固有的质量，控制不良变化的发生，贮藏中可采用物理的、化学的或生物的技术措施来达到保鲜保质的目的。在食品保藏的各种技术措施中，降温是最重要、最有效、最安全、最普遍的一种技术措施，此外还有调节湿度、控制气体成分、化学药剂处理、合理包装、辐照处理等技术措施。

在"食品保藏学"中冠以"安全"一词，即"食品安全保藏学"。其意义在于突出食品保藏中安全问题的重要性，强调食品保藏所采取的一切技术措施应符合食品卫生、安全的要求，减少以至避免不安全因素对食品质量的影响。食品保藏中最突出的安全问题是乱用或滥用食品防腐保鲜剂，由此而影响食品的质量安全，这一点在鲜活和生鲜食品的保藏中显得尤为突出。21世纪是知识经济的时代，也是全球经济一体化的时代。我国已经加入WTO，食品生产在面临众多机遇的同时，也面临着许多严峻的挑战，其中食品的质量与安全问题首当其冲，成为我国许多农产品及食品进入国际市场的主要障碍，这种障碍也引起了国内市场的强烈共鸣。由此可见，食品保藏中的安全问题是一个不容轻视、值得高度关注、需要积极推进并着力解决的现实问题。目前关于食品保藏中的安全问题国内外可资借鉴的资料很少，内容还有待今后进一步充实、完善。

二、　食品安全保藏学发展简况

《诗经》中早有"凿冰冲冲，纳于凌阴"的诗句，反映当时人们用天然冰保藏食品的情景。我国劳动人民利用缸瓮、井窖、地沟、土窑洞等简易设施保藏食品的历史悠久，至今有些保藏方式在生产和生活中仍有应用。19世纪上半叶由于制冷剂的出现使食品保藏技术取得了划时代的发展。1834年英国人 Jocob Ferkjng 发明了以乙醚为制冷剂的压缩式冷冻机；1860年法国人 Carre 发明了以氨为制冷剂、以水为吸热剂的吸收式冷冻机；1872年美国人 David 和 Boyle 发明了以氨为制冷剂的压缩式冷冻机。从此，人工冷源逐渐取代了天然冷源，使食品保藏的技术手段发生了根本性的变革。近100多年来，食品冷藏技术在世界范围内得到了快速发展，在经济发达国家已经普及。目前冷藏技术不仅用于陆地贮藏食品，而且用于陆地、海上、空中运输食品，以及宾馆、饭店、超市、家庭保藏食品，已成为与人们生活息息相关的一门科学技术。进入 20 世纪 50 年代，气调贮藏技术开始应用于苹果的保鲜，随后扩大到多种水果蔬菜的贮藏中，目前已推广应用到粮食、鲜肉、禽蛋及许多工业制成品食品贮藏或流通中的保鲜保质。

新中国建立以来，随着食品保藏科学技术的发展，食品保藏学也应运而生，并且不断地发展、完善和提高，目前已经发展成为一个比较完整的学科体系。食品保藏学包括粮食油料、果蔬、畜禽肉蛋、水产鱼虾等类食品保藏的分支学科，其中以果蔬保藏分支的发展起步最早，发展最快，学科体系现在也较完善。根据作者收集的资料及记忆，对果蔬贮藏学近 60 年的出版发行情况按时间顺序记叙如下，从中可大概领略出该学科的发展历程。

章文才著的《新鲜果实包装贮藏运销学》（中华书局，1953）；В. Н. 鲁契金，韩景慈等译的《农产品贮藏加工原理》（高等教育出版社，1954）；Н. В. Сабуров 等著，龚立三等译的《果实蔬菜贮藏加工学》（财政经济出版社，1955）；浙江农业大学主编的《果蔬贮藏加工学》（人民教育出版社，1960）；山东农学院主编的《果实蔬菜贮藏加工学》（农业出版社，1961）；李沛文主编的《果品贮藏加工学》（农业出版社，1981）；邓桂森主编的《蔬菜贮藏加工学》（农业出版社，1981）；张维一主编的《果蔬采后生理学》（农业出版社，1993）；罗云波等主编的《园艺产品贮藏加工学》（中国农业大学出版社，2001）；刘兴华等主编的《果蔬贮藏运销学》（中国农业出版社，2002）。

围绕果蔬类食品的贮藏保鲜，除以上全国性教材外，国内还出版了数本同类教材或著作。例如，张子德等编著的《果品蔬菜贮藏运输学》（中国农业科学技术出版社，2006）；冯双庆主编的《果蔬贮运学》（化学工业出版社，2008）；赵丽芹等编著的《园艺产品贮藏加工学》（第二版）（中国轻工业出版社，2009）；饶景萍主编的《园艺产品贮运学》（科学出版社，2009）；罗云波等编著的《园艺产品贮藏加工学（贮藏篇）》（第 2 版）（中国农业大学出版社，2010）；张秀玲编著的《果蔬采后生理与贮运学》（化学工业出版社，2011）；秦文主编的《园艺产品贮藏加工学》（科学出版社，2012）等。这些作品都为丰富果蔬类食品贮藏学的内容做出了贡献。

20 世纪 80 年代以来，为了适应我国农业生产发展及社会对人才的需要，我国农林院校陆续开办了"农产品贮藏与加工""食品科学与工程""食品质量与安全"等食品类专业。对这类专业人才的培养，专业课除食品加工类等课程外，食品保藏学也应是不可缺少的，因为这是完善学生知识结构很重要的一个方面，也是食品专业人才应具备的知识。很显然，要对食品专业的学生进行有关食品保藏知识的培养，如果只局限于果蔬、粮食油料、畜禽水产等某一类食品的保藏，从知识结构上都是不完整的。为了适应我国食品专业有关食品保藏知识的需要，国内近年已经出版了数本相关的教材和著作。例如，袁惠新等编著的《食品加工与保藏技术》（化学工业出版社，2000）；林洪等编著的《水产品保鲜技术》（中国轻工业出版社，2001）；冯志哲主编的《食品冷藏学》（中国轻工业出版社，2001）；王向阳主编的《食品贮藏与保鲜》（浙江科学技术出版社，2002）；刘北林主编的《食品保鲜技术》（中国物资出版社，2003）；刘建学主编的《食品保藏学》（中国轻工业出版社，2006）；章建浩主编的《生鲜食品贮藏保鲜包装技术》（化学工业出版社，2009）；初峰主编的《食品保藏技术》（化学工业出版社，2010）；包建强主编的《食品低温保藏学》（第二版）（中国轻工业出版社，2011）等。这些著作从不同程度、不同侧面都涉及食品或农产品贮藏、保鲜、保质方面的内容，为本教材的编写提供了可资借鉴的宝贵资料。

迄今为止，国内外尚未见有比较全面、系统的介绍农产品、半成品食品、工业制成品食品等各类食品保藏理论与实践方面的教材或著作。关于食品保藏方面的著作较早的有两本，一本是非正式出版的 Norman W. Desroier 等著，黄琼华等译的《食品加工保藏工艺学》（北京轻工业学院化学系食品研究室出版，1986）；另一本就是曾庆孝主编的《食品加工与保藏原理》（化学工业出版社，2002）。近年还出版有曾名湧主编的《食品保藏原理与技术》（化学工业出版社，2007）等同类教材。这些书的内容主要涉及食品加工概念上的保藏，而对于真正保藏意义上食品保藏的内容涉及得很少。本教材在融合现有著作及科技成果的基础上，试图从教材内容及其体系上能够有所突破，编著出一本内容比较全面完整、体系比较系统合理、对教学适应性比较强的食品安全保藏学教科书，以便高等院校食品专业教学之用，这便是作者的初衷。

三、 国内外食品物流简述

近二三十年来，"物流"一词在商界和流通领域被广泛应用，而且已付之于现实生产和生活之中。在食品生产和流通领域，食品物流较之食品保藏的内涵更丰富、更全面、更切合实际，因为前者包括各种食品及食品原料的采购、汇集、包装、入库保管、批发上市、运输、销售直至消费等各环节的操作要求；而后者主要涉及食品及食品原料在仓库及运输车船上保管的技术要求，如此很难保证产品进入销售及消费环节的质量安全要求。鉴于此，有必要在绪论中引入物流的概念，对食品物流的国内外现状、我国食品物流存在的主要问题等做一些简要叙述，以拓展读者对食品安全保藏的理解思路和应对策略。

（一）食品物流的概念

"物流"是经济学中的一个词汇，泛指物体在空间和时间上的流动。将这一概念用于食品领域即为食品物流，是指食品从供应地向接收地的实体流动过程，就是将食品收购、运输、装卸、包装、流通加工、配送、销售、信息处理等基本功能实现有机结合的过程。食品物流与其他行业物流相比，具有高度的专业性和特殊性。例如，许多不同种类的果蔬贮藏或运输时不能混装，水产品鲜货与冻货不能混装，禽蛋包装容器的装量（层数和个数）有严格的限量，粮食入仓时有严格的含水量要求（安全含水量 12%～14%）。

随着社会经济的持续发展和信息化步伐加快，消费者结构也呈现多元化方向发展，由此带动了食品物流向食品电子商务的蓬勃发展。建立现代食品物流，构建食品供应链，将传统的物流形式转变为整合物流模式——供应链物流管理模式，可以充分发挥物流环节的桥梁作用。采用先进的食品物流硬件设施，用现代物流技术推进食品物流科学化、合理化，可以很大程度地提高食品物流的管理水平。推进集约化共同配送，实施加工-配送-流通一体化，可以加快食品物流标准化体系的构建，建立食品物流质量安全保障体系。

（二）发达国家食品物流现状

发达国家的指向通常为美、欧、日等国家和国际区域。食品物流也不例外，在此仅以美国、日本、荷兰的具体事例介绍，对发达国家的食品物流现状加以了解。

1. 美国的新鲜蔬菜流通

美国在发达国家中率先实现了蔬菜产业现代化，较好地解决了蔬菜均衡供应的问题。他们的蔬菜生产从整地、播种、田间管理到收获、采后处理等，都实现了机械化，有的作业还实现了自动化。为了保障产品质量和低损耗，美国非常重视蔬菜产后处理的各个环节。一般程序为：收获、除杂和田间包装→预冷→清选与杀菌→打蜡或塑料薄膜包装（果菜类）→装箱→上市。包装箱上均印有蔬菜名称、等级、净重、包装日期及农场主的姓名、地址、电话等信息，以保证产品的信誉。蔬菜产后始终处于抑制生理活性需求的低温条件，形成物流冷链，即采后预冷→冷库贮藏→冷藏车运输→批发站冷库存放→自选商店冷柜存放→消费者冰箱存放。由于处理及时得当，蔬菜在这一冷链中，总损耗率一般不超过 2%，而且蔬菜的新鲜度和品质都非常好。

2. 荷兰的餐饮食品流通

荷兰餐饮供应链体系由供应商、批发商和服务商等相关企业组成。餐饮服务商生成一份订单发送给批发商，批发商确认接受这份订单后，再向供应商提出供货请求，到货后对货物进行包装、冷藏等作业，再配送给餐饮服务商。不难看出，批发商在餐饮供应链中起到了桥梁或者纽带作用，也是以销定产的具体体现，如此可最大限度地减少餐饮食品在流通中的损失和浪费。

值得一提的是，荷兰餐饮食品在流通中普遍采用的多级车厢配送模式。这种模式在国内一些物流公司已经实行，但还非常有限。荷兰的多级车厢配送模式，即所有种类的餐饮食品都由批发商的配送中心发送到各个餐饮服务商，配送频率随食品种类而不同。送货车有三个不同的温度区，（2±4）℃用于新鲜产品和水产类产品，−18℃用于冰冻产品，常温区则用于干制产品和其他耐放的产品。

采用多级车厢配送模式，对餐饮供应链上的所有成员都是有利的。食品的运输成本能够尽可能地降低，各种类食品的质量能有足够地保障，并且运输车箱空间得到充分的利用。多级车厢配送模式给荷兰餐饮供应链带来了明显的改善。

3. 日本鲜活农产品的流通

鲜活农产品是指水分含量高、具有生命活性、尚未进行深加工的一类农产品，水果蔬菜、鲜切果蔬、禽蛋、新鲜的畜乳、生肉和冷鲜肉等都属于鲜活农产品。

为了提高鲜活农产品的附加值，实现产供销过程一体化，日本在全国范围内建立了一批加工厂、预冷库、冷藏库、配送中心、批发市场、超市和零售店等，鲜活农产品产后的商品化比率达到 100%。也就是说，鲜活农产品普遍采用整理、包装、预冷、贮藏/冻藏、运输和物流信息等规范配套的流通体系，政府通过制定法律、法规和公共服务等进行宏观调控。

日本还建立了鲜活农产品及其他食品与原辅料供应链的信息追踪系统，该系统的突出特点是建立了全国统一数据库系统，保存各种产品的相关数据，造就了一个全国共享的数据平台，为提高食品的可追溯性提供了保障。另一个特点是食品的终端用户即广大消费者能够通过互联网进入各种有关的主页访问，将食品质量的问题及时反馈给有关企业和部门，经过管理部门的追踪，找出问题的根源，再以最快的速度收回有问题食品，保证广大消费者的安全和利益。

（三）我国食品物流现状与存在问题

"物流"概念及其实业进入我国的历史都比较短，前者距今 30 ~40 年，后者距今 20 年左右。但是，物流业的发展速度却是突飞猛进，尤其是鲜活农产品和易腐食品的物流发展更是异军突起，紧随世界发展潮流。但与美国、日本等发达国家相比，我国食品物流产业链目前还处于较低发展水平，有待逐步完善。我国食品物流链的问题不仅仅存在于终端销售环节，更多的则是产生于食品的生产源头和供应链上游的诸多环节。通过比较分析国内外食品物流现状，我国食品物流链存在以下主要问题。

1. 食品原料生产环节

原料是食品加工的基础，原料的质量与食品营养安全的关系是不言而喻的。从食品原料生产来看，食品供应链存在的主要问题有：①农户作为食品原料的生产者与供应者，其数量巨大，分布广泛，增加了物流前端的管理难度。②食品原料生产过程中，由于缺乏科学、规范化管理，种植业不同程度地受到农药、化肥和工业三废的污染，养殖业滥用饲料添加剂和动物激素类药物，一旦原料在生产过程中产生了质量安全问题，结果会影响到终端消费者，这种影响在食品加工过程中也很难消减。③食品原料生产受气候和市场供求关系的影响很大，遇到天气不好的歉收年份，由于市场原料产品供不应求，采购人员往往降低收购标准，导致原料质量下降。在此环节中，由于原料生产者的缺乏诚信、采购者的缺乏责任心，也常常使食品原料的质量安全得不到保障。

2. 食品生产加工环节

食品种类繁多，各种食品的加工方式和生产工艺不尽相同。目前，我国大型食品企业在原料收购、生产加工、市场营销等环节，总体上做得比较规范，基本保证了食品的质量安全。但是，一些中小型食品企业在食品生产加工环节还存在以下主要问题：①生产环境不符合食品卫生要求，三废问题没有得到彻底解决。②对食品质量安全的意识比较薄弱，尤其是安全意识更为缺乏，生产中的质量安全隐患不能及时得到解决。③懂生产、会管理的专业技术人员缺乏，不了解各种食品的质量安全标准，往往凭借经验或者传统技术组织生产，导致产品不达标，甚至发生质量安全事故。

3. 食品流通环节

环视我国食品流通现状，问题主要表现在以下三个方面：①食品物流链不健全，损失严重。这里以水果蔬菜贮藏为例加以说明。苹果、梨、葡萄、蒜薹、洋葱、大蒜等都是跨年销售的产品，当年收获后一部分产品及时上市销售，另一部分则存入冷库，供应春节市场和春、夏淡季市场。产品在库存中严格控制了贮藏的温度和湿度条件，但出库后用普通车辆运输，批发、销售都是在常温环境下进行，尤其是在气温较高的季节和地区，产品质量迅速下降，有的腐烂变质，这种现象在超市和农贸市场随处可见。②食品物流系统整体成本高，效率低。从理论上讲，食品与食品原料系统覆盖了农村与城市、落后地区与发达地区，加之广大农村物流基础设施落后等因素，使得物流系统优化工作的难度增加。食品物流成本高、效率低、服务水平差，主要表现在订单的处理时间和货款的确认时间长、订单满足率低、交货不及时、货物损耗率高等方面。货损高在鲜活食品物流中表现相当突出。③仓贮和运输设备不足，隐患多。食品流通过程中，对仓贮和运输的条件要求很高，除了环境要清洁卫生外，许多产品对贮藏运输的温度、湿度条件也有严格要求。近十年来，我国食品专用仓库建设和运输车船增加的速度都很快，但仍然满足不了我国食品及食品原料的超大市场要求。可以预见，当前及今后相当长一段时间，许多产品仍将在简陋的常温环境下流通。以陕西省为例，说明此论。该省从 2012 年启动百库工程建设，即政府每年资助 100 个左右的农业合作社修建果蔬贮藏冷库，要求每座冷库的容积不少于 4000 m^3，容量不少于 1000t。建成验收合格后，每库资助 120 万元；2018 年启动第二期果蔬百库工程，每库资助 60 万元。经过多年建设，加上原有的冷冻库和冷藏库，全省的冷藏库容量尚不足 100 万 t。但是，陕西省的苹果总产量 2016 年已超过 1000 万 t，以其鲜食商品果 50% 计算，即有 500 万 t 苹果需要冷藏，冷藏库及冷藏运输车的严重不足是显而易见的，还不包括其他水果蔬菜及多种食品对冷库的需求。

4. 食品销售环节

目前，我国食品销售的渠道主要有超市、农贸市场、食品商店、前店后场（作坊）以及数量众多的街面个体商贩，其中超市和农贸市场是食品销售的主体。各个销售渠道都存在各自独有或者固有的问题，这里着重指出两种主体销售渠道中的一些问题：①农贸批发市场中的问题。农贸批发市场是食品及食品原辅材料的最大集散地，商品种类多，数量大，质量优劣不等，有的甚至掺杂使假，以假乱真。面对农贸市场的乱象，监管部门的注意力主要集中在衡器是否准确方面，而对于食品及食品材料的质量安全监督很不到位，大多数农贸市场的监管尚处于缺失状态。分析监管不到位的原因，一是产品种类多，许多产品的安全目标物尚不明确；二是检测手段要求高，检测设备投资大，检测人员的专业技能要求高，由此限制了正常监管工作的开展；三是整个社会包括行政主管部门对农贸市场食品及食品材料的质量安全意识淡薄，思想松懈。可以预见，未来随着经济发展和社会进步，这一现状会逐步得到改善。②超市是当前食品流通最安全的通道。超市对货源的审查、把关比较严格，冷冻冷藏及鲜活食品的展示销售条件比较到位，对食品的保质期管控比较严格，因而食品的质量安全性总体比较高。但是，现实中超市在食品质量安全的管理上仍然存在一些不容忽视和亟待解决的问题。例如，食品安全控制部门人员的业务素质偏低，缺少必要的理论培训；冷藏销售设施严重不足，许多冷藏果蔬进入超市后在常温下销售，产品质量下降快，腐烂损失严重；连锁超市管理体系中，只注重加盟店的收费，而忽视了加盟店食品质量安全的管理；由于市场价格竞争，超市采购人员片面压低货物进价，导致进店食品质量下降的事例时有发生。

四、 对我国食品物流业发展的思考

改革开放距今已有40年，我国食品物流业的总体水平伴随着国力的发展而有明显地提高，一个较为完整、规模庞大的食品物流链已见雏形，与世界发达国家的差距逐渐缩小。为了追赶食品物流世界先进水平，提出以下几点思考与见解。

21世纪是世界知识经济的时代，是全球经济一体化的时代。面对我国食品物流业存在的诸多问题和矛盾，必须找准解决问题的着力点，采取相应的战略与对策，使我国食品物流业的技术水平迈上一个新的台阶。

（1）依靠科技创新振兴我国的食品物流业。创新是一切事业发展的永恒动力，这其中包括重视食品物流相关学科的基础研究、加强高新技术成果在食品物流中的应用研究、强化成熟的高新技术成果在食品物流中的开发应用、加大对食品物流科技创新的支持力度等。

（2）按照农业系统工程原理和栅栏技术理念来操纵食品的物流链。因为绝大多数食品都来源于农业的种植业、养殖业以及海洋捕捞业获得的产品，产前的生态条件及品种资源状况、产中的管理技术及产后处理措施对食品的质量及保藏性有着至关重要的影响。另外，食品中微生物的稳定性和安全性是多种因素联合作用即栅栏效应的结果，稳定食品中的栅栏因子可以控制食品的微生物腐败和中毒。

（3）建立配套的市场流通体系和生产服务体系，组建地区性、或全国性、或国际性的专业合作组织或专业协会。配套的市场流通体系是以产地为基础，食品贮藏及批发市场为中枢，以集贸市场、超市、商场、配送等零售为网络的现代物流体系。配套的生产服务体系是以资产为纽带，按照利益共享、风险共担的机制，实行跨地区、跨部门、跨所有制的有效联合，实现产前、产中及产后的全程技术服务、配套生产资料的供应以及产品的市场销售服务。

（4）强化食品的商品质量意识，重视产品的质量与安全，实施绿色食品品牌战略，增强其在国内外市场上的竞争力。当前我国的许多种农产品及食品进入国际市场的主要障碍因素就是农药残留、重金属或病菌超标问题。参照国际相关标准，并结合我国的实际，制（修）订并实施主要农产品生产、加工、贮藏、流通等技术标准体系，是提高我国食品质量安全、增强市场竞争力的重要举措。

（5）重视对具有食品生产、贮藏加工、质量检测、市场营销等综合素质的专业人才的培养，并加大食品物流科技知识的推广力度。万事人为先，在食品的生产、保藏及流通等领域，有一批懂专业、爱岗敬业者来从事管理和技术控制，就能极大地增强食品生产、保藏及流通工作的科学性和有效性，成功的概率就会提高，工作的盲目性和风险损失也相应减少。

食品安全保藏学是以生物学、动植物生理生化、有机化学、食品营养与卫生学、制冷学等学科为基础的一门应用科学，涉及的知识面很广。因此，本课程不仅要求掌握食品安全保藏的基本理论、基本技术和基本实践，还要注意各学科的发展及相互渗透，做到理论联系实际，学以致用，不断创新，为实现我国食品保藏技术乃至食品物流业快速发展奠定坚实的知识基础。

食品的特性

【内容提要】本章主要对食品中的水分、天然物质及食品添加剂等食品的化学特性，形态、质地及蒸发等物理特性，微生物、酶、生理代谢及生化变化等生物特性进行了介绍。

【教学目标】了解食品的化学特性、物理特性、生物特性的内涵及其与食品品质的关系、对食品保藏性的影响，掌握食品贮藏流通中各种特性的变化规律或趋势。

【名词及概念】水分活度；食品添加剂；食品质地；干耗；呼吸强度；后熟作用；果蔬的休眠；肉的僵硬与解僵。

第一节　食品的化学特性

多数食品都有着诱人的色、香、味，这主要是与食品中含有的碳水化合物、蛋白质、维生素、有机酸、矿物质、风味物质和色素等化学物质有关。这些物质在食品保藏过程中，由于各种因素的作用而发生的变化将对食品的安全保藏和品质产生重要影响。因此，要搞好食品的流通和安全保藏，就必须了解这些化学成分的特性、变化规律及其对食品品质的影响。

一、水　　分

（一）食品中水的含量及其存在状态

水存在于所有的食品中，不同种类的食品含水量是不同的，多数食品的含水量可达70%或更高。但是，水在食品中的分布是不均匀的。对动物性食品来说，肌肉、脏器、血液中的含水量最高（70%～80%），皮肤次之（60%～70%），骨骼的含水量最低（12%～15%）；对植物性食品来说，不同品种之间、同种植物的不同组织之间、不同的成熟度之间，水分含量也不相同。一般来说，叶菜类较根茎类含水量要高得多，营养器官含水量较高（70%～90%），而繁殖器官含水量较低。主要食品及食品原料的含水量如表2-1所示。

表 2-1   主要食品及食品原料的含水量

食品	水分含量/%	食品	水分含量/%
乳制品		谷物和谷物食品	
奶油	15	早餐谷物	<4
乳酪（水分含量取决于品种）	40~75	通心粉	9
鲜奶油	60~70	面粉、粗燕麦粉、粗面粉	10~13
乳粉	4	全粒谷物	10~12
液体乳制品（全脂乳、脱脂乳、添加奶）	87~91	焙烤谷物食品	
		面包	35~45
冰淇淋和冰糕	65	饼干和椒盐卷饼	5~8
水果和蔬菜		馅饼	43~59
鳄梨	65	坚果	
豆（青刀豆、利马豆）	67	成熟生坚果	3~5
浆果	81~90	新鲜栗子	53
柑橘	86~89	肉、水产和家禽产品	50~85
黄瓜	96	动物肉和水产品（取决于脂肪含量和年龄）	
干果	≤25		
新鲜水果（可食部分）	90	蛋	
新鲜水果	85~93	鲜蛋	74
番石榴	81	蛋白	88
豆类（干）	10~12	蛋黄	48
甜瓜	92~94	家禽肉	
成熟橄榄	72~75	鹅肉	50
白萝卜	93	鸡肉	75
马铃薯	78	糖和以糖为基本原料的产品	
高脂食品		蜂蜜和其他糖浆	20~40
蛋黄酱	15	果冻	≤35
纯油和脂肪	0	硬糖	2
沙拉酱	40	半软糖	5~10

水在食品中的存在状态主要有两种：自由水和结合水。自由水和普通液态水完全相同，而结合水则是与亲水性物质结合在一起的水，水分子处于束缚状态，蒸发困难，0℃下不结冰。大部分结合水没有溶解其他物质的能力，特别是不能为微生物生长发育所利用。例如，果酱、加糖炼乳等，水分含量很高，但常温下很难腐败，主要是因为水分与大量的糖相结合，大部分水以结合水的状态存在，细菌、霉菌等不能利用这些结合水。自由水和结合水的比例可以用水分活度（A_w）表示，A_w 也可看作食品表面的蒸气压 p 与纯水的蒸气压 p_0 之比。纯水的 A_w 为 1.0，A_w 越小，自由水所占比例越小，结合水所占比例越大。

（二）水对食品保藏的影响

食品中的水分对其保藏性有重要的影响。水分不仅影响食品的营养成分、风味物质和外观形态的变化，而且影响微生物的生长发育。食品中的游离水分能被微生物、酶和化学反应所利用，此即为有效水分，可用 A_w 来估量。因此，食品的水分含量，特别是 A_w，与食品的保藏性有十分密切的关系。

1. A_w 与微生物生长繁殖的关系

食品中各种微生物的生长发育，不是由含水量决定的，而是由其 A_w 决定的，即食品的 A_w 决定了食品微生物生长速率及死亡率。不同的微生物在食品中繁殖时对 A_w 的要求不同。一般来说，细菌对低 A_w 最敏感，酵母次之，霉菌的敏感性最差。表 2-2 所示为各类微生物生长所需的最低 A_w。当 A_w 低于某种微生物生长所需的最低 A_w 时，这种微生物的生长就受到抑制。

表 2-2　　　　　　　各种微生物生长所需的最低水分活度（A_w）

微生物	A_w	微生物	A_w
多数细菌	0.91	多数嗜盐细菌	0.75
多数酵母菌	0.88	耐干霉菌	0.61
多数霉菌	0.8	耐渗透压酵母菌	0.62

A_w 0.91 以上时，引起食品变质的微生物以细菌为主。A_w 降至 0.91 以下时，就可以抑制一般细菌的生长。当在食品原料中加入食盐、糖后，A_w 下降，一般细菌不能生长，嗜盐菌却能生长，也会造成食品的腐败。有效的抑制方法是在 10℃ 以下的低温中贮藏。A_w 0.90 以下，食品的腐败主要是由酵母和霉菌引起的，其中 A_w 0.80 以下的糖浆、蜂蜜和浓缩果汁的败坏主要是由酵母引起的。

另外，引起食物中毒的几种主要微生物生长的最低 A_w 在 0.86~0.97，所以真空包装的水产和畜产加工制品，流通标准规定其 A_w 应在 0.94 以下。

2. A_w 与化学反应的关系

大多数化学反应必须在水中才能进行，离子反应也需要自由水进行离子化或水化作用，很多化学反应和生物化学反应还必须有水的参与。许多由酶催化的反应，水除了起一种反应物的作用外，还作为底物向酶扩散的输送介质，并且通过水化作用促使酶和底物活化。因此，降低 A_w，可以减少酶促反应、非酶反应、氧化反应等引起的劣变，稳定食品质量。

在食品及其原料中还存在着氧化、褐变等化学反应。在高 A_w 的食品中，虽然采用漂烫、蒸煮等热处理可避免微生物和酶引起的腐败变质，但是化学腐败仍然不可忽视。

化学反应速率与 A_w 的关系不仅随着食品的组成、物理状态及其结构而改变，也随气体组成（特别是 O_2 的浓度）、温度等因素的变化而变化。需要指出的是，在 A_w 0.7~0.9 范围内，食品的一些重要化学反应，如脂类氧化、羰氨反应、维生素分解等的反应速率都达到最大，这时食品变质受化学变化的影响增大。当食品的 A_w 进一步增大到 0.9 以上时，食品中的各种化学反应速率大都呈下降趋势。这可能是由于水是这些反应的产物，增加水分含量将抑制产物的生成；也可能是由于水产生的稀释效应减慢了反应速率。这时，食品变质主要受微生物和酶作用的影响。

3. A_w 与酶作用的关系

A_w 小于 0.85 时，引起食品原料变质的大部分酶的活力受到抑制，如酚氧化酶、过氧化酶、维生素 C 氧化酶、淀粉酶等。然而，即使 A_w 在 0.1~0.3 这样的低条件下，脂肪氧化酶仍能保持较强活力，如 A_w0.15 时，脂肪氧化酶仍能分解油脂。

另外，同一种微生物在不同溶质的水溶液中生长需要的 A_w 是不同的，如金黄色葡萄球菌生长的最低 A_w 在乳粉中是 0.861，在酒精中则是 0.973，这可能是局部效应作用的结果。

4. A_w 与食品质构的关系

A_w 对干燥和半干燥食品的质构有较大的影响。当 A_w 从 0.2~0.3 增大到 0.65 时，大多数半干或干燥食品的硬度和黏着性增加。研究表明，肉制品韧性的增加可能与交联作用及高 A_w 下发生的化学反应有关，如胶凝及吸水基团水合能力的改变。A_w 为 0.4~0.5 时，肉干的硬度及耐嚼性最大，增加水分含量，肉干的硬度及耐嚼性都降低。另外，要想保持饼干、爆玉米花及油炸土豆片的脆性，避免糖粉、乳粉以及速溶咖啡结块、变硬发黏，都需要使产品保持一定的 A_w。要保持干燥食品的理想性质，A_w 不能超过 0.3~0.5。对含水量较高的食品（蛋糕、面包等），为了避免失水变硬，需要保持相当高的 A_w。有些研究认为，将一些食品（如火腿、牛肉、蛋奶冻、豌豆）的 A_w 从 0.70 提高到 0.99 时，能获得更令人满意的食品质构。

此外，由于水分的蒸发，一些新鲜果蔬等食品会导致外观萎缩，使鲜度和嫩度下降。一些组织疏松的食品，因干耗也会产生干缩僵硬或质量损耗。

原来水分含量和水分活度符合贮藏要求的食品，在贮藏过程中如果发生水分转移，导致 A_w 发生变化，不仅使食品口感、滋味、香气、色泽和形态结构发生变化，而且对于超过安全水分含量的食品，会导致微生物的大量繁殖和其他质量劣变现象。

二、食品中的天然物质

（一）碳水化合物

碳水化合物又称糖类，它和蛋白质、脂肪合称三大类营养物质，是自然界中最丰富的有机物。谷类、薯类和豆类等粮食中都含有丰富的碳水化合物。小麦、玉米、大米中碳水化合物的含量均占干物质的 60%~70%；甘薯中约占总干物质的 89.7%，马铃薯中约占总干物质的 82.6%；黄豆中约占 28.3%，绿豆中约占 58.8%。水果、蔬菜中的干物质绝大部分也是碳水化合物。碳水化合物为食品提供了某些期望的组织状态、良好的口感和愉悦的风味。从化学结构上看，碳水化合物是多羟基醛或多羟基酮，或者通过水解能生成多羟基醛或多羟基酮的化合物。根据其结构和性质，碳水化合物可以分为单糖、双糖、低聚糖和多糖。

1. 碳水化合物的分类和存在

（1）单糖类 单糖是糖的基本单位，不能再水解。食品中以戊糖和己糖较多，尤以己糖分布最广，如葡萄糖、果糖和半乳糖。此外，食品中常见的还有很多单糖类衍生物，如脱氧核糖、β-D-氨基葡萄糖、β-D-氨基半乳糖、半乳糖醛酸和核苷二磷酸糖等。

（2）低聚糖类 在低聚糖类中以两分子单糖结合而成的双糖最为重要，常见的双糖有麦芽糖、蔗糖和乳糖。麦芽糖是蔗糖的同分异构体，但甜味不如蔗糖。蔗糖广泛存在于甘蔗、甜菜、水果等体内，是人们日常食用中最重要的糖类。乳糖在自然界中仅存在于哺乳动物的乳汁中，乳中 2%~8% 的固体成分为乳糖。

（3）淀粉和糖原类 淀粉是葡萄糖分子聚合而成的，它是细胞中碳水化合物最普遍的储藏形式。淀粉在谷物种子、块茎和块根等器官中含量特别丰富。糖原又称肝糖，是一种动物淀粉，由葡萄糖结合而成的支链多糖，其糖苷链为 α 型。哺乳动物体内，糖原主要存在于骨骼肌

(约占整个身体糖原的 2/3) 和肝脏 (约占 1/3) 中，其他组织中也含有少量糖原。

（4）纤维素类　纤维素是由葡萄糖通过 β-糖苷键组成的大分子多糖，是自然界中分布最广、含量最多的一种多糖。纤维素通常与半纤维素、果胶和木质素结合在一起，其结合方式和程度对植物源食品的质地影响很大。膳食纤维有促进肠道蠕动、利于代谢等功能，被称为第七种营养素。纤维素在魔芋、燕麦、荞麦、苹果、仙人掌、胡萝卜、芹菜等中含量丰富。

（5）半纤维素类　是由几种不同类型的单糖构成的异质多聚体，这些糖是五碳糖和六碳糖，包括木糖、阿拉伯糖和半乳糖等。半纤维素广泛存在于植物性食品中，可作增甜剂、增塑剂与表面活性剂等。

（6）果胶类　天然果胶类物质以原果胶、果胶、果胶酸的形态广泛存在于植物的果实、根、茎、叶中，是细胞壁的一种组成成分。原果胶不溶于水，但可在酸、碱、盐等化学试剂及酶的作用下，加水分解转变成水溶性果胶。果胶在苹果、山楂、猕猴桃等果实及柑橘、柠檬、柚子等果皮中含量丰富。

2. 碳水化合物在食品保藏中的变化及对保藏性的影响

大多数天然植物食品如蔬菜、水果中所含单糖和低聚糖是较少的，不同成熟度的同种植物中各类糖的含量也不相同。粮食作物一般在成熟后收获，主要是为了使种子中的单糖和低聚糖尽可能多地转化为淀粉。水果一般在完全成熟前采摘，是为了在贮藏和销售期间，与后熟有关的酶促过程使贮藏的淀粉转变成糖，原果胶转变为可溶性果胶，水果的质构逐渐变软，口感逐渐改善。

宰后动物肉中的糖原通过糖酵解生成乳酸，肌肉 pH 降低，当达到肌动球蛋白的等电点时，蛋白质因酸变性而凝固，导致肌肉硬度增加，从而失去伸展性变得僵硬，这一时期称为肉的僵直期。此时，肉的持水性差，风味低劣，不宜作为肉制品的原料。僵直状态的持续时间（僵直期）与动物种类、宰前状态（与糖原含量有关）等因素有关。宰后肌肉中糖原的分解代谢，在肉与肉制品的贮藏与加工中有重要意义。

碳水化合物对食品保藏性的影响主要表现在以下几个方面：

（1）对颜色和风味的影响　食品在油炸、烘焙等加工或贮藏过程中，还原糖（主要是葡萄糖）与游离氨基酸或蛋白质分子中氨基酸残基的游离氨基发生羰氨反应，这种反应被称为美拉德反应。羰氨反应在食品的加工和长期贮藏中普遍存在。焙烤面包产生的金黄色、啤酒的黄褐色、酱与酱油的棕色、原料挂糊上浆经油炸后的金黄色等，都是羰氨反应的结果。

糖类在没有氨基化合物存在的情况下，当加热温度超过它的熔点时，即发生脱水或降解，然后进一步缩合生成黏稠的黑褐色产物，这类反应称为焦糖化反应。焦糖化反应的结果生成两类物质，一类是糖脱水聚合产物，俗称焦糖或酱色；另一类是降解产物，主要是一些挥发性的醛、酮等。它们能给食品带来令人愉悦的色泽和风味，但若控制不当，也会给食品带来不良影响。

（2）维持食品的质构　多糖类物质纤维素、半纤维素与果胶等常与伸展蛋白、其他结构蛋白一起构成具有一定硬度和弹性的细胞壁，维持植物细胞完整的结构。果蔬贮藏过程中，因多种酶的催化，会导致原果胶等降解，致使多糖类组成的网络结构破坏，导致组织软化、质构劣化；另一方面，保藏过程中，一些糖类、糖醛酸类及酚类物质互相缩合，导致组织纤维化或木质化而改变果蔬质构，如芦笋、石刁柏、枇杷、芒果等。

（3）延长食品的保质期　高浓度糖类可以通过增加渗透压、抗氧化等作用来延长食品的保质期。在果酱、甜炼乳等含糖食品中，因为糖的存在增加了渗透压，可以抑制微生物的生长繁殖，从而有效地延缓食品的变质过程，提高食品的保藏性。糖的浓度越高，则渗透压越大，抑菌效果越显著。50%的蔗糖溶液，能抑制绝大多数酵母和细菌的生长；65%～70%糖液可抑制许多霉菌；70%～80%的糖液能阻止所有微生物生长。糖的分子质量越小，抑菌效果越大。

此外，很多糖如饴糖、淀粉糖浆等具有还原性。含有这些糖的食品，可以有效地延缓油脂的氧化变质，从而延长食品的保质期。

（4）为微生物提供碳源　在生产发酵性食品如面包、酸奶等时，常用蔗糖、饴糖、淀粉糖浆等来补充微生物的碳源，促进微生物的生长繁殖，以改善加工过程和提高食品的风味与品质。

（5）保留食品中的挥发性物质，提高食品的风味　蔗糖、乳糖、葡萄糖、麦芽糖等小分子糖类在溶液中分子间通过氢键联合，形成一个较稳定的能捕捉易挥发性物质分子的网络，因而具有吸附易挥发性物质分子的能力；直链淀粉形成的螺旋状结构，这种螺旋状结构能与具有挥发性的香味物质分子形成高度稳定的结合物，可以减少风味物质的损失，以达到保护和稳定食品风味的目的。特别是对于香味易损失的食品具有十分重要的意义。

（二）脂质

1. 脂类的分类和存在

脂质包括油脂和类脂化合物，它不溶于水，而溶于乙醚、丙酮、苯等有机溶剂中。99%的动物和植物脂类是脂肪酸甘油酯。一般将呈固态的称为"脂"，呈液态的称为"油"。但脂类的固态和液态随温度而发生变化，因此脂和油这两个名称通常是可以互换使用的。食品的含脂量因种类而异，常见食品的含脂量如表2-3所示。

表2-3　　　　　　　　　　　　一般食物中的脂肪含量

种类	含量/%	种类	含量/%
小麦	1.8	牛乳	3.5~5
大米	2.7	牛肉	11~28
玉米	4.6	猪肉	25~37
玉米胚	33~50	羊肉	16~37
大豆	17~20	鸡肉	1.8
花生	40~50	鸡蛋白	0.03
芝麻	45~55	鸡蛋黄	32.6
菜籽	38~45	鱼	2~18
米糠	15~21	虾	0.3

（1）油脂　油脂通常指甘油三酯，是由甘油与脂肪酸脱水缩合形成的。脂肪中的三个酰基一般是不同的，有双键的脂肪酸称为不饱和脂肪酸，有多个双键的称为多不饱和脂肪酸，没有双键的则称为饱和脂肪酸。食品中常见的饱和脂肪酸有辛酸、癸酸、月桂酸、豆蔻酸、软脂酸、硬脂酸、花生酸等，多存在于牛、羊、猪等动物的脂肪中，少数存在于椰子油、可可油和棕榈油中。常见的不饱和脂肪酸有亚油酸、亚麻酸、花生四烯酸等，多存在于红花籽、橄榄油、芥菜籽、葵花籽、玉米胚、花生和大豆中。水产品中特有的5，8，11，14，17-二十碳五烯酸（EPA）和4，7，10，13，16，19-二十二碳六烯酸（DHA）为ω-3系列不饱和脂肪酸的

代表，在人体生理代谢中起着重要作用。

（2）类脂　类脂包括磷脂、糖脂和类固醇三大类。

磷脂是含有磷酸的脂类，包括由甘油构成的甘油磷脂与由鞘氨醇构成的鞘磷脂。在动物的脑和卵中、大豆的种子中磷脂的含量较多。

糖脂是含有糖基的脂类。糖脂可分为糖基酰甘油和糖鞘脂。重要的糖鞘脂有脑苷脂和神经节苷脂。脑苷脂在脑中含量最多，肺、肾次之。脑中的脑苷脂主要是半乳糖苷脂，而血液中主要是葡萄糖脑苷脂，神经节苷脂是一类含唾液酸的酸性糖鞘酯。

此外，类脂还包括类固醇等，包含胆固醇、麦角固醇、皮质类固醇、胆酸、维生素 D、雄激素、雌激素、孕激素等。这些物质对于生物体维持正常的新陈代谢和生殖过程，起着重要的调节作用。

2. 脂类对食品保藏性的影响

（1）油脂的氧化　天然油脂暴露在空气中会自发进行氧化作用，发生酸臭和变苦的现象，称为酸败或哈败。脂肪的氧化酸败，主要是脂肪水解的游离脂肪酸，特别是不饱和游离脂肪酸的双键容易被氧化，生成过氧化物并进一步分解的结果。这些过氧化物大多数是氢过氧化物，同时也有少量环状结构的过氧化物，若与臭氧结合则形成臭氧化物。它们的性质极不稳定，容易分解为醛类、酮类以及低分子脂肪酸类等，使食品带有哈喇味，同时伴随着刺激性或酸败臭味产生，导致食品不能食用。若食用了这些变质的油脂，会引起腹泻，严重者会出现肝脏病症。

在氧化型酸败变化过程中，氢过氧化物的生成是关键步骤，这不仅是由于它的性质不稳定，容易分解和聚合而导致脂肪酸酸败，而且还由于一旦生成氢过氧化物后，氧化反应便以连锁方式使其他不饱和脂肪酸迅速变为氢过氧化物。因此，脂肪氧化型酸败是一个自动氧化的过程。

脂肪的自动氧化过程可分为诱发期、增殖期和终止期。对于脂肪自动氧化酸败的防止，应该在诱发期即自由基刚刚形成时，添加抗氧化剂阻断自动氧化的连锁反应，才能得到良好的效果。否则，当大量自由基出现，脂肪自动氧化已进入增殖期时，采取防止措施也难以奏效。

含油脂食品的保质期常决定于油脂的氧化速度。因此，含油脂食品在储存过程中应采取低温、避光、隔绝氧气、降低水分、减少与金属离子的接触、添加抗氧化剂等措施，以防止或减轻脂肪氧化酸败对食品产生的不良影响。

（2）油脂氧化对食品保藏性的影响　谷物中的脂肪大多存在于胚乳和种皮中，胚乳中的含量相对较少，一般不超过 1%，所以粮食中的脂肪大都存在于其副产品中，如米糠油和玉米油。在面制品中，不饱和脂肪酸的存在对产品的保存期有较大的影响，例如无油饼干，虽然其脂肪含量很低，但由于不饱和脂肪酸的存在经常会引起哈败。面粉的含脂量越低越好，否则在贮藏过程中会产生陈宿味及苦味。对于小麦面粉来说，其所含的微量脂肪对改变面粉的筋力有一定的影响。在面粉的贮藏过程中，脂肪受脂肪酶的作用所产生的不饱和脂肪酸可使面筋弹性增大，延伸性及流变性变小，结果会使弱筋面粉变成中筋面粉，中筋面粉变成强筋面粉。

动物脂肪中一般含有硬脂酸、软脂酸、油酸及少量其他脂肪酸。此外，脂肪中还含有磷脂，磷脂暴露在空气中极易氧化变色，且产生异味，加热会促进其变化。例如，猪肉、牛肉中的脑磷脂在加热时，会产生强烈的鱼腥味。磷脂变黑时，伴有酸败现象，严重影响肉和肉制品的质量。固醇和固醇脂也广泛存在于动物体中，每 100g 瘦猪肉、牛肉和羊肉中约含有总胆固醇 70～75mg。

鱼类组织中有较多的脂肪，存在于皮下组织、肠间膜、脏器间的结缔组织、肝脏、头盖腔中，内脏中脂肪含量以肝脏为最多。从肌肉组织看，一般是腹肉比背肉、颈肉比尾肉、表层肉比内层肉、血合肉比普通肉的脂肪含量高。同一鱼种由于季节、年龄、生殖腺成熟度、营养状态等不同，脂肪含量变化很大。脂肪的蓄积形式因鱼种而不同，如秋刀鱼、沙丁鱼的脂肪主要蓄积在肌肉中，特别是蓄积在皮下组织中，而肝脏中的脂肪较少。鳕、鲨等的肝脏中蓄积了很多的脂肪，肌肉中却很少。鱼类脂肪的显著特点是其高不饱和度，因而含脂多的鱼类极易在贮藏过程中发生酸败或油烧等变质现象。

另外，生物体内各种类脂主要作为生物膜的基本结构成分。有些类脂如异戊二烯类脂等，主要作为生理活性物质，有些蜡质则分布在生物表面起保护作用，所有这些脂类统称为结构脂。结构脂含量较低，但比较稳定，不像贮存脂那样含量大幅度变化。

（三）蛋白质

1. 蛋白质的分类和存在

蛋白质是构成生命的物质基础，广泛分布于动植物体内，主要由氨基酸组成。按其化学组成，可将蛋白质分为两类，一类是单纯蛋白质，其完全水解产物只有 α-氨基酸；另一类是结合蛋白质，是由单纯蛋白质与耐热的非蛋白质物质结合而成的。各类蛋白质的特点及分布如表2-4所示。

表2-4　　　　　　　　　　各类蛋白质的特点及分布

类别	特点及分布	举例
单纯蛋白质		
清蛋白	溶于水，需要饱和硫酸铵才能沉淀；广泛分布于一切生物体中	血清清蛋白、乳清蛋白
球蛋白	微溶于水，溶于稀盐溶液，需半饱和硫酸铵沉淀；分布普遍	血清球蛋白、肌球蛋白、大豆球蛋白
谷蛋白	不溶于水、醇及中性盐溶液，易溶于稀酸或稀碱；各种谷物中均有	米谷蛋白、麦谷蛋白
醇溶谷蛋白	不溶于水及无水乙醇，溶于70%～80%乙醇中	玉米蛋白
精蛋白	溶于水及稀酸，不溶于氨水，是碱性蛋白，含组氨酸、精氨酸较多	鲑精蛋白、鲱精蛋白
组蛋白	溶于水、稀酸及稀氨水，碱性蛋白，含组氨酸、精氨酸较多	小牛胸腺组蛋白
硬蛋白	不溶于水、盐、稀酸或稀碱溶液；分布于动物体内结缔组织、毛、发、蹄、角、甲壳、蚕丝等	角蛋白、胶原、弹性蛋白、丝蛋白等
结合蛋白质		
核蛋白	辅基是核酸，存在于一切细胞中	核糖体、脱氧核糖核蛋白体

续表

类别	特点及分布	举例
脂蛋白	与脂类结合而成，广泛分布于一切细胞中	卵黄蛋白、血清 β-脂蛋白、细胞中的许多膜蛋白
糖蛋白	与糖类结合而成	黏蛋白、γ-球蛋白、细胞表面的许多膜蛋白
磷蛋白	以丝氨酸、苏氨酸残基的—OH 与磷酸呈酯键结合而成，乳、蛋等含有	酪蛋白、卵黄蛋白
血红素蛋白	辅基为血红素，存在于一切生物体中	血红蛋白、细胞色素、叶绿蛋白等
黄素蛋白	辅基为 FAD 或 FMN，存在于一切生物体中	琥珀酸脱氢酶、D-氨基酸氧化酶等
金属蛋白	与金属元素直接结合	铁蛋白、乙醇脱氢酶（含锌）、黄嘌呤氧化酶（含钼、铁）

2. 蛋白质的变化及其对食品保藏性的影响

（1）蛋白质在加工和贮藏过程中的变化　大多数食品蛋白质在经适度的热处理（60～90℃，1h 或更短时间）时产生变性。蛋白质变性后失去溶解性，这会损害那些与溶解度有关的功能性质。从营养学和加工学的角度来看，温和的热处理所引起的变化一般是有利的。例如，热烫可使酶失去活性，酶失活能防止食品色泽、质地、气味的不利变化，以及纤维素含量的降低。植物中存在的大多数天然蛋白质毒素或抗营养因子，都可通过加热使之钝化或变性。另一方面，过度的热处理也会发生某些不利的营养反应，例如，对蛋白质食品进行热处理时，会引起氨基酸的脱硫、脱二氧化碳、脱氨等反应，从而降低干重、氮及硫含量，甚至影响其营养价值并产生有害物质。

食品的低温贮藏对蛋白质变化的影响比较复杂。低温处理有两种方法，一是冷藏，即将温度控制在稍高于冰点之上，蛋白质较稳定，微生物生长受到控制；二是冷冻及冻藏，若控制得好，蛋白质的营养价值不会降低。但肉类食品经冷冻与解冻，组织及细胞膜破坏，酶被释放出来，活性增加，致使蛋白质分解，而且蛋白质的不可逆结合，代替了水和蛋白质间的结合，使蛋白质的质构发生变化，保水性也降低。尽管如此，冷冻对蛋白质的营养价值影响很小。蛋白质在冷冻条件下的变性程度与冻结速度有关，冻结速度越慢则蛋白质变性越严重。

蛋白质食品脱水的目的在于减轻质量，增加稳定性，以便于保藏，但也有许多不利的变化。以自然的温热空气干燥，脱水后的肉类、鱼类会变得坚硬、萎缩且回复性差，口感坚韧而无其原有风味。而真空干燥和喷雾干燥对蛋白质品质变化影响较小。

碱处理会降低蛋白质的营养价值，尤其在加热过程中更严重。例如，蛋白质的分离、浓缩常以碱处理改变蛋白质的特性，使其具有或增强某种特殊功能，如起泡、乳化或使溶液中的蛋白质联成纤维状等。在碱处理中不仅某些氨基酸参与变化，而且还使某些必需氨基酸损失，从而导致蛋白质营养价值的降低。

（2）蛋白质对食品保藏性的影响　食品在油炸、烘焙等加工或贮藏过程中，普遍存在美拉德反应。参与该反应的物质不仅有氨基酸，还有肽类和蛋白质，反应所形成的缩聚产物是棕色多聚化合物，称为黑色素。温度、水分、pH、相互作用成分的质和量的组成、共存的盐、维生素、挥发性醛及其他化合物等因素，对于色素的形成都有很大的影响。

美拉德反应不仅可以产生色素物质，还可以产生许多风味物质，其中有些是希望的，有些是不希望的。通过美拉德反应有可能使营养损失，甚至产生有毒的和致突变的化合物。

蛋白质在加工过程中易发生变性而凝固、沉淀，这一现象在饮料和清汤类罐头的加工中经常遇到，在等电点附近更易发生。蛋白质与单宁物质能够产生絮凝，利用这一性质可以对果蔬汁进行澄清。

此外，蛋白质和氨基酸与产品的风味有很大关系，许多氨基酸、肽是多种风味的呈味物质。例如，生鲜贝类、虾蟹类中含有大量的游离甘氨酸、缬氨酸、丙氨酸等呈味氨基酸及鹅肌肽等，因而味道十分鲜美。但是，在长期贮藏过程中，如保鲜措施不适当，则上述呈味物质就会参与变质反应而产生异味，从而影响这些贝类、虾蟹类的感官质量。

（四）维生素

维生素是人体必需的微量营养素，包含脂溶性与水溶性维生素两种。维生素是一类调节物质，在物质代谢中有重要作用。维生素均以维生素原的形式存在于各类食物中。

1. 脂溶性维生素的存在与保藏中的变化

脂溶性维生素包括维生素 A、维生素 D、维生素 E 和维生素 K 4 种。人体易缺乏、需要强化的是维生素 A 和维生素D，近年来，维生素E的强化也很受重视。

维生素A主要存在于动物性食物中，以动物肝脏、肾脏含量最高，其次是蛋黄、牛乳、鱼及鱼肝油等。在植物性食物中，主要是富含胡萝卜素的蔬菜，如胡萝卜、菠菜、西红柿等。胡萝卜素在人体内转化为维生素A，是维生素A的重要来源。在氧的作用下维生素A被迅速破坏，但在缺氧时甚至加热至120~130℃也仍可被保留。

维生素D在鱼肝油、奶油、沙丁鱼等动物性食品中含量多，植物中的麦角固醇和动物中的7-脱氢胆固醇都是维生素D的母体，经紫外线照射则分别转变成维生素D_2、维生素D_3。维生素D是此类维生素的总称。维生素 D 对于高温是稳定的。

维生素E在小麦、玉米胚芽中含量较多，大豆和肝、蛋等中也广泛存在。烹调加工降低了植物油和小麦粉中维生素E的含量。

绿色蔬菜（如莴苣、菠菜、甘蓝等）中富含维生素 K。

脂溶性维生素在低温保藏过程中是比较稳定的。

2. 水溶性维生素的存在与保藏中的变化

水溶性维生素包括维生素C和 B 族维生素，它们易在贮藏过程中发生氧化或水解反应而丧失。

维生素C，又称抗坏血酸，具有较强的还原性，故在食品工业中广泛用作抗氧化剂。在水溶液中易氧化，但在酸性溶液中较稳定。在食品中含有维生素C氧化酶，可使维生素C分解而失效，可通过加热使酶钝化来保护维生素C。但是，维生素C在高温下也易被破坏。维生素C在新鲜水果和蔬菜中大量存在，尤以猕猴桃、刺梨等含量最丰富。

B 族维生素包括维生素B_1、维生素B_2、维生素B_6、维生素B_{12}等。维生素B_1又称硫胺素，对热不太稳定，在碱液中易分解，能促进碳水化合物的代谢，构成辅酶成分。维生素B_1在酸性介质中对于加热和氧化是相当稳定的，但在碱性条件下加热时易被破坏。

维生素B_2对热及酸稳定，但易受光线作用而分解。食品罐藏、缓慢冷冻及脱水都会导致维生素B_2的损耗。含维生素B_2丰富的食物有酵母、肝、乳、蛋、豆类、发芽种子等。

维生素 B_6 又称吡哆素，对热、酸、碱稳定，但在中性介质中，易受光的作用而被破坏。许多动植物食品（如干酵母、米糠、谷类胚芽等）中都存在维生素 B_6。

维生素 B_{12} 主要存在于肝、肾等动物性脏器中，其分子中含有钴元素，参与人体造血作用。

采后果蔬和屠宰后动物肌肉中残留的酶，会导致维生素含量的变化。细胞受损后释放出来的氧化酶和水解酶，可改变维生素的不同化学构型之间的比例。例如，维生素 B_6、维生素 B_1 或核黄素辅酶的脱磷酸反应、维生素 B_6 葡萄糖苷的脱葡萄糖基反应和聚谷氨酰叶酸酯的分解作用，都会导致植物采后和动物屠宰后上述维生素不同构型之间比例的改变，进而影响其生物利用率。倘若在采收和屠宰后采取合适的处理方法，如合理包装、冷藏运输等措施，果蔬和动物食品中维生素的变化会很小。

（五）矿物质

矿物质与维生素一样，也是人体必需的元素。矿物质种类繁多，其中的 25 种为人体营养所必需。钙、镁、钾、钠、磷、硫、氯 7 种元素含量约占矿物质总量的 60% ~ 80%，称为常量元素。其他 14 种元素如铁、铜、碘、锌、锰、钼、钴、铬、锡、钒、硅、镍、氟、硒等在机体内含量少于 0.005%，被称为微量元素。

与维生素和氨基酸不同，热、光、氧化剂、极端 pH 及其他能影响有机营养素的因素，一般不会破坏矿物元素。食品中矿物质的种类及其含量变化很大，它取决于植物的土壤成分或动物的饲料性质，以及食品的加工方法等。后者可导致矿物质的损失，如清洗、泡发以及热烫处理，会使大量的钾溶到水中。烹调不当会使含有草酸的食物影响钙的吸收，使部分钙无法被人体吸收等；谷物的精致加工中，研磨精致的过程中会造成谷物的外层脱落，造成矿物质损失。

矿物质也影响着食品的一些性质，例如，某些矿物质能显著地改变食品的颜色、质构、风味和稳定性。因而在食品中加入或从食品中除去某些矿物质，能产生一些特殊的功能作用。当无法控制食品中某些矿物质的含量时，使用螯合剂如 EDTA（乙二胺四乙酸盐）可改变它们的性质。

（六）色素物质

食品中固有的天然色素一般是指在新鲜原料中肉眼能看到的有色物质，或者本来无色而经过化学反应后能呈现颜色的物质。

天然色素一般对光、热、pH、O_2 等条件敏感，它们的变化会导致食品在加工贮存中变色或褪色。下面介绍几种对食品的质量和保藏性有重要影响的食品色素。

1. 叶绿素

叶绿素是存在于植物体内的一种绿色色素，它使蔬菜和未成熟果实呈现绿色。叶绿素是由叶绿酸、叶绿醇和甲醇三部分组成的酯，有叶绿素 a 和叶绿素 b 两种。叶绿素在植物体内与蛋白质复合共同形成叶绿体。

叶绿素在长时间的光辐照后会变为无色，主要是因为叶绿素在受光辐照时会发生光敏氧化。叶绿素在热作用下不稳定，由于与叶绿素共存的蛋白质受热凝固，使叶绿素游离于植物体中，同时细胞中的有机酸也释放出来，少量有机酸足以使叶绿素变成脱镁叶绿素，从而失去鲜绿色而变成黄褐色。

2. 血红素

血红素主要存在于肌肉与血液的红血球中，它以复合蛋白的形式存在，分别称为肌红蛋白和血红蛋白。它们是肉类红色的主要来源，其中以肌红蛋白为主。

动物屠宰放血后，由于肌体对肌肉组织供氧中止，新鲜肉中的肌红蛋白则保持为还原状态，使肌肉的颜色呈稍暗的紫红色。鲜肉存放在空气中，肌红蛋白和血红蛋白与氧结合形成鲜红的氧合肌红蛋白和氧合血红蛋白。它们本身比较稳定，鲜红色可以保持相当长的时间。但是，随着肉的贮藏时间延长或在有氧的条件下加热，血红素中的 Fe^{2+} 被氧化为 Fe^{3+}，则生成黄褐色的变性肌红蛋白。但在缺氧条件下贮存时，则因球蛋白的弱氧化作用又将 Fe^{3+} 还原为 Fe^{2+}，因而又变成粉红色，成为血色质。

肌红蛋白及血红蛋白还能与一氧化氮作用，生成红色的亚硝基肌红蛋白及亚硝基血红蛋白，它们受热可生成稳定而鲜红的亚硝基肌色素原。亚硝基肌红蛋白对于氧和热的作用远比氧合肌红蛋白稳定，肉食品加工正是利用这个原理来保持肉制品的鲜艳颜色。

冻肉的颜色在贮存过程中逐渐变暗，主要是由于血红素的氧化以及表面水分的蒸发而使色素含量增加。冷藏温度越低则颜色的变化越小，在 $-80 \sim -50℃$ 下，变色几乎不再发生。

3. 类胡萝卜素

主要存在于蔬菜、黄色和红色水果及其他绿色植物中，在蛋黄、甲壳类、金鱼和鲑鱼等动物体中也存在。类胡萝卜素是从浅黄到深红色的脂溶性色素，在植物体中多与脂肪酸结合成酯的形式存在，并与叶绿素和蛋白质共同结合成色素蛋白。

类胡萝卜素对热较稳定，加热时不易被破坏。但由于含较多的双键而易被氧化变成褐色，尤其是 pH 和水分较低时更容易氧化。天然类胡萝卜素大多以结合态存在，比较稳定，例如胡萝卜存放和加工时不易变色。

4. 花青素

花青素以糖苷的形式存在于植物的细胞液中，广泛地分布于植物的花、叶、茎、果实中。花青素的色泽随结构中羟基数目的增加，颜色向紫蓝色增强的方向变化；结构中甲氧基数目增多，颜色向红色变化。

花青素的颜色可随环境的 pH 而异，在酸性条件下呈红色，微碱性时呈紫色，在碱性中呈紫色或蓝色。果实在成熟过程中由于 pH 的变化，使果实出现各种颜色。

花青素还易受氧化剂、抗坏血酸、温度等因素的影响而变色。例如，SO_2 可漂白花青素，并能改变 pH。花青素还能与钙、镁、铁、铝、锡等金属配位，生成紫红色、蓝色或灰紫色等不同颜色。

5. 黄酮类色素

又称花黄素。这类色素的结构母核是 $\alpha-$苯基苯并吡喃酮，是不溶性的黄色色素，与葡萄糖、鼠李糖、芸香糖等结合成苷的形式存在。此类色素广泛分布于植物的花、果实、茎、叶中。

黄酮类色素易溶于碱性溶液（pH 11~12）。在碱液中，生成苯丙烯酰苯，颜色自浅黄、橙色至褐色，在酸性条件下颜色消失。制作点心时，面粉中加碱过量，蒸出的面点和油炸食品的外皮都呈黄色，就是黄酮类色素在碱性溶液中呈黄色的缘故。黄酮类色素久置于空气中，易氧化生成深褐色的沉淀，这是果汁久放变褐的原因之一。黄酮类化合物可与铁、铝、锡、铅等金属配合，生成蓝色、蓝黑色、蓝绿色、棕色等不同颜色的配合物。

6. 红曲色素

红曲色素来源于微生物，是红曲霉菌丝所分泌的色素。菌体在培养初期无色，以后逐渐产生鲜红色。红曲色素有 6 种不同成分，其中有橙色红曲色素（红斑红曲素、红曲色素）、黄色红曲色素（红曲素、黄红曲素）、紫色红曲色素（红斑红曲胺、红曲玉红胺）等。

红曲色素性质稳定，色调不像其他天然色素那样易随 pH 的改变而发生显著的变化；耐热性强，加热时颜色变化小；耐光性好，不受金属离子的影响，基本上也不受氧化剂和还原剂的影响；着色性能好，特别是对蛋白质着色，一经染色后水洗也不能褪色。

（七）香气物质

大多数食品的风味和香味处在一个连续变化的状态中，在处理、加工和贮存过程中一般会逐渐变差。但也有例外，如香蕉等水果后熟、干酪成熟、葡萄酒陈酿或肉解僵时风味得到改善。

1. 果蔬的香气

果蔬的香气是由其本身所含的芳香成分所决定的，芳香成分的含量随果蔬成熟度的增大而提高，只有当果蔬完全成熟时，其香气才能很好地表现出来，没有成熟的果蔬缺乏香气。但即使在完全成熟时，果蔬中芳香成分的含量也是极微量的，一般只有万分之一或万分之几。只有在某些蔬菜（如胡萝卜、芹菜）、仁果和柑橘的皮中，芳香成分的含量才比较高，故芳香成分又有精油之称。表 2-5 所示为几种果蔬的主要香气成分。

表 2-5 几种果蔬的香气成分

名称	主要香气成分
苹果	乙酸异戊酯，挥发性有机酸，乙醇，乙醛
梨	甲酸异戊酯，挥发性有机酸
香蕉	乙酸戊酯，异戊酸异戊酯，乙醇，乙烯醛
桃	乙酸乙酯，δ-癸酸内酯，挥发性有机酸，乙醛
杏	丁酸戊酯
葡萄	邻氨基苯甲酸甲酯，$C_4 \sim C_{12}$脂肪酸酯，挥发性有机酸
柑橘	d-乙烯，辛醛，癸醛，乙酸酯
萝卜	甲硫醇，异硫氰酸丙烯酯
葱类	烯丙基硫醚，丙基丙烯基二硫化物，甲基硫醇，二丙烯基二硫化物
蒜	二丙烯基二硫化物，甲基丙烯基二硫化物，烯丙基硫醚
叶菜类	叶醇
黄瓜	壬二烯-2，6-醛，壬烯-2-醛，己烯-2-醛
蘑菇	辛烯-1-醇

芳香成分均为低沸点、易挥发的物质，因此果蔬贮藏过久，一方面会造成芳香成分的含量因挥发和酶的分解而降低，使果蔬的风味变差；另一方面，散发出的芳香成分会加快果蔬的生理活动，破坏果蔬的正常生理代谢，降低贮藏性。

2. 动物性食品的香气

鱼加热后产生的香气，主要是一些含氮的有机物、有机酸、含硫化合物及羰基化合物。

肉类香气是多种成分综合作用的结果。目前已测得牛肉中的香气成分有 300 多种，其中主要是多种羟基化合物和少量含硫化合物。此外，炖牛肉的香气成分还有双乙酰等。羊肉香气的主体成分是羟基化合物及 $C_8 \sim C_{10}$ 的不饱和脂肪酸。鸡肉香气的主体成分是 20 多种羰基化合物及甲硫醚、二甲基二硫化物、微量硫化氢等，如果将微量硫化氢去除，则鸡汤的鲜香味大大降低。

鲜乳的香气物质主要为挥发性脂肪酸、羰基化合物、微量的甲硫醚，它们是牛乳的主体香气成分。鲜干酪的香气物质主要有挥发性脂肪酸和羰基化合物中的丁二酮、3-羟基丁酮、异戊醛等。

3. 焙烤食品中的香气

食品焙烤时都会散发出特有的香气，香气产生于加热过程中的羰氨反应、油脂的分解和含硫化合物（维生素B₁、含硫氨基酸）的分解。羰氨反应的产物随参加反应的氨基酸与还原糖的种类和反应温度而变化，反应产生的大量羰基化合物、吡嗪类化合物、呋喃类化合物及少量含硫有机物，是焙烤香气的重要组成部分。

油炸类食品香气中包括羰氨反应产生的各种物质、油脂分解产生的部分低级脂肪酸、羰基化合物及醇等物质。例如，亚麻酸可分解成乙烯醛、壬二烯醛等。

面包等食品除了在发酵过程中形成醇、酯类外，在焙烤过程中还发生羰氨反应，产生许多羰基化合物，已鉴定的达 70 种以上，这些物质构成了面包的香气。花生及芝麻焙炒后有很强的香气。花生焙炒后产生的香气中，除了羰基化合物以外，还发现 5 种吡嗪化合物和 N-甲基吡咯；芝麻焙炒中产生的主要香气成分是含硫化合物。

4. 发酵类食品的香气

各种发酵食品香气成分及其组合是非常复杂的，主要是由微生物作用于蛋白质、糖类、脂肪及其他物质而产生的，包括醇、醛、酮、酸、酯类等化合物。由于微生物代谢产物繁多，各种成分的比例不同，从而使发酵食品的气味也各有特色。例如，白酒中的香气成分约有 200 多种，以酯类为主体香气成分。茅台酒以乙酸和乳酸乙酯为主体香气成分；黄酒的主要香气成分是酯类、酸类、缩醛、羰基化合物和酚类等物质。酱油及酱的香气成分很复杂，据分析，优质酱油中的香气物质近 300 种，有醇、酯、酚、羧酸、羰基化合物和含硫化合物，从而使酱油具有独特的酱香和酯香，其中以愈创木酚为主体香气成分，它是由麸皮中的木质素转化而来，也是酱香型的代表香气之一。发酵乳制品的主体香气成分是双乙酰和 3-羟基丁酮，它们是柠檬酸在微生物作用下产生的，使酸乳具有清香味。

（八）风味（味感）物质

食品中的风味包括甜、酸、咸、苦、鲜、涩、辣、清凉味、碱味、金属味等。风味物质一般具有以下特点：①成分繁多而含量甚微，除某些成分如糖分在食物中含量较多外，大多是痕量物质；②除少数成分外，大多数是非营养物质；③呈味性能与其分子结构有高度的特异性关系；④多为敏感而易破坏的热不稳定性物质。

三、 食品添加剂

关于食品添加剂的定义，2015 年新修订的《中华人民共和国食品安全法》规定："指为改善食品品质和色、香、味，以及为防腐、保鲜和加工工艺的需要而加入食品中的人工合成或者天然物质，包括营养强化剂。"联合国粮食及农业组织（FAO）和世界卫生组织（WHO）联合组成的食品法典委员会（CAC），以及美国、日本、欧盟和我国台湾省都有明确的食品添加剂的定义。各国的定义在内涵和外延上都不尽相同。譬如，有的国家包括营养强化剂，有的不包括；有的包括食品助剂，而有的不包括等。但就其定义的本质和食品添加剂的作用而言都是相同的。食品添加剂有三方面的重要作用：①改善食品的品质，提高食品的质量和保藏性，满足人们对食品风味、色泽、口感的要求；②使食品加工和制造工艺更合理、更卫生、更便捷，有利于食品工业的机械化、自动化和规模化；③使食品工业节约资源，降低成本，在极大地提升食品品质和档次的同时，增加其附加值，产生明显的经济效益和社会效益。

《食品添加剂使用标准》（GB2760—2014）中规定的食品添加剂有 20 大类、2400 余种，标准规定了食品添加剂的使用原则、允许使用的食品添加剂品种、使用范围及最大使用量或残留量。下面简要介绍与食品安全保藏有关的食品添加剂。

（一）防腐剂

防腐剂就是能够杀灭微生物或抑制其增殖作用，减轻食品在生产、运输、销售等过程中因微生物而引起腐败的食品添加剂。防腐剂可以有广义和狭义的不同。狭义的防腐剂主要指山梨酸、苯甲酸等直接加入食品中的化学物质；广义的防腐剂除包括狭义防腐剂所指的化学物质外，还包括那些通常认为是调味料而具有防腐作用的物质（如食盐、食糖、醋等），以及那些通常不直接加入食品，而在食品贮藏过程中应用的消毒剂和防腐剂等。作为食品添加剂应用的防腐剂是指为防止食品腐败变质、延长保存期、抑制食品中微生物繁殖的物质，但食盐、糖、醋、香辛料等不包括在内，作为食品容器消毒和仓库灭菌的消毒剂也不在此列。

国外用于食品的防腐剂，美国约有 50 种，日本约 40 种，中国允许使用的有 32 种。下面介绍几种常用的食品防腐剂。

1. 苯甲酸及其钠盐

苯甲酸及其钠盐是目前食品工业中最常用的防腐剂之一，主要用于饮料等液体食品的防腐。苯甲酸又名安息香酸，因其在水中的溶解性较低，多使用其钠盐即苯甲酸钠。

苯甲酸及其钠盐在偏酸性的环境中，具有较广泛的抗菌谱。但在 pH 5.5 以上时，苯甲酸对很多霉菌和酵母没有作用，对产酸菌的作用也很弱。苯甲酸抑菌的最适 pH 为 2.5~4.0。

2. 山梨酸及其钾盐

山梨酸又名花楸酸，是近年来各国普遍使用的安全性较高的防腐剂，因其在水中的溶解度较低，实际使用时多用山梨酸钾。山梨酸及其钾盐能有效抑制霉菌、酵母和好氧性腐败菌，但对厌氧性细菌与乳酸菌几乎无效。山梨酸的防腐效果随 pH 的升高而降低，其适宜的 pH 范围以 pH 6 以下为宜，也属酸性防腐剂。

3. 对羟基苯甲酸酯类

对羟基苯甲酸酯也称尼泊金酯，对霉菌、酵母和细菌有广泛的抗菌作用，但对革兰阴性菌及乳酸菌的作用较差。对羟基苯甲酸酯类的抗菌性与烷链的长短有关，烷链越长，抗菌作用越强，其抗菌作用比苯甲酸和山梨酸强。对羟基苯甲酸酯类是由其未电离的分子发挥抗菌作用的，但其效果并不像酸性防腐剂那样随 pH 的变化而变化，通常在 pH 4~8 的范围内效果较好。

4. 乳酸链球菌素（Nisin）

乳酸链球菌素又称乳链球菌肽，是由乳酸链球菌所产生的一种多肽物质，商品名为乳酸链球菌制剂。

Nisin 仅对革兰阳性菌有抑制作用，而对革兰阴性菌、酵母或霉菌一般无抑制作用。Nisin 在各类食品中已有较多的应用，特别是在肉类食品中，Nisin 可以代替部分硝酸盐和亚硝酸盐，不仅能够抑制肉毒梭状芽孢杆菌产生肉毒素，还可以降低亚硝胺对人体的危害。

Nisin 是多肽类物质，食用后在消化道中很快被蛋白水解酶消化成氨基酸，不会改变肠道内正常菌群，也不会引起其他常用抗菌素使用时所出现的抗药性，更不会与其他抗菌素出现交叉抗性。对乳酸链球菌的微生物毒性的研究表明，其无微生物毒性或致病作用，安全性很高。

5. 丙酸盐类

丙酸盐类防腐剂一般使用丙酸的钠盐和钙盐，即 CH_3CH_2COONa 和 $(CH_3CH_2COO)_2Ca$。丙酸盐呈微酸性，对各类霉菌、需氧芽孢杆菌或革兰阴性杆菌有较强地抑制作用，对能引起食品发黏的菌类（如枯草芽孢杆菌）抑制效果较好，对防止黄曲霉素的产生有特效，对酵母基本无效。故丙酸盐常用于面包的防霉。

（二）抗氧化剂

能防止或延缓食品成分氧化变质的食品添加剂称为抗氧化剂。油脂及富脂食品的酸败、褪色、褐变、维生素破坏等都是食品成分氧化变质的表现。

抗氧化剂按溶解性可分为油溶性与水溶性两类。油溶性的有丁基羟基茴香醚（BHA）、二丁基羟基甲苯（BHT）、特丁基对苯二酚（TBHQ）、没食子酸丙酯（PG）等；水溶性的有异抗坏血酸及其盐类等。按来源可分为天然的与人工合成的两类。天然的有 dl-α-生育酚、茶多酚等；人工合成的有 BHA、BHT 等。

抗氧化剂能够防止或延缓食品氧化反应的进行，但不能在食品发生氧化后使之复原。因此，抗氧化剂必须在氧化变质前添加。抗氧化剂的用量一般较少（0.025%~0.1%），但必须与食品充分混匀才能很好地发挥作用。另外，柠檬酸、酒石酸、磷酸及其衍生物均与抗氧化剂有协同作用，起到增效剂的效果。

抗氧化剂的使用不仅可以延长食品的贮藏期，给生产者、经销者带来良好的经济效益，而且给消费者带来安全感。由于近年来人们对化学合成品的忧虑，随之而来的便是对天然抗氧化剂的重视。例如，由微生物发酵制成的异抗坏血酸的用量，近年来上升很快；茶多酚是我国近年开发的天然抗氧剂，在国内外颇受欢迎，其抗氧化活性比维生素E高约20倍，还具有一定的抑菌作用；由唇形科植物迷迭香可得到高品质的具有抗氧化作用的油树脂；从桉树叶中提取的两种抗氧化物，其抗氧活性是 BHA 的 3 倍。此外，由橘皮、胡椒、姜、辣椒、芝麻、丁香、茴香等均可制得优于维生素C和 BHA 的抗氧化剂。

目前美国允许使用的抗氧化剂为 24 种，德国为 12 种，英国、日本为 11 种，加拿大、法国均为 8 种。我国《食品添加剂国家标准》（GB2760—2014）允许使用的抗氧化剂为 15 种。

（三）乳化剂

乳化剂是指添加于食品后可显著降低油水两相界面张力，使互不相溶的油和水形成稳定乳浊液的食品添加剂。食品乳化剂是表面活性剂的一种，其分子结构的共同特点是分子两端不对称，一端是极性的亲水基，另一端是非极性的疏水基。疏水基团一般为碳氢链结构，亲水基团因种类而异，正是由于这种两亲分子结构特点决定了乳化剂的特殊用途。

乳化剂按来源分为天然的和人工合成的乳化剂两大类。而按其在两相中所形成的乳化体系的性质又可分为水包油（O/W）型和油包水（W/O）型。

食品是含有水、蛋白质、糖、脂肪等组分的多相体系，食品中许多成分是互不相溶的，由于各组分混合不均匀，致使食品中出现油水分离、焙烤食品发硬、巧克力糖起霜等现象，影响食品质量。乳化剂正是能使食品多相体系中各组分相互融合，形成稳定、均匀的形态，改善内部结构，简化和控制加工过程，提高食品质量的一类添加剂。

在食品工业中，常常使用食品乳化剂来达到乳化、分散、起酥、稳定、发泡或消泡等目的。此外，有的乳化剂还有改进食品风味、延长保质期等作用。

（四）增稠剂

增稠剂指改善食品的物理性质或组织状态，使食品黏滑适口的食品添加剂，也称增黏剂、胶凝剂、乳化稳定剂等。它们在加工食品中的作用是提供稠性、黏度、黏附力、凝胶形成能力、硬度、脆性、紧密度、稳定乳化及悬浊体等。由于增稠剂均属亲水性高分子化合物，可水化形成高黏度的均相液，故又称为水溶胶、亲水胶体或食用胶。

使用增稠剂后可提高食品的黏稠度或形成凝胶，从而改变食品的物理性状，赋予食品黏润、适宜的口感，并兼有乳化、稳定或使其呈悬浮状态的作用。同时，使用增稠剂可以降低 A_w，提高食品的保藏性。

增稠剂大约有 60 余种，按来源可分为天然和人工合成增稠剂两类。多数天然增稠剂来自植物，也有来自动物和微生物的。来自植物的增稠剂有树胶、种子胶、海藻胶和其他植物胶。改性淀粉也被列为食品增稠剂，如酸处理淀粉、碱处理淀粉和氧化淀粉等，它们在凝胶强度、流动性、颜色、透明度和稳定性等方面均不同。来自动物的有明胶、酪蛋白酸钠等，来自微生物的有黄原胶等。明胶、酪蛋白酸钠、改性淀粉除有增稠作用外，还有一定的营养价值，安全性高，应用较广。

人工合成的增稠剂如羧甲基纤维素和聚丙烯酸钠等的应用较广，安全性也较高。

（五）水分保持剂

主要用于保持食品的水分，属于品质改良剂，品种较多。我国允许使用的磷酸盐是一类具有多种功能的水分保持剂，广泛用于各种畜禽肉、蛋、水产品、乳制品、谷物制品、饮料、果蔬、油脂以及改性淀粉中，具有明显改善品质的作用。例如，磷酸盐可增加畜禽肉制品的持水性，减少加工时的肉汁流失，从而改善风味，提高出品率，并可延长贮藏期；防止水产品冷藏时蛋白质变性，保持嫩度，减少解冻损失；也可增加方便面的复水性；还可用于生产改性淀粉。食品加工中常用的磷酸盐有正磷酸盐、焦磷酸盐、聚磷酸盐和偏磷酸盐等。

第二节　食品的物理特性

食品是一个非常复杂的物质系统，不仅有无机物、有机物，甚至还包括有细胞结构的生物体。可见，食品的物理性质也是复杂多样的，诸如食品的形状、色泽、比热容、潜热、硬度、弹性、黏性等都属于食品的物理性质。在食品贮藏过程中，食品物理性质的变化相对比较明显，有的可凭感官进行直接判断。因此，了解食品的物理性质及其在贮藏过程中的变化，对食品的安全保藏具有重要意义。

食品的物理性质主要包括力学性质、光学性质、热力学性质和电学性质等。食品的力学性质主要是指食品在力的作用下产生变形、振动、流动等规律；食品的热力学性质主要是指食品的相变规律、比热容、潜热、传热规律及与温度有关的热膨胀规律等；食品的电学性质主要是指食品及其原料的导电特性、介电特性以及其他电磁和物理特性等；食品的光学性质是指食品物质对光的吸收、反射及其对感官反应的性质等。

在食品保藏领域，人们对食品物理性质的研究主要涉及两个方面：一方面是食品的各个物理性状在贮藏过程中的变化，如硬度、色泽和弹性的变化等，通过这些物理性状的变化，可推断食品的质量状况，并及时采取相应措施抑制变质，以达到安全保藏的目的；另一方面是利用物理技术对食品进行安全保藏，如利用微冻、高压静电处理等技术对食品进行保藏。

总之，食品的物理性质涉及多学科领域的知识，学习和研究食品的物理性质，对开发食品保藏的新工艺、新技术，提高食品品质都很必要。因此，有关食品的物理性质的知识是食品科技工作者以及研究人员不可缺少的基础知识之一。

一、 食品的形态

食品的形态复杂多样，为了便于研究，通常把它分为液态食品、固态食品和半固态食品。液态食品泛指一切宏观上能流动的食品。固态和半固态食品主要包括凝胶状食品、组织状食品、多孔状食品和粉体食品等。

（一）液态食品

液态食品除了食用油之外，大多是指具有流动性的，以水为分散介质的分散系食品。如果按分散物质的状态分类，大体可归纳为以下 3 种：①真溶液：分散介质为分子或离子状态的溶液食品，例如清凉碳酸饮料、果汁饮料等；②胶体溶液：以高分子物质为分散相的液体，例如脱脂牛乳、豆乳等；③乳浊液：由比较大的脂肪球在水中分散的液体，例如牛乳、稀奶油等。

（二）固态与半固态食品

食品的主要形态为固态和半固态。固态和半固态食品按其组织形态又可分为凝胶状食品、组织状食品、多孔状食品及粉体食品等。

1. 凝胶状食品

溶胶和凝胶是大部分食品的主要形态。凝胶是食品中非常重要的物质状态。凝胶按其物理性质可以分为以下几类：

（1）按力学性质可以把凝胶分为柔韧性凝胶和脆性凝胶，例如面团、糯米团等属于柔韧性凝胶，凉粉、果冻等为脆性凝胶。

（2）按透光性质可把凝胶分为透明凝胶（如果冻）和不透明凝胶（如鸡蛋羹）。

（3）按保水性可把凝胶分为易离水凝胶（如豆腐）和难离水凝胶（如琼胶、明胶、果冻等）。

（4）按热学性质可把凝胶分为热可逆凝胶和热不可逆凝胶。一些胶体在常温下为半固体或固体状态，加热时会变成液态，这些液态胶体冷却时，又会变成固体或半固体，称这类胶体为热可逆凝胶，例如，食品中的凉粉、肉冻等。然而像蛋清这样的胶体，加热时会形成凝胶，而后再进行冷却处理，却不会成为溶胶状，称这样的凝胶为热不可逆凝胶。

2. 组织状食品

许多食品往往是由动植物体组成，这些动植物体都是由细胞组成的。所谓组织是指有一定功能的大量同种细胞的组合体，或细胞产生物组成具有一定构造的状态。组织状食品包括细胞状食品和纤维状食品。细胞状食品是指水果、蔬菜、食用菌等这些具有细胞组织特点，并且细胞组织的性状与食品品质有密切关系的食品。纤维状食品是指由纤维状组织成分构成的食品。这些食品主要有畜肉、鱼肉、纤维细胞比较发达的蔬菜（如芹菜、芦笋等）。

3. 多孔状食品

从分散体系的角度理解，可以认为多孔状食品是以固体或流动性较小的半固体为连续相，气体为分散相的食品。所谓多孔状是指像面包、海绵蛋糕、饼干、馒头那样，有大量空气分散在其中的状态。多孔状食品也被称为固体泡食品，可分为两大类：一类为馒头、面包、海绵蛋糕那样比较柔软的食品；另一类为饼干、膨化食品这样比较硬的食品。另外，一些较硬的冰淇淋、掼奶油等泡沫状食品，也可算作多孔状食品。

4. 粉体食品

粉体是微小固体颗粒的群体，它可以因粒子间摩擦力而堆积，也可以像液体那样充填在各种形状的容器中。食品中粉体物质很多，粉体食品不仅有面粉、豆粉、甘薯粉、淀粉这样的食品原料，而且许多速食、速溶食品如乳粉、咖啡等都加工成粉体的形态。

二、　食品的质地

质地已被广泛用来表示食品的组织状态、口感及美味感觉等。较早对食品质地进行定义的是 Matz，他认为"食品的质地是除感觉和痛觉以外的食品物性感觉，它主要由口腔中皮肤及肌肉的感觉来感知"。后来，Kramer 又提出手指对食品的触摸感也应属质地的表现。近来公认的观点是，食品的质地包括手指对食品的触摸感、目视的外观感和食品摄入口腔时对其硬度、黏性、脆性、滑性、粗糙性、咀嚼性、弹性的综合感觉。

为了揭示质地的本质，更准确地描绘和控制食品质地，对于食品质地的测定除了食品质地的感官评价外，仪器测定也是重要的方法之一。一般将食品质地的感官评价称为主观评价，用仪器对食品质地的定量评价称为客观评价。

（一）食品质地的感官评价

食品质地的感官评价是以人的感觉为基础，通过感官评价食品质地的各种属性后，再统计分析而获得客观结果的试验方法。感官评价不仅仅是人的感觉器官对接触食品时各种刺激的感知，而且还包括对这些刺激的记忆、对比、综合分析等过程。在进行感官评价时，为了更准确地表述食品的质地，常常要用到感官评价术语。常见的与食品质地有关的感官评价术语有：硬、软、酥松、胶黏、弹性、细腻、油腻、粗糙、薄片状、粉状、纤维状、蜂窝状、结晶状、泡沫状、海绵状、脆生、玻璃状、凝胶状、黏的、干的、潮湿的、水灵的、多汁的、奶油状、烫的、冰冷的、清凉的、可塑性、砂质感、收敛感等。

感官评价食品的质地，由于有视觉、手指、口腔、舌头等许多感觉敏锐器官的参与，所以往往比用仪器判断更加精确，更加综合，更加直接。但它毕竟是主观的测定方法，因此在实验时，应该按照实验的规定，遵循一定条件，尽量取得客观的信息。对于质地的评价，为了提高感官评价的准确性、再现性，有必要把对质地的评价术语进行规范化整理，对每个表现质地的用语制定出量化的尺度。表2-6所示为部分质地术语量化标准。

表2-6　　　　　　　　　　　质地术语量化标准举例

与力学参数对应的标准质地术语类别	标准食品及强度范围	
硬度	软质干酪（1*）	冰糖（9*）
脆度	玉米松饼（1）	松脆花生糖（7）
耐嚼性	黑麦面包（1）	软式面包（7）

续表

与力学参数对应的标准质地术语类别	标准食品及强度范围	
胶弹性	面团（40%面粉）（1）	面团（60%面粉）（7）
黏着性	含水植物油（1）	花生酱（5）
黏性	水（1）	炼乳（8）

注：＊硬度量化值，标准食品软质干酪的硬度量化值为 1，冰糖为 9，其他食品的硬度量化值依此标准食品进行判断。

（二）食品质地的仪器测定

食品的感官评价，特别是分析型感官评价，不仅需要具有一定判断能力的评审员，而且这种评价鉴定往往费时、费力，其结果也常受多种因素影响。因此，能够正确表现食品质地的客观评价方法在这些方面具有很大优势，客观评价法也就是仪器检测的方法。目前，实用的食品质地测定仪器很多，一般按变形或破坏的方式可以分为以下几类，如表 2-7 所示。

表 2-7　　　　　　　　　　食品质地测定仪器分类

仪器名称	测定项目	适用对象范围	测定举例
食品流变仪	拉断力、拉断功、切断力、切断功、硬度、黏稠度	纤维状食品、高脂肪食品、凝胶状食品	鱼糜制品、干酪、人造奶油
面粉粉质仪	面团形成时间、面团稳定度、面团衰落度、综合评价值、黏度、糊化温度	揉混类食品	米饭、年糕、面团
嫩度仪	剪断力、硬度、最大剪切力	纤维状食品	肉片、绿笋、汉堡包
强度仪	硬度、屈服值	高脂肪食品、凝胶状食品	果冻、干酪、鱼糕
质地测试仪/压缩仪	压力、弹性率、黏度、破坏功、脆度、硬度、凝聚性、胶弹性、咀嚼性	固体、半固体、多孔性食品	奶油、干酪、汉堡包、黄瓜、胡萝卜、果冻
剪压测定仪	剪断力、压缩力	纤维状食品	蔬菜、水果、肉

（三）食品质地与食品保藏性的关系

食品质地包括的内容非常广泛，它在贮藏过程中的变化及其与食品保藏性的关系，也因食品本身的组成、结构、物理和化学性质不同而异。

1. 液态食品的质地及与其保藏性的关系

（1）液态食品中水的稳定性　以水为分散介质的液态食品，由于水占绝大部分，因此其稳定性在很大程度上取决于水的状态。

维持水溶液稳定的力除了水分子间的结合力以外，还有偶极子之间的静电引力以及氢键结合力。甲烷和乙烷虽然是疏水的，但当其中一个氢原子被—OH 置换变成 CH_3OH 和 C_2H_5OH 后，就变得易溶于水。这是由于它们的—OH 与水的—OH 可以形成氢键结合，加入到水的分子团结构中去。烃类化合物无论碳原子有多少，只要含有大量—OH，就会形成氢键结合而与水分子团融为一体，糖类易溶于水的原因就是如此。砂糖由于可与水形成一定结构，也就意味着减少了水分子与其他物质结合的机会。例如，当淀粉糊中加入糖时，淀粉的糊化就会变得困难，而且糊化了的淀粉老化也比较慢。蛋白质的变性也需要水，因此当砂糖存在时，蛋白的变性也会减慢。大量实践证明，许多食品溶液包括酒、调味料、饮料等，其物理性质和滋味都与水的状态有关。陈酿的酒在杯中显得"黏"，酒精挥发得也慢一些，是因为在长期存放中，水的分子团结构与乙醇分子形成了某种类似鱼笼式络合的结果。因此，陈酿的酒口感比较柔和，没有酒精兑水而成的速成酒那么"辣"。

近年来关于水的研究还有许多新的发现，如功能性水，即在电磁场、远红外、压力场等的处理下，水的分子团结构和物理性质发生改变，具备了某些特殊的性质或新的功能。功能水的特征主要包括：①pH 发生了变化；②表面张力降低，产生了表面活性效果；③黏度发生变化；④氧化还原电位、氧的溶解度等发生改变。功能水的蒸发潜热和 A_w 降低，这可大大延长食品的保存期。对于以上现象的原理目前虽然还没有完全了解，但关于水的这些研究对食品物理性质的研究以及食品的安全保藏都具有重要意义。

（2）液态食品中粒子的稳定性　液态食品大多属于胶体溶液或乳浊液，从稳定性角度分为可逆分散系和不可逆分散系。它们之间稳定性的区别是由分散相和分散介质的亲和力大小决定的。亲和力越大，粒子与水形成的水合结构就比较稳定（系统的自由能较低）。因此，当两相分离或两相聚集时，反而会使自由能增加，这就是所谓稳定的分散系（又称可逆系统或亲水性分散系统）。相反，当粒子与水的亲和力较小，两相分离为界面面积较小的状态时，自由能会减小，这种分散系就是不稳定的（又称不可逆系统或疏水性分散系统）。疏水性分散系之所以在一定时间内具有稳定性，是因为粒子在达到引力作用范围内接近的机会比较少。

（3）液态食品的黏度　食品中的液体，除了纯水外还有多种成分组成，有的是均质系统，有的是非均质系统。在研究食品的分散系统时，食品的黏度是一个非常重要的概念。表 2-8 规定了不同黏度的名称、定义、符号和单位。

表 2-8　　　　　　　　　　分散系统各种黏度的定义

名称	定义	符号	单位
黏度	流体内部阻碍其相对运动的特性	η	Pa·s
相对黏度	η/η_0	ηrel	无
比黏度	$(\eta/\eta_0)-1=\eta_{rel}-1$	η_{sp}	无

注：η 为溶液黏度；η_0 为分散介质黏度。

液体的黏度受多种因素影响，其中主要有分散相的浓度和黏度、分散相的形状和大小、分散介质的黏度、乳化剂和稳定剂等。分散相和分散介质的黏度直接影响到液体的黏度。当分散相的粒子为球形时，由于在流场中相对于流体总是呈现同样的几何形状，即具有对称的阻力，因此对液体的黏度影响较小。分散相粒子的大小在 $0.7\sim30\mu m$，而且乳浊液又非常稀时，粒子大小对黏度基本上没有影响。乳化剂对乳浊液黏度的影响主要有乳化剂的化学成分对粒子间势能的影响、乳化剂浓度对分散粒子分散程度的影响以及改变粒子的荷电性质引起的黏度效果等。

2. 细胞状食品的质地及与其食品保藏性的关系

细胞状食品在食品形态分类上属于组织状食品。常见的细胞状食品有水果蔬菜及其制品等。

果蔬在贮藏过程中质地的改变主要表现为硬度的变化。一般新鲜果蔬的硬度较大，随贮藏时间延长，果蔬的硬度逐渐下降，最终软化、腐烂，导致品质劣变。果蔬的硬度主要是由果实的细胞壁结构物质（纤维素、半纤维素、木质素和果胶等）决定的，因此，果蔬的硬度在保藏过程中的变化主要与细胞壁结构物质的降解引起的软化有关。多聚半乳糖醛酸酶是水解细胞壁物质的主要酶类之一，它主要参与细胞壁物质果胶酸的水解，通过水解果胶酸中的糖苷键，使果胶酸逐步形成单体或二聚体，从而促使果蔬硬度下降，组织软化。另一个参与果蔬软化的酶是纤维素酶，它和内切-β-葡糖苷酶、纤维二糖水解酶一起参与了纤维素的降解。该酶活性在未成熟果实中很难测到，但在成熟软化过程中活性急剧增加。纤维素是细胞壁的骨架物质，它的降解意味着细胞壁的解体和果实的软化。另外，果胶甲酯酶也参与果蔬组织的降解和软化。

3. 纤维状食品的质地及与其保藏性的关系

纤维状食品是指由纤维状组织成分构成的食品。这些食品主要包括畜肉、鱼肉、纤维细胞比较发达的蔬菜（例如芹菜和芦笋等）以及经特殊加工、组织为纤维状的加工品等。纤维状食品的质地在贮藏过程中的变化主要表现为以下几方面：

（1）嫩度　嫩度是肉质地的重要指标，是指肉在咀嚼或切割时所需的剪切力。肉的嫩度取决于畜禽的种类、年龄以及肌肉组织中结缔组织的数量和结构形态等。如猪肉比牛肉柔软，嫩度高。幼畜由于肌纤维细胞含水分多，结缔组织少，肉质脆嫩。肌节越长肉的嫩度越好。此外，肉的嫩度还受 pH 的影响，pH 在 5.0~5.5 的韧度较大，而偏离这个范围，则嫩度增加，这与肌肉蛋白质等电点有关。宰后鲜肉经过成熟，其肉质可变得柔软多汁，易于咀嚼消化。

（2）持水力　持水力即保水性，是指肉在压榨、加热、切碎搅拌时，保持水分的能力，或在向其中添加水分时的水和能力。保水性的变化是肌肉在保藏过程中最显著的变化之一。刚屠宰后的肉保水性很高，但几小时或者几十小时后，就显著降低，然后随时间的推移而缓慢增加。肌肉在僵直期时，当 pH 降至 5.4~5.5，达到了肌原纤维的主要蛋白质肌球蛋白的等电点。此外，由于 ATP 的丧失和肌动球蛋白的形成，使肌球蛋白和肌动蛋白间有效空隙大为减少。肌肉结构的这种变化，使其保水性也大为降低。僵直期后（1~2 d），肉的水合性不断升高，僵直逐渐解除。蛋白质分解成了较小的单位，引起肌肉纤维渗透压增高。同时，引起蛋白质静电荷增加和主要结合键断裂，使结构疏松并有助于蛋白质水合离子的形成，因而肉的保水性增加。

（3）弹性　弹性对于纤维状食品的质地是非常重要的。食品的弹性一般使用仪器进行测定。常用的仪器有硬度计和质构仪等。食品弹性的测定主要包括应力松弛试验和蠕变试验两类。食品的弹性在贮藏过程中会发生变化，一般贮藏前期弹性较大，抵抗外来应力的能力强，随着贮藏时间的延长，弹性降低，畜禽肉及其制品的质地开始松弛。因此，通过弹性的测定可判断畜禽肉及其制品的新鲜度，控制食品的保藏期。

（4）热力学性质　肉的热力学性质主要包括肉的比热、冻结潜热、冰点和导热系数等。肉的比热、冻结潜热随其含水量、脂肪比率的不同而变化。一般含水率越高，则比热和冻结潜热越大；含脂肪率越高，则比热和冻结潜热越小。在冷冻贮藏过程中，肉中水分开始结冰的温度称作冰点，又称冻结点。它随畜禽种类的不同而异。肉在冷藏过程中，导热系数也会发生变化，其大小除取决于冷却、冻结和解冻时温度升降的快慢外，还取决于肉的组织结构、部位、肌肉纤维的方向、冻结状态等。肉的导热系数随温度下降而增大，这是因为冰的导热系数比水大两倍多，故冻结之后的肉更易导热。

三、　食品的失重

食品在运输和贮藏过程中，其水分会不断向环境空气蒸发而逐渐减少，导致重量减轻，这种现象就是水分蒸发，俗称干耗。食品的失重主要是由于水分蒸发造成的，也有一部分是因呼吸消耗而造成，但所占比例较小。失水不仅引起失重，而且会导致食品品质下降。在贮藏过程中水分蒸发受很多因素影响，本节就食品水分蒸发的机理和影响因素作简要阐述。

（一）水分蒸发（干耗）的机理

假设单位时间内食品的干耗为 W（kg），其表面积为 F（m^2），食品表面的水蒸气分压为 P_f（N/m^2），与食品接触的空气的水蒸气分压为 P_m（N/m^2），那么食品干耗的计算方法如下：

$$W = \beta F(P_f - P_m) \times 9.8$$

式中　β——食品表面的蒸发系数或升华系数，kg/N。

β 和 F 都是食品固有的物理特性，因此对于某种食品而言，它们是常数。这就是说，干耗是由食品表面与其周围空气之间的水蒸气压差来决定的，压差越大，则单位时间内的干耗也越大。但仅有水蒸气压差的存在，干耗还不会发生，只有供给足够的热量才能使水分蒸发或冰晶升华。热量的来源有贮藏室外导入的热量、贮藏室内照明、操作人员散发的热量等。其中贮藏室外导入的热量是最主要的热源，干耗将随贮藏室外导入的热量而成正比例的增大。

干耗的过程如下：当食品吸收了蒸发潜热或升华潜热之后，水分即蒸发或冰晶即升华成水蒸气，并且在水蒸气压差的作用下向空气转移，吸收了水分的空气由于密度变轻而上升，与蒸发器接触，水蒸气即被凝结成霜。脱湿后的空气由于密度变大而下沉，再与食品接触，重复上述过程。如此循环往复，使食品的水分不断蒸发，重量不断减少。

（二）干耗的方式

食品的干耗有两种方式，即自由干耗与包装中的干耗。

自由干耗是指无包装的食品在直接与空气接触时产生的干耗。在此种情况下，由于始终存在 $P_f > P_m$ 的关系，故食品的干耗将持续不断地进行下去。包装中的干耗是指包装中存在的空气而引起的干耗。由于包装内食品的间隙一般都比较小，其中的空气吸湿能力有限，且作为冷却面的包装材料的除湿能力也不如冷却设备。因此，包装中的干耗要比自由干耗小得多，包装中的空隙越小，则干耗越少。如果用气密性包装，即可大大减少干耗。

（三）影响干耗的因素

1. 内在因素

影响食品干耗的内在因素包括食品的种类、品种、成熟度和化学成分等。一般来说，食品表面积与质量比值小的、成熟度高保护层厚的、表皮组织结构紧密的食品水分不易蒸发；原生质中亲水胶体和可溶性固形物含量高的食品，细胞保持水分的能力强，蒸发也慢。

水果、蔬菜冷藏时，因表皮成分、厚度及内部组织结构不同，水分蒸发存在着差异。例如，龙须菜、蘑菇、叶菜类等在冷藏中，水分蒸发作用较强；而桃、李、无花果、番茄、甜瓜、萝卜等在冷藏中水分蒸发次之；苹果、柑橘类、柿、梨、马铃薯、洋葱等在冷藏中水分蒸发较小。未成熟的果实要比成熟的果实水分蒸发量大。肉类水分蒸发量与肉的种类、单位质量表面积的大小、表面形状、脂肪含量等有关。

2. 外在因素

外在因素是贮藏中可以调节的环境因素，主要有空气湿度、温度、空气流速等。

（1）空气湿度 空气湿度是影响食品水分蒸发的直接因素，其大小在贮藏中一般用相对湿度（RH）表示。相对湿度越大，食品中的水分蒸发越慢。但不同性质的食品在贮藏过程中所要求的相对湿度不同。如叶菜、幼嫩黄瓜等组织较脆嫩的蔬菜，相对湿度需要 90%~95% 或更高；多数果品或蔬菜要求相对湿度为 85%~90%；鳞茎、块茎等休眠器官相对湿度一般要小于 70%，高的相对湿度会打破休眠，引起腐烂。表 2-9 所示为肉在不同的相对湿度下的干耗量。

表 2-9　　　　　　　　　　　肉在不同相对湿度下的干耗量

相对湿度/%	90 以上	86~90	81~85	76~80	71~75
干耗/%	0.02	0.05	0.09	0.11	0.14

（2）温度 贮藏温度升高时，食品表面水分子运动加快，蒸发加快，干耗增大；绝对湿度相同时，温度上升，饱和湿度增加，相对湿度下降，蒸发加快；同一相对湿度而温度不同的贮藏室中，温度高的饱和湿度大，达到饱和状态时所需的水蒸气更多，水分蒸发更快些，干耗也多。另外，食品在冷藏中的水分蒸发或冻藏过程中冰晶升华都需要吸收一定的热量，供给的热量越多，则干耗速度越快。

通常，冷藏或冻藏温度越低，空气的相对湿度越高，干耗也越小。冻藏温度与干耗的关系如表 2-10 所示。从表中还可以看出，在较高温度下冻藏时，干耗量将随冻藏时间的延长而迅速增加。

表 2-10　　　牛肉在不同冻藏温度下的干耗量（自然对流，相对湿度 85%~90%）

冻藏温度/℃	干耗量/%			
	1 个月	2 个月	3 个月	4 个月
−8	0.73	1.24	1.71	2.47
−12	0.45	0.7	0.96	1.22
−18	0.34	0.62	0.86	1.10

（3）风速 空气流速的增大会促使贮藏室内壁、冷却设备和食品之间的湿热交换，加快食品水分的蒸发，因而使干耗增加。但空气流速对干耗的影响会因食品种类而有所差异。虽然风会带走食品的水分，加快蒸发速度，但室内也必须适当通风，以排除不良气体。

（4）堆码方式 食品在冷藏或冻藏时总是堆积起来的，而堆成什么形状、堆垛密度及装载量等都会对食品的干耗产生较大的影响。实践证明，食品的干耗主要发生在货堆的外围部分，其内部由于相对湿度接近饱和，并且由于不与外界发生对流换热，因而干耗极少。以 1/4 胴体为例，在货堆中的不同位置与干耗之间的关系如表 2-11 所示。

表 2-11 　　　　　　　　　　　　　　　　　　堆垛位置与干耗的关系

堆垛位置	上层边上	上层顶部	露出一端的侧面	堆中心
月干耗量/%	2.37	1.6	0.57	0.29

食品的密度与食品干耗的关系如图 2-1 所示。从图中可以看出，堆垛密度越大，则食品的干耗越少。

但是堆垛的密度并不能无限增加，每种食品均有其最大堆垛密度，比如猪肉的最大堆垛密度为 450 kg/m³，牛肉为 400kg/m³，而羊肉为 350kg/m³。这也说明，相同质量的食品具有不同的有效蒸发表面积，因而在其他条件相同时，具有不同的干耗。

食品的装载量与食品的干耗之间的关系如图 2-2 所示。从图中可以看出，当装载程度为 100%时，食品每年的干耗为 2%；但是当装载量减少为 40%时，每年的干耗将达到 5%，增加到 2.5 倍。由此可见装载量对干耗的严重影响。

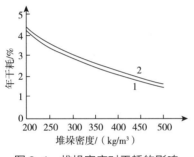

图 2-1　堆垛密度对干耗的影响
1—牛肉　2—猪肉

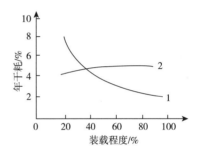

图 2-2　食品的装载量对干耗的影响
1—相对干耗　2—绝对干耗

（5）冷库的结构和冷却设备　冷库的结构不同对干耗的影响也不同。贮存于单层库中的食品，其干耗比贮存于多层库中的食品更多；而贮存于夹套式冷库中的食品干耗比普通冷库更少，其原因在于不同建筑结构的冷库具有不同的隔热性能。冷库内所使用的冷却设备也会对食品的干耗产生相当的影响。如图 2-3 所示，与使用冷却排管相比，使用冷风机时，冻肉的干耗将增大 60%左右。其原因在于冷风机工作时会产生热量，而且还会引起食品的表面蒸发系数增大，从而使干耗增加。

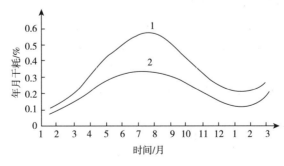

图 2-3　冷却设备对食品干耗的影响
1—冷风机　2—冷却排管

另外，进入冷库时食品的温度、食品与冷却设备之间的温差、食品分割的程度、食品的形状及特性，食品表面水分蒸发系数等都或多或少地影响食品的干耗。

（四）干耗对食品的影响

干耗不仅会造成食品失重，而且还会引起明显的外观变化。如水果蔬菜中的水分蒸发，会导致其失去新鲜饱满的外观，当干耗达到5%时，会出现明显的凋萎现象，影响其柔嫩性和抗病性。肉类食品在冷却冷藏中发生干耗，肉的表面会出现收缩、硬化，形成干燥皮膜，肉色也有变化。鸡蛋在冷却贮藏中，因水分蒸发会造成气室增大、质量减轻、品质下降。更为严重的是当冻结食品发生干耗时，由于冰晶升华后在食品中留下大量空隙，大大增加了食品与空气的接触面积，并且随着干耗的进行，空气将逐渐深入到食品的内部，引起严重的氧化作用，从而导致食品的褐变及风味、质地的严重劣化，这种现象也被称为冻结烧（Freeze Burn）。食品出现冻结烧后，即失去食用价值和商品价值。

（五）减少干耗的方法

干耗是一种质量劣变现象，因而必须防止。通过向贮藏库中洒水、喷水蒸气以增加空气湿度，可控制食品失水。但贮藏温度高且相对湿度也高时，会加速食品的腐烂变质。因此，需控制贮藏温度，采用低温高湿较为适宜；同时要适当通风，以防带走大量水分；采用真空包装或气密性包装；修建夹套式冷库等均可减少干耗。此外，在冷冻水产品中，还普遍采用包冰衣的方法来减少干耗。

第三节　食品的生物特性

一、　食品中的微生物

食品从原料的生产、采购、加工、贮藏、运输、销售到烹调等各个环节，常常与环境发生各种形式的接触，从而引发微生物的污染。粮食、肉、蛋、乳、水果和蔬菜等各类食品的A_W值差别很大，它们的营养成分和组织结构也各具特点，所以生长在各类食品中的微生物也不同，各类食品在保藏过程中微生物的活动规律、引起腐败变质的现象也各有特点。因此，了解食品中微生物的种类和活动规律对食品的安全保藏非常重要。

（一）食品中微生物的来源及特点

食品中的微生物不外乎来源于土壤、水、空气、生产流通环节相关的人员和器具、添加剂等。土壤是微生物的天然培养基，具备微生物生长繁殖所需的各种营养成分和环境条件。土壤中的微生物数量可达$10^7 \sim 10^9$个/g。其庞大的微生物类群中，以细菌占的比例最大，达70%~80%，放线菌占5%~30%，其次是真菌、藻类和原生动物。空气、水、人及动植物体的微生物也会进入土壤。

水是微生物生长繁殖的另一个良好环境。水中微生物的数量取决于水中有机质的含量。有机质越多，微生物的数量就越多。水体中以细菌占优势，无论淡水水域还是海水水域，其中都含有少数致病性微生物。

空气虽不是微生物生长的良好场所，但空气中确实存在一定数量的微生物，这些微生物是随风飘扬而悬浮在大气中，或附着在飞扬起来的土壤或液滴上。这些微生物可来自土壤、水、人和动植物体表的脱落物和呼吸道、消化道的排泄物。空气中的微生物主要是霉菌、放线菌的孢子和细菌的芽孢及酵母等。不同环境空气中微生物的数量和种类有很大差异。空气中可能会出现一些病原微生物，它们直接来自人或间接来自土壤。

人及动物的皮肤、毛发、口腔、消化道、呼吸道均带有大量的微生物，例如，未经清洗的动物皮毛、皮肤中微生物数量达 $10^5 \sim 10^6$ 个 $/cm^2$。患病的人或动物会带有不同数量的病原微生物，其中如沙门菌、结核杆菌、布氏杆菌是人畜共患病原微生物。蚊、蝇等昆虫都会携带大量微生物，其中可能含有多种致病性微生物。带有致病菌的人和动物接触食品同样会造成食品的微生物污染。

加工机械及设备自身虽然没有微生物生长繁殖所需的营养物质，但在食品加工中食品的汁液或颗粒会黏附于其内表面，如果生产结束后若设备不彻底清洗消毒，会导致微生物的大量生长繁殖，成为食品中微生物的重要来源。同样，包装材料如果处理不当也会带有微生物，从而污染包装内的食品。

另外，作为食品原料的动植物体原来就存在一定种类和数量的微生物，尤其是染病的动植物体还含有一定种类和数量的病原微生物。食品原料本身所带有的微生物往往是其在贮存、加工过程中品质下降的主要因素之一。

由于食品原料自身带有的微生物所造成的微生物污染为内源性污染，微生物通过水、空气、人、动物、机械设备以及包装材料等使食品发生微生物则为外源性污染。

（二）微生物对食品安全性的影响

影响食品安全性的因素有化学性危害、生物性危害和物理性危害。生物性危害主要是指生物（尤其是微生物）本身及其代谢过程、代谢产物（如毒素）等对食品原料、加工过程以及产品的污染，这种污染会对消费者的健康造成损害。食品中的微生物危害按其种类主要有以下几类：

1. 细菌性危害

细菌性危害是指细菌及其毒素产生的生物性危害。食品被细菌特别是致病菌污染时，不仅会引起腐败变质，而更重要的是引起食物中毒。常见的引起食物中毒的细菌有沙门菌、副溶血性弧菌、葡萄球菌、变形杆菌、肉毒梭状芽孢杆菌、蜡状芽孢杆菌、致病性大肠杆菌和志贺菌等。

2. 真菌性危害

食品中真菌性危害主要包括真菌及其毒素、有毒蘑菇及其对食品造成的危害。

真菌性危害不仅使食品霉变腐败，而且还造成粮食类及其副产物食物中毒。霉菌性食物中毒与其他食物中毒一样，没有传染性；但也不同于一般化学性中毒，其毒害受生物性因子支配，因而霉菌性食物中毒往往具有地方性、相对的季节性和波动性等特点。

真菌毒素和细菌的内、外毒素不同，它耐高温，没有抗原性，不能引发机体产生抗毒素，也不能使机体产生其他感应物质（如沉淀素等）。因此，真菌性食物中毒与细菌性食物中毒在诊断上又有不同。

食品中的致病真菌主要有麦角菌、禾谷镰刀菌、黄曲霉、寄生曲霉和青霉等。产毒的真菌只限于少数的几种，并且产毒真菌也只有一部分菌株产毒。同一产毒菌株的产毒能力还表现出可变性和易变性。产毒菌株所产生的真菌毒素，并不具有严格的专一性，一种菌种或菌株可以产生几种不同的毒素，而同一毒素也可以由几种真菌产生。例如，岛青霉可产生黄天精、红天精、岛青霉毒素，杂色曲霉素可由杂色曲霉、黄曲霉及构巢曲霉产生。常见的产毒霉菌主要有曲霉菌属、青霉菌属、镰刀菌属等。

3. 病毒性危害

病毒具有专性寄生性，虽然不能在食品中繁殖，但是食品为病毒提供了很好的保存条件，因而可在食品中残存较长时间。被病毒污染的食品一旦被食用，病毒即可在体内繁殖，引起感染性病毒疾病。病毒对食品造成的污染事件时有发生，如近年来在英国暴发的疯牛病和口蹄疫事件，给英国畜牧业、食品工业造成了巨大的损失，其影响波及全球。易被病毒污染的食品主要有肉制品、乳制品、水产品、蔬菜和水果等。常见的病毒有甲肝病毒、诺瓦克病毒和类诺瓦克病毒等。

（三）微生物与食品的安全保藏

1. 粮食中的微生物

粮食中存在大量种类繁多的微生物，在适宜的环境条件下，这些微生物的生长繁殖会造成粮食的霉变发热，从而使粮食的重量减少，品质劣变，甚至带毒，造成极大的经济损失，并直接危害人体健康。

粮食中的微生物包括病毒、细菌、放线菌、酵母和霉菌。从数量上看，细菌最多，其次是霉菌，放线菌和酵母菌很少。从对粮食的危害看，霉菌最重要。新收获的粮食中，细菌占微生物区系的90%以上，其中以草生欧文氏菌、荧光假单胞杆菌最多，其次是黄杆菌和黄单胞杆菌。陈粮中以芽孢杆菌和微球菌居多。虽然细菌在粮食中的数量最多，但它对储粮的危害远不及霉菌，因为细菌需要游离水存在才能活动，只有在粮食霉变发热后期，才有游离水出现，这时有些嗜热菌才可以活动，使粮食继续发热达到70~75℃。但是，在实际情况下，在发热远未达到这种严重状况之前粮食即被处理。另一方面，细菌不能进入完整的粮粒，它只能从粮食表面的自然孔或伤口侵入，所以细菌导致粮食发热的可能性很小。

粮食中的真菌可以分为两个生态群：即田间真菌和储藏真菌。田间真菌以兼寄生菌为主，其组成主要包括链格孢霉、蠕孢霉、枝孢霉、链孢霉、弯孢霉、黑孢子菌等，其中以链格孢霉最常见。储藏真菌以腐生真菌为主，主要包括曲霉和青霉，危害最大的是曲霉。曲霉主要有灰绿曲霉群、白曲霉和黄曲霉等。

通常在新粮入库时，田间真菌数量多，储藏真菌比较少。在常规储藏中，随着储藏时间的延长，真菌总数呈下降趋势。例如，粮堆温度保持在20℃以下，储藏1年后，真菌数量比入库时减少57%。若为密闭贮藏，则1年后真菌数量显著减少，其中黄曲霉从140 000个/g减少到4 000个/g。

2. 肉、蛋、奶中的微生物

肉、蛋、奶中含有较多的蛋白质、脂肪、水、无机盐，维生素含量也很丰富，是微生物良好的天然培养基。因此，了解微生物的种类和控制微生物的活动，对肉、蛋、奶的安全贮藏非常重要。

（1）肉中的微生物　肉中的微生物有腐败微生物和病原微生物。腐败微生物主要有细菌、霉菌、酵母菌等，但主要是细菌。细菌常见的有假单胞菌属、无色杆菌属、黄杆菌属、微球菌属、莫拉氏菌属、芽孢杆菌属等。病原微生物主要有沙门菌、炭疽杆菌、布鲁杆菌、结核杆菌、猪丹毒杆菌、李斯特杆菌和口蹄疫病毒等，其中沙门菌最为常见。

一般来说，常温下放置的肉，早期的微生物以需氧性的假单胞菌、微球菌、芽孢杆菌等为主，它们先出现在肉的表面，经过繁殖后，肉即发生变质，并逐渐向肉内部发展，这时以兼性厌氧微生物如枯草杆菌、粪链球菌、大肠杆菌、普通变形杆菌为主要菌。当变质继续向深层发展时，即出现较多的厌氧微生物，主要为梭状芽孢杆菌。肉的腐败变质主要表现为发黏、出现色斑以及因蛋白质水解生成氨、硫化氢、吲哚、腐胺、尸胺等引起的恶臭气味。

低温可以抑制中温性微生物和嗜热性微生物的生长繁殖，但低温下仍可能有嗜冷微生物进行生命活动，因而低温下存在的肉类仍可能变质。1~3℃下可在肉中生长的嗜冷微生物有假单胞菌属、无色杆菌属、产碱杆菌属等的一些细菌，枝孢属、枝霉属、毛霉属等的一些霉菌，以及一些嗜冷酵母菌如假丝酵母属、红酵母属、球拟酵母属中的一些种。若冷冻肉温度在-5℃以上，仍有微生物生长的可能。但在-2℃以下，一般不会出现腐败细菌的生长，病原菌也不能生长，能生长的是少数耐低温和低水分活性的霉菌和酵母菌，特别是霉菌，其中多主枝孢、枝霉在冷藏条件下生长比较快。多主枝孢从发芽到出现1mm直径的可见菌落，在-2℃需一个月，在-5℃需四个月。

（2）乳中的微生物 牛乳中的微生物是以能分解利用乳糖和蛋白质的类群为主。牛乳变质以乳糖发酵、蛋白质腐败和脂肪酸败为基本特征。

鲜牛乳中的微生物主要有细菌、霉菌和酵母菌等。常见的细菌主要有链球菌属、乳杆菌属、假单胞菌属等。此外，还可能含有多种病原菌，例如，结核杆菌、沙门菌、金黄色葡萄球菌等。常见的霉菌主要有多主枝孢、乳酪节卵孢等。常见的酵母有脆壁酵母、红酵母、假丝酵母等。

链球菌属和乳杆菌属是鲜牛乳中十分常见的两属乳酸菌，它们能对乳中的乳糖进行同型或异型发酵，产生乳酸等产物，使牛乳变酸。芽孢杆菌、假单胞菌、变形杆菌等是牛乳中常见的胨化细菌，它们能分解乳中的蛋白质，并产生腐败的臭气。假单胞菌不仅能分解牛乳蛋白质，还能分解乳中的脂肪，是牛乳中典型的脂肪分解菌。此外，无色杆菌、黄杆菌、产碱杆菌也能分解脂肪，也是牛乳中的脂肪分解菌。大肠杆菌等分解乳糖而产生乳酸、醋酸，使鲜牛乳变酸并出现凝固；同时产生 CO_2 和 H_2，使牛乳凝固具有多孔气泡，并使乳产生不愉快臭味。

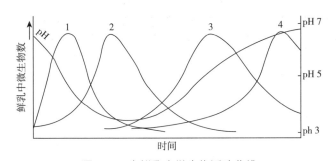

图2-4 生鲜乳中微生物活动曲线

1—乳链球菌 2—乳酸杆菌 3—酵母菌、霉菌 4—假单胞菌、芽孢杆菌

图2-4所示为生鲜牛乳中微生物的活动呈现一定的规律。生鲜牛乳在贮藏初期，细菌繁殖占绝对优势，这些细菌主要是乳链球菌、乳酸杆菌、大肠杆菌和一些蛋白质分解细菌等。其中以链球菌生长繁殖特别旺盛，使乳糖分解产生乳酸，乳液酸度不断升高；同时还可观察到产气

现象，这是大肠杆菌等产气菌引起的。酸度升高抑制了其他腐败细菌的生命活动。当酸度升高至 pH 4.5 时乳链球菌本身受到抑制，不再增殖反而会逐渐减少（这时已出现酸凝固），乳酸杆菌可继续在产生凝块的乳中增殖并产生乳酸，使 pH 继续下降。当乳的酸度升高到 pH 3~3.5 时，绝大多数微生物被抑制甚至死亡，而酵母菌和霉菌可适应此高酸性环境而生长繁殖，它们利用乳酸和其他一些有机酸，使乳的 pH 回升至接近中性。之后，分解利用蛋白质和脂肪的假单胞菌、芽孢杆菌等增殖，消化凝乳块，并有腐败的臭味产生。

（3）蛋中的微生物　鲜蛋中的微生物主要是细菌和霉菌，酵母菌较少见。常见的细菌有假单胞菌属、变形杆菌属、产碱杆菌属、埃希氏菌属。常见的霉菌有枝孢属、青霉属、侧孢霉属等。鲜蛋中最常见的病原微生物是沙门菌，如鸡沙门菌、鸭沙门菌等。与食物中毒有关的病原菌如金黄色葡萄球菌、变形杆菌等在蛋中也有较高的检出率。

鲜蛋在贮藏过程中容易变质。细菌侵入鸡蛋后，先将系带分解断裂，使蛋黄不能固定而发生移位。其后蛋黄膜被分解，蛋黄散乱，与蛋清逐渐混合在一起，这种蛋称为散黄蛋，是变质的初期现象。散黄蛋进一步被细菌分解，产生硫化氢、氨、吲哚、粪臭素、硫醇等分解产物，因而出现恶臭气味。同时，蛋清可呈现不同的颜色，如假单胞菌可引起黑色、绿色、粉红色等腐败；产碱杆菌、变形杆菌、埃希杆菌等使蛋清呈现黑色；沙雷菌产生红色腐败；不动杆菌引起无色腐败。有时蛋清变质不产生硫化氢等恶臭气味而产生酸臭，蛋液变稠而成浆状或有凝块出现，这是微生物分解糖或脂肪而形成的腐败现象，称为酸败蛋。

霉菌进入蛋内，一般在蛋壳内壁和蛋白膜上生长繁殖，形成大小不同的深色斑点，斑点处有蛋液黏着，称为黏壳蛋。不同霉菌产生的斑点不同，例如青霉产生蓝绿斑，枝孢霉产生黑斑。在环境湿度比较大的情况下，有利于霉菌的蔓延生长，造成整个蛋内外生霉。

3. 水果和蔬菜中的微生物

水果和蔬菜的主要成分是水和碳水化合物，特别是水的含量比较高，适宜于微生物的生长繁殖，易出现微生物引起的腐烂变质。引起水果和蔬菜变质的微生物以能分解碳水化合物的类群为主，如表 2-12 所示。

表 2-12　　　　　　　　　　　　水果和蔬菜中常见的微生物

水果和蔬菜种类	微生物种类	引起的病害
甘蓝、白菜、萝卜、花椰菜、番茄、茄子、辣椒、黄瓜、西瓜、洋葱、芹菜、莴苣、马铃薯等	欧文菌属	细菌性软化腐烂
甘蓝、白菜、萝卜、花椰菜、番茄、茄子、辣椒、黄瓜、丝瓜、甜瓜、洋葱、芹菜、莴苣、马铃薯等	假单胞菌属	细菌性软化腐烂、枯萎、斑点
柑橘、梨、苹果、桃、樱桃、李、梅、杏、葡萄、草莓、甘蓝、白菜、萝卜、花椰菜、番茄、茄子、辣椒、黄瓜、西瓜、洋葱、芹菜、莴苣、马铃薯等	灰葡萄孢菌	灰霉腐烂
甘蓝、萝卜、花椰菜、番茄、洋葱、大蒜、胡萝卜、莴苣等	白地霉	酸腐烂或软化腐烂
甘蓝、萝卜、花椰菜、番茄、黄瓜、胡萝卜、马铃薯、梨、苹果、桃、樱桃、李、梅、杏、葡萄等	黑根霉	根霉软化腐烂

续表

水果和蔬菜种类	微生物种类	引起的病害
番茄、茄子、辣椒、瓜类、洋葱、大蒜、马铃薯、柑橘等	疫霉属	棕褐色腐烂
甘蓝、白菜、萝卜、芥菜、番茄、辣椒、瓜类、葱类、莴苣、菠菜、柑橘、梨、苹果、葡萄、香蕉等	刺盘孢属	炭疽病或黑腐烂
甘蓝、白菜、萝卜、芹菜、芜菁、番茄、茄子、马铃薯、柑橘、苹果等	链格孢属	链格孢霉腐烂或黑腐烂
番茄、洋葱、黄花菜、马铃薯、苹果、香蕉等	镰孢霉属	镰孢霉腐烂
柑橘、梨、苹果、桃、樱桃、李、梅、杏、葡萄等	青霉属	青霉病或绿霉病
柑橘、苹果、桃、樱桃、李、梅、杏、葡萄等	黑曲霉	黑腐病
桃、樱桃、李、梅、杏、葡萄	枝孢属、木霉属	绿霉腐烂
甘蓝、白菜、萝卜、番茄、辣椒、芹菜、胡萝卜、莴苣、菠菜、马铃薯、桃、樱桃等	核盘菌属	棕褐色腐烂
梨、葡萄、苹果	小丛壳属	炭疽病或黑腐烂
柑橘、梨、葡萄、苹果、香蕉	盘长孢属	炭疽病或黑腐烂

由于生态条件的不同，世界各地区的水果和蔬菜的微生物类群有明显的区别。例如，在意大利、英国和德国，贮藏期间苹果的最主要病害菌是白盘长孢，而在美国却是扩展青霉。果蔬贮藏期间微生物类群也可能发生变化，例如柑橘类在贮藏初期是青霉造成的损失最大，而较长时间的贮藏时则主要受盘长孢霉、刺盘孢的危害。

4. 罐头中的微生物

罐头食品按 pH 可分为低酸性（pH 5.0 以上）、中酸性（pH 4.5~5.0）、酸性（pH 3.7~4.5）和高酸性（pH 3.7 以下）四类。不同酸性食品中存在的微生物种类也不同，一般存在于低酸性和中酸性食品中的微生物主要是细菌，酵母菌和霉菌则不常见。细菌有嗜热性细菌、嗜温性厌氧菌、嗜温兼性厌氧菌、形成芽孢的需氧细菌和不产芽孢的细菌等。嗜热性细菌中主要有嗜热脂肪芽孢杆菌、嗜热解糖梭状芽孢杆菌（即不产生硫化氢的嗜热厌氧菌）、致黑梭状芽孢杆菌等。罐头的平酸腐败是一种产酸不产气的腐败类型，引起平酸腐败的细菌统称为平酸菌，如嗜热脂肪芽孢杆菌。嗜温性厌氧细菌中主要有肉毒梭状芽孢杆菌、产孢羧菌、双酶梭菌、腐化细菌、丁酸梭菌等。酸性和中酸性罐头食品中的微生物主要有产生芽孢的细菌，如凝结芽孢杆菌、耐热耐酸芽孢杆菌、巴氏固氮梭状芽孢杆菌、铬酸梭状芽孢杆菌、多黏芽孢杆菌、软化芽孢杆菌等。高酸性罐头中引起腐败的微生物主要是嗜温性非芽孢菌，如乳杆菌、明串珠菌、酵母，及纯黄丝衣霉、雪白丝衣霉等霉菌，常引起罐头的发酵变质。

二、　食品中的酶

（一）　食品中酶的基本特性

酶是生物体中一种特殊的蛋白质，具有高度的催化活性，能降低反应的活化能。酶同其他蛋白质一样，是由氨基酸组成的，因而不仅具有两性电解质的性质，还具有一、二、三、四级结构。酶具有蛋白质的一切理化性质，也是亲水胶体，凡能引起蛋白质变性的因素均可使酶失活。

食品的主要原料是生物来源的材料，食品原料自然含有数以百计的不同种类的酶。将食品中所含有的酶类称为内源性酶。这些酶是食品原料在宰杀或采摘后成熟或变质的主要因素之一，即使在原料被收获后这些酶仍然起着作用，对食品的质量和贮藏性有着重要的影响。

（二）食品中的主要酶类

食品中存在的与品质变化有关的主要酶类及其作用如表 2-13 所示。下面简要介绍几种与食品安全保藏关系密切的重要酶类。

表 2-13　　　　　　　　　　引起食品品质变化的主要酶类及其作用

酶的种类	酶的作用
多酚氧化酶	催化酚类物质的氧化，褐色聚合物的形成
多聚半乳糖醛酸酶	催化果胶中多聚半乳糖醛酸残基之间的糖苷键水解，导致组织软化
果胶甲酯酶	催化果胶中半乳糖醛酸酯的脱酯作用，可导致组织软化
脂氧合酶	催化脂肪氧化，导致臭味和异味产生
抗坏血酸氧化酶	催化抗坏血酸氧化，导致营养素的损失
叶绿素酶	催化叶绿素环从叶绿素中移去，导致绿色的丢失
溶菌酶	溶解细菌细胞壁，导致细菌死亡

1. 氧化酶类

氧化酶类是一类能引起食品品质劣变和影响食品贮藏安全的常见酶类，其中多酚氧化酶、脂氧合酶等与食品的品质及保藏性的关系非常密切。

（1）多酚氧化酶　多酚氧化酶广泛存在于植物、动物和一些微生物中，以 Cu 为辅基，以氧为受氢体发生褐变反应。底物是食品中的一些酚类、黄酮类和单宁物质。多酚氧化酶催化底物形成醌类化合物，醌类化合物进一步氧化和聚合形成黑色素。食品在加工和贮藏中常出现褐变或黑变，例如莲藕、马铃薯、香蕉、苹果等，剥皮或切分后出现褐色或黑色，这是由于果蔬中含有的单宁物质，在多酚氧化酶的作用下发生氧化变色的结果。茶叶、可可豆等饮料的色泽形成、甘薯粉及荞麦面蒸煮变黑、糯米粉蒸煮变红也与多酚氧化酶有关。

（2）脂氧合酶　脂氧合酶存在于各种粮油作物中，在豆类中具有较高的活力，尤其以大豆的活力为最高（表 2-14）。催化含顺，顺-1，4-戊二烯的不饱和脂肪酸及其酯产生自由基，然后产生氢过氧化物；氢过氧化物进一步分解，产生醛和其他不良风味的化合物。由脂氧合酶的作用造成的食品变质主要表现为：破坏亚油酸、亚麻酸和花生四烯酸等必需脂肪酸；产生游离基损害某些维生素和蛋白质等成分。由于脂氧合酶在低温下仍有活力，故未漂烫的冷冻青豆、蚕豆等长时间冻藏仍会产生异味，造成色素的损失等。不过，有时食品中的脂肪氧合酶对食品的品质是有益的，例如面粉中的脂氧合酶能催化胡萝卜素的氧化，使其变为无色，促进面粉的漂白；在制作面团过程中促进二硫键的形成，有利于面筋的形成。

（3）其他氧化酶类　过氧化物酶、抗坏血酸氧化酶等也会引起食品颜色和风味的变化及营养成分的损失。在香蕉、胡萝卜和莴苣中广泛分布着抗坏血酸氧化酶，它对于维生素C的消长有很大关系。过氧化物酶广泛地存在于果蔬组织中，未经热烫的冷冻蔬菜所具有的不良风味被认为是与此酶的活力有关。

表2-14 几种粮油中脂肪氧合酶的相对活力

植物	相对活力/%	植物	相对活力/%
大豆	100	小麦	2
绿豆	47	花生	1
豌豆	35		

2. 脂酶

脂酶是水解处于油/水界面的三酰基甘油酯键的酶，存在于所有含脂肪的组织中。例如，哺乳动物体内的胰脂酶、大豆中的脂酶等，胰脂酶能将脂肪分解为甘油和脂肪酸。牛乳、奶油、干果类等含脂食品的变质常常是由于其中所含脂酶的作用使游离脂肪酸增加，产生酸败气味，这是乳制品尤其是奶油比较常见的缺陷。

粮油中含有脂肪酶，可使脂肪被催化水解，游离脂肪酸含量升高，从而导致粮油变质变味，品质下降。在原粮中，脂肪酶与其底物在细胞中各有固定的位置，彼此不易发生反应。但制成成品粮后，使两者有了接触的机会，因此成品粮比原粮更难以贮存。

3. 果胶酶

果胶酶主要是多聚半乳糖醛酸酶、果胶甲酯酶和果胶裂解酶。果胶物质是所有高等植物细胞壁和细胞间层中的成分，也存在于细胞汁液中，对于水果蔬菜的口感有很大影响。在香蕉、猕猴桃、柿、桃、番茄等果蔬成熟时，可以观察到由于果胶酶类作用引起的果实软化现象。这是由于随果实成熟时硬度降低，果胶酶的活性增加，存在于细胞壁及细胞间的果胶物质在果胶酶的作用下，水解变成水溶性状态的结果。

4. 蛋白酶

对于动物性食品原料，决定其质构的生物大分子主要是蛋白质。蛋白质在蛋白酶作用下所产生的结构上的改变，会导致这些食品原料质构上的变化，如果这些变化是适度的，食品会具有理想的质构。

（1）组织蛋白酶 组织蛋白酶存在于动物组织的细胞内，在酸性pH下具有活性。已经发现5种组织蛋白酶，它们分别用字母A、B、C、D、E表示。此外，还分离出一种组织羧肽酶。组织蛋白酶参与了肉成熟期间的变化，当动物组织的pH在宰后下降时，这些酶从肌肉细胞的溶菌体粒子中释放出来。据推测，这些蛋白酶透过组织，导致肌肉细胞中的肌原纤维以及胞外结缔组织如胶原分解，它们在pH 2.5~4.5范围内具有最高的活力。

（2）钙离子激活中性蛋白酶（CaNP） 钙离子激活中性蛋白酶或许是已被鉴定的最重要的蛋白酶，已经证实存在着两种钙离子激活中性蛋白酶，即CaNPⅠ和CaNPⅡ，它们都是二聚体。由于酶的活性部位中含有半胱氨酸残基的疏基，因此它被归属于半胱氨酸（疏基）蛋白酶。肌肉CaNP可能通过分裂特定的肌原纤维蛋白质而影响肉的嫩化。这些酶很有可能是在宰后的肌肉组织中被激活，它们可能在肌肉变成食用肉的过程中同溶菌体蛋白酶协同作用。

（3）乳蛋白酶 牛乳中主要的蛋白酶是一种碱性丝氨酸蛋白酶，它的专一性类似于胰蛋白酶。此酶水解β-酪蛋白产生疏水性更强的γ-酪蛋白，并且也能水解α_s-酪蛋白，但不能水解κ-酪蛋白。在干酪成熟过程中乳蛋白酶参与蛋白质的水解作用。由于乳蛋白酶对热较稳定，因此它的作用对于经超高温处理乳的凝胶作用也很重要。乳蛋白酶将 β-酪蛋白转变成 γ-酪蛋白，这一过程对于各种食品中乳蛋白质的物理性质有着重要的影响。

5. 淀粉酶

水解淀粉的淀粉酶存在于动物、高等植物和微生物中。由于淀粉是决定食品黏度和质构的一个主要成分，因此在食品保藏和加工期间，它的水解是一个重要的变化。淀粉酶主要包括 α-淀粉酶和 β-淀粉酶。

（1）α-淀粉酶　α-淀粉酶以随机的方式从淀粉分子内部水解 α-1，4-糖苷键，使淀粉成为含有 5~8 个葡萄糖残基的糊精。在制造面包时，面粉中的 α-淀粉酶为酵母提供糖分以改变产气能力，改善面团结构，延缓陈化时间。在制造啤酒时，除去啤酒中由于残余淀粉所引起的雾状浑浊。α-淀粉酶还影响粮食的食用质量，陈米煮的饭不如新米好吃，其主要原因之一是因为陈米中的 α-淀粉酶丧失了活性。

（2）β-淀粉酶　β-淀粉酶在水解淀粉分子时，从非还原基开始，每次切下两个葡萄糖单位，即一个麦芽糖分子，并使麦芽糖分子的构型从 α-型变为 β-型。小麦、大麦和大豆粉中的 β-淀粉酶，发芽时含量可增加 2~3 倍。β-淀粉酶对食品质量有很大的影响，例如烤面包、发酵馒头，都需要面粉中含有一定量的 β-淀粉酶。

（三）酶对食品质量及其保藏性的影响

酶的作用对于食品质量及其保藏性有非常重要的影响。成熟之后的收获、保藏和加工条件影响着食品原料中生物化学变化的速度和程度，这些由酶催化的生物化学变化会产生两类不同的结果：一方面，加快食品变质的速度和提高食品的质量。食品中的酶有利于食品品质的改善，例如肉与干酪的成熟、茶的发酵、水果成熟过程香气的产生，酱油中游离氨基酸的形成等都是食品品质得到改善的例子。许多新鲜食品气味都是由于细胞破碎而产生的，尽管鲜鱼和新鲜西红柿的味道相差甚远，但它们均与脂肪氧化酶有关。蔬菜类罐头在封罐前短暂的热处理（漂烫）能激活一种酯酶（叶绿素酶）从而稳定叶绿素，使其保持绿色，同时还能激活另一种酯酶（果胶甲酯酶）使蔬菜组织间保持黏结。另一方面，食品中残留酶的活性引起食品质量的恶化，如水果与蔬菜的褐色和异味的产生、鱼肉的过度软化等。在脱水食品、辐射食品或冷冻食品中的酶会继续引发生化反应，而且多数反应会引起食品质量的下降。为此，必须在加工前使酶失活。氧化还原酶如大家熟知的多酚氧化酶、过氧化物酶和脂肪氧化酶正是引起冷冻食品和脱水食品变色和异味的主要原因。番茄中的果胶酶在番茄酱加工中能催化果胶物质的降解而使番茄酱产品的黏度下降。

1. 酶对食品外观质量的影响

色泽是许多食品的质量指标之一。部分水果成熟时，颜色由绿色减少而代之以红色、橘红色、黄色和黑色等；随着成熟度的提高，青刀豆和其他一些绿色蔬菜中的叶绿素含量下降。这些食品原料的颜色变化都与酶的作用有关。导致水果、蔬菜中色素变化的三种主要的酶是脂肪氧合酶、叶绿素酶和多酚氧化酶。

新鲜瘦肉是红色而不是紫色或褐色。瘦肉的红色是因为它含有呈红色的氧合肌红蛋白。当氧合肌红蛋白在酶的作用下转变成脱氧肌红蛋白时，瘦肉呈紫色。当氧合肌红蛋白和脱氧肌红蛋白中的 Fe^{2+} 在酶的作用下被氧化成 Fe^{3+} 时，生成高铁肌红蛋白，瘦肉便呈褐色。

2. 酶对食品质构的影响

食品的质构是决定食品质量的一个非常重要的指标。水果蔬菜的质构主要取决于所含有的一些复杂的碳水化合物如果胶物质、纤维素、半纤维素、淀粉和木质素。水果蔬菜组织中的果胶酶、纤维素酶水解果胶和纤维素，从而引起果蔬组织软化，耐藏性降低。动物宰杀后，蛋白水解酶类的作用会使肉嫩化，从而改变了肉食原料的质构。

3. 酶对食品风味的影响

在食品保藏期间由于酶的作用会导致不良风味的形成。例如，青刀豆、豌豆、玉米和花椰菜，因漂烫处理的条件不适当，在随后的保藏期间会形成明显的不良风味。脂肪氧合酶的作用是青刀豆和玉米产生不良风味的主要原因，而脱氨酸裂解酶的作用是花椰菜产生不良风味的主要原因。动物宰杀后，蛋白水解酶类除使肉嫩化外，还有增加肉的风味的作用。

4. 酶对食品营养成分的影响

在食品加工中营养成分的损失大多是由于非酶作用所引起的，但是原料中的某些酶也对食品中的营养成分有一定的影响。例如，脂肪氧合酶催化胡萝卜素降解而使面粉变白；在蔬菜加工中则使胡萝卜素破坏而损失维生素 A 原；在一些用发酵法加工的鱼制品中，由于鱼和细菌中硫胺素酶的作用，使鱼发酵制品缺乏维生素 B_1；果蔬中的抗坏血酸氧化酶及其他氧化酶类是直接或间接导致果蔬在加工和贮藏过程中维生素C氧化损失的重要原因之一。

5. 酶在食品中的致毒与解毒作用

在食品原料中，只有当原料的组织被破坏时，酶和底物的相互作用才有可能发生。有时底物本身是无毒的，但经酶作用后便成为有害物质。例如，木薯含有生氰糖苷，在内源糖苷酶的作用下，会产生剧毒的氢氰酸。菜籽中的原甲状腺肿素在芥苷酶作用下产生的甲状腺肿素，能使人和动物的甲状腺代谢性肿大。

在酶的作用下，也可将食物中有毒的成分降解为无毒的化合物，从而起到解毒的作用。例如，在乳的加工中，加入 β-半乳糖苷酶分解其中的乳糖，可以消除因摄入乳中的乳糖而引起的乳糖不耐症；在豆类和小麦加工中加入植酸酶分解植酸，可以减少食用豆类和面类食品时因含植酸而引起的矿物质吸收率低的现象。通过酶的作用还可除去食品中其他的毒素和抗营养素。

三、 食品的生理代谢和生化变化

（一）果蔬贮藏中的生理生化变化

1. 果蔬的呼吸代谢

水果和蔬菜采收以后，水和无机物的供应停止，同化作用基本上不再进行，但仍然是活体，其主要代谢过程仍在继续。采后代谢作用主要是呼吸作用。呼吸是呼吸底物在一系列酶参与下的复杂生物氧化过程，经过许多中间环节，将生物体内的复杂有机物分解为简单物质，并释放出化学能。由于呼吸作用同各种果蔬的生理生化过程有着密切的联系，并制约着生理生化变化，因此必然会影响果蔬采后的品质、成熟、耐藏性、抗病性以及整个贮藏寿命。呼吸作用越旺盛，各种生理生化过程进行得越快，贮藏寿命就越短。因此，在果蔬采后贮藏和运输过程中要设法抑制呼吸，应该在维持产品正常的生命过程前提下，尽量使呼吸作用进行得缓慢一些。

果蔬的呼吸类型包括有氧呼吸和无氧呼吸。以己糖作为呼吸底物时，两种呼吸的总化学反应式为：

有氧呼吸：$C_6H_{12}O_6 + 6O_2 \longrightarrow 6CO_2 + 6H_2O$ ； $\Delta rH_m^{\ominus}$ （298.15K） $= 2.82 \times 10^6 J$

无氧呼吸：$C_6H_{12}O_6 \longrightarrow 2C_2H_5OH + 2CO_2$，　　$\Delta rH_m^{\ominus}$（298.15K）= 1.00×10^5J

为了更准确地描述呼吸过程，引入了呼吸强度、呼吸高峰等概念。

（1）呼吸强度　呼吸强度是衡量呼吸作用强弱的物理指标。在一定的温度下，用单位时间内单位重量产品放出 CO_2 或吸收 O_2 的量表示，常用的单位是 CO_2 mg/（kg·h）或 O_2 mg/（kg·h）。呼吸强度是表示组织新陈代谢快慢的一个重要指标，是估计产品贮藏潜力的依据。呼吸强度越大说明呼吸越旺盛，营养物质消耗得越快，产品衰老速度越快，贮藏寿命越短。

（2）呼吸高峰　根据呼吸曲线的变化模式不同，可以将果实分为两类。一类是跃变型果实，其幼嫩果实呼吸旺盛，随着果实细胞的膨大，呼吸强度逐渐下降，开始成熟时呼吸强度突然上升，果实完熟时达到呼吸高峰，此时果实的风味品质最佳，然后呼吸强度下降，果实衰老死亡，例如苹果、香蕉、芒果、番茄、杏、桃等。另一类果实是发育过程中没有呼吸跃变现象，呼吸水平呈现直线缓慢下降的趋势，将此类果实称为非跃变型果实，例如葡萄、柑橘、菠萝、黄瓜、草莓、荔枝等。

（3）影响呼吸强度的因素　在贮藏过程中，果蔬的呼吸强度越大，所消耗的营养物质也越多。因此，在不妨碍水果和蔬菜正常生理活动的前提下，尽量降低它们的呼吸强度，减少营养物质的消耗，这是水果和蔬菜贮藏成败的关键。为了控制果蔬的呼吸强度，延长贮藏寿命，就必须了解影响呼吸强度的有关因素。首先，果蔬种类和品种不同，呼吸强度也不同，这是由它们本身的性质所决定的。例如，在0~3℃下，苹果的呼吸强度是1.5~2.0 CO_2 mg/（kg·h），葡萄的是1.5~5.0 CO_2 mg/（kg·h），菠菜的是21 CO_2 mg/（kg·h），番茄的是18.8 CO_2 mg/（kg·h）。一般说来，夏季成熟的果蔬比秋季成熟的果蔬呼吸强度大，南方生长的果蔬比北方生长的呼吸强度大，而早熟品种的呼吸强度又大于晚熟品种。在个体发育和器官发育过程中，幼龄时期呼吸强度最大，随着年龄的增长，呼吸强度逐渐下降。幼嫩蔬菜处于生长旺盛期，各种代谢过程都很活跃，因此，呼吸强度高，很难贮藏保鲜。老熟的瓜果和其他蔬菜，新陈代谢缓慢，表皮组织、蜡质和角质保护层加厚，呼吸强度降低，耐贮藏。同一器官的不同部位呼吸强度也不同。果皮呼吸强度大，果肉和种籽的呼吸强度小。这是由于不同部位的物质基础不同、氧化还原系统的活性不同及组织的供氧情况不同造成的。

另外，贮藏过程中环境因素如温度、湿度、气体成分、微生物等也影响果蔬的呼吸强度。一般在一定温度范围内，随温度升高，酶活性增强，呼吸强度增大。因此，果蔬的长期贮藏一般在低温下进行。但并不是贮藏温度越低越好，而是应根据各种水果和蔬菜对低温的忍耐性不同，尽量降低贮藏温度，又不致产生冷害。贮藏环境中的温度波动会刺激果蔬中水解酶的活性，促进呼吸，增加消耗，缩短贮藏时间。如马铃薯置于20℃—0℃—20℃中变温贮藏，在低温贮藏一段时间后，再升温到20℃时呼吸强度会比原来在20℃下增加许多倍，因此，贮藏水果和蔬菜时应尽量避免库温波动。另外，果蔬受伤后，造成开放性伤口，可利用的氧增加，呼吸强度增加，也不利于贮藏。

贮藏环境中的湿度会影响果蔬的呼吸强度。柑橘和大白菜采后要稍微晾晒，因为产品轻微的失水有利于呼吸强度的降低（图2-5）。低湿贮藏不但有利于洋葱的休眠，还可抑制其呼吸强度。然而有些薯芋类蔬菜却要求高湿，干燥会促进呼吸，产生生理伤害。有报道说，香蕉在相对湿度低于80%时，不会产生呼吸跃变，不能正常成熟，相对湿度90%以上，才会有正常的呼吸跃变产生（图2-6）。

空气中的 O_2 和 CO_2 对水果和蔬菜的呼吸作用、成熟和衰老有很大的影响。适当降低 O_2 浓度，提高 CO_2 浓度，可以抑制呼吸，但不会干扰正常的代谢。当 O_2 浓度低于10%时，呼吸强度明显降低，O_2 浓度低于2%有可能产生无氧呼吸，乙醇、乙醛大量积累，造成缺氧伤害。O_2 和 CO_2 临界浓度取决于果蔬种类、温度和在该条件下的持续时间。例如，在20℃时，菠菜和菜豆的 O_2 临界浓度为1%，豌豆、胡萝卜为4%。提高空气中的 CO_2 浓度，也可以抑制呼吸。对于大多数果蔬来说，比较合适的 CO_2 浓度为1%~5%。CO_2 浓度过高会造成 CO_2 中毒。当 CO_2 浓度达到10%时，有些果实的琥珀酸脱氢酶和烯醇式磷酸丙酮羧化酶的活性会受到明显的抑制，从而引起代谢失调。当 CO_2 浓度达到20%时，无氧呼吸明显增强，乙醇、乙醛物质积累，对组织产生不可逆的伤害。另外，氰化物、CO 和二硝基酚等抑制果蔬的呼吸作用，而乙烯则刺激果蔬的呼吸强度增高。

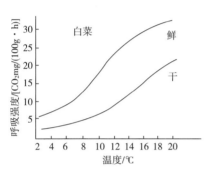

图2-5　新鲜和干燥后的白菜呼吸强度的变化

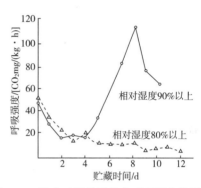

图2-6　湿度对香蕉后熟中呼吸强度的影响

2. 后熟作用

许多水果蔬菜，其果实离开母体或植株后向成熟转化的过程称为后熟作用。为了较长时间地贮藏水果和蔬菜，应当控制其后熟能力。低温能有效地推迟果蔬的后熟。对于呼吸跃变型果实，如果在完全成熟后采收，将很快腐烂变质，几乎不能贮藏、加工和销售，所以这类果实一般都在成熟前适时采收。这样，果实在低温冷藏期间，就会由于后熟作用而逐渐成熟，果实内的成分和组织形态也将进行一系列的转化，表现为可溶性糖含量升高、糖酸比例趋于协调、可溶性果胶含量增加、果实香味变得浓郁、颜色变红或变艳、硬度下降等一系列成熟特征。后熟作用过程的快慢因果实种类、品种和贮藏条件而异。对低温冷藏的呼吸跃变型果实，也可以对其进行人工催熟，以满足适时加工或鲜货上市的需要。

3. 果蔬后熟软化与木质化

果蔬采摘后依然是一个活的个体，会不断地发生软化。果蔬软化是一种受基因调控的、各组织高度协调复杂的过程。果蔬软化涉及细胞壁多糖降解、相关水解酶活性变化、膜质过氧化作用与果蔬的衰老变化等。果蔬软化表现在果肉细胞胞间、纤维丝之间的果胶质降解、纤维素物质的溶解和细胞相互分离、细胞结构与细胞器解体、中胶层液化、纤维丝断裂至最后果肉组织全部崩解。果蔬软化过程中，其组织中的淀粉酶、多聚半乳糖醛酸酶、果胶甲酯酶、葡萄糖苷酶、木葡聚糖内糖基转移酶、β-半乳糖苷酶、阿拉伯呋喃糖酶的活性均增强，加速果蔬细胞壁网络的破坏，促进软化。另外，扩展蛋白是在植物细胞壁中的一种新型壁蛋白，既没有水解酶也没有转移酶的活性，但扩展蛋白可破坏纤维素和半纤维素多聚体之间的氢键，从而加速果蔬的软化，是近年来研究较多的果蔬软化的机制之一。

　　果蔬的木质化作用是木质素单体如香豆醇、松柏醇和芥子醇等酚类化合物，经聚合反应形成木质素大分子沉积在细胞壁的过程。果蔬木质化过程与细胞壁物质代谢有关，植物细胞壁化学组分主要包括纤维素、半纤维素、木质素、果胶多糖、细胞壁蛋白等。在细胞壁木质化过程中，伴随着木质化相关酶及物质的变化。目前研究已证明，木质化过程中苯丙氨酸解氨酶、过氧化物酶、多酚氧化酶、过氧化氢酶和超氧化物歧化酶的酶活力均增强，直接参与果蔬采后木质化过程。采后木质化作用主要表现为芦笋、竹笋等的木质化，枇杷、芒果冷藏过程中的木质化及桃贮藏过程中的絮化。

　　4. 果蔬的休眠

　　一些鳞茎、块茎类蔬菜在发育成熟后，体内积累了大量营养物质，原生质发生变化，代谢水平降低，生长停止，水分蒸发减少，呼吸作用减慢，一切生命活动进入相对静止的状态，对不良环境的抵抗能力增加，这种现象就是果蔬的休眠。不同种类的蔬菜休眠期的长短不同，大蒜的休眠期为2~3个月，马铃薯的休眠期为2~4个月，洋葱的休眠期为1.5~2.5个月，板栗采后有1个月的休眠期。由于果蔬在休眠期内的呼吸和消耗均减慢，因此，可以利用果蔬的休眠期，并创造条件延长休眠期，来达到延长贮藏期的目的。

（二）动物性食品贮藏中的生理生化变化

　　刚屠宰后动物的肉是柔软的，并且具有很高的持水性，经过一段时间的放置，肉质会变得粗硬，持水性降低。继续延长放置时间，则粗硬的肉又变成柔软的肉，持水性也有所恢复，而且风味也有极大的改善。肉的这种变化过程称之为肉的成熟。在冷藏条件下，肉类缓慢地进行着成熟作用。由于动物的种类不同，各种肉成熟作用的表现也不同。对猪肉、家禽肉等而言，就不十分强调成熟作用。而对牛肉、绵羊肉、野禽肉等成熟作用则十分重要，它对肉质软化与风味增加有显著的效果。

　　畜禽屠宰后，肉内部发生了一系列变化，结果使肉变得柔软、多汁，并产生特殊的滋味和气味。畜禽宰后的变化可以分成僵硬、解僵、成熟三个过程。

　　1. 肉的僵硬

　　（1）肉的僵硬及其主要变化　畜禽屠宰后胴体变硬，这一过程称为僵硬。僵硬是由于肌肉纤维收缩引起的。僵硬期间发生了一系列变化：

　　①ATP的变化：动物屠宰后呼吸停止，失去神经调节，生理代谢机能遭到破坏，维持肌体机能的ATP水平降低。ATP开始减少时，肌肉的伸展性就开始消失，同时伴随弹性增大，此时即为死后僵硬的起点。ATP消失殆尽，肌肉的粗丝和细丝连接得更紧密，肌肉的伸展性完全消失，弹性达到最大，这就是最大僵硬期，此时肌肉最硬。

　　②pH的变化：动物死后，糖原分解为乳酸，同时磷酸肌酸分解为磷酸，酸性产物的蓄积使肉的pH下降。随着糖酵解活动的进行，肉的pH不断下降，至糖酵解酶活力全部消失时，达到最终pH。pH下降得越慢，肌肉的组织形态、颜色和持水性就越好。pH急剧下降时，肉的品质差。

　　③冷收缩：畜禽屠宰后在未出现僵直前快速冷却，肌肉发生显著收缩，以后即使经过成熟过程，肉质也不会十分软化，这种现象称为冷收缩。一般来说，宰后10h内，肉温降到10℃以下，容易发生冷收缩，其中牛肉和羊肉较严重，而禽肉及猪肉较轻。冷却温度不同，肉体部位不同，所感受的冷却速度也不同，如肉的表面容易发生冷收缩。肉类在冷却时若发生冷收缩，其肉质变硬、嫩度差。如果再经冻结，在解冻后会出现大量的汁液流失。研究发现，当肉的

pH 低于 6 时极易出现冷收缩。

肌肉僵直所导致的直接影响是肉质粗糙，肌动蛋白和肌球蛋白结合成的肌动球蛋白，使蛋白质分子中原有的亲水基因相互作用而减少，引起蛋白质水合能力下降，使持水力降低，嫩度减小。

（2）僵硬持续的时间　僵硬的持续时间依动物的种类、宰前状态、温度、宰杀方法而异，一般苦闷致死的肉要比快速致死的肉更快进入僵硬。肉在达到最大僵直期后，即开始进入解僵与成熟阶段。

2. 肉的解僵

解僵指肌肉在僵直达到最大程度并维持一段时间后，其僵直缓慢解除、肉质变软的过程。解僵所需要的时间也受动物的品种、肌肉的类型和贮藏温度等条件的影响。鸡肉的尸僵及解僵时间都较猪肉、牛肉短，鱼肉的死后僵硬时间又比鸡肉的短，而且温度、电刺激、力学（如吊挂）等均能促进解僵进程。

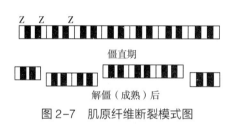

图 2-7　肌原纤维断裂模式图

目前，解僵成熟机理仍存在争论。有的研究者认为，解僵过程中 Z 盘弱化，Z 线变得脆弱、断裂，肌原纤维小片化（图 2-7）。Z 线脆弱的原因，一是认为僵硬发生的张力造成 Z 线的持续紧张状态，从而导致 Z 线的崩溃；二是认为 Z 线的结构因 Ca^{2+} 达到一定浓度以上时而崩溃。有的研究者认为，多种内源酶类协同作用导致解僵和肉的嫩化。在肌细胞中至少存在四种酶系参与解僵与成熟过程，即细胞凋亡酶、钙激活酶、溶酶体组织蛋白酶与蛋白酶体。细胞凋亡酶主要在动物宰后僵直和成熟的早期过程起作用，通过钙离子和钙激活酶抑制蛋白参与钙激活酶的激活，或上调其活性并对肌原纤维蛋白有限降解，一旦钙激活酶系统激活，细胞凋亡酶活力会降低或消失，钙激活酶成为降解肌原纤维的主要贡献者。至于溶酶体组织蛋白酶和蛋白酶体，可能对钙激活酶的蛋白降解产物进一步降解为更小的肽类，这种作用是否贡献于嫩度的改善，还需探究。

3. 肉的成熟

成熟是指尸僵完全的肉在冰点以上的温度条件下放置一段时间，使其僵直解除、肌肉变软、持水力和风味得到很大程度改善的过程。死后僵硬 1~3d 后即开始缓解，肉的硬度降低并变得柔软，持水性回升。肉成熟过程中的化学变化主要有：

（1）持水性的变化　肉在成熟过程中持水性又有所回升，一般宰后 2~4d pH 下降，最终 pH 在 5.5 左右，此时水合率为 40%~50%；最大僵硬以后 pH 为 5.6~5.8，水合率可达 60%。因在成熟时偏离了等电点，肌动球蛋白解离，改变了空间结构，增加了极性吸引，使肉的吸水能力增强，肉汁的流失减少。

（2）糖的变化　肉在贮藏过程中，糖含量逐渐减少。微生物优先利用糖类作为其生长的能源。好气性微生物通常在肉的表面生长，可把糖完全氧化成 CO_2 和水。如果 O_2 的供应受阻或因其他原因氧化不完全时，则可有一定的有机酸积累。

（3）蛋白质的变化　肉在贮藏过程中，肌肉蛋白质中的肌球蛋白减少，肌动球蛋白增多，肌动蛋白和肌浆蛋白都有减少的趋势。伴随肉的成熟，蛋白质在酶的作用下，肽键解离，使游离的氨基酸增多。随着贮藏时间的延长，氨基酸氧化脱氨生成氨和相应的酮酸，也可在微生物的作用下发生分解，生成吲哚、甲基吲哚、硫化氢和甲胺等，从而使肉变质变臭。

（4）脂肪的氧化　在贮藏过程中，肉中的脂肪可在脂肪酶的作用下发生分解，生成游离的脂肪酸和甘油。也可在氧化酶的作用下发生 β-氧化。油脂的分解及脂肪酸的氧化会导致肉的腐败和酸败，使肉出现变色、发黏等现象，味道恶化。这种变化严重时也称为油烧。发生油烧的肉失去食用价值和商品价值。

🔍 思考题

1. 水分在食品中存在的状态如何？水分对食品的保藏性有何影响？
2. 食品中的天然物质主要有哪些？各自在食品中存在的状态如何？它们与食品质量及保藏性的关系如何？
3. 食品的物理特性有哪些？各种物理特性与食品质量及保藏性的关系如何？
4. 食品的生物特性有哪些？各种生物特性与食品质量及保藏性的关系如何？

参考文献

[1] Lyons J M. Chilling injury in plants. Annu. Rev. Plant. Physiol. 1973, 24：445~466

[2] Morris L. Postharvest Physiology and Crop Preservation. New York：Plenum Press, 1981

[3] ［美］波特（Potter, N.）等，王璋等译. 食品科学. 北京：中国轻工业出版社，2001

[4] 潘宁，杜克生. 食品生物化学. 2版. 北京：化学工业出版社，2015

[5] 何国庆，贾英民，丁立孝. 食品微生物学. 3版. 北京：中国农业大学出版社，2016

[6] 李云飞. 食品物性学. 2版. 北京：中国轻工业出版社，2014

[7] 陆胜民，席屿芳，张耀洲. 青梅果采后软化与细胞壁组分及其降解酶活性的变化. 中国农业科学，2003, 36（5）：595~598

[8] 马长伟，曾名湧. 食品工艺学导论. 北京：中国农业大学出版社，2002

[9] 孔保华. 肉品科学与技术. 北京：中国轻工业出版社，2011

[10] 宁正祥，赵谋明. 食品生物化学. 2版. 广州：华南理工大学出版社，2006

[11] 朱圣庚，徐长法. 生物化学. 4版. 北京：高等教育出版社，2017

[12] 凌关庭. 食品添加剂手册. 4版. 北京：化学工业出版社，2013

[13] 王璋，许时婴，汤坚. 食品化学. 北京：中国轻工业出版社，2007

[14] 高向阳. 食品酶学. 2版. 北京：中国轻工业出版社，2016

[15] 薛彦斌，高桥绫，中村怜之辅. 番茄果实采后硬度变化的理化解析. 保鲜与加工，2002（6）：19~20

[16] 殷文政，樊明涛. 食品微生物学. 北京：科学出版社，2015

[17] 王娜. 食品加工及保藏技术. 北京：中国轻工业出版社，2012

［18］曾名湧．食品保藏原理与技术．北京：化学工业出版社，2011

［19］曾庆孝，许喜林．食品生产的危害分析与关键控制点（HACCP）原理与应用．广州：华南理工大学出版社，2001

［20］夏文水．食品工艺学．北京：中国轻工业出版社，2007

［21］王颉，何俊萍．食品加工工艺学．北京：中国农业科技出版社，2006

［22］冯双庆．果蔬贮运学．北京：化学工业出版社，2008

［23］林洪．水产品保鲜技术．北京：中国轻工业出版社，2001

［24］刘兴华．食品安全保藏学．2版．北京：中国轻工业出版社，2012

第三章　CHAPTER

食品的保藏原理

3

【内容提要】本章主要介绍了引起食品变质的生物、化学、物理因素；细菌性、真菌性、病毒性、植物性、动物性及化学性食物中毒与危害因素；降温、控湿、调气、包装、辐照、冷链及栅栏技术等食品保藏原理与技术。

【教学目标】全面系统地了解各种生物因子、化学因子、物理因子导致食品变质的基本理论，掌握控制食品变质的各种物理措施，如降温、控湿、调气、包装、辐照处理等，同时掌握化学保藏剂处理、建立食品冷藏链、食品保藏期限和货架期等方面的知识。

【名词及概念】食品腐败；食品发酵；食品霉变；食物中毒；辐照技术；栅栏技术。

食品是由多种化学物质组成的极为复杂的混合体，它们绝大多数来源于植物和动物，不仅含有大量的水分，而且含有丰富的营养成分。绝大多数食品属于性质不稳定的物质，它们在保藏中的质量变化是不可避免的，但其变化的速度及程度却受多种因素的影响，并遵循一定的变化规律。人们可以通过多种技术措施控制食品变质的速度，达到保持食品质量的目的，最大限度地杜绝食品发生变质。

第一节　引起食品变质的因素

引起食品变质的因素很多，按其属性可划分为生物因素、物理因素和化学因素，每类因素中又包括引发食品变质的诸多因子。

一、生物因素

（一）微生物

自然界中微生物分布极为广泛，几乎无处不在，而且生命力强，生长繁殖速度快。食品中的水分和营养物质是微生物生长繁殖的良好基质，如果食品被微生物污染，在一定的条件下就会导致其质量迅速下降，最终表现为腐败、霉变和发酵三种生物化学变化。

1. 食品腐败

食品腐败主要是细菌将食品中的蛋白质、氨基酸、肽和胨等含氮有机物分解为低分子化合物，使食品带有恶臭气味和厌恶的滋味，并产生毒性。食品腐败主要发生在富含蛋白质的动物性食品中，如畜禽肉类、鱼类、贝类、鲜蛋、鲜乳及它们的制成品。豆制品如豆腐、豆乳、豆芽及含水量高的豆粒含有丰富的植物蛋白，因而也容易发生腐败变质。

引起食品腐败的微生物主要是细菌类，特别是那些能分泌大量蛋白质酶的腐败细菌，主要为假单胞菌属、黄色杆菌属、无色杆菌属、变形杆菌属、芽孢杆菌属、梭状芽孢杆菌属和小球菌属。

引起食品腐败的菌源与食品原料的来源密切相关。引起生鲜鱼类、贝类腐败的主要是水中细菌，如无色杆菌属、黄杆菌属、假单胞菌属和小球菌属的细菌。新鲜的畜禽肉类、鲜蛋、鲜乳容易受到土壤中腐败细菌的污染，常见的土壤细菌是好气性芽孢杆菌属、厌气性梭状芽孢杆菌属和变形杆菌属细菌。

对于加工食品而言，由于制造与加工工艺不同，因而引起食品腐败的细菌种类也有差异。例如，盐腌食品的腐败多是嗜盐性细菌所致，干制食品的腐败多是耐干燥细菌所致，罐头的腐败除了空气中细菌的再次污染外，也不排除罐内未被杀灭的耐热性芽孢杆菌参与腐败过程。

2. 食品霉变

食品霉变是霉菌在食品中大量生长繁殖而引起的发霉变质现象。霉菌能分泌大量的糖酶，可分解利用食品中的碳水化合物。温度、湿度较高时，由于霉菌活动旺盛而使食品发生霉变现象。霉变食品不仅营养成分损失，外观颜色改变，而且染有霉味。如果食品被产毒菌株（如黄曲霉、染色曲霉、玉米赤霉等）污染，则会产生严重危害人体健康的毒素。所以，霉变也是食品保藏中不可忽视的一种变质现象。

霉变主要发生在富含糖类和淀粉的食品中，如禾谷类粮食及其制品、水果蔬菜及其制品、茶叶、干花等。

自然界中霉菌的种类很多，引起食品霉变的霉菌主要有毛霉属的总状毛霉、大毛霉，根霉属的黑根霉，曲霉属的黄曲霉、灰绿曲霉、黑曲霉，青霉属的灰绿青霉等。毛霉和根霉常在含水量高的食品中生长繁殖，其菌落颜色为黑色或褐色。曲霉适于在含水量低的食品中繁殖，其菌落为黄、绿、褐、黑等颜色。青霉属的一些菌适合在含水量少的食品、并且环境比较干燥的条件下繁殖；也有一些菌适宜在含水量高的果品、并且环境湿度大的条件下繁殖，其菌落为青绿色或黄绿色。

3. 食品发酵变质

此处所谓的发酵是指食品被微生物污染后，在微生物分泌的氧化还原酶的作用下，使食品中的糖发生不完全氧化的过程。发酵对发酵食品的生产是必不可少的过程，但是如果发生在食品保藏或流通过程中，则是一种变质现象。

酒精发酵是以含糖为主的食品被酵母菌污染所发生的变质现象。例如，果汁、果酱、果蔬罐头等发生变质时，常常产生酒味，即是酒精发酵的结果。水果蔬菜气调贮藏时，如果 O_2 浓度过低，使产品长时间进行无氧呼吸，结果组织中无氧呼吸产生的酒精积累到一定程度，致使产品发生变质，又称为低氧伤害。

醋酸发酵是低度酒和某些糖类食品被醋酸菌污染所发生的变质现象。例如，果酒、啤酒、黄酒等低度酒中的酒精在醋酸菌作用下产生醋酸，使酒味变酸而降低其饮用品质。果汁、水果罐头、果酱等含糖多的食品，在遭受酵母菌和醋酸菌的共同污染后，连续发生酒精发酵和醋酸发酵，结果使其味道变酸而丧失食用价值。

乳酸发酵是食品中的糖在乳酸杆菌作用下产生乳酸的过程。例如，酸乳、干酪、泡菜、酸菜等食品的生产都必须经过乳酸发酵，但是这些乳酸发酵产品在生产过程中发酵过度，或者在流通、保藏中再次发酵，或者鲜乳和乳制品遭受包括乳酸菌在内的杂菌污染，导致产品中以乳酸为主的有机酸含量增大，使之因酸味过重而丧失食用或饮用价值。

酪酸发酵是食品中的糖在酪酸菌的作用下产生酪酸的过程。酪酸会使食品具有一种令人厌恶的气味，尤其是鲜乳、干酪、青豌豆、酸菜等在流通、保藏过程中易被酪酸菌污染而发生变质，严重降低食品质量。

（二）生理生化变化

食品的生理作用泛指新鲜的果蔬、活鱼活蟹、鲜蛋、粮食、油料等产品在贮藏和流通过程中所进行的生理生化变化及畜、禽、鱼等屠宰后生鲜肉品所发生的僵直、软化等变化。食品生理生化变化的表现形式及特征在食品种类间有较大差异，它们对食品质量具有重要影响。其中，呼吸作用、蒸发作用、成熟衰老变化、生鲜肉得僵直和软化四种生理生化变化在第一章中已有介绍，此处不赘述。

1. 禽蛋的生理变化

鸡蛋、鸭蛋和鹌鹑蛋等禽蛋在贮藏温度较高（>25℃）时会引起胚胎的生理变化，使受精卵的胚胎周围产生网状的血丝、血圈甚至血筋，称为胚胎发育蛋；未受精卵的胚胎有膨大现象，称为热伤蛋。

蛋的生理学变化常常引起蛋的质量下降和耐藏性降低，严重者会导致蛋的腐败变质。控制鲜蛋生理变化以及物理、化学、微生物变化的关键措施是降低温度，在保持蛋体完整无损的前提下，控制温度0℃左右，再辅以80%~85%的相对湿度条件，一般可贮藏6~8个月。

2. 休眠与发芽

根茎类蔬菜如萝卜、胡萝卜、洋葱、大蒜、生姜、马铃薯、百合等，叶菜类蔬菜如大白菜、甘蓝等，干果如板栗、核桃、银杏等，各种原粮及油料种子等，它们收获后具有休眠与发芽的生理特性。有些产品的休眠是在长期的系统发育过程中应对不良生存环境而形成的生理特性，如洋葱、大蒜、生姜、马铃薯、板栗的生理休眠；而有些产品的休眠则是由于外界环境温度偏低所致，如萝卜、胡萝卜、大白菜、甘蓝等由于低温而具有的强制休眠；而粮食、豆类、油料等由于自身含水量低所具有的休眠也是强制性休眠。无论是生理休眠还是强制休眠，它们对保持产品质量和增进耐藏性都是有益无害的生理作用。

蔬菜、板栗的生理休眠期结束后或者强制休眠的低温解除后，由于它们本身水分含量高，无需外源水就会发芽生长。发芽消耗体内的贮藏物质，使食用品质下降，严重者如萝卜、胡萝卜糠心后丧失食用价值，马铃薯发芽后在芽眼部位产生剧毒物质龙葵素。

粮食和油料籽的休眠是由于它们通常处于临界安全含水量以下，低含水量使之处于强制休眠状态而得于安全储藏。但是由于它们潜在的发芽能力是长期存在的，遇到适宜的水分、温度、空气三者共存时就会发芽。粮食发芽时赤霉素促进淀粉酶的活性增大，激动素促进蛋白酶和纤维素酶的活性，细胞分裂素促进细胞增大和增殖，于是种子发芽。发芽粮食的呼吸特别旺盛，呼吸消耗显著增加，发芽粮食的食用品质和加工性能严重下降，对于储藏极为不利。因此，在粮食、油料储藏中，应特别注意防止其发芽，如果发现有发芽迹象的种子，应及时采取晾晒或烘烤、降温等措施抑制发芽。

3. 粮食的陈化

粮食随着储藏时间的延长，虽未发霉变质，但由于酶活力普遍下降，原生质胶体结构松弛，理化性状明显改变，生活力减弱，因而食用品质和工艺性状变劣。粮食这种由新到陈、生活力由旺盛到衰弱的陈化过程，是其长期贮藏过程中生理生化变化累积的结果，是粮食储藏中的自然劣变，是一种无形的损失。

粮食不论有胚还是无胚，都会发生陈化。含胚粮食如小麦、玉米、稻谷等陈化后，不但品质降低，而且还表现为生活力下降即不易发芽。不含胚的粮食如大米、小米等由于无生命力可言，陈化集中表现为品质的下降。粮食的陈化与虫害、霉菌虽无直接关系，但陈化的粮食抵抗虫和霉菌的能力下降，因而更易遭受虫害和霉菌的危害。

（三）害虫与鼠类

害虫和鼠类对于食品贮藏有很大的危害性，它们不仅是食品贮藏损耗加大的直接原因，而且由于害虫和鼠类的繁殖迁移，以及它们排泄的粪便、分泌物、遗弃的皮壳和尸体等还会污染食品，甚至传染疾病，因而使食品的卫生质量受损，严重者丧失商品价值，造成巨大的经济损失。

1. 害虫

危害食品的害虫大多属于昆虫和螨类。它们的共同特点是：体小色暗，不易发现；适应力强，抗高温、耐严寒和耐饥饿；食性复杂，危害广泛；食源丰富，繁殖力强；分布广泛，大多为世界性害虫。食品害虫对食品的危害主要表现在以下几方面：

（1）造成食品数量的损失　根据联合国粮食及农业组织（FAO）估计，世界粮食被害虫危害造成的数量损失在5%以上，这是个相当惊人的数字。有人估算，10对谷象在适宜环境中连续繁殖5年，其后代在5年中能吃掉400t小麦。

（2）造成食品质量的损失　食品遭受害虫危害后，品质和营养成分严重受损。例如，蛾类害虫喜食小麦胚部和麦皮，因胚部和麦皮的蛋白质、糖、脂肪、维生素等营养物质含量丰富，被害虫取食后营养成分下降，碎屑增多，严重时害虫能蛀食到麦粒内部，使麦粒仅剩空壳，丧失商品价值。

（3）引起食品发热霉变　害虫大量发生时，由于它们生命活动的结果，产生热量和水分，热量和水分有利于微生物的滋生蔓延，导致食品发热霉变，甚至严重霉烂变质。这些霉变的食品，轻则用作饲料或工业原料，重则只好用作肥料或销毁。

（4）影响食品卫生和人体健康　害虫危害食品时，它们生活中的排泄物、粪便、蜕皮以及尸体等混杂在食品中，使食品的卫生质量严重受损，由此影响到消费者的身体健康。例如有一种糖螨，能在甜的糕点、糖果及砂糖中生活，而且很难除治，人吃了感染糖螨的食品，常常会引起腹泻、呕吐，直接影响人体健康。

（5）破坏性大而且面广　有些食品害虫的食性杂、取食范围广，它们除了危害食品，还对食品包装、生产工具等有很大的破坏性。例如，大谷盗除主要危害稻谷、玉米、麦类、大米、面粉、豆类、油料等食品外，还危害中药材、土产品、日杂用品等，大谷盗还喜欢潜入木板内，或是咬啮食品厂的筛绢、麻袋、布面袋、木箱等，影响厂房结构和破坏生产设备。

2. 鼠类

危害食品的鼠类主要是家鼠中的褐家鼠、黄胸鼠、黑线姬鼠和小家鼠等。鼠害对食品贮藏的危害极大，据FAO统计，全世界约有3%的粮食因鼠害而损失。鼠类除了危害食品，还有咬啮其他物品的习性，对包装食品及包装物品均有危害。鼠类排泄的粪便、咬啮食品及其他物品的残渣，能污染食品和环境卫生，使之产生异味，严重影响食品的卫生质量，危害人体健康。此外，鼠类还能传染多种疾病。可见，鼠类对食品及人类的危害是极大的。老鼠过街，人人喊打，防鼠灭鼠工作应常抓不懈。

二、化学因素

食品和食品原料是由多种化学物质组成，其中绝大部分为有机物质和水分，另外还含有少量的无机物质。蛋白质、脂肪、碳水化合物、维生素、色素等有机物质的稳定性差，从原料生产到贮藏、运输、加工、销售、消费，每一环节无不涉及一系列的化学变化。这些成分不仅各自发生变化，而且成分之间还会发生变化，因而化学成分变化对食品质量的影响是错综复杂的。有些变化对食品质量产生积极影响，有些则产生消极的甚至有害的影响，导致食品质量降低。其中对食品质量产生不良影响的常见化学变化表现为变色、变性和微量营养成分变化等。

（一）变色

食品的颜色是由各种色素构成的，其中有的是动物或植物的天然色素，有的是人为添加的某些食用色素，另外有的是食品在贮运、加工中因某些化学变化而产生的色素。这里着重说明食品褐变和动植物食品中天然色素变化对食品质量产生的影响。

1. 食品褐变

褐变是食品在贮藏、加工、流通过程中最常见的一种变色现象，一般表现为颜色变褐，有的还出现红、蓝、绿、黄等颜色，将这类颜色变化统称为褐变。褐变不仅影响食品的感官色泽，而且降低食品的营养和滋味。食品褐变按其变色机理可分为酶促褐变和非酶褐变。食品在贮藏中发生的非酶褐变主要有美拉德反应和抗坏血酸氧化反应，焦糖化反应只发生在食品加工中。

食品褐变并不是按某一种途径进行，褐变是错综复杂的，褐变产物也是多种多样的。例如，酱油着色，既有酶促褐变，又有羰氨反应褐变；抗坏血酸氧化褐变中，当其被氧化生成脱氢抗坏血酸后，既能发生羰氨反应引起褐变，也能发生自动氧化、脱羧、聚合等变化而引起褐变。另外，多种条件也影响非酶褐变的发生和褐变程度，例如温度、pH、A_w 等与非酶褐变有很密切的关系。

2. 植物色素的变化

植物色素主要有叶绿素、类胡萝卜素、花青素和叶黄素等，它们在植物类食品主要是果品、蔬菜、茶叶的贮藏加工中都会发生变化，从而影响这类食品的天然色泽。

（1）叶绿素 在果品、蔬菜、茶叶的贮藏或加工中，叶绿素分解酶将叶绿素分解为甲基叶绿酸，导致叶绿体结构破坏而褪绿。叶绿素在低温或干燥状态时性质比较稳定，所以低温贮藏蔬菜、脱水蔬菜和茶叶，都能保持较好的绿色。

叶绿素在果品蔬菜加工中的变化受 pH 和温度的影响最大，在高温下的酸性介质中，叶绿素易分解生成脱镁叶绿素即植物黑质。如果加工时加入适量的碳酸氢钠，使介质的 pH 在 7.0~8.5 时，就可以生成性质比较稳定的叶绿素钠盐，使产品仍然保持鲜绿色。

（2）类胡萝卜素 类胡萝卜素使食品呈现黄色、橙色和红色等，广泛存在于果品蔬菜以及动物性食品如蛋黄、黄油、蟹和虾的外壳等之中。类胡萝卜素不溶解于水，对热、酸、碱等均具有稳定性，故含这类色素的柑橘类果实、菠萝、杏、哈密瓜、南瓜、红熟番茄等果蔬的色泽在贮藏中变化不大。类胡萝卜素含量丰富食品原料，加工中经过热处理和水处理，仍能保持其原有的天然色泽。

但是，光线和 O_2 能引起类胡萝卜素的氧化分解，从而使食品褪色。因此，在食品贮藏中应尽量避免光线照射，并采取隔氧措施如塑料薄膜密封，以减少类胡萝卜素的损失。

（3）花青素　花青素广泛存在于果蔬中，使产品呈现红色、紫色和蓝色。花青素的性质极不稳定，易溶解于水；遇热易分解褪色；在酸、碱、中性介质中分别呈现红色、蓝紫色和紫色；锡、铁、铜等金属离子使花青素呈现蓝色、蓝紫色或黑色，并产生花青素沉淀；经日光照射可使饮料、罐头中的花青素沉淀；果蔬贮藏中，花青素会发生自动氧化而褐变。

不难看出，许多种果蔬贮藏、加工及流通中的变色多与花青素的变化有关。为了保持果蔬食品中花青素的鲜艳色泽，应根据花青素的特性，采取低温和避光贮藏、脱水干燥、控制 pH 等措施，加工中减少产品与锡、铁、铜等金属器具接触。

3. 动物色素的变化

畜肉、禽肉及某些红色的鱼肉中都存在肌红素和残留血液中的血红素。肌红素与血红素的化学性质很相似，都呈现紫红色，与氧结合形成氧合肌红素，呈现鲜红色。新鲜的肉类多呈现鲜红色或紫红色，如果长时间放置，肌红素和血红素则氧化形成羟基肌红蛋白或羟基血红蛋白，使肉呈现暗红色或暗褐色，失去肉原有的鲜红色而降低其鲜度。可见，肌红素的氧化变色对于鲜肉及肉制品的质量影响很大。

另外，虾、蟹等甲壳中存在的甲壳类色素属虾黄素，其处于天然状态时，虾黄素与蛋白质结合呈现新鲜的青灰色。受热后虾黄素与蛋白质分离并氧化，虾黄素变成虾红素，使虾、蟹由青灰色变为红色，这种颜色变化有助于改善其商品外观。

（二）变性

口感、气味等是食品的重要感官质量指标，由食品中呈现气味、滋味和质地的成分构成，它们影响人的嗅觉、味觉和视觉。食品在贮藏期间，这些物质在环境因素的影响下，随着贮藏时间的延长而发生变性，从而降低了食品的感官质量。在食品的各种化学变性中，以脂肪酸败、淀粉老化、蛋白质变性对食品质量的影响最典型。

1. 脂肪酸败

脂肪广泛存在于食品中，在贮藏期间由于脂肪氧化酸败而使食品变质，其典型特征是食品有一种不愉快的哈喇味。动植物食用油、油炸食品、富含脂肪的核桃和花生等在常温下经过长期贮藏，往往都会发生脂肪酸败。

脂肪酸败是脂肪水解产生游离脂肪酸，游离脂肪酸进一步氧化、分解引起的变质现象。脂肪酸败不仅使食品的风味变劣，而且脂肪酸败的产物（如醛类、酮类等）还有害人体健康。如果食用酸败食品过多，轻者会引起腹泻，重者则可能造成肝脏疾病。

脂肪酸败生成的羰基化合物与食品中的氨基化合物作用，发生褐变反应，影响食品的外观颜色，如干鱼、冻鱼出现的"油烧色"。另外，脂肪酸败生成的氢过氧化物的性质活泼，它不但能分解，而且能聚合，其聚合反应使脂肪的黏度增加，因而影响了食用油脂在烹调中的食用价值。值得指出的是，氢过氧化物的存在还能使食品中其他的游离脂肪酸连续不断地形成过氧化物。由此可见，脂肪酸败是一个自动氧化的过程。

影响脂肪酸败的因素有温度、光线、O_2、水分、金属（铁、铜）离子以及食品中的酶等。因此，油脂类食品贮藏中，采取低温、避光、密封、降低含水量、避免使用铁或铜器具、在食品中添加维生素E等天然抗氧化剂等措施，均可延缓脂肪氧化酸败。

2. 淀粉老化

粮食及以粮食为原料制成的食品，淀粉是其主要化学成分，在贮藏或者加工过程中，由于淀粉老化而影响口感及风味品质。淀粉老化后与水失去亲和力，并且不易被淀粉酶水解，因而也不易被人体吸收。

淀粉老化是指糊化淀粉随着温度的降低，淀粉分子链之间的羟基生成氢键而相互凝结，破坏了淀粉糊原有的均匀结构，呈现不溶状态或称为凝沉变化。淀粉本身是一种理化性质比较稳定的成分，但是糊化后的淀粉糊却容易发生老化。老化可看作淀粉糊化的逆转变化，其本质是分散的 α-淀粉分子又自动排列成序，形成致密、高度晶化的不溶性淀粉分子微晶束。老化不可能使糊化淀粉彻底复原成淀粉（β-淀粉）的结构状态，老化淀粉的晶化程度较低。糊化淀粉经缓慢冷却后，浓度大的形成不透明的凝胶状，浓度小的形成沉淀析出，完全脱水后成为硬性凝胶，加水加热也不易溶解。

淀粉老化受多种因素的影响，首先是与淀粉的来源、淀粉中直链淀粉与支链淀粉的比例有关。一般是直链淀粉易老化，支链淀粉几乎不发生老化，故直链淀粉占比例高的淀粉易老化。其次温度、含水量、pH 等因素对淀粉老化也有很大影响。高温（>60℃）下淀粉糊稳定，不发生老化，当温度低于 60℃ 时开始老化，至 2~5℃ 时老化速度加快，低于 0℃ 时老化速度显著减慢，在 -20℃ 以下时则不发生老化变化。食品中水分含量在 30%~60% 时淀粉最易老化，含水量小于 10% 或者很高时则不易老化。例如，面包、馒头、米饭的含水量分别为 30%~40%、40%~45%、70%~75%，它们的含水量都在淀粉易老化的范围内，所以当这类食品冷凉后常因淀粉老化而失去柔软性，变得比较粗硬。pH 在 7 时淀粉容易老化，pH 在偏酸或偏碱时老化速度变慢，pH 在 10 以上或 2 以下时老化明显受到抑制。

在食品贮藏或加工中，可通过控制贮藏温度、降低食品中水分含量、调节食品的 pH、加入碱类膨松剂或乳化剂等措施，防止淀粉类食品的老化。

3. 蛋白质变性

蛋白质变性是肉类、乳类、蛋类、豆类等富含蛋白质的食品在贮藏或加工过程中发生的一种变质现象。食品中的蛋白质是以多种氨基酸为基本单位，通过主键（肽键）和副键（二硫键、离子键、酯键、氢键等）相互连接所形成的一种螺旋卷曲或折叠的四级立体构型。在贮藏或加工过程中，蛋白质的水解和变性对食品质量有很大影响。蛋白质水解是蛋白质分子的一级结构主键被破坏，最终降解为氨基酸的过程。蛋白质的二、三、四级结构的变化导致蛋白质变性，其中三、四级结构改变使蛋白质呈现可逆性变化，而二级结构改变则使蛋白质发生不可逆变性。

畜、禽、鱼肉中的蛋白质变性，会导致肉失去弹性、持水力下降、嫩度降低。禽蛋中的蛋白质变性，会使浓厚清蛋白变稀，鲜蛋质量变劣。乳蛋白变性会使乳脂肪与乳蛋白分离，并降低乳蛋白的溶解性。

植物蛋白质主要存在于豆类、油料和粮食的种子中。由于这些种子的含水量低，贮藏期间处于干燥状态，酶活力受到抑制，因而其蛋白质的性质较动物蛋白质稳定。植物蛋白质变性通常发生在人工干燥、冷冻贮藏和常温下长期贮藏中，使植物食品的质构、黏弹性和风味等受到影响。

（三）矿物质和维生素的变化

食品中的矿物质一般占食品总质量的 0.3%~1.5%，维生素含量则低至以毫克或微克计算。虽然它们在食品中的含量甚少，但对调节人体生理活动、维持代谢平衡、参与机体组织构成等方面具有重要作用。因此，微量营养成分在食品中存在的数量、状态及其变化，可对食品质量产生很大影响。

1. 矿物质对食品质量的影响

矿物质又称无机盐，是由阳离子和阴离子组成。阳离子除 NH_4^+ 外，其余都属于金属离子；而阴离子则主要是食品中的 PO_4^{3-}、Cl^- 和 NO_3^- 等。在贮藏期间，食品中的阳离子和阴离子的存在状态不断地发生变化，由此对食品质量产生以下不良影响：①无机盐离子促进自动氧化过程而使食品质量变劣。例如，油脂的自动氧化酸败、维生素的氧化分解等都因微量的铜、铁、钴、镍等金属离子的存在而加速其氧化变质。②无机盐离子与食品成分反应，可阻碍人体对无机盐的吸收利用。食品中的钙、磷、铁、镁、锌等是人体必需的矿物质，当这些矿物质与食品的某些成分结合后，便形成难以吸收的物质。例如，谷物类食品中的植酸能与钙、磷、铁、镁、锌等结合成不溶性盐类，蔬菜中的草酸、食品中的脂肪酸能与钙反应生成不溶性钙盐，金属离子与蛋白质结合的产物等都不能被人体吸收利用，从而降低了食品中无机盐的营养价值。③无机盐离子与食品成分反应生成有害物质。例如，肉类加工中添加硝酸盐或亚硝酸盐作为发色剂，蔬菜及其制品中含有较多的硝酸盐，贮藏期间食品中的硝酸盐可被腐败细菌还原为对人体非常有害的亚硝酸盐，而且亚硝酸盐还能与多种食品成分反应生成其他有毒物质。再例如，亚硝酸盐与鱼类食品中的胺、酰胺反应生成诱癌物质亚硝胺，与食品的甘氨酸反应生成剧毒的氰离子，与添加的食品防腐剂山梨酸或其盐类反应生成致突变物质，与镀锡马口铁罐作用能加速脱锡过程等。

2. 维生素对食品质量的影响

维生素按溶解性分为脂溶性维生素（维生素A、维生素D、维生素E、维生素K等）和水溶性维生素（B族维生素、维生素C、烟酸、生物素等）两大类。由于各种维生素的化学结构和理化性质的差异，因而在食品贮藏和加工中的稳定性也各不相同。

脂溶性维生素存在于食品的脂肪中，常因脂肪氧化酸败而氧化分解，使其含量降低。所以，在食品贮藏中，凡是能够控制脂肪酸败的条件和措施，便可有效地保护脂溶性维生素的存在。

水溶性维生素虽然都能溶于水，但它们的化学性质和稳定性差异较大。在食品贮藏和加工中，水溶性维生素受 pH、温度、O_2、光、A_w 及贮藏时间等因素影响而发生分解，因而使其含量显著降低而影响食品质量。例如，B 族维生素中的烟酸性质非常稳定，不易被光、热、O_2 所破坏；而维生素B_1、维生素B_2则稳定性差，易受环境因素影响而分解。C 族维生素中维生素P的稳定性远高于维生素C，但是维生素P属于黄酮类物质，常随介质 pH 的变化而改变其颜色，从而影响食品的质量。维生素C主要存在于果蔬中，在加工中易溶解于水而丢失，在贮藏中易发生氧化分解。

（四）食品化学保藏剂

食品的化学保藏历史悠久，如盐腌、糖制、醋渍、烟熏等既是我国民间传统的食品保藏方法，也是现代工厂食品加工保藏的重要方法。20 世纪初期，随着化学工业和食品科学的发展，人工化学合成的食品保藏剂开始出现，并且由于其明显的保藏效果而得以迅速地应用和发展。食品化学保藏剂的主要作用是防止食品变质腐败和延长贮藏期。

食品化学保藏剂按其来源分为天然保藏剂和化学合成保藏剂两大类。前者是以动物、植物或微生物为原料，通过提取所得的天然物质；后者则是采用化学手段，使物质通过氧化、还原、缩合、聚合、合成等反应所得到的物质。目前由于天然食品保藏剂的功效尚不够理想、商品价格高等原因，生产中使用尚少，大多使用化学合成的食品保藏剂。

食品化学保藏剂种类繁多，它们的理化性质和保藏机理也各异。按保藏机理可分为防腐剂、杀菌剂和抗氧化剂三类。当前生产中使用比较广泛的食品防腐剂有苯甲酸及其钠盐、山梨酸及其钾盐；其次为对羟基苯甲酸酯、丙酸及其盐；还有多菌灵、托布津、联苯、仲丁胺、苯来特、苯并咪唑等果蔬防腐保鲜剂。使用的食品杀菌剂主要有过氧乙酸、亚硫酸及其盐、漂白粉。使用比较多的食品抗氧化剂有丁基羟基茴香醚（BHA）、二丁基羟基甲苯（BHT）、没食子酸丙酯（PG）、L-抗坏血酸及其钠盐、植酸等。

食品化学保藏剂的使用效果是肯定的，但只能将其作为食品贮藏中的一种辅助措施，只有与其他主要措施如低温、杀菌密封等配合，才能获得满意的贮藏保鲜效果。食品化学保藏的卫生安全是人们最为关注的问题。保藏剂用量小，达不到食品保藏效果的要求；用量过大，则对食品的卫生安全构成威胁，甚至丧失食用价值。由于食品化学保藏剂的使用不当或者用量超标，由此引起消费者投诉、市场检验销毁、出口退货的事件屡有发生。因此，在使用食品化学保藏剂时，要求保藏剂必须符合食品添加剂的卫生安全性规定，并严格按照相关食品的卫生标准规定控制其用量，坚决禁止乱用和超标使用，以保证食品的质量安全。

三、 物理因素

食品在贮藏和流通过程中，其质量总体呈现下降趋势。质量下降的速度和程度除了受产品内在因素的影响外，还与环境中的温度、湿度、空气、光线等物理因素密切相关。

（一）温度

温度是影响食品质量变化最重要的环境因素，它对食品质量的影响表现在多个方面。例如，食品中发生的化学变化、酶促生物化学变化、鲜活食品的生理作用、生鲜食品的僵直和软化、与食品稳定性和卫生安全性关系极大的微生物的生长繁殖、食品的水分含量及其 A_w 等无不受温度的制约。由此可见，温度对食品贮藏和流通中的所有质量变化都会产生影响。各种影响无需一一述及，这里着重阐述温度对食品的化学变化、酶促反应、微生物活动和水分活度的影响。

1. 温度对食品化学变化的影响

食品中的化学成分是极其复杂的，除了组成动植物体原有的成分外，还有食品贮藏加工中人为添加的物质、植物性食品从田间携带的农药化肥等污染物质、动物性食品从饲料中积累的有害物质、鱼蟹等体内残存的海洋污染物质、鲜活食品新陈代谢中的次生物质等，这就使食品的成分变得更复杂、更具有多变性。温度对食品化学变化的影响主要表现在对化学变化速度的影响上。

食品在贮藏和流通中的非酶褐变、脂肪酸败、淀粉老化、蛋白质变性、维生素分解等化学变化能否发生及进行的速度，直接影响到食品质量的变化及其变化的速度。在一定的温度范围内，随着温度升高，化学反应速度加快，反应速度常数 K 值增大。

范特荷夫（Vant Hoff）规则指出，反应温度每升高10℃，化学反应的速度增加2~4倍。在生物科学和食品科学中，范特荷夫规则常用 Q_{10} 表示，称为温度系数（temperature coefficient），用式（3-1）表示。

$$Q_{10} = \frac{V_{(t+10)}}{V_t} \qquad (3-1)$$

式中　$V_{(t+10)}$ 和 V_t——表示在 $(t+10)$℃和 t℃时的反应速度。

由于温度对反应物的浓度和反应级数没有影响，仅影响反应的速度常数，所以式（3-1）又可写为：

$$Q_{10} = \frac{K_{(t+10)}}{K_t} \qquad (3-2)$$

式中　$K_{(t+10)}$ 和 K_t——表示在 $(t+10)$℃和 t℃时的反应速度常数。

根据许多测试结果，食品贮藏中的 Q_{10} 值一般在 2～4。表 3-1 所示为部分蔬菜采后呼吸强度的温度系数。由表中数据可看出，对于鲜活果蔬的生理生化变化来说，Q_{10} 并不是在整个生理过程中保持恒定，而是温度的函数。

表 3-1　　　　　　　　　　蔬菜的呼吸温度系数（Q_{10}）

种类	0.5~10℃	10~24℃	种类	0.5~10℃	10~24℃
石刁柏	3.5	2.5	胡萝卜	3.3	1.9
豌豆	3.9	2	莴苣	3.6	2
嫩荚豌豆	5.1	2.5	番茄	2	2.3
菠菜	3.2	2.6	黄瓜	4.2	1.9
辣椒	2.8	3.2	马铃薯	2.1	2.2

在食品贮藏中，如果环境温度变化范围不是很大，可将 Q_{10} 视为一个常数，如此可将式（3-2）写为：

$$Q_{10}^n = \frac{K_{(t+n \times 10)}}{K_t} \qquad (3-3)$$

式中　n——Q_{10} 值下的温度变化倍数；

$K_{(t+n \times 10)}$ 和 K_t——表示在 $(t+n \times 10)$℃和 t℃时的反应速度常数。

此式可用来估算食品在不同温度下贮藏时，化学变化程度上的差异和贮藏期的长短。例如，芦笋冻藏温度为-18℃，从低温库取出后在 22℃室温下放置，假定在-18～22℃范围内芦笋的 $Q_{10}=3$，则可估算芦笋从低温库到室温下化学变化增加的倍数为：

$$Q_{10}^n = 3^{[22-(-18)]/10} = 3^4 = 81$$

食品在贮藏中的质量下降，与其各种成分发生的一系列变化密切相关。如果降低食品的贮藏温度，就能显著降低食品中的化学反应速度，从而延缓食品的质量下降，延长贮藏期。食品的贮藏期在低温下延长、在高温下缩短，这是食品贮藏实践中应普遍遵守的一条规则。

2. 温度对食品酶促反应的影响

酶是生物活细胞产生的一种特殊蛋白质，它具有高度的专一催化活性，降低温度可极大地降低酶促反应的活化能。活化能越小，温度对酶促反应速度常数的影响也就越小。所以，许多酶促反应在比较低的温度下仍然能够缓慢进行，这也是酶促变化在食品贮藏中广泛存在的重要原因之一。

绝大多数食品都是来源于生物界的动物和植物，尤其是水果、蔬菜、鱼、蟹、禽蛋等鲜活食品，生肉、鲜乳等生鲜食品，以及粮食、油料的种子等，它们体内存在着具有催化活性的多种酶类。贮藏期间由于酶的活动，特别是水解酶类和氧化还原酶类的催化作用，会导致多种多样的酶促反应。例如，酶促褐变反应、淀粉的水解糖化、鲜活食品的呼吸作用等，无不是在酶的催化下进行的。

温度对食品酶促反应的影响远比对非酶反应的影响复杂，这是因为温度对酶促反应具有双重影响的结果。即一方面酶促反应与非酶的化学反应相同，温度升高，活化分子数增多，酶促反应的速度加快；另一方面酶是蛋白质，在温度升高过程中，酶会逐渐变性失活，酶促反应的速度就相应减弱，在更高温度下，酶促反应速度则急剧下降或者停止。

动物体内酶的最适温度一般在35~45℃；植物体内酶的最适温度略高，一般在40~55℃；食品中大多数酶的最适温度在30~40℃，50℃以上时活力已显著降低，60℃以上时变性失活。但有些酶如过氧化物酶（POD）是一种热稳定性酶，要使之失活必须在75℃加热几分钟。经过125℃处理失活以后的乳过氧化物酶，甚至在24h后仍有一些活力可以再生。又如豌豆中的POD，经40s热烫失活后酶活力仍然可以再生，甚至热烫后立即冷冻贮藏在-18℃下，在两个月内仍然能检出POD的活力。在酶失活百分率相同的状况下，高温短时间处理有利于酶活力的再生。因此，在热力杀菌向高温短时方向发展时，必须重视酶活力再生的问题。另外，在低温下酶的活性虽然受到抑制，但并未完全失活，有的酶甚至在冷冻状态下仍然具有一定的催化活力。对于长期冻藏的食品来说，由于其质量变化是逐渐积累而且是不可逆的，所以酶促反应对食品质量的影响是一个不可忽视的问题。

3. 温度对微生物活动的影响

微生物与食品保藏有非常密切的关系，除了少数食品是通过微生物的发酵作用增强其贮藏性能外，绝大多数食品如果被微生物污染就有可能导致发霉、腐败或发酵，少数病原微生物还会引起食物中毒或传染疾病。因此，抑制或杀灭微生物是食品保藏的最重要措施。

微生物对食品的侵染危害受多种物理因素制约，其中温度是影响最大、也最容易控制的一个因素。

（1）微生物生长的适应温度　根据微生物适应生长的温度范围，将微生物分为嗜冷性、嗜温性和嗜热性三个生理类群，每一类群微生物适应生长的温度范围包括最低、最适和最高温度（表3-2），将这种现象称为微生物生长温度的三基点现象。

表3-2　　　　　　　　　　　　微生物的适应生长温度

微生物类群	生长温度/℃			举例
	最低	最适	最高	
嗜冷微生物	-10~5	10~20	25~30	水和冷藏中的微生物
嗜温微生物	10~20	25~30	40~45	腐生微生物
	10~20	37~40	40~45	寄生于人和动物的微生物
嗜热微生物	25~45	50~55	70~80	温泉、堆肥中的微生物

嗜冷微生物可在-10~30℃的范围内活动，最适生长温度为10~20℃。海洋、湖泊、河流以及食品冷藏场所存在的微生物多属于此类。

嗜温微生物也称中温微生物，适应生长温度为10~45℃，最适生长温度为25~40℃。食品发酵用的菌种、引起食品原料和成品腐败变质的微生物以及引起人和动物疾病的微生物，往往都属于这一类群。食品通常处于自然温度下，嗜温性微生物与食品贮藏的关系最为密切。

嗜热微生物的适应生长温度为25~80℃，最适生长温度为50~55℃。这类微生物常存在于动物的青贮饲料、土壤堆肥和温泉中，与食品贮藏的关系不大。

微生物在最适温度下的生长繁殖速度最快，因而对食品贮藏的卫生质量影响也就最大。值得指出的是，这里所说的最适温度是仅对微生物生长而言，而微生物生长的最适温度与微生物发酵产品积累的最适温度往往是不相同的。例如，乳链球菌的最适生长温度为34℃，而发酵最快的温度为40℃。

（2）低温对微生物的抑制作用　如前所述，微生物的生命活动是在酶的催化下进行的，而酶活力是受制于温度的。因此，在正常的温度范围内，微生物才能维持正常的新陈代谢，体内的各种生化反应才能协调地进行。由于不同的生化反应是由相应的酶催化的，其活化能也就不同，各生化反应的Q_{10}也各不相同。因此，当环境温度下降时，微生物体内的各种生化反应按照各自的Q_{10}减慢其反应速度。由于减慢的速度不同，因而破坏了微生物体内各种生化反应原来的协调一致性，导致了微生物生理代谢失调。温度下降幅度越大，则失调越严重，微生物的生长速率越小。

但是，大多数微生物对低温的敏感性较差，当它们处于最低生长温度时，虽然新陈代谢活动已降至极低的程度，呈现休眠状态，生命活动几乎停止，但其活力仍然存在。一旦温度回升，又能迅速生长发育，不论嗜冷、嗜温或嗜热的微生物都是如此。但也有少数微生物在一定的低温范围内，还可以缓慢地生长。据报道，在-10℃可以繁殖的微生物有13种，其中细菌6种，酵母菌4种，霉菌3种，尤其是酵母菌比其他微生物更耐低温。

降温的程度对微生物的生命活动有很大影响，由此对食品贮藏的质量产生影响。在0~10℃的冷藏温度下，由于嗜温微生物的生长和果蔬的生理代谢均被抑制，因而除了一些热带果蔬易发生生理伤害外，其他寒温带、温带和亚热带的果蔬一般都可以在此温度范围很好地贮藏。另外，肉、乳、蛋、面包、糕点等非密封杀菌食品，在此冷藏温度下也可有效地进行贮藏。当然，对于贮藏时间较长的食品，冷藏温度下的霉变、腐败、发酵变质还是不可避免。冰点左右温度对许多食品的贮藏效果要明显优于冷藏温度，但嗜冷微生物仍然能够活动而危害食品，所以食品变质仍可发生。当产品温度降至-5~-2℃时，菌数下降的比率较大，食品贮藏的效果显著增强。但温度再低时，菌数下降的比率减小。通常认为，当产品温度降至-18℃时，就可以抑制所有微生物的生长繁殖，而且也可以抑制绝大多数酶的活性，所以食品能够长期、安全地贮藏。这也是-18℃作为食品商业贮藏温度的基本理论依据。但是，食品在冷冻过程中，由于冰晶的形成破坏了食品组织细胞的结构性状而影响其固有质量。为减轻这种不良影响，食品工业中常采用速冻技术，效果很好。

降温速度也是影响微生物死亡率的一个重要因素。在食品冻结过程中，缓冻比速冻能使更多的微生物死亡。这是因为缓冻时，微生物体内形成体积较大的冰晶对细胞产生机械伤害，并促进蛋白质变性；而速冻则能使产品迅速通过最大冰晶生成带（-5~-3℃），微生物体内形成的冰晶数量多而体积小，所以对菌体的损伤相对较小。但也有实验认为，微生物的死亡与冷冻的速度几乎无关，但是在一定温度范围内，降温过程中的速度快慢，对某些微生物的死亡率有明显的影响。例如，处于45℃生长的大肠杆菌，使其所处温度迅速下降至10℃，结果造成对数期幼龄菌体大半死亡，而缓慢降温时则无此种现象。对此现象的解释是由于快速冷却，微生物遭受"冷休克"所造成的。

不同微生物对冷冻低温的耐受力不同。例如，球菌比革兰阴性杆菌的抗冷冻能力强，引起食物中毒的葡萄球菌属和梭状芽孢杆菌属的细菌较沙门菌属的细胞耐冷冻低温，具有芽孢的菌体细胞和真菌的孢子都具有较强的抗冷冻能力。

低温环境中的微生物，在高水分介质中比在干燥介质中容易死亡，在反复冻结和解冻的介质中比一直处于冻结状态下更容易死亡，在低 pH 介质中比在中性介质中容易死亡。

在冻结过程中，食物中的胶体物质、蛋白质、脂肪、糖、盐等对微生物有一定的保护作用，但冷冻食品中的微生物数量总是随着贮藏时间的延长而呈递减趋势。一般情况下，冻藏一年之后微生物的死亡数为原菌数的 60%~90%，在低 pH 食品中的死亡率更高。

（3）高温对微生物的致死作用　当环境温度超过了微生物的最高生长温度时，一些对热较敏感的微生物就会立即死亡，而另一些对热耐受力较强的微生物虽不能生长，但尚能生存一段时间。Wesier（1962）曾指出，凡是在 61.6℃经 30min 尚能生存的微生物称为耐热微生物。与食品有关的耐热微生物主要属于芽孢杆菌属和梭状芽孢杆菌属，其次是链球菌属和乳杆菌属。在高温条件下，由于微生物体内的酶变性失活，由此导致微生物丧失新陈代谢功能而致死。

耐热微生物生长的最适温度在 50~55℃，生长的最低温度也在 25~45℃。所以，其生长与食品热加工的关系非常密切，而与食品贮藏的关系不大。但在果蔬贮藏中，如果码垛或堆积过于密集，堆垛内部往往通风散热不良，有可能使温度上升到 40~50℃，结果不但造成果蔬生理上的"热伤"，而且有利于耐热菌活动而引起腐烂。

4. 温度对食品含水量的影响

水分在食品中具有重要的意义，它既是构成食品质量的重要物质，又是影响食品贮藏中稳定性的重要因素。水分不仅影响食品的营养成分、风味、质地和外观形态，而且影响微生物的生长活动、食品的理化变化等。由此不难看出，食品的含水量、特别是 A_w 与食品的质量及贮藏性的关系非常密切。

食品的含水量是指在一定的温度、湿度等外界条件下食品的平衡水分含量。当外界条件发生变化时，食品的含水量也随之变化。食品中的水分由液相变为气相而散失的现象称为水分的蒸发（对于新鲜果蔬的失水现象则称为蒸腾），这是引起食品含水量减少的重要原因。

对于新鲜的果蔬、肉禽鱼贝蛋及许多其他高含水量食品而言，它们在贮藏和流通过程中，经常有水分蒸发现象存在，水分蒸发会对其品质产生不良的影响。新鲜果蔬由于蒸腾失水过多而使外观萎蔫皱缩、新鲜度和脆嫩度下降、质地变得柔韧或糠心，严重者丧失商品价值和食用价值；一些组织疏松的食品如糕点、面包、馒头等，由于水分蒸发而产生干缩僵硬现象；香肠、腌肉、熏鱼、松花蛋等初级加工食品由于失水过多，也常有干缩僵硬现象发生。这不仅降低了食品的品质和商品价值，而且加大了食品的重量损耗，特别是冷藏和冻藏的食品，由于贮藏的时间长，因水分蒸发引起干耗所造成的经济损失不可低估。

食品在贮藏和流通过程中，影响水分蒸发的主要环境因素是温度、湿度和空气流速，其中温度影响最大。食品水分蒸发的直接诱因是环境空气中存在饱和湿度差，饱和湿度差越大，食品失水就越快越多。而饱和湿度差与温度高低密切相关，在一定的相对湿度或绝对湿度条件下，饱和湿度差则随着温度升高而增大（表3-3）。

表3-3   空气温度对湿度的影响

温度 （℃）	饱和湿度/ （g/m³）	相对湿度80%时的饱和 湿度差/（g/m³）	绝对湿度4.9g/m³ 时	
			饱和湿度差/（g/m³）	相对湿度/%
−1	4.4	0.88	−0.55*	111*
0	4.9	0.98	0	100
1	5.2	1.04	0.3	94.2
2	5.6	1.12	0.7	87.5
3	6	1.2	1.1	81.7
4	6.4	1.28	1.5	76.6
5	6.8	1.36	1.9	72.1
6	7.3	1.46	2.4	67.1
10	9.4	1.88	4.5	52.1
12	10.6	2.12	5.7	46.2

注：*空气湿度过饱和，多余的水气将从空气中析出。

从表3-3可以看出这样的关系：①相对湿度相同而温度不同时，饱和湿度差随温度升高而增大；②绝对湿度不变而温度变动时，饱和湿度差随温度升高而增大，相对湿度则随温度升高而降低。

这里所涉及的有关湿度的概念将在下面湿度部分予以介绍。

（二）湿度

众所周知，自然空气或食品贮藏环境空气中都含有水蒸气，水蒸气含量的多少影响到环境湿度的高低。食品贮藏和流通环境中的湿度直接影响食品的含水量和 A_w，从而对食品的质量和贮藏性产生极大地影响。

1. 与湿度有关的基本概念

（1）湿度　湿度是指空气中的水蒸气含量或水蒸气压的高低。前者用每立方米空气含水蒸气的克数（g/m³）表示，后者用压强单位 Pa 表示。

（2）绝对湿度　绝对湿度是指空气中实际所含水蒸气的数量，即单位体积空气中所含水蒸气的质量或水蒸气所具有的压强。很显然，空气的绝对湿度随着环境温度、湿度、空气流动等的变化而在一定范围内波动。

（3）饱和湿度　饱和湿度是指在一定温度下，单位体积空气所能容纳的最大水蒸气量或水蒸气所能具有的最大压强。环境湿度升高，空气的饱和湿度增大，也就是饱和蒸气压增大。

（4）相对湿度　相对湿度是指空气绝对湿度与同温度下饱和湿度的比值，用百分数表示。即：

$$相对温度 = \frac{绝对温度}{饱和温度} \times 100\%$$

生产实践中常以测定相对湿度来了解空气的干燥程度。由于相对湿度不能单独表明空气饱和湿度差的大小，还与温度的高低有关，所以测定空气相对湿度时，还应同时测定环境的空气温度，才能比较准确地估计出食品在所处环境中蒸发的强度。

（5）饱和湿度差　空气的饱和湿度与同温度下空气的绝对湿度之差称为空气的饱和湿度差。即：

饱和湿度差 = 饱和湿度 − 绝对湿度 = 饱和湿度 × （1 − 相对湿度）

前述已提到引起食品水分含量变化的直接诱因是饱和湿度差的存在，温度对饱和湿度差有重要影响。除了温度外，空气绝对湿度和空气流速等也会对饱和湿度差产生影响。如果温度固定而绝对湿度变化（增大或减小）时，饱和湿度差和相对湿度也随之变化，绝对湿度与饱和湿度差的变化呈负相关，与相对湿度的变化则呈正相关。因此，对于果蔬等含水量高的鲜活和生鲜食品，可采取增高相对湿度，降低饱和湿度差，以减少水分蒸发损失；对于粮食、干制果蔬、食糖、食盐等则应采取除湿措施，降低相对湿度，以防止食品吸潮。

2. 高湿度下食品对水汽的吸附与凝结

食品种类很多，各种食品对贮藏环境湿度的要求不尽相同，有的甚至差异很大。例如，大多数新鲜果蔬贮藏的适宜相对湿度为90%~95%，而粮食、果干、菜干、茶叶、膨化食品、肉干、鱼干等贮藏时则要求干燥条件，空气相对湿度一般应小于70%。但是，现实中环境相对湿度超过70%的情况非常普遍，如果环境湿度偏高，易发生食品对水气的吸附或者水汽的凝结现象。

（1）食品对水蒸气的吸附　这里所说食品对水蒸气的吸附，是指食品对环境中水蒸气分子的吸附，属于固体表面对水汽的吸附。对水蒸气具有吸附作用的食品主要有脱水干燥类食品、具有疏松结构类食品和具有亲水性物质结构的食品（食糖、食盐等）。食品吸附水分后，对其品质及贮藏安全性会产生不良影响。干燥类食品吸附水蒸气后，其含水量增加，A_w 相应增大，食品的品质及贮藏性下降。例如，茶叶在湿度大的环境中贮藏，由于吸附水汽而加速其变质，色、香、味品质急剧下降，当含水量超过12%时，甚至会出现霉变；许多果干、菜干在高湿度环境中贮藏时，有类似茶叶的吸附水蒸气而发生变质的现象；小麦、大米、玉米、豆类等粮食在高湿环境中虽然也能吸附一定的水汽，但由于它们具有种皮或表面致密的组织结构，吸附水分对它们的品质及贮藏安全性的影响远不如对其粉制品（面粉、米粉、豆粉）的影响显著。

具有疏松结构类食品如膨化食品、饼干等，由于具有很大的空隙度，在高湿环境中除了表层吸水外，其结构内部也能充分接触空气而吸附水蒸气。这类食品吸附水分的速度及数量往往较干制食品更快更多。吸附水分后对其品质影响最大的是质地，表现为松脆度下降，口感变差，严重时丧失商品价值，甚至发霉变质。

食糖和食盐在贮藏中，如果处于高湿条件下，极易吸附水蒸气而受潮溶化。糖制品受潮后，还会引起酵母繁殖而变味。受潮的食糖在空气湿度较低的环境下，则使吸附的水分解吸而引起干缩结块，使食糖及糖制品的商品质量严重受损。受潮溶化易发生在含还原糖较多的食糖如赤砂糖和红砂糖，吸潮后还容易出现卤包，严重时发生淌浆。

高湿度下食品对水蒸气的吸附，主要发生在散装食品及包装食品解除包装后的销售、消费过程中。因此，对易于吸附水分的食品采用良好包装是非常必要的。

（2）食品对水蒸气的凝结　食品贮藏中所谓的水蒸气凝结，是指空气中的水蒸气在食品或包装物表面凝结成水的现象。水汽在食品上凝结会增加食品自由水的含量，使食品的 A_w 增大，加速食品质量劣变而降低耐藏性。尤其是凝水为微生物摄取营养提供了有利条件，从而增大了食品腐败变质的可能，降低了食品贮藏的安全性。

在食品贮藏过程中，水蒸气的凝结是由于食品或其包装材料周围的空气湿度处于过饱和状态时，多余的水蒸气凝结在食品或包装材料的表面所致。具体产生凝水的原因有以下几种情况。

①库温波动引起的水汽凝结：这种情况多发生在果蔬冷藏库中。冷藏库通常保持低温高湿条件，当库温出现较大幅度波动时，就有可能使库内湿度出现过饱和状态，导致部分水蒸气在食品或其他物体表面上凝结成水。

②塑料薄膜封闭引起的水汽凝结：这种情况多发生在果蔬自发气调贮藏（modified atmosphere storge，MA），即用塑料帐或塑料袋密封贮藏中。如果将未经预冷或预冷不够充分的果蔬密封在塑料薄膜帐或袋中，果蔬本身携带大量的田间热，加之呼吸作用产生的呼吸热，使薄膜内的温度升高，薄膜内外两侧存在着温度梯度。在塑料薄膜内部，果蔬在不断地蒸腾失水，水蒸气由于薄膜的阻障而不能自由地通过，因而薄膜内侧的蒸气压比较高，当库温降低时，薄膜内侧附近空气层的水蒸气出现过饱和状态而在薄膜内表面凝结成水。凝水少时只在薄膜内表面附着雾状水珠；凝水多时可形成水珠；凝水严重时，形成体积更大的水滴，水滴滴落在产品上，在果蔬表面长期滞留极易引发腐烂病害。果蔬 MA 贮藏中产生的凝水现象非常普遍，对贮藏造成的损失也比较多见，对此应给予足够重视。

③冷藏食品出库后引起的水汽凝结：冷藏库内贮藏的食品温度比较低，食品出库后，当外界气温高于食品的温度时，便会以食品为中心形成一个温度梯度，越靠近食品表面空气的温度越低，当靠近食品表面空气的温度降至露点时，过饱和水蒸气在食品表面凝结成水。这种情况常发生在冷藏果蔬出库上市时，当库内外温差超过 10℃ 左右，果蔬表面易出现凝水，库内外温差越大，凝水便越严重。凝水易引起食品腐烂变质，影响食品的货架寿命。

④库房通风引起水汽凝结：食品仓库管理中常常要进行通风换气，当库内外的温度或湿度不同时，可导致库内空气湿度出现过饱和而引起水汽凝结。这里常有两种情况引起水汽凝结，第一种情况是当外界气温低于库温时，通风使库温下降，导致库内原来的高湿度空气变为过饱和状态而出现凝水；第二种情况是库外空气湿度很高时，通风使库外高湿度空气进入低温库房，低温使高湿空气中的水蒸气达到过饱和状态而出现凝水，这种情况常发生在北方雨季或南方高温高湿季节对冷藏库进行的通风换气中。

⑤空气移动引起的水汽凝结：食品贮藏库里的空气不是静止不动的，各部位的温度也不是均匀一致的，尤其是果蔬贮藏库一般保持高湿度条件。当库房里存在温度梯度时，空气必然由温度较高的区域向温度较低的区域自然对流，当水蒸气密度较大的高温空气到达低温区域时，就有可能使原来处于未饱和状态的空气变为过饱和状态，致使水蒸气在低温处的食品或其他物体表面上凝结。

在以上几种引起食品凝水的原因中，以库温波动、塑料薄膜封闭、冷藏食品出库引起的凝水在现实生产中比较常见，对食品贮藏及市场销售造成的影响较大。因此，根据凝水产生的原因，采取相应的控制措施，对提高食品贮藏效果具有重要意义。

3. 低湿度下食品的失水萎蔫与硬化

（1）食品的失水萎蔫　低湿度下食品的失水萎蔫主要发生在新鲜果蔬的贮藏和销售中。果蔬是高含水量的食品，其组织内的空气湿度接近饱和状态，而环境中的空气湿度通常总是低于果蔬组织内的空气湿度，因此果蔬在贮藏、运输、销售过程中的蒸腾失水便成为一个不可避免的生理现象。在同一温度条件下，环境湿度越低，水蒸气的流动速度便越快，果蔬组织的失水就越快。当失水达到一定程度时，果蔬表层组织的细胞膨压显著降低，体积收缩，表面表现出萎蔫或皱缩状态。对于许多种果品来说，失水5%左右就有可能使其果面出现皱缩。萎蔫或皱缩不但使产品的新鲜度受损，而且表明其耐藏性和抗病性下降。因此，绝大多数果蔬贮藏中，必须杜绝低湿条件，而应采取高湿度。关于这方面的内容，在本书第三章有关果蔬贮藏部分有更详细的叙述。

（2）食品的失水硬化　低湿度下食品的失水硬化主要发生在一些组织结构疏松的食品中，如面包、糕点、馒头、绵白糖等，如果不进行包装，上市后由于水分蒸发而易产生硬化、干缩现象，不仅影响其食用品质，而且影响其商品价值。

环境湿度越低，食品失水越快越多，其硬化发生越早越严重。生产中解决这种问题的措施不可能是提高环境湿度，而是采取保鲜包装、缩短货架期等措施。

食品贮藏中低湿度下的失水硬化与高湿度下对水气的吸附与凝结相比，后者对食品的影响更大更广泛，因而重视的程度较高，而对前者的重视程度不够。但是，对于面包、糕点等食品而言，失水硬化是市场流通中不可忽视的一个问题。

（三）气体

空气的正常组成是 N_2 78%，O_2 21%，CO_2 0.03%，其他气体约1%。在各种气体成分中，O_2 对食品质量变化的影响最大，如鲜活食品的生理生化变化、脂肪的氧化酸败、某些维生素（维生素C、维生素A、维生素E等）的氧化无不与 O_2 有关。在低氧条件下，上述氧化反应的速度变慢，有利于保持食品的质量。有关气体成分对食品质量影响的研究和实践，目前主要集中在果蔬的气调贮藏领域。在适宜的低温条件下，改变贮藏库或塑料薄膜帐、袋中的空气组成，即降低 O_2 浓度和增加 CO_2 浓度，不但可以降低果蔬的呼吸速率，延缓成熟衰老进程，有利于保持果蔬固有的色泽、风味、质地等商品品质，而且能够增强果蔬的抗病性，延长贮藏期和货架期。有关气体成分对果蔬质量及贮藏性的影响，在本书第三章果蔬贮藏部分将详细论述。

近年来，气调贮藏除了主要应用于果蔬的贮藏保鲜外，已经开始用于切花保鲜及粮食、油料、肉及肉制品、鱼类、禽蛋、膨化食品等的贮藏。这些食品常常采用脱氧包装、充氮包装、真空包装、在包装中使用脱氧剂、在食品中添加抗氧化剂等方式来减缓或阻止食品的氧化变质。

在低氧条件下，好气性微生物的生长活动受到抑制，可减轻由微生物引起的食品变质。另外，低浓度 O_2 可迫使昆虫休克甚至死亡，高浓度 CO_2 可迫使昆虫中毒而窒息死亡。因此，对于粮食及其许多制品、果干、菜干、乳粉等食品，长期贮藏尤其是贮藏过夏时，降低 O_2 或充入 CO_2，能够有效地控制生虫引起的食品变质。

（四）光照

光照包括日光和灯光照射，通常引起食品质量变化的主要是指前者。光照引起食品质量变化的主要表现为食品的着色、脱色、脂肪酸败、维生素和氨基酸分解、产生不良气味等。但麦角固醇受太阳光、紫外线照射变为维生素D则是有益变化。

光照使食品着色的例子很多。例如，马铃薯贮藏中长期受太阳光照射，受光部位的薯皮变为绿色，绿色部分的龙葵素含量明显增加；清酒放置在有光照的场所，从淡黄色变为褐色；光照可引起色氨酸分解，其溶液经日光曝晒则可着色而褐变；肌红蛋白是畜禽肉类呈现鲜红色的主要动物色素，紫外线照射及其他多种理化因素都可能使肌红蛋白变性，并使血红素从肌红蛋白中游离出来，进而氧化为羟基血红素，更加速了肉类颜色的褐变；绿色果蔬在光照下贮藏、运输或销售，光照可促进叶绿素分解而使绿色逐渐消退，使产品的新鲜度下降；光照对于性质较稳定的氨基酸类也有促进氧化的作用，例如含硫氨基酸在光的作用下，会产生特有的氧化臭；维生素 B_2 对光辐射尤其是紫外光很敏感，在酸性介质中分解较少，在微酸性和中性介质中分解为蓝色荧光物质，在碱性介质中分解生成荧光黄素；维生素 B_2 的光分解又可导致氨基酸的光分解，畜乳及其饮料在光照下诱发的日光臭便是明显的例证；蛋白质也可因日光、紫外光照射而发生不良变化，例如酪蛋白溶液在荧光物质存在时，经日光照射，酪蛋白中的色氨酸分解，营养价值下降；卵蛋白经紫外光照射，其黏度虽无变化，但表面张力降低，这是与热变性不同的一种蛋白质变性。

从以上列举的变化可以看出，光照对食品质量也是一个不可忽视的影响因素。一般要求对食品避光贮藏，或用不透光的材料包装，是减轻或避免食品因光照而变质的重要措施。

四、 其他因素

除了上述生物因素、化学因素、物理因素对食品的贮藏质量产生重要影响外，原料的质量状况、食品的包装、贮藏和加工技术等对其质量也有一定的影响。这些影响因素从严格意义上来说，也应分属于生物的、化学的或物理的因素范畴。但为了引起食品贮藏和流通环节对这方面问题的重视，有必要对这些影响因素分别予以简要介绍。

（一）原料的质量状况

除了水分和人工合成的食品添加剂外，绝大多数食品原料都是来自于农业部门的种植业和养殖业。有少数食品原料直接从自然界获取，如陆地上的野生动植物，江河湖海中非人工养殖的水生动植物。由于食品原料来源的复杂性及其理化特性的多样性，因而食品原料的质量状况是千差万别的，由此导致食品在贮藏和流通中的质量变化速度不同。例如，果蔬田间生长期间发育良好，除食用品质较佳外，采后还具有较强的抗病性和耐藏性，质量下降的速度也比较慢；家畜屠宰前的饲养和管理与屠宰后肌肉的微生物感染率也有关系，饲养良好、屠宰前得到适当休息的家畜，屠宰后肌肉的微生物感染率要比管理不善的家畜肉低得多，感染率低的质量下降速度就比较慢；鸡、鸭、鹅等蛋用家禽在养殖中，选用优良品种，饲料搭配合理，管理科学，不但产蛋率高，而且蛋的质量和贮藏性都比较好。

原料的质量状况除与种植或养殖的种类品种、自然条件、农业技术措施密切相关外，还与原料的收获或屠宰技术、贮藏方式、预处理及加工技术等因素有关。由于这方面涉及的内容非常宽泛，此处不可能一一述及。

（二）包装

食品在贮藏、运输、销售过程中，环境因素对食品的营养、卫生、商品性状等会产生不利的影响。通过包装，不但可控制光照、O_2、湿度、昆虫、微生物、尘土、杂物、物理损伤等对食品质量造成的影响，对食品起到保护作用，而且对食品还能起到美化、宣传、推销、增值等作用。显然，工业食品一般都有相应的包装。同样，对于许多农产品、半成品、鲜活或生鲜食品来说，它们有无包装、包装的材料和方法、包装的质量等对其贮藏性及流通性具有举足轻重的影响。例如，蒜薹在冷藏条件下只能贮藏 2 个月左右，但采用聚乙烯（PE）或聚氯乙烯（PVC）薄膜袋包装贮藏，贮藏期一般可达到 6~8 个月；鲜肉如果暴露在空气中，肉的表面连续受到氧化，就会变成褐色而降低新鲜度，时间再延长，将会受到细菌侵染而腐败变质；芳香性食品如茶叶、咖啡、可可和调味品，如果没有保鲜包装，则其固有的香气必然散失，以致丧失商品价值；不包装的干制食品如果干、菜干、饼干、膨化食品等，极易吸潮变质；散装的粉状食品如砂糖、食盐、乳粉和固体饮料等，易吸湿而结块，纯度低的砂糖和食盐还易吸湿潮解。这些都反映出包装对保持食品贮藏及流通质量的重要性。

食品包装的容器及材料很多，并且随着化学工业和食品工业的发展，新型包装容器和包装材料不断地涌现。在食品生产、贮藏和流通中，根据各种食品的理化及商品特性，采用科学、合理的包装，是保证食品质量不可忽视的因素。

（三）贮藏与加工技术

贮藏与加工技术是对食品质量的影响具有广泛性、经常性和复杂性的因素。由于生产技术不完善、疏漏甚至出现差错，对食品的质量及保藏性可能造成严重影响。例如，果蔬采用自发气调（MA）法贮藏时，采收期早晚、入塑料帐袋前是否预冷、采后距离装入塑料帐袋时间的长短、塑料帐袋内壁是否结露、塑料帐袋内的 O_2 和 CO_2 浓度配比是否适当、库内温度高低等对果蔬的贮藏期和商品质量构成综合影响因素，只有做到适期采收、采后充分预冷、预冷后及时装入塑料帐袋、减少或避免塑料帐袋内壁结露、控制适宜的低温与 O_2 和 CO_2 浓度，以及其他条件的良好配合，才能使果蔬具有较长的贮藏期和货架期、较少的贮藏损耗和良好的商品质量。再例如，罐头食品加工中，原料的污染程度、预留顶隙的大小、排气是否充分、密封是否完全、杀菌是否彻底、冷却是否及时等对其质量及保藏性构成综合影响因素，只有原料污染少并经过充分洗涤、顶隙高度适当、排气充分、密封完全、杀菌彻底、冷却及时及其他条件的良好配合，才能生产出质量合格的罐头食品。

从以上两例可以看出，食品贮藏保鲜或者加工的质量与效果，是一个受贮藏或加工技术影响的系统工程，其中任何一个因素或环节的缺失，都会对食品的保藏性及质量带来不良后果，甚至导致失败而造成严重的经济损失。

第二节　食物中毒与危害因素

食物中毒是指人摄入了含有生物性、化学性有毒有害物质的食物，或把有毒有害物质误作食物摄入，由此引起的非传染性急性或亚急性疾病。食物中毒既不包括因暴饮暴食而引起的急性胃肠炎、食源性肠道传染病和寄生虫病，也不包括因一次大量或长期少剂量摄入某种有毒有害物质而引起的以慢性毒害为主要特征（例如：致癌、致畸、致突变）的疾病。

食物中毒的原因虽然各不相同，但是发病具有以下共同点：没有人与人之间的传染过程，潜伏期短，发病呈暴发性，短时间内有多数人发病；中毒病人一般具有相同或相似的临床表现，常常出现恶心、呕吐、腹痛、腹泻等消化道症状；发病与食物有关，患者在近期内食用过同样的食物，发病范围局限于食用该有毒有害食物的人群；食物中毒者对其他人不具有感染性。

由生物性、化学性有毒有害物质引起的食物中毒，按照病原物的来源可分为细菌性食物中毒、真菌性食物中毒、病毒性食物中毒、植物性食物中毒、动物性食物中毒和化学性食物中毒。各种食物中毒的原因、机理及其对人体健康的危害简述如下。

一、　细菌性食物中毒

细菌性食物中毒系指人摄入被致病细菌或其毒素污染的食物后，发生急性或亚急性疾病。细菌性食物中毒在发生的各种食物中毒中最为常见，我国每年发生的细菌性食物中毒事件占食物中毒事件总数的30%～90%，人数占食物中毒总人数的60%～90%。细菌性食物中毒多发生在夏秋季节，引起中毒的食物主要为肉、鱼、乳及其制品等动物性食品。植物性食品如剩饭剩菜也会引起葡萄球菌肠毒素中毒。

近年有关食物中毒的统计资料表明，我国发生的细菌性食物中毒以沙门菌属、变形杆菌属和葡萄球菌肠毒素食物中毒较为常见，其次是副溶血性弧菌、蜡样芽孢杆菌、致病性大肠杆菌、肉毒梭菌毒素食物中毒。

（一）食物的细菌污染

细菌性食物中毒主要是由细菌污染食物所致。细菌污染食物的途径可概括为：①动物在屠宰或植物在收获、运输、贮藏、销售等过程中受到致病菌的污染；②被致病菌污染的食物在高温下存放，食品中充足的水分及丰富的营养条件使致病菌大量生长繁殖或产生毒素；③食品在食用前未烧熟煮透，或熟食受到生食交叉污染，或从业人员带菌污染；④食品加工环境中卫生质量差，使食物原料或半成品被致病菌污染，杀菌又不彻底时，残留的致病菌在流通过程中继续繁殖而产生污染。

（二）细菌性食物中毒发生机理

细菌污染食物，不仅可使食物腐败变质，有的还可产生毒素。细菌毒素可分为内毒素和外毒素两类。内毒素存在于菌体内，是菌体的结构成分，细菌在生活状态时不释放出来，只有当菌体自溶或用人工方法使细菌裂解后才释放出来。大多数革兰阴性菌都有内毒素，如沙门菌、志贺杆菌、大肠杆菌等。外毒素是有些细菌在生长过程中产生的，并可从活的菌体扩散到环境中的毒素。外毒素比内毒素毒性强，小剂量即能使易感机体致死。产生外毒素的细菌主要是某些革兰阳性菌，也有少数是革兰阴性菌，如志贺杆菌的神经毒素、霍乱弧菌的肠毒素等。一般外毒素是蛋白质，不耐热，具有亲组织性，选择性地作用于某些组织和器官，引起特殊病变，能刺激机体产生特异性的抗毒素。

细菌性食物中毒发病机理可分为感染型、毒素型和混合型三种类型。

1. 感染型

病原菌随食物进入肠道，在肠道内继续生长繁殖，附在肠黏膜表层或侵入黏膜及黏膜下层，引起肠黏膜充血、白细胞浸润、水肿、渗出等炎性病理变化。某些病原菌进入黏膜固有层后可被吞噬细胞吞噬或杀灭，大量死亡的病原菌可释放出内毒素，内毒素可作为致热源刺激体温调节中枢而引起体温升高，也可协同致病菌作用于肠黏膜，使人机体产生胃肠道症状。感染型食物中毒常由沙门菌、变形杆菌等引起。

2. 毒素型

某些病原菌污染食物后，在食物中大量生长繁殖，并产生引起急性胃肠炎反应的肠毒素。大多数病原菌产生的肠毒素为蛋白质，对酸有一定的抵抗力，随食物进入肠道后，主要作用于小肠黏膜细胞膜上的腺苷酸环化酶或鸟苷酸环化酶，使其活性增强。在该酶的作用下，小肠黏膜细胞内的三磷酸腺苷或三磷酸鸟苷脱去两个磷酸并环化成环-磷酸腺苷（cAMP）或环-磷酸鸟苷（cGMP）。cAMP和cGMP是细胞内刺激分泌的第二信使，其浓度升高可致细胞分泌功能改变，对 Na^+、Cl^- 和水在肠腔潴留而致腹泻。毒素型食物中毒常由葡萄球菌、肉毒梭菌等引起。

3. 混合型

感染型食物中毒是食用了含有大量病原菌的食物，病原菌进入人体后迅速生长繁殖而引起中毒。毒素型食物中毒是病原菌先在食物内生长繁殖、产生毒素，然后毒素随食物进入人体而引起中毒。但是，某些病原菌进入肠道后，除侵入黏膜引起肠黏膜的炎性反应外，还产生引起急性胃肠道症状的肠毒素。这类病原菌引起的食物中毒是致病菌的侵入性和其产生毒素的协同作用所致，因而其发病机理为混合型。引起混合型食物中毒的常见病原菌有副溶血性弧菌、蜡状芽孢杆菌等。

（三）几种常见的致病细菌

1. 沙门菌

致病性最强的沙门菌是猪霍乱沙门菌、鼠伤寒沙门菌和肠炎沙门菌，主要污染肉类食品。沙门菌食物中毒是沙门菌侵袭肠黏膜而导致的感染型中毒。

预防沙门菌属中毒，首先要防止病原菌污染，加强企业卫生管理，严禁食用病死的畜禽，生熟食品要分开，要避免交叉污染；其次要抑制细菌生长繁殖，食品要低温贮存；再是加热杀死病原菌，一般要求肉制品中心温度80℃持续12min，沙门菌才能死亡。

2. 葡萄球菌

葡萄球菌可产生肠毒素，并且一个菌株能产生两种以上的肠毒素。多数肠毒素能耐100℃、30min，并能抵抗胃肠道中蛋白酶的水解作用。

预防葡萄球菌食物中毒的措施有：加强对皮肤病人和带菌者的卫生管理，凡患有疖疮、化脓性皮肤病或上呼吸道炎症的人，都不应该接触食品。剩饭剩菜应及时冷藏或放在通风阴凉处，尽量缩短存放时间，食用前要充分加热，患乳腺炎奶牛的乳，不得供饮用或制造乳制品。

3. 肉毒梭菌

肉毒梭菌在温度低于15℃或高于55℃时，其芽孢不能繁殖，也不产生毒素。加入食盐和提高酸度能抑制肉毒梭菌的生长和毒素的形成。

肉毒梭菌食物中毒是由肉毒梭菌产生的肉毒毒素引起。肉毒毒素是一种神经毒素，是目前已知的化学毒物和生物毒物中毒性最强的一种，对人的致死量为 10^{-9}mg/kg 体重。临床表现以运动神经麻痹症状为主，而胃肠道症状少见。

4. 副溶血性弧菌

副溶血性弧菌可产生耐热性溶血毒素，使人的肠黏膜溃烂、红血球破碎、溶解，此菌也因此而得名。副溶血性弧菌食物中毒潜伏期为 2~40h，多为 14~20h。发病初期为腹部不适，尤其是上腹部疼痛或胃痉挛。

引起中毒的食品主要为海产鱼及贝类，其次为肉类（咸肉）、家禽和咸蛋。预防副溶血性弧菌食物中毒，要认真做到防止污染，控制细菌繁殖和杀灭病原菌。海产品或熟食要在 10℃以下存放，最好不超过 2d。蒸煮蟹应在 100℃加热 30min。

5. 致病性大肠杆菌

目前已知的致病性大肠杆菌包括肠产毒性大肠杆菌、肠侵袭性大肠杆菌、肠致病性大肠杆菌、肠出血性大肠杆菌。其中肠出血性大肠埃希氏菌 O 157：H 7是近年来新发现的危害非常严重的肠道致病菌。

致病性大肠杆菌食物中毒的发病机制与其类型有关。肠产毒性大肠杆菌、肠出血性大肠杆菌引起毒素型中毒，肠致病性大肠杆菌和肠侵袭性大肠杆菌引起感染型中毒。肠产毒性大肠杆菌引起急性胃肠炎，肠出血性大肠杆菌引起出血性肠炎。

致病性大肠杆菌的感染危险与不良的个人卫生及家庭生活习惯有关。熟食应低温保存，特别要防止生熟食品交叉污染和熟食再污染，防止动物性食品被带菌的人和动物及其他媒介如污水、容器、用具等污染。

6. 蜡样芽孢杆菌

蜡样芽孢杆菌对外界有害因子抵抗力强，分布广，是典型的菌体细胞。有部分菌株能产生肠毒素，呈杆状，有色，孢子呈椭圆形，有致呕吐型和腹泻型胃肠炎肠毒素两类。

蜡样芽孢杆菌分布广泛，预防主要是防止食物污染。不进食腐败变质的剩饭、剩菜；严格凉拌菜的卫生要求；食物应充分加热，不宜放置于室温过久；如不立即食用，应尽快冷却，低温保存，食前再加温。

二、 真菌性食物中毒

真菌性食物中毒是指人摄入了含有真菌所产生毒素的食物而引起的中毒现象。真菌毒素是真菌在新陈代谢过程中产生的具有毒性的生物活性物质。真菌毒素一般分为霉菌毒素和蕈类毒素。

食品受真菌和真菌毒素的污染非常普遍，粮食和食品富含营养，在贮藏、流通、消费过程中，只要有一定的水分、适宜的温度、空气等条件，霉菌就能很好地滋生繁殖，进而污染食物。易被霉菌污染的食物主要有小麦、大米、玉米、面粉、豆粉、脱脂乳粉、花生、甘蔗、冷冻肉等。综合世界许多地区的检测报告，在检出的真菌中，污染谷类、面粉、乳粉、花生的主要是曲霉和青霉，污染肉类的主要是美丽枝霉和毛霉。常见的真菌性食物中毒及其危害简述如下。

（一）黄曲霉毒素中毒

黄曲霉毒素是黄曲霉和寄生曲霉产生的代谢产物，目前已经确定结构的黄曲霉毒素有 17 种之多。受黄曲霉毒素污染的食物主要有粮食及其制品，例如，花生粒、花生油、大米、棉子等。也有报告称，乳、肝、干咸鱼等动物性食品中有黄曲霉毒素污染，家庭自制的酱制品中也查出过黄曲霉毒素。

黄曲霉毒素的毒性极强，毒性比氰化钾大 10 倍，是砒霜的 68 倍。黄曲霉毒素急性损伤主要在肝脏，表现为肝细胞变性、坏死、出血及胆管增生。如果持续摄入污染黄曲霉毒素的食物，则会造成慢性中毒，表现为生长出现障碍，肝脏出现亚急性或慢性损伤。

黄曲霉毒素不仅具有很强的毒性，而且具有明显的致癌作用，它的诱癌力是二甲基偶氮苯的 900 倍以上，是二甲基亚硝胺的 75 倍。许多实验已经证明，黄曲霉毒素可在多种实验动物中诱发出实验性肝癌。黄曲霉毒素与人类肝癌的关系尚难以得到直接证据，但从肝癌流行病学调查研究中发现，凡是食物中黄曲霉毒素污染严重而且摄入量又高的地区，人群中肝癌发病率也高。我国广西、江苏、台湾省以及非洲、泰国的调查都有类似规律。

为了保障人体健康，减少或避免黄曲霉毒素对人类的危害，许多国家相应制定了食物中黄曲霉毒素的允许含量。例如，联合国粮食及农业组织和世界卫生组织规定食品、饲料中黄曲霉毒素总量小于 $15\mu g/kg$，牛乳中最大允许量为 $0.5\mu g/kg$。我国规定玉米、玉米面及玉米制品中最大允许限量为 20μg/kg，发酵豆制品为 5.0μg/kg，酱油、醋、酿造酱为 5.0μg/kg，特殊膳食用食品为 0.5μg/kg。其他各类食品中黄曲霉毒素限量详见 GB2761—2017《食品安全国家标准 食品中真菌毒素限量》。

（二）黄变米中毒

黄变米是大米、小米、玉米等在收获或储存过程中水分含量过高，被青霉菌污染后发生霉变所致。黄变米不但失去食用价值，而且产生多种毒素，包括岛青霉毒素、黄绿青霉毒素、桔青霉毒素等，人食用后发生中毒。

1. 岛青霉毒素

岛青霉毒素是由岛青霉产生的代谢产物，包括黄天精、环氯素、岛青霉毒素、红天精等。岛青霉毒素毒性较强，环氯素和黄天精都是肝脏毒素，急性中毒可造成动物发生肝萎缩现象；慢性中毒发生肝纤维化、肝硬化或肝肿瘤，可导致大白鼠肝癌。小鼠日服 7mg/kg 体重的黄天精数周可导致其肝坏死。岛青霉毒素均有较强的致癌性，其中黄天精的结构和黄曲霉毒素相似，毒性和致癌性也与黄曲霉毒素相当。

2. 黄绿青霉毒素

黄绿青霉毒素毒性强，不溶于水，耐高温，加热至 270℃ 才可失去毒性。黄绿青霉毒素是一种中枢神经性毒物，中毒典型症状为中枢神经麻痹，进而心脏及全身麻痹，出现运动失常、痉挛、对称性下肢瘫痪，严重时呼吸停止而死亡。

3. 桔青霉毒素

桔青霉污染大米后产生桔青霉毒素，精白米易污染桔青霉形成该种黄变米。桔青霉可产生桔青霉毒素。另外，暗蓝青霉、黄绿青霉、扩展青霉、点青霉、变灰青霉、土曲霉等霉菌也能产生这种毒素。桔青霉毒素难溶于水，为一种肾脏毒物，可导致实验动物肾脏肿大，肾小管扩张及上皮细胞变性坏死。

（三）赤霉病麦中毒

麦类赤霉病是粮食作物的一种重要病害，食用赤霉病麦会引起食物中毒。引起麦类赤霉病的病原菌为几种镰刀菌，其中主要是禾谷镰刀菌。该菌在小麦、大麦、元麦等抽穗灌浆时感染，也能在玉米、稻谷、蚕豆、甘薯上生长繁殖。在小麦收获时，如果遇到连续阴雨天气，容易造成赤霉病大量发生。从外观上看，赤霉病麦粒种皮的颜色灰暗带红，种皮皱缩并且胚芽发红。

赤霉病麦引起的食物中毒主要是两种霉菌毒素，一种是引起呕吐作用的赤霉病麦毒素，另一种是具有雌性激素作用的玉米赤霉烯酮。赤霉病麦毒素中毒的主要症状是呕吐，人误食后多数在 1h 内出现恶心、眩晕、腹痛、呕吐、全身乏力等症状，少数伴有腹泻、头痛等。玉米赤霉烯酮主要作用于生殖系统，可使家畜、家禽和实验小鼠产生雌性激素亢进症。妊娠期的动物（包括人）食用含玉米赤霉烯酮的食物可引起流产、死胎和畸胎。

（四）毒蕈中毒

蕈类又称蘑菇，属真菌类。毒蕈中毒的发生常常是由于采集野生鲜蕈，误食毒蕈所致。我国目前已鉴定的蕈类中，可食用蕈近 300 种，有毒蕈约 80 种，其中含有剧毒可致死的不到 10 种。

毒蕈的有毒成分十分复杂，一种毒蕈可以含有几种毒素，而一种毒素又可以存在于数种毒蕈之中。目前对毒蕈毒素尚未研究清楚，一般根据所含有毒成分和中毒的临床表现，大体将毒蕈中毒分为以下四种类型。

1. 胃肠毒型

引起胃肠毒型中毒的毒蕈代表为黑伞蕈属和乳菇属的某些种，有毒成分可能为刺激胃肠道的类树脂物质。中毒潜伏期为 0.5~6h，主要症状为剧烈腹泻、水样便、阵发性腹痛，以上腹部和脐部疼痛为主。体温不高，经适当对症处理即可迅速恢复。

2. 神经精神型

导致神经精神型中毒的蕈含有引起神经精神症状的毒素，这种毒素主要是毒蝇碱、蜡子树酸及其衍生物、光盖伞素及脱磷酸光盖伞素、幻觉原四大类物质。含毒蝇碱是一种生物碱，存在于毒蝇伞蕈、丝盖伞属、杯伞属及豹斑毒伞蕈中；蜡子树酸及其衍生物存在于毒蝇伞属的一些毒蕈中；光盖伞素及脱磷酸光盖伞素存在于裸盖菇属及花褶伞属蕈类；幻觉原主要存在于橘黄裸伞蕈中。

神经精神型中毒的潜伏期一般为 0.5~4h，最短可在食后 10min 发病。主要表现为副交感神经兴奋症状，如流泪、出汗多、瞳孔缩小、脉缓等。此型中毒用阿托品类药物及时治疗，可迅速缓解症状。

3. 溶血型

溶血型中毒由鹿花蕈（又称马鞍蕈）毒素引起，有毒成分为鹿花蕈素，属甲基联胺化合物，有强烈的溶血作用。中毒的潜伏期一般为 6~12h，以恶心、呕吐、腹泻等胃肠道症状为主，发病 3~4d 后出现溶血型黄疸、肝脾肿大，少数患者出现血红蛋白尿。给予肾上腺皮质激素治疗，可很快控制病情。

4. 肝肾损害型

肝肾损害型中毒是有毒伞属蕈（如毒伞、白毒伞、鳞柄白毒伞）、褐鳞小伞蕈及秋生盔孢伞蕈的毒素所致，其毒素的成分主要为毒肽和毒伞肽类。此类毒素为剧毒物质，对人的致死量为 0.1mg/kg 体重，误食含有此毒素的新鲜蕈 50g（相当于干蕈 5g），即可使成人致死。中毒者体内大部分器官发生细胞变性，属原浆毒。此型毒蕈病情凶险，变化多端，如果抢救不及时，死亡率很高。

三、 病毒性食物中毒

病毒性食物中毒是指人摄入带有病毒污染的食品而发生的食物中毒。近年来，病毒在食物中毒致病因素中的比例逐年上升，美国、日本、我国香港近年来病毒性食物中毒占查明原因的食物中毒比例为 8%~20%。病毒对食品的污染不像细菌那么普遍，但一旦发生污染，则产生的后果将非常严重。新型的病毒性疾病，如艾滋病、埃博拉病毒病、疯牛病、SARS、禽流感等，已经成为当今威胁人们健康的重要疾病。通过食品传播的病毒主要有轮状病毒、诺如病毒、禽流感病毒、疯牛病毒等。

（一）食物的病毒污染

病毒性食物中毒主要是由病毒污染食物所致。病毒主要来源于病毒携带者、受病毒感染的动物、环境及水产品中的病毒。病毒污染食物的途径可概括为：①携带病毒的人和动物的粪便、尸体直接污染食品原料和水源；②带病毒的食品从业人员的污染；③携带病毒的动物与健康动物相互接触污染；④蚊、蝇、鼠类作为病毒的传播媒介污染食品，人食用带病毒污染的食品。

（二）轮状病毒

轮状病毒是全世界婴幼儿非细菌性腹泻最重要的病原，每年约百万名儿童死于轮状病毒腹泻。轮状病毒的感染性依赖于病毒衣壳的外层，主要发病季节为晚秋和冬天。中毒潜伏期为1~4d，主要引起婴幼儿急性肠胃炎。早期出现轻度上呼吸道感染，然后迅速出现发热、呕吐、腹泻，导致脱水和电解质紊乱。

轮状病毒在环境中不易自行灭活，因此较易传播。95%的乙醇是轮状病毒最有效的消毒剂，因为它可以去除病毒的外壳。消毒剂如酚、甲醛、氯可以消除轮状病毒的感染性。用钙螯合剂〔如乙二胺四乙酸（EDTA）或乙二醇双（2-氨基乙基醚）四乙酸（EGTA）〕处理，可将病毒的外壳去除，病毒的感染性随之消失。

（三）诺如病毒

诺如病毒对各种消毒物质的抵抗力比较强，耐酸，耐热，在冷冻的状态下能够存活几年。一般的巴氏灭菌不能将其灭活，但对含氯的消毒液敏感。诺如病毒的传播是通过病毒携带者的粪便污染食品或水源，人食入后就会被感染。另外，呼吸道也可以传播诺如病毒。诺如病毒引发的胃肠炎是自限性疾病，可以不治而愈；严重者可以口服补液盐，不需要抗病毒治疗。

近年世界各国常见的诺如病毒引发的急性胃肠炎，是由水产品中所携带的诺如病毒引起。2006年在日本诺如病毒流行，主要是诺如病毒污染了海产品，尤其是牡蛎。预防诺如病毒食物中毒措施是在食用海产品时必须加热彻底，不要生食海鲜贝壳类等海产品，在流行区尽量不要饮用生水和到游泳池游泳。

（四）禽流感病毒

禽流感是由禽流感病毒引发的一种急性传染病，可发生在禽、哺乳动物和人。禽流感病毒颗粒为球形，表面有两种不同形状的钉状物，分别为血凝素（H）和神经氨酸苷酶（N）。禽流感病毒的基因组极易发生变异，目前已有15个H型和9个N型。

禽流感病毒的传染源是病禽和表面健康但携带流感病毒的禽类，可以通过空气、水源、蚊虫、食物链等途径传播。禽流感一年四季均可发生，但多暴发于冬、春两季。禽流感主要表现为发热、流涕、鼻塞、咳嗽、咽痛、头痛，体温持续在39℃以上，少数患者出现肺出血、胸腔积液、肾衰竭、败血症、休克等多种并发症而死亡。

禽流感病毒对热抵抗力弱，55℃、60min或者60℃、10min都可使之失活。常用的消毒药如福尔马林、漂白粉、碘剂、脂溶剂可以快速破坏其致病力。阳光直接照射40~48h可以使其灭活。因此，预防该病毒传播的措施主要是保持清洁，养成良好的卫生习惯；对工作人员及其常规防护物品进行可靠的清洗消毒；食用禽肉、禽蛋要煮熟煮透；接种流感灭活疫苗。

（五）疯牛病毒

疯牛病毒是朊病毒，可引起人和动物中枢神经系统致死性疾病，以大脑灰质出现海绵状病变为主要特征。朊病毒具有较强的抗性，对几乎所有杀灭病毒的因素均有抵抗力。高度热稳定，只有在136℃、2h的高压下才能灭活，紫外线、离子辐射及羟胺均不能丧失其侵染能力。

疯牛病毒的传染源主要是疯牛，包括脑、脊髓、肝、淋巴结等，然后通过食物链传染给人类。疯牛病毒在人体内的潜伏期很长，一般为10~20年或者30年。早期主要症状为精神异常，包括焦虑、抑郁、孤僻、记忆力减退、肢体及面部感觉障碍等，继而出现严重痴呆和精神错乱。患者出现症状后1~2年死亡。

为了防止疯牛病发生传播，我国规定不能从有疯牛病和羊瘙痒病的国家进口牛羊以及与牛羊有关的加工制品，包括牛血清、血清蛋白、动物饲料、内脏、脂肪、骨及激素类等。

（六）口蹄疫病毒

口蹄疫是由口蹄疫病毒感染引起的一种人畜共患的急性、接触性传染病，最易感染的动物是黄牛、水牛、猪、骆驼、羊、鹿等。口蹄疫以牛最易感，羊的感染率低。口蹄疫发病后一般不致死，但会使病兽的口、蹄部出现大量水疱，高烧不退，使实际畜产量锐减。另外，人一旦受到口蹄疫病毒传染，经过 2~18d 的潜伏期后突然发病，表现为发烧，口腔干热，唇、齿龈、舌边、颊部、咽部潮红，出现水泡（手指尖、手掌、脚趾），同时伴有头痛、恶心、呕吐或腹泻。

病畜和带毒畜是主要的传染源，它们既能通过直接接触传染，又能通过间接接触传染（例如分泌物、排泄物、畜产品、污染的空气、饲料等）传给易感动物。口蹄疫的主要传播途径是消化道和呼吸道、损伤的皮肤、黏膜（眼结膜）以及完整皮肤（如乳房皮肤）。我国对口蹄疫的预防主要通过接种疫苗，发生口蹄疫的畜类则捕杀。

（七）肝炎病毒

肝炎病毒是引起病毒性肝炎的病原体。目前公认的人类肝炎病毒至少有 5 种型别，包括甲型、乙型、丙型、丁型及戊型肝炎病毒。其中甲型与戊型肝炎病毒由消化道传播，引起急性肝炎，不转为慢性肝炎或慢性携带者。乙型与丙型肝炎病毒均由输血、血制品或注射器污染而传播，除引起急性肝炎外，还可致慢性肝炎，并与肝硬化及肝癌相关。丁型肝炎病毒为一种缺陷病毒，必须在乙型肝炎病毒等辅助下方能复制，故其传播途径与乙型肝炎病毒相同。

为防止甲型、乙型肝炎的发生和流行，应重视保护水源，管理好粪便，加强饮食卫生管理，讲究个人卫生，病人排泄物、食具、床单、衣物等应认真消毒，在输血时应严格筛除乙型肝炎抗原阳性献血者，血液及制品应防止乙型肝炎抗原的污染，注射品及针头在使用之前应严格消毒。

四、 植物性食物中毒

植物性食物中毒是指一些食用植物本身含有某种天然有毒有害成分，或者由于贮藏保管技术不当形成某种有毒有害物质，被人食用后引起的不良反应。植物性食物中的毒物种类较多，依其化学结构可分为毒苷类、生物碱类、有毒植物蛋白、毒酚类。

（一）毒苷类

植物性食物中的毒苷类主要包括氰苷类、致甲状腺肿素。

1. 氰苷类

氰苷类物质主要存在于核果和仁果的种仁中，某些豆类、木薯的块根中也含少量的氰苷。由于苦杏仁中含氰苷最多，故也称氰苷为苦杏仁苷。氰苷的毒性来源于氰苷水解后产生的氢氰酸（HCN），HCN 解离出的氰离子极易与人体中的细胞色素氧化酶中的铁结合，破坏细胞色素氧化酶在生物氧化中传递氧的功能，使机体陷入窒息状态。氰苷为剧毒物质，对人的最小致死量为 0.4~1mg/kg 体重。几种果核仁中氰苷的含量及致死量见表 3-4。

2. 致甲状腺肿素

致甲状腺肿素是一类能引起甲状腺代偿性肿大的物质，在化学上属异硫氰酸化合物的衍生物。致甲状腺肿素在油菜、芥菜、萝卜等十字花科蔬菜种子中含量较多，而在这些蔬菜的食用部分含量甚少，故一般不会引起食物性中毒。但饼粕及籽油中含量较多，应脱毒后再饲用和食用。

表 3-4 几种果核仁中氰苷的含量及致死量

果核仁	氰苷含量/%	相当 HCN 含量/%	致死量/（g/kg 体重）
苦杏仁	3	0.17	0.4（1~3 粒）
甜杏仁	0.11	0.0067	10~25（20~50 粒）
苦桃仁	3	0.17	0.6（1~2 粒）
枇杷仁	0.4~0.7	0.023~0.041	2.5（2~3 粒）

（二）生物碱

生物碱是植物体内能与酸成盐的含氮有机化合物的总称。生物碱种类繁多，其中许多种类具有明显的毒性作用。较为重要的有马铃薯中的龙葵碱和黄花菜中的秋水仙碱。

1. 龙葵碱

龙葵碱也称龙葵素、茄碱。存在于马铃薯、茄子、不成熟的番茄等茄科蔬菜中，以马铃薯中的龙葵碱中毒最典型。通常情况下，马铃薯中的龙葵碱含量为 3~6mg/100g，食后不会引起中毒。但当马铃薯发芽、变绿时，芽眼部位或发绿表皮中的龙葵碱含量急剧增加到 50~70mg/100g。龙葵碱对热稳定，一般烹煮不易被破坏，若不经处理食用，会引起恶心、呕吐等中毒症状，严重时可致人死亡。

预防龙葵碱中毒的措施，首先是防止马铃薯发芽和表皮变绿；其次彻底挖掉芽眼和刮去变绿薯皮。

2. 秋水仙碱

秋水仙碱本身无毒，食用后在人体内氧化成氧化二秋水仙碱则有剧毒，致死量为 3~20mg/kg 体重。秋水仙碱中毒的症状主要表现为恶心、呕吐、腹泻，伴有头晕、头痛、口渴、咽干。

秋水仙碱在鲜黄花菜中含量较多，但其热稳定性低，干制时的杀青处理、烹调时的热处理，都可使秋水仙碱的毒性消失。避免秋水仙碱中毒的措施是不食用未经热处理或热处理不彻底的鲜黄花菜。

（三）棉酚

棉酚主要存在于棉籽子叶的色素腺中，因而棉籽油和棉籽饼粕中也含有棉酚。游离棉酚是一种毒苷，为细胞原浆毒，可损害人体肝、肾、心脏等实质脏器及中枢神经，并影响生殖系统。

棉籽油的毒性决定于游离棉酚的含量。生棉籽中棉酚含量为 1.5%~2.8%，榨油后大部分进入油中，油中棉酚含量可达 1.0%~1.3%。棉酚中毒目前无特效的解毒剂，应以预防为主。预防措施是：要加强宣传生棉籽油的毒性，勿食粗制的生棉籽油；榨油时必须将棉籽粉碎，经蒸炒加热后再榨油；对榨出的油最好经过精炼处理，使其中的棉酚分解破坏；质量卫生部门应加强对棉籽油质量的监管，抽查棉酚含量是否符合卫生标准，我国规定棉籽油中游离酚含量不得超过 0.02%。

（四）有毒植物蛋白

有毒植物蛋白类食物中毒物质主要有凝集素、酶抑制剂和毒肽。

1. 凝集素

凝集素是一种有毒蛋白质，大多为糖蛋白类物质，其中研究较多的是大豆凝集素、菜豆属豆类凝集素和蓖麻毒蛋白等。凝集素能与血细胞膜上的特定受体结合，使人的血红细胞发生凝聚而造成中毒。有些植物的凝集素为非特异性，能作用于各种动物和各种血型的人，有些植物的血凝素则具有血型特异性。

凝集素的发现揭示了豆类生食时产生中毒的原因，具有重要的生物学价值。凝集素的本质都是蛋白质，故加热处理可以解除其毒性。但是，不同来源凝集素的耐热性不同。例如，菜豆凝集素在煮沸 30min 后尚不能完全被破坏；蚕豆中的凝集素可能对热更稳定，某些敏感人群食用蚕豆（特别是生蚕豆）可引起急性贫血性溶血，甚至迅速死亡，称为"蚕豆病"，故有蚕豆病家庭史的人应禁食蚕豆，无论生还是熟。

2. 酶抑制剂

在豆类、谷物、马铃薯等植物性食物中，有一类能抑制酶活性的毒蛋白物质，其中比较重要的有蛋白酶抑制剂和淀粉酶抑制剂。①蛋白酶抑制剂：在豆科植物种子中普遍存在胰蛋白酶抑制剂类物质，对人和多数动物肌体中的胰蛋白酶和胰凝乳蛋白酶具有强烈的抑制作用，属于抗营养类物质。如果对这些食物不加热熟化而生食，不仅蛋白质的消化吸收受到影响，而且还代偿性地引起胰腺肿大。例如，生大豆蛋白质的消化吸收率仅为40%左右，而制成豆浆后消化吸收率可达到95%以上。薯类中的蛋白酶抑制剂种类较多，特异性各不相同，可作用于多种蛋白酶，如丝氨酸蛋白酶、羧肽酶、木瓜蛋白酶等。②淀粉酶抑制剂：这种毒蛋白常见于菜豆、芋头、未成熟的香蕉和芒果中，生食这些食物，会引起淀粉消化不良。

热处理可有效消除酶抑制剂的作用。所以，对含有酶抑制的食物，应加热熟化或成熟后（香蕉、芒果）再食用。

3. 毒肽

毒肽在真菌类毒蕈中含量较多，毒蕈中含量最多的毒肽是鹅膏菌毒素和鬼笔菌毒素，前者的毒性大于后者。两种毒肽都危害肝脏细胞，鹅膏菌肽作用于细胞核，鬼笔菌肽作用于微粒体。

五、 动物性食物中毒

动物性食物中毒是指一些动物本身含有某种天然有毒有害成分，或者由于处理措施不当形成某种有毒有害物质，被人食用后引起的不良反应。自然界有毒的动物种类很多，所含毒素的成分也比较复杂。食物中比较常见的有毒动物中毒有河豚鱼中毒、鱼类引起的组胺中毒、贝类中毒和动物腺体中毒等。

（一）河豚鱼中毒

河豚鱼中的河豚毒素，存在于河豚的肝、脾、肾、卵巢、卵子、睾丸、皮肤、血液及眼球中，其中以卵巢最毒，肝脏次之。新鲜洗净的鱼肉一般不含毒素，但鱼死后时间较长，毒素可从内脏渗入肌肉中，食后即可中毒。

河豚毒素主要作用于神经系统，阻碍神经传导，可使神经末梢和中枢神经发生麻痹。该中毒潜伏期很短，一般在食用后 10min~3h 即发病。病情发展迅速，起初感觉全身不适，出现恶心、呕吐、腹疼等胃肠症状，口唇、舌尖及手指末端刺疼发麻；随后感觉消失而麻痹；继而四肢肌肉麻痹，逐渐失去运动能力，身体丧失平衡，最后全身麻痹呈瘫痪状态。一般预后不良，常因呼吸麻痹、循环衰竭而死亡。

（二）鱼类引起的组胺中毒

组胺中毒是由于食用含有一定数量组胺的某些鱼类所致的过敏性食物中毒。组胺是组氨酸的分解产物，组胺的产生与鱼类所含组氨酸的量有直接关系。一般海产鱼类中的青红皮肉鱼如鲐巴鱼、鲫鱼、竹夹鱼、金枪鱼等体内含有较多的组氨酸，捕捞后高温下放置或流通时间过长，当鱼体不新鲜或腐败时，污染鱼体的细菌如组胺无色杆菌，特别是莫根氏变形杆菌产生的脱羧酶，可使组氨酸脱羧基形成组胺。一般认为当鱼体中的组胺含量超过 200mg/100g 时，食之即可引起中毒。

组胺中毒机理为组胺引起毛细血管扩展和支气管收缩，由此导致一系列的临床症状。如面部、胸部及全身皮肤潮红，眼结膜充血，并伴有头疼、头晕、脉快、胸闷、呼吸加快、血压下降等。预防组胺中毒的有效措施，是捕捞后将鱼迅速在冷冻条件下运输和保存，保持鱼的新鲜度，防止腐败变质。

（三）贝类中毒

贝类中毒是由于食用含有毒素的某些贝类引起的食物中毒。贝类毒素主要包括麻痹性贝类毒素、腹泻性贝类毒素和神经性贝类毒素。

1. 麻痹性贝类毒素中毒

麻痹性贝类毒素是低分子毒物中毒性较强的一种，对人经口致死量为 0.54~0.9mg。与河豚毒素相似，作用机理是阻断神经传导。有毒成分为石房蛤毒素。石房蛤毒素是一种非蛋白毒素，在贝体内呈结合状态，对贝类本身没有危害，但人食用这种贝肉后，毒素可以迅速从贝肉中释放出来而呈现毒性。这种毒素在体内的潜伏期很短，只有几分钟到 20min。症状为唇、手、足和面部的麻痹，接着出现行走困难、呕吐和昏迷，严重者常在 2~12h 死亡。

2. 腹泻性贝类毒素中毒

腹泻性贝类毒素的活性成分是大田软海绵酸，能抑制细胞质中磷酸酶的活性，导致蛋白质过磷酸化，从而对生物的多种生理功能造成影响。大田软海绵酸作为致癌因子，其原因就是由于它对磷酸酶的抑制。腹泻性贝类毒素为肿瘤促进剂，尤其是对人体的肝细胞具有破坏作用，对人类健康具有潜在威胁。同时，由于对磷酸酶的抑制，可能影响到 DNA 复制和修复过程中的酶活性，从而带来致畸效应。

3. 神经性贝类毒素中毒

短裸甲藻是目前知道的能产生神经性贝类毒素的赤潮生物，短裸甲藻在细胞分裂、死亡时会释放出毒性较大的短裸甲藻毒素。人食用含有神经性毒素的贝类、鱼类，3h 后就会出现眩晕、头部神经失调、瞳孔放大、身体冷热无常、恶心、呕吐、腹泻等中毒症状，严重的还伴有心律失常、运动失常、急性窒息等症状。

由于毒化贝和非毒化贝在外观上无任何区别，目前必须根据"赤潮"发生地域和时期的规律性对海产贝类作严格的监控。美国食品与药物管理局（FDA）规定，新鲜、冷冻和生产罐头食品的贝类，毒素的最高允许量为 80μg/100g。我国各沿海城市为了防止贝毒中毒，所采取的措施是季节性限制贝类上市。

（四）动物甲状腺中毒

牲畜屠宰时没有摘除甲状腺，使之混在喉颈等碎肉中被人误食，就可能导致动物甲状腺中毒。甲状腺的毒理作用是使组织细胞的氧化率突然提高，分解代谢加速，产热量增加，交感神经中枢过度兴奋，并影响下丘脑的神经分泌功能，扰乱机体的正常内分泌活动，各系统和器官的平衡失调。

误食动物甲状腺一般在食后 12~24h 出现症状，临床表现随食入量多少差别很大，一般中毒者的主要症状为头晕、头痛、肌肉关节痛、胸闷、恶心、呕吐等，并伴有出汗、心悸等症状。

预防动物甲状腺中毒的措施是在屠宰时彻底摘除甲状腺，防止甲状腺流入市场。因为甲状腺毒素耐高温，加热至 600℃ 才开始被破坏，一般煮熟方法不能使之无毒化。

（五）动物肾上腺中毒

肾上腺又称 "小腰子"，肾上腺的皮质能分泌多种重要的脂溶性激素，已知的有 20 余种。动物肾上腺的大部分埋于腹腔油脂中，牲畜屠宰时未加摘除肾上腺或摘除未尽，误食后 15~30min 发病。主要症状为心窝部位疼痛、恶心、呕吐、腹泻、头晕、头痛、手舌麻木、心跳加速等。预防肾上腺中毒的措施是屠宰时严格摘掉肾上腺，并在摘除时慎防髓质流失。

六、　化学性食物中毒

化学性食物中毒是指食用被某些化学物质污染的食物所引起的中毒现象。污染食物的化学物质非常多，通常包括一些有毒金属、非金属及其化合物、农药、兽药、添加剂等。以下简要介绍这些有毒化学物质对食物的污染。

（一）重金属对食物的污染

食物中的重金属以汞、铅、镉最为严重。砷虽不是金属，但由于对食物安全有重要影响而常与这几种重金属放在一起讨论。重金属进入人体后，可与组织的蛋白质结合，从而使蛋白质变性，产生毒性，尤其是酶蛋白的变性，会严重影响机体的生命活动。

重金属对食物的污染途径主要有两条：一是农产品及食品在保藏、加工、运输、销售过程中，通过使用不合理的加工机械、贮存或包装容器以及食品添加剂等渠道进入食品；二是农药的使用及工业三废的排放，引起环境中重金属含量增高，进而通过食物链污染食物。

1. 汞

汞是一种很稳定的金属，进入环境后不易消失，并随着食物链不断富集。水产品是汞污染最严重的食物，因为水体中的微生物可将毒性低的有机汞转化为毒性高的甲基汞，并在鱼虾体内富集。工业废水灌溉农田可使农作物蓄积汞，并通过饲料污染畜禽产品。汞污染的水产品和农畜产品在加工中难以除去，随食物进入人体后未排出部分蓄积在肝、肾、脑等部位中。经胆汁排出的甲基汞和乙基汞可被肠重新吸收，形成肝肠循环，因而在人体内存留时间较长。

甲基汞主要危害神经系统，对小脑和大脑造成永久性损伤。甲基汞可通过胎盘进入胎儿体内，有一定致畸作用，甚至引起胎儿瘫痪。甲基汞中毒者可出现食欲减退、呕吐、腹泻、呆滞、动作失调、感觉障碍、震颤、四肢瘫痪等症状，严重者精神错乱。

GB2762—2012《食品安全国家标准　食品中污染物限量》中规定食品中汞的限量标准（mg/kg）为：谷物及其制品 0.02，蔬菜及其制品 0.01，食用菌及其制品 0.1，肉及肉制品 0.05，乳及乳制品 0.01，蛋及蛋制品 0.05，调味品 0.1，特殊膳食用食品 0.02。WHO 建议成人每周汞耐受摄入量为 $1.6\mu g/kg$，即 $96\mu g$／（人·周）。

2. 铅

铅污染食物的最常见途径是工业含铅三废、容器、食品添加剂、加工助剂的污染。例如，搪瓷和陶瓷的釉料含有铅，若用此类容器长期盛放酸性食物，则釉料中的铅会缓慢溶入食物；

加工皮蛋时常用红丹（氧化铅）作加工助剂，则皮蛋中铅含量增加。

铅在人体内有蓄积作用，生物半衰期4年之久。若体内铅的蓄积量超过一定限度，就会出现中毒病理反应。铅主要损害神经系统、造血系统和肾脏。常见症状是食欲不振、胃肠炎、失眠、头昏、头疼、腰痛、关节肌肉痛和贫血等。

GB2762—2012《食品安全国家标准　食品中污染物限量》中规定食品中铅的限量标准（mg/kg）为：谷物及其制品为0.2（其中麦片、面筋、八宝粥罐头、带馅面米制品为0.5），新鲜蔬菜为0.1（其中芸薹类蔬菜、叶菜蔬菜为0.3，豆类蔬菜、薯类为0.2），蔬菜制品为1.0，新鲜水果为0.1（其中浆果和其他小粒水果为0.2），食用菌及其制品为1.0。WHO建议成人每周铅耐受摄入量为25μg/kg，即1500μg/（人·周），儿童减半。

3. 镉

含镉工业废水对水源、土壤的污染是食物中镉的主要来源，其次含镉容器如彩釉陶瓷容器有时也会造成食物镉污染。已知某些水生和陆生生物对镉有富集作用。例如，海产贝类可将海水中的镉浓集到10^5~2×10^6倍；植物可从土壤中吸收镉，甜菜、萝卜、洋葱等根茎类蔬菜对镉的富集作用较强，番茄、黄瓜、辣椒等果菜类次之，谷物粮食对镉也有一定的富集作用。

镉可经过消化道和呼吸道进入人体，与血红蛋白结合，然后逐渐进入组织内，与金属硫蛋白结合，主要蓄积在肝和肾中。镉在人体内排出缓慢，生物半衰期为3~4周，认为16~23年可发生蓄积中毒。镉还可通过胎盘进入胎儿体内，有致畸作用。

镉的毒性作用主要是对人体肾脏的慢性损害。具体表现为使近曲小管上皮细胞破坏，出现肾小管功能紊乱，继发性地引起负钙现象（即吸收钙少于排泄钙），缺钙后即引起骨质疏松和全身肌肉疼痛。另外，还有镉可致畸、致癌、改变血压、致贫血的报道。

GB2762—2012《食品安全国家标准　食品中污染物限量》中规定食品中镉的限量标准（mg/kg）为：谷物及其碾磨加工品为0.1（其中稻谷、糙米、大米为0.2），新鲜蔬菜为0.05（其中叶菜蔬菜为0.2，豆类蔬菜、块根和块茎蔬菜、茎类蔬菜为0.1，芹菜为0.2），新鲜水果为0.05，新鲜食用菌为0.2（香菇为0.5），食用菌制品（姬松茸制品除外）为0.5，豆类、花生为0.2。WHO建议成人每周镉耐受摄入量为7μg/kg，即420μg/（人·周）。

4. 砷

食品中的砷主要来自土壤，生产中使用含砷肥料、农药及含砷废水灌溉农田，均可造成砷对食品的污染。动物组织中的砷含量较少，水生生物特别是海洋生物对砷有强富集能力，某些生物的富集系数高达3 300倍。但它们富集的主要是低毒的有机砷，剧毒的无机砷含量则较低。

砷可通过消化道、呼吸道或皮肤进入人体，摄入体内的砷95%~99%与血红蛋白结合，随后部分通过尿、粪便、汗、毛发和指甲等途径排出体外。砷在人体具有蓄积性，在肝、肾、皮肤、毛发、指甲、骨骼等部位均可蓄存。

砷可使多种酶活性受到抑制，影响人体新陈代谢，影响细胞的呼吸作用，使神经系统、肝、肾发生病变。长期摄入被砷污染的食物，可引起慢性砷中毒，表现为消化道障碍、食欲不振、呕吐、腹痛、肝肿大，也出现皮肤色素沉着、角质增生、多发性神经炎等症状。无机砷还有致癌作用，主要是皮肤癌和肺癌。

GB2762—2012《食品安全国家标准　食品中污染物限量》中规定食品中砷的限量标准（mg/kg）为：谷物及其制品为0.5，新鲜蔬菜为0.5，食用菌及其制品为0.5，肉及肉制品为0.5，乳及乳制品为0.1（乳粉为0.5）。WHO建议成人每周砷耐受摄入量为15μg/kg，即

900μg／（人·周）。

（二）农药对食物的污染

为了防治农作物的田间病虫草害，提高产量和质量，常常要喷洒农药。有些农产品在贮藏、运输、销售过程中，为了防止生虫、腐烂、延缓衰老，有时也需要使用相应的化学药剂进行处理。这些农药和化学药剂不但在使用过程中，可经呼吸道、皮肤进入人体，更重要的是通过污染食物进入人体。

农药对食用农作物的污染包括：①喷洒后残留于农作物上；②农作物吸收后在体内的残留；③少部分漂浮于空气中的农药随雨雪等降落在陆地、江河、湖海；④水中（灌溉水、雨水、地下渗水）的农药进入浮游生物→水生生物；⑤农产品或食品贮藏流通中施药而造成的污染等。

在上述污染中，农药还有一个富集过程，当动物食用饲料时，农药随饲料进入动物体内，或水生小动物吞食了含农药的浮游生物后又被较大的水生生物吞食。在构成连锁关系的食物链中，食物链上段的动物体内农药富集量最高，其危害性也最大。尤其是生产中滥用农药，已对食物污染及人体健康构成了严重威胁。

农药中使用最广泛的是有机磷农药、有机氯农药、有机汞农药。这些农药首先污染的是粮食、水果和蔬菜，长效者则随着饲料进入畜禽体内，继之成为肉、蛋、乳等动物性食品的有害物质。大量的医学和食品卫生学研究确证，人长期摄入被农药污染的食物，对人体健康会造成极大损害，某些农药可导致严重的疾病。因此，必须重视农药对食物污染的问题，同时应加强对食品中农药毒物的监管。

（三）兽药对食物的污染

为了预防、治疗畜禽等动物疾病，有目的地调节器官生理机能，包括能促进动物生长繁殖和提高生产性能，常常要使用兽药。动物使用兽药（包括兽药添加剂）后，会在体内蓄积或贮存药物原型或代谢产物。人食用动物源性食品（比如猪肉、牛乳等）时，残留在动物体内的兽药就可以进入人体，对人体造成危害。

兽药种类繁多，主要有抗生素类（包括青霉素、氯霉素、四环素、呋喃及磺胺）、驱虫抗虫类（包括苯并咪唑类、咪唑并噻唑类、四氢嘧啶类）以及激素类（包括性激素和肾上腺皮质素）等。可以通过口服、注射、局部用药等方法给药，残留于动物体内的药物对食品和人体健康构成了严重威胁。

控制食品中兽药残留的措施主要包括：①把好兽药质量关，禁止使用未经国家农业农村部批准或已经淘汰的兽药；②严格执行国家兽药法规，对非法生产、销售、使用明令禁止的药物要追究刑事责任；③加强药物的合理使用，合理配伍用药，使用兽用专用药，给药间隔时间和次数根据药物"半衰期"而定。

（四）添加剂对食物的污染

食品添加剂是食品生产中最活跃、最具创造力的因素，对推动食品工业的发展起着十分重要的作用。食品添加剂可以使加工食品的色、香、味、形及组织结构良好，还可以防止食品腐败，延长保藏期。尽管食品添加剂的作用很大，但是与人们的健康密切相关，如果过量或违规使用，就会对人体造成危害。尤其是化学合成添加剂在食品中广泛使用，更加引起人们对添加剂安全性问题的极大关注。超标使用添加剂和使用一些食品中禁用的添加剂，已经成为食品安全的巨大隐患。

20世纪初，滥用食品添加剂的问题相当严重。小麦面粉中违规使用溴酸钾，过量食用含有溴酸钾的面粉会致癌；吊白块（甲醛次硫酸氢钠）、荧光粉、亚氯酸盐等工业化学物质加入面粉作为增白剂使用，吊白块摄入 10g 就可以使人死亡；辣椒粉、辣椒酱、番茄酱、各种肉制品中使用的合成色素——苏丹红，国际癌症研究机构（IAKC）已将其列为三类致癌物。遗传毒性研究表明，苏丹红可诱发基因突变，具有致突变作用，还可引起神经系统和心血管系统受损，导致不孕症；在白砂糖中掺加硫酸镁的"无主白糖"事件，硫酸镁可导致人体发生电解质紊乱；日本曾因使用不符合要求的工业磷酸氢二钠作为乳制品的稳定剂，引起"森永奶粉中毒"事件等。

使用食品添加剂应在充分了解其毒性的基础上权衡利弊，决定是否使用和使用的剂量。例如，亚硝酸钠在一定的条件下可转变为强致癌物质亚硝胺，但它却可以防止肉毒梭状芽孢杆菌引起的肉毒中毒，还可以给腌肉制品带来美好的色泽和风味。至于亚硝酸钠能否转变为亚硝胺，取决于其使用剂量。正因为如此，目前亚硝酸钠在严格限制用量的前提下，在国际上仍被广泛使用。对某些致癌的芳胺类化合物、合成色素、黄樟素等添加剂已禁止使用。对于一些被铅、砷、镉、汞等污染的添加剂，在食品及农产品的质量指标中需严格控制。

第三节　食品保藏技术

从上述食品变质的因素分析已经知道，食品的种类繁多，化学组分复杂，在保藏和流通过程中，由于受环境条件等诸多因素的影响，不断地进行着化学的、物理的、生理生化的变化，由此导致食品质量发生变化，总体呈现下降的趋势。在食品保藏和流通过程中，为了控制其质量的下降速度，保持产品固有的商品质量，降低损耗，提高经济效益，通常采取降温、控湿、调气、化学保藏、辐照、包装等措施，均具有一定的作用和效果。

一、降低温度

温度对食品质量的影响主要包括对微生物和昆虫活动、化学变化、物理变化、生理生化变化等诸多方面，降温无疑对微生物和昆虫活动、各种变化都会起到抑制作用。由于低温对保证食品质量的有效性和食品卫生的安全性共存，因而降温是食品保藏和流通中广泛采用的措施。

降温对任何食品的保藏都是有益的，在适当的低温下保藏、运输和销售，对保持食品质量具有明显的效果。但是，在实际生产中温度条件的选用，既要根据各种食品的商品特性尤其是耐藏性的好坏，又要考虑到生产费用的高低，同时还得兼顾产品的经济价值。从以上三点出发，食品在保藏及流通中推荐以下温度条件。

（一）0~5℃保藏

绝大多数起源于温带的果品蔬菜，如苹果、梨、桃、葡萄、猕猴桃、萝卜、胡萝卜、洋葱、大白菜、蒜薹、甘蓝、菜花、食用菌、红熟番茄等的适宜贮藏温度为0℃左右，温度上下波动不应超过1℃；马铃薯和哈密瓜的贮藏温度为3~5℃；冷鲜肉、鲜鱼、鲜牛乳在流通和进行短期保藏时，温度应不超过5℃；0~5℃对鲜蛋是最有利的保藏温度，保藏期可达到3个月左右。

（二）5~10℃保藏

起源于亚热带的许多种果蔬如柑橘类、荔枝、石榴、白兰瓜、青椒、芋头等，加工用的马铃薯、白兰瓜等的贮藏温度在这一温度范围，各种类间的适宜贮藏温度有所不同。

（三）10~15℃保藏

许多起源于热带的果蔬如香蕉、菠萝、芒果、番木瓜、西瓜、冬瓜、南瓜、黄瓜、绿熟番茄、甜椒、菜豆、茄子、生姜、甘薯等，在此温度范围贮藏，可控制其生理代谢，延缓成熟衰老进程，延长贮藏期；富含脂肪的花生、芝麻、食用动植物油、糕点、油炸食品等在此温度下，能有效地抑制脂肪的氧化酸败；大米、面粉、豆类等粮食类在15℃以下保藏，既有利于保持其品质，又能有效地控制霉变和生虫；炼乳在15℃以下较恒定的温度下保存，可避免乳糖形成大的结晶。

（四）冷冻保藏

冷冻的畜禽肉、鱼虾、果蔬的商业保藏温度规定为-18℃，生产中最高应不超过-15℃。但是，对于冻藏时间比较短的食品，上限温度也可控制在-10℃以下。对于冻藏时间超过1年的食品，冻藏温度应控制在-20℃以下。

（五）常温保藏

生产中为了降低费用，简化保藏设施，便于流通，许多食品如各种罐头、饮料、粮食、油料、干制食品等都是在常温下保藏和流通。其中除了高浓度（酒精体积分数>55%）酒等极少数食品品质受高温影响甚小外，其他绝大多数食品在较高的自然温度（>25℃）下保藏和流通，都能加速其品质的劣变，容易引起微生物侵染和生虫变质。另外，对于液体和半液体食品（如酒类、果汁、蔬菜汁、蛋白饮料、果蔬罐头等）在低于冰点的自然温度下保藏和流通时，由于产品结冰，解冻后对产品的品质会产生不良影响。因此，食品在自然温度下保藏和流通过程中，不论是在高温季节或高温地区，还是在寒冷季节或寒冷地区，都应尽可能将食品置于冷凉之处，避免高温或冻结对食品质量造成不良影响。

二、 控制湿度

环境湿度对食品质量的影响主要表现在高湿度下对水气的吸附与凝结、低湿度下食品的失水萎蔫与硬化。在保藏和流通中对环境湿度的控制因食品的理化特性、有无包装、包装性能等而异，可分别控制为高湿度、中湿度、低湿度和自然湿度。

（一）高湿度

高湿度是指环境相对湿度大约控制在85%以上的湿度条件。对于大多数水果蔬菜贮藏保鲜来说，为了减少蒸腾失水，保持固有的品质和耐藏性，通常要将环境相对湿度控制在85%~95%。

（二）中湿度

中湿度是指环境相对湿度大约控制在75%~85%的湿度条件。这种湿度条件限于部分的瓜和蔬菜，如哈密瓜、西瓜、甜瓜、白兰瓜、南瓜、马铃薯、山药等的贮藏保鲜。这些瓜和蔬菜如果在高湿度下贮藏，容易被病菌侵染而腐烂变质。

（三）低湿度

低湿度即为干燥条件，指环境相对湿度在75%以下的湿度条件。蔬菜中的生姜、洋葱、蒜头贮藏的适宜湿度大约为65%~75%；各种粮食及其成品和半成品、干果、干菜、鱼干、干肉、茶叶等保藏中应将湿度控制在70%以下；散装的粉质状食品如面粉等、具有疏松结构的食品如膨化食品等，具有亲水性物质结构的食品如食糖等，它们的保藏湿度应更低一些。

（四）自然湿度

环境中的自然湿度变化与季节、天气、地区等有密切关系。夏秋季节多雨潮湿，我国南方的空气湿度一般高于北方，阴雨天的空气湿度可达到90%以上。这些自然湿度变化对上述有特定湿度要求的食品的质量会产生一定的影响。例如，长时间的阴雨天气会导致面粉吸潮结块、干制食品吸潮而发霉变质、食糖和食盐吸湿而潮解。相反，干燥条件则会引起新鲜果蔬失水萎蔫和耐藏性下降。

具有良好密封包装如各种罐装、袋装、盒装等包装的食品，由于包装容器或包装材料的物理阻隔作用，其中的内容物受环境湿度的影响很小，故这类食品可在自然湿度下保藏和流通。

三、 调节气体成分

调节气体成分贮藏（controlled atmosphere storage，简称 CA），通常是指在控制贮藏环境中的温度、湿度，同时降低 O_2 浓度和提高 CO_2 浓度，是当前果蔬贮藏的先进方法。这种技术措施目前主要用于果蔬及鲜切花的贮藏保鲜。根据各种果蔬及鲜切花的生理特性，在低温条件下，控制一定浓度的 O_2 和 CO_2 组合，就能取得较常规冷藏更加显著的保鲜效果。因此，气调贮藏果蔬已成为我国及世界上许多国家贮藏保鲜的主流方式。

调节气体成分除主要用于果蔬贮藏保鲜外，在粮食储藏中为了防虫和防霉而采用的缺氧储藏法，鲜肉鲜鱼在流通中为了防止变质、延长货架期而采用的充氮包装法，禽蛋为保鲜而采用的 CO_2 保藏法和 N_2 保藏法，核桃仁、花生仁等果仁和油炸膨化产品等富含油脂的食品为防止油脂氧化酸败而采用的真空包装或充氮保藏法等，都是气调技术在控制食品变质中的具体应用。

有关调节气体成分在相关食品保藏中的应用技术，本书在第三章、第四章、第八章中将进行详细介绍。

四、 包 装

食品在生产、贮藏、流通和消费过程中，导致食品发生不良变化的作用有微生物作用、生理生化作用、化学作用和物理作用等。影响这些作用的因素有水分、温度、湿度、O_2、光线等。对食品采取包装措施，不但可以有效地控制这些不利因素对食品质量的损害，而且还可给食品生产者、经营者及消费者带来很大的方便和利益。

食品包装的材料包括木材、纸与纸板、纤维织物、塑料、玻璃、金属、陶瓷及各种辅助材料（如黏合剂、涂覆材料等），其中纸类、塑料、金属和玻璃是食品包装材料的四大支柱。食品包装容器的形式、形状及方法，也因食品的特性、包装材料的性质及市场需求等而千姿百态，花样不断翻新。合理的包装材料和包装形式，可以防止对食品的生物性危害、物理性危害、化学性危害和生理生化性的危害。具体内容详见第七章。

五、 食品化学保藏剂处理

在食品生产、贮藏和流通中，为了抑制微生物危害和控制食品自身氧化变质，常常使用一些对食品无害的化学物质对食品进行处理，以增强食品的保藏性和保持其良好的质量。所用的化学物质称之为食品保藏剂或食品化学保藏剂。

食品保藏剂的种类很多，它们的理化性质和保藏机理也各异。有的保藏剂作为食品添加剂直接加入食品中，有的则是通过改变环境因素如控制 O_2 而对食品起保藏作用，也有的是通过对产品表面和环境消毒起保藏作用，还有的是通过调节产品自身的生理作用而起保藏作用。人工化学合成的食品保藏剂，因作用效果好、使用方便而在生产中比较多用。

作为食品添加剂的保藏剂在生产中应用非常广泛，这些属于食品加工范畴，在此不予赘述。作为食品保藏和流通中使用的食品保藏剂，比较常见的有以下几种类型。

（一）防腐剂

从广义上讲，凡是能抑制微生物生长活动，延缓食品腐败变质或生物代谢的化学制品都是食品化学防腐剂。按照对微生物作用的程度，可将食品防腐剂分为杀菌剂和抑菌剂，具有杀菌作用的物质称为杀菌剂，而仅具有抑菌作用的物质称为抑菌剂。两者之间并无绝对严格的界限，在食品保藏和加工中统称为食品防腐剂，它又分为环境消毒剂和食品防腐剂。

1. 环境消毒剂

食品保藏库、运输车船、包装箱及所用器具在使用前应进行彻底地密闭消毒，并做好防虫和防鼠工作。常用的消毒剂及其方法是：燃烧硫黄熏蒸，剂量 $5 \sim 10 g/m^3$，密闭时间 $12 \sim 24h$；喷洒福尔马林溶液，剂量 36% 甲醛 $12 \sim 15 mL/m^3$，密封时间 $12 \sim 24h$；喷洒过氧乙酸，剂量 26% 过氧乙酸 $5 \sim 10 mL/m^3$，密闭时间 $12 \sim 24h$；臭氧消毒，剂量 $1 \sim 3 mg/m^3$，密闭时间 $4 \sim 12h$。采用以上消毒剂处理后，应打开库门充分通风散药后才能将食品入库保藏。

2. 食品防腐剂

贮藏和流通中使用的食品防腐剂主要限于新鲜果蔬、鲜切果蔬、鲜肉、鲜鱼虾等鲜活和生鲜食品中，尤其以新鲜果蔬中使用最多。

果蔬采后的许多寄生性病害都是由田间感染而来，少数是采后伤口侵染病害。目前用于果蔬采后的防腐剂有几十种之多，主要有以下四大系列产品：①仲丁胺系列产品，包括克霉灵、橘腐净等；②噻苯咪唑（噻菌灵、涕必灵、噻苯唑）系列产品，包括敌霉烟剂、特克多胶悬剂、特克多可湿粉等；③二氧化硫系列产品，葡萄贮藏用的各种名称或品牌的防腐保鲜剂，都属于此系列的产品；④二氧化氯系列产品，包括保尔鲜和各种二氧化氯缓释剂等。

有些在田间作为农药使用的防腐剂如甲基托布津、多菌灵等，在果蔬采后使用也有防腐效果。但出于食品卫生安全的考虑，此类防腐剂目前主要限于必须去皮食用的香蕉、柑橘和石榴等果实。

用 0.05%~0.1% 甲基托布津，或 0.025%~0.1% 多菌灵、苯来特，或 0.06%~0.1% 噻苯咪唑等浸洗柑橘类果实，均有一定的防腐效果，其中甲基托布津等几种药剂对柑橘的青霉病和绿霉病有良好的效果。

仲丁胺对青霉菌有较强的杀菌力，对苹果、梨、柑橘、青椒、菜豆、黄瓜等的青霉病有较好的防腐效果。联苯对柑橘的青霉菌、绿霉菌、黑蒂腐菌、灰霉菌等病原真菌的生长具有抑制作用，防腐效果较好。

（二）食品脱氧剂

食品脱氧剂又称游离氧吸收剂（FOA）或游离氧驱除剂（FOS），它是一类能够吸收 O_2 的物质。当脱氧剂随食品密封在同一包装容器中时，能通过化学反应脱除容器内的游离氧及容留于食品中的氧，并生成稳定的化合物，从而防止食品氧化变质。同时，反应后形成的缺氧条件也能有效地防止食品生霉和生虫。

脱氧剂不同于作为食品添加剂的抗氧化剂，它不直接加入食品中，而是置于密封容器中与外界呈隔离状态，因而是一种对食品无直接污染、简便易行、效果显著的保藏辅助措施。

脱氧剂目前已经发展成为一种应用广泛的食品保藏剂，在食品保藏中主要用于防止糕点、饼干、油炸食品、富含脂肪食品等包装食品的氧化变质和霉变。此外，脱氧剂对防治食品生虫也有显著的效果。

脱氧剂种类很多，通常分为有机类和无机类两大类，每大类中又包括多种类型的脱氧剂（图 3-1）。目前在食品保藏上应用较广泛的有特制铁粉、连二亚硫酸钠和碱性糖制剂。

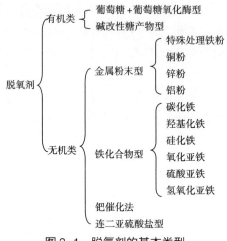

图 3-1　脱氧剂的基本类型

1. 特制铁粉

特制铁粉由特殊处理的铸铁粉及结晶碳酸钠、金属卤化合物和填充剂混合组成，特制铁粉为主要成分。特制铁粉的粒径在 $300\mu m$ 以下，比表面积为 $0.5 m^2/g$ 以上，呈褐色粉末状。脱氧机理是特制铁粉先与水反应，再与 O_2 结合，最终生成稳定的氧化铁。反应式如下：

$$Fe + 2H_2O \longrightarrow Fe(OH)_2 + H_2 \uparrow$$

$$2Fe(OH)_2 + \frac{1}{2}O_2 + H_2O \longrightarrow 2Fe(OH)_3 \rightarrow Fe_2O_3 \cdot 3H_2O$$

特制铁粉的原料来源广，成本较低，使用效果良好，在生产中应用较广泛。特制铁粉的脱氧量由其反应的最终产物而定，在一般条件下，1g 铁粉完全被氧化需要 300mL 或者 0.43g O_2，即 1g 铁粉可以处理大约 1500mL 空气中的 O_2，是一种十分有效而且经济的脱氧剂。

2. 低亚硫酸钠

这种脱氧剂是以低亚硫酸钠为主剂，与氢氧化钙和植物性活性炭为辅料配合而成。如果用于鲜活食品保藏时，脱氧并要同时脱除 CO_2，就需要在辅料中加入碳酸氢钠。该脱氧剂的脱氧机理是以活性炭为触媒，遇水发生化学反应，并释放热量，温度可达 $60\sim70℃$，同时产生 SO_2 和 H_2O。反应式如下：

$$Na_2S_2O_4 + Ca(OH)_2 + O_2 \xrightarrow{\text{水，活性炭}} Na_2SO_4 + CaSO_3 + H_2O$$

$$Na_2S_2O_4 + O_2 \xrightarrow{\text{水，活性炭}} Na_2SO_4 + SO_2$$

$$Ca(OH)_2 + SO_2 \longrightarrow CaSO_3 + H_2O$$

$$Ca(OH)_2 + CO_2 \longrightarrow CaCO_3 + H_2O$$

在低亚硫酸钠与水和活性炭并存的条件下，脱氧速度快，一般在 1~2h 内就可以除去密封容器中 80%~90%（体积分数）的 O_2，经过 3h 几乎达到无氧状态。

根据理论计算，1g 低亚硫酸钠能与 0.184g O_2 发生反应，即相当于正常状态下 130mL O_2 或者 650mL 空气中的 O_2 发生反应。

3. 碱性糖制剂

碱性糖制剂是以糖为原料制成的碱性衍生物，其脱氧机理是利用还原糖的还原性，进而与氢氧化钠作用形成儿茶酚等多种化合物，其详细机理尚不清楚。

此种脱氧剂的脱氧速度差异甚大，有的在 12h 内就可除去密封容器中的 O_2，有的则需要 24h 或 48h。此外，该脱氧剂只能在 0℃ 以上常温下才具有活性，当处于 -5℃ 时脱氧能力减弱，再回到常温下也不能恢复其脱氧活性；如果温度降至 -15℃，则完全丧失脱氧能力。

以上各种类型脱氧剂的脱氧作用都属于化学反应，其脱氧效果因化学反应的温度、水分含量、压力及催化物质等的不同，致使脱氧反应速度、脱氧所需时间及脱氧量也各不相同。

（三）食品保鲜剂

为了防止鲜活食品和生鲜食品的失水萎蔫、氧化变色、发霉变质等而在其表面涂膜的物质称为食品保鲜剂。食品保鲜剂的作用与防腐剂有所不同，它除了针对微生物的作用外，还对食品自身的变化如鲜活食品的蒸腾作用、呼吸作用、酶促反应等起到一定的抑制作用。自 20 世纪 50 年代以来，国内外有关用可食性保鲜膜处理水果、果菜、糖果、禽蛋及肉制品的研究报道及实际应用已屡见不鲜。常用的保鲜剂材料有植物生长调节剂、蛋白质、脂类化合物、多糖、甲壳质类、树脂类，它们的性质及其在食品保藏中的具体应用在本书第二章、第三章、第四章等章节中都有述及。

在上述的食品化学保藏剂处理中，值得重视和强调的是：①化学法保藏食品，只能是一种短期的、辅助性措施，必须在低温、良好的密封包装下，才能获得预期的保藏效果；②食品化学保藏剂中的绝大多数物质对食品是有害的，使用时必须考虑食品的卫生与安全，严格按照国家食品卫生标准规定确定使用范围并控制其用量；③各种食品保鲜剂的特性及其作用不同，实际应用中必须有的放矢，绝对不可盲目乱用，以免适得其反。

六、 辐照处理

（一）辐照保藏食品的原理

辐照保藏食品，主要是利用放射性同位素 ^{60}Co（^{60} 钴）或 ^{137}Cs（^{137} 铯）产生的穿透力极强的 γ 射线，当它穿过活的有机体时，就会使其中的水和其他物质电离，生成游离基或离子，从而影响机体的新陈代谢过程，严重时可杀死活细胞。从食品保藏的角度而言，就是利用辐照达到杀菌、灭虫、调节生理生化变化等效应，从而延长食品的保藏期和保持食品的良好质量。

食品辐照强度的计量通常是用照射剂量或吸收剂量来表示。照射剂量是用来度量 X 射线或 γ 射线在空气中电离能力的物理量，过去使用的单位为伦琴（Roentgen，简写 R）。现采用 SI 单位库仑/千克（C/kg），$1R = 2.58 \times 10^{-4} C/kg$。

吸收剂量是指被照射物质吸收的射线能量。其单位为拉德（rad）或戈瑞（Gray，简称 Gy）。国际单位制所采用的吸收剂量单位为 Gy，戈瑞与拉德之间的换算关系为：$1Gy = 100rad$。

联合国粮食及农业组织（FAO）、国际原子能机构（IAEA）和世界卫生组织（WHO）成立的辐照食品联合专家委员会（JECFI），根据食品辐照预期目标所需要的平均辐照剂量，将食品辐照分为以下三类。

（1）低剂量辐照　平均辐照剂量在1kGy以下。主要用于抑制马铃薯、洋葱发芽，杀死昆虫和肉类病原寄生虫，延迟鲜活食品的后熟。

（2）中剂量辐照　平均辐照剂量范围为1～10kGy。主要目的是减少食品中微生物的数量和改进食品的工艺特性。

（3）大剂量辐照　平均辐照剂量范围在10～50kGy，主要目的是进行完全杀菌和杀灭病毒。

（二）辐照保藏食品的特点

自20世纪40年代开始辐照保藏食品的研究以来，特别是第二次世界大战结束后，随着放射性同位素的大量应用和电子加速器等机械辐射源的问世，促进了辐照处理食品的发展，开始把辐照保藏食品视为和平利用原子能的一个重要方向。我国批准的适宜辐照的食品已达7大类57种。截至2014年6月，我国运行的各类钴源辐照装置123座，辐照食品产量已达到18万t，占世界辐照食品总量的30%，产值达到35亿元。我国目前已有6大类18种辐照食品经国家质监局批准制定了国家标准。

食品辐照处理与其他保藏技术相比，有许多独到之处：①辐照处理时，射线可以穿过包装和冻结层，杀死食品表面和内部的微生物和害虫，而且在辐照过程中温度几乎没有升高，属于冷处理；②辐照处理可以在常温或低温下进行，因此经适当剂量辐照处理的食品，其色、香、味、质地等变化较小，有利于保持食品固有的感官质量；③辐照处理的食品不存在任何残留物，既改善了食品的卫生质量，又减少了环境污染，这是化学保藏法无法达到的；④辐照处理食品消耗能源少，据估算可节约70%～97%的能量；⑤辐照处理的整个工序可连续操作，能处理不同包装和规格的食品，为生产提供了方便，生产效率高；⑥辐照处理还能改善某些食品的工艺和质量，如酒类的辐照陈化，辐照处理的牛肉更加嫩滑，大豆更易于消化等。

（三）辐照处理在食品保藏中的应用

进行辐照处理时，必须根据食品的种类及预期目的，控制适当的照射剂量和其他照射条件，才能取得良好的效果。表3-5所示为按照辐照目的与效果来分类，包括用于食品保藏或改良品质为主要目的的辐照效应和适用的剂量范围。表中的控制生长发育、杀虫、杀菌表现为辐照的生物学效应，改良食品品质则表现为辐照的化学效应。

表3-5　　　　　　　　　　　　　　辐照在食品上的应用

	辐照的目的与效果	剂量/kGy	被辐照食品
控制生长发育	抑制发芽、生根	0.05～0.15	马铃薯、洋葱、大蒜、板栗、鲜核桃
	延缓成熟	0.2～0.8	香蕉、木瓜、芒果、番茄
	促进成熟	～1	桃、柿
	防止开伞	0.2～0.5	香菇、松蘑
	特定成分的积累	～5	辣椒的类胡萝卜素
杀虫	杀灭贮藏谷物中的害虫	0.1～0.3	大米、小麦、杂粮、玉米
	杀灭果蝇	～0.25	橘、橙、柑、芒果

续表

	辐照的目的与效果	剂量/kGy	被辐照食品
	杀灭干制食品的螨	0.5~0.7	香辛料、脱水蔬菜
	杀灭寄生虫	0.5	牛肉、猪肉（旋毛虫）
杀菌	耐藏辐照杀菌	1~3	畜肉及其制品、禽肉、鱼贝类、果蔬
	辐照巴氏杀菌	5~8	畜肉及禽蛋中（沙门菌）
	辐照阿氏杀菌	30~50	肉制品、发酵原料、饲料、病人食品
改良食品品质	高分子物质变性	~100	淀粉、蛋白质
	改进食品组织	~10	干制食品的复水性
	改善食品品质	~50	酒类的熟化（陈化）
	提高加工适应性	~50	面粉制面包的加工性
	提高酶的分解性	~100	发酵原料、饲料

1. 粮食的辐照处理

为了防止小麦及其制品、稻谷、大米、玉米和豆类的生虫，辐照用 0.1~0.2kGy 处理，可使昆虫不育，1kGy 可使昆虫几天内死亡，3~5kGy 可使昆虫立即死亡。要防止粮食及其制品的生霉，谷类的辐照剂量为 2~4kGy，面粉为 1.75kGy，大米为 5kGy，焙烤食品为 1kGy。

2. 果蔬的辐照处理

果蔬含水量高，色泽、风味、气味等易发生变化。因此一般采用低剂量辐照处理，这样可减轻辐照对果蔬感官质量的影响。低剂量的辐照可以抑制果蔬发芽，例如洋葱用 0.03~0.15kGy、马铃薯用 0.07~0.15kGy、板栗用 0.25~0.30kGy 辐照，即能破坏生长点而抑制发芽。较低剂量的辐照还可延缓果实后熟、杀死害虫和虫卵。例如 0.2kGy 辐照绿熟香蕉，可使香蕉延迟 16~20d 后熟；用 0.25kGy 辐照芒果，可杀死种子中的害虫，延迟 3d 后熟；用 0.75kGy 辐照番木瓜，可杀灭果实中的害虫，减少腐烂，延迟 3d 后熟；用 1kGy 辐照杨梅，可延长贮藏期 8d。中剂量辐照，可起到果蔬表面杀菌的效果。例如柑橘的青霉菌、绿霉菌，需要 1.5~2kGy 的辐照剂量才能杀灭。但这已超过果实对辐照的耐受力，对此值得注意。

对果蔬进行辐照处理时，随着辐照剂量的不适当增大，会引起果蔬组织软化、加速后熟、果肉褐变、产生异味等不良变化。

3. 肉类的辐照处理

畜、禽、鱼、虾被屠宰或捕捞后，如果不及时加工处理，就很容易造成腐败变质。肉类中的沙门菌是非芽孢菌中最耐辐照的微生物，平均 D_{10}（微生物残存数量减少到原数量 10% 时的辐照剂量）为 0.6kGy，对畜肉、禽肉、鱼贝类辐照 1.5~3kGy，可杀灭 99.9% 的沙门菌。在此剂量下，除了肉毒芽孢杆菌外，其他致病菌都可得到控制。

需要注意的是，通常的辐照剂量不能使肉中的酶失活，酶失活的剂量高达 10kGy。所以，对肉进行辐照处理时，应先经过加热使鲜肉中的温度升至 70℃左右，并保持 30min，使其蛋白分解酶完全钝化后才能进行辐照。否则，辐照虽杀死了有害微生物，但酶的活性仍可使肉的质量不断下降。

另外，肉类的高剂量辐照会使产品产生异味，异味随肉类的品种而异，牛肉产生的异味最强。目前防止异味的最好方法是在冷冻温度（＜-30℃）下进行辐照，因为异味的形成大多数是间接的化学效应，在冷冻状态下，水中自由基的流动性减小，可以防止自由基与肉类成分的相互反应而产生异味。

4. 香辛料和调味品的辐照处理

天然香辛料和调味品贮藏中易生虫长霉，霉菌的污染数量通常在 10^4 个/g 以上。为防止生虫和长霉，如果采用传统的加热处理，由于香辛料和调味品对热的耐受性差，易导致香味和鲜味物质的损失。化学药物熏蒸处理会有药物残留，甚至产生有害物质。而辐照处理可避免产生上述不良影响，既能控制昆虫危害和减少微生物数量，又能保证香辛料和调味品的质量。目前全世界至少有 15 个国家批准对 80 多种香辛料和调味品进行辐照处理。

辐照剂量与原料的初始微生物数量有关，剂量在 4~5kGy，就可使微生物的数量减少到 10^4 个/g 以下；剂量为 15~20kGy 时，可达到商业灭菌的要求。

虽然香辛料和调味品的商业辐照灭菌可允许高达 10kGy 的剂量，但实际上为避免原料香味及颜色的变化，降低成本，辐照剂量应根据原料种类和辐照目的而定，应尽可能地降低辐照剂量。

对于辐照食品的安全性问题，FAO、国际原子能机构（IAEA）、WHO 等国际权威机构已得出了明确的结论，用 10kGy 以下的剂量照射任何食品，在毒理学、营养学及微生物学上都丝毫不存在问题，而且今后无须再对经低于此剂量辐照的各种食品进行毒性试验。并且在 2003年，国际食品法典委员会（CAC）在罗马召开的第 26 届大会上通过了修订后的《辐照食品国际通用标准》和《食品辐照加工工艺国际推荐准则》，突破了食品辐照加工中 10kGy 的最大吸收剂量的限制，允许在不对食品结构的完整性、功能性和感官品质发生负面作用，不影响消费者健康安全的情况下，食品辐照剂量可高于 10kGy。

七、　建立食品冷链

食品冷链是一种低温条件下的物流，是指易腐食品在生产、保藏、运输、销售至消费前的各个环节中，始终处于规定的低温环境下，以保证食品质量、减少损耗的一项系统工程。

食品冷链是以食品冷藏冷冻工艺学为基础，以制冷技术为手段，以市场需求为动力而建立起来的，对控制鲜活和生鲜食品的变质具有重要作用，是易腐食品在国际贸易中不可替代的保藏方式。在国内贸易中，食品冷链的范围和规模在逐年扩大，特别是近几年随着生鲜电商的迅猛发展，易腐食品的物流采用冷链的比例已有大幅提高。至 2015 年，我国果蔬、肉类、水产品的冷链流通率分别达到 20%、30%、36% 以上，冷藏运输率分别提高到 30%、50%、65% 左右，流通环节产品腐损率分别降至 15%、8%、10% 以下，产品质量得到了有效保证。有关食品冷链的具体技术问题，在本书第六章中将有详细介绍。

八、　掌握食品的保藏期限和货架期

（一）食品的保藏期限

食品的种类繁多，特性各异，主要是由农、林、牧、渔业提供的初级产品和以此为原料加工制成的各种食品。这些食品一般要经过包装、运输、保藏和销售等流通环节，才能完成从生产领域向消费领域的转移，实现食品生产的终极目的。

食品在保藏和流通过程中，其质量都会发生变化，这些变化包括化学的、物理的和生物的变化。食品质量变化的特点表现为复杂性、自身的无序化、不可逆性和逐渐累积性，质量下降的程度随着时间的延长而增大。因此，为了保证食品的质量安全和消费者的健康，就必须对食品的保藏和流通规定一个比较合理的保藏期限。

1. 食品保藏期限的概念

在丰富多彩的食品中，除了高度酒等极少数食品在保藏和流通中质量逐渐有所提高外，绝大多数食品的质量总体呈现下降的趋势。至于一些水果和瓜类放置一段时间品质会明显提高，这是由于其后熟作用的结果，此后随着贮藏期的延长，其质量下降也是必然的。食品保藏期限是指食品进入流通和消费领域之后，至其仍然保持一定的商品价值或食用价值所经历的时间，也可称为保持其最低商品价值或食用价值可允许的时间。

各种食品的保藏期限长短不一，有的差别甚大。例如，高度酒的保藏期可达数年至数十年之久，而大多数食品的保藏期限只有数月或者数天甚至数小时。食品质量除与原料质量、加工技术、包装材料、贮运条件等密切相关外，与保藏期限也不无关系。假设贮藏开始时食品的质量为 Q_0，经过时间 t_s，质量下降到 Q_t，如果质量低于 Q_t，可能食品感官指标中的某一项或几项开始出现异常变化，表明食品即将丧失商品价值，则 t_s 就是食品的保藏期限，Q_t 则视为食品的最终质量。在食品的保藏期限内，食品质量的平均下降速度（v）可用式（3-4）表示：

$$v = \frac{Q_0 - Q_t}{t_s} \qquad (3-4)$$

由上式可得：

$$t_s = \frac{Q_0 - Q_t}{v} \qquad (3-5)$$

从式（3-5）可见，食品保藏期限的长短，取决于质量 Q_0、Q_t 和质量下降速度 v_0。很显然，Q_0 越高，v 越小，食品的保藏期限就越长；相反，Q_0 越低，v 越大，食品的保藏期限就越短。另外，如果 Q_t 定得很高，即对食品的最终质量要求高，则食品的保藏期限就短；相反，Q_t 定得低，即放宽食品的最终质量要求，食品的保藏期限就长。

2. 食品保藏期限的估算

对于大多数食品而言，以开始保藏时的质量（Q_0）为最高，保藏末期的质量（Q_t）为最低，假设 $Q_0=1$，$Q_t=0$，则式（3-5）可写为：

$$t_s = \frac{1}{v} \qquad (3-6)$$

从式（3-6）看出，食品的保藏期限与其质量的下降速度成反比。制约食品质量下降速度的因素很多，除食品自身的理化特性、包装容器及其材料、工艺技术等因素外，流通环境中的温度是一个极为重要的经常性因素。实践中一般根据流通过程中温度对食品质量影响的变化规律，并通过一定的理论估算和实践经验，国家技术质量监督部门对许多种食品的保存期限都做了具体规定，而且对其采取强制性手段执行。

事实上食品的保藏期限也不是固定不变的，常常需要根据市场需求变化、生产实际状况等做些适当的调整、修正和补充完善。但食品保藏期限变化的原则是必须兼顾市场、消费者及企业的利益，不得厚此薄彼或顾此失彼。

3. 食品的保质期

根据 GB7718—2011《食品安全国家标准　预包装食品标签通则》的有关规定，食品保质期又称最佳食用期，指预包装食品在标签指明的贮存条件下，保持品质的期限。在此期限内，产品完全适于销售，并保持标签中不必说明或已经说明的特有品质。如果超过保质期，在一定时间内食品仍然具有食用价值，只是质量有所降低。但是，超过保质期时间过长，食品可能严重变质而丧失商品价值和食用价值。超过保质期的过期食品，不允许在市场上继续销售。过期食品必须销毁，也可作为饲料处理或者用于其他用途，但是绝对不能改头换面，用以加工其他食品。

（二）食品的货架期

食品从加工厂或贮藏库运出后，就进入批发、零售等市场环节。食品在市场销售中能保持其良好商品质量的期限称为食品货架期，或称货架寿命。现实中有关食品货架期的问题随处可见，尤其是一些鲜活和生鲜食品，常常过了货架期却仍然在市场上销售。例如，果肉粉质化的苹果、橘瓣枯水的柑橘、皮黑肉软的香蕉、头大尾细呈棒槌状的黄瓜、散黄的鸡蛋、鳃色变褐的鲜鱼等，在市场上屡见不鲜。目前食品货架期越来越受到科技界、商业界和广大消费者的关注，但对这方面的研究工作仍很薄弱。

食品的种类极多，它们的耐藏性和市场流通性千差万别，加之市场环境的温度等千变万化，对于易变质的鲜活和生鲜食品的货架期影响更大。因此，根据各种易变质食品的特性及市场销售条件，把握好货架期，也是控制食品变质、减少损失不可忽视的措施。

九、 栅栏技术

（一）栅栏技术

栅栏技术（Hurdle Technology）是 1976 年由德国 Kulmbach 肉类研究联合中心的 Leistner 和 Robel 在长期研究的基础上率先提出的。进入 21 世纪后，栅栏技术在食品防腐保鲜方面的应用越来越广泛并日渐完善，该技术有利于保持食品的安全、稳定、营养和味道。至今，这项技术在果蔬制品、禽肉制品、水产品的防腐保鲜方面发挥着重要的作用。

食品要达到可贮性和卫生安全性，这就要求在其加工中根据不同的产品采用不同的防腐技术，以阻止残留的腐败菌和致病菌的生长繁殖。已知的防腐方法，根据其防腐原理可归结为高温处理（F）、低温冷藏或冻结（t）、降低水分活度（A_w）、酸化（pH）、应用竞争性微生物（c·f）、降低氧化还原值（Eh）和添加防腐剂及杀菌剂（Pres）等几种，即可归结为少数几个因子。此外，还有超高压处理、微波杀菌、超声波处理、紫外线杀菌、加酶制剂、应用保鲜膜等，这些因子的综合应用能够提高产品质量、延长货架期及防止微生物腐败。把存在于食品中的这些起控制作用的因子，称作栅栏因子（hurdle factor）、屏障或障碍。这些因子单独或相互作用，形成特有的防止食品腐败变质的"栅栏"（hurdles）。栅栏因子协同对食品的防腐保质作用，称作栅栏技术或障碍技术。栅栏技术广泛应用于食品设计、加工控制和产品开发。

（二）栅栏效应

栅栏因子及其协同效应决定着食品微生物的稳定性，抑制引起食品氧化变质的酶类物质的活性，这就是栅栏效应（hurdles effect）或屏障效应。栅栏效应是食品保藏的根本所在，对一种可贮存而且卫生安全的食品，其中各种栅栏因子的复杂交互作用控制着微生物腐败、产毒或有益发酵。微波杀菌保鲜技术在我国已成为较成熟的一项综合技术，它是栅栏技术在食品安全中具体应用的一个有力证据。微波杀菌仅仅是其中的一个重要环节，光靠最后的微波杀菌往往难以达到满足商业要求的保鲜效果，必须配合一些辅助的保鲜因子才能达到理想的保鲜目的。

这也说明，光靠单一栅栏因子是很难达到理想的防腐保鲜作用的。在实际生产中，可以根据具体情况，设计不同障碍，产生不同协同效应，并且使得添加剂的使用量更小更合理，以达到在保质期内食品的安全。

栅栏因子控制微生物稳定性所发挥的栅栏作用不仅与栅栏因子种类、强度有关，而且受其作用顺序的影响。研究表明，食品中各栅栏因子之间具有协同作用，几种栅栏因子的组合应用可大大降低另一种栅栏因子的使用强度，或不采用另一种栅栏因子而达到同样的保质效果（即"魔方"原理）。当食品中有两个或两个以上的栅栏因子共同作用时，其作用效果强于这些因子单独作用的叠加。这主要是因为不同栅栏因子进攻微生物细胞的不同部位，如细胞壁、DNA、酶系统等，从而改变细胞内的 pH、A_w、氧化还原电位等，使微生物体内的动态平衡被破坏，即"多靶保藏"效应。但是对于某一个单独的栅栏因子来说，其作用强度的轻微增加，即可对食品的货架稳定性产生显著的影响（即"天平"原理）。另外，不同的栅栏因子作用顺序可直接或间接地影响某种栅栏因子的效果。

（三）栅栏技术与食品防腐

1. 内平衡和栅栏技术

食品防腐中值得注意的一个重要现象是微生物的内平衡。内平衡是微生物处在正常状态下内部环境的统一和稳定。例如，无论是对高等细菌或一般微生物，将其内部环境的 pH 进行自我调节使之处在相对较小的变动范围，是保持其活性的先决条件。如果其内环境，即内部平衡被食品中的防腐因子（栅栏）所破坏，微生物就会失去生长繁殖能力而处于停滞期，甚至死亡。因此，食品防腐就是通过临时性或永久性打破微生物的内平衡而达到抑制其生长繁殖，从而达到防腐保质的目的。

栅栏技术应用于食品防腐，其可能性不仅是根据食品内不同栅栏所发挥的累加作用，更是因为这些栅栏因子的交互效应。如果某一食品内的不同栅栏是有效针对微生物细胞内的不同目标即不同靶子，如针对细胞膜、DNA、酶系统、pH、A_w 或 Eh，从多方面打破其内环境平衡，则可实现有效的栅栏交互作用。因此，在食品中添加不同强度和缓的防腐栅栏，通过这些栅栏的协同效应使食品微生物达到稳定性，比应用单一高强度栅栏更为有效，更有益于食品的防腐保质。因此，食品内针对微生物细胞不同靶子的栅栏所产生的共效作用，称为"靶共效防腐"或"多靶保藏"效应，这是栅栏技术领域研究的重点内容。

2. 食品的防腐保质栅栏

食品内在的栅栏因子种类、强度决定着食品各自的保存特性。为达到食品防腐保质的目的，常对食品施以外在的栅栏因子。食品防腐保质用的栅栏因子，都是通过加工工艺或添加剂方式设置的。目前可应用的栅栏因子总计已在 40 个以上，这些栅栏因子所发挥的作用已不再仅侧重于控制微生物的稳定性，而是最大限度的考虑改善食品质量，延长其货架期。目前，研究已确认的食品栅栏因子主要有：温度、pH、A_w、Eh、气调、包装、压力、射线、竞争性菌群、防腐剂等。

在实际生产中，应根据具体情况，设计不同的栅栏因子，产生不同的协同效应，并且使得添加剂的使用量更小更合理，以达到防腐保鲜、延长产品货架期、提高食品安全性的目的。同时，HACCP 管理系统是食品加工中一个较完善的管理体系，而栅栏技术又是这个管理体系得以实现的一个具体手段。将 HACCP 管理系统与栅栏技术结合起来使用，食品的防腐保质和安全性将得到更进一步的提高。

3. 食品的总质量与栅栏的关系

从栅栏技术概念上理解食品防腐技术，似乎仅侧重于保证食品的微生物稳定性，然而栅栏技术还与食品的总质量密切相关。正如动物或植物细胞脂质的氧化作用受大量内在和外在因素影响一样，栅栏技术不仅能保证食品的卫生安全性，也能保证产品的总质量。有的栅栏，例如美拉德反应，其产物对产品的可贮性和质量都具有重要影响。食品中可能存在的栅栏将影响其可贮性、感官质量、营养性、工艺特性和经济效益。当然，栅栏对产品总质量的影响可能是正的，也可能是负的；同一栅栏强度对不同产品的作用也可能是相反的。例如，低温贮藏作为水果的防腐保质栅栏时，过快冷却和过低温度都有损水果质量。又如在发酵香肠中，pH 需降至一定限度才能有效抑制腐败菌，但 pH 过低则影响产品感官质量。为保证产品总质量，栅栏因子及其强度应控制在最佳范围内。

思考题

1. 引起食品变质的生物因素有哪些？阐明微生物引起食品变质的生物化学变化。

2. 鲜活和生鲜食品贮藏中，引起食品变质的生理作用和生化变化有哪些表现？具体阐述各种生理作用或生化变化对食品质量的影响。

3. 食品贮藏中的变色与变性表现有哪些？分别叙述各种变色与变性的机理。

4. 分别阐述温度、湿度、O_2 对食品质量的影响及控制温度、湿度、O_2 的措施。

5. 说明包装对食品保藏的重要性及其作用。

6. 阐述食品化学防腐剂、脱氧剂、保鲜剂对食品保藏的作用。

7. 阐述辐照处理保藏食品的原理及在食品保藏中的具体应用。

8. 何谓食物中毒？分析引起生物性和化学性食物中毒的有毒物质来源，提出控制食物中毒的措施。

9. 植物性、动物性食物中存在哪些毒素？简要说明这些毒素对人体会造成哪些危害？

10. 针对食品污染举例说明常见的真菌毒素主要有哪些？并分析真菌、细菌、病毒引起食物中毒的主要区别是什么？控制微生物引起的食物中毒的主要措施有哪些？

参考文献

［1］刘兴华，陈维信．果蔬贮藏运销学．3 版．北京：中国农业出版社，2014

［2］曾庆孝．食品加工与保藏原理．北京：化学工业出版社，2002

［3］刘北林．食品保鲜技术．北京：中国物资出版社，2003

［4］刘宁，沈明浩．食品毒理学．北京：中国轻工业出版社，2006

［5］冯志哲．食品冷藏学．北京：中国轻工业出版社，2001

［6］王娜．食品加工及保藏技术．北京：中国轻工业出版社，2012

［7］曾名湧．食品保藏原理与技术．北京：化学工业出版社，2011

［8］赵宝玉．食品安全与人类健康．北京：致公出版社，2002

［9］林洪．水产品保鲜技术．北京：中国轻工业出版社，2001

［10］宁正祥，赵谋明．食品生物化学．2 版．广州：华南理工大学出版社，2006

［11］祝寿芬，裴秋玲．现代毒理学．北京：中国协和医科大学出版社，2003

［12］钱建亚，熊强．食品安全概论．南京：东南大学出版社，2006

［13］李南南．我国食品安全监管模式研究．北京：北京大学出版社，2010

［14］周小理．食品安全与品质控制原理及应用．上海：上海交通大学出版社，2007

［15］刘雄．食品质量与安全．北京：化学工业出版社，2009

［16］殷文政，樊明涛．食品微生物学．北京：科学出版社，2015

［17］李蓉．食品安全学．北京：中国林业出版社，2009

［18］钟耀广．食品安全学．北京：科学出版社，2014

［19］尤玉如．食品安全与质量控制．北京：中国轻工业出版社，2015

［20］潘宁，杜克生．食品生物化学．2版．北京：化学工业出版社，2015

［21］何国庆，贾英民，丁立孝．食品微生物学．3版．北京：中国农业大学出版社，2016

［22］李云飞．食品物性学．2版．北京：中国轻工业出版社，2014

［23］刘兴华．食品安全保藏学．2版．北京：中国轻工业出版社，2012

第四章
CHAPTER
4

原料类食品的保藏

【内容提要】本章主要介绍稻谷、小麦、玉米、大豆等粮食的储藏特性与技术；仁果类、柑橘类、浆果类、干果类、果菜类、瓜类、叶菜类、根茎类、花菜类、食用菌类等果蔬的特性与贮藏技术；肉、牛乳、禽蛋等畜禽产品的保藏技术及马铃薯、山药、红薯、木薯、芋头等薯芋类的贮藏特性与贮藏技术。

【教学目标】了解粮食、果蔬、生鲜肉蛋乳及生鲜水产品等原料类食品的特性，掌握各类原料食品安全保藏的方式、方法及技术要点。

【名词及概念】散落性；平衡水分；粮食后熟；粮食陈化；机械冷藏；气调贮藏；冷害；生理性病害；侵染性病害；冷鲜肉；冰温保藏；休眠。

许多农产品收获以后，畜禽产品宰杀以后，水产品捕获以后，它们基本上不经过任何加工处理，也不能直接作为食品消费，而是作为食品原料，通过加工才能成为市场上需要的各种食品，将这些产品称为原料类食品。最常见的原料类食品有粮食、果蔬、畜禽产品、水产品等。其中果蔬有些例外，一部分是作为食品工业的原料，另外许多水果是不需经过加工的即食性食品。

第一节　粮食的储藏

粮食是以收获成熟种子为目的，经去壳、碾磨等加工程序而成为人类基本食粮的一类作物。狭义的粮食是指谷物类即禾本科作物，包括稻谷、小麦、玉米、大麦、高粱、燕麦、谷子、黑麦、糜子，以及属于蓼科作物的荞麦。广义的粮食是指谷物类、豆类、薯类的集合。除上述的谷物类外，豆类主要指黄豆、黑豆、青豆、蚕豆、豌豆、绿豆、红小豆等，不包括作为蔬菜的豆类。特别指出的是大豆（包括黄豆、黑豆、青豆三类）在中国将其归类为粮食，联合国粮食及农业组织将其归类为油料。薯类作物包括甘薯、马铃薯，不包括芋头、木薯等。芋头一般作为蔬菜，木薯归类为其他作物。

粮食是食品生产的重要原料，能否提供优质的粮食，对食品加工品质有着至关重要的影响。粮食的储藏是以粮堆形式完成的。粮堆内的组成成分和粮堆的物理性质（包括散落性、自动分级、孔隙度、导热性、吸附性和微气流等）与粮食的安全储藏有着密切关系。

一、粮堆的组成

粮堆是粮食籽粒的聚集体。粮食在储藏期间所发生的各种变化过程，均是在粮堆内进行的。粮堆是一个生态体系，包括生物成分和非生物环境因素。各种成分和因素之间相互影响、相互制约，如能掌握其变化规律，采取有效的技术措施，则可减少粮食在储存期间的损失，延缓储粮品质下降。

（一）粮堆生物成分

粮堆内的各种生物成分是粮堆的"活成分"，包括粮食籽粒、微生物和害虫、螨、鼠、雀。这些生物成分的生理活动会改变粮堆的储藏状态，直接影响粮食储藏的安全。

1. 粮食籽粒

粮食籽粒是粮堆生态系统中的"生产者"，是构成粮堆的主体。之所以将粮食籽粒称为"生产者"，因为它们是食物链中第一营养级，是粮堆中一切生物物质和能量的提供者。粮食籽粒在储藏期间新陈代谢并未停止，仍具有一系列生物学特性，其储藏稳定性与籽粒的品质特性紧密相关。粮食籽粒的外壳和皮层含水量很低，对湿、热、虫、霉等有害因素具有较强的抵御能力，如果没有被破坏，对粮粒内部胚和胚乳组织有保护作用，有利于粮食的安全储藏。而破碎籽粒或者除去皮壳的成品粮就比原粮的储藏稳定性差，不耐储藏。

2. 微生物

储粮微生物是粮堆生态系统中的"分解者"。主要有霉菌、酵母菌、细菌、放线菌等菌群，其生态活动以粮食籽粒为危害对象，将其中的营养物质分解并释放热量，造成粮食干物质损耗，品质劣变甚至带毒，影响粮食的营养品质、加工品质和种用品质。其中霉菌进行生理活动时所需要的温度和水分等条件远比细菌、酵母菌和放线菌低，且与粮堆生态条件相接近，其旺盛的代谢产生较多的能量，是储粮发热、霉变及结露的原因之一，严重影响粮食的安全储藏。

3. 害虫、鼠、雀

储粮害虫、鼠、雀是粮堆生态系统中的"消费者"。储粮害虫与农业害虫不同，具有耐干、耐温、耐饥、食性杂、繁殖力强等特点，在生命活动中蛀食粮食，造成粮食干物质减少和品质劣变。在其取食、呼吸和排泄过程中，还会散发湿热，促使粮堆结露、发热、霉变和粮粒发芽，影响储藏稳定性。虫、螨产生的分泌物以及虫尸、粪便、皮屑等混杂在粮食中，既污染粮食，又促进霉菌生长繁殖。储藏条件较差的仓房中，鼠、雀不仅吃掉、糟蹋粮食，还咬坏麻袋和布袋等仓储用具，而且挖洞营巢，破坏仓、厂建筑，排泄粪便，传播虫、霉、病，引起储粮严重污染。

（二）粮堆中的非生物因素

非生物因素主要是指粮食水分、粮堆温度、湿度、杂质、粮堆内的空气成分。这些都是促进或控制粮堆内生物成分生命活动的基本因素。因此，它们也会直接影响到储粮的安全。

1. 温度

温度和水分是影响一切生物生命活动强弱的两个重要生理因子，特别是对呼吸作用的影响更为显著。粮食储藏期间在一定水分含量下对粮温的控制，是确保粮食安全储藏的必要手段。这是因为粮温变化与粮食本身的状况、含水量、虫霉活动等多方面的因素关系密切，当储粮发生发热、霉变、生虫、水分高等问题时，必然会引起粮温的增高。因此，控制粮堆生物体所处环境的温度，限制有害生物体的生长、繁育，有利于延缓粮食陈化，达到储粮安全的目的。

2. 湿度

水分是影响储粮安全的主要因素。当粮食中的水分含量增高，出现游离水时，粮食的生命活动趋于旺盛，易于促进粮堆中虫霉的发展，储粮安全性大大下降。但是，从长期的研究和实践中发现，水分对粮食储藏安全性的影响也与温度的高低有密切的关系。在一定的温度范围内，有一个对应的水分数值，可使粮食处于安全的储藏状态，这个水分就称作粮食的"安全水分"（表4-1）。在温度0~30℃范围内，如温度为0℃时，粮食水分为18%是安全的。温度每升高5℃，粮食的安全水分应相应降低1%。一般来说，粮食水分只要控制在安全水分以内，便可长期安全储藏。因此，也常将水分在安全水分范围以内的粮食称为安全粮。

表4-1　　　　　　　　　　　几种粮食的安全储藏水分

储粮地区	安全水分/%					
	籼稻	粳稻	小麦	玉米	高粱	大豆
南方地区[①]	13.5	14.5	13	14	13.5	12
北方地区[②]	—	15	14	15	15	13

注：①浙江农业大学资料，②长春粮食局资料。

3. 杂质

粮堆中的杂质分为无机杂质（砂、石、泥土、煤渣、砖瓦块等）和有机杂质（植物的根、茎、叶等）。一般来说，无机杂质会堵塞粮堆空隙，影响粮堆湿热散发，为虫、霉滋生繁殖提供有利条件。有机杂质吸湿性强，原始水分高，带菌量大，生理活动旺盛，在储藏中能将水分转移给粮食，增加粮食的水分含量。而且呼吸量大，会增加粮堆湿热。杂质的存在会严重降低储粮稳定性。因此，粮食入仓前要清理杂质，提高入仓粮质。

4. 空气成分

粮堆内的气体成分与一般空气成分不同。由于生物成分的呼吸作用，O_2减少，CO_2增多，这就使粮堆内部O_2、CO_2与N_2的比例发生改变。粮堆内O_2含量的多少，对有害生物的生长、繁殖和粮食自身的代谢作用都有影响。减少O_2的含量，可抑制虫、霉的发生，减缓粮食的代谢活动，延缓品质陈化，使粮食在储藏期间的损耗降到最低程度。

二、　粮堆的物理性质对粮食安全储藏的影响

（一）散落性

粮食由高处自然下落时，粮粒向周围流散而形成一个圆锥体，这种性质称为粮食的散落性。粮食的颗粒大小、成熟度的差异、杂质数量的多少等都和散落性密切相关。粮食散落性的大小，一般用静止角（即自然坡度）或自流角来表示。

静止角是指粮食在正常条件下，由高点自然下落到平面上所形成的圆锥体的斜面线与底面水平线所构成的夹角。静止角与散落性成反比，即散落性好，静止角小，散落性差，静止角大。

自流角是指将某种粮食放在其他材料的物体平面上，慢慢倾斜物体平面，当粮粒开始滑动时，物体平面倾斜角即为这种粮食在该物料上的自流角。自流角是一个相对值，表示某种粮食在某种材料上的滑动性能，自流角越大，滑动性能越差；自流角越小，滑动性越好。同种粮食

在不同的材料上测定的自流角不同，不同种粮食在相同的材料上自流角也不同。三种麦类在不同材料上的自流角如表4-2所示。

表4-2	三种麦类在不同材料上的自流角		单位：（°）
粮种	刨光木板	铁板	水泥或砖
小麦	24~27	24~28	21~23
大麦	26~27	25~30	25~28
燕麦	26~28	21~25	24~27

影响散落性的因素主要有：粮粒的形状与表面状态、粮食的水分含量、杂质含量及储藏期间的管理。

散落性在粮食的储藏和输送方面具有一定的意义，主要表现在：①判断储粮的稳定性：检查粮情时，可根据粮面松软程度和散落性的大小判断储粮的稳定性，粮面松软、散落性大，表示粮食正常，否则要查明原因。②散落性与粮堆对仓壁的侧压力有关：由于仓壁的限制，使粮食不能自然散落开来，粮食会对仓壁存在一种推力，这种推力称为侧压力。散落性是侧压力大小的决定因素之一，一般来说，散落性越大，侧压力越大；堆得越高，侧压力越大。根据这些关系，仓房中堆存散落性大的粮食时，应减小堆高，以避免仓壁损裂。在做囤时，囤的下部需加厚材料，以策安全。③在粮食运输上的运用：用皮带输送机输送粮食，皮带的角度应小于自流角，而用溜筛时，筛面的角度应大于自流角；在粮食进出仓房、车船装卸、仓房维护结构设计时，也要考虑自流角。

（二）自动分级

粮食在移动或散落过程中，由于粮食籽粒的形态、成熟度、杂质类型等组成成分的不同，具有不同的散落性，性质相类似的组成成分趋向于聚集在同一部位，在粮堆中形成不同的集结区，引起粮堆组成成分的重新分布，这种现象称为粮食的自动分级。

自动分级现象的发生与粮食输送移动时的作业方式、仓库类型密切相关。作业方式不同，自动分级状况也不相同；仓库不同，自动分级现象也不相同。按其作业方式、仓库类型和粮堆形成的条件大体可以分为以下三种情况。

1. 自然流散成粮堆

粮食自高点自然流散成粮堆时，粮粒与粮粒之间、粮粒与杂质之间以及杂质与杂质之间受到的重力、摩擦力不同，同时落下时受到的气流浮力也不相同。这些差异相互影响的综合结果，使较重的杂质落在圆锥体的中心部位，而较轻的破碎的粮粒及杂草种子就沿着斜面下滑至圆锥体的底部。因此，随着圆锥体的不断扩大，杂质就在圆锥粮堆的底部不断积累，最终形成基底杂质区。

2. 房式仓入库

房式仓粮食入库一般包括输送机进粮和人工进粮两种。输送机进粮又分移动式和固定式。移动式入库一般是输送机头先从仓端壁处开始，随入库逐步由内向外退移。因此，饱满的粮粒和沉重的杂质多汇集于机头落下的粮堆中央部位，沿输送机两侧的粮食，含有较多的瘪粒和较轻的杂质，形成带状杂质区，在皮带输送机下形成糠壳杂质区。固定式入库是粮食入库时有多个卸粮点，那么像自然流成粮堆一样，在一个仓房内部形成多个圆窝状杂质区，即每个卸粮点有一个基底杂质区。房式仓人工进粮时，由于采用人工入粮时倒粮点分散，边倒边匀，自动分级就不明显，质量组合相对均匀。

3. 立筒仓

立筒仓因筒身较高，粮粒从高处落下，下落的粮食流动会带动空气运动，在仓内形成一个涡旋气流，涡旋气流的运动，将粮面上细小的较轻的杂质吹向筒壁。随着粮面在仓内逐步升高，靠近筒壁就形成环状轻型杂质区。因沉重的杂质多集中于落点处，形成一个柱形重型杂质区。出仓时正好相反，比较饱满和密度大的粮粒先出来，靠近仓壁的瘪小籽粒和轻浮杂质后出来。

自动分级造成粮堆组成成分的不均匀，使杂草种子、破碎粒及其他轻杂质汇集在一起，这对储藏极为不利。因为，这些杂质的含水量高，吸湿性大，生理活性强，容易使粮食返潮，造成湿热郁积，从而引起害虫和微生物的滋生，最后导致粮食劣变；杂质区的孔隙度较小，机械通风时阻力增大，有效通风受到影响。在进行熏蒸处理时，药剂渗透困难，影响杀虫效果。自动分级现象使粮堆组成重新分配，这对安全储粮十分不利。因此，对自动分级严重的地方，要多设检查层点，密切注意粮情变化。

（三）粮堆的孔隙度

粮食聚集在一起，由于粮粒本身形态的不规则性，粮粒与粮粒之间不能完全紧贴在一起而形成空隙。在整个粮堆中，孔隙体积占粮堆体积的百分率称为粮堆的孔隙度。粮堆的孔隙度可根据粮食的容重和粮食的相对密度或密度来计算。孔隙度的大小影响着粮堆中气体的多少，因而会影响粮粒的呼吸、粮堆中的水分转移、热的对流传导和机械通风的效果，也影响了储粮的稳定性。几种粮食的相对密度、容重和孔隙度见表4-3。

表4-3　　　　　　　　　几种粮食的相对密度、 容重和孔隙度

粮种	相对密度	容重/（kg/m³）	孔隙度/%
稻谷	1.04~1.18	511~596.5	50~65
大米	1.33~1.36	800~821	43
小麦	1.22~1.35	678~781	35~45
玉米	1.11~1.25	675~807	35~55
大麦	0.96~1.11	503~610	45~55
高粱	1.11~1.28	665.5~758	33~35
黄豆	1.14~1.28	658~761.5	38~43
绿豆	1.35~1.37	746.5~852	31~33
豌豆	1.27~1.35	663.5~765	36~37
蚕豆	1.08~1.38	607~835	38~40
油菜籽	1.11~1.38	672~685	36~40
面粉	1.3	594~605	40~60
花生仁	1.01	600~651	40~48

粮堆孔隙度大小受到多方面因素的影响。粮粒大而完整，表面毛糙的，孔隙度大；粮粒小而破碎多，表面光滑的，孔隙度小。粮食中混有多量细小杂质时，杂质充塞一部分空隙，孔隙

度减小；混有多量大而轻的杂质时，孔隙度增大。常年受到挤压的底层，特别是高大粮堆长期储藏时，其孔隙度变小。粮食吸湿膨胀，粮粒互相挤压，孔隙度变小。秋凉后仓囤"结顶"的形成，与上层粮食结露、粮食吸湿膨胀后孔隙度变小有关。

粮堆中有一定的孔隙度，对保证粮食的安全储藏具有重要意义。孔隙度的存在，决定了粮堆气体交换的可能性，空隙中空气流通，粮堆内湿热易于散发，粮食就耐储藏。如果孔隙度小，气体交换不足，当某些部位湿热高时，粮堆内就会湿热郁积不散，易引起发热、霉变。根据粮堆内部气体可交换的性质，可人为地利用惰性气体改变粮堆内的气体成分，改变粮堆内粮粒与害虫、霉菌的生活环境，以抑制粮食呼吸及虫、霉的活动。气调贮藏就是在此基础上发展起来的储粮技术之一。自然通气和机械通风，也是促进粮堆内气体的对流，散发粮堆内湿热空气，换进干冷空气，以达降温、降水的目的。进行药剂熏蒸和化学保藏时，孔隙度大，药剂就易于渗透，杀虫抑菌的效果就好；孔隙度小，熏蒸效果降低。

（四）粮食的导热性

粮食传递热量的性能称为粮食的导热性。粮食导热性的强弱取决于粮食的组成成分。由于粮食干物质导热不良，粮堆孔隙内的空气导热性能也较差，所以粮堆是热的不良导体。干燥的粮食比含水量高的粮食导热慢。

传热学表明，粮食中进行的热传导是一个相当复杂的物理过程，既有传导，又有对流和辐射，三种传热方式总是相互伴随存在，其中以传导和对流传热为主。粮堆的导热性就是粮堆在传递热量时所表现出的特性，通常以粮食的导热性和导温性来衡量。而导热性和导温性可用粮堆的导热系数和粮堆的导温系数来说明。

粮堆的导热系数是指 1m 厚的粮层在上层和底层的温度相差 1℃时，在单位时间内通过 $1m^2$ 的粮堆表面面积的热量。用符号 λ 表示，其单位是 W/（m·K）。具有一定的导热性是粮堆进行通风降温、干燥去水的条件之一。

粮堆的导温系数是个综合系数，包括了粮食的导热系数及热容量。可以用式（4-1）表示：

$$\alpha = \frac{\lambda}{C\gamma} \tag{4-1}$$

式中　α——导温系数，m^2/h；

　　　C——粮食的比热容，kJ/（kg·K）；

　　　γ——粮食的容重，kg/m^3；

　　　λ——热导率，W/（m·K）。

粮堆的导温系数表示了粮食的热惯性，即受到同样的热量，粮食温度升高的快慢程度。α 大表明粮食易被冷却干燥，α 小表明不易干燥和冷却。C 和 γ 的乘积为体积热容量，表明物体储热能力的大小。如果粮食的 λ 一定，$C\gamma$ 越大，则 α 越小。也就是粮食的储热能力大，不易加热升温，也不易冷却。

粮食的导热系数小、比热容大，对粮食储藏是不利的。储粮温度在一般情况下比外温变化幅度小，而且粮食温度与外温总是存在着温差，这极易导致粮堆湿热扩散和湿热循环，使储粮结露变质，如不及时处理还会造成损失。

（五）吸附性和吸湿性

1. 吸附性

粮食吸附或解吸各种气体的性能称为粮食的吸附性。粮食吸附性主要受粮食种类、形态、比表面积、温度、气体性质与浓度、接触时间等多种因素的影响。粮食储藏期间，气调储藏、熏蒸杀虫、周边环境、包装器材都会造成粮食的吸附。因此，了解粮食的吸附特性对粮食的安全储藏十分重要。

在一定条件下，吸附和解吸会达到"吸附平衡"。建立"吸附平衡"，往往需要较长时间。如粮食对 CO_2 的吸附，需 24h 才能达到平衡；对水蒸气的吸附，则需要 7~12d 才能确立平衡。被吸附的气体，有的能可逆地完全解吸出来，有的则不能完全解吸。按照这种情况，将吸附作用分为物理吸附和化学吸附。粮食在储藏过程中既会发生物理吸附，也会发生化学吸附，两种吸附可以单独发生，也会相伴发生。一般化学吸附比物理吸附较难散失，对粮食的品质有一定的影响。

2. 吸湿性

粮粒能吸附与解吸水蒸气的特性，称为吸湿特性。粮食的吸湿特性与粮食的发热霉变、结露、返潮等现象有直接关系，对粮食的储藏稳定性和储藏品质影响较大。所以，粮食的吸湿特性是粮食储藏中最重要的特征之一。

通常采用吸湿等温线来研究粮食的吸湿特性。它表示当温度恒定时，在一定湿度下粮食吸收水分的量。通常粮食样品在同一相对湿度下，其水分含量有两个数值，一是当粮食吸湿时，一是当粮食解吸水分或干燥时。解吸时的水分含量高于吸湿时的水分含量，因而等温线又分为吸湿等温线与解吸等温线。一种粮食的吸附与解吸等温线不一定相同，即在某种特定的相对湿度和温度下，吸附平衡水分值与解吸平衡水分值存在着差别，也可以说解吸时的含水量高于吸附时的含水量。

吸湿性的研究为粮食储藏工作提供了理论依据。粮粒的吸湿性质和平衡水分的概念，指出了空气相对湿度对粮食水分的影响。当水分大的粮食存放在低的相对湿度时，粮食水分会散发；反之，把干燥的粮食存放在空气潮湿的环境中，粮食则增加水分而受潮。因此，在粮食储藏期间，利用通风、密闭、干燥等措施控制和调节水分时，必须运用粮食的吸湿性与平衡水分的概念和规律。

（六）平衡水分

平衡水分是指在一定的环境温度、湿度条件下，粮食吸湿和散湿的速度处于动态平衡状态。粮食的水分含量暂时处于相对稳定，此时的粮食含水量称为这一温度、湿度下的平衡水分。

粮食储藏过程中，可根据粮食的水分含量和当时的具体温度、湿度，查阅粮食平衡水分表（表4-4），采取合理措施，控制粮食水分的得失，以确保储粮安全。

表4-4　　　　　　　　不同温度、湿度下粮食的平衡水分

温度/℃	粮种	在以下空气相对湿度下粮食的平衡水分/%							
		20%	30%	40%	50%	60%	70%	80%	90%
30	小麦	7.5	8.9	10.3	11.6	12.5	14.1	16.3	20
	稻谷	7.13	8.51	10	10.88	11.93	13.12	14.66	17.13
	大米	7.59	9.21	1.58	11.61	12.51	13.9	15.35	17.72
	玉米	7.85	9	11.13	11.24	12.39	12.9	15.85	18.3
	黍子	7.21	8.66	10.15	11	12.06	13.6	15.32	17.72
	大豆	5	5.72	6.4	7.17	8.86	10.63	14.5	20.15

续表

温度/℃	粮种	在以下空气相对湿度下粮食的平衡水分/%							
		20%	30%	40%	50%	60%	70%	80%	90%
25	小麦	7.55	9	10.3	11.65	12.8	14.2	15.85	19.7
	稻谷	7.4	8.8	10.2	11.15	12.2	13.4	14.9	17.3
	大米	7.7	9.4	10.7	11.85	12.8	14.2	15.65	18.2
	玉米	8	9.2	10.35	11.5	12.7	14.25	16.25	18.6
	黍子	7.5	8.85	10.3	11.3	12.4	13.85	15.6	18.3
	大豆	6.35	8	9	10.45	11.8	14	16.55	19.4
20	小麦	8.1	9.2	10.8	12	13.2	14.8	16.9	20.9
	稻谷	7.54	9.1	10.35	11.35	12.5	13.7	15.23	17.83
	大米	7.98	9.59	10.9	12.02	13.01	14.57	16.02	18.7
	玉米	8.23	9.4	10.7	11.9	13.19	14.9	16.92	19.2
	黍子	7.75	9.05	10.5	11.56	12.7	14.3	15.9	18.25
	大豆	5.4	6.45	7.1	8	9.5	11.5	15.29	20.28
15	小麦	8.1	9.4	10.7	11.9	13.1	14.5	16.2	20.3
	稻谷	7.8	9.3	10.5	11.55	12.65	13.85	15.6	18
	大米	8.1	9.8	11	12.15	13.15	14.65	16.4	19
	玉米	8.5	9.7	10.9	12.1	13.3	15.1	17	19.4
	黍子	8	9.3	10.7	11.8	12.9	14.5	16.2	18.9
	大豆	7	8.45	9.7	11.1	12.2	14.7	17.2	20
10	小麦	8.3	9.65	10.85	12	13.2	14.6	16.4	20.5
	稻谷	7.9	9.5	10.7	11.8	12.85	14.1	15.95	18.4
	大米	8.3	10	11.2	12.25	13.3	14.85	16.7	19.4
	玉米	8.8	10	11.1	12.25	13.5	15.4	17.2	19.6
	黍子	8.2	9.6	11	12	13.15	14.8	16.5	18.9
	大豆	7.2	8.7	9.9	11.3	12.4	14.8	17.3	20.2
5	小麦	8.7	10.8	11	12.1	13.2	14.8	16.55	20.8
	稻谷	8	9.65	10.9	12.05	13.1	14.3	16.3	18.8
	大米	8.5	10.2	11.35	12.4	13.5	15	17.1	19.7
	玉米	9.5	10.8	11.4	12.5	13.6	15.6	17.4	19.85
	黍子	8.5	9.9	11.35	12.3	13.4	15	16.8	18.9
	大豆	7.5	8.85	10.2	11.6	12.7	15	17.7	20.15
0	小麦	8.9	10.32	11.3	12.5	13.9	15.3	17.8	21.3
	稻谷	8.2	9.87	10.09	12.29	13.26	14.5	16.59	19.22
	大米	8.68	10.33	11.5	12.55	13.59	15.19	19.4	20
	玉米	9.43	10.54	11.58	12.7	13.83	15.58	17.6	20.1
	黍子	8.65	10.15	11.7	12.53	13.58	15.23	17.06	19.08
	大豆	5.8	6.95	7.71	8.68	9.63	11.95	16.18	21.54

（七）粮堆微气流

粮堆内的空气，由于温差的存在会发生速度极低的流动，即粮堆微气流。粮堆微气流受温差、粮堆密封程度、粮堆孔隙度、粮仓类型和储粮方式等因素的影响，其方向、速度会不断地变化。

粮堆微气流在熏蒸中能帮助毒气扩散，提高杀虫效果。但控制不好，则会加速粮堆中的湿热扩散，造成粮堆局部结露、发热，甚至霉变。

三、 储粮生理

（一）粮食的呼吸

呼吸作用是粮食维持生命活动的一种生理表现。粮食呼吸是以消耗营养物质为基础，呼吸越旺盛，消耗的营养物质越多。呼吸可分为有氧呼吸与无氧呼吸两类，通风情况下有氧呼吸是粮食呼吸作用的主要形式，也是粮食发热的重要原因之一；粮堆深处及长期密闭储藏的粮堆，则以无氧呼吸为主，无氧呼吸产生的乙醇，会影响粮食籽粒的品质，水分越高，影响越大。这两类呼吸在整个粮堆中会同时存在。呼吸强弱的指标是呼吸强度，以单位时间内、单位质量的粮食（干重）、吸收 O_2 的量或放出 CO_2 的量来表示 [O_2mg/（100g · d）或 CO_2mg/（100g · d）]。

粮食籽粒在储藏过程中呼吸作用主要受内部因素和外部因素（环境因素）的影响。一般来讲，胚占籽粒比例大的粮种呼吸作用强，如玉米比小麦的呼吸强度在相同的外部条件下要高；未熟粮粒较完熟粮粒的呼吸作用强；当年新粮比隔年陈粮呼吸作用旺盛；破碎籽粒较完整籽粒的呼吸强度高；带菌量大的粮食比带菌量小的粮食呼吸能力强。

（二）粮食的后熟

粮食种子在田间成熟时即收获，这时的粮食种子称为收获成熟。但其在生理上并未成熟，表现为呼吸旺盛，耐藏性差，发芽率低，加工出粉率低，食用品质差；经过一段时间储藏后，才能完成种子内部的生理生化变化，达到生理上的完全成熟。从收获成熟到生理成熟的过程，称为种子的后熟作用。完成后熟作用所经过的时间，称为后熟期。

粮食种子后熟期间，水分、可溶性糖、非蛋白态氮、游离脂肪酸等的含量继续减少，淀粉、蛋白质与脂肪增加，食用与工艺品质显著改善；同时，酸度逐渐减小，酶活性逐渐降低，呼吸也随之减弱，有利于粮食储藏；种胚成熟，细胞内的高分子物质充分合成，干物质含量丰富，种子的物理性质也发生很大变化，体积缩小，质量增加，硬度增大，种皮透性改善，发芽力增高。

在生产实践中，判断后熟作用是否完成，通常以种籽的发芽率是否达到80%为标准。未完成后熟的种子，发芽率往往很低，或难于发芽。

影响后熟作用的因素有温度、湿度、通气状况、籽粒的成熟度、粮种及种皮等，特别是温度、湿度和通气状况三个因素，对粮食的后熟作用是相互影响的。通常在高温、干燥、通风良好的储藏条件下，能促进和加速后熟作用的完成；反之，在低温、潮湿和通风不良的条件下，则会延缓和推迟后熟作用的完成。新粮入仓储藏时，不但要创造条件加速种子的后熟，同时还要防止种子后熟过程中由于种子生理活动旺盛而造成储粮"出汗"，引起发热霉变。为防止储粮在后熟期间发生这种不良现象，除在新粮入库前使粮食充分干燥外，入库后应保持适当温度和良好通风，加快后熟的完成，同时还应加强管理，散热散湿，防止发热霉变。完成后熟后，保持低温干燥环境，使粮食处于休眠状态，达到长期安全储藏的目的。

（三）粮食的陈化

粮食在储藏期间，随着时间的延长，虽未发热霉变，但由于酶活力降低，呼吸减弱，原生质胶体松弛，物理化学性状改变，生活力减弱，导致种用品质和食用品质变劣。这种由新到陈，由旺盛到衰老的现象，称为粮食陈化。

粮食陈化是粮食自身生理生化变化的一种自然现象，不仅表现为品质降低，而且还表现为生活力的下降。粮食的生活力与种胚紧密相关，不含胚的粮食（大米、小米、麦仁等），无生活力，集中表现为品质下降。大米陈化就是无胚粮食陈化的典型，大米的陈化以糯米最快，粳米次之，籼米较慢。在长期储藏中，小麦陈化的速度比较缓慢，储藏 1 年后，生活力依然很高，不但种用品质稳定，而且工艺品质与食用品质还逐渐改善。粮食陈化的表现主要有以下几个方面。

1. 生理变化

粮食陈化的生理变化与粮食中酶的活性和代谢水平紧密相关。粮食在储藏期间，生理变化多是在各种酶的作用下进行的。无论是含胚或不含胚的粮食，若粮食中酶的活性减弱或丧失，其生理作用也随之而减弱、停止。稻谷储藏初期含有活力较高的过氧化氢酶、α-淀粉酶，随着储藏时间的延长，这些酶类的活力就大大减弱，生活力也下降。据测定，稻谷储藏 3 年后，过氧化氢酶活力降低至原来的 1/5，淀粉酶活力丧失；而大米在储藏期间过氧化氢酶活力完全丧失，呼吸也趋于停止。α-淀粉酶在有胚或无胚的粮食中均存在，其对粮食品质的影响很大。陈米煮饭不如新米好吃，原因之一就是陈米中的 α-淀粉酶失去活力，淀粉液化值降低而造成的。

2. 化学性质变化

粮食陈化的化学性质变化主要表现在淀粉、蛋白质、脂肪等营养物质的变化，无论含胚与不含胚的粮食，其化学成分变化的一般规律是脂肪最快，淀粉次之，蛋白质最慢。

粮食储藏期间，脂肪易于水解生成游离脂肪酸，不仅使稻米蒸煮品质降低，而且游离脂肪酸进一步氧化可产生戊醛、己醛等挥发性羰基化合物，形成难闻的陈米气味。储藏较长时间的粮食，由于淀粉的水解产物麦芽糖和糊精继续水解，还原糖增加，糊精相对减少，导致黏度下降，粮食开始陈化。随着储藏时间的延长，蛋白质水解和变性程度加深，游离氨基酸含量上升，蛋白质溶解度降低，粮食陈化也随之加深。此外，随着储藏时间的延长，粮食中的维生素损失逐渐升高，如储藏 1 年以上的玉米维生素 A 的含量降低 70%，尤其在第一年降低最快。

3. 物理性质变化

粮食陈化时物理性质变化很大，表现为粮粒组织硬化，柔韧性变弱，质地变脆。稻米起筋、脱糠；淀粉细胞变硬，细胞膜透性增强，糊化、吸水力降低，持水力下降，粮粒破碎，黏性较差，有陈味。用其制作面包时，因面粉发酵力减弱，导致面包品质下降。

4. 影响粮食陈化的因素及延缓陈化的措施

粮食陈化虽然是粮食内部生理生化变化的结果，但储藏环境条件及储藏技术对促进和延缓粮食陈化有密切关系。粮食陈化的深度与储藏时间呈正相关，储藏时间越长，陈化越深。一般隔年陈粮水分降低，硬度增加，千粒重减小，容重增大，生活力减弱，这对稳定储藏有利。但因其新鲜度减退，发芽力降低，因而品质变差。根据常规储藏实践，粮食每经过一次高温高湿季节，陈化就会加深一次。高温高湿环境可促进陈化的发展，低温干燥条件可延缓陈化的出现；杂质多，昆虫、霉菌滋生，加速粮食陈化。因此，在保管中要创造条件，改善仓房，减少杂质，防止昆虫和霉菌的危害；同时应保持仓房低温干燥，以延缓陈化的发生和发展，从而使粮食品质得以保持。

四、微生物对储粮的影响

粮食微生物是指寄附在粮食上的微生物。主要种类包括真菌（霉菌、酵母菌、植物病原真菌等）、细菌、放线菌等微生物。

在粮食的生产和储藏过程中，粮粒的外部和内部都会寄生微生物。质量较好的粮食，每克粮食的带菌量通常是以千计，而质量差的常以万、百万、甚至以亿为单位来计。在粮食储藏中，粮食微生物的活动程度不仅决定着储粮的安危和粮质的优劣，而且关系到粮食的食用卫生和人体健康。

粮食微生物的来源可概括为田间（原生）及储藏（次生）两大类。前者主要指粮食收获前在田间所感染和寄附的微生物类群，其中包括附生、寄生、半寄生和一些腐生微生物；后者主要是粮食收获后，在各个生产环节（如脱粒、运输、储藏及加工等）传播到粮食上的一些自然界广泛存在的霉腐微生物，它们是导致粮食霉变和其他有机物质霉腐的腐生微生物群。

粮食霉变的实质是粮食微生物进行的营养代谢活动，分解粮食中的有机物质，导致粮食霉坏的过程。粮食微生物主要是曲霉和青霉，其次是毛霉和根霉及半知菌类的交链孢霉、镰刀菌等的一些类群。就储粮的危害程度而言，以霉菌最严重，其次是一些酵母菌、细菌和放线菌。粮食霉变的过程通常包括初期变质→生霉→霉烂三个阶段，生霉是粮食储藏中发生霉变事故的标志。

（一）初期变质——粮食霉变的初期阶段

粮食微生物在环境适宜时，利用其自身分泌的酶类开始分解粮食，破坏粮粒表面组织，进而侵入内部，导致粮食的初期变质。一些粮食微生物在温度 $10 \sim 15 ℃$ 以上，相对湿度 $65\% \sim 75\%$，即粮食水分 $13\% \sim 15\%$ 时，就能活动危害；在高水分情况下，有的青霉和曲霉等甚至能在 $0℃$ 下导致粮食霉变，使储粮迅速变质。在初期变质阶段，粮食可能出现以下初期的劣变症状：

（1）粮粒表面湿润，有"出汗"、返潮现象，散落性降低，用手搓粮或插入粮堆有涩滞感觉。

（2）粮粒软化，硬度下降。以大豆、小麦比较明显，体积略有膨胀。

（3）粮粒色泽起初鲜艳，接着很快变灰发暗。例如，大米的"泛白""发灰"；粮食胚部变色（俗称"起眼"）；麦类的褐胚，大米的胚变色等。

（4）稻米起筋（米粒沟纹处出现白线）、脱糠（米粒上未碾尽的皮层浮起称作"起毛"，皮层脱落称作"脱糠"）。

（5）轻微异味。例如，稻米的糠臭，玉米、高粱的甜味和酒味，一般粮食的轻微霉味，俗称"宿气""闷热气"或"热扑气"。

（6）粮温异常，有发热趋势或已发热。

其他需经仪器分析的初期症状有：粮食脂肪酸值增高，非还原糖含量减少，粮食带菌量的变化（特别是粮食内部菌的增加）等。

（二）生霉——粮食霉变的中期阶段

微生物开始分解粮食和吸取营养之后，在外界环境适宜的条件下，可迅速发育。首先在胚部和破损部位开始形成菌落，而后扩大到粮粒局部或全部，这就是粮食上出现的"生毛"、"点翠"等生霉现象。生霉的粮食已经严重变质，有很重的霉味，变色明显，并有霉菌毒素污染的可能，不宜食用。

（三）霉烂——粮食霉变的后期阶段

粮食生霉后生活力大幅度降低或完全丧失，失去对微生物危害的抗御能力，给微生物的进一步危害创造了有利的条件。若此时的环境条件适宜，粮食微生物的区系不断演替，粮食中的有机物质会遭到严重的微生物分解，导致粮食霉烂、腐败，产生霉、酸、腐臭等难闻气味，粮粒变形，成团结块，最终失去食用价值。

根据粮食霉变发生的原因，可将其分为劣质、结露、吸湿、水浸四个霉变类型。

（1）劣质霉变　因粮食质量低劣（如水分含量高、杂质多、有害虫、种子带菌率高、完整度低、成熟度差等），在储藏过程中易被微生物侵害而造成霉变，称为劣质霉变。劣质霉变在粮堆中发生的类型，可分为全部与局部两种。其中局部者为常见。而局部的部位在粮堆中是不固定的，通常以自动分级后的杂质聚积区居多。在此类霉变过程中，常伴随出现发热，轻则变色变味，重时生霉结块，甚至霉烂，不能食用。

（2）结露霉变　由于温差结露而引起的霉变称为结露霉变。结露霉变大都在粮堆局部发生，间或伴有局部的发热现象。这类霉变多在粮堆表面下30cm处以及阴冷空隙等部位。

（3）吸湿霉变　粮食在储藏过程中，由于外界湿度过大，仓房密闭不严，墙壁地面返潮，铺垫不善或干湿粮混合储存等，使干粮吸湿而引起的霉变叫吸湿霉变。吸湿霉变多在粮堆局部发生，霉变通常发生在粮面、空隙、底层等易于吸湿处。

（4）水浸霉变　粮食在收获、运输或处理过程中浸水、受雨，或者因仓房、露囤漏雨进雪，仓底、仓壁渗水，以及仓顶结露滴水等原因，使粮食直接浸水而引起的霉变称为水浸霉变。水浸霉变多发生在粮堆表面和底部，也可发生于粮堆局部或全部。局部浸水严重者可深入粮堆内部，如漏雨处可在粮内形成漏斗状的霉变区。

以上四种霉变类型的划分是相对的，在粮食储藏过程中，几种不同类型的霉变有可能同时发生。因此，应综合设计防霉措施或处理方法。

五、　害虫对储粮的影响

凡在粮食业务的五大环节（购、储、调、加、销）中，危害粮食、油料及其加工品、副产品、包装器材、运输工具、仓场建筑的昆虫（包括螨类）及其天敌，统称为储粮害虫。

目前我国的储粮害虫在分类上有2纲（昆虫纲和蛛形纲）13目72科250多种。这些储粮害虫的特点是体小、色暗、能飞、善爬、会隐蔽、种类多、分布广、繁殖快、危害大、适应力强、防治困难。

害虫对储粮的影响主要有：①造成重量损失，严重的可达15%以上；②食用及种用品质下降，严重的可失去食用价值，并完全失去发芽力；③害虫的排泄物和尸体混入粮食，造成粮食污染和卫生质量下降，有的害虫的分泌物还有致病作用，影响人体健康；④危害仓场建筑及包装器材，严重的可使建筑倒塌、包装器材无法使用；⑤恶化储粮环境，害虫群集及自身的呼吸代谢，使粮堆局部甚至全部发生水分、温度的大改变，危及储粮安全；⑥受害虫危害后粮食的商品价值降低，经济效益受损。

六、粮食发热及类型分析

（一）粮食发热的判断方法

粮食在储藏期间，粮堆温度异常上升的现象称为粮食发热。引起粮食发热的因素是多方面的，其热量的来源主要是粮堆中微生物进行生命活动的结果。在正常情况下，稳定、安全的粮食，其粮堆温度随气温和仓温的升降而变化。若粮堆温度上升太快，或该降不降，破坏了粮堆与外界环境之间的热平衡，就是发热现象。在储粮实践中，鉴别粮食发热的基本方法是对比分析法。常用的有以下几种：

（1）粮温和仓温比较　春天气温上升季节，粮温异常上升，比日平均仓温上升幅度高出3~5℃的；在秋冬气温下降季节，粮温长期不降，甚至上升者，均是发热现象。

（2）粮温与粮温比较　与其他仓、囤中同种粮食的温度比较，如果入仓时间、保管条件、粮质及水分基本相同，而粮温温差达3~5℃的，即为发热现象。

（3）根据粮温与查粮记录对比分析　一些仓、囤的粮温变化，可与查粮记录中的温度情况进行对比，在无特殊原因例如生理成熟等影响下，粮温突然增高，可认为是发热现象。

（4）粮质的检查分析　在进行温度分析的同时，必须检查粮食的色、味和昆虫、霉菌的发生等情况，并与其他存粮进行比较分析，以便正确判定发热与否。如果出现发热现象，应找出原因，及时处理。

需要指出的是，如暴晒粮食、加工热机米等，未经过充分冷却时，虽是热粮，却不属于发热现象。但这些粮食若要入库存放，均需摊凉或作特殊降温处理，否则容易引起粮食发热。此外，有些粮食在后熟期中，由于生理活动旺盛，释放出较多的水分和热量，所产生的"乱温"现象，通常也不算作粮食发热。因为这是粮食生理成熟的正常过程，随着后熟的完成，发热便会自动停止。但在粮食后熟期中，必须加强管理，注意粮温变化，不然很容易引起发热、霉变。

（二）粮食发热的类型分析

粮食发热的类型，按其在粮堆中发生的部位，大致可分为以下几种。

（1）局部发热　是指粮堆内个别部位发热，俗称"窝状"发热。其直接诱发原因有：①仓、囤顶部漏雨，仓壁、囤身渗水；②潮粮混入，由湿热扩散形成的高水分区；③自动分级形成的高杂质区；④入仓脚踩或垫板压实等。

（2）上层发热　由于季节转换，气温变化，粮堆上层与仓内空间或粮堆内部的温差过大，形成结露，或因仓内湿度过大致使表层吸湿，为微生物和粮食呼吸创造了有利条件，从而引起粮堆表面的粮层发热。

（3）下层发热　由于铺垫不善，地面潮湿，热粮入仓遇到冷地面发生结露，或因粮堆内部水分向底部转移，引起粮堆下层或底层发热。

（4）垂直层发热　贴墙、靠柱或囤周围的垂直粮层发热。主要原因是垂直粮层与墙壁、囤的外部或柱石之间温差过大，或墙壁周围渗水浸潮等。

（5）全仓发热　通常是由于对上述几种发热处理不及时，任其发展扩大造成的。有时也因粮食全堆浸水而导致全仓发热。一般下层发热，容易促使粮食全仓发热。所谓的"三高"（高水、高温、高杂）粮，热量更易由点到面迅速扩散，造成全堆粮食发热。

七、粮食的储藏技术

粮食常用的储藏技术包括控制接收粮食的质量、安排储藏仓位、采用适当的堆放形式以及使用经济合理的储藏技术等。

（一）控制接收粮食的质量

（1）入仓前的粮食质量检验　对入仓前的粮食必须按国家标准进行严格检验，不符合质量标准的，例如，含水量大、杂质含量高等，必须经过处理达标后才可接收；禁止接收出现过发热、霉变、发芽的粮食，如遇特殊情况必须接收时，应分仓存放。

（2）入仓前的粮食卫生检验　对含有毒有害物质超过国家卫生标准的粮食，以及由于使用化学药剂不当造成药剂残留超标的粮食，应禁止接收。已误收入仓的，应单独封存，并及时报上一级主管部门处理，未经上级同意，不得随意处理。

（二）安排储藏仓位应做到"五分开"

（1）种类分开　粮食种类不同，其用途和加工要求亦不同，故入仓时要按粮食的种类或品种分开存放。例如，稻谷按粳、籼、糯稻和早、晚稻分存；小麦按红皮、白皮、硬质、软质分存；玉米按皮色分存；大豆按皮色、粒形大小分存；种子粮按农业生产的品种分存；名贵品种要单独存放。

（2）好次分开　好次是指粮食质量的好坏。例如，杂质和不完善粒的多少、色泽和气味是否正常等。质量差的粮食不耐储藏，商品价值和使用价值低，故应分开存放，有条件的应尽量做到分等储藏。

（3）不同水分分开　干湿粮混存会引起粮堆内水分的再分配，引起局部发热霉变，甚至扩大到全仓。故在实际储藏过程中，应尽可能做到同一粮堆内的粮食水分差异不超过1%。

（4）新陈分开　新粮与陈粮生理活性不同，食用品质也有差异，种用价值差异更大。分开存放，有利于安全储藏、加工和供应。

（5）有虫无虫分开　粮食在运输途中容易由包装用品和运输工具带入虫害。因此，入仓前必须严格检查，把有虫粮与无虫粮分开存放，防止害虫交叉感染，也便于及时处理虫粮，同时节约处理费用。

（三）采用适当的堆存形式

接收粮食入仓时，应根据储粮任务、仓库条件、粮食品种、粮质、用途、储存期限以及入仓季节等进行合理堆存。

粮食堆存形式有多种。例如，散装粮食有整仓散装、围包散装、隔仓板散装、围囤散装；包装粮食有实垛平桩、通风桩；另外还有露天囤、露天垛和土堤仓等堆存方式。

（四）使用经济合理的储藏技术

1. 粮情检查

粮食在储藏期间是否能确保安全，要经常进行检查和分析，掌握粮情的变化，以便采取有针对性的储粮技术。粮情检查的主要内容有：

（1）储粮温度　储粮温度包括大气温度、仓内空间温度和粮堆温度，又分别称为气温、仓温和粮温，简称"三温"。"三温"之间相互影响，通常是气温变化影响仓温，仓温变化影响粮温。应根据季节、粮堆部位等，掌握"三温"的变化规律与检查分析方法，以便准确掌握粮情。

气温的日变规律一般是：零时至日出前温度最低，日出后温度逐渐上升，午后 2 时达到最高，之后又逐渐下降。换季时节，日变温差较大，粮堆容易结露，尤其是春秋季节更为明显。

仓温（地上仓）随气温升降而变化，受粮温的影响较小，日变的最高值与最低值通常比气温的最高和最低值迟 1~2h，变化的速度和幅度与仓房结构和通风状况有关。年变（一年中的变化）规律为：气温上升季节，仓温低于气温；气温下降季节，仓温高于气温。

粮温的变化比较复杂，影响因素也比较多，正常情况下以外温（气温、仓温）影响为主。一年中粮温变化的规律是粮温随外温升降而升降，但迟于外温；气温上升季节，粮温也逐渐上升，但低于外温；气温下降季节，粮温也逐渐下降，但高于外温；粮温最高值和最低值的出现通常比气温（或仓温）推迟 1 个月左右。露天储存的粮食，气温变化直接影响粮温。

检查粮温的方法，要定层定点与机动取点相结合，仪器检查与感官鉴定相结合。

（2）粮堆湿度 粮堆湿度是指粮堆孔隙中的空气湿度。粮堆湿度的变化既受空气湿度的影响，又受粮食吸湿和散湿的影响。

自然空气中的温度与湿度的关系，一般是温度高时湿度低，温度低时湿度高。空气中相对湿度（简称气湿）日变的最高值与最低值出现时间与温度相反，日出前湿度最高，午后 2 时左右湿度最低。

仓房空间的湿度（简称仓湿）变化与空气湿度变化的规律基本一致，但比空气湿度的变化略滞后，变幅也小。有时仓湿变化并不完全取决于气湿的变化，在通风不良或密闭的仓房内，仓湿多随仓温的变化而变化，并且与储粮的水分含量、仓房地势、仓内地坪及仓壁的防潮性能等有密切关系。

粮堆表层湿度的变化受仓湿的影响较大。粮堆内部的湿度变化，在静止状态下受平衡水分规律的支配，在空气流动状态下则受空气对流作用和扩散作用的影响。通常情况下，粮堆内部的低温部位及高水分部位的湿度最大。粮堆中湿度变化与粮食本身的水分变化基本一致。

（3）粮食水分含量 粮食含水量大小对粮食生理变化及安全储藏有直接关系，是粮食稳定性的重要条件之一。粮食水分增高，导致酶活力加强，呼吸旺盛，储藏物质水解，使粮食的储藏稳定性大大降低，同时还降低了粮食对虫、霉及其他不良外界条件的抗性。因此，控制粮食含水量是粮食安全储藏的关键。例如，新收获的谷类含水量可达 20% 左右，须经日晒或干燥降至 12%~14% 后方可入仓储藏。

在一定温度范围内，能保持粮食安全状态的水分值称为粮食的相对安全水分。禾谷类粮食的相对安全水分，在 0~30℃ 的温度范围内，以 0℃ 为起点，水分以 18% 为基点，以后温度每增高 5℃，粮食的安全水分就相应降低 1%。根据实践经验，水分 14%~15% 的谷类粮食在冬春季节，如果无特殊原因，很少发热霉变；而水分 12%~13% 的谷类粮食在夏秋季节也是安全的。

粮堆水分的变化是按照吸湿平衡规律进行的。粮食水分变化与空气湿度、水分热扩散和再分配、粮堆中空气对流情况及粮食是否浸雨或返潮等因素密切相关。

（4）储粮害虫 储藏中的粮食极易感染害虫，及时发现害虫并做适当处理，可保证粮食的安全储藏。检查害虫的期限为：粮温低于 15℃ 时，检查期限自定；粮温 15~25℃ 时，至少 15d 检查 1 次；粮温高于 25℃ 时，至少 7d 检查 1 次；危险虫粮处理后的 3 个月内，至少 7d 检查 1 次。

虫粮的处理要按照"安全、经济、有效"的原则，采取综合防治措施。全仓生虫，全仓处理；局部生虫局部处理，基本无虫粮或一般虫粮，在粮温 15℃ 以下时，可暂不处理。

（5）粮堆露点与结露　当粮堆某一粮层的温度降低到一定程度，使粮堆孔隙中空气所含的水汽量达到饱和状态时，水汽就开始在粮粒表面凝结成小水滴，这种现象称为粮堆结露。

引起粮堆结露的主要原因是粮堆不同部位之间出现温差。温差越大，结露越严重。空气中实际的水汽含量越多，相对湿度越大，露点和当时气温越接近，越容易出现结露。此外，粮食水分的高低对结露也有一定的影响，高水分粮在温差较小的情况下也有可能发生结露。

粮堆结露有顶层结露、内部结露、热粮结露、密封储藏的粮堆结露及其他情况下的结露。最易发生结露的部位是粮堆顶层，其次是与仓内地坪、仓墙及仓柱接触的粮层。最易发生结露的时间是季节转换时期，或气温骤升、骤降，或粮温变化较大的时候及梅雨季节。

（6）粮质　粮食如果发热、生霉、陈化，都会降低粮食品质，如果发现处理不及时，将会造成一定损失，最后丧失食用价值。储粮初期的劣变一般先从粮食色泽、气味、硬度、酸度、发芽率等方面逐渐反映出来。在日常检查粮情时，用感官检验法检查粮质劣变的早期现象，及时采取有效措施，以保全粮质和避免损失。粮食是否新鲜，目前主要以发芽力、脂肪酸值、酸度、黏度等指标来衡量。

（7）储粮品质控制指标　通过对储粮品质的检验结果来综合评定储粮质量。不同粮种的评定项目不完全一样，国家已规定了稻谷、玉米、小麦和大豆四种粮食储存品质的判定指标。其主要评定项目分别为：稻谷——脂肪酸值、品尝评分值；玉米——脂肪酸值、品尝评分值；小麦——黏度、面筋持水率、品尝评分值；大豆——粗脂肪酸值、蛋白质溶解比率。

2. 储粮方式

（1）常规储藏　将粮食自然堆放在仓库内，不另外使用其他辅助的储藏技术。这种方式适用于含水量低、质量好、短期储藏的粮食，分为散装储藏和包装储藏两种堆放方式。

（2）密闭储藏　采用密闭材料密封粮堆，以减少或隔绝外界温度、湿度、空气、害虫等对粮堆的影响，保持粮食品质、延缓陈化的一类储藏方式。目前的密闭材料多用塑料薄膜。粮食长期密闭储藏的基础条件是：水分在安全标准以内，杂质低，无害虫。

（3）通风储藏　在储藏过程中进行合理通风，利用粮堆内外空气的交换降低粮食水分含量和粮堆温度，既能抑制粮食的生命活动和虫、霉的繁殖，保持粮食品质，增进其耐储性，又能节省费用，是一种简便、经济的储粮方式。粮堆通风的方法有自然通风和机械通风。

（4）低温储藏　在储藏期间采用不同的方法，使粮食保持一定水平的低温，抑制粮食、微生物和害虫的生命活动，减少干物质损失，增强粮食耐储性的一类储藏方式。低温储藏的方式可分为自然低温和机械制冷低温。具体方法有仓外冷冻降温、自然通风降温、机械通风降温、机械制冷降温、地下仓低温储藏等。低温储藏除需采用不同方法降温外，通常还需要一些隔热材料保持获得的低温。使用的隔热材料有发泡聚氨酯、聚苯乙烯泡沫板、聚乙烯泡沫板、膨胀珍珠岩、玻璃纤维毡、石棉制品、砻糠、棉被等。

（5）缺氧储藏　在密封条件下，使粮堆处于缺氧状态，从而抑制粮食的呼吸，防止害虫和霉菌活动，达到安全储粮的目的。密封是缺氧储藏的关键。常用的密封材料有聚氯乙烯薄膜、聚乙烯薄膜、聚乙烯复合薄膜等。这些材料需要有一定的厚度、抗压和抗拉强度及气密性较好。密封的方法同密闭储藏方式。脱氧是缺氧储藏的重点，目前使用的脱氧技术主要有生物脱氧和机械脱氧两大类。

（6）化学储藏　基本原理是利用化学药剂抑制粮食本身及微生物的生命活动，消灭储粮害虫，防止粮食发热、霉变和遭受虫害损失。使用化学药剂的目的主要有：作为储粮过夏的防虫措施；缺乏低温储藏或缺氧储藏条件时，使大米安全过夏；对有发热趋势的粮食进行临时性抢救或短期储藏；对水分高的新粮或严重受潮且暂时无法干燥处理的粮食进行临时抢救。常用的化学处理方法有磷化铝熏蒸处理、低氧配合低药量熏蒸处理、低温配合低药量熏蒸处理等。

3. 害虫防治

根据储粮中的害虫种类、环境条件、防治目标等，可控制和杀灭害虫的方法有综合防治法、清洁卫生防治法、物理防治法（高温杀虫、低温杀虫、气调杀虫、辐射杀虫）、习性防治法（诱杀法、压盖法）、化学防治法（化学药剂杀虫）、检疫防治法等。各种防治方法涉及的内容较多，在此不一一赘述。

储粮害虫的防治以幼虫和成虫为主要对象。其中幼虫是昆虫快速生长的时期，也是危害最重的时期。同时，由于幼虫自身的生理发育不完全，对环境变化和药剂的抵抗能力小，所以也是防治的最佳时期。

（五）原粮的储藏

1. 稻谷的储藏

（1）稻谷的结构特征　稻谷籽粒具有完整的内外稃（稻壳），对温、湿度影响和虫、霉等危害具有一定防护作用，同时稻壳的水分也偏低。这些结构上的特点，使稻谷在储藏过程中稳定性相对较好。但是，由于稻粒表面粗糙，粮堆孔隙度大，易受不良环境条件的影响，使粮温波动较大。另外，稻谷籽粒的组织较为松弛，耐热性差，陈化速度快，特别是经过夏季高温后，品质下降明显。

（2）稻谷的生理生化特性　稻谷的后熟期很短，因为稻谷的种胚成熟较早，籼稻无明显的后熟期，粳稻只有4周左右。在正常储藏条件下，其呼吸作用在收获后的1~2年内较高，而后逐渐降低趋于平稳。在一定温度条件下，稻谷呼吸强度随水分含量增加而增强。

稻谷在储藏期间，其内部含有的营养物质会随储藏期的延长，发生各种各样不同程度的变化。淀粉在储藏期间的变化主要表现为还原糖增加，非还原糖减少；蛋白质发生不同程度的水解和变性，特别是酶的活性，随着储藏时间的延长而降低。稻谷中的脂肪在储藏前期较为稳定，储藏中后期脂肪酸值增加，食用品质下降。

（3）稻谷的储藏特性

①易陈化、不耐高温：稻谷随储藏时间出现不同程度的陈化现象，主要是因为酶活力降低所致。通常新稻谷中 α-淀粉酶及过氧化氢酶活力很高，过夏后活力明显下降。稻谷的陈化速度，对于不同种类和不同水分、温度的稻谷是不同的。通常籼稻较为稳定，粳稻次之，糯稻最容易陈化。水分、温度均低时，陈化速度慢；反之，陈化速度快。

稻谷储藏期间不耐高温。高温会导致稻谷的油脂氧化和陈化作用，还可导致稻谷脂肪酸值增加，加工大米的等级也明显降低。水分含量与储藏温度越高，脂肪酸值上升越明显；高温后，稻谷的陈化还表现在酶活力降低、黏性下降、发芽率降低、盐溶性氮含量降低、酸度增高、口感和口味变差等。

②结露：由于温度波动、湿度过大等，水汽在散存粮堆表层易结成水珠，俗称"出汗"。它是引起局部发热霉变的重要原因，也是稻谷保管中较突出的问题。特别是夏季新入库的早、中稻，生理活性强，粮堆湿度高，秋季天气转凉时，粮面下30cm左右处最易结露。春暖后，由于温差使高水分的稻谷由局部可发展到大面积发热霉变。

③发热霉变：稻谷收获前后都可能由于温度高、湿度大而发热霉变，需立即分堆摊晾、脱

粒、热晒和烘干，避免损失。

④易黄变成黄粒米：稻谷在收获期遇长时间连续阴雨，未能及时干燥，常会在堆内发热产生黄变，黄变的稻米称为黄粒米。稻谷在储藏期间也会发生黄变，这主要是与储藏时的温度和水分有关。实践证明，粮温越高，水分越大，储藏时间越长，黄变就越严重。

（4）稻谷的储藏技术

①常规储藏：常规储藏是一种基本适用于各粮种的储藏方法。从粮食入库到出库，在一个储藏周期内，根据季节变化，采用适当的管理措施和防治害虫，实现安全保管。稻谷常规储藏的主要内容包括以下几点：

一是控制水分。使稻谷保持在安全水分以下，是安全保藏的重要条件。稻谷的安全水分标准应根据品种、地区、气候、季节等条件来确定。稻米的成熟度、纯净度、病伤米粒等对安全水分都有影响。例如，晚稻安全水分可以高些，早、中稻应低些；粳稻可高些，籼稻应低些；稻粒饱满，杂质少，虫、病、伤粒少，则安全程度高。

二是清除杂质。稻谷收获后，一般都会有糠灰、杂草、穗梗、碎叶以及瘪粒等杂质。这些杂质含水量高，吸湿性强，呼吸强度高，糠灰多的粮堆空隙变小，使粮堆集聚湿热不易散发，病菌容易繁殖感染。因此，入仓前应把杂质含量降低到 0.5% 左右。

三是通风降温。稻谷入库后，应根据气候特点适时通风，缩小粮温和外温及仓温的温差，防止发热、结露。稻谷在通风降温后，再辅以春季密闭措施，便可有效防止夏季稻谷的发热。

四是防治害虫。稻谷入库后，特别是早、中稻极易感染害虫，造成较大的损失。通常防治害虫多采用防护剂或熏蒸剂，以防止感染，杜绝害虫危害或将危害程度降低到最低限度，减少储粮损失。

五是低温密闭。在完成通风降温、防治害虫之后，冬末春初气温回升以前粮温最低时，因地制宜采取有效的方法，压盖粮面密闭粮堆，以长期保持粮堆的低温或准低温，延缓最高粮温出现的时间及降低夏季粮温。这是减少害虫、霉菌和延缓陈化的最有效方法。

②气调储藏：采用人工气调储藏能有效的延缓稻谷陈化，同时解决了稻谷后熟期短、呼吸强度低、难以自然降氧的难题。目前，国内外应用较为广泛的人工气调是充 CO_2 气调和充 N_2 气调，特别是充 CO_2 气调应用较为普遍。大量的实践证明，充 CO_2 气调对于低水分稻谷的生活力影响不大，如水分低于 13% 的稻谷在高 CO_2 中储藏 4 年以上，生活力只略有降低。但如果稻谷水分偏高，则高 CO_2 对生活力的影响将是明显的。

2. 小麦

小麦的后熟期长，吸湿性强，易生虫，是耐高温的粮种。常用的储藏方式有常规储藏、密闭储藏、低温储藏、缺氧储藏、趁热入仓密闭储藏及套囤储藏等。

（1）小麦的储藏特性

①后熟期较长：小麦品种不同，后熟期长短也不同。大多数品种的后熟期在 2 个月左右，少数品种高于 80d。总的来说，白皮小麦的后熟期短于红皮小麦。小麦的含水量、纯净度和储藏环境，对于安全度过后熟期起着很重要的作用。如果小麦收割后水分能降到 14% 以下，含杂少，没有害虫感染，后熟期间麦温经过一段时间升高后，仍会自行恢复正常，无须采取处理措施；如果水分大，含杂多，就会出现小麦后熟期间麦温持久不降和水分分层等不正常现象，严重时还会引起麦堆发热和霉变。

②较耐高温：小麦具有较好的抗温变能力，在一定的高温和低温范围内都不致丧失生命

力，也不致使面粉品质损坏。特别是较耐高温，如水分含量在 17% 以上、处理温度不超过 46℃，水分含量在 17% 以下、处理温度不超过 54℃，酶的活性不会降低，发芽力仍然得到保持，面粉品质在后熟阶段经历高温而得到改善。过高的温度会引起蛋白质的变性。小麦蛋白质的变性与水分含量直接相关，当水分低时，虽受高温影响，蛋白质仍然比较稳定，充分干燥小麦，在温度 70℃ 下放置 7d，面筋质无明显变化。小麦水分越低，抗热性越强。

③易受虫害：小麦是抗虫性差、染虫率较高的粮种。除少数豆类专食性虫种外，小麦几乎能被所有的储粮害虫侵染，其中以玉米螟、麦蛾等危害最严重。小麦成熟、收获、入库季节，正值害虫繁育、发生阶段，入库后气温高，若遇阴雨，就造成害虫非常适宜的发生条件。

④吸湿性强：小麦种皮较薄，组织松软，含有大量的亲水物质，吸水能力强，极易吸附空气中的水汽而滋生病虫，严重时甚至引起发热霉变或发芽。其中白皮小麦的吸湿性比红皮小麦强，软质小麦的吸湿性比硬质小麦强。吸湿后的小麦籽粒体积增大，容易发热霉变。

⑤呼吸微弱：完成后熟的小麦，呼吸作用微弱，比其他谷类粮食都低。红皮小麦的呼吸作用又比白皮小麦低。由此可见，小麦有较好的耐藏性，正常条件下储藏 2~3 年，仍然保持良好的品质。

（2）小麦的储藏技术

①常规储藏：小麦常规储藏的主要措施是控制水分，清除杂质，提高入库粮质。储存时做到"五分开"，加强虫害防治并做好储藏期间的密闭工作。

②热密闭储藏：在三伏盛夏，选择晴朗、气温高的天气，将麦温晒到 50℃ 左右，延续 2h 以上，水分降到 12.5% 以下，于下午三点前后聚堆，趁热入仓，散堆压盖，整仓密闭。使粮温在 40℃ 以上持续 10d 左右，可以继续密闭，也可转为通风。热入仓密闭保管小麦所使用的仓房、器材、工具和压盖物料均须事先清洁消毒，充分干燥，并做到粮热、仓热、器材工具压盖物料热，以防结露现象的发生。

③低温储藏：小麦保持一定的低温状态，对于延长籽粒生活力、保持品质也很有好处。这是因为低温储藏能够防虫、防霉，降低粮食的呼吸消耗及其他分解作用所引起的成分损失，以保持小麦的生活力。低温密闭方法可持久采用，只要粮堆温度无异常变化，麦堆密闭无须撤除。低温密闭的麦堆，要严防温暖气流的接触，以免麦堆表面结露。

④气调储藏：小麦的气调储藏技术包括充 CO_2 储粮、充 N_2 储粮、自然密闭缺氧储粮。其中自然密闭缺氧储藏应用较多，最大的优点是保管费用低，无需其他设备，仅需较好的仓房密闭条件，近年来已在全国范围内得到推广，并取得了较好的储藏效果。

3. 玉米

玉米的胚部大而且吸湿性强，呼吸旺盛，胚部脂肪多而容易酸败，胚部的带菌量大而易霉变，新收获的玉米水分大，成熟度不均匀。常用的储藏方式及技术有分等级入仓、低水分入仓、低温储藏、密闭储藏及缺氧储藏等。

（1）玉米的储藏特性

①原始水分大，成熟度不均匀：玉米在我国的主要产区是北方，收获时天气已凉，加之玉米果穗外有包叶，在植株上得不到充分的日晒干燥，所以玉米原始水分一般较大，新收获的玉米水分在 20%~35%，在秋收日照好、雨水少的情况下，玉米含水量也在 17%~22%。玉米的成熟度往往很不均匀，脱粒时容易损伤，所以玉米的未成熟粒与破碎粒较多。这类籽粒极易遭受虫霉侵害，有的则在储藏期间受黄曲霉侵害而被污染带毒。

②胚部大，生理活性强：玉米胚占籽粒的比重比其他粮食都要大。胚中营养物质丰富，含有发芽时所需的储备物质，以及籽粒发芽前期所需的养料，故吸湿性强，呼吸旺盛。含水量14%~15%的玉米籽粒在25℃条件下呼吸强度为28mgO$_2$/（kg·d），而相同条件下小麦籽粒的呼吸强度为0.64 mgO$_2$/（kg·d）。

③胚的吸湿性强：由于胚中含有较多亲水基，比胚乳更容易吸湿。在籽粒含水量较高的情况下，胚的水分含量比胚乳高。因吸水性强，呼吸量比其他谷类种子大得多，在储藏期间稳定性差，容易引起种子堆发热，导致发热霉变。

④胚部含脂肪多，容易酸败：玉米胚含有整粒中77%~89%的脂肪，所以胚的脂肪酸值始终高于胚乳，酸败也首先从胚部开始。并且储藏期间，脂肪酸值随水分增高而增大，在玉米脂肪酸值和总酸度增加的同时，会导致发芽率大幅度降低。

⑤胚部带菌量大，容易霉变：玉米胚部营养丰富，微生物附着量较多。玉米经过一段储藏后，其带菌量比其他禾谷类粮食高得多。玉米胚部是虫霉首先危害的部位，胚部吸湿后，在适宜的温度下，霉菌即大量繁育，开始霉变。如正常稻谷带霉菌孢子低于95000个/g干样，而正常干燥玉米却带孢子98000~147000个/g干样。

（2）玉米的储藏技术　玉米安全储藏的关键是提高入库质量，降低粮食水分。常采取粒藏、穗藏、低温储藏等方法。

①玉米降水方法：降低玉米水分含量对安全储藏十分重要。常用的降水方法有田间扒皮晒穗、通风栅降水、脱粒晾晒烘干降水等。

②玉米粒藏：玉米粒储藏即已脱粒玉米的储藏，又称籽粒储藏。根据玉米的储藏特性，适合低温、干燥储藏。其方法有两种，一种是干燥密闭，一种是低温冷冻密闭。南方地区收获后的玉米有条件进行充分干燥，在降低到安全水分之后过筛入仓密闭储藏。北方地区玉米收获后受到气温限制，高水分玉米降到安全水分比较困难，除有条件进行烘干降水外，基本上采用低温冷冻入仓密闭储藏。其做法是利用冬季寒冷干燥的天气，摊凉降温，粮温可降到-10℃左右，然后过筛清霜、清杂，趁低温晴天入仓密闭储藏。

③玉米穗藏：玉米果穗储藏是一种传统的做法，很早就为我国农民广泛采用。新收获的玉米，果穗储藏比籽粒储藏有以下优点：一是穗轴内的营养物质可继续输送到籽粒内，促使籽粒充分后熟和饱满；二是籽粒继续嵌在穗轴上，籽粒胚部埋藏在果穗穗轴内，对虫霉侵害有一定的保护作用；三是储藏期间，由于穗轴孔隙度大，通风条件好，又值低温季节，尽管高水分玉米果穗呼吸强度仍然很大，但仍然保持热能代谢平衡，使堆温变化较小。但果穗储藏占用仓容积大，增加运输量，尚不适合国家粮库及大中型仓库储藏。

④低温压盖储藏：低温一般通过通风降温。在每年11月至次年1月，分3次通风降温，可使粮温达到9℃左右，能有效防止呼吸能耗过高，保证温度基本均衡。压盖一般选择在每年的2月下旬至3月上旬，首先将盖仓布平铺在平整好的粮面上，每块连接处相互缝合；再将泡沫板平铺在盖仓布上，板与板之间用宽胶带密封；再将含敌敌畏的毛毯平铺到泡沫板上，每块连接处互压60cm缝合；最后将塑料薄膜覆盖到毛毯上，连接处用胶带密封，薄膜与墙体之间用压槽嵌压的方式连接。铺设走道板时做到"平、紧、严、密、实"，横竖一条线，整洁美观。以上各层铺设在同一个位置，预留活动检查口。密闭处理包括通风口的密闭、门窗的密闭和轴流风机口的密闭。密闭后每日早九点前检测粮温，每月通过检查口检查害虫及水分变化。

4. 大豆

（1）大豆的储藏特性

①湿度高时吸湿强、湿度低时吸湿弱：大豆含有很高的蛋白质（40%左右），又含有较多的脂肪（18%～20%）。蛋白质是一种亲水物质，在潮湿条件下极易吸水，加以大豆种皮的珠孔较大，所以吸附和解吸能力很强。在相对湿度较高（90%以上）的情况下，大豆的吸湿性比玉米、小麦都强，而在相对湿度较低（70%以下）的情况下，其吸湿性比玉米、小麦都小。这一现象在大豆的平衡水分数值上，就可以反映出来。例如，在温度20℃、相对湿度90%时，大豆平衡水分为20.8%，而玉米为19.2%；同样温度下相对湿度70%时，大豆平衡水分为11.6%，而玉米为14.7%（表4-5）。所以，大豆储藏要特别做好防潮工作。

表4-5　　　　　　　　　　大豆、玉米、小麦平衡水分比较表

粮种	空气温度/℃	平衡水分/%	
		空气相对湿度70%	空气相对湿度90%
大豆	20	11.6	20.8
玉米	20	14.7	19.2
小麦	20	14.3	19.95

②易丧失发芽率：一般水分含量的大豆，当温度升到25℃，就不易保持其发芽率。保持发芽率的时间长短，与温度高低、种皮色泽等因素有关。黑色大豆保持发芽率时间较长，黄大豆最易丧失发芽率。这是因为颜色深的种皮组织较为紧密，代谢作用较弱的缘故。水分越大、温度越高，丧失发芽率越快。

③易走油、赤变：大豆走油、赤变是储藏中常见的一种不良变化。一般储藏较久、经过高温季节的大豆，就可能出现两子叶靠脐部位的色泽变红，俗称"赤变"或"红变"，子叶呈蜡状透明，俗称"浸油""走油"。大豆之所以会产生走油、赤变，一般认为是在高温的作用下，蛋白质凝固，破坏了脂肪与蛋白质共存的乳化状态，于是脂肪呈现游离状态而发生浸油，脂肪中的色素物质逐渐沉积而引起子叶变红。

（2）大豆的储藏技术

①干燥降水：降低大豆的含水量，是安全储藏大豆的重要措施。大豆的相对安全含水量：30℃时为12.5%，15℃时为14%，8℃时为17%。大豆干燥降水方法有3种：带荚晒、脱粒晒、机械烘干。带荚晒最有利于保证品质，脱粒晒次之，机械烘干要注意温度与受烘时间。

②适时通风：新收获大豆入库因后熟作用，生理活动比较旺盛，粮堆内部湿热容易集聚，同时正值气温下降季节，极易产生结露或使局部水分增加的现象。所以，入库初期应加强通风，及时散发湿热，防止造成发热霉变。为了达到安全储藏的要求，如能在入库初期3～4周后，倒仓出风并结合过筛除杂一次，则更能提高储藏稳定性。

③低温密闭：低温密闭储藏对防治大豆走油赤变最为有利。有报道指出，将冬季入库的低温大豆，粮面压盖消过毒的旧麻袋，如果雨季发现麻袋返潮，可待晴天拿出晒干，然后再盖上。结果覆盖比不覆盖的粮堆上部水分要低1.5%，粮温低2℃，过夏后豆粒色泽正常，没有走油赤变。

以上各种原粮安全储藏的核心技术是控制粮食的安全含水量、降低储藏温度和保持环境干燥。

第二节　果蔬的贮藏

果蔬种类繁多，生长发育特性各异，其中很多特性都与采后成熟衰老变化密切相关，因而对贮藏产生一定的影响。为了搞好果蔬的贮藏保鲜，首先要根据各种果蔬的生物学特性，选择优良的品种给予适宜的栽培条件，以获得优质、耐藏的产品。其次是搞好采收、运输、商品化处理以及贮藏管理等各项工作，才能取得延缓衰老、降低损耗、保持质量的效果。

按照园艺学分类，将果品分为仁果类、核果类、浆果类、坚果类、柑橘类和其他热带与亚热带果实；蔬菜分为根菜类、茎菜类、叶菜类、花菜类、果菜类。本章主要介绍生产中栽培数量较大、商品价值高、市场上比较常见的几种果蔬贮藏保鲜技术。

一、　仁果类的贮藏

常见的仁果类水果主要包括苹果、梨、山楂、木瓜、枇杷、柿、海棠等，其中苹果和梨是我国主要的大宗水果。苹果是世界上重要的落叶果树，2015 年世界总产量达到 7700 多万 t，与柑橘、葡萄、香蕉共同成为世界四大果品。我国苹果已成为国内第一大果品，2015 年全国总产量达到 4300 多万 t，约占世界总产量的 55%，成为内销外贸的大宗果品。我国是梨的故乡，栽培极为广泛，尤其在我国北方，梨是仅次于苹果的第二大类果树。2015 年世界梨的总产量约为 2530 万 t，我国梨产量为 1900 万 t，约占世界总产量的 75%。

苹果和梨的贮藏性比较好，市场需求量大，是以鲜销为主的主要果品。因此，搞好苹果和梨的贮藏保鲜，对于促进生产发展、繁荣市场以及扩大外贸出口具有重要意义。

（一）贮藏特性

1. 品种特性

苹果的品种很多，全国目前有几十个栽培品种，其中主栽品种有十几个。各品种由于遗传性所决定的贮藏性和商品性状存在着明显差异。早熟品种（6~7 月成熟）采后因呼吸旺盛、内源乙烯产生量大等原因，因而后熟衰老变化快，表现为不耐贮藏，一般采后立即销售或者在低温下只进行短期贮藏。中熟品种（8~9 月成熟）的贮藏性优于早熟品种，在常温下可存放 2 周左右，在冷藏条件下可贮藏 2~3 个月，气调贮藏期更长一些。但由于不宜长期贮藏，故中熟品种采后也以鲜销为主，有少量的进行短期或中期贮藏。晚熟品种（10 月以后成熟）由于干物质积累多、呼吸水平低、乙烯生成晚且量较少，因此一般具有风味好、肉质脆硬而且耐贮藏的特点。如红富士、秦冠、王林、北斗等目前在生产中栽培较多，其中红富士以其品质好、耐贮藏而成为我国苹果产区栽培和贮藏的当家品种，在全国的栽培面积占 70% 以上。其他晚熟品种都有各自的主栽区域，生产上也有一定的贮藏量。晚熟品种在常温库一般可贮藏 3~4 个月，在冷库或气调条件下，贮藏期可达到 5~8 个月。

我国栽培梨的种类及其品种很多，其中作为经济栽培的有白梨、秋子梨、砂梨和洋梨四大系统，各系统及其品种的商品性状和耐藏性有很大差异。白梨系统中的鸭梨、酥梨、雪花梨、长把梨、雪梨、库尔勒香梨等品种具有商品性状好、耐贮运的特点，是我国栽培和贮运的主要品种，在冷库可贮藏 5~8 个月。根据果实成熟后的肉质硬度，可将梨分为硬肉梨和软肉梨两大类，白梨和砂梨系统属硬肉梨，秋子梨和西洋梨系统属软肉梨。一般来说，硬肉梨较软肉梨耐贮藏，但对 CO_2 的敏感性强，气调贮藏时易发生 CO_2 伤害。

果实的商品性状如色泽、风味、质地、形状等对其商品价值及销售影响很大。因此，用于长期贮藏的苹果、梨品种不仅要耐贮藏，而且必须具有良好的商品性状，以求获得更高的经济效益。

2. 呼吸跃变

仁果中的大部分种类属于呼吸跃变型水果，如苹果、西洋梨、秋子梨、木瓜、柿、山楂、海棠等，而枇杷属于非呼吸跃变型果实。苹果属于典型的呼吸跃变型果实，成熟时乙烯生成量很大，呼吸高峰时一般可达到 200~800μL/L，由此而导致贮藏环境中有较多的乙烯积累。苹果是对乙烯敏感性较强的果实，贮藏中采用通风换气或者脱除技术降低贮藏环境中的乙烯很有必要。另外，采收成熟度对苹果贮藏的影响很大，对计划长期贮藏的苹果，应在呼吸跃变启动之前采收。在贮藏过程中，通过降温和调节气体成分，可推迟呼吸跃变发生，延长贮藏期。

国内外研究公认，西洋梨是典型的呼吸跃变型果实，随着呼吸跃变的启动，果实逐渐成熟软化。国内有关鸭梨、酥梨等品种采后生理特性的研究表明，白梨系统也具有呼吸跃变，但其呼吸跃变特征（如乙烯发生、呼吸跃变趋势）不似西洋梨、苹果、香蕉、猕猴桃那样典型，其内源乙烯发生量很少，果实后熟变化不甚明显。

3. 贮藏条件

（1）温度　大多数仁果（如苹果、梨、山楂、柿子、海棠果等）的贮藏适宜温度为 -1~0℃，越接近果实冰点温度，贮藏效果越好。对低温比较敏感的苹果品种（如红玉、旭等）在 0℃ 贮藏易发生生理失调现象，故推荐贮藏温度为 2~4℃。鸭梨对低温也比较敏感，采后若迅速降温至 0℃ 贮藏，果实易发生黑心病。采用缓慢降温或分段降温，可减轻鸭梨黑心病的发生。苹果、梨气调贮藏时温度应较冷藏高 0.5~1℃，有助于减轻气体伤害。木瓜的适宜贮藏温度为 13~14℃，比多数仁果的贮藏温度高很多，低于 12℃ 即会发生冷害而不易正常后熟。

（2）湿度　所有仁果类的贮藏都需要较高的湿度，以防止果实失水失鲜。梨果皮薄，表面蜡质少，并且皮孔非常发达，贮藏中易失水萎蔫。苹果虽然表皮蜡质层比梨厚，但在低湿度环境中仍然易失水萎蔫。因此，高湿度是苹果、梨贮藏的基本条件之一，在低温下应采用高湿度贮藏，库内相对湿度保持在 90%~95%。如果是在常温库贮藏或者采用 MA 贮藏方式，库内相对湿度可稍低些，保持在 85%~90%，以降低腐烂损失。

（3）气体　控制贮藏环境中的 O_2、CO_2 和 C_2H_4 含量，对提高呼吸跃变型仁果的贮藏效果有显著作用。对于大多数苹果品种而言，2%~5% O_2 和 3%~5% CO_2 是比较适宜的气体组合，个别对 CO_2 敏感的品种如红富士应将 CO_2 控制在 2% 以下。大型现代化气调库一般都装置有 C_2H_4 脱除机，将 C_2H_4 控制在 10μL/L 以下对苹果贮藏非常有利。梨贮藏中的低浓度 O_2（3%~5%）几乎对所有品种都有抑制成熟衰老的作用。但是，品种间对 CO_2 的适应性却差异甚大，除少数品种如巴梨、秋白梨、库尔勒香梨等可在较高浓度（2%~5%）CO_2 贮藏外，大多数品种对 CO_2 比较敏感，在低 O_2 下当 CO_2 在 2% 以上时，果实就有可能发生生理障碍，出现果心褐变。目前，全国栽培和贮藏量比较大的鸭梨、酥梨、雪花梨对 CO_2 的敏感性比较突出。部分常见苹果、梨品种的贮藏条件和贮藏期等见表 4-6、表 4-7，供实际应用时参考。

表 4-6 苹果部分品种的贮藏条件和贮藏期

品种	温度/℃	相对湿度/%	$w(O_2)$ /%	$w(CO_2)$ /%	贮藏期/月
元帅	0~1	95	2~4	3~5	3~5
红星	0~2	95	2~4	3~5	3~5
金冠	0~2	90~95	2~3	1~2	2~4
旭	3.5	90~95	3	2.5	2~4
红玉	2~4	90~95	3	5	2~4
橘苹	3~4	90~95	2~3	1~2	3~5
赤龙	0	95	2~3	2~3	4~6
考特兰	3.5	95	3	2~3	3~5
国光	−1~0	95	2~4	3~6	5~7
富士	−1~1	95	3~5	1~2	5~7
青香蕉	0~2	90~95	2~4	3~5	4~6

资料来源：《果品蔬菜花卉气调贮藏及采后技术》，北京：中国农业大学出版社，2000。

表 4-7 梨主要品种的耐藏性、贮藏条件与贮藏期

品种	耐藏性	贮藏温度/℃	贮藏期/月	备注
南国梨	较耐贮藏	0~2	1~3	不耐后熟，果肉易变软
京白梨	较耐贮藏	0	3~5	$w(O_2)$ 2%~4%，$w(CO_2)$ 2%~4%，后熟期7~10d
鸭梨	耐贮藏	0~1	5~8	缓慢降温，对 CO_2 和低 O_2 敏感，不适宜气调贮藏
酥梨	较耐贮藏	0~5	3~5	相对湿度要小于95%，一般在90%为宜
茌梨	较耐贮藏	0~2	3~5	对低温和 CO_2 较敏感
雪花梨	耐贮藏	0~1	5~7	对 CO_2 敏感，可直接入0℃冷库
秋白梨	耐贮藏	0~2	6~9	可进行气调贮藏
库尔勒香梨	耐贮藏	0~2	6~8	相对湿度90%，可气调贮藏
栖霞大香水梨	耐贮藏	0~2	6~8	相对湿度90%~95%
三季梨	耐贮藏	0~1	6~8	相对湿度90%，可气调贮藏
苍溪梨	较耐贮藏	0~3	3~5	相对湿度90%~95%
二十一世纪	较耐贮藏	0~2	3~4	可气调贮藏 $w(O_2)$ 4%~5%，$w(CO_2)$ 3%~4%
二宫白	耐贮藏	0~3	1~2	相对湿度90%~95%
巴梨	较耐贮藏	0	2~4	$w(CO_2)$ 2%~5%，$w(O_2)$ 1%~4%
安久梨	不耐贮藏	−1~2	4~6	可气调贮藏
长把梨	耐贮藏	0~2	4~6	对 CO_2 敏感
蜜梨	耐贮藏	0~1	4~6	相对湿度90%~95%

资料来源：《果品蔬菜花卉气调贮藏及采后技术》，北京：中国农业大学出版社，2000。

（二）贮藏方式

仁果类的贮藏方式很多，短期贮藏可采用沟藏、窑窖贮藏、通风库贮藏等方式；贮藏期较长的应采用冷藏或者气调贮藏。商业化生产中，苹果、梨的贮藏方式主要是机械冷库贮藏，另有部分苹果采用气调贮藏。鉴于鸭梨、酥梨、雪花梨等品种对 CO_2 比较敏感，梨的塑料薄膜封闭贮藏和气调贮藏应用不多，故此处仅对苹果、梨的冷藏和苹果的气调贮藏管理技术作以简要叙述。

1. 机械冷库贮藏

苹果、梨冷藏的适宜温度因品种而异，大多数晚熟品种以 $-1\sim0℃$ 为宜，相对湿度 $90\%\sim95\%$。苹果、梨采后应尽快预冷，最好在采后 3d 内入库，入库后 $3\sim5d$ 降温至贮藏要求的温度。

2. 塑料薄膜封闭贮藏

主要有塑料薄膜袋贮藏和塑料薄膜帐贮藏两种方式。在冷藏条件下，此类方式贮藏苹果的效果比常规冷藏更好。

（1）塑料薄膜袋贮藏　在苹果箱或筐中衬以塑料薄膜袋，装入苹果，缚紧袋口，每袋构成一个密封的贮藏单位。一般用低密度 PE 或 PVC 薄膜制袋，薄膜厚度为 $0.04\sim0.07mm$。薄膜袋包装贮藏，一般初期 CO_2 浓度较高，以后逐渐降低，这对苹果贮藏是有利的。冷藏条件下袋内的 CO_2 和 O_2 浓度较稳定，在贮藏初期的 2 周内，CO_2 的上限浓度 7% 较为安全，但富士苹果的 CO_2 应不高于 2%。

（2）塑料薄膜帐贮藏　在冷库用塑料薄膜帐将果垛封闭起来贮藏苹果，目前在生产上应用较普遍。薄膜帐一般选用 $0.1\sim0.2mm$ 厚的高压 PVC 薄膜黏合成长方形的帐子，可以装果几百到数千千克，有的还可达到上万千克。控制帐内 O_2 浓度可采用快速降氧、自然降氧和半自然降氧等方法。在大帐壁的中、下部黏贴上硅橡胶扩散窗，可以自然调节帐内的气体成分，使用和管理更为简便。硅窗的面积是根据贮藏量和要求的气体比例，经过实验和计算确定。例如，贮藏 1t 金冠苹果，为使 O_2 浓度维持在 $2\%\sim3\%$、CO_2 浓度 $3\%\sim5\%$，在大约 5℃ 条件下，硅窗面积为 $0.6m\times0.6m$ 较为适宜。采用此法贮藏时，果实应充分预冷，防止塑料大帐内出现凝水现象。

3. 气调库贮藏

对于大多数苹果品种而言，控制 $2\%\sim5\%$ O_2 浓度和 $3\%\sim5\%CO_2$ 比较适宜。苹果气调贮藏的温度可比一般冷藏高 $0.5\sim1℃$，对 CO_2 敏感的品种，贮温还可再高些，因为提高温度既可减轻 CO_2 伤害，又对易受低温伤害的品种减轻冷害有利。

（三）贮藏技术要点

要搞好苹果、梨等仁果类水果的贮藏保鲜，为内销外贸提供优质的货源，应按照农业系统工程学原理，做好采前、采收、采后等方面的工作。

1. 选择品种

选择商品性状好、耐贮藏的中、晚熟品种。但绝不可只追求品种的耐藏性而轻视其商品质量，即使有些晚熟品种极耐贮藏，但是由于肉粗渣多，商品质量不佳，经济价值不高，这类品种也没有贮藏的必要，因此必须选择贮藏性与商品性兼优的品种。苹果中的红元帅、乔纳金、粉红女士、富士、秦冠、国光、美国 8 号等中晚熟品种风味好、商品性优良、耐藏性好。在众多梨品种中，鸭梨、酥梨、雪花梨、库尔勒香梨、秋白梨、苹果梨等都是耐藏性好、经济价值高的品种，可进行长期（>4 个月）贮藏；京白梨、茌梨、苍溪梨、二十一世纪、巴梨等的品质也比较优良，在适宜条件下可贮藏 3~4 个月。

2. 选择产地

在水果贮藏中，产地的生态条件、田间农业技术措施以及树龄树势等是不可忽视的采前因素。选择优生区域、田间栽培管理水平高、盛果期果园的果实，是提高贮藏效果的首要条件。来自优生区或适生区的果实，商品性状好，品质上乘，耐贮藏，经济价值高，是首选产地。

西北黄土高原地区、环渤海湾地区、黄河故道和西南冷凉高地是我国的四大苹果产区，其中包括陕西、甘肃、山西、河南省的西北黄土高原地区及包括山东、辽宁、河北省的环渤海湾地区是我国苹果的优生区，贮藏时可就近选择产地。西北黄土高原地区具有适宜苹果生长发育的光、热、水、气资源，是全世界的最佳苹果优生区域，为内销外贸提供了大量的鲜食苹果货源。

鸭梨、雪花梨原产河北省，现在华北各地以及辽宁、山东、山西、陕西等地均有广泛栽培；酥梨是安徽、陕西、辽宁、山西、山东、甘肃等地主栽的优良品种；苹果梨原产吉林延边地区，库尔勒香梨原产新疆库尔勒地区。选择贮优生区或适生区栽培、田间农业技术管理精细科学、品质优良的果实，是保证梨贮藏成功的重要先决条件。

3. 适时采收

苹果、梨等仁果类的适宜采收期，应根据品种特性、贮藏条件、预计贮藏期长短而确定。常温贮藏或计划贮藏期较长时，应适当早采；低温或气调贮藏、计划贮藏期较短时，可适当晚采。采收时尽量避免机械损伤，并严格剔除有病虫、日灼、冰雹等伤害的果实。

4. 产品处理

产品处理主要包括分级和包装等。严格按照市场要求的质量标准进行分级，出口苹果必须按照国际标准或者协议标准分级。包装采用定量的小木箱、塑料箱、瓦楞纸箱包装，每箱装 10kg 左右。机械化程度较高的仓库，可用容量大约 300kg 的大木箱包装，出库时再用纸箱分装。不论使用那种包装容器，堆垛时都要注意做到堆码稳固整齐，并留有一定的通风散热空隙。

梨的分级、包装可参照苹果进行。由于白梨和砂梨系统的品种对 CO_2 敏感，因而生产中一般不采用塑料薄膜袋密封贮藏方式。但是如果用 0.01~0.02mm 厚的聚乙烯小袋单果包，既能起到明显的保鲜效果，又不至于使果实发生 CO_2 伤害，是一种简便、经济、实用的处理措施。

5. 贮藏管理

在各种贮藏方式中，都应首先做好温度和湿度的管理，使二者尽可能达到或者接近贮藏要求的适宜水平。对于 CA 和 MA 贮藏，除了温度和湿度条件外，还应根据品种特性，控制适宜的 O_2 和 CO_2 浓度。控制适当的贮藏期也很重要，千万不要因等待商机或者滞销等原因而使苹果、梨贮藏期不适当延长，以免造成严重变质或者腐烂损失。

二、　核果类的贮藏

常见的核果类水果主要包括桃、油桃、李、樱桃、杏、枣、梅等，属蔷薇科李属或鼠李科枣属水果。核果类果实色鲜味美，肉质细嫩，营养丰富，且成熟期早，对调节晚春和伏夏的水果市场供应起到了重要作用。桃、李、樱桃果实皮薄、肉软、汁多，收获又多集中在 6~8 月份的高温季节，容易出现软化腐烂，采后贮运中易受机械损伤，低温贮藏易产生褐心冷害。枣果肉疏松，易失水变糠。因此，核果类属适于短期贮藏的果实。2016 年我国桃和枣的产量分别达到 1428.9 万 t 和 824.1 万 t，分别占水果总产量的 7.9% 和 4.5%。由于桃和油桃、樱桃、李、枣的产量大，且在生产中贮藏保鲜的比例相对更大；而杏、梅等相对产量小，且加工比例大，贮藏少。故该部分主要介绍桃、油桃、李、樱桃和枣的贮藏。

（一）贮藏特性

1. 品种特性

桃和油桃品种间耐藏性差异较大，早熟品种一般不耐贮运，而晚熟、硬肉或不溶质、黏核品种耐藏性较好。例如，早熟水蜜桃、五月鲜耐藏性差，而山东青州蜜桃、肥城桃、中华寿桃、河北晚香桃较耐贮运。此外，大久保、白凤、岗山白等品种也有较好的耐藏性。

李的晚熟品种耐藏性较强，如牛心李、冰糖李、黑琥珀李、黑宝石李、龙园秋李等，在适宜条件下可贮藏 2~3 个月。

我国的樱桃主栽品种可分为中国樱桃和甜樱桃，用于贮藏和远销的最好选用甜樱桃。因甜樱桃含糖量高，果肉质地比较硬实，果实较大，其中有些品种如那翁和香蕉最耐贮运，其他耐贮运的品种还有先锋、萨米脱、拉宾斯、斯坦勒、友谊、滨库等。中国樱桃中的银珠樱桃、短柄樱桃，酸樱桃中的毛把酸，甜樱桃中的早紫、黄玉、大紫等不耐贮运，早红、玛瑙、珊瑚、大鹰紫樱桃耐贮性居中。一般说来，早熟和中熟品种不耐贮运，晚熟品种耐贮运性较强；抗病性强的品种耐贮性强，抗病性弱的品种不耐贮藏；耐低温的品种贮藏性强。黄色品种贮藏后外观易产生锈色，可短期贮藏 10d 左右，存放时间长的宜选择红色品种。一般北方产的樱桃比南方品种稍耐藏。酸樱桃一般不作长期贮藏，多用于加工。

鲜枣的耐藏性品种间差异很大。一般而言，晚熟品种较早熟品种耐藏，鲜食与制干兼用品种较耐藏，抗裂果品种、小果型品种耐藏性较强，果肉中乙醇含量基数低且贮藏中上升慢、表皮蜡质层平滑的品种有较好的耐藏性。

2. 生理特性

桃属于呼吸跃变型果实，采后具有双呼吸高峰和乙烯释放高峰，且乙烯释放高峰先于呼吸高峰出现。呼吸强度是苹果的 3~4 倍，果实乙烯释放量大，果胶酶、纤维素酶、淀粉酶活力高，果实变软败坏迅速，这是桃不耐藏的重要生理原因。离核桃的呼吸强度大、酶活力高，而黏核桃的呼吸强度低、酶活力相对较低，故黏核桃耐藏性优于离核桃。桃果实在冷藏中极易发生冷害，后熟过程中出现果肉质地发绵、汁液减少等絮败现象。絮败产生的主要原因是果胶甲酯酶和半乳糖醛酸酶活力变化不平衡，导致果胶质正常降解受阻，形成胶凝所致。不同品种和成熟度的果实对低温的敏感性差异很大，如晚熟桃较中熟桃耐贮藏，且抗冷害能力强。低温对软溶质型桃品质的影响超过硬溶质型桃。低温褐变从果肉维管束和表皮海绵组织开始，同时果实内乙酸、乙醛等挥发性物质积累，促使果实产生异味。桃和油桃对低 O_2 忍耐程度强于高 CO_2。

李属呼吸跃变型果实，其采后软化进程较桃稍慢，果肉具有韧性，耐压性较桃强。大部分品种的果面有果粉，有的有明显的果点。随着果实的成熟，花青素和可溶性固形物含量增加，黑色品种的果皮逐渐由绿转黄绿色、深紫色甚至呈紫黑色；果实表面果粉逐渐增多，果肉硬度逐渐降低。李贮藏中 CO_2 浓度过高易引起褐心病，一般不宜超过 8%；低浓度（低于 1%）O_2 对果实也会产生生理伤害。

樱桃属于非呼吸跃变型果实，但乙烯对其采后衰老有一定的影响。樱桃采后可滴定酸和维生素 C 含量下降迅速，极易发生果肉褐变、果实失水、软化、腐烂等问题。采后浸钙、涂膜、气调贮藏等有利于保持其果柄及果实的颜色，减缓可溶性固形物、可滴定酸和维生素 C 含量的下降，减少失水和腐烂，延长贮藏期，提高果实贮藏品质。

不同地区枣品种的呼吸类型及乙烯生成规律差异较大，尚有待进一步研究。有关鲜枣的呼吸类型报道不一。对大平顶枣、冬枣和梨枣的研究认为，枣属非呼吸跃变型果实，采后无呼吸高峰，乙烯释放量少，但对外源乙烯的催熟作用反应明显，对 CO_2 敏感，且易产生无氧呼吸。但圆铃大枣、大荔圆枣、狗头枣、灵武长枣采后具有明显的呼吸跃变和乙烯释放高峰，属呼吸跃变型果实。枣果采收后极易失水，导致果实皱缩、软化。伴随贮藏期延长和果实衰老，枣果易发生褐变现象。一般认为，枣果褐变是其对 CO_2 敏感，鲜枣果肉中乙醇含量显著提高的结果。因此，延缓和控制枣果软化、褐变，是鲜枣贮藏保鲜的关键。

（二）贮藏方式

1. 冷藏

桃和油桃的适宜贮温为 0℃ 左右，相对湿度为 90%~95%，贮藏期可达 3~4 周。若贮期过长，果实风味变淡，发生冷害，甚至移至常温后不能正常后熟。冷藏中采用塑料小包装，可延长贮藏期，获得较好的贮藏效果。李果实在（0±0.5）℃、相对湿度 85%~90% 下，贮藏期一般为 20~30d，耐贮藏的品种可达 2~3 个月；若结合间歇升温处理，贮藏期可进一步延长。樱桃适宜的贮藏温度为（0±0.5）℃、相对湿度 90%~95%，贮藏期可达 30~40d。鲜枣适宜在 -1~0℃、相对湿度 90%~95% 下贮藏，贮藏期可达 2~3 个月。

2. 气调贮藏

生产上一般推荐桃气调贮藏的条件为：0℃ 下，1%~2%O_2 + 3%~5%CO_2。但 Zoffoli（1997）研究认为，减少桃褐变、木质化的最佳气体成分为：3%~8%O_2 + 15%~20%CO_2；在 0℃，1%O_2+5%CO_2 贮藏油桃，贮藏期可达 45d；Fiesta Red 油桃在 0℃、15%O_2+10%CO_2 的 CA 环境中贮藏 8 周，果肉不发绵。国内桃和油桃贮藏多采用专用保鲜袋进行简易气调贮藏。将八、九成熟的桃装入内衬 PVC 或 PE 薄膜袋的纸箱或塑料箱或木箱内，运回冷藏库立即进行 24h 预冷处理，然后分别放入一定量的仲丁胺熏蒸剂、乙烯吸收剂及 CO_2 脱除剂，扎紧袋口、封箱码垛后进行贮藏（0~2℃）。在此条件下，大久保和白凤桃贮藏 50~60d 的好果率达 95% 以上，基本保持果实原有硬度和风味；深州蜜桃、绿化 9 号、北京 14 号的保鲜效果次之。

有研究表明，李果实用 0.02mm 厚聚乙烯薄膜袋包装，每袋 5kg，在 0~1℃、1%~3%O_2 + 5%CO_2 条件下，贮藏期可到 10 周左右，腐烂率较低。以澳李 14 为材料进行的研究表明（史辉等，2007），果实采收后在 4℃ 下预冷 12h 后，在温度为（0±1）℃，气体成分为 6%~8%O_2 + 4%~6%CO_2 的条件下贮藏，可显著抑制李果实可滴定酸的下降和呼吸速率、固酸比的上升，延缓果肉褐变，延长贮藏时间，贮藏 50d 果肉不褐变。

樱桃可耐较高浓度的 CO_2。气调贮藏的指标为：温度（0±0.5）℃，10%~20%CO_2，3%~5%O_2，相对湿度 90%~95%。贮期可达 50~60d。目前大规模气调库贮藏应用较少，大多采用 MA 贮藏方式。

适时采收的枣果经防腐处理后，装箱进入气调库贮藏。贮藏期间维持库温 -1~0℃，相对湿度 95% 以上，3%~5%O_2，CO_2<2%。此条件下可将襄汾圆枣、临汾圆枣、永济蛤蟆枣、尖枣、西峰山小枣、冬枣、大雪枣等品种贮藏约 3 个月，金丝小枣、赞皇大枣贮藏约 2 个月。韩海彪等（2007）采用 2%CO_2+7%O_2+91%N_2 的气体组合贮藏灵武长枣，可使其贮藏 120d 时硬

果率为 50.5%，商品果率 96.3%。

3. 减压贮藏

减压贮藏可使樱桃果实色泽保持鲜艳，果梗保持青绿。与常压贮藏相比，果实腐烂率低，贮藏期长，果实的硬度、风味及营养损失均很小，试验表明，0℃、压力控制 53.3kPa，每 4h 换气一次，可贮 50~70d。鲜枣减压贮藏可大大加速组织内乙烯及其他挥发性产物如乙醛、乙醇等向外扩散，因而可减少这些物质引起的衰老和生理病害。郝晓玲等（2004）将冬枣和梨枣贮藏于 20.3kPa 减压条件下，温度为（0±1）℃，发现冬枣贮藏至 90d 时，好果率比对照高 40%，梨枣贮藏至 75d 时，好果率比对照高 23%，且明显延缓了枣果的转红速度。

4. 臭氧贮藏

臭氧可消除核果释放的乙烯、乙醇和乙醛等有害气体，降低呼吸强度，杀灭或抑制微生物的活动。用质量浓度为 100μg/L 的臭氧处理灵武长枣果实，并置于（-0.5±0.5）℃、相对湿度 95% 条件下贮藏，可有效减缓枣果含酸量的下降速率和还原糖含量的变化，较好地保持了维生素 C 含量，贮藏 90d 时硬果率为 50%，商品果率为 95.3%（韩海彪等，2007）。

5. 冰温贮藏

将枣果置于冰点温度范围内进行贮藏，可以更好地延缓枣果的成熟和衰老。在冰温贮藏前，经过低温驯化处理可更有效地提高好果率，降低枣的转红指数，延缓果实的硬度下降，减少维生素 C 的损失，降低呼吸强度和乙烯生成量。值得注意的是，枣果的冰点随其可溶性固形物含量（SSC）的增加而降低。因此，影响 SSC 积累的因素都影响其冰点，如品种、产地、年份、栽培技术、采收时期等，同时也影响着适宜贮藏温度的确定。桃、油桃、李等其他易发生冷害的核果不适宜采用冰温贮藏。

（三）贮藏技术要点

1. 适时无伤采收

核果的采收成熟度与耐藏性关系密切。采摘过早，产量低，果实成熟后风味差且易受冷害，果肉易出现褐变现象；采收过晚，果实软化快且易受机械伤害，不耐贮运且极易劣变腐烂。适时、无伤采收，是延长核果贮藏寿命的关键措施。

用于贮运的桃应在果实生长充分、基本呈现本品种固有的品质且肉质尚硬时采收。一般在七、八成熟时采收，且应带果柄，以减少病菌入侵机会。李果实应在果皮由绿转为该品种特有颜色，表面有一薄层果粉，果肉仍较坚硬时采收。樱桃一般选择八、九成熟、果实充分着色且尚未软化的果实采收，采收时要带果柄，尽量避免机械损伤；用于贮藏的樱桃要适当早采，一般提前 3~5d 采收。鲜枣在一定的成熟时期内，成熟度越低，果实耐藏性越好。早采枣的果皮蜡质层薄，贮藏中易失水皱皮，含糖量低口感差；随成熟度提高，果实风味变好，但果肉软化褐变加快，保脆时间短，耐藏性下降。枣的成熟期分为白熟期、初红期、半红期和全红期，一般在初红至半红期采收，果实品质和耐藏性较好。

2. 及时预冷

核果采收后迅速预冷，可及时抑制果实呼吸强度、乙烯代谢、蒸腾作用等生理代谢和微生物生长繁殖，减缓果实衰老与病害，对提高贮藏效果十分有益。

桃、油桃、李子、樱桃和鲜枣采收季节气温高，采后果实软化腐烂很快。故一般应在采后 12h 内、最迟 24h 内将果实冷却到适宜低温，桃、油桃和李子冷却至 5℃ 以下，樱桃和鲜枣冷却至 0~1℃，尽快除去果实带的田间热，抑制桃褐腐病和软腐病、樱桃外果皮褐变、李子和鲜枣果肉变软的现象发生。生产中常用的预冷方式为风冷。快速预冷有利于保持果实硬度，减少失重，控制贮藏期病害。

3. 包装

桃、油桃、李、樱桃和鲜枣的包装容器不宜过大，以防重压、振动、碰撞与摩擦造成损伤。一般用浅而小的纸箱盛装，箱内加衬软物或隔板，每箱 5~10kg。也可在箱内铺设 0.02mm 厚低密度聚乙烯袋，袋中加乙烯吸收剂后封口，可抑制果实后熟软化。桃、油桃、李等果实相对较大的核果用于长期贮藏和长途运输时，应用钙塑瓦楞纸箱，箱内分格，将果实一果一纸单独包装。鲜枣常采用 0.03~0.05mm 厚 PE 或无毒 PVC 打孔塑料小包装贮藏，装量以 2.5~5kg/袋为宜，每千克打孔 3~4 个；若采用微孔膜包装效果更佳；也可将袋子对折掩口，以防发生 CO_2 伤害。

4. 贮藏期管理

贮藏过程中应严格控制温度、湿度、气体等环境条件，定期检查生理病害和侵染性病害发生情况，确保贮藏保鲜效果。

①温度管理：桃、油桃、李和樱桃适宜的贮藏温度为 -0.5~0.5℃，鲜枣为 -1~0℃。桃、油桃和李在贮藏过程中容易发生冷害，可通过间歇升温的方法控制冷害的发生和果肉褐变。鲜枣贮藏中易失水皱缩或软烂变质，温度越高越容易失水而使果肉发绵，脆度下降。温度偏低，也容易发生冷害而出现凹陷斑。温度管理上下幅度不宜大于 0.5℃，以免出现结露现象，导致果实出现生理失调和病菌滋生。

②湿度管理：李贮藏的适宜相对湿度为 85%~90%，其他核果为 90%~95%。必须维持要求的湿度，才能保持果实的水分和新鲜度，否则易导致果实失水。

③气体管理：气调贮藏时，应控制适宜的 O_2 和 CO_2 浓度，以抑制果实呼吸代谢，延缓后熟衰老，延长贮藏期。桃对 CO_2 比较敏感，当 CO_2 浓度高于 5%（体积分数，下同）时易发生伤害，症状为果皮呈现褐斑、溃烂，果肉及维管束褐变，果实汁液少，肉质生硬，风味异常。李贮藏中 CO_2 浓度过高易引起褐心病，一般不宜超过 8%；低浓度（低于 1%）O_2 对果实也会产生生理伤害；一般保持 1%~3% 的 O_2 和 4%~6% 的 CO_2 贮藏效果较好。樱桃可耐较高浓度的 CO_2，气调贮藏的指标为 10%~20% CO_2、3%~5% O_2，目前大规模气调库贮藏应用较少，大多采用 MA 气调贮藏方式。多数研究认为，枣在 3%~8% O_2、CO_2<2% 条件下，可明显抑制枣果实转红，提高好果率；当 CO_2>2% 时，易引起果肉褐变，导致 CO_2 中毒。枣果贮藏中对自身产生乙烯不敏感。

在各自适宜的温度、湿度及气体条件下，桃和油桃、鲜枣可贮藏 3~4 个月，李可贮藏 2~3 个月，樱桃 1~2 个月。

三、　浆果类的贮藏

常见的浆果有葡萄、猕猴桃、草莓、石榴、无花果、桑葚、番木瓜、蓝莓等，浆果皮薄肉多且汁液丰富，是深受消费者喜爱的水果。葡萄是世界四大水果之一，历年来其总产量仅次于柑橘和苹果。2016 年我国葡萄、猕猴桃、草莓的总产量分别达到 1374.5 万 t、310 万 t、342 万 t，均居世界第一位；且我国葡萄、猕猴桃、草莓生产的显著特点都是以鲜食为主、加工为辅，鲜食比例均占年产量的 80% 左右。近年来，随着鲜食葡萄、猕猴桃、草莓产量的逐年增加和巨大的市场需求，浆果保鲜技术已越来越受到人们的重视。本部分内容主要以葡萄、猕猴桃和草莓为代表，阐述其贮藏保鲜技术。

（一）贮藏特性

1. 品种特性

葡萄、猕猴桃、草莓等浆果的栽培品种很多，耐藏性差异较大。

葡萄的耐藏性一般晚熟品种强于早、中熟品种，深色品种强于浅色品种。晚熟、皮厚、果肉致密、果面富集蜡质、穗轴木质化程度高、果刷粗长、糖酸含量高等是耐贮运品种应具有的性状。如龙眼、牛乳、保尔加尔、玫瑰香、红富士、粉红太妃、意大利等品种耐藏性均较好。近年来引进的红地球、秋黑、秋红、拉查玫瑰等品种已显露出较好的耐藏性，果粒大、抗病性强的黑奥林、夕阳红、巨峰、瑞必尔、先锋、京优等品种耐藏性中等。而新疆的无核白、木纳格等品种贮运中果皮极易擦伤褐变、果柄断裂、果粒脱落，耐藏性较差。

猕猴桃种类很多，我国现有 52 个种或变种，其中有经济价值的 9 种，以中华猕猴桃和美味猕猴桃在我国分布最广，经济价值最高。目前，国内主栽的海沃德（Hayward）、秦美、徐香、翠香等品种属美味猕猴桃，华优、红阳、魁蜜、庐山香、武植 3 号等属中华猕猴桃。各品种的商品性状、成熟期及耐藏性差异甚大，早熟品种 8 月中下旬即可采摘，中、晚熟品种的采摘期在 9~10 月下旬。从耐藏性看，晚熟品种明显优于早、中熟品种，其中海沃德、秦美、徐香、翠香、华优、红阳等是商品性状好、比较耐贮藏的品种，在最佳条件下能贮藏 5~7 个月。

草莓是一种聚合果，含水高达 90%~95%，组织柔嫩，易受伤害和微生物侵染而腐烂变质。在常温下果实放置 1~3d 就开始变色、变味，贮藏保鲜较为困难。草莓品种间的耐藏性差异较大，生育期长、肉质致密、糖酸含量高的品种具有较好的耐藏性。比较耐贮运的品种有鸡心、硕密、狮子头、戈雷拉、宝交早生等。在用速冻法贮藏保鲜时，宜选用肉质致密的宝交早生和布兰登保等品种。近年设施栽培草莓非常普遍，冬春季节成熟上市的草莓具有很好的商品性状和贮藏与流通性。

2. 生理特性

不同种类及同一种类不同品种浆果采后的生理特性差异较大，决定了其耐藏性与抗病性的差异。

葡萄是以整穗体现商品价值，其中果梗和穗轴占果穗重量的 3%~5%，故耐藏性应由浆果、果梗和穗轴的生物学特性共同决定。有研究认为整穗葡萄为非跃变型果实，采后呼吸呈下降趋势，成熟期间乙烯释放量少，但在相同温度下穗轴和果梗的呼吸强度比果粒高 10 倍以上，且出现呼吸高峰，果梗及穗轴中的吲哚-3-乙酸或生产素（IAA）、赤霉素（GA）和脱落酸（ABA）的含量水平均明显高于果粒。葡萄果梗、穗轴是采后物质消耗的主要部位，也是生理活跃部位，故葡萄贮藏保鲜的关键在于控制果梗和穗轴的衰老、失水变干及腐烂。只要果梗和穗轴保持新鲜状态，果粒无病虫和机械损伤，葡萄贮藏就比较安全。

猕猴桃是具有呼吸跃变的浆果，采后必须经过后熟软化才能食用。刚采摘的猕猴桃内源乙烯含量很低，一般在 $1\mu g/g$ 以下，并且含量比较稳定。经短期存放后，迅速增加到 $5\mu g/g$ 左右，呼吸高峰时达到 $100\mu g/g$ 以上。与苹果相比，猕猴桃的乙烯释放量是比较低的，但对乙烯的敏感性却远高于苹果，即使有微量的乙烯存在，也足以提高其呼吸水平，加速呼吸跃变进程，促进果实的后熟软化。

草莓属非呼吸跃变型果实，但果实采后水解酶活力高，呼吸强度大。因此，尽管草莓对气体反应不敏感，但仍然要及时进入气调状态，以保持较高的酸度和叶柄、萼片的鲜绿色。

3. 贮藏条件

（1）温度　大多数葡萄品种的适宜贮温为 $-1 \sim 0^{\circ}\mathrm{C}$。猕猴桃传统贮藏中温度一般控制在 $-1 \sim 0^{\circ}\mathrm{C}$。但越来越多的研究表明，在此温度下许多猕猴桃品种会发生较严重的冷害。因此，不同品种因选择相应的贮温，推荐海沃德、秦美、金香的适宜贮温为 $0 \sim 0.5^{\circ}\mathrm{C}$、亚特、徐香为 $0.5 \sim 1.0^{\circ}\mathrm{C}$、华优、红阳、翠香、金艳为 $1.5 \sim 2.0^{\circ}\mathrm{C}$；具体品种的冷害发生率与果实成熟度、贮藏温度和贮藏时间密切相关。草莓果肉组织十分娇嫩，不易保藏，在 $0^{\circ}\mathrm{C}$ 下一般仅能贮藏 $7 \sim 10\mathrm{d}$，接近冰点（$-1.0^{\circ}\mathrm{C}$）时可贮藏 1 个月左右；因此，草莓同其他果实一样，在不受冻害的前提下，贮藏温度越低越好。

（2）湿度　葡萄在贮藏中极易失水，其中 70%～80% 的水分是由果梗和穗轴散失掉的。保持适宜湿度，是防止葡萄失水、干缩和脱粒的关键。高湿度有利于葡萄保水、保绿，但却易引起霉菌滋生，导致果实腐烂；低湿可抑制霉菌，但易引起果皮皱缩、穗轴和果梗干枯。故采用低温、高湿（90%～98%）、结合防腐剂处理，是葡萄贮运保鲜的主要措施。国内常用纸箱或木箱内衬塑料袋包装贮藏葡萄，控制相对湿度在 95% 以上，以袋内不结露为最佳。猕猴桃贮藏的适宜湿度因温度条件而稍有不同，常温库相对湿度 85%～90% 比较适宜，冷藏条件下相对湿度 90%～95% 较为适宜。草莓在贮运中极易产生机械伤害，高湿下易被病菌侵染而腐烂，并产生异味，故相对湿度以 90%～95% 较适宜。

（3）气体　葡萄是非呼吸跃变型果实中可采用气调贮藏的果实。在适宜的温度和湿度条件下，控制 2%～5%O_2、1%～3%CO_2，可进一步提高贮藏效果。在实际应用中，最适宜的气体组合因品种、贮藏期长短等而有所不同。由于猕猴桃对乙烯非常敏感，只有在低 O_2 和高 CO_2 的气调环境中，才能明显使内源乙烯的生成受到抑制，延长贮藏期。猕猴桃气调贮藏的适宜气体组合是 2%～3%O_2 和 3%～5%CO_2，CO_2 伤害阈值为 8%。CO_2 过高或 O_2 过低时，长时间贮藏的猕猴桃出库后不能正常后熟软化。草莓可耐高浓度 CO_2，10%～20% 的 CO_2 浓度可降低呼吸强度和微生物腐烂，但长时间 20% 或更高浓度的 CO_2 会引起变味。一般 2%～3%O_2 和 5%～6%CO_2 较适于草莓的贮藏。

（二）贮藏方式

1. 简易贮藏

简易贮藏多用于猕猴桃、石榴等浆果在产地果农的贮藏中，方式包括沙藏、沟藏、窑窖贮藏、地下室贮藏等。晚熟猕猴桃、石榴品种采收时，我国北方的气候已变得比较冷凉，利用这一气候条件，可对猕猴桃、石榴进行短期贮藏，晚熟品种可贮藏 2～3 个月。通风降温和增加相对湿度（80%～90%）是简易贮藏管理的关键措施，可根据不同贮藏方式而采取相应的管理办法。

2. 机械冷库贮藏

机械冷库贮藏是葡萄、猕猴桃、草莓等浆果商业化贮藏的主要方式。采后尽快入库、及时预冷是其共同要求，而贮藏条件和操作要求因种类不同而有所差异。葡萄一般是温度保持在 $-1 \sim 0^{\circ}\mathrm{C}$，相对湿度维持在 90%～95%。现代葡萄贮藏中，一般按照果实重量将相应剂量的保鲜剂（SO_2 缓释剂）置于保鲜袋或果框中，使其缓慢释放 SO_2 而起到抑菌防腐效果。猕猴桃只要控制库温在 $0^{\circ}\mathrm{C}$ 左右、相对湿度 90%～95%，再加上适宜的采收期和果实完整无伤，就可使晚熟品种获得满意的贮藏效果。这种方式的贮藏期虽然比气调贮藏短一些，但是却具有贮藏费用低、管理简便、无气体伤害之虑等优点。草莓适宜的贮藏温度为 $0^{\circ}\mathrm{C}$，相对湿度为 90%～

95%。所以草莓采收后应及时强制通风冷却，使果温迅速降至1℃，再进行冷藏，效果较好。此外，由于草莓耐高CO_2，在0℃贮藏时，附加10%CO_2处理，可延长草莓的贮藏时间，并有较好的防腐效果。

3. 低温简易气调贮藏

低温简易气调贮藏比普通机械冷藏具有更好的贮藏效果。葡萄、猕猴桃、草莓采收后，葡萄剔除病粒、小粒并剪除穗尖，猕猴桃、草莓挑选去除伤果、病果，将葡萄果穗、猕猴桃、草莓果实装入内衬0.03~0.05mm厚的PVC袋的箱中，PVC袋敞口，经预冷后放入保鲜剂，扎口后码垛贮藏，通过果实自身的呼吸作用调节袋内O_2、CO_2浓度，起到自发气调作用。贮藏期间维持各品种适宜的库温，相对湿度均控制在90%~95%。定期检查果实质量，发现霉烂、裂果、药害、软化、腐烂、冷害或冻害等情况时应及时处理。草莓用容量0.5~1kg、厚度0.05~0.1mm厚PE盒贮藏，是一种简便易行的贮藏方式。

4. 气调贮藏

气调贮藏对呼吸跃变型果蔬的贮藏效果优于非呼吸跃变型。在实际生产中，葡萄、草莓多采用机械冷库贮藏，猕猴桃采用气调贮藏的较多。猕猴桃在严格控制温度（0℃左右）、相对湿度（90%~95%）、气体（2%~3%O_2和3%~5%CO_2）条件下，晚熟品种的贮藏期可达到6~8个月，果实新鲜、硬度好，贮藏损耗在3%以下。如果气调库配置有乙烯脱除器，贮藏效果会更好。草莓采收后应迅速预冷至0℃，然后在（0±0.5）℃、相对湿度90%~95%、2%~5%O_2和5%~6%CO_2条件下，耐藏品种可贮藏30~50d。

（三）贮藏技术要点

1. 采前管理

果实的品质是环境条件和栽培技术的综合体现，葡萄、猕猴桃、草莓贮藏中出现的裂果、脱粒、冷害、软化、腐烂等均与栽培措施不当有关。

（1）肥水管理　施肥种类及配比对葡萄、猕猴桃、草莓品质与耐藏性有密切关系。葡萄有"钾素植物"的特性，浆果上色初期追施硫酸钾、草木灰或根外追施磷酸二氢钾（1~3g/L），有利于果实增糖、增色、提高品质。同延安（2016）的研究表明，猕猴桃栽培中氮磷钾有机肥配施，可显著改善果实品质，果实耐藏性提高。盛花期后3~5d，按照1∶0.45∶0.8的配比追施1~2次氮磷钾叶面肥，草莓的维生素C含量高、品质好，也更耐贮藏。

灌溉条件下生长的葡萄，其耐藏性不如旱地条件下生长的葡萄。用于长期贮藏的葡萄、猕猴桃，采前7~10d应停止灌水。采前连阴雨天气易导致贮藏期葡萄、猕猴桃大量发病、腐烂。因此，雨后必须在3~5d晴好天气后再采收。

（2）合理负载　用于贮藏的葡萄，产量应控制在每亩1 500~2 000kg。结果量过大，果实糖分含量低、着色差，不耐贮藏。合理负载是葡萄稳产优质及提高耐藏性的保证（表4-8）。盛果期的猕猴桃亩产量应控制在2 000kg左右，应禁止使用膨大剂。否则，负载量过大，果实固形物与可溶性糖含量低，风味与品质差，果实畸形率高，耐藏性也显著下降。草莓亩产量一般在1 000~1 500kg，同样应禁止使用膨大剂，否则果实糖分含量低，风味偏酸，且果实易畸变、产生空洞，贮藏性降低。

除控制树体的负载量外，保证树势中庸健壮，架面通风透光，合理修剪，及时防治病虫害，适时套袋与解袋对葡萄、猕猴桃贮藏均十分重要。

果实采前3d用50~100mg/L萘乙酸或萘乙酸+1~10mg/L赤霉素处理葡萄果穗，可防止脱粒；用1mg/L赤霉素+1000mg/L矮壮素在盛花期浸蘸或喷洒花穗，可增加坐果率，减少脱粒。

表4-8 负载量对巨峰葡萄果实贮藏效果的影响

年份	亩产量/kg	粒重/（g/粒）	SSC/%	损耗率/%	果梗保绿率/%	好果率%
1991	1750	11.5	16.9	4.9	80.0	95.0
	2450	9.8	15.1	15.0	76.0	85.0
1992	1754	11.9	17.2	5.2	92.0	94.8
	2585	9.2	15.2	13.0	73.0	87.0
1993	1740	12.1	17.0	8.0	95.0	92.0
	2820	9.5	14.5	1.8	82.0	82.0

注：表中数据为贮藏120d的结果。

2. 适时采收

采收期与果实的贮藏寿命密切相关，采收过早或过晚，果实均不耐贮。用于长期贮藏的跃变型浆果，与鲜销的采收期相比，应适当早采。非跃变型浆果，应充分成熟后采收。

在气候和生产条件允许的情况下，葡萄的采收期应尽可能延迟。充分成熟的葡萄含糖量高，着色好，果皮厚、韧性强，且果实表面蜡质充分形成，能耐久藏。含糖量是葡萄浆果是否充分成熟的一个判断标准。在北方葡萄主产区，许多品种的果粒含糖量达15%~19%、含酸量达0.6%~0.8%时，即进入成熟期。葡萄采收宜在天气晴朗、气温较低的清晨或傍晚进行。采摘时用剪刀小心剪下果穗，连葡萄果袋一起平放于塑料周转箱中，放置2~3层，置于阴凉处暂存，采收完后及时运往冷库。

用于贮藏的猕猴桃必须在未完全成熟时采收，采收适期因品种、贮藏条件、计划贮藏期长短而异。国内外普遍认为，以SSC作为判断猕猴桃采收成熟度的参数比较可靠。用于长期贮藏的美味猕猴桃，在SSC 6.0%~6.5%时采收比较适宜；而对成熟后SSC比较高的中华猕猴桃，在SSC达到7.0%~7.5%采收较为适宜。对于短期（1个月左右）和中期（2~3个月）冷库贮藏的猕猴桃，在SSC 8.0%~9.0%时采收，既有利于提高产量和果品质量，又能获得较好的贮藏效果。

草莓最好分次分批采收，一般每日或隔天采收一次。一般在草莓表面3/4颜色变红时采收为宜。过早采收，果实颜色和风味都不好；采收过晚，果面已全部变红，不耐贮藏。草莓果皮非常薄，极易受伤破损。因此，采收时应轻采轻放，及时剔除病果、虫果、过熟过生果、畸形果，并将草莓放入特制的浅果盘中，果盘大小一般为90cm×60cm×15cm，也可放入20cm×15cm×10cm带孔的小箱内。

3. 采后处理

采后适宜的商品化处理对提高贮藏效果十分重要。采后处理措施主要包括预冷、防腐、分级和包装。

（1）及时预冷 葡萄、猕猴桃、草莓采后均带有大量田间热，不经预冷就放入保鲜剂封袋，袋内将出现大量结露而使袋内积水，果实会迅速腐烂。故葡萄装入内衬有0.03~0.05mm厚PVC或PE袋的箱（5~10kg/箱），入库后应敞口，待果温降至0℃左右，再放药剂封口。快速预冷对任何品种均有益。此外，葡萄入库时应分批进行，以防因一次进库量过大而使库温骤然上升和降温缓慢。

狝猴桃采收后应及时入库预冷，最好在采收当日入库，库外最长滞留时间不要超过 2d，否则，贮藏期将显著缩短。同一贮藏室应在 3~5d 装满，封库后 2~3d 将库温降至贮藏适温，即同一贮藏室从开始入库到装载结束并达到降温要求，应在 1 周内完成，时间拖延过长势必使前期入库果实软化而缩短贮藏期。采用塑料薄膜袋或帐贮藏时，必须在果实温度降低到或接近贮藏要求的温度时，才能将果实装入塑料袋或者罩封塑料帐。

草莓采后应及时预冷，最好采用真空预冷，也可用强制通风冷却，但不能用水冷却。也可盛放在高度不超过 10cm 的有孔箱内，预冷后用 PE 或 PVC 薄膜袋包装密封，及时送冷库贮藏。

（2）防腐处理　防腐处理可将果实表面从田间带入的微生物部分杀灭，减少贮藏期的侵染性病害、提高好果率，及抑制果实生理代谢、延缓后熟衰老具有重要作用。防腐处理是葡萄、狝猴桃、草莓等浆果贮运保鲜的关键技术之一。

目前国内外使用的葡萄保鲜剂的商品名称很多，但无一例外的都是以 SO_2 为保鲜剂的有效成分。SO_2 对葡萄常见的真菌病害如灰霉菌有较强地抑制作用，同时还可降低葡萄的呼吸率。葡萄贮藏中用 SO_2 进行防腐保鲜的具体做法有：①燃烧硫黄熏蒸：按每立方米空间用硫黄 2~3g，使之燃烧熏蒸 20~30min，然后通风。②亚硫酸盐熏蒸：将亚硫酸氢钠、亚硫酸氢钾或焦亚硫酸钠 2~3 份、硅胶 1 份研碎混合后包成小包，每包 3~5g，按葡萄质量亚硫酸氢盐约占 0.3% 的比例放入混合物。葡萄箱、筐上面盖 2~3 层纸，将药包均匀放在纸上，然后堆码。③葡萄专用保鲜剂（片）：天津农产品保鲜研究中心生产的 CT-2 葡萄专用保鲜剂，具有前期快速释放和中后期缓慢释放的杀菌特点，药效可达 8 个月。每千克果实用 2 包药，每包用大头针扎 2~3 个孔。一般在入库预冷后放入药剂，扎口封袋。若进行异地贮藏或经较长时间运输，采后立即放药效果更好。国内目前还有其他品牌的葡萄专用保鲜剂，只要用法得当效果也很好。

葡萄硫处理时应注意药剂用量。葡萄成熟度不同，对 SO_2 的忍耐性不同。SO_2 浓度过低，达不到防腐目的，过高易使果实褪色漂白，果粒表面生成斑痕，也会对库内的铁、铝、锌等金属器具和设备产生腐蚀。一般以葡萄中 SO_2 的残留量为 $10~20\mu g/g$ 比较安全。出于食品安全考虑，近年日本、美国、西欧等国家禁止或限制用硫制剂作为葡萄的保鲜剂。但由于硫制剂在葡萄的保鲜效果上被国际公认，且目前尚无可替代，故生产中仍在继续广泛地使用。

狝猴桃入库后常用的防腐处理是 O_3 处理。O_3 不仅具有杀菌作用，可杀灭果实上的致病菌，如引起狝猴桃腐烂的扩展青霉、灰葡萄孢霉、葡萄座腔菌和拟茎点霉菌等主要病原菌，还能抑制果实呼吸代谢，并氧化分解果实呼吸产生的乙烯，能显著降低贮藏后期的腐烂率，故在狝猴桃贮藏中使用非常普遍。目前新建的冷库或气调库，建库时基本都配有 O_3 消毒系统，果实入库完毕后封闭库门，开启 O_3 发生器，使库内 O_3 浓度达到 $20mg/m^3$，密闭处理 0.5~1h，杀菌率>90%。需要注意的是，O_3 浓度不宜过高，否则易引起气体伤害，缩短贮藏期。

草莓传统贮藏过程中一般不使用防腐处理。因草莓特别容易产生机械损伤，且一旦受伤就极易腐烂。因此采后尽量减少处理程序。针对草莓的特性，草莓现代商业化贮运中，较多的使用 O_3 处理和辐照杀菌处理来延长草莓贮藏期。采收时将草莓装于有孔的塑料盒中，每盒 0.5~1kg，入库后开启 O_3 消毒系统，使 O_3 浓度达到 $20~30\ mg/m^3$，处理 48h，引起草莓腐烂的灰霉菌杀灭率达到 99.5%（Sharped，2009）。祖智波（2006）的研究表明，将 9 成熟的草莓置于 PE 盒中，用 3.0kGy 的 γ 射线辐照处理，细菌杀灭率达到 99.9%，霉菌、酵母杀灭率 98.6%，腐烂指数由 0.91 下降至 0.24，而且果实色泽、硬度、口感无不良变化，辐照处理可以显著提高草莓的防腐保鲜效果。

（3）分级与包装 采收后运到冷库的葡萄，及时去除果袋，剔除病粒、破粒、青粒，修剪掉穗尖部成熟度低的果粒。根据果穗大小、果实着色均匀程度、果粒大小等按质分级，分别平放于内衬有保鲜袋的塑料筐或纸箱中，装量不宜过多，以避免挤压破粒，每筐（箱）容量 5~10kg 为宜，且包装时果穗间空隙越小越好。分级包装好的葡萄及时入库。

猕猴桃分级主要是按果实重量大小划分。依照品种特性，剔除过小过大、畸形有伤以及其他不符合贮藏要求的果实，一般将单果重 80~120g 的果实用于贮藏。贮藏果用木箱、塑料筐或者纸箱装，每箱容量不超过 20kg。也可在箱内铺设塑料薄膜保鲜袋，将预冷后的果实逐果装入保鲜袋。猕猴桃出库上市之前一般要再次进行分级，以提高果实商品性。产地分级一般采用分级板手工分级，相对误差较大；而商业化冷库多用机械分级系统进行分级，包括电子秤、光电系统等对果实重量、大小、色泽等进行分级，分级精度高，分级后的果实再采用塑料托盘、瓦楞纸隔板或泡沫隔板进行定位包装，以减轻贮运过程中的机械损伤，外包装多采用纸盒或纸箱。最简易的是采用发泡网单果包装后置于纸箱中，以减轻挤压、碰撞伤害。

草莓分级一般都采用手工分级。先剔除病果、虫果、过熟过生果、畸形，再根据果实大小、着色面积、成熟度等指标进行分级，以实现优质优价。成熟度高的一般不用于贮藏而直接上市鲜销，成熟度相对较低的入库短期或较长期贮藏。草莓不耐挤压、碰撞，包装时宜采用子母箱。子箱用 PE 塑料盒或纸盒，果实整齐排列且层数以 2~4 层为佳，质量 0.5~1kg，封盖后将其装入内衬保鲜袋的母箱，母箱装量为 5~10kg。

4. 贮藏管理

葡萄贮藏过程中，应严格控制温度（-1~0℃）、相对湿度（90%~95%），及保鲜剂 SO_2 的适宜浓度。贮藏期温度波动幅度不宜过大，防止保鲜袋内出现结露现象，并可能出现 SO_2 引起的果实褪色斑点。每隔一定时期应检查灰霉病等侵染性病害发生情况，若有果粒腐烂出现，应及时剔除，避免引起连锁反应。贮藏到一定时期，果梗失水褐变、变干，应及时出库。

对于贮藏期不超过 3 个月的中、晚熟猕猴桃品种，只要控制贮藏要求的低温和高湿条件即可。对计划长期贮藏的猕猴桃，除控制适宜的温度和湿度条件外，还应采用 CA 或者 MA 贮藏方式，控制 O_2 和 CO_2 浓度，使二者尽可能达到或者接近贮藏所要求的浓度（2%~3% O_2 和 3%~5% CO_2），有条件时可在气调库配置乙烯脱除器。

对于草莓的贮藏保鲜，除控制适宜的温度、湿度外，还应采取一些辅助措施以提高保鲜效果。如对草莓用保鲜液膜、SO_2、山梨酸及植酸处理，均可抑制病菌侵染危害。

5. 关于猕猴桃使用果实膨大剂和乙烯脱除剂问题

（1）果实膨大剂 近年国内在猕猴桃幼果期使用的商品名称为 KT-30、吡效隆、大果灵、膨大素等果实膨大剂，均属于细胞分裂素类植物生长调节剂，它们对促进果实膨大、提高产量的作用是肯定的。但是实践证明，果实膨大剂对猕猴桃生产产生的负面影响远大于其积极作用，尤其是对果实的质量和耐藏性产生极为不利的影响。刘兴华（2003）将使用猕猴桃膨大剂的负面影响归纳为：①果实外观畸变不雅；②果实风味淡薄偏酸；③果实硬度下降易软化；④果实易腐烂不耐贮藏；⑤削弱树势降低翌年产量；⑥果实安全性令人担忧。鉴于此，在猕猴桃生产中应严格禁止使用膨大剂，以恢复猕猴桃固有的品质和耐藏性。

（2）乙烯脱除剂 猕猴桃是对乙烯敏感性较强的果实，环境中低浓度的乙烯（0.2μg/g）

即可诱发其成熟软化。因此，目前猕猴桃贮藏时在库房内或者塑料帐、袋中加放猕猴桃保鲜剂来脱除乙烯。尽管目前市售的猕猴桃保鲜剂名称五花八门，但无外乎是以 $KMnO_4$ 饱和溶液或者与 $KMnO_4$ 粉剂混合而成的一种吸附材料。从理论上讲，$KMnO_4$ 可与乙烯发生以下反应，具有氧化破坏乙烯的作用。

$$3C_2H_4+2KMnO_4+4H_2O \longrightarrow 3CH_2OHCH_2OH+2MnO_2+2KOH$$

但是，在用塑料帐、袋密封贮藏时，帐、袋内的空气几乎是处于静止状态，因而产生吸附脱除乙烯的效果是很小的。刘兴华等（2008）在对陕西省中华猕猴桃科技开发公司气调库的调查中了解到，该库多年采用塑料大帐贮藏猕猴桃，从未使用过猕猴桃保鲜剂，秦美猕猴桃一般可贮藏至翌年 3~5 月，是当地贮藏期最长、效果最好的一座贮藏库，而当地许多使用猕猴桃保鲜剂的贮藏库，贮藏效果却不甚理想。

从以上叙述看出，在猕猴桃贮藏中使用猕猴桃保鲜剂的作用是微小的，只要严格控制适宜的贮藏温度、湿度和气体条件，加上其他措施的配合，就可以解决猕猴桃的长期贮藏问题。

四、 柑橘类的贮藏

柑橘是世界上栽培面积最大、产量最多、国际贸易量最大的水果，2015 年全世界的柑橘产量为 1.333 亿 t，占当年世界水果总产量的 20%。柑橘也是我国的主要水果之一，南方各省普遍有栽培。2016 年我国的柑橘总产量为 3 764.87 万 t，占当年我国果品总产量（28 351.1 万 t）的 13.28%，是仅次于苹果的第二大类果品。柑橘类水果包括柑类、橘类、橙类、柚类和柠檬 5 类。柑橘的采收期因地区、气候条件和品种等情况而异。通过贮藏保鲜结合种植不同成熟期的品种，可显著延长鲜果供应期。

（一）贮藏特性

1. 非呼吸跃变型水果

柑橘类果实在树上成熟的时间相对较长，成熟过程的变化不如呼吸跃变型果实那样急速。果实成熟期间，糖分和可溶性固形物逐渐增多，有机酸减少，叶绿素消失，类胡萝卜素形成。柑橘类果实可溶性固形物、糖和酸含量因种类和品种而异，SSC 为 5%~15%，柠檬酸含量为 0.3%~1.2%。柑橘类果实在贮藏过程中，由于呼吸作用的消耗，糖和酸含量不断减少，特别是酸含量下降较为明显，固酸比发生明显变化。

2. 耐藏性因种类或品种不同而异

不同种类、不同品种的柑橘，其果实结构、成熟期、抗病力都有所不同，因而其耐藏性必然会有差异。一般而言，成熟期晚、果心小而充实、果皮细密光滑、海绵组织厚而且致密、呼吸强度低的品种较耐贮藏，反之则不耐贮藏。例如，甜橙比椪柑耐贮藏，在 20℃ 下，甜橙的呼吸强度较低 [51.4 mg CO_2/（kg·h）]，椪柑的呼吸强度较高 [80.96 mg CO_2/（kg·h）]。甜橙类、葡萄柚、柚类的果面蜡质层较发达，果实水分蒸发速率比宽皮橘类低。一般来说，柠檬、柚类最耐贮藏，其次为橙类、柑类、橘类；甜橙比宽皮柑橘类耐贮藏；晚熟品种比早熟品种耐贮藏。

3. 果实大小、果皮组织结构与耐藏性密切相关

同一种类或同一品种的果实，通常是大果实不如中等大小果实耐贮藏。宽皮柑橘类因为果皮宽松易剥离，故称为宽皮橘，主要包括蕉柑、椪柑和橘子等。枯水是柑橘贮藏后期较普遍发生的生理病害，宽皮柑橘类容易出现枯水，尤其是大果、果皮粗糙的果实更容易出现。随着成

熟度提高，果皮的蜡质层增厚，有利于防止水分的蒸腾和病菌的侵染。因此，成熟度较低的青果往往比成熟度高的果实容易失水。通常白皮层厚而致密的柑橘果实较耐贮藏。据测定，甜橙类的白皮层厚约 0.22cm，而宽皮橘类的白皮层厚度仅 0.07cm 左右。因此，甜橙比宽皮橘类耐贮藏。

4. 侵染性病害导致柑橘采后严重腐烂

青霉病、绿霉病、酸腐病和黑腐病等是柑橘常见的贮藏病害。柑橘青霉病、绿霉病的特点是病原菌从采摘、采后处理及贮运过程中造成的伤口和蒂部入侵，潜伏期短，发病快，是柑橘贮藏初期的主要病害。柑橘绿霉病发展最快，7d 内便全果腐烂；柑橘青霉病 14d 全果腐烂。一般而言，低温下贮藏以青霉病为主，在较高的温度下以绿霉病为主。柑橘青霉病、绿霉病的症状基本相似，病部先发软，呈水渍状，组织湿润柔软，柑橘绿霉病发病 2~3d 后产生白霉状物（病原菌的菌丝体），后中央出现绿色粉状霉层（病原菌的子实体），嗅之有闷人的芳香味，很快全果腐烂；柑橘青霉菌白色的菌丝体上不久长出青色霉状物，嗅之有发霉气味。柑橘青霉病、绿霉病在贮藏过程中可重复侵染，即由病果上产生的孢子，通过接触或气流传播，又可以侵染别的果实，可导致柑橘采后严重的腐烂。据统计，柑橘在贮运销售过程中，因青霉病和绿霉病带来的损失可高达 20%~40%，通常因这两种病害造成的烂果可占总烂果数的 70% 以上。伤口是柑橘青霉病和绿霉病流行的主导因素。因此，在采摘、采后处理、贮运和销售过程中，应尽可能地减少机械损伤，配合采后的挑选、及时的采后杀菌剂处理和合理的包装等措施，可显著减少柑橘青霉病和绿霉病的发生。

柑橘酸腐病是柑橘贮运中常见并且较难防的病害之一。虫害、风害和各种损伤使酸腐病菌更易入侵，成熟的果实和受吸果夜蛾危害的果实容易发生酸腐病。酸腐病的症状是果实受侵染后，出现水渍状斑点，病斑扩展到 2cm 左右便稍下陷，病部产生较致密的菌丝层，白色，有时皱褶呈轮纹状，后表面白霉状，果实腐败，流水，并发出酸味。

柑橘黑腐病是较为严重的贮藏病害之一。该病田间感染，贮藏中后期发病，主要危害宽皮橘类果实。病果外表无任何症状，而内部特别是中心轴空隙处长墨绿色绒毛状霉。

5. 生理病害导致贮藏期间品质劣变

柑橘对低温较为敏感，易发生冷害，且对低温的敏感性因种类和品种而异。水肿病是一种贮藏生理病害，其原因就是由于贮藏温度偏低和 CO_2 浓度过高所致。根据华南农业大学的研究，甜橙在 1~3℃ 贮藏 4 个月不会发生水肿病，而蕉柑在 4~6℃ 贮藏 3 个月即出现水肿病；椪柑在 4~6℃ 贮藏 2 个月水肿病就相当严重。甜橙在 1~3℃ 下贮藏，褐斑病发病率最低，4~6℃ 的发病率最高，7~9℃ 以上的发病率则随着贮藏温度的升高而下降。最适贮藏温度甜橙为 1~3℃、蕉柑 7~9℃、椪柑 10~12℃。

枯水病是柑橘果实贮藏后期常见的生理病害。此病在蕉柑、椪柑等宽皮柑橘类发生较多，是限制宽皮柑橘贮藏期的重要因素之一。枯水病的果实外观饱满，果皮表面色泽正常，但果皮发泡，貌似新鲜，实际上果皮与果肉已分离，囊瓣和汁胞失水干枯；随着枯水加重，风味改变，品质变劣，果肉食之如絮，即"金玉其外，败絮其中"。

6. 湿度对贮藏效果的影响

橙类一般适宜贮藏在比较高的相对湿度中。如四川南充地窖贮藏甜橙，相对湿度 95% 以上，湖南黔阳县用地下仓库贮藏甜橙，相对湿度一般保持在 95% 左右，均获得较好的贮藏效果。美国贮藏甜橙、柠檬和葡萄柚都是采用 85%~90% 的相对湿度。在高湿度贮藏时，必须注意对病菌的控制。

对于宽皮橘类果实，由于在高湿环境中容易发生枯水（浮皮），故一般应采用较低的相对湿度。荻沼之孝（1970）报道，预防温州蜜柑枯水可进行贮前处理，即将果实置于温度7~8℃和相对湿度75%~80%的条件下约3周，使果实失重3%~4%，可以防止枯水，完全着色的果实经短期的贮前处理（10℃，7d）即有效，未完全着色的果实则需要较长期的处理。在高湿条件下，全果失重虽较小，但果肉内的水分和其他成分向果皮转移，使果实外观较好而果肉干缩，大部分失重是果肉失水，果皮则几乎没有失重；在低湿条件下，全果失重虽较多，但主要是果皮轻耗，果肉轻耗却较少。

7. 对气调贮藏的适应性

通常认为，柑橘类果实不适宜气调贮藏。气调贮藏会引起甜橙果皮损伤、果肉异味和腐烂，柠檬会产生不良风味，柚子果皮会出现烫伤状的斑块和变味，蕉柑和椪柑发生水肿病。

（二）贮藏方式

可根据当地的实际情况、贮藏期的长短、市场的需求等，采用常温贮藏、冷藏、留树贮藏等方式来延长其供应期。

1. 常温贮藏

常温贮藏是我国目前柑橘贮藏较为普遍的方式。包括通风库贮藏、窖藏等，形成了具有中国特色的柑橘常温贮藏，贮藏期可长达3~5个月。如四川省南充地区普遍采用地窖贮藏甜橙。地窖一般湿度大（相对湿度95%~98%）、温度稳定（12~18℃）、CO_2含量稳定（2%~4%），形成一个比较适宜甜橙贮藏的环境。窖藏期间甜橙新鲜饱满，自然失重少，生理性褐斑病发生程度轻。

2. 低温贮藏

低温贮藏的管理关键是控制适宜的低温和湿度，并且要注意通风换气。柑橘在适宜的温度和湿度下贮藏4个月，风味正常，可溶性固形物、酸和维生素C含量无明显变化。几种柑橘类果实冷藏条件见表4-9。

表4-9 柑橘类果实冷藏条件

品种	贮藏适温/℃	相对湿度/%	贮藏寿命/月
甜橙	1~3	90~95	4
伏令夏橙	1~3	90~95	4
化州橙	1~3	90~95	4
脐橙	4~8	85~90	4
蕉柑	7~9	80~90	4
椪柑	10~12	80~90	4
柚子	9~11	85~90	4
柠檬	10~12	90~95	4

（三）贮藏技术要点

1. 重视采前管理

重视采前田间综合管理，生产优质耐贮藏的果实，提高果实的抗病性和耐藏性。采自长势衰弱、病虫害多的果园或幼年树的果实，以及粗皮大果不宜作长期贮藏。应加强田间病虫害防治，减少病菌采前潜伏浸染，注意施有机肥或磷钾肥，切忌偏施氮肥和采收前2~3周灌水。

2. 适时采收

用于长期贮藏的果实，以果面基本转黄、果实较坚实采收为宜，成熟度过高或过低的果实不耐贮藏。雨、雾、露水未干或中午光照强烈时均不宜采收。我国柑橘主产区的采收期和贮藏期限见表4-10。

表4-10　　　　　　　　我国柑橘主产区主栽柑橘品种的采收期和贮藏期限

产区	品种	采收时期	贮藏期限
四川	甜橙	11月中旬~12月上中旬	到4月初
	红橘	11月上中旬	到1月
	柠檬	10月下旬~11月下旬	到5月
浙江	早熟温州蜜柑	10月中旬~11月上旬	到12月下旬
	本地早	11月上旬~11月中旬	到1月上中旬
	早橘	10月下旬~11月初	到1月上旬
	普通温州蜜柑	11月上旬~11月底	到3月下旬
	蔓橘	11月下旬~12月初	到3月底4月初
	椪柑	11月中旬~12月初	到3月底4月初
	瓯柑	11月下旬~12月上旬	到5月底~6月上旬
	甜橙	11月中旬~12月初	到4月底
	439橘橙	11月中、下旬~12月初	到6月中旬
湖南	甜橙	11月下旬~12月上旬	到4月
	南橘	10月中下旬	到12月底~1月
	温州蜜柑	10月上旬~11月中旬	到12月~3月
	椪柑	11月中下旬	到3月底~4月初
福建	蕉柑	1月中旬	到3月底
	椪柑	11月中下旬	到3月底4月初
	红橘	12月	到1月底
广东	蕉柑	12月中旬~1月上旬	到3月底
	椪柑	11月中下旬~12月上旬	到4月初

3. 采收方法

采收时、采后处理及贮运的全过程均应做到轻拿轻放，严防机械损伤。采收要用专门的采果剪，采果剪必须是圆头且刀口锋利、合缝，以利剪断果柄，又不刺伤果皮。通常采用两剪法剪果，第一剪剪下果实，第二剪齐果蒂剪平，以免果梗刺伤其他果实。

4. 及时防腐处理

采收后应马上进行药剂防腐处理。应在采收当天浸药处理完毕，浸药处理越迟，防腐效果越差。目前，防腐处理常用200mg/L 2, 4-D 混合各类杀菌剂，如特克多、苯来特、多菌灵、托布津，参考用药量为 500~1000mg/L，抑霉唑 500~1000mg/L，施保功 250~500mg/L。

5. 选果、分级

剔除机械损伤、病虫害、脱蒂、干蒂等果实后，按果实横径或质量分为若干等级。分级方法有分级板人工分级，按果实直径或重量的分级机分级。先进的光电分选系统生产线包括清洗、杀菌、打蜡、分选、标贴等，可根据果实的质量、颜色、大小进行分级。果型中等、果皮光滑、果身紧实的果实较耐贮藏，厚皮果、大果、脱蒂果和软身果不耐贮藏。

6. 打蜡

打蜡处理在柑橘类果实上应用较普遍。果实表面涂一层涂料，可起到增加果皮光泽、提高商品价值、减少水分蒸发、抑制呼吸和减少消耗等作用。打蜡处理后的果实不宜长期贮藏，以防产生异味。涂料的种类很多，主要有石蜡、棕榈蜡、蔗糖酯等。

7. 包装

良好的包装不但可起到保护、减少水分蒸发、抑制呼吸等保鲜作用，而且还可提高果实的商品档次、商品宣传和增强柑橘在国内外市场的竞争能力。柑橘果实的内包装主要有薄膜袋单果包装，薄膜厚度 0.015mm，用这种薄膜袋包装甜橙、柚子、椪柑，有防止果实水分蒸发和自发性气调贮藏的作用，薄膜袋内的 O_2 为 19%~20%、CO_2 为 0.2%~0.8%。外包装形式主要有纸箱和网眼塑料筐，以薄膜单果包装结合纸箱外包装的商品档次较高。

8. 贮藏管理

不论采用哪种贮藏方式，都应根据果实种类和品种的贮藏特性，尽可能控制适宜的温度和湿度条件，并注意对库房进行适当的通风换气。另外，应特别注意，在贮藏后第 1 周前后，检查的重点是柑橘青霉病和绿霉病，此时这两种病害发病严重，应及时检查剔除烂果。贮藏中后期重点检查柑橘的黑腐病。对检查结果进行认真分析，提出对产品的处理意见，是否可继续贮藏或需及时出库销售。柑橘长期贮藏要密切注意果实品质的变化。一般而言，清明节前后是柑橘长期贮藏的临界点，虽然使用杀菌剂能有效减少柑橘果实腐烂，但此时段果实的品质变化较大，应加强检查，及时出库销售。

五、 其他热带和亚热带果实的贮藏

我国热带和亚热带果实主要有香蕉、菠萝、芒果、荔枝、龙眼等，其中香蕉是世界性的大宗果品，2015 年世界香蕉产量为 1.15 亿 t，是仅次于柑橘产量的世界第二大水果，占当年世界果品总产量的 17.25%。香蕉在我国的水果生产中占有重要的位置，2016 年全国的产量为 1299.7 万 t，占当年全国果品总产量的 4.58%。2016 年我国荔枝、龙眼、菠萝产量分别为 229.6 万 t、191.4 万 t、158.2 万 t。我国香蕉、菠萝、芒果、荔枝、龙眼的主产区是广东、广西、福建、海南、云南和台湾等省，近二十年来的生产发展很迅速。香蕉、菠萝生产的最大特点是可周年生产，四季收获，芒果也可收获两季。因此，香蕉、菠萝、芒果采后在产地贮藏保鲜的不多，主要是解决运输销售中存在的问题。香蕉、菠萝、芒果、荔枝果实不耐贮运，在流通过程中很容易后熟和品质劣变及腐烂，如果缺乏科学的贮运保鲜技术，可导致采后损失严重。

（一）贮藏特性

1. 生理特性

香蕉、芒果是呼吸跃变型果实，菠萝、荔枝、龙眼为非呼吸跃变型果实。香蕉在七八成熟时采收，果皮绿色，果肉硬度高，呼吸强度很低。随着呼吸跃变的到来，果实会发生一系列明显的生理生化变化，例如果实变软、果皮褪绿变黄等。随着果实进一步完熟和衰老，抗病性下降；果实一旦完熟，其在田间已潜伏浸染的病原菌，就会表现危害症状，造成严重腐烂。呼吸跃变一旦启动，果实就会成熟变软，继而整个果实迅速衰老，难以继续贮藏和运输。香蕉对乙烯很敏感，因此，抑制乙烯的产生和延缓呼吸跃变的到来是香蕉贮藏保鲜的关键。

芒果成熟到一定程度后果实呼吸强度和乙烯产生量迅速上升，达到高峰后下降，此时果实的色香味发生显著的变化，果肉软化，皮色转黄，淀粉、维生素C及含酸量下降，可溶性固形物和糖分含量增加，耐藏性和抗病性明显下降，果实极易腐烂变质。

荔枝、龙眼虽属非呼吸跃变型果实，但呼吸作用强，代谢旺盛，导致其采后品质迅速劣变，极难贮运。荔枝、龙眼采收后在常温下 3 d 即变褐变质，适宜的低温可以有效地降低荔枝、龙眼的呼吸速率，延长其贮运期，保持果实品质。

2. 易受冷害和高温伤害

香蕉、菠萝、芒果都对低温很敏感，香蕉贮运温度低于 11℃、菠萝低于 8℃、芒果低于 10℃时都会导致果实遭受冷害。香蕉、芒果冷害的典型症状是果皮变暗无光泽，暗灰色，严重时则变为灰黑色，催熟后果肉不能变软，果实不能正常成熟。我国有些香蕉经营者用加冰保温车运输香蕉，由于加冰量太多，车厢内温度低于 10℃，导致香蕉严重受冷害，损失很大。但过高温度也会对香蕉造成伤害，当温度超过 35℃时，则引起果实高温烫伤，使果皮变黑，果肉糖化，失去商品价值和食用价值。

荔枝、龙眼对低温耐受力相对较强。但温度低于 3℃，均会产生冷害，显著的症状是果皮褐变，并逐渐引起果实腐烂。

3. 果皮极易褐变

香蕉、菠萝、芒果、荔枝、龙眼在采后贮运中，稍有挤压、碰撞、摩擦就极易引起果皮褐变甚至变黑，降低商品价值。荔枝采后在常温条件下，如果不经任何处理，一般 2~3 d，果实就会均匀变褐，失去商品价值。在低温条件下贮藏一段时间后，果皮也会变褐。失水、酶促褐变、微生物、机械伤、冷害等均是导致荔枝果皮褐变的原因。龙眼果实贮藏期间，外观品质变化最明显的也是果皮褐变，无论是常温还是低温贮藏、包装或者裸放，果实衰老最初的表现都是果皮褐变。褐变是龙眼果实进入衰老阶段的第一表象，而且各品种之间发生时间的迟早和程度差异很大。韩冬梅等（2010）对 19 个品种龙眼果实的贮藏性进行比较，发现贮藏 21d 后，品种之间的褐变指数差异在 0.95~4.25。

4. 适合气调贮藏或自发气调贮藏

香蕉推荐的气调条件是 12~16℃、2%~5%CO_2 和 2%~5%O_2。实际上在国内外商业化贮藏中应用气调的不多，生产上香蕉贮运时普遍使用聚乙烯薄膜袋包装的自发性气调贮藏，效果很好；若自发性气调贮藏结合使用乙烯吸收剂，效果更佳，可延长贮运期 2~5 倍。芒果、荔枝、龙眼在实际生产中也多采用聚乙烯薄膜袋包装的自发性气调贮藏，取得了较好的贮藏效果。

5. 贮运期间易发生侵染性病害

香蕉贮运过程中易发生炭疽病和镰刀菌冠腐病。炭疽病是香蕉贮运过程中的首要病害，疽病的主要症状如下：在刚成熟的香蕉果皮上，最初出现浅褐色、绿豆大的圆形病斑，2d 后扩大成深褐色梭状或不规则状块斑，斑块进一步下陷。湿度较高时，出现许多橙红色的黏质粒，即病原菌的分生孢子盘和分生孢子。果柄发病，引起果指脱落，俗称"烧爆仗"，严重时全果变黑褐色腐烂。香蕉炭疽病防治措施：①在采收和采后处理及运输和销售各个环节，要注意尽量避免机械损伤；②采后尽快采用杀菌剂浸泡果实，然后尽量晾干后才装塑料袋密封包装；③通过采用低乙烯方法结合预冷及冷链流通，延缓果实成熟，可显著延缓炭疽病的发病危害。

香蕉镰刀菌冠腐病是仅次于炭疽病的重要采后病害。以薄膜袋包装的果实容易发病，香蕉北运也常严重发生，俗称为"白霉病"。香蕉镰刀菌冠腐病症状：香蕉果冠变褐，后期变黑褐色、黑色。发病后，逐渐向果指的端部伸延；蕉梳切口发生大量的白色絮状的霉状物、毛状物及病原菌的菌丝体和子实体，有大量的分生孢子，造成轴腐；延伸至果柄后，往往果指散落；一旦发病，扩展极为迅速，在25~35℃密封包装贮藏7~10 d后，蕉梳切口出现白色棉絮状物，造成轴腐，20~25d后果身发病，果皮爆裂，蕉肉僵死；发病果实不易催熟转黄，青软蕉中央胎座硬，食之有淀粉味感。香蕉镰刀菌冠腐病防治措施与炭疽病防治措施一致。

菠萝贮运过程中易发生的病害主要有黑腐病、小果褐腐病等。黑腐病病原菌只能从伤口侵染，在运输与贮藏期间，通过接触传染而蔓延。其症状为被害果面初期出现暗色软斑，后变黑，散发出特殊气味。小果褐腐病又称黑心病，该病主要危害成熟果，被害果的外观与健康果无区别，但剖开果实时，可见症状。被感染的小果变褐色或形成黑色病斑，感病组织略变干和变硬，一般不容易扩展到邻近的健康组织。另一种症状是剖开病果时，近果轴处变暗色，水渍状，以后变黑色。防治方法：避免造成伤口，从采收至销售的整个过程尽量避免机械损伤；淘汰病果，发现后应立即淘汰，防止传染；贮藏温度不要低于8℃，以免造成冷害。

芒果炭疽病是发生最普遍、损失最大的一种潜伏浸染真菌病害，其严重程度取决于采前的防病措施和采后的贮运环境。果实接近成熟时感病，产生形状不一、略凹陷、有裂痕的黑色病斑，多个病斑往往扩展成大斑块，病部常深入到果肉内，使果实在园内或贮运中腐烂；果实接近成熟至成熟时，如有大量孢子从病枝或花序上冲淋到果实上，则果实表皮发生大量小斑而形成所谓"糙皮"症或"污果"症。病原为半知菌亚门胶孢纲盘长孢状刺盘孢菌。

霜疫霉病、炭疽病、酸腐病等是导致荔枝、龙眼果实采后损失的重要病害。这些病有些在树上就已感染，在采后发病，有些在采后流通过程中被感染，贮藏或流通过程中发病严重。采后喷杀菌剂是减少病原数量，减轻采后腐烂的有效手段。采后尽快预冷，再辅以相应杀菌剂处理和低温贮藏，可有效降低采后因腐烂引起的损耗。

（二）贮运方式

1. 低温贮藏运输

低温贮藏运输是香蕉、菠萝、芒果、荔枝、龙眼最常用、效果最好的方式，但需要特别注意，温度不可过低，以免造成冷害。香蕉低温贮藏运输的适宜温度是11~13℃，低于11℃会发生冷害。菠萝经预冷后，在8~12℃、相对湿度80%~90%条件下，一般可贮藏2~3周。菠萝的贮运期和货架寿命与品种、产地、成熟度、采后处理、包装以及贮运条件的不同而有差异。芒果的安全贮藏温度为10~13℃，低于此温度，果实易发生冷害。荔枝在3~5℃、相对湿度90%~95%的适宜条件下可贮藏30~35d，荔枝贮运保鲜的技术关键是采后快速预冷、防腐保鲜剂处理、保持稳定低温及较高湿度。龙眼在2~4℃低温条件下一般可贮藏30~35d，若结合熏硫处理，贮藏时间可延长到40~50d。

2. 常温贮藏运输

由于目前冷藏运输设备不足或冷藏运输成本较高等原因，我国香蕉、菠萝、芒果、荔枝和龙眼的短期贮藏或短途运输有些仍在常温条件下进行。香蕉常温贮藏运输一般只可用于短期或短途的贮运，并要注意防热防冻。在常温贮运中，配合使用乙烯吸收剂，可显著延长贮运时间。荔枝的常温贮运常用泡沫箱加冰方式，可在常温条件下保持荔枝果实颜色 3~5 d，满足短期贮藏或 3 d 左右的运输。龙眼在常温下一般只能短期贮藏，在 25℃时经 5~6d 果壳即已变褐，果肉完全腐烂变质。所以，常温贮藏常需要与其他保鲜措施（硫处理、辐照、涂膜、气调等）结合，对龙眼保鲜才能有一定的效果。

3. 气调贮藏

香蕉气调贮藏适宜的气体条件为 2%~5%CO_2 和 2%~5%O_2。香蕉自发气调贮藏结合乙烯吸收技术可将保鲜时间延长 2~4 倍。芒果在 13℃下适宜的气调贮藏气体条件为 2%~5% O_2，1%~5% CO_2；若在包装中加入乙烯吸收剂，贮藏效果更好；但贮藏时间过长，则果实易产生异味。不同品种荔枝适宜的最佳气体比例不同。糯米糍荔枝贮藏在 1~3℃条件下，以 5% O_2 和 5% CO_2 为宜，30 d 后好果率达 91%；而淮枝荔枝的最佳气体组合为 10% CO_2 和 3% O_2。

（三）贮藏技术要点

1. 适时采收

香蕉、菠萝、芒果、荔枝、龙眼的采收时间宜在晴天清晨露水干后进行，不宜在风雨后、中午或下午烈日暴晒下采收。采收时应轻拿轻放，尽可能避免机械损伤。具体采收成熟度和要求，应根据种类特性及贮运时间长短确定。

香蕉长期贮运时，其采收饱满度一般在七、八成，饱满度越高，越接近成熟衰老，耐藏性越差。香蕉采收时要尽量避免机械伤，且采后当天要保鲜处理完毕。长途运输的菠萝应在青熟期采收，短途运输或鲜食用的应在黄熟期采收。芒果总可溶性固形物达 12%，相对密度为 1.01~1.02，成熟果沉水底、未熟果浮水面，硬度为 1.75~2.0 kg/cm² 时，表示果实可以采收。采收芒果时宜用"一果二剪"的方法，第一剪留果梗长约 5 cm，第二剪留果梗长约 0.5 cm。荔枝外果皮已完全转红，而内果皮仍为白色，这个成熟度的果实耐贮性好，适用于长途运输和长期贮藏。龙眼果实宜在八成熟时采收，这时果皮由青色转褐色，由厚、粗糙转为薄、平滑；果肉由坚硬转为柔软，富有弹性，生青味消失，呈现浓甜味；果核充分硬化并变为黑色。

2. 整理分级与防腐处理

香蕉采后要进行去轴落梳，落梳后用利刀修整好切口。落梳后的香蕉在包装前要用含杀菌剂的溶液进行清洗，杀灭果实表面附生的大量微生物，同时除去指蕉上的残花，并将果实落梳时流出的大量乳汁液洗净，改善商品外观。清洗后的香蕉一般用 1000mg/L 的特克多+1000mg/L 的扑海因溶液进行药浴或喷淋梳蕉，晾干后再进行包装贮藏。也可用甲基托布津和施保克等防腐剂处理。

菠萝鲜果须保留顶芽，除净托芽、苞叶，果柄切留 2 cm，严格剔除病虫害果、过熟果、不正形果、日灼果、污染果，认真分级。分级后果柄切口用 2.5%苹果酸或 300mg/L 苯来特溶液浸涂以防果腐。

芒果采收后尽快将果实集中在阴凉的地方，剔除机械伤、病虫危害、畸形、过熟或过青果实，然后采用 1000 mg/L 的特克多或 250~500 mg/L 的施保克等杀菌剂处理。也可用 52~54℃的热水处理 5~10 min，可有效地减少芒果炭疽病的发生。

荔枝采后应尽快预冷，降低果实的生理活动和抑制病原菌活动，延长荔枝保鲜期。降温可采用冰水加杀菌剂，冰水药液控制在 1~4℃，浸果 5~10min，一般果温会降到 10℃以下。荔枝采后预冷、包装、入贮越及时，保鲜效果越好，从采收到入贮一般应在 6 h 以内完成。常用杀菌剂有 500 mg/kg 抑霉唑或 1000 mg/L 特克多，也可用 500 mg/kg 咪鲜安类杀菌剂等浸果。也有部分国家和地区荔枝采后使用熏硫的方法来延长其贮藏期。以 100g/m³ 燃烧硫黄产生的烟气熏荔枝 30s，再浸盐酸 15s，晾干后包装，1℃下可贮藏 40d。但该技术存在 SO_2 残留问题。

龙眼在采后当天必须剔除已破裂、机械损伤果和病虫果，选取成熟度较一致的果实，并摘掉果穗上的叶子及过长的穗梗，使果穗整齐。龙眼果实采后代谢旺盛，应尽快使用强制通风预冷、冰水预冷、冷库预冷等对果实尽快降温。常用的防腐处理方式有熏硫处理及药物处理。熏硫处理的关键是控制果肉 SO_2 的残留量。在熏硫室内通过燃烧一定量的硫黄或利用 SO_2 气体熏蒸龙眼果实 30min 左右，再利用强制通风和吸收装置吸收残余 SO_2。熏硫处理后的果实不宜密封包装，但应注意贮藏环境的温度和湿度。龙眼采后常用的杀菌剂有 500 mg/L 咪酰胺、1000 mg/L 特克多或 500 mg/L 抑霉唑等，膜剂有壳聚糖、蔗糖脂肪酸酯、水溶性果蜡等。

3. 包装

香蕉常用纸箱内衬聚乙烯薄膜袋包装，袋的薄膜厚度宜在 0.03~0.04mm。在包装内加入浸有饱和高锰酸钾溶液的蛭石或其他的轻质多孔材料，可显著延长香蕉的贮藏期。

菠萝一般先用 1%二苯胺或山梨酸浸过干燥后的包装纸包果，按果顶向上整齐分层排放在内衬垫 1~2 层粗纸的板条箱或竹篓中，果间衬纸，每箱（篓）净重 25 kg，每批及每箱（篓）品种、级别应一致。出口的菠萝用药液处理过的纸包果，每箱 10 kg，装入两端上下各有 5 个直径 1 cm 通气孔的硬纸板箱，贴上标签，标明品种、等级、净重、发货单位、日期等，便于检验。

芒果的外包装可采用纸箱、塑料筐等，内包装可采用聚乙烯薄膜袋，最好用纸单个果实包装。包装时一定要注意不能堆叠太多层，以免压伤下部的果实。一般用瓦楞纸箱只装一层果实，排列整齐，且果实之间用较软的糙纸衬垫。如果装两层，层之间也须用柔软的衬垫隔开。

荔枝、龙眼的包装在产地多用竹篓或胶筐，但易引起果皮褐变与失水，需衬垫较软的衬垫物和覆盖物。短期贮运的可以用泡沫箱包装中加冰的方法，用一般保温汽车运输，效果较好。荔枝、龙眼因带有较多的果柄而不适宜采用塑料袋包装。

4. 贮运

香蕉的最适贮运条件为：温度 11~13℃，相对湿度 85%~90%，O_2 和 CO_2 浓度均为 2%~5%。依据香蕉的贮运条件，加强各项管理措施，尽可能地保持适宜的贮运条件，以提高贮运效果。在加有乙烯吸收剂时也可在常温下贮运，在夏季常温下可贮运 15~30d，冬季常温下可贮运 1~2 个月，贮藏寿命因香蕉的品种及果实饱满度不同而有较大的差异。

菠萝适宜的冷藏条件为 8~12℃，相对湿度 80%~90%，在此条件下可贮藏 2~3 周。芒果预冷后在 9~12℃，相对湿度 85%~90%，空气循环率 20%~30% 的条件下，贮藏寿命可达到 40~60d。荔枝和龙眼贮运的最适条件为 3~5℃，相对湿度 90%~95%，贮藏期可达 30~35d。

5. 催熟

香蕉和芒果属于跃变型果实，在销售或食用前需要经过自然后熟或催熟处理。香蕉催熟要求掌握四个基本的条件：一是适当的果实饱满度，饱满度以七成半至八成左右为宜，饱满度太高，香蕉催熟过程中，果皮容易裂开；二是适当的催熟剂浓度，乙烯气体使用浓度为 100~200μL/L，乙烯利的使用浓度为 500~1000μL/L，催熟剂浓度可根据香蕉果实的饱满度和催熟温度及催熟天数作适当调整；三是适当的催熟温度，以果肉温度达 16~20℃ 为宜，催熟温度越高，成熟越快，但货架寿命较短；四是掌握适当的湿度，相对湿度以 85%~90% 为宜，湿度过低，果皮颜色光泽较差。

为了让芒果成熟均匀一致，一般采用人工催熟的方法。催熟可使用 500~800μL/L 的乙烯利、1mL/L 的乙烯或乙炔气体，催熟的适宜温度为 20~28℃，相对湿度 85%~90%，先在密闭容器中处理 24h，然后打开通风换气，3~5d 后果实即可达到半熟。

六、　干果类的贮藏

干果通常指有硬壳而水分含量少的一类果实，又称为坚果，如核桃、板栗、榛子、杏仁、松仁、开心果等。结合生产实际，本部分主要叙述产量较大的核桃、板栗的贮藏。板栗采收季节气温较高，呼吸作用旺盛，品质下降快，特别是大量的板栗因生虫、发霉、发芽而损失掉。核桃在采收、贮藏中因管理不当，常出现变色、发霉、变味、生虫等，使核桃品质降低，商品质量受到严重影响。因此，搞好板栗、核桃的贮藏保鲜十分重要。

（一）贮藏特性

1. 品种

板栗生产中栽培的多为地方品种，一般北方品种耐藏性优于南方品种，中、晚熟品种强于早熟品种，嫁接板栗优于实生板栗。在同一地区，干旱年份的板栗较多雨年份耐藏。如山东的晚熟品种焦扎、青扎、薄壳、红栗，陕西的镇安大板栗，湖南的虎爪栗，河南的油栗等耐藏性较强；而宜兴溧阳的早熟品种处暑红、油光栗等不耐藏。

核桃硬壳缝合线的紧密程度、机械强度、硬壳的密度、硬壳的厚度、硬壳细胞的大小与虫果率、污染率、裂果率等密切相关。缝合线紧密度越大，虫果率、污染率、裂果率越小；硬壳越薄，缝合线越平，裂果率越高，种仁受污染概率越高，贮藏中发生虫果率也越高。因此，在选择贮藏品种时，应选择耐藏性和商品性状均良好的核桃品种。

2. 生理特性

板栗具有易蒸腾失水、呼吸代谢旺盛、酶活力高、易发芽及易石灰华的生理特性。青皮核桃和鲜食核桃具有呼吸代谢旺盛、含水量高，而干核桃具有含水量低但脂肪易氧化哈败的特性。

板栗种仁内的成分主要是水（47%~56%）和淀粉，其种壳的结构为纤维状，不具备阻隔水分蒸发的功能，极易失水。水分过多易被微生物侵染而使果实霉烂，但是水分蒸发易引起果实失水萎缩，果仁干硬，失去香甜风味；板栗在贮藏过程中淀粉在酶的作用下水解而减少，使板栗中的可溶性糖含量上升。脱水敏感性是顽拗性种子板栗的显著特征，其含水量低于某一临界值时，种子会出现僵化现象，导致生活力丧失。

板栗的呼吸强度较高，这个特性对其贮藏极为不利。板栗是否有呼吸跃变，研究结果不尽相同。在自然条件下，栗果一般脱苞 1 周内出现一个呼吸低谷，后呼吸逐渐加强，10d 后出现呼吸高峰，呼吸高峰后呼吸速率逐渐减弱，故认为板栗属呼吸跃变型果实。而对湖南品种铁粒头的研究发现，在室温条件下其呼吸强度呈递减趋势，整个贮藏期无呼吸跃变高峰的出现。因此，又认为板栗属非呼吸跃变型果实。

板栗在九、十月采收，脱苞后由于含水量高和气温高，板栗中的淀粉酶、水解酶活力强，呼吸作用十分旺盛。栗果脱苞 1 周后呼吸强度及淀粉酶的活力都逐渐增加，酶活力的峰值出现比呼吸跃变的峰值晚。故板栗脱苞后应及时进行通风、散热、发汗，使果实失水 5%~10%，以减少贮运中的霉烂。板栗贮藏中既怕热怕干，又怕冻怕湿，防止霉烂、失水、发芽和生虫是板栗贮藏的技术关键。水分损失越少、淀粉水解越慢、蛋白质保存越多，同时，总糖含量稍有提高，栗果风味甘甜。

板栗种子具有休眠特性，休眠解除后即萌芽，在生理上表现为呼吸上升和内源激素的增加。板栗的休眠期长短因品种而异，短则1个月，长则2个月左右，板栗采后的生命活动可分为3个阶段。第一阶段：从采收到11月中旬，呼吸作用旺盛，淀粉降解快；第二阶段：11月中旬至次年2月中旬，板栗处于休眠期，贮藏相对安全；第三阶段：2月中旬后，板栗休眠解除，生命活动再次活跃，是板栗贮藏的危险期。在板栗休眠解除前，将贮藏温度降至-4~-2℃，可有效抑制呼吸上升和内源激素的增加，使板栗处于休眠状态而不发芽。

板栗极易发生"石灰化"现象，即板栗在贮藏期间发生的生理紊乱现象，组织呈粉质状态，犹如石灰，民间称之为"石灰化"。石灰化的板栗食用品质显著劣变，而其外观正常，在入贮前难以辨认剔除。板栗贮前在一定温度范围内（20~35℃），温度越高，时间越长，板栗失水越多、石灰化发生的比例越大，冷藏期间石灰化发展程度越严重。因此，板栗采后在脱苞、运输和入库前，应尽量缩短不适宜高温的时间。

核桃带青皮的鲜果为呼吸跃变型果实。核桃脱除青皮后其含水率在17%以上，此时核桃内种皮与种仁易剥离，具有鲜食水果的特征，称为鲜食核桃。鲜食核桃坚果具有非跃变型果实的特征，其呼吸代谢旺盛，呼吸强度较高，入贮于（0±1）℃下15d内，呼吸强度迅速下降，并在此后的贮藏期内一直维持在较低水平。干制核桃的呼吸强度则始终处于极低水平，远远低于鲜食核桃。

核桃的呼吸强度与其含水量呈指数关系。随着贮藏期的延长含水量下降，呼吸强度相应降低，含水量8%以下时，呼吸速率处于较低水平。呼吸速率与温度呈抛物线相关，呼吸速率的最高值出现在33℃左右。呼吸速率与采收期有关，采收期越迟，呼吸速率越高。不同品种的核桃坚果在采收后20d内呼吸速率差异较大，20d后水分稳定后各品种呼吸速率比较接近，贮藏期间呼吸速率较低，变化较小。

核桃脂肪含量高，因而易发生脂肪氧化败坏。贮藏期间，脂肪水解成脂肪酸和甘油，甘油进行代谢形成糖或进入呼吸循环。脂肪酸因组分不同，可进行α-氧化、β-氧化、直接加氧或直接羟化，生成许多反应产物。低分子脂肪酸氧化生成醛或酮，都有异味，油脂在光照、高温、有氧条件下可加速此反应。将充分干燥的核桃仁贮藏于低温低氧环境中，可以部分解决腐败问题。虽然核桃含水量比较低，耐藏性好，但温度仍然对其贮藏产生很大的影响。例如核桃在21℃下贮藏4个月就有败坏发生，而在1℃下贮藏2年才有败坏变质出现。

3. 采收期

板栗采收过早，气温偏高，坚果组织鲜嫩且含水量高，淀粉酶活力强，呼吸旺盛，不利贮藏。若采收过迟，坚果则自然脱落造成损失。板栗成熟的标准为栗苞色泽由绿转黄，刺束先端枯焦，苞肉缝合线露出白色纵痕但未裂开，其内坚果红褐色，组织充实，全树1/3以上栗苞开始开裂时为适宜采收期。采收最好在晴天进行，用竹竿打落，或用铁勾夹折。将栗球收集堆放数天后，待栗苞大部分开裂时及时取出栗果，剩余部分集中起来再放1~2d，随后再脱苞。

核桃成熟的标志是外果皮由深绿色变为黄绿色、部分外果皮裂口、个别坚果开始脱落时即象征着成熟。我国主要采用人工敲击方式采收，此法适于小面积的分散栽培。国外有的采用振荡法采收，即当95%的外果皮与坚果分离时收获。若采收过早，外果皮则不易剥离，种仁不饱满，出仁率低，且品质不好、不耐贮藏；采收过迟则果实容易脱落，若不及时捡拾容易霉烂。

适时采收的核桃约50%的坚果能够自然脱皮，可不用堆积处理。外皮尚未开裂的核桃则需堆起，促使其成熟脱皮。堆积脱皮过程中应注意翻动，以免外果皮渗出的汁液污染种壳。5~7d外果皮脱落后，用水将坚果淘洗干净，注意浸水时间不能过长（小于30min），以免洗涤水渗入种壳内，晾干后即可贮藏。

（二）贮前处理

1. 发汗、散热、脱苞

采收后的板栗栗球温度高、水分多、呼吸强度大，不可大量集中堆积，否则容易引起发热腐烂。应选择凉爽通风场所，将栗球堆成约50cm厚的堆，不可压实，每隔2~3m插一把小竹子或秸秆，以利通风、降温和散失水分，堆放时间7~10d，然后将坚果从栗苞中取出，剔除病虫及不合格果，再在室内摊晾3~5d即可入贮。

2. 防虫

板栗贮藏中的主要害虫为栗实象甲和食心虫。成虫于6~9月发生，采收前透过刺苞产卵于果实内，幼虫孵化后进入果实内部蛀食。常用的防虫方法有浸水与熏蒸。

（1）浸水 灭虫将板栗浸没水中3d，每天换水1次，可使害虫窒息死亡。为了缩短浸水时间，可将板栗放入50℃温水中浸45min，取出晾干后贮藏。

（2）熏蒸 灭虫根据栗果数量，可用塑料帐或库房密闭后进行熏蒸处理。常用药物为二硫化碳，用量为20~50g/m³，熏蒸时间为18~24h。因二硫化碳气体的相对密度较空气大，熏蒸时盛药液的容器应放在熏蒸室的上方。此外，也可用一溴甲烷40~56g/m³熏蒸5~10h，或用磷化铝18~20g/m³熏蒸18~24h。

3. 防腐处理

贮藏中引起板栗腐烂的病原菌主要有青霉菌、镰刀菌、裂褶菌、红粉霉菌等。防腐措施包括：一是加强田间管理，防止生长期病菌的入侵；二是在采收、包装、运输过程中尽量减少机械损伤，防止病菌感染；三是采用适宜的低温抑制病原菌的生长和繁殖；四是采用高效低毒杀菌剂甲基托布津、百菌清或多菌灵可湿性粉剂500~600倍液浸果3~4min后立即取出，晾干后贮藏。

4. 防止发芽

贮藏中将温度控制在0℃左右，即能有效地防止板栗发芽。常温贮藏时，可在栗果采后50~60d即生理休眠即将结束时，用0.05~0.10kGy的⁶⁰Co射线照射处理，破坏坚果的生长点而使其不能发芽。

5. 热处理

采用热水或热蒸汽处理，可抑制栗果贮藏过程中的呼吸强度、降低淀粉酶活力，显著抑制病菌的发生和蔓延。可采用50℃热水浸渍60min后，于室温下摊开晾干，装入0.05mm的打孔薄膜袋中，置于（0±1）℃下冷藏，效果显著。

6. 干燥

贮藏的核桃必须达到一定的干燥程度（含水量低于8%），否则核仁易发霉。脱去青皮后应晾晒至种仁皮色由白变为金黄、隔膜易于折断、种仁皮不易和种仁分离为宜。我国北方核桃干燥多采用露天晾晒，先阴凉半天，再摊晒5~7d可干。南方由于采收多在阴雨天气，多采用烘房干燥，烘房温度先低后高，至坚果相互碰撞有清脆响声时，即达到干燥要求。

（三）贮藏方式

1. 常温贮藏

板栗产区传统贮藏方法是在室内阴凉地面上铺一层秸秆，然后铺沙约 6cm 厚，沙的湿度以手握成团、手松散开为宜。然后以 1 份栗 2 份湿沙混合堆放，或栗和沙交互层放，每层约 10cm 厚，最上层覆沙 5~7cm，然后用稻草覆盖，总高度约 1m。每隔 20~30d 翻动检查一次。采用此法贮藏，要定期向堆表层喷水增湿，以免出现失重风干现象。到早春时，应加厚表层湿砂，堆面呈馒头形，使热空气不易进入，保证低温抑制芽的萌发。

用于常温贮藏核桃的库房应事先进行消毒、灭虫。一般采用二硫化碳或一溴甲烷熏蒸 4~10h，可预防核桃腐败。通常把晒干的核桃装在麻袋或尼龙编织袋里，置于贮藏库内，底部用木板或砖石支垫，使核桃包装袋距地面 10cm 左右。库内要求冷凉、干燥、通风、背光，可利用冷空气对流将库温降至 15℃ 以下，并注意防鼠。因为冬季气温低、空气干燥，产品不致发生明显的变质现象。此法可贮藏至翌年夏季之前。

2. 冷藏

低温可有效降低板栗的呼吸作用，抑制微生物的生长。在库温 0~1℃、相对湿度 90%~95% 条件下，用尼龙编织袋包装（50kg/袋），堆高 6~8 袋，堆中留出足够的空隙，以利通风降温。若湿度不够，可每隔 4~5d 在库内洒水加湿，或在袋内衬 0.04mm 厚的打孔 PE 袋，可减少栗果失水，延长贮藏期。

核桃适宜的冷藏温度为 0~1℃，相对湿度为 70%~80%。冷库贮藏核桃的效果更好、安全性更高。干燥后的核桃在冷库条件下，贮藏期可达 2 年，若向大帐内充入 CO_2 或 N_2，则贮藏效果更佳。

3. 速冻保鲜

将新鲜板栗剥皮后，放入 -30~-23℃ 条件下迅速冻结，此后贮藏于 -18℃ 的低温库中，可使板栗安全贮藏至 1 年以上。也可将经过挑选的充分成熟、新鲜完好的栗果装入麻袋、木箱或筐中并放入冷库，库温保持在 -8~-5℃，在冻结状态下贮藏效果良好。但温度要保持恒定，且栗果不能随意搬动。

4. 气调贮藏

气调贮藏可更好地抑制板栗的萌芽和腐烂，降低腐烂率和失重率，有效控制淀粉水解，保持更多支链淀粉的含量，细胞透性也相对降低，从而有效保持板栗的贮藏质量。且气调贮藏的板栗出库后，"气调残效"有利于板栗的运输和货架期的延长，是理想的贮藏保鲜方法。杜玉宽等（2004）采用温度 -2.5~0℃、相对湿度 93%~96%、2%~5%O_2、2%~4%CO_2，经 180d 气调贮藏，野生油栗外观饱满，风味正常，害虫全部窒息死亡，发芽被抑制，好果率达 96% 以上。

用硅窗气调袋包装或用密封或打孔塑料薄膜袋进行包装，结合一定的低温处理，也有良好的贮藏效果。用硅窗袋包装，结合投入高效除氧剂，可以在短时间内使袋内 O_2 浓度降至 3% 左右，并使 CO_2 浓度维持在适宜的范围，失重和腐烂率均明显降低，而蛋白质和脂肪含量基本不变。刘兴华等（1993）用密封或打孔塑料薄膜包装，在 -1~0℃ 贮藏，明显抑制了腐烂，并且未发生低氧伤害和高浓度 CO_2 伤害。

将核桃密封在塑料薄膜内，抽出内部空气，并充入 20%~50% 的 CO_2 或 N_2，起到抑制呼吸、抑制油脂氧化、减少损耗、抑制霉菌和虫害的目的。我国北方地区冬季气温低，空气干燥, 一般秋季入库的核桃不需立即密封, 待次年 2 月下旬气温逐渐回升时, 再用塑料薄膜密封, 调节内部气体成分至 2%O_2, 20%~50%的 CO_2 或 N_2, 贮藏效果更佳。空气潮湿时, 帐内必须放置吸湿剂, 并尽量降低室内的温度。

5. 辐照处理

辐照处理可有效抑制和减缓病害的发生发展, 杀灭害虫, 并对板栗的生理起到一定的抑制作用。刘超等 (2004) 采用 0.3~0.5kGy ^{60}Co 处理结合 0~4℃冷藏 (用聚乙烯袋包装), 可使贮藏期达 300d 以上, 好果率达 95%以上, 害虫全部被杀死, 发芽率为 0。

七、 果菜类的贮藏

果菜类主要包括番茄、辣椒、茄子、菜豆等, 它们以果实为食用器官, 是人们生活中非常重要的一类蔬菜。2016 年我国蔬菜总产量达到 77 403.6 万 t, 其中番茄、辣椒、黄瓜产量分别达到 5 686 万 t、3 133 万 t、6 041 万 t, 占总产量的 19.2%, 在蔬菜中占有重要地位。因此, 搞好果菜类蔬菜的贮藏保鲜, 对蔬菜产业发展和我国菜篮子工程具有重要意义。

(一) 番茄的贮藏

1. 贮藏特性

番茄性喜温暖, 不耐 0℃以下的贮藏低温, 但不同成熟度的番茄对温度要求也不一样。番茄属于跃变型果实, 用于长期贮藏的番茄一般选用绿熟果, 适宜的贮藏温度为 10~13℃, 温度过低, 易发生冷害; 用于鲜销或短期贮藏的红熟果, 其适宜的贮藏温度为 0~2℃, 相对湿度为 85%~90%, O_2 和 CO_2 浓度均为 2%~5%。

2. 品种的选择与采收

不同品种的耐贮性差异很大, 用于贮藏的番茄要选择耐藏的品种。凡干物质含量高、果皮厚、果肉致密、种腔小的品种较耐贮藏。另外, 植株下层和植株顶部的果实不耐贮藏, 前者接近地面易带病菌, 后者果实的固形物少, 果腔不饱满。

番茄的采收成熟度与耐贮性有着十分密切的关系。采收的果实成熟度过低, 积累的营养物质不足, 贮后品质不良; 果实过熟, 则很快变软, 而且容易腐烂, 不能久藏。

采收番茄时, 应根据采后不同用途选择不同的成熟度。用于长期贮藏或远距离运输的番茄, 应在果实已充分长大、内部果肉已经变黄、外部果皮泛白、果实坚硬的绿熟期采收。短期贮藏或近距离运输可选用果实表面开始转色、顶部微红期的果实。立即上市出售的果实则以果实表面转红时为好, 因为这种果实的品质最好, 适合鲜食或烹调加工之用, 但不耐贮藏。

作为贮藏用的番茄, 在采收前 2~3d 不能浇水, 以增加果实的干重而减少水分含量。采摘番茄应在露水干后进行, 不要在雨天采收。采收时果实不应带萼片和果柄, 要轻拿轻放, 避免机械伤。果实经过严格挑选, 除去病果、裂果及伤果, 装入筐内或箱内, 每筐装 3~4 层果实。果实下面最好用柔软材料衬垫, 防止损伤果实。所用包装材料最好用前进行消毒处理。果实采收后, 应先放在冷凉处短时间预贮, 散发部分田间热后, 再进行贮藏。

3. 贮藏方式及技术要点

简易气调贮藏番茄目前在生产中比较多用, 此法贮藏效果好, 保鲜时间长。具体做法是: 贮藏前先将贮藏场所消毒, 并降到适宜温度, 一般为 10℃左右; 然后在贮藏场所内, 先铺垫底薄膜 (一般为 PE 薄膜, 厚度为 0.12~0.2mm), 其面积略大于帐顶, 上放垫木, 为了防止 CO_2 过高, 可在枕木间均匀撒放消石灰, 用量为每 1 000kg 番茄用消石灰 15~20kg; 然后将箱装或筐装的番茄码放其上，码成花垛；码好的垛用塑料大帐罩住，大帐的四壁和垫底薄膜的四边分别重叠卷合在一起，用砂袋、或土、或砖等压紧，这样即构成了一个密闭的环境，可以采用自然降氧法或人工降氧法来调节 O_2 和 CO_2 的浓度。为防止帐顶和四壁的凝结水滴落到果实上，应使密闭帐顶悬空，不要紧贴菜垛，也可在菜垛顶部和帐顶之间加衬一层吸水物。

为了防止微生物的生长繁殖，可用仲丁胺进行消毒，按每立方米帐容 0.05mL 的用量将仲丁氨注射到多孔性的载体上，如棉球、卫生纸等，然后将有药的载体悬挂于帐内，注意不要将药滴落到果实上，否则会引起药害；也可用氯气每 3~4d 熏蒸一次，用药量为帐容的 0.2%；或者用漂白粉消毒，用量为每 1 000kg 番茄用漂白粉 0.5kg，有效期为 10d。此外，还可在帐内加入一定量的乙烯吸收剂，来延缓番茄在贮藏过程中的后熟。

在贮藏过程中，应定期测定帐内的 O_2 和 CO_2 含量，当 O_2 低于 2% 时，应通风补氧；当 CO_2 高于 6% 时，则要更换一部分消石灰，以避免因缺氧和高 CO_2 造成番茄伤害。用 0.03~0.05mm 厚的 PE 或无毒 PVC 塑料保鲜袋包装贮藏番茄，每袋装 5~10kg，只要袋子的厚度适当，管理规范，即能取得良好的贮藏效果。

（二）辣椒的贮藏

1. 贮藏特性

辣椒的种类品种很多，甜椒是辣椒的一个变种，其中包括许多品种。长期以来人们对甜椒采后生理及贮藏技术的研究较多，故本部分内容都是针对甜椒而言，其他种类辣椒贮藏时可参考借鉴。

辣椒多以嫩绿果实供食用，贮藏中除防止失水萎蔫和腐烂外，还要抑制后熟变红。因为辣椒转红时，有明显的呼吸上升趋势，并伴有微量乙烯生成，生理上已进入完熟和衰老阶段。

辣椒性喜温暖多湿，贮藏适温因产地、品种及采收季节不同而异。国外报道，辣椒贮温低于 6℃ 易遭受冷害；而国内有报道认为辣椒的冷害临界温度为 9℃，冷害诱导乙烯释放量增加。生产实践证明，不同季节采收的辣椒对低温的忍受时间不同，夏季采收的辣椒在 28h 内乙烯无异常变化，秋季采收的辣椒在 48h 内乙烯无异常变化；夏椒比秋椒对低温更敏感，冷害发生时间早。

近年来，国内对辣椒贮藏技术及采后生理的研究较多，推荐最佳贮藏条件为：温度 9~11℃，空气相对湿度 90%~95%，3%~5% O_2 浓度和 1%~2% CO_2 浓度。国内外研究资料显示，改变气体成分对辣椒保鲜尤其是抑制后熟变红方面有明显效果。关于适宜的 O_2 和 CO_2 浓度报道不一，一般认为辣椒气调贮藏时，O_2 浓度可稍高些，CO_2 浓度应低些。

2. 品种的选择与采收

辣椒品种间耐藏性差异较大，一般色深绿、肉厚、皮坚光亮、果腔小的晚熟品种较耐贮藏，如麻辣三道筋、世界冠军、茄门、牟农 1 号等。

采收时要选择果实充分膨大、皮色光亮、萼片及果梗呈鲜绿色、无病虫害和机械伤的完好绿熟果用于贮藏。

秋季应在霜前采收，经霜的果实不耐贮。采前 3~5d 不能灌水，以保证果实有较高的干物质含量。采摘时捏住果柄摘下，防止果肉和胎座受伤；也有使用剪刀剪下，使果梗剪口光滑，减少贮期果梗的腐烂。避免摔、砸、压、碰撞以及因扭摘用力造成的损伤。

采收气温较高时，采收后要放在阴凉处散热预贮。预贮过程中要防止辣椒脱水皱缩，而且要覆盖防霜。入贮前，剔除开始转红果和伤病果，选择合格果实贮藏。

3. 贮藏方式及技术要点

（1）冷藏　将辣椒放入 0.03~0.04mm 厚的 PE 保鲜袋内，每袋装 10kg，按顺序放入库内的菜架上。也可将保鲜袋装入果箱，折口向上，然后将果箱码起，保持库温 8~10℃，相对湿度 80%~95%。贮藏期间定期通风，排除不良气体，保持库内空气新鲜。此法可贮存辣椒 45~60d，效果良好。

（2）气调贮藏　低温条件下用塑料薄膜封闭贮藏辣椒，效果显著好于普通冷藏，尤其在抑制后熟转红方面效果明显。因而，在冷凉和高寒地区，尤其是在机械冷库中，利用气调贮藏青椒，可以取得更好的效果。辣椒薄膜封闭贮藏方法及管理同番茄。气体调节 O_2 浓度控制在 5% 左右，CO_2 浓度控制在 3% 以内。

（三）茄子的贮藏

1. 贮藏特性

茄子性喜温暖，不耐寒，为冷敏型蔬菜，在 7~8℃ 以下易发生冷害，但温度过高易衰老。茄子适宜的贮藏温度为 10℃ 左右，相对湿度 85%~90%。

2. 品种选择与采收

茄子贮藏一般选用晚熟、深紫色、圆果形、含水量低的品种，在下霜前采收，以免在田间遭受冷害。茄子适宜采收期的标志是：在萼片与果实连接处有一白绿色的带状环，环带宽表示茄子正在快速生长，如环带不明显，则表示果实生长缓慢，即为采收适期。采收过早，茄子含水量高，产量低；采收过晚，果肉粗糙，种子变褐，种皮坚硬，果皮变厚，衰老不宜久存。贮藏用的茄子切不可采用有晚疫病地块的，否则入库后会造成大量腐烂。

茄子采收宜在晴天气温较低时进行，下雨时或雨后不宜立即采收。采收时用剪刀连果梗剪下，不要损伤萼片，轻拿轻放，避免机械伤。采后放在阴凉通风处预贮，以散去田间热。

茄子在贮藏中的问题主要是：果柄连同萼片产生湿腐病或干腐病，蔓延到果实，或与果实脱落；果面出现各种病斑，不断扩大，甚至全果腐烂，主要有褐纹病、晚疫病等；在 7~8℃ 以下会出现冷害，病部出现水渍或脱色的凹陷斑块，内部种子和胎座薄壁组织变褐。

3. 贮藏方式及技术要点

简易气调贮藏对茄子是一种比较实用的方式，效果也比较好。茄子采收后装筐，入冷库码垛，用塑料大帐密封（操作方法参照番茄），将 O_2 浓度调至 2%~5%，CO_2 调至 5% 左右，温度控制在 10℃ 左右，可较好地保持茄子的质量，防止和减少脱柄。

（四）菜豆的贮藏

1. 贮藏特性

菜豆又名四季豆、豆角等，通常以嫩荚上市。菜豆在贮藏中易出现锈斑、老化、冷害、腐烂等问题，因而较难贮藏。豆荚表面的锈斑严重影响其商品质量，与低温伤害或 CO_2 伤害有关。老化时豆荚外皮变黄，纤维化程度增高，种子膨大硬化，豆荚脱水。

菜豆适宜的贮藏温度为 8~10℃。温度过低易发生冷害，出现凹陷斑，有的呈现水渍状病斑，甚至腐烂。高于 10℃ 时容易老化，腐烂也严重。菜豆贮藏适宜的相对湿度为 90%~95%。菜豆对 CO_2 较为敏感，浓度 1%~2% 的 CO_2 对锈斑产生一定的抑制作用，但浓度超过 2% 时会使菜豆锈斑增多，甚至发生 CO_2 中毒。

2. 品种选择与采收

菜豆品种间的耐藏性有较大差异，用于贮藏的菜豆，应选择荚肉厚、纤维少、种子小、秋茬栽培的品种，例如架豆王、青岛架豆、矮生棍豆、法国芸豆、丰收1号等品种较适宜贮藏，青岛架豆锈斑发生较轻。

菜豆采收一般在早霜到来之前进行，收获后把老荚及带有病虫害和机械伤的挑出，选鲜嫩完整的豆荚进行贮藏。

3. 贮藏方式及技术要点

用塑料薄膜保鲜袋贮藏菜豆，是一种简便易行、实用有效的方式。在8~10℃的冷库中先将菜豆预冷，待品温与库温基本一致时，用0.015mm厚的PVC袋包装，每袋5kg左右，将袋子单层摆放在菜架上，保鲜效果良好，贮藏期可达到30~40d，商品率为80%~90%。也可将预冷的菜豆装入衬有塑料袋的筐或箱内，折口存放。容器堆码时应留间隙，以利通风散热。

（五）黄瓜的贮藏

1. 贮藏特性

黄瓜又称青瓜、胡瓜。供食用的是其脆嫩果实，含水量很高，采收后在常温下存放1~2d即开始衰老，表皮由绿渐渐变黄，瓜的头部因种子继续发育而逐渐膨大，尾部组织萎缩变糠，瓜形变成棒槌状，果肉绵软，酸度增高，食用品质显著下降。黄瓜质地脆嫩，易受机械损伤，瓜刺（刺瓜类型）易被碰损形成伤口流出汁液，从而感染病菌引起腐烂。

黄瓜是一种冷敏性较强的果实，适宜贮温为10~13℃。低于10℃易出现冷害。冷害初期症状为瓜面上出现凹陷斑和水渍斑，黄瓜的头部尖端最为敏感，随后整个瓜条上凹陷斑变大，瓜条失水萎缩、变软，易受微生物浸染而腐烂。黄瓜的冷害症状在低温下一般不表现出来，在升温后特别是常温销售过程中，瓜条迅速长霉腐烂。黄瓜的低温冷害与贮藏湿度有密切关系，相对湿度越低凹陷斑越严重。秋黄瓜的贮藏温度可低于10℃，有的可耐8℃低温，黄瓜在高于15℃的环境下，迅速变黄衰老。黄瓜的含水量高，保护组织差，采后极易失水萎蔫，故要求95%或更高的相对湿度。

黄瓜对乙烯极为敏感，贮藏和运输时须注意避免与容易产生乙烯的果蔬（如番茄、香蕉等）混放。贮藏中用乙烯吸收剂脱除乙烯对延缓黄瓜后熟衰老有明显效果。黄瓜可用气调贮藏，适宜的气体组成是O_2和CO_2浓度均为2%~5%。

黄瓜贮藏中的病害主要有炭疽病、细菌性软腐病、霉腐病和根霉病等。贮存期1个月以上的，可在入贮前用杀菌剂（如特克多）加涂膜剂（如虫胶、可溶性蜡剂）混合浸果处理，以延长保鲜期。

2. 品种选择与采收

不同品种的黄瓜耐贮性有明显的差异，瓜皮较厚、颜色深绿、果肉厚、表皮刺少的黄瓜较耐贮藏。表皮刺多的黄瓜，容易碰伤，瓜刺易被碰掉，机械伤口造成微生物感染而导致腐烂。较耐贮藏的黄瓜品种有津研1号、2号、4号和7号，白涛冬黄瓜、漳州早黄瓜等。北京小刺瓜和长春密刺，瓜条小、皮薄、刺多，不耐贮藏。

贮藏用的黄瓜最好是采收植株中部生长的瓜，俗称"腰瓜"；切勿采收接触地面的瓜，因为连地瓜与土壤接触，瓜身带有许多病菌，容易腐烂；也不要采收植株顶部的结头瓜，因为这种瓜是植株衰老枯竭时的后期瓜，瓜的内含物不足，在外形上也不大规则，贮藏寿命短。黄瓜采收应做到适时早收，要求在瓜身呈碧绿、顶端带花、种子尚未膨大时进行，即选直条、充实、中等成熟度的绿色瓜条供贮藏用。过嫩的瓜含水多、固形物少，不耐贮藏；黄色衰老的瓜商品质量差，也不宜贮藏。需要贮运时间长的商品瓜应在清晨采收，以确保瓜的质量。

3. 贮藏方式及技术要点

黄瓜适宜的贮藏方式为机械冷库冷藏或气调贮藏。贮藏温度为 10~13℃，适宜湿度为 95% 左右；气调贮藏的 O_2 和 CO_2 浓度均为 2%~5%。

黄瓜采后要进行严格挑选，去除有机械伤、病斑等不合格的瓜，将合格的瓜整齐地放在消毒过的干燥箱中，装箱容量不宜超过总容量的 3/4。如果贮藏带刺多的瓜要用软纸包好放在箱中，以免瓜刺相互扎伤而易感病腐烂。为了防止黄瓜脱水，贮藏时可采用聚乙烯薄膜袋折口作为内包装，袋内放入占瓜重约 1/30 的乙烯吸收剂，或将堆码好的包装箱用塑料薄膜帐包装。

八、瓜类的贮藏

瓜类果蔬产量相对较大，且在实际生产中贮运量也较大的有哈密瓜、苦瓜、冬瓜、南瓜等。哈密瓜为瓜类水果，苦瓜、冬瓜、南瓜均为瓜类蔬菜，它们的贮运有相似之处，但也有较大的差异。因此，共性较大的合并介绍，差异较大的分别介绍。

（一）哈密瓜的贮藏

1. 贮藏特性

（1）品种特性　哈密瓜的品种很多，一般晚熟品种生育期长（>120d），瓜皮厚而坚韧，肉质致密而有弹性，含糖量高，种腔小，较耐贮藏，如黑眉毛蜜极甘、炮台红、红心脆、青麻皮和老铁皮等是用于贮藏或长途运输的主要品种。早熟品种不耐贮藏，采后立即上市销售。中熟品种只能进行短期（1~2 个月）贮藏。

（2）生理特性　哈密瓜采后有无呼吸跃变尚不能确定，但对 CO_2 比较敏感。哈密瓜在贮运中有一定的后熟变化，但没有跃变型果实后熟特征明显。

（3）贮藏条件　哈密瓜晚熟品种贮藏的适宜温度为 3~5℃，早、中熟品种为 5~8℃，相对湿度为 80%~90%，适宜气体指标为 3%~5%O_2 和 1%~2%CO_2。

2. 贮藏方式

（1）常温贮藏　在冷凉通风的地窖或者其他场所，哈密瓜可进行短期贮藏。在地面上铺设约 10cm 厚的麦秸或干草，将瓜按"品"字形码放 4~5 层，最多不超过 7 层。也有在瓜窖将瓜采用吊藏或搁板架藏的，这些方式可降低瓜的损伤和腐烂。

贮藏初期夜间多进行通风降温，后期气温低时应注意防寒保温，尽可能使温度降至 10℃以下，保持在 3~5℃，相对湿度 80%~85%，这样可贮藏 2~3 个月。

（2）冷库贮藏　在冷库中控制适宜的温度和湿度条件，可使哈密瓜腐烂病害减少，糖分消耗降低，贮藏期延长。一般晚熟品种可贮藏 3~4 个月，有的品种可贮藏 5 个月以上。

在冷库中贮藏时，可将瓜直接摆放在货架上，或者用箱、筐包装后堆码成垛，或者装入大木箱用叉车堆码，量少时也可将瓜直接堆放在地面上。

（3）气调贮藏　虽然哈密瓜适用于气调贮藏，但因其瓜皮在高湿度下易滋生炭疽病而导致腐烂，所以不适宜用塑料薄膜帐、袋以及塑料薄膜单瓜包装。故气调贮藏时最好在气调库中进行，控制温度 3~5℃，相对湿度 80%~85%，3%~5%O_2 和 1%~2%CO_2。这种方法贮藏期限可比冷库延长 1 个月以上。

3. 贮藏技术要点

（1）选择品种　选择品质优、耐贮运的黑眉毛蜜极甘、炮台红、红心脆、青麻皮、老铁皮等晚熟品种用于贮藏。

（2）适时采收　哈密瓜具有后熟变化，用于贮藏或长途运输的瓜，应在八成熟时采收。判断其成熟度最科学的方法是计算雌花开放至采收时的天数，如晚熟品种一般为50d以上。此外，可根据瓜的形态特征，如皮色由绿转变为品种成熟时固有的色泽，网纹清晰，有芳香气味；用手指轻压脐部有弹性，瓜蒂产生离层等都是成熟的特征。

采前5~7d严禁灌水，这有利于提高瓜肉的可溶性固形物含量和瓜皮韧性，增强贮藏性。

（3）贮藏前处理

①晾晒：将瓜就地集中摆放，加覆盖物晾晒3~5d，以散失少量水分，增进皮的韧性。如果不加覆盖物，只需晾晒1~2d。晾晒期间，要注意防止瓜被雨水淋湿，受雨淋的瓜不宜贮藏。

②药剂灭菌：用0.2%次氯酸钙或0.1%特克多、苯来特、多菌灵、托布津，或0.05%抑霉唑等浸瓜0.5~1min，捞出沥水、晾干后贮藏。也可几种药剂混合使用，有一定的防腐效果。

③严格选瓜：哈密瓜的个体比较大，不管采用那种贮藏方式，入贮前都应对瓜逐个进行严格挑选，剔除伤瓜、病瓜、过生或过熟的瓜、畸形瓜、体积过大或过小的瓜，为成功贮藏奠定良好的基础。

（二）苦瓜的贮藏

1. 贮藏特性

苦瓜，又名凉瓜、锦荔枝、癞瓜、君子菜，果实为浆果。苦瓜属于呼吸跃变型果菜，青色的瓜皮一旦颜色变浅绿，就意味着跃变已经到来；如果瓜顶开始露出黄色，说明苦瓜已经老熟。苦瓜对乙烯十分敏感，即使有极微量的乙烯存在，也可以激发苦瓜迅速老熟、黄化。苦瓜皮薄，周身是瘤状突起，一旦碰伤，立刻产生乙烯，不但促使自身老熟，也促使周围的苦瓜加快老熟。苦瓜怕冷，即使在10℃时也有可能会遭受冷害。

苦瓜适宜的贮藏温度为10~13℃，低于10℃会发生冷害。贮藏环境相对湿度为85%~90%。

2. 品种选择与采收

苦瓜有大苦瓜和小苦瓜两个类型，按色泽有白皮苦瓜和青皮苦瓜。贮藏用的苦瓜应选择肉厚、晚熟的品种，如大顶、翠绿1号、槟城、穗新2号、英引、琼1号等。

贮藏用的苦瓜宜采收嫩瓜，以保证品质。一般当苦瓜果皮瘤状突起膨大，果实顶端开始发亮时采收，采收时间以早晨露水干后为宜。采收过晚，苦瓜内腔壁硬化，种子变红，肉质变软发绵，风味变差，食用品质下降，贮藏期缩短，并容易在贮藏中开裂。

3. 贮藏方式及技术要点

冷藏是苦瓜贮藏的常用方式。将苦瓜经预冷后放入PE膜袋中进行贮藏，控制温度为10~13℃，相对湿度85%~90%。不同产地、不同品种、不同采收成熟度都对苦瓜的贮藏温度及冷害敏感性有显著影响。10~13℃能贮藏10~15d，低于10℃有严重冷害发生；高于13℃，苦瓜的后熟衰老迅速。苦瓜在7.5℃贮藏4d，升温后有轻微的凹陷斑；贮藏12d升温后发生严重冷害、高度腐烂和褐变。

气调贮藏是苦瓜保鲜的另一有效方式，适宜的气体组成为2%~3%的O_2、3%~5%的CO_2，温度控制在10~13℃，相对湿度85%~90%。气调环境中的苦瓜与非气调相比，在前两周差别不明显，在第三周气调苦瓜的腐烂、裂果和失重均比非气调低。苦瓜在无O_2或1%O_2时没有呼吸上升现象，果实也不黄化后熟。因苦瓜易发生冷害，且冷害后的升温会引起苦瓜呼吸强度的显著升高，故气调温度不能过低。

（三）冬瓜和南瓜的贮藏

冬瓜和南瓜是人们日常生活中的重要瓜类蔬菜，主产于我国南方，现在几乎全国各地都有栽培，在蔬菜周年供应中占有重要地位。冬瓜富含维生素 A、维生素 C 和钙，含的胨化酶能将不溶性蛋白质转变成可溶性蛋白质，便于人体吸收。青熟期的南瓜含有较为丰富的维生素 C 和葡萄糖，老熟的南瓜含胡萝卜素、糖类和淀粉的量比较多。

1. 贮藏特性

（1）品种特性　冬瓜有青皮冬瓜、白皮冬瓜和粉皮冬瓜之分。青皮冬瓜的茸毛及白粉均较少，皮厚肉厚，质地较致密，不仅品质好，抗病力也较强，果实较耐贮藏。粉皮冬瓜是青皮冬瓜和白皮冬瓜的杂交种，早熟质佳，也较耐贮藏。

南瓜的品种很多，多为地方品种。晚熟、皮厚且表面光滑、肉质致密、果腔小等是耐藏品种具有的特征。

（2）贮藏条件　冬瓜和南瓜贮藏的适宜温度为 10~13℃，低于 10℃ 则会发生冷害。相对湿度为 70%~75%，湿度过高易发生腐烂病害。由于这些贮藏条件在自然条件下容易实现，因此，冬瓜、南瓜在民间主要采取窖窖或室内贮藏。

2. 贮藏方式

（1）室内堆藏　选择阴凉、通风的房间，把选好的瓜直接堆放在房间里。贮前对房间用高锰酸钾或福尔马林进行消毒处理，然后在堆放的地面铺一层麦秸，再在上面摆放瓜。摆放时一般要求和田间生长时的状态相同，原来是卧地生长的要平放，原来是搭棚直立生长的要瓜蒂向上直立放。冬瓜可采取"品"字形堆放，这样压力小、通风好、瓜垛稳固。直立生长的瓜柄向上只放一层。

南瓜可将瓜蒂朝里、瓜顶向外，按次序堆码成圆形或方形，每堆放 15~25 个即可，高度以 5~6 个瓜为宜。也可装筐堆藏。在堆放时应留出通道，以便检查。

（2）架藏　架藏的库房选择、质量挑选、消毒措施、降温防寒及通风等要求与堆藏基本相同。所不同的是仓库内用木、竹或角铁搭成分层贮藏架，铺上草帘，将瓜堆放在架上。此法通风散热效果比堆藏法好，检查也比较方便，管理同堆藏法。

（3）冷库贮藏　商业化大量贮藏冬瓜、南瓜时，最好采用冷库贮藏。在机械冷库内，可人为地控制贮藏所要求的温度（10~13℃）和相对湿度（70%~75%）条件，管理也方便，贮藏效果会更好，贮藏期一般可达到半年左右。

3. 贮藏技术要点

（1）选择品种　冬瓜应选择个大、形正、瓜毛稀疏、皮色墨绿、无病虫害的中、晚熟品种。南瓜应晚熟，皮厚且硬、肉质致密、果腔小等性状明显的品种。

（2）适时采收　冬瓜和南瓜均应充分成熟时带一段果梗剪下。采收标准为果皮坚硬、显现固有色泽、果面布有蜡粉。冬瓜和南瓜的根瓜均不作贮藏用，应提前摘除。在田间遭受霜打的瓜易腐烂，因此贮藏的瓜应适当早采，避免田间遭受冷害。采收时应尽可能避免外部机械损伤和震动、滚动引起的内部损伤。

采收宜在晴天进行，采前一周不能灌水，雨后不能立即采摘。摘下的瓜要严格挑选，剔除幼嫩、机械损伤和病虫瓜，然后置 24~27℃ 通风室内或荫棚下预贮约 15d，使瓜皮硬化、伤口愈合，以利贮藏。

（3）贮藏管理　冬瓜和南瓜是耐贮藏的蔬菜，只要选好品种、成熟采收、没有伤病，即可安全贮藏。如果能控制适宜的贮藏温度和湿度条件，贮藏效果更好。

九、 叶菜类的贮藏

叶菜类主要包括大白菜、甘蓝、芹菜、菠菜等，它们以叶片、叶球或叶柄作为食用器官，是晚秋或初冬、冬季或早春上市的主要蔬菜。2016 年我国白菜产量达到 11 281 万 t，占蔬菜总产量的 14.14%，是我国第一大蔬菜。搞好白菜等叶菜类蔬菜的贮藏保鲜对保障人民生活具有重要意义。

（一）大白菜的贮藏

1. 贮藏特性

大白菜喜冷凉湿润，适宜的贮温为 -1~1℃。贮温过高使其新陈代谢旺盛，衰老加快而腐烂；而贮温过低则会发生冻害，在 -0.6℃ 以上时其外叶开始结冻；心叶的冰点较低，为 -1.2℃，长期处于 -0.6℃ 以下就会发生冻害。大白菜的含水量高达 90%~95%，贮藏中极易失水萎蔫，因此要求贮藏环境应有较高的湿度，一般相对湿度应在 85%~90%。大白菜在整个贮藏过程中损失极大，一般可达到 30%~50%，造成其损耗的主要原因是脱帮、腐烂及失重（俗称自然损耗）所致。

脱帮是因为叶帮基部离层活动溶解所致，主要是贮藏温度偏高引起的，空气湿度过高或晒菜过度组织萎蔫也都会促进脱帮。此外，脱帮与环境中乙烯含量有关，当环境温度过高或菜受到机械伤害时，乙烯的释放量就会越多，呼吸强度也增加，会加速脱帮、衰老，从而加大损耗。因此，严格控制大白菜贮藏过程中的温、湿等条件，减少乙烯的释放与积累，可以降低损耗。腐烂则是由于病原微生物侵染所导致的。大白菜在贮藏中抗病性逐渐降低，所以腐烂主要发生在贮藏中后期。侵染大白菜的腐败菌在 0~2℃ 时就能活动，温度升高腐烂更严重。空气湿度和腐烂的关系也极为密切，湿度过高时 0℃ 左右也能引起严重腐烂。同时，由于大白菜含水量高，叶片柔嫩，表面积大，在贮藏过程中也极易发生失重。因此，大白菜的贮藏必须维持适宜的低温，同时要注重湿度的调节。

2. 贮藏方式及技术要点

大白菜贮藏方式很多，可堆藏、窖藏和冷库贮藏。通过贮藏保鲜，可以达到一季生产、半年按需均衡供应市场。

（1）堆藏 在露地或大棚内将大白菜倾斜堆成两行，底部相距 1m 左右，向上堆码时逐层缩小距离，最后两行合在一起成尖顶状，高 1.2~1.5m，中间自上而下留有空隙，有利通风降温。堆码时每层菜间可交叉放些细架杆，支撑菜垛使之稳固。堆外覆盖苇帘或芦苇，两端挂草包片。开闭草包片以调控垛内温、湿度。华北地区初冬时节也采取短期堆藏，一般在阴凉通风处将白菜根对根、叶球朝外、双行排列码垛，两行间留有不足半棵菜的距离，气温高时，夜间将顶层菜（封顶）掀开通风散热；气温下降时覆盖防寒物。堆藏需勤倒动菜，一般 3~4d 倒一次。该法贮期短，又费工，损耗大。

（2）窖藏 这是较经济、实惠而方便的一种贮藏方法，在华北、东北、西北地区应用极为普遍。窖藏优于堆藏和沟藏，尤其是通风窖贮藏效果更佳。因窖内设有隔热保温层，有较完善的通风系统，建筑面积大，有的可出入大货车，便于作业和管理。但因窖跨度大，窖内温度不大均匀，严寒季节温差大，天窗口的菜易受冻，而窖的墙角处因通风不良又易受热。

（3）冷库贮藏 此种方法可有效地控制贮藏环境条件，但贮藏成本较大。为提高库容量，在冷库中采用装筐码垛或用活动架存放，每筐可装 20~25kg，可码 10~12 只筐高，每平方米可码 40~48 筐，贮量在 800~1 000kg 以上。筐装白菜入库应分期分批进行，每天进入量不宜超过库容量的 1/5，以防短期内库温骤然上升而影响白菜的贮藏品质。垛要顺着冷库送风的方向码成长方形，筐、垛间均需留有一定空隙。要随时查看各层面、各部分的温度变化，通过机械输送冷空气来控制适宜温度。20d 左右需倒一次菜，倒菜时应注意变换上下层次。一般库内应用冷风降温，以防止白菜失水过多，可在筐垛四周及顶部覆盖一层塑料薄膜。采用此种方法贮藏白菜质量好，操作简单，可贮藏至第二年 6 月份。

（二）甘蓝的贮藏

1. 贮藏特性

甘蓝抗寒力强，在生长期间，能忍耐短期 -5℃ 以下的低温，能长期忍受 -3~4℃ 低温。因此，甘蓝较大白菜耐贮运，耐霜冻，贮藏温度较低。此外，甘蓝有一个比较明显的休眠期，利用低温贮藏能显著地延长其休眠期。然而，甘蓝与大白菜一样，组织脆嫩，含水量高，贮藏过程中容易失水及在贮运过程中易受到机械损伤。要求环境温度 -1~1℃，相对湿度为 90%~95%。同时，贮藏环境中的乙烯会加速甘蓝的衰老，出现脱叶、失绿等症状。

2. 贮藏方式及技术要点

贮藏的甘蓝应选择包心坚实、棵头大、无病虫的叶球。保留 8~10cm 长的根和 2~3 层外叶，以保护内部鲜嫩的叶片。甘蓝贮藏前需经过 3~4d 的摊晾和预冷处理。处理后，甘蓝外叶发软，韧性增强。接着进一步剔除病叶和受伤的叶球，然后用 0.2% 托布津溶液或与 0.3% 过氧乙酸混合液蘸根，晾干后即可装箱入库、上架贮藏。另外，包装容器、库房及场地还要用甲醛、过氧乙酸等熏蒸，或用 0.5% 漂白粉溶液洗涤、喷洒以加强防病防腐。常用的贮藏方式有窖藏、埋藏、假植贮藏、低温贮藏和气调贮藏。

（1）采后灭菌 消毒处理灭菌消毒主要目的是减少甘蓝表面带菌量。常用的方法为用化学保鲜剂蘸根或涂抹根表面，如托布律、过氧乙酸、扑海因等溶液。紫色甘蓝经扑海因 200 倍液蘸根后，叶球采用呼吸型保鲜膜单棵包装，在 2℃ 下低温贮藏，可贮藏 150 d 以上。

（2）贮藏方式

①窖藏：窖藏适合北方较寒冷的地区。由于甘蓝耐寒性较大白菜强，入窖时间可略晚于大白菜。入窖前，先将甘蓝在窖外堆放 5~7d，待热量散尽后，在窖内可以堆码贮、架贮和筐装堆贮。码垛可码成三角形垛、长方形垛，最好是架贮，每层架上可摆放 2~3 层，架贮利于通风散热。筐装堆码也利于通风。

②假植贮藏：长江中下游地区常见的贮藏方法，是利用甘蓝耐霜冻的特点，一种是在甘蓝成熟后不收获，只将其根部松动，以破坏大部分须根，使甘蓝还处于微弱的生长状态，这种方法可以使甘蓝延迟 30d 上市；另一种方法是甘蓝在成熟后连根收获，一棵棵根朝下紧排于浅沟内，并在四周培细沙土，上面覆盖草席。当气温降到 0℃ 以下时，适当覆土，以防冻害。这种方法可长期贮藏，效果很好。

③低温贮藏：甘蓝适宜冷藏，尤其是春甘蓝，若要贮藏则必须冷藏。将收获后经过散热预冷并经修整的甘蓝，装筐或装箱，在库里堆码，堆码时注意留有空隙，以利通风散热。贮期控制库温在 -1~0℃，相对湿度 90%~95% 即可。在冷库内甘蓝也可以利用菜架摆放几层，上面覆盖塑料薄膜保湿，避免干耗。在装筐（箱）贮时，可在充分预冷后，采用 0.015mm 薄膜单个包装上架贮藏，也可采用 0.02mm 厚的 PE 袋，每袋装量 10kg，扎口打孔上架贮藏，可显著减

少贮藏期间的干耗。

④气调贮藏：甘蓝可以利用塑料薄膜帐进行气调贮藏。在 0~1℃温度下，调节 O_2 浓度为 2%~3%，CO_2 浓度为 2%~5%，可延长贮期，并降低损耗。

（三）芹菜的贮藏

1. 贮藏特性

芹菜喜冷凉湿润环境，耐寒性仅次于菠菜。芹菜可在 -1~0℃ 条件下微冻贮藏，低于 -2℃ 时易遭受冻害，难以复鲜。芹菜也可在 0℃ 恒温贮藏，但在贮藏过程中最外层茎叶容易黄化、老化，芹芯缓慢生长，长出新芽，冷藏条件下可生长至 8~15cm，若有机械伤，还会引起褐变、腐烂等症状。失水萎蔫和脱绿黄化是引起芹菜变质的主要原因，所以芹菜贮藏要求高湿环境，相对湿度 98%~100% 为宜。

芹菜属于呼吸跃变型蔬菜，内源乙烯含量的增加可促进其呼吸高峰的提前到来，从而导致采后新鲜度下降，品质变劣。因此，控制芹菜采后的呼吸强度对延长其贮藏期效果显著。一般可在其内源乙烯达到启动成熟之前，采取相应措施延长其贮藏期。可采用乙烯吸收剂来脱除乙烯，同时辅以吸氧剂，降低 O_2 含量，控制芹菜采后的呼吸强度。

芹菜产地和品种影响贮藏品质。一般情况下实心深色品种的芹菜品质好、耐贮藏、贮藏价值高。如中国河北遵化市和玉田县、山东潍县和桓台县、河南商丘市、内蒙古集宁区等地都是芹菜的著名产地。而品种则一般选择天津白庙芹菜、山东章丘鲍芹、陕西实杆绿芹、开封玻璃翠等都是丰产、耐贮藏的优良品种。

在贮存过程中，芹菜茎中的营养成分能够转移，碳水化合物会部分缓慢的转化成多糖，越靠近菜心的糖分会越高，尤其是实心本芹表现更明显。芹菜茎叶出现老化、黄化现象后，自身对病菌抵抗力下降，容易出现微生物病害而腐烂。

2. 贮藏方式及技术要点

芹菜贮藏前一般需采用预冷、包装和防腐处理来提高其贮藏效果。贮藏方式有窖藏、假植贮藏、冷库贮藏和气调贮藏。

（1）贮前处理

①预冷：常用冷库预冷，是将预冷库温度调控在 0℃ 左右，将封好的菜箱放置在预冷通风设备前，使纸箱有孔的两面垂直于进风风道，并使每排纸箱的开孔对齐。

②包装：包装前应对芹菜进行修整，去根并去掉黄叶、病叶、不卫生叶等不可使用的外叶；修整后，按相同品种、相同等级、相同大小规格集中堆置，然后整齐摆放于箱内；包装采用透气纸箱，包装箱规格长×宽×高相应为 55 cm×35 cm×30 cm，每箱装量 20 kg 或重量一致为原则；箱上标明品种、等级规格、净重等信息。

③防腐处理：用 20~30mg/m³O_3 处理 20 min，能有效杀灭芹菜表面附着的致病菌和腐败菌，去除表面残留的其他有害物质，从而延长芹菜保鲜期。

（2）贮藏方式

①窖藏：芹菜窖藏与大白菜相似，故不赘述。

②冷库贮藏：冷库贮藏芹菜，库温应控制在 0℃ 左右，相对湿度为 98%~100%。芹菜可装入有孔的 PE 膜衬垫的板条箱或纸箱内，也可以装入开口的塑料袋内。这些包装既可保持高湿，减少失水，又没有 CO_2 积累或缺氧的危险。为了保持库内的高湿条件，可在地面铺放湿麻袋并经常保持其湿润。同时还要保持足够的通风，使库房温度均匀。为了保证箱子周围的空气循

环，除码成花垛外，垛间应留有通风道，还可在箱子中间加放木板条，如果没有强制通风条件，芹菜箱子的堆码不要超过 4 层，否则呼吸热容易积累，引起伤害。

③气调冷藏：将带 3cm 短根的芹菜捆成小把，先在窖内 −1~0℃ 条件下预冷 1~2d 后装入塑料袋，每袋开通风孔，调节袋内气体。然后入窖贮藏，保持窖温（0±0.5）℃，空气相对湿度 95% 左右。气调贮藏可以降低腐烂和褪绿。一般认为适宜的气调条件是：温度 0~1℃，相对湿度 90~95%，2%~3%O_2，4%~5%CO_2。

十、　根茎类的贮藏

（一）萝卜和胡萝卜的贮藏

1. 贮藏特性

萝卜和胡萝卜的可食部分都是肥大的肉质根，贮藏特性基本相同。它们没有生理休眠期，在贮藏中遇到适宜的条件便会萌芽抽薹，使薄壁组织中的水分和养分向生长点转移，造成内部组织结构和风味劣变，由原来的肉质致密、清脆多汁变成疏松绵软、平淡无味，即通常所谓的糠心。防止糠心是贮藏好萝卜和胡萝卜的关键。

实践表明，贮藏期高温和低湿是加剧萝卜和胡萝卜糠心的主要原因。过高的贮藏温度、干燥的贮藏环境以及机械损伤都会促使呼吸作用和蒸腾作用的加强，加剧萝卜和胡萝卜的薄壁组织脱水、养分消耗而促使其糠心。同时，由于萝卜和胡萝卜的肉质根主要由薄壁组织构成，缺乏角质、蜡质等表面保护层，保水能力差，所以萝卜和胡萝卜应在低温高湿环境中贮藏。但它们不能受冻，因此贮藏温度不能低于 0℃，通常是 0~3℃，相对湿度约 95%。

萝卜和胡萝卜组织的细胞间隙很大，具有高度的通气性，并能忍受较高浓度（8% 左右）的 CO_2。萝卜和胡萝卜可采用密闭贮藏方式，适合沟藏、窖藏等埋藏的方法进行贮藏。

2. 贮藏方式及技术要点

萝卜及胡萝卜的主要贮藏方式有沟藏、窖藏，近年冷库贮藏胡萝卜也比较多。其中，以沟藏最为成熟和普遍。

沟藏是利用地温变化比外界气温变化缓慢而且波动小的特点，为萝卜和胡萝卜贮藏提供较稳定的适宜温度。所以地沟的构建方式直接影响到贮藏的效果，是沟藏法的关键环节。一般地沟宽 1.0~1.5m，深 1.0~1.8m（由北方到南方渐减），长度根据贮藏量而定。贮藏沟应设在地势较高、水位较低而土质黏重、保水力较强之处。将挖起的表土堆在沟的南侧，起遮阴作用，在贮藏的前、中期能起到良好的迅速降温和保持恒温的效果。

将萝卜和胡萝卜散堆在沟内，最好是一层萝卜一层湿沙进行层积，这样有利于保持湿润并提高直根周围的 CO_2 浓度。直根在沟内的堆积厚度一般不超过 0.5m，以免低层产品出现机械伤。然后在产品面上覆盖一层薄土，以后随气温下降分次增加土层厚度，最后约与地面齐平。

萝卜和胡萝卜在贮藏结束时最好一次出沟。在气温较温暖的地区，立春后应将产品挖出，挑出腐烂的直根，完好的则削去顶芽再放回沟内，只盖一层薄土即可再贮藏一段时间。

（二）洋葱和大蒜的贮藏

1. 贮藏特性

洋葱属于二年生蔬菜，具有明显的生理休眠期。它在收获后便开始进入深度休眠状态，具有忍耐炎热和干燥的生理学特性，使它能够比较安全地度过炎热的夏季。洋葱的休眠期一般为 1.5~2.5 个月，休眠期过后，遇到高温高湿条件，洋葱便会萌芽生长。一般洋葱品种贮藏至

9~10月大都会萌芽，养分转移到生长点，鳞茎发软中空，品质下降，乃至不堪食用。所以，延长洋葱的休眠状态，阻止其萌芽，是洋葱贮藏的首要问题。

洋葱按皮色可分为黄皮、红（紫）皮及白皮三类；按形状又分扁圆和凸圆两类。从贮藏特性上看，黄皮类型和扁圆形洋葱的休眠期长，耐贮性好于其他类型。另外，含水多、辣味淡的品种耐贮性较差，不适于长期贮藏。

大蒜的收获期一般是每年的五、六月，收获后一般有2~3个月的休眠期，休眠期过后便萌发出幼芽，这是大蒜本身固有的生理特性。食用部分是其肥大的鳞片，成熟时外部鳞片逐渐干枯成膜，能防止内部水分蒸发，十分有利于休眠。大蒜萌芽后，蒜瓣很快收缩变黄，失去蒜味，口感变粗糙，食用品质下降极快。因此，大蒜贮藏的关键也是延长其休眠状态，阻止萌芽。对大蒜来讲，低温和干燥是保持休眠的有利条件。大蒜贮藏的适宜温度为-3~-1℃，相对湿度不超过85%。

2. 贮藏方式及技术要点

民间贮藏洋葱较成熟普遍的方法有挂藏、垛藏、筐藏等，其中以挂藏法最普遍。近年冷库贮藏洋葱发展也非常快。一般来讲，无论采取什么样的贮藏方式，其核心的问题都是如何防止洋葱发芽。

挂藏法是在洋葱收获后，先将洋葱在田间晾晒2~3d，再把洋葱叶编成辫，每辫40~60头，长约1m，选择阴凉、干燥、通风的房屋或荫棚，将葱辫挂在木架上，不接触地面，四周用席子围上，防止淋雨和水浸。挂藏由于通风良好，在贮藏前对洋葱进行了适当脱水，因此可有效减少贮藏期的腐烂损失。但如果不采取有效的抑芽措施，挂藏的洋葱一般只能贮存到国庆节前后，此时休眠期已过，洋葱大都会萌芽生长，在短期内失去食用品质。其他贮藏方法也存在类似的情况。所以，在洋葱进行大量商业化贮藏前，必须进行抑芽处理。

3. 抑芽技术

（1）化学法　通常采用的化学抑芽剂是顺丁烯二酸酰肼（英文简称MH，商品名称为抑芽丹或青鲜素）。利用顺丁烯二酸酰肼进行抑芽处理的具体做法是：在洋葱收获前7d，用0.25%的顺丁烯二酸酰肼溶液均匀喷洒在洋葱的叶片上，每50kg溶液约喷667m² 地。喷药前3~4d不可浇水。应该注意的是顺丁烯二酸酰肼对生长的抑制没有选择性，因此喷药的时间应严格控制在收获前7d，不可提前，否则将影响葱头的长大；但也不要太晚，否则顺丁烯二酸酰肼还来不及输送到幼芽就采收晾晒而影响抑芽效果。

（2）辐照法　利用^{60}Co所放出的γ射线对洋葱进行一定剂量的辐照处理，是目前洋葱抑芽实践中最为经济、方便、有效的方法。具体做法是：将收获后的洋葱晾晒至叶片全黄，葱头充分干燥，剪去叶子，在1周内将葱头放在^{60}Co的γ场中进行照射，总剂量为0.04~0.08kGy。被辐照处理过的洋葱幼芽萎缩，不能再生长，所以具有极好的抑芽效果。但种用洋葱不能采取此法处理。

辐照后的洋葱虽不再发芽，但贮藏中应保持环境的通风干燥，以防发生霉变。贮藏期间应随时检查，挑出长霉的洋葱，防止其造成严重感染。

大蒜的贮藏方式及技术要点与洋葱相似，抑芽方法也是化学法和辐照法。化学法中MH的使用方法同洋葱，只是使用剂量小些，一般为0.2%。而辐照法总剂量应稍微加大，一般为0.05~0.08kGy。大蒜在采取抑芽措施后应置于低温、干燥环境中贮藏，一般可贮藏1年。

（三）生姜的贮藏

1. 贮藏特性

生姜是冷敏性蔬菜，对低温比较敏感，容易发生低温胁迫伤害而造成品质劣变。生姜的冷害临界温度为10℃，低于10℃以下时，生姜会发生冷害。受冷害的姜块会迅速皱缩并从表皮向外渗水，升温后很快腐烂。因此，鲜姜不耐低温，适宜贮藏温度为13~14℃。但贮藏温度高于16℃，生姜就会发芽，影响贮藏品质。另一方面，生姜喜湿润，要求较高湿度的贮藏环境，一般相对湿度在95%左右。但是，贮藏温、湿度过高，也会导致生姜贮藏过程中呼吸代谢等生理活性提高，加速其失水和腐烂等现象的发生。

2. 贮藏方式及技术要点

生姜收获可分为三次，前两次收获的生姜为母姜和嫩姜，一般只能鲜销或短期贮藏。第三次收获的生姜一般在霜降至立冬前后收获（应注意采收前不能受霜冻），其根茎部分膨大，地上部开始枯黄，适宜中长期贮藏。中长期贮藏的生姜，采收时可稍带土，太湿可稍加晾晒，但不宜在田间过夜。为防日晒过度，采收以阴天为宜，但雨天和雨后采收的姜块不耐贮藏。

收获初期的姜较脆嫩，易脱皮，含水量相对较高，应在室温下先贮放一段时间使之愈伤，使根茎逐渐老化不再脱皮，剥除的叶痕逐渐长平，顶芽长圆。经过愈伤后，选择无病虫，无霜害，整齐、健壮、无机械损伤的姜块进入中长期贮藏。采收时表皮的损伤也会引起姜块腐烂，所以采后可在高温下完成愈伤过程。生姜的贮藏方式有堆藏、埋藏、窖藏和冷库贮藏。

（1）堆藏　选择贮仓，大小以能散装堆放姜块2t为宜。墙四角不要留空隙，中间可略松些。姜堆高2m，堆内均匀地立入若干芦柴扎成的通风筒，以利通风。温度控制在18~20℃。气温下降时，可以增加覆盖物保温；如气温过高，可减少覆盖物以散热降温。

（2）窖藏　土层深、土质黏重、冬季气温较低之处可用姜窖贮藏，也是目前使用较普遍的一种贮藏方法。姜窖应选择地势较高且干燥、地下水位低、背风向阳、雨水不易进入窖内、便于看管的地方。姜窖一般深约3m，以不出水为原则，在井底挖两个贮藏室，高约1.3m，长、宽各约1.8m，贮藏量一般在1 000~2 500kg，否则冬季难以保温。生姜入窖前应彻底清扫贮姜窖，喷洒25%百菌清600倍液或50%多菌灵500倍液等杀菌剂和80%敌敌畏等杀虫剂进行杀菌、杀虫处理；而后将带着潮湿泥土的姜块放入洞中，用细沙土掩埋，高度以距窖顶40cm为宜。生姜入窖后暂时不封口，用竹席或草苫稍加遮盖洞口，因为此时生姜呼吸旺盛，会释放大量热能和CO_2，窖内严重缺氧。20~25d后，CO_2浓度基本恢复正常，此时，可用砖等把姜窖洞口封住。

（3）冷库贮藏　收获的姜块经过挑选后入库，放在提前制作好的铁架上预冷24~48h后，装入厚度为0.02~0.03mmPVC保鲜袋内，每袋容量一般在10~15kg。装袋时需轻拿轻放，以免擦伤表皮，造成机械伤害，影响外观。然后整齐摆放在架子上，将袋口轻挽，以防水分蒸发。控制库温在13~14℃，一般可贮藏6个月以上，姜块表皮颜色基本不变，损失少，商品质量高。

十一、 花菜类的贮藏

（一）菜花和西蓝花的贮藏

1. 贮藏特性

菜花和西蓝花同属十字花科，贮藏特性和贮藏技术基本相同。

菜花对贮藏环境条件的要求与甘蓝相似，适温为（0±0.5）℃，在0℃以下花球易受冻，相对湿度为90%~95%。

菜花贮藏中易松球、花球褐变（变黄、变暗、出现褐色斑点）及腐烂，使质量降低。花椰菜松球是发育不完全的小花分开生长，而不密集在一起，松球是衰老的象征。采收期延迟或采后不适当的贮藏环境条件，如高温、低湿等，都可能引起松球。引起花球褐变的原因很多，如花球在采收前或采收后较长时间暴露在阳光下，花球遭受低温冻害，以及失水和受病菌感染等都能使菜花变褐，严重时花球表面还能出现灰黑色的污点，甚至腐烂失去食用价值。

西蓝花呼吸强度大，具有典型的呼吸和乙烯跃变峰，在贮藏中释放乙烯较多；再加上组织含水量高，花球表面幼嫩，缺乏保护层，采收后迅速失水、萎蔫；同时，花蕾极易褪绿黄化和散球。当温度高于4.4℃时，小花即开始黄化。西蓝花中心最嫩的小花对低温较敏感，受冻后褐变。西蓝花的适宜贮温为（0±0.5）℃，相对湿度为90%~95%。低温气调贮藏并配合乙烯吸收剂，对防止花球黄化、褐变有明显效果。西蓝花气调贮藏时，适宜的O_2浓度为2%左右，关于CO_2浓度尚不明确。国外报道西蓝花耐CO_2，只要CO_2小于15%，就不会出现CO_2伤害。但国内的研究认为，西蓝花不耐CO_2。孔秋莲（2001）报道，0.05mm以上厚度的薄膜袋包装，西蓝花贮藏40d后，袋内CO_2大于4%，西蓝花出现CO_2伤害症状，表现为穗轴和小花轴软烂。

此外，西蓝花品种、采收时间和采收方法等都会影响西蓝花的贮藏期。耐贮抗病品种的选择是提高贮藏效果的主要环节。瑞士雪球、荷兰雪球这两个品种的品质好，耐贮藏。采收时宜保留2~3轮叶片，以保护花球。一般花球茎部的花枝松散前采收，以色泽翠绿、组织紧密、大小适中的晚熟品种耐贮性最好。品种、采收季节及采收时的温度也会影响西蓝花贮藏中的呼吸强度。其次，采后处理与采收时间的间隔长短、采后处理等环节都会对西蓝花花球贮藏特性产生较大的影响。

2. 贮藏方式及技术要点

（1）冷库贮藏　机械冷藏库是目前贮藏菜花较好的场所，它能调控适宜的贮藏温度，可贮藏2个月左右。采用0~4℃冷藏能显著抑制西蓝花花球组织的褪绿、黄化和褐变，有利于保持硫代葡萄糖苷含量和醌还原酶活力，延缓营养物质的下降速度，保持细胞膜完整性，从而较好地保持西蓝花净菜的品质，延长货架期。生产上常采用以下贮藏方法：

①筐贮法：将挑选好的菜花根部朝下码在筐中，最上层菜花低于筐沿。也有认为花球朝下较好，以免凝聚水滴落在花球上引起霉烂。将筐堆码于库中，要求稳定而适宜的温度和湿度。并每隔20~30d倒筐一次，将脱落及腐败的叶片摘除，并将不宜久放的花球挑出上市。

②单花球套袋贮藏：用PE薄膜（0.015~0.04mm厚）制成30cm×35cm大小的袋（规格可视花球大小而定），将预冷后的花球装入袋内，折口后装入筐（箱），将容器码垛或直接放菜架上，贮藏期可达2~3个月。

（2）气调贮藏　在冷库内将菜花装筐码垛，再用塑料薄膜封闭，控制O_2浓度为2%~5%，CO_2浓度1%~5%，有良好的保鲜效果。入贮时喷洒3000mg/kg的苯来特或甲基托布津有减轻腐烂的作用。菜花在贮藏中释放乙烯较多，在封闭帐内放置适量乙烯吸收剂对外叶有较好的保绿作用，花球也比较洁白。要特别注意，帐壁的凝结水滴落到花球易造成霉烂。

① MA贮藏：采用厚度为0.05mm低密度PE袋（内含乙烯吸收剂）包装，结合低温贮藏，可延缓西蓝花的黄化、软化和风味劣变等过程。

② CA 贮藏：西蓝花的最佳气调贮藏条件为：1%~2%O_2，5%~10%CO_2，温度 1~5℃，相对湿度 90%~95%。而且，低 O_2 和高 CO_2 的气调环境要好于单独使用的效果。

（二）蒜薹的贮藏

1. 贮藏特性

蒜薹采收正值高温季节，新陈代谢旺盛，采后极易失水老化。老化的蒜薹表现为黄化、纤维增多、薹条变软变糠、薹苞膨大开裂长出气生鳞茎，降低或失去食用价值。

蒜薹贮藏中较耐低温，对湿度要求较高，湿度过低，易失水变糠。另外，蒜薹对低 O_2 和高 CO_2 也有较强的忍耐力，短期条件下，可忍耐 1% 的 O_2 和 13% 的 CO_2。对于长期贮藏的蒜薹来说，适宜的贮藏条件为：温度 -1~0℃，相对湿度 90%~95%，2%~3%O_2，5%~7%CO_2。在上述条件下，蒜薹可贮藏 8~9 个月。

2. 采收和质量要求

适时采收是确保贮藏蒜薹质量的重要环节。蒜薹的品种与产地不同，采收期也不尽相同。我国南方蒜薹采收期一般在 4~5 月，北方一般在 5~6 月，但在每个产区的同一个品种，最佳采收期往往只有 3~5d。一般来说，在适合采收的 3d 内收的蒜薹质量好，稍晚 1~2d 采收的蒜薹薹苞偏大，质地偏老，入贮后效果不好。

采收时应选择病虫害发生少的产地，在晴天时采收。采收前 7~10d 停止灌水，雨天和雨后采收的蒜薹不宜贮藏。采收时以抽薹最好，不得用刀割或用针划破叶鞘抽薹。采收后应及时运到阴凉通风的场所，散去田间热，降低品温。

贮藏用的蒜薹应质地脆嫩、色泽鲜绿、成熟适度、无病虫害、无机械损伤、无杂质、无畸形、薹茎粗细均匀、长度大于 30cm。

3. 贮前处理

（1）挑选和预冷　经过高温长途运输后的蒜薹体温较高，老化速度快。因此，到达目的地后，要及时卸车，在阴凉通风处加工整理，有条件的最好放在 0~5℃ 预冷间，在预冷过程中进行挑选、整理。在挑选时要剔除过细、过嫩、过老、带病和有机械伤的薹条，剪去薹条基部老化部分（约 1cm 长），然后将蒜薹薹苞对齐，用塑料绳在距离薹苞 3~5cm 处扎把，每把重量 0.5~1.0kg。扎把后放入冷库，上架继续预冷，当库温稳定在 0℃ 左右时，将蒜薹装入塑料保鲜袋，并扎紧袋口，进行长期贮藏。

（2）防腐　在蒜薹预冷期间，用液体保鲜剂喷洒薹梢，再用防霉烟剂进行熏蒸，烟剂使用量为 1g 处理库容 4~5m^3，当烟剂完全燃烧后，恢复降温，待蒜薹温度降至 0℃ 时装袋封口，再进行贮藏管理。

4. 贮藏方式

（1）气调贮藏　蒜薹虽可在 0℃ 条件下贮藏 2~3 个月，但其质量与商品率很不理想。实践证明，在 -1~0℃ 条件下，蒜薹气调贮藏期能达到 8~10 个月，商品率达 95% 以上。目前，气调贮藏是蒜薹商业化贮藏的主要方式。通常有以下几种气调方式：

①薄膜小包装气调贮藏：此法是用自然降氧并结合人工调节袋内气体比例进行贮藏。将蒜薹装入长 100cm、宽 75cm、厚 0.08~0.1mm 的 PE 袋内，每袋装 15~25kg，扎住袋口，放在菜架上。在不同位置选定样袋安上采气的气门芯，以进行气体浓度测定。每隔 2~3d 测定一次，如果 O_2 含量降到 2% 以下，应打开所有的袋换气，换气结束时袋内 O_2 恢复到 18%~20%，残余的 CO_2 为 1%~2%。换气时若发现有病变腐烂薹条应立即剔除，然后扎紧袋口。换气的周期大

约为 15~30d，贮藏前期换气间隔的时间可长些，后期由于蒜薹对低 O_2 和高 CO_2 的耐性降低，间隔期应短些。温度高时换气间隔期应短些。

②硅窗袋气调贮藏：硅窗袋贮藏可减少甚至省去解袋放风操作，降低劳动强度。此法最重要的是要计算好硅窗面积与袋内蒜薹重量之间的比例。由于品种、产地等因素的不同，蒜薹的呼吸强度有所差异，从而决定了硅窗的面积不同。故用此法贮藏时，应预先进行试验，确定出适当的硅窗面积。目前市场上出售的硅窗袋，有的已经明示了袋量，按要求直接使用即可。

③大帐气调贮藏：用 0.1~0.2mm 厚的 PE 或无毒 PVC 塑料帐密封，采用快速降氧法或自然降氧法，使帐内 O_2 浓度控制在 2%~5%，CO_2 浓度在 5%~7%。CO_2 吸收通常用消石灰，蒜薹与消石灰重量之比为 40：1。

（2）冷藏　对计划短期贮藏的蒜薹，可将选好的蒜薹经过充分预冷后装入筐、板条箱等容器内，或直接在贮藏货架上堆码，然后将库温和湿度分别控制在 0℃ 左右和 90%~95% 即可进行贮藏。贮期一般为 2~3 个月，贮藏损耗率高，蒜薹质量变化大。

十二、　食用菌类的贮藏

食用菌是药膳两用的食品，营养丰富，风味独特，既是餐桌上的美味佳肴，又具有提高机体免疫功能、预防或治疗某些疾病的功效，因而深受大众的喜爱。目前，我国食用菌的总产量已居世界首位。香菇又称冬菇、北菇、香蕈等，属伞菌目口蘑科香菇属，是世界第二大食用菌。杏鲍菇学名刺芹侧耳，属于侧耳属的一种珍稀食用菌。对食用菌进行贮藏保鲜具有重要的社会效益和良好的经济效益。

1. 贮藏特性

新鲜食用菌类产品的含水量高（大于85%），组织细嫩，呼吸强度大，酶活力较强；菇体表面没有明显的保护结构；采收后菇体会继续进行呼吸作用，生理代谢旺盛，营养物质的消耗快，极易出现变软、变黏、褐变、腐烂和老化变质，耐贮性很差。故食用菌不适于长期贮藏。另外，常温贮藏环境中，鲜菇子实体水分容易大量散失，含水量迅速下降，容易导致子实体萎缩、软化、失重、开伞、褐变、菌柄生长、菌盖开张、菇体自溶和丧失固有鲜味等品质劣变现象。因此，适宜的低温有助于降低食用菌的代谢水平，延缓其衰老过程，延长保鲜期。大多数食用菌的最佳贮温在 0℃ 或稍高温度。但草菇例外，要求贮温稍高一些，温度过低草菇易发生冷害，表现出软化变质。不同种类的食用菌对贮藏环境的湿度要求有所不同，蘑菇要求相对湿度较高，为 85%~95%，低于 85% 就会开伞和褐变；香菇的最适贮藏湿度为 80%~90%。

2. 贮藏方式

（1）冷藏　大多数新鲜食用菌采用冷藏有 20d 以上的保鲜期，故生产中新鲜食用菌的保鲜普遍采用冷库贮藏，贮温以 0~1℃ 为宜，相对湿度控制在 90% 左右，要求贮藏期间库温恒定。经过冷藏的食用菌出库后，在常温下会很快衰老腐烂，造成常温销售的货架期很短，故新鲜食用菌的贮藏和销售过程最好有一条完整的冷链。

（2）气调贮藏　高浓度的 CO_2 对新鲜食用菌具有明显的抑制生长作用。商业上采用气调库贮藏鲜蘑菇时，CO_2 浓度达到 25%，效果很好。采用简易气调法，也有很好的贮藏效果。用厚 0.08mm 的 PE 袋，每袋装 1kg 蘑菇，封口后进行自发气调，48h 后袋内的 CO_2 浓度达到 10%~

15%，在16℃下可保鲜4d。利用打孔的纸塑复合袋进行自发气调，在15~20℃下贮藏草菇，可保鲜3d。用孔径为4~5mm的多孔PE或PP袋包装香菇，在10℃下可保鲜8d，在1℃下可保鲜20d左右。

3. 贮藏技术要点

食用菌成功贮藏的技术要点有三：一是适时无伤采收；二是及时的采后处理；三是合理的贮藏方式及管理。

（1）采收 采收质量的好坏直接关系到食用菌的保鲜效果，采收期过早或过迟均会造成耐贮性下降。食用菌组织柔嫩，采收时容易造成损伤，而有损伤的产品在贮藏时容易腐烂并感染其他个体。因此，适时无伤采收对食用菌的贮藏尤为重要。几种主要食用菌的采收技术如下。

①蘑菇的采收：蘑菇的最适采收期是在菌盖充分长大但未开伞之前。采收时用手指掐住菇柄轻轻旋转，连根拔出。

②香菇的采收：香菇应在菌盖展开七、八成，菇盖的边缘仍然内卷，菌褶下的内膜刚破裂时采收。此时，菇形、菇质、风味均较优。若待九成展开时采收，菇盖就会展开，影响香菇质量。同时，采收时注意收大留小。

③杏鲍菇的采收：杏鲍菇一般在现蕾后15d左右进行。采收标准为杏鲍菇的子实体在七成熟时较适宜，此时菇体外观致密有弹性，菌盖边缘内卷呈半球形，菌褶还没有形成，采收后不仅可以保持菇体白度，还可防止在贮运过程中菇体发黄而影响质量。若菌盖平展、菌褶形成、接近成熟时采收，会使品质下降、贮藏期缩短。采后控制好温、湿度，继续培养15d左右，可收二茬菇。

（2）采后处理 要延长食用菌的贮藏期需要解决的主要问题是：抑制呼吸和防腐。进行必要及时的采后处理有助于降低呼吸强度，减轻贮藏中腐烂。

①挑选：有病虫伤的食用菌在贮藏中极易腐烂并感染其他个体，造成严重损失。故食用菌在采后一定要选出新鲜、无病虫害、无机械伤的个体进行贮藏。在采后贮运的过程中也必须轻搬、慢卸，尽量避免机械伤的产生。

②化学药剂处理：某些化学药剂可以抑制病菌感染，另有些植物生长调节剂可以抑制食用菌的呼吸、抑制开伞、延缓衰老。目前生产上常用1g/L $Na_2S_2O_5$ 或6g/L NaCl作为抑菌剂；采用矮壮素（CCC）、青鲜素（MH）、生长素（IAA）、萘乙酸甲酯（NAA）等植物生长调节剂作为保鲜剂。应该注意的是，植物调节剂使用浓度过高，往往会对施用对象起到促进生长的作用。因此，植物生长调节剂的使用浓度应通过试验加以准确确定。

③辐照处理：用^{60}Coγ射线对鲜蘑菇进行照射，可明显延长贮藏期。一般辐照剂量为0.5~1kGy，在0~10℃的环境下可将鲜蘑菇的保鲜期延长至40d左右。双孢蘑菇采用1.2kGy的^{60}Co-γ射线处理，在4℃低温下贮藏，可延缓其后熟作用，并在控制失重、菌柄伸长、开伞、褐变、腐烂等方面都有明显的效果，可使贮藏期达到30d左右。

（3）贮藏管理 食用菌的贮藏方式主要是冷藏和气调贮藏。在产品入库前，应对库房、贮藏用具进行清洁消毒，降低食用菌在贮藏期间的被侵染率，防止病菌蔓延。使用的防腐剂有亚硫酸氢钠等，浓度为5~20mg/kg。食用菌在库房内最好搭架堆放，防止挤压造成损伤。食用菌装袋前必须进行预冷，冷藏期间应保持库房温度稳定，以免出现"发汗"而引起腐烂。

第三节　畜禽产品的保藏

畜禽产品包括三大类，即肉类、乳类和蛋类。肉类主要有牛肉、猪肉、羊肉、鸡肉、鸭肉、兔肉等；乳类主要有牛乳、羊乳；蛋类主要有鸡蛋、鸭蛋。这三类产品因形态和组成上的差异，其保藏方法和保鲜期限有较大差异。蛋类有一层坚硬的外壳，能很好地阻止内容物与环境空气的接触，所以在常温下就能保存一段时间，当温度降低时保藏时间可以延长，但不能在冻结温度下保藏。乳类通常也不宜在冻结温度下保藏，经冻结的乳制品转变为雪糕、冰淇淋等冷饮类食品，其包装形态、食用方法甚至营养价值跟天然乳有显著的差异。本节根据畜禽产品的这些特点，分别介绍它们的保藏技术。

一、肉类的保藏

（一）肉的冷却与冷却肉的流通

1. 与温度相关的肉的概念

（1）热鲜肉　热鲜肉即畜禽等刚宰杀后得到的肉。此时上市的热鲜肉为微生物的生长繁殖提供了适宜的条件，如果腐败菌和致病菌过度繁殖，就潜伏下食物中毒的隐患。而且热鲜肉尚未经历成熟阶段，食用时嫩度差。

（2）冷鲜肉　冷鲜肉是指牲畜被屠宰后，使胴体温度在24h内降至0~4℃，并在后续的加工、流通和零售过程中始终保持在0~4℃范围内的生鲜肉，也称排酸肉。与热鲜肉相比，冷鲜肉具有新鲜味美、安全卫生等优点。但低温肉制品营养丰富、A_w 高，因而容易受到微生物的污染，影响肉的品质和保鲜期。

2. 肉的冷却工艺

（1）冷却温度的确定　冷却是指将肉的温度降低到冻结点以上（约-1.7℃）。冷却温度的确定主要是从抑制微生物的生长繁殖考虑。当环境温度降至3℃时，肉品上的主要病原菌如沙门菌和金黄色葡萄球菌均已停止生长。将冷鲜肉保存在0~4℃范围，可以抑制病原菌的生长，保证肉品的质量与安全；超过7℃时，病原菌和腐败菌的增殖机会将显著增加。

（2）冷却工艺的选择（以猪肉为例）　刚宰杀的猪胴体，后腿中心温度高达40~42℃，表面潮湿，极其适宜微生物的生长繁殖，应迅速对其进行冷却处理。多年来，国内外在猪胴体冷却工艺方面进行了许多实验研究，并提出多种冷却工艺方案（表4-11）。

表4-11　　　　　　　　　猪胴体冷却工艺指导性参数

指导参数	快速冷却	急速冷却		超急速冷却	
		第一阶段	第二阶段	第一阶段	第二阶段
制冷功率/（W/m³）	250	450	110	600	50
库温/℃	0~2	-10~-6	0~2	-30~-25	4~6
制冷风温/℃	-10	-20	-10	-40	-5

续表

指导参数	快速冷却	急速冷却		超急速冷却	
		第一阶段	第二阶段	第一阶段	第二阶段
风速/（m/s）	2~4	1~2	0.2~0.5	3	—
冷却时间/h	12~20	1.5	8	1.5	8
胴体温度/℃	7~4	依指导参数	7	依指导参数	7
重量损失/%	1.8（7℃）	依冷却工艺	0.95	依冷却工艺	0.95

3. 冷鲜肉的流通管理

（1）冷链的建立 牲畜屠宰后，应迅速对其胴体进行冷却处理，使胴体温度降到0~4℃，并且在后续的加工、流通与零售过程中，始终保持在这一温度范围内。表4-12所示为冷鲜肉加工、流通过程各环节要求的环境温度和允许的滞留时间。

表4-12　　　　　　　各环节要求的环境温度和允许的滞留时间

胴体	快速冷却	分割剔骨	包装	冷藏	运输	超市零售
环境温度/℃	0~4	8~12	8~12	0~4	≤7	≤7
允许滞留时间/h	24	0.5	0.5	24	—	48

（2）冷鲜肉的包装 合理的包装是确保冷鲜肉质量与安全必不可少的环节。其主要目的是：防止污染变质，延长货架期；调节气体分压，赋予产品诱人的鲜红色；利于流通，食用方便；节省运输成本，且按胴体不同部位分割制作的小包装冷鲜肉，更适合家庭消费。

冷鲜肉在流通中的常用包装技术：①真空包装保质期长，运输方便，包装费用适中，但产品颜色暗红，影响商品价格。②充气包装保质期长，感官品质良好，但包装材料和专业设备费用较高。③托盘包装经济实用，操作方便，但产品保质期较短。建议分割剔骨后在工厂制成真空大包装，冷藏运输到商场后，再拆除真空包装，制成托盘小包装。这样既不影响冷鲜肉的保质期，又有利于零售时恢复鲜红色，且运输方便。

（3）冷鲜肉的品质管理 保证冷鲜肉品质的关键措施是温度控制和卫生管理。对冷链中各个环节的温度进行及时监测，可避免因温度过高或过低而对肉品造成危害。通过危害分析与关键控制点（HACCP）体系对微生物污染进行控制，可保证肉品的安全卫生。

（二）肉的冻藏

冷冻肉是指在低于-18℃的环境中冻结并保存在商业低温（-18℃）的肉。肉组织呈冻结状态，抑制了微生物的生长繁殖。但是冷冻肉在解冻过程中，肌细胞基质中形成的冰晶会刺破肌细胞，造成汁液流失，导致营养物质和风味物质发生不良变化。

1. 肉的冻藏条件与冻藏效果

根据肉类在冻藏期间脂肪、蛋白质、肉汁损失情况来看，冻藏温度以-18℃左右为宜，相对湿度以95%~100%为宜，空气以自然循环为好。

我国目前冻藏室的温度为-20~-18℃。在此温度下，肉体表面水分蒸发量较小，微生物生长几乎完全停止，肉体内部的生化变化极大地受到抑制，肉品的保藏性和营养价值较好，制冷设备的运转费也较为经济。为了使冻藏品能长期保持新鲜度，近年来国际上冷藏库的贮藏温度都趋向于−30~−25℃的低温。根据 T.T.T. 规律，冻藏温度越低冻结食品的保质期越长。不同冻藏温度下肉类的贮藏期限见表4-13。

表4-13　　　　　　　　　　　冻结肉类的贮藏期

肉种类	温度/℃	冻藏时间/月	肉种类	温度/℃	冻藏时间/月
小牛肉	−18	6~8	羊肉	−12	3~6
牛肉	−15	6~9	羊肉	−18	6~8
牛肉	−12	5~8	羊肉	−23	8~10
牛肉	−18	6~8	猪肉	−12	2~3
肉酱	−12	5~8	猪肉	−18	4~6
肉酱	−18	8~12	猪肉	−23	8~12

2. 肉在冻藏过程中的变化

（1）冰晶成长　刚冻结的肉，它的冰晶大小不是均匀一致的。在冻藏过程中，大的冰晶会逐渐成长，而微小的冰晶则会逐渐减少、消失，肉中的冰结晶数量也会显著减少，这种现象称为冰晶成长。冰晶体成长会产生细胞机械损伤、蛋白质变性、解冻后汁液流失增加等不良现象，降低食品的风味和营养价值。

（2）干耗　周而复始的升华—凝结过程使食品不断干燥，并由此造成重量损失，即干耗。在冻藏室内，由于冻结肉表面的温度、室内空气的温度及空气冷却器蒸发管表面的温度三者之间存在着温度差，因而也形成了水蒸气压差，最终使冷冻肉表面的冰晶升华，造成干耗。

（3）颜色变化　新鲜肉表面呈鲜红色，内部呈紫红色。在冻藏过程中，含有 Fe^{2+} 的还原型肌红蛋白和氧合肌红蛋白在空气中 O_2 的作用下，生成含有 Fe^{3+} 的高铁肌红蛋白而呈褐色。防止和减少高铁肌红蛋白的形成是保持肉色的关键。

（4）解冻时汁液损失　在冻结和冻藏过程中，肉中的蛋白质等亲水物质的持水能力发生不可逆变化，解冻时这些物质不能与冰晶融化的水重新结合，造成汁液损失。汁液流失不仅会造成重量损失，还会破坏肉品的风味和营养价值。冻结肉解冻时汁液流失的多少，也是评价其质量的一个重要指标。

3. 冻制肉类的包装

在冻藏的低温条件下，肉中的脂肪随着贮存期的延长会慢慢地发生酸败，产生哈喇味。如果暴露在光线下，瘦肉中的鲜红色会褪色，表面显出灰白色。肉的表面还会发生不可逆的脱水反应。为了减缓这些不良现象的发生，一般需要把肉裹包在气密的、不透水蒸气的材料里。

（三）**肉的腌制保藏**

1. 腌渍方法

肉类的腌制主要是用食盐、硝酸盐或亚硝酸盐、糖类等处理肉。盐腌方法大致可以分为干腌、湿腌、混合腌制以及肌肉或动脉注射腌制，前两种是基本的腌制方法，后两种仅适用于部分肉类腌制。经过腌制加工成的产品成为腌腊制品，如腊肉、发酵火腿等。肉类在腌渍过程中需要使用不同种类的腌制剂，常用的有食盐、蔗糖、酱油、香辛料等。

2. 腌渍的作用

（1）对微生物细胞的脱水作用　无论是食盐还是蔗糖溶液，都具有很高的渗透压，会对微生物细胞产生严重的脱水作用。

（2）对微生物的生理毒害作用　食盐溶液中的一些离子，如钠离子、镁离子、钾离子和氯离子等，在高浓度时能对微生物发生毒害作用。

（3）影响酶的活性　食品中不溶于水的物质或溶于水的大分子营养物质，经过微生物酶的作用后才能被其吸收利用，微生物分泌出来的酶在食盐溶液中会遭到破坏，从而影响微生物的吸收代谢。

（4）降低 O_2 浓度　O_2 在水中具有一定的溶解度，食品腌制使用的盐水或糖水浓度较高，O_2 难以溶解在其中，有利于防止氧化作用。

（5）其他作用　腌渍除了以上保藏作用外，还具有发色和成味作用，赋予肉品特殊的风味和色泽。

（四）肉的烟熏保藏

1. 熏烟的主要成分

熏烟主要包括挥发性成分、固体微粒（如碳粒）、水蒸气、CO_2 等。一般认为熏烟中具有防腐作用的主要成分有酚、酸、醇、羰基化合物和烃类。

2. 烟熏的方法

按接触方式可分为直接烟熏法和间接烟熏法。①直接烟熏法：在烟熏室内，用直接燃烧木材发烟熏制。缺点是熏烟的密度和温度有分布不均匀的状况。②间接烟熏法：不在烟熏室内发烟，利用单独的烟雾发生器发烟，将燃烧好的具有一定温度和湿度的熏烟送入烟熏室，对肉制品进行熏烤的烟熏方式。此法不仅克服了直接烟熏法的缺点，而且燃烧的温度可控制在400℃以下，所产生的有害物质较少。

其他熏制方法：①按肉品的加工过程分类，可分为熟熏法和生熏法。②按熏烟过程中加热温度分类，可分为冷熏法、温熏法、热熏法、焙熏法、液熏法、电熏法。

3. 烟熏的作用

（1）杀菌防腐　肉类在烟熏时辅之以加热，当温度达到40℃以上时就会杀死细菌，降低微生物数量。有机酸与肉中的胺、氨等碱性物质中和，由于其本身的酸性而使肉酸性增强，从而抑制腐败菌的生长繁殖。

（2）抗氧化　烟中邻苯二酚和邻苯三酚及其衍生物的抗氧化作用尤为显著，熏烟的抗氧化作用可以较好地保护脂溶性维生素不被破坏。

（3）脱水干燥　肉制品烟熏的同时也伴随着干燥，熏制前对肉品进行干燥，使其表面脱水，可抑制微生物的生长繁殖。

（4）其他作用　烟熏除了具有杀菌防腐等保藏作用外，还可赋予肉品特殊的烟熏风味和良好的色泽。

二、　牛乳的保藏

（一）牛乳的冷却与收集

牛乳被挤出后，必须很快冷却到4℃以下，并在此温度下进行保存，直至运到乳品厂。如果冷却环节在这期间中断，牛乳中的微生物将开始繁殖，并产生酶类。尽管以后的冷却能够阻止其继续发展，但牛乳质量已经下降。图4-1所示为不同种类的细菌、酶在不同温度下的繁殖情况与牛乳的化学变化。

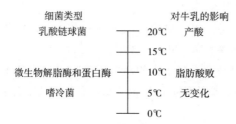

图4-1 不同温度下细菌的生长及酶对牛乳的影响

保证牛乳质量的第一步必须在牧场进行，即挤奶条件必须符合卫生要求，挤奶设备的设计必须避免空气进入，冷却设备要符合要求。在小型牧场中，牛乳直接进入贮罐进行冷却，使之在2h内达到4℃。在大型牧场中，牛乳先进入板式冷却器冷却至4℃，然后泵入大贮罐中，这就避免了把刚挤下的热牛乳与罐中已冷却的牛乳相混合。贮存间也应有清洗设备、消毒用具、管道系统及冷却槽。原料乳用桶或奶槽车运到乳品厂，奶槽车与大型冷却贮罐配套使用。运送牛乳时要求保持良好的冷却状态，并且没有空气进入，运输过程的振动越轻越好。

收集用桶的容量一般为40L或50L。装有牛乳的奶桶从牛场运到路边，然后由取奶车运走。送乳和取乳的时间间隔尽量缩短。

病牛和健康牛的牛乳不能混合在一起。另外，使用过抗生素的奶牛产的乳必须与其他乳分开，这种乳不能用于发酵乳的生产。

用奶槽车收集牛乳，槽车必须能一直开到贮存间。奶槽车的输奶软管与牛场冷却罐的出口阀相接。奶槽车通常装有一台计量泵，能自动记录接收乳的数量。此外，接收的乳也可以根据所记录的不同液位来计算。冷却罐一经排空，奶泵应立即停止工作，避免将空气送入牛乳中。奶槽车的奶槽分成几个隔间，每个隔间依次装满，以防牛乳在运输中晃动。当奶槽车按收奶路线装完一轮后立即将乳送交乳品厂。

牛乳在收购之前就已经变质的主要原因有：①设备清洗不彻底和卫生条件差；②收购不及时；③冷链不完善；④好坏牛乳混在一起。在实际操作中，很小比例的低质牛乳就会使整批牛乳变坏。因此，及早的鉴定和隔离这部分低质牛乳是非常必要的。

（二）牛乳的质量检验

通常在牛场仅对牛乳的质量作一般的评价，在到达乳品厂后要通过若干试验，对其成分和卫生质量进行测定。乳品厂收购鲜乳时的常规检测包括以下几个方面：

（1）感官评定 包括牛乳的滋味、气味、清洁度、色泽等。

（2）理化指标 包括含脂率、蛋白质含量、杂质度、冰点、酒精试验、酸度、温度、相对密度、pH、抗菌素残留量等。

（3）微生物指标 主要是指细菌总数。其他如体细胞数、芽孢数、耐热芽孢数及嗜冷菌数等，在需要时也要进行检验。

一般影响原料乳质量的主要因素有：奶牛的品种和健康状况，牧场环境，饲料品质，清洗与卫生，乳中的微生物总量，化学药品残留量（来源于饲料和治病），游离脂肪酸，挤奶操作，贮存时间和温度等。

有些细菌是非常有害的，所以不仅要强调细菌总数，而且要特别重视嗜冷菌数。在低温下嗜冷菌的生长会超过乳酸菌，引起牛乳变质，这就是冷藏牛乳为什么要受时间限制的原因。

另外，乳房炎乳中既有大量的细菌，又含有较多的体细胞。目前很多发达国家已采取检测体细胞数的方法，以防止乳房炎乳混入原料乳中。有些国家规定：牛乳中体细胞数不得超过500 000 个/mL，否则定为乳房炎乳。

原料乳在验收时，应测量乳的温度。有的国家规定，送到乳品厂的原料乳温度不得超过10℃，否则要降价。IDF 认为牛乳在 4.4℃ 保存时最佳，10℃ 稍差，15℃ 以上则影响牛乳的质量（表 4-14）。

表 4-14　　　　　　　　　　　　　优质牛乳中的细菌生长情况

贮存温度/℃	菌落总数（cfu/mL）			
	刚挤下的牛乳	24h 后	48h 后	72h 后
4.4	4 000	4 000	5 000	8 000
15	4 000	1 600 000	33 000 000	326 000 000

（三）牛乳收购后的贮存

一般来说，牛乳在运输途中温度上升到 4℃ 以上是不可避免的，但不允许高于 10℃。因此，牛乳在进入大贮罐以前，通常用板式冷却器冷却到 4℃ 以下。

未经处理的原料乳贮存在大型立式贮奶罐中，贮奶罐容积为 25 000~150 000L 不等，贮量大的奶罐仅限于特大乳品厂中使用。较小的贮存罐常常安装在室内，较大的则安装在室外。露天大罐是双层结构的，在壁与壁之间带保温层。

如果贮奶罐中无搅拌装置，则脂肪会从牛乳中分离出来，导致牛乳不能均匀一致。搅拌必须非常平稳，剧烈的搅拌会导致牛乳中混入空气，并使脂肪球破裂，脂肪游离，从而在脂肪酶作用下被分解。

牛乳的泵送也存在着同样的问题，泵的选择与乳中脂肪的乳化稳定性有关。当乳温低于4℃ 时，乳脂肪在乳中固液并存，极易受泵的机械损伤，所以最好选用容积泵。另外，在设计管道时，其直径必须计算正确。管道过细，会产生过高压力，对牛乳具有机械破坏作用；管道过粗，会混入空气，且不利于清洗。

三、　禽蛋的贮藏保鲜

禽蛋中富含蛋白质、脂肪等营养成分，而且含水量也高。禽蛋在常温下贮藏易感染各种微生物而腐败发臭，降低温度则可以延长蛋的贮藏期。但跟肉类食品不一样，蛋的贮藏温度不宜降到冰点以下，否则蛋壳会因内容物的冻结膨胀而破裂。

（一）禽蛋在贮藏中的变化

1. 物理和化学变化

（1）质量变化　贮藏时间越长，蛋的质量减少越多，其减少的量与时间呈直线关系。蛋的质量变化与存放环境中的温度、湿度、空气流速等有密切关系，也与蛋壳气孔的大小、数量的多少、蛋壳膜的透气性有关。保管条件不佳，会使蛋中水分大量蒸发，质量减小，其中起主要作用的是温度和湿度。例如，温度从 18℃ 上升到 22℃ 时，1 个鸡蛋每昼夜质量损失从 0.001g上升到 0.004g，而当相对湿度从 90% 下降到 70%，其每昼夜质量损失从 0.075g 上升到 0.183g。

（2）气室高度的变化　随着禽蛋质量的减少，气室相对增大。气室的大小用高度来衡量，刚产下的蛋气室高度在 3mm 左右。影响气室变化的主要因素也是贮藏时间和贮藏环境中的温度和湿度。存放时间越长，质量损失越多，气室逐渐增大，故可由气室的大小判定蛋的新鲜度。在温度为 28℃、相对湿度 82% 的条件下，存放时间对气室高度的影响见表 4-15。

表 4-15　　　　　　　　　　不同贮存时间禽蛋的气室高度变化

时间/d	开始	25	50	75	100
气室高度/mm	1.5	6	9	11.5	13.5

（3）蛋内水分变化　蛋白中的水分一方面通过蛋壳气孔向外蒸发，同时也向蛋黄内徐徐移动，使蛋黄中的含水量渐渐增加，这是渗透压在起作用。同样在 6℃ 条件下，浓厚蛋白中的蛋黄与稀薄蛋白中的蛋黄比较，前者增加的水分较少。所以在自然状态下，蛋黄水分增加的速度与浓厚蛋白水样化、蛋白 pH 的变化、蛋黄膜强度的变化有间接的关系。蛋白的水分向蛋黄内渗透的数量及速度与贮存的温度、时间有直接关系，温度越高渗透速度越快，贮存时间越久，渗透到蛋黄中的水分越多。例如，鸡蛋在 30℃ 下经过 50d，蛋黄水分从 48.3% 上升到 53.3%；而在 0℃ 下经过 90d，蛋黄水分才上升到 49.3%。

（4）CO_2 的逸散和蛋清 pH 的变化　禽蛋在输卵管和子宫中的形成过程中，蛋清的 pH 维持在 7.5~7.6，在这种环境下 CO_2 的容积百分率约为 10%，蛋清中的 H_2CO_3 浓度较高。CO_2 是在蛋壳形成时，在壳腺中较丰富的碳酸酐酶作用下，从蛋液成分中生成的。蛋清中的酸式碳酸盐来源于蛋清中的 CO_2 气体的溶解。

由于空气中的 CO_2 约为 0.03%，禽蛋从家禽体内排出后，溶解在蛋内的 CO_2 通过气孔向外逸散，产蛋后数日内逸散得较快。例如，在 25℃ 下，1 个蛋第一天逸散约 9mg 的 CO_2，至少经过 10d 后速度才变慢。蛋内的 pH 也同时发生变化，开始 pH 变化得较快，至少经过 10d 上升到 pH 9.0 以上，最后达到 pH 9.5~9.7，蛋白的酸碱缓冲能力大大降低。蛋黄的 pH 变化较缓慢，从开始的 pH 6.0 稍有增加，这可能是因为蛋黄膜对离子的透过有选择性。

（5）蛋清层的变化　鲜蛋在贮存过程中，由于浓厚蛋清的变稀，蛋清层之间的组成比例将发生显著变化，浓厚蛋清逐渐减少，稀薄蛋清逐渐增加。初生蛋中浓厚蛋清占蛋清的 49% 左右，在 25℃ 以下经过 25d 贮藏，浓厚蛋清接近直线下降至 25%，而外层水样蛋清稳步上升。

随着浓厚蛋清的变稀，浓厚蛋清高度也降低，而且温度越高变化越快，温度低则变化缓慢。在 10℃ 以下，贮存时间与浓厚蛋清高度变化的关系见表 4-16。浓厚蛋清的减少，将降低溶菌酶的杀菌作用，蛋的耐贮性也将显著降低。降低保藏温度是防止或延缓浓厚蛋清变稀的有效措施。

表 4-16　　　　　　　　　　贮存时间与浓厚蛋清高度变化

贮存时间/d	开始	10	20	30	60	90
高度/mm	10	7.3	6.4	5.7	4.9	4.4

（6）系带的变化　浓厚蛋清变稀或水样化的同时，蛋清中系带也随之变化，甚至最后消失。这是由于系带的组成与浓厚蛋清的组成有相似之处，两者有密切的关系。新鲜蛋系带上附着溶菌酶的含量是蛋清中溶菌酶含量的 2~4 倍。

（7）蛋黄膜的变化　鲜蛋在贮藏中蛋黄最明显的变化是蛋黄系数减小。蛋黄系数作为反映蛋黄膜强度的指标，其变化起因于蛋黄膜性状的变化，与蛋黄吸收水分没有直接的关系。蛋黄膜弹性的强弱或蛋黄膜强度的增减，可以衡量蛋的新鲜程度。鸡蛋在贮藏期间，1 个月内蛋黄膜强度稍有增加，以后则逐渐减小，2 个月后其强度降低越来越明显。

（8）蛋内容物成分的变化

①蛋清成分的变化：新鲜蛋在 0℃下贮藏 4 个月，蛋清质含量的比例发生变化，卵类黏蛋清和卵球蛋清的含量比例增加，而卵清蛋白和溶菌酶的含量比例减少。贮藏蛋的蛋白黏性减小与蛋白质含量的变化有关。

②蛋黄成分的变化：鲜蛋在 0℃下贮藏 12 个月，卵黄球蛋白和磷脂蛋清的含量减少，而低磷脂蛋白的含量增加。在 30℃下贮藏 20d，或在 0℃下贮藏 6 个月，磷脂蛋白和低密度脂蛋白在卵黄中的含量与新鲜蛋几乎没有差别。

③无机物成分的变化：鲜蛋在贮藏期间，其中的无机物含量也发生一些变化。在 30℃下贮藏 20d 后，浓厚蛋清和水样蛋清中 Ca、Mg 和 CO_2 的含量随着贮藏时间的延长而减少，而 Fe 的含量却相应增加。CO_2 的减少是由于 CO_2 从蛋内通过气孔向外逸散，Fe 的增加是 Fe 从卵黄移入蛋清的结果，Mg 的减少是因为 Mg 从蛋清转移到卵黄中，至于 Ca 减少的原因目前尚不清楚。

2. 生理学变化

鲜蛋在保存期间，在较高温度（25℃以上）时会引起胚胎（胚盘）的生理学变化，使受精卵的胚胎周围产生网状的血丝，此种蛋称为胚胎发育蛋；未受精卵的胚胎有膨大现象，称为热伤蛋。

（1）胚胎发育蛋又因胚胎发育程度不同而分为血圈蛋、血筋蛋和血坏蛋。

①血圈蛋：受精卵因受热而使胚胎开始发育，照蛋时蛋黄部位呈现小血圈。

②血筋蛋：由血圈蛋继续发育形成，照蛋时蛋黄呈现网状血丝，打开后胚胎周围有网状血丝或树枝状血管，蛋白变稀，无异味。

③血坏蛋：由胚胎发育后死亡或由血筋蛋胚胎死亡形成。蛋壳发暗，手摸有光滑感。照蛋时可见蛋内有血丝或血环，蛋黄透光度增强，蛋黄周围有阴影。打开后蛋黄扩大扁平，颜色变淡，色泽不均匀，蛋黄中呈现大血环，环中和周围可见少许血丝，蛋白稀薄无异味。

（2）热伤蛋与胚胎发育蛋不同，这种蛋胚胎未发育，对未受精卵的胚胎，受热较长有膨大现象，照蛋时呈现胚胎增大但无血管出现。炎热的夏季最易出现热伤蛋。

蛋的生理学变化常常引起蛋的质量降低，贮藏性也随之降低，甚至会引起蛋的腐坏变质。实践表明，低温保藏是防止禽蛋生理学变化的有效措施。

（二）禽蛋中的微生物及蛋的腐败

1. 禽蛋在形成时污染的微生物

在正常情况下，健康母禽产的鲜蛋，蛋内容物里是没有微生物的。然而生病的母禽，在蛋的形成过程中就可能污染微生物。生病的母禽体质弱、抵抗力差，若饲料中污染有沙门菌，饲养母禽时其中的沙门菌可通过消化道进入血液，最后转到卵巢侵入蛋内，使蛋内内容物污染上沙门菌。此外，病禽的卵巢和输卵管往往有病原菌侵入，使禽蛋有可能污染病原菌。例如，母鸡患白痢病时，鸡白痢沙门菌便能在卵巢内存在，该鸡所产的蛋既能染上鸡白痢沙门菌。

2. 禽蛋在贮存过程中污染的微生物

鲜蛋进入流通领域或生产领域，都有长短不同的保存期，在这个过程中由于各种环境因素的影响，外界微生物接触蛋壳后可通过气孔或裂纹侵入蛋内。

蛋内常发现的微生物主要有细菌和霉菌，并且多为好气性的，但也有厌气性的。蛋内发现的细菌主要有葡萄球菌、微球菌、大肠杆菌等；霉菌有曲霉属、青霉属、毛霉属等。霉菌对蛋的污染往往与饲料和饲养家禽的环境有密切关系。

鲜蛋包装的填充物料黏有泥土、污物，在潮湿条件下会引起蛋的霉变。当蛋壳表面霉菌孢子处在适宜条件时，孢子发育产生菌丝体，而新生的菌丝体便可透过蛋壳上的气孔或裂纹进入蛋内。霉菌继续在蛋内生长，造成轻度或重度霉蛋。

3. 禽蛋的腐败

引起禽蛋腐败的主要微生物有大肠杆菌、气单胞菌、产碱杆菌、荧光假单胞菌、恶臭假单胞菌和变形杆菌等。

由腐败细菌引起禽蛋腐败变质、在蛋内产生腐败气味以前，蛋的最初变质特征为靠近蛋壳里面的蛋白呈现淡绿色，随后逐渐扩展到全部蛋白，并使蛋白变稀，蛋内产生腐败气味。此时，系带变细且逐渐失去作用，蛋黄位置改变，最后粘壳或贴皮。待蛋白和蛋黄相混后，蛋内的腐败气味增强，这是由于腐败细菌的分解作用使蛋白质与卵磷脂分解，产生 H_2S 和胺类。与此同时，蛋白形成不同的颜色，呈现蓝色或绿色荧光，蛋黄呈褐色或黑色，蛋黄周围附着凝胶状物质或使卵黄凝胶化，可明显嗅到恶臭气味。再发展即成为细菌老黑蛋或腐败蛋。侵入蛋内的细菌发育的主要条件是适宜的温度，气温越高越有利于腐败细菌的发育和繁殖，所以在炎热的夏季最易出现腐败蛋。此外，某些霉菌（例如芽枝霉、分枝孢霉和青霉）在蛋内繁殖时，也可产生不同的颜色，使蛋白凝胶化，蛋黄膜弹性降低。

（三）禽蛋的贮藏方法

由于禽蛋属于鲜活原料类食品，在贮藏中易发生多种生理及理化变化，促使蛋内容物的成分分解，质量降低。因此，要根据鲜蛋本身的结构、成分和理化性质，设法闭塞蛋壳气孔，防止微生物进入蛋内；降低贮藏温度，抑制蛋内酶的活性；保持适宜的湿度，减少蛋内水分的蒸发及保持贮藏环境的清洁卫生条件。这些是禽蛋贮藏的根本原则和基本要求。

1. 冷藏

（1）做好冷藏前的准备工作

①冷库消毒：鲜蛋入库前，库内应当预先进行消毒和通风。用一定浓度的漂白粉溶液喷雾消毒，以消灭库内残存的微生物。对库内的垫木、码架等应在库外预先用热碱水刷洗，置阳光下暴晒，然后再入库。

②严格选蛋：逐个对蛋进行仔细挑选，严格剔除蛋壳受伤、表面有污物、不新鲜、畸形、过大或过小的蛋。

③鲜蛋预冷：鲜蛋在冷藏前最好经过预冷，若直接送入冷库，由于蛋的温度将使库温上升，水蒸气便在蛋壳表面凝结成水珠，给霉菌的生长创造了适宜环境。预冷温度一般控制在 0~2℃，相对湿度为 75%~85%，大约预冷 24h，使蛋温逐渐下降，再入库保管。

（2）加强入库后的管理

①码垛：码垛必须留有间隔，库内空气流动速度要控制适宜，空气流速过大会增加蛋的蒸发失水。蛋箱应放在距进风道、出风道远些的位置。

②控制库内温度和湿度：在冷库内保管禽蛋的适宜温度为 -2~-1℃。也可采用更低的温度，但不能低于 -3.5℃，以免蛋结冰破裂。库内温度要恒定，不要忽高忽低。库内相对湿度以 85%~88% 为宜，湿度过高很易造成霉菌繁殖；但湿度也不能过低，过低会使蛋失水而增加自

然损耗。

③定期检查禽蛋质量：检查的目的在于了解禽蛋进库、冷藏期间和出库前的质量状况，确定冷藏时间的长短，发现问题及时采取措施。一般采取入库前抽查以及出库前抽查。冷藏期间每隔 15~30d 抽查一次，抽查量约为贮藏量的 0.5%~1%。如果在抽查中发现质量较差的，可适当增加抽查数量。抽查时采用灯光透视检查。

（3）出库前回温处理　冷藏蛋出库时，应先将蛋放在缓冲间内，使蛋的温度缓慢升高。否则易因温差过大而在蛋壳表面凝结出水珠。这种蛋俗称出汗蛋，易感染微生物而引起变质。因此，冷藏蛋出库前的缓慢升温是十分必要的。

2. 涂膜保藏

涂膜法由于保鲜效果好，成本低，简便易行，已被许多国家所采用。如美国大约有 90% 的禽蛋要经过涂膜处理，在日本涂膜保鲜已进入机械化、自动化时代。涂膜法既可以用于鲜蛋的保藏，也可用于皮蛋的保藏。据报道，在炎热季节用涂膜法处理的皮蛋，存放 100d 以内，保质率可达 90% 以上，干耗率低于 3%。

（1）涂膜保藏原理　涂膜保藏法是将一种或几种具有一定成膜性、并且所成薄膜气密性较好的涂料涂布于蛋壳表面，将气孔堵塞，避免外界微生物对蛋的污染及侵入蛋内，同时也可阻止蛋内水分蒸发和 CO_2 外逸，使蛋内 CO_2 浓度逐渐积累，从而可抑制蛋内 pH 上升、抑制蛋的呼吸作用及酶活力，防止蛋清水样化、气室增大等，最终达到保藏目的。

（2）涂膜方法　①涂刷法：用刷子将涂料均匀地刷于蛋壳上，干燥后贮藏；②浸渍法：将蛋全部浸入涂料溶液中，数秒后取出，待蛋壳表面干燥后贮藏；③喷雾法：利用涂膜机或喷雾器将涂料溶液均匀地喷于蛋壳上，晾干后贮藏。从提高工效、减少蛋的破损来看，上述三种方法中以喷雾法较好。

（3）涂膜材料

①水玻璃：又称泡花碱，学名硅酸钠（Na_2SiO_3），遇水后分解成 SiO_2 和 $NaOH$，其中 SiO_2 是主要的成膜物质。目前市售的水玻璃浓度有 40°Bé、45°Bé、50°Bé、52°Bé、56°Bé 5 种。贮蛋常用水玻璃溶液的浓度为 3.5~4°Bé。因此，水玻璃在使用前，必须对原液加水稀释。

配制水玻璃溶液的水，最好是清洁的自来水或软水。如果用井水或河水，必须进行处理方可使用。其处理方法是：100kg 水中加入 5kg 碱，充分搅拌，使其溶化，待其沉淀后，取上清液使用。水玻璃稀释液配好后，将预先检验合格、洗净、晾干的蛋浸入溶液中，浸泡 15~20min，取出晾干，即可入库贮存。在 25~30℃ 下，可保存 3~5 个月。在浸泡过程中，若有蛋漂浮，应将其剔除。食用此法贮藏的蛋时，必须用水将蛋壳表面的水玻璃洗去，否则煮蛋时蛋壳会破裂。

②蜡涂料：是用蜂蜡和橄榄油按 1:2 的比例调制而成。

③复合涂料：复合涂料一般由疏水性物质、表面活性剂、水溶性高分子物质组成。疏水性物质有高级脂肪酸、高级醇等；表面活性剂有蔗糖脂肪酸酯、甘油脂肪酸酯、大豆卵磷脂等；水溶性高分子物质有阿拉伯胶、糊精、藻酸钠等多糖类和白明胶、清蛋白、谷蛋白或其他植物蛋白。据报道，用 1% 的蔗糖脂肪酸酯对鸡蛋进行涂膜，在 25℃ 下可保鲜 6 个月。

3. 气调保藏

1953 年 Swanson 提出，在密封袋里充入低浓度 CO_2，可延长禽蛋的贮藏期。其原理是：①提高贮藏环境中 CO_2 浓度，同时便降低了 O_2 浓度，这样可抑制蛋上需氧微生物的生长繁殖；

②高浓度 CO_2 不仅可抑制蛋内 CO_2 的外逸，而且环境中的 CO_2 可向蛋内渗透，并溶于蛋白中，使蛋白的 pH 由原来的 8.5~8.8 降到 7~7.5，这样可使蛋白略微变稠，使蛋黄固定在蛋白中央，避免蛋黄上浮形成贴壳蛋，同时还可提高蛋白的抗菌力；③高浓度 CO_2 可抑制蛋的呼吸作用和蛋内酶的活性，从而削弱了蛋的新陈代谢和酶促反应，延缓蛋的衰变。CO_2 浓度应保持在 25%~30%，库温控制在-1~0℃，相对湿度为 80%~85%。

另外，还有充 N_2 贮藏法，这样降低了袋内 O_2 的含量，从而可抑制蛋上微生物的生长繁殖及蛋的呼吸作用，延长贮藏期。

第四节　水产品的保藏

一、　水产品的低温保藏

在水产品的加工保藏方法中，以低温保藏的研究和应用最为广泛和深入。因为降温后，可以最大程度地保持水产品原有的性质，特别是新鲜度的改变很小。根据低温保藏的目的和温度不同，低温保藏又可以分为冰藏保鲜、冷海水保鲜、微冻保鲜、冷冻保鲜。

（一）冰藏保鲜

冰藏保鲜即用冰把新鲜渔获物的温度降至接近冰点但不冻结的一种保鲜方法，通常称冰鲜。它既是历史最悠久的传统保鲜方法，也是使渔获物的质量最为接近鲜活品的简便有效方法。

冰藏保鲜的原理是用冰把鱼体温度降到0℃左右，抑制渔获物组织酶的活性和微生物的繁殖速度，从而在一定时间内保持渔获物的鲜度。一般地说，冷却的终温越低，保鲜的时间就越长。冰藏保鲜的对象最好是刚刚捕获的或者鲜度较好的渔获物。

冰藏保鲜的特点是简便易行，适用范围广，保鲜效果较好，经济效益高，冰藏鱼比盐藏鱼可增值40%~50%。其缺点是保藏期短（一般 5~10d）；受外界因素、地区和季节影响较大，特别是在气温高的地区和季节冰消耗大；由于冰占用一定空间，所以渔舱利用率低。

冰藏保鲜的方法主要有撒冰法与水冰法。撒冰法是将碎冰直接撒到渔获物的表面，此方法不仅简便易行，而且融冰水既可洗涤鱼虾体表面以除去细菌和黏液，还可以防止鱼虾体表面氧化与干燥。此法多用于整条鱼的保鲜。水冰法是先用冰把清洁淡水（加少量盐）或洁净海水降温（清洁淡水为0℃，海水为-1℃），然后把渔获物浸泡在冰水中，鱼冰比例大约为1:1~1:2。其优点是冷却速度快，缺点是渔获物易吸水膨胀，以致使其腐败速度加快。实践证明，将水冰法和撒冰法结合运用，即先用水冰法使渔获物降至0℃，然后取出撒冰保藏，效果比单纯用一种方法要好。

冰藏时间要根据地区、季节、气温严格掌握，以防止渔获物变质。例如，山东沿海冰藏保鲜渔获物时间：春秋季一般为 12~15d，夏季 5~8d，可保证90%的渔获物鲜度达到一级品以上，二级品在 5% 左右。

（二）冷却海水保鲜

冷却海水保鲜是把渔获物保藏在-1~0℃的冷海水中，从而达到贮藏保鲜的目的。这种方法适合于围网作业捕捞所得的中上层鱼类，这些鱼大多数是红肉鱼，活动能力强，即使捕获后也仍然活蹦乱跳，很难做到一层冰一层鱼那样贮藏，如果不立即将其冷却降温，其体内的酶就会很快作用，造成鲜度迅速下降。海水冷却方式有机械制冷和碎冰冷却与机械制冷相结合两种。

冷却海水保鲜的特点是冷却速度快、渔获物免受挤压、处理数量大、劳动强度小。缺点是经过冷却海水浸泡的鱼体常有膨胀发胖的现象，特别是当渔获物品种不一时，某些中上层鱼类的浸出液多，如果处理不当，在保鲜后期肉质常有咸味，体表变色，严重的会变质腐败；另外渔舱载货量较低。

操作要求：渔船出港前，在舱内贮备一定量的碎冰。到达渔场前，由船上配备的制冷机将一定数量的清洁海水降温至-1~0℃。到达渔场作业时，在渔获物装舱前，把碎冰和冷海水混合，装至约为舱容量的50%。捕获的鲜鱼要随时迅速处理并装入舱内，此方法一般要求鱼水质量比为7∶3。待渔获物装满后密闭舱盖，开启制冷机，使舱温快速降至-1~0℃，并要求在整个航次中一直保持在-1~0℃。渔舱一定要注满水，舱内血水污染严重时要及时更换。到码头卸鱼时一般采用吸鱼泵，实行机械化装卸。卸完鱼后立即清洗鱼舱、海水冷却器、吸鱼泵和管道系统。若采用机械制冷方式，则全部由制冷机组冷却海水和渔获物，其操作方法基本相同。冷却海水保鲜的保藏期一般为5~10d。

（三）冰温保藏

冰温保藏是将食品置于0℃至食品冰点或冻结点之间的狭窄温度范围内保藏食品的方法。冰温保藏是继冷藏、冻结保藏后的一种新兴的保藏方法，其温度介于冷藏和微冻之间，和微冻保藏一起被总称为中间温度带保藏。冰温保藏的贮藏性是冷藏的2.0~2.5倍，同时因食品置于冻结点之上保藏，避免了微冻保藏、冻藏引起的冰结晶与汁液流失，大大提高了产品的品质。

冰温可有效抑制微生物的生长。冰温条件下，水分子呈有序状态排布，可供微生物利用的自由水含量显著降低。冰温还可抑制食品内部的脂质氧化、非酶褐变等化学反应。在水产品保鲜中，冰温可有效地抑制因微生物和酶的作用而引起的鲜度下降。冰温贮藏鳊、罗非鱼等淡水鱼，12d内挥发性盐基氮（TVB-N）值均处于一级鲜度水平。在冰温下使比目鱼冬眠，不仅能延长其保鲜期，而且能增加天冬氨酸含量，使其味道更加鲜美。

冰温保藏技术的关键是控制冰温条件的稳定性。而受目前制冷控温技术限制，温度波动范围一般都较大，在食品冻结点附近保鲜，极易造成产品冻结，影响保鲜效果。为缓解这一问题，研究者采用冰点调节剂降低食品的冰点，从而拓宽冰温区域，便于冰温的控制。冰点调节剂是由无机盐类、氨基酸、小分子糖、蛋白质类等制成的，通过添加该类物质，可使食品的冰点下降，拓宽其冰温范围，提高冰温保藏效果。

（四）微冻保藏

微冻保藏是将水产品的温度降低到略低于其细胞汁液的冻结点，并在此温度下进行保藏的方法。微冻保藏的基本原理是低温能够抑制微生物的生长繁殖和酶的活性，减缓脂肪的氧化，解冻时鱼体汁液流失少、鱼体表面色泽好。微冻时水产品表面会有一层冻结层，因此微冻保藏又被称为"部分冻结"。水产品微冻的温度一般为-3~-2℃。鱼的种类不同，其冻结点也不同。因此，在对不同种类的鱼进行微冻时，采用的温度略有不同，一般使鱼体的冻结率保持在1/3~1/2。

水产品微冻的方法主要有三种：一是冰盐混合法，即将冰与一定量的固体盐混合在一起，一般用盐量为冰量的 3% 左右，冰盐均融化吸热，可使温度达到−3℃；二是低温盐水法，低温盐水是将配制好的浓度为 9%～11% 的盐水先用制冷机降温至−5℃，然后将渔获物浸入，经 3～4h 的低温处理，使鱼体冻结率达到 1/3～1/2 后，于微冻温度下进行保藏；三是吹风冷却微冻法，此法速度较慢，但国内外都有应用。具体操作是：将鱼体装入吹风式冻结装置、冷风库中或鱼舱内，然后进行吹风冻结，冻结的时间根据冷风的温度、鱼体的大小和品种而定，当鱼体表层温度达到−5～−3℃时，鱼体深处的温度为−1～0℃，然后将鱼置于−3～−2℃的冷藏室内微冻保藏。

微冻法主要用于各种底层鱼类和部分淡水鱼的保藏，例如比目鱼、罗非鱼、鲤鱼、鲢鱼等。保藏期一般为 20～27d，比其他保藏方法延长 1.5～2 倍。

（五）冷冻保藏

水产品经过冷却或微冻处理，体内的酶类和微生物的作用虽然受到一定的抑制，但其作用并没有停止，仍以相当快的速度在继续进行。所以，冷却和微冻保藏的水产品都不能作为水产品长期保藏的手段。为了长期保藏水产品，必须把水产品的温度降得更低，以使水产品内绝大多数的水结冰，这就需要采用冻结的方法来达到这一目的。

水产品在冻结过程中，温度逐渐降低，当温度降至 5℃ 以下时，致病菌的繁殖即受到抑制；当降至−7℃时，嗜冷菌的繁殖即受到抑制；当中心温度达−15℃以下时，微生物的作用被抑制。同时，冷冻使鱼体内液态水分大大减少，微生物本身也产生了生理干燥，从而阻碍了微生物的生命活动。另外，低温下酶的作用会受到严重抑制，在 0℃ 时酶的活性即下降至室温时的 10%，在−30～−20℃下酶的作用几乎停止。因此，在冻结状态下水产品中由酶引起的各种生化变化速度将十分缓慢甚至停滞。

水产品的冻结方法主要有空气冻结、间接接触冻结和盐水浸渍冻结三种。空气冻结法包括静止空气冻结、吹风冻结、流态床冻结；间接接触冻结法包括立式平板冻结、卧式平板冻结；盐水浸渍冻结法包括热交换流体、喷射制冷剂等方法。

1. 空气冻结法

空气冻结法是利用空气作为介质来进行冻结的一种方法。

（1）隧道式送风冻结　这是目前陆上冻结使用最多的方法之一。冻品由机械化程度较高的小车或吊车运送进出隧道式冻结库房。冻结时，风机使空气强制流动，冷空气流经鱼盘，吸收鱼体的热量，吸热后由风机吸入蒸发器冷却降温，如此反复，不断循环。提高风速可增大鱼体表面的热交换系数，缩短冻结时间。此法与鼓风式一样，它也能引起冻品表面干耗和冻结的不均匀。

（2）钢带连续式冻结　该冻结装置的热交换方式是以产品与钢带的接触式传热为主，空气鼓风式传热为辅。钢带采用不锈钢材料，在连续冻结换热过程中，钢带的下面与蒸发器接触并被冷却，产品被冻结的速度很快。

（3）流态床冻结　流态床冻结使小颗粒水产品悬浮在不锈钢网孔传送带上，产品的悬浮力由自上而下的风提供，风速在进入网孔时为 7～8m/s，产品间的风速为 3.5～4.5m/s。由于风不但速度高，而且温度低，一般达到−30℃，故产品在悬浮状态下即被冻结，而不至于相互粘成块。流态床冻结速度快是其最大的优点，但一般只能冻小颗粒水产品如小型鱼、虾类等。体型较大的鱼（如鲳鱼），虽也能用流态床冻结，但达不到流态化，只能靠进料时在网带上分开摆放来达到单体冻结的目的。

2. 间接冻结法

间接冻结法是近些年来水产品冷冻加工普遍采用的方法，冻结设备主要是平板冻结机等。平板冻结机有卧式和立式之分，立式平板冻结机适用于船舶，卧式平板冻结机适用于加工车间。

（1）立式平板冻结装置　是将平板以垂直方向安装，将鱼体放置在平板之间，平板之间的距离可由机械传动装置来调节，使鱼体与平板接触紧密。平板是空心的，制冷剂或冷却的盐水等不冻液可在其内流动，热交换效果好，能使鱼体迅速降温。立式平板的优点是鱼可以散装冻结，不需要事先加以包装或装盘，缺点是冻品未经整理显得有些凌乱。

（2）卧式平板冻结装置　是将平板以水平方向安装，将鱼放置在平板之上，装完鱼后液压系统移动平板使之与鱼体紧密接触，开始冻结。其优点是可以冻结鱼片、小虾等小型水产品，并使外观形状整齐有条理性。不足之处是对厚度有一定的限制，一旦上层平板与鱼体接触不良，则形成单面冻结，造成冻结时间过长。

3. 盐水浸渍冻结

盐水浸渍冻结是一种将水产品浸入用冷媒冷却后的氯化钠、氯化钙、丙二醇等溶液中进行冻结的方法。溶液的冻结点与冷媒的种类、浓度等有关（表4-17）。

表4-17　　　　　　　　　　　　　常见盐溶液的冻结点

溶液种类	溶液浓度	冻结点/℃
氯化钠	212g/L	−19.4
氯化钙	303g/L	−50.6
丙二醇	45.0%	−25

（1）直接接触冻结　即将鱼体直接浸在盐水中或用冷盐水喷淋鱼体冻结，所用盐水为饱和氯化钠。冻前温度降至−18℃，当鱼体中心温度降至−15℃时冻结完毕，随后清洗、包装、冻藏。该方法不仅易损伤鱼体表皮和鳞片，致使外观欠佳，而且肉质偏咸，贮藏时脂肪易氧化，设备腐蚀严重。因此，该法在生产中已不再采用。

（2）间接接触冻结　即用氯化钙溶液作为载冷剂，通过搅拌器的强制作用，盐水在池内不断循环流动，并经过蒸发器冷却，从而使池内盐水处于低温状态，将鱼装入铁盘中浸在冷盐水溶液中冻结。此法的优点是冻结速度比空气冻结快，又避免了盐分渗入鱼体。缺点是与盐水接触的所有容器、设备都会受到腐蚀。

（3）冷媒冻结　将液态氮或液态CO_2喷射于水产品上或将水产品直接浸入液化气体中进行冻结的方法。液态氮在大气压下的沸点为−193.56℃，其潜热为199.5kJ/kg；液态CO_2在−78.9℃蒸发，可吸收575.0kJ/kg的潜热。用液化气体冻结水产品有以下特点：①冻结速度快：用液氮比平板冻结快5~6倍，比空气冻结快20~30倍。②冻品质量好：由于冻结速度快，产生的冰晶小，对细胞的破坏很轻微，解冻汁液流失少。③干耗小：以牡蛎为例，鼓风冻结干耗8%，液氮喷淋冻结干耗为0.8%。④抗氧化：氮气可隔绝空气中的氧，冻品不易氧化。⑤优缺点：优点是设备简单，投资少。缺点是大个体冻品容易产生龟裂，这是由于内外瞬间温差太大造成的；冷媒回收困难，所以成本相对较高，只适宜冻结高档水产品。

二、 水产品的化学保藏

化学保藏法是借助各种药物的杀菌或抑菌作用，单独或与其他保鲜方法相结合的保鲜技术，如食品添加剂保藏、盐腌保藏、烟熏保藏等。

（一）食品添加剂保藏

用于水产品保藏的食品添加剂主要是防腐剂、抗氧化剂等。

1. 防腐剂保藏

20 世纪 50 年代，国内外都曾采用各种广谱性抗生素（如四环素、土霉素、阿莫西林、金霉素等）用于水产品的保鲜，使用的方法有泼洒法、浸泡法、抗菌素冰等，均有明显的保藏效果。但是，由于在鱼虾中出现了抗菌素的残留和细菌的耐药性问题，从而限制了它的应用。

20 世纪 60 年代起，采用亚硫酸盐等化学药品来防止水产品变黑，在一段时间内很普遍。但由于肌肉残留以及过敏性问题，亚硫酸钠已被禁用，取而代之的是 4-己基间苯二酚。另外，食盐和食物纤维混合在一起的复合材料，既能抑制食盐渗透到鱼体内，又可长期保鲜贮藏。使用的食物纤维应是保水性能好、无异味的纤维素及果胶、多缩甘露聚糖等多糖类物质。例如，使用含水率为 4.3% 的干甜菜粕，粉碎成 16~100 目粒度，取 300g 再加入 300g 食盐，混合均匀后进行保鲜，30d 后鱼类咸度适中、味道鲜美、鲜度良好。

20 世纪 90 年代以后，由于化学保鲜剂存在令人担心的安全问题，因而天然防腐剂的开发应用得到了空前的重视。其中乳酸链球菌素、鱼精蛋白、壳聚糖及其衍生物等具有良好的保鲜效果，应用前景很广。

Nisin 是一类多肽化合物，现已经在 40 多个国家广泛使用。实验表明，Nisin 具有延迟熏制鱼中存在的肉毒梭菌芽孢之毒素形成的作用。将脱乙酰率 70% 的壳聚糖和抗坏血酸按比例 0.7%~2.0% 混合，用于水产品保鲜，效果较佳。将无头虾在 4~7℃ 下浸渍于不同浓度的壳聚糖溶液中，可保存 20d 左右。0.007 5%~0.01% 的壳聚糖溶液对几种病原微生物具有很强的抑制作用，但抑制假单胞菌则需要比 0.1% 更高的浓度。鱼精蛋白是一类富含精氨酸的多肽生物防腐剂，在中性和偏碱性条件下，能够抑制耐热芽孢菌、乳酸菌、金黄色葡萄球菌、霉菌和革兰阴性菌的生长繁殖，盐类、甘氨酸等可增强鱼精蛋白的抑菌作用。

2. 抗氧化剂保藏

在生鲜水产品的短期保藏中使用抗氧化剂的情形并不普遍，但在长期保藏含脂较多的水产品或水产干、腌制品时，就需要使用适当的抗氧化剂防止脂肪氧化。

在水产品中常使用的抗氧化剂有丁基羟基茴香醚（BHA）、二丁基羟基甲苯（BHT）、特丁基对苯二酚（TBHQ）、生育酚类、异抗坏血酸及其钠盐、茶多酚等。在水产品中常用的抗氧化剂及其用量见表 4-18。

表 4-18　　　　　　　　　水产品中常用抗氧化剂的使用限量

抗氧化剂种类	用途	允许最高使用限量/（g/kg）
丁基羟基茴香醚	干鱼制品	0.2
二丁基羟基甲苯	干鱼制品	0.2
特丁基对苯二酚	干鱼制品	0.2

续表

抗氧化剂种类	用途	允许最高使用限量/（g/kg）
异抗坏血酸及其钠盐	鱼肉制品、鱼贝腌制品及冷冻品	1.0（冷冻鱼）
植酸及其钠盐	对虾保鲜	良好操作规范（GMP，残留量≤20mg/kg）
茶多酚	鱼制品	0.3
4-己基间苯二酚	防止虾褐变	良好操作规范（GMP，残留量≤1mg/kg）
甘草抗氧化物	腌制鱼	0.2

需要指出的是，抗氧化剂并不单独用于水产品保藏，通常是与冷藏、干制、腌制等方法一起使用。

使用化学保藏剂最为关注的问题就是卫生安全性。使用化学合成的添加剂时，必须选择符合国家卫生标准的食品添加剂，且用量在允许使用的最高限量范围内，以保证消费者的身体健康。

（二）腌制保藏

腌制保藏又称腌制加工，是利用食盐使水产品组织脱水，以达到延长贮藏期的一种化学保鲜方法。水产品的腌制保藏在我国已有 3 500 年的历史，目前世界总渔获物中，用于生产腌制品的原料鱼占 14%，我国每年有近 100 万 t。近年来，已从以贮藏为主要目的的高盐制品，逐渐向着低盐制品方向发展，腌制已经从以保藏为主要目的过渡为以加工为主要目的。

1. 腌制保藏原理

利用食盐使鱼体和污染鱼体的微生物菌体脱水，同时在形成的卤水中部分食盐透过细胞膜扩散渗入到鱼体内与残留水分形成高渗透压溶液，从而抑制了大部分致病性或致腐性微生物的生长，使腌制品具备了良好的保藏性能。抑制各类微生物生长的有效食盐溶液浓度为 10% ~ 26%，在这个浓度范围内，食盐溶液浓度越高，A_w 越低，对微生物的抑制作用越大。与 A_w 对应的食盐溶液浓度及其对微生物的抑制作用见表 4-19。

表 4-19　　　　　　　　　　几种微生物被抑制的最低 A_w

微生物种类	被抑制的最低 A_w 界限	与最低 A_w 相对应的食盐溶液浓度/（g/L）
大多数腐败细菌	0.91	130
大多数腐败酵母	0.88	162
大多数腐败霉菌	0.8	231
嗜盐菌	0.75	饱和
耐干霉菌	0.65	过饱和
耐高渗透压酵母	0.6	过饱和

高渗透压溶液除了可降低 A_w 以抑制细菌生长外，它还能使细菌的原生质分离，溶解氧减少，以及使蛋白质分解酶的活力被抑制等。

鱼肉在腌制时，食盐的渗透速度与用量有关，用盐量越多，渗透速度、渗透量也就越大。食盐的渗透速度在初期很快，随后下降，不久后就几乎完全停止。

水分在腌制过程中变化较大。由于渗透压的作用，鱼肉中的水分要向外渗出，用盐越多渗出水越多。干腌法最终渗出的水分可达鱼肉中总水分的 $40\% \sim 60\%$，湿法中也会出现类似现象。食盐浓度越高，脱水量也就越多，原因是食盐使鱼肉蛋白质的亲水性发生了变化。一般情况下，每 100g 原料肉要失水 30g 左右，因保藏方法的不同而有所差异。

盐分向鱼体渗透并到达肌肉的各个部位需要一定时间，其时间长短与鱼的大小和种类、腌制方法、盐溶液浓度等有关。在食盐渗透的同时，细菌的生长也在进行，如果细菌增殖的速度很快，以至于在食盐渗透到鱼体中心之前鱼便发生了腐败，这样腌制出来的成品质量就差，甚至不能食用。为了缩短食盐的渗透时间，对大鱼必须切开后腌制，并在腌制前清洗鱼体，以减少鱼体的带菌量。

2. 腌制方法

（1）干腌法　又称盐渍法、撒盐法。它是将盐直接撒在鱼体上，依靠鱼体表面所析出的水分来形成盐溶液的盐渍方法。干腌法的优点是操作简便，处理量大，盐溶解时吸热降低了物料温度而有利于贮藏。它的缺点是用盐不均匀，油脂氧化严重，因此比较合适于低脂鱼的腌制。另外由于卤水不能即时形成，推迟了食盐渗透到鱼体中心的时间，使得盐渍过程被延长。

（2）湿腌法　又称盐水渍法，它是将鱼体放入容器中，注入预先配好的食盐溶液进行腌制。由于鱼体比重小于盐水的比重而使鱼上浮，所以鱼的上面要加重物。该法制备的物料适于做干制或熏制的原料，既方便又迅速，但不宜用于生产咸鱼。这种方法的优点是食盐渗透得比较均一，盐腌过程中因鱼体不接触空气，故不易引起氧化，且不会产生过度脱水而影响鱼的外观。不足之处是需要的容器设备较多，食盐用量较大，由于鱼体的水分不断析出，还需不断加盐等。

（3）混合腌渍法　又称改良腌渍法，是干腌法和湿腌法相结合的方法。方法是预先将食盐擦抹在鱼体上，装入容器后再注入饱和盐水，鱼体表面的食盐随鱼体内水分的析出而不断溶解，这样一来盐水就不至于被冲淡，克服了干法易氧化、湿法速度慢的缺点。此法根据腌制时是否经过降温处理又分为热腌法、冰冻盐渍法和冷腌法。热腌法即是常温下的盐腌法；冰冻盐渍法是把冰和盐混合起来盐渍鱼的方法，用以降低鱼体温度，保证成品的质量；冷腌法是预先使鱼冷却再腌制的方法，目的是预防鱼体内部的腐败。

（三）烟熏保藏

烟熏水产品可以起到保藏的作用，同时也可以获得特有的色泽和特殊的香气。在烟熏过程中，当温度达到 40℃ 以上时，就能有效地杀死细菌，降低微生物总菌数。在烟熏时水产品表面的水分大量蒸发，降低了 A_w，抑制了微生物的生长繁殖，从而达到了保鲜的目的。在烟熏过程中，随着脱水的进行和水溶性成分的转移，食品表层的食盐浓度增大，若处于加热状态，食盐的加热效果明显提高。由于微生物的耐盐性随 pH 的降低而减弱，熏烟中的甲酸、乙酸等附着在制品的表面上，使表层的 pH 下降，增强了食盐对微生物的抑制作用。熏烟的化学成分极其复杂，据报道有 200 多种化合物，能起防腐作用的是酚类、酸类和甲醛，特别是酚类化合物，它除了具有防腐作用外，还可以抗氧化、赋予制品特殊的香气，这是因为酚类物质能损害菌体的细胞膜和促进菌体蛋白质凝固，同时还能抑制脱氢酶和氧化酶系统活性，阻碍细胞的正常代谢活动。

熏烟的发生量、烟熏时间、熏烟的温度、原料的含水量、表面积以及 pH 等因素都对保藏有较大的影响。烟熏方法主要有 40℃ 以下的冷熏，70℃ 左右的热熏和无烟的液熏，传统的熏制方法以前两种为主。液熏是利用木材干馏生成的液体或用其他方法制成与烟气成分相同的无毒液体，浸泡制品或喷涂制品表面。该法熏制时间短，便于实行熏制过程的机械化和连续化，可以广泛适用于水产品中。

熏制过程一般包括前处理、盐渍、脱盐、沥水、风干、熏干等工序。鲑、鳟鱼熏制品是水产品中最高级的产品，原料也采用高级的红鲑、白鲑、大马哈鱼、银鲑等。狭鳕、贝肉等也都能以烟熏进行保藏。

三、 水产品保藏新技术

（一）水产品的辐照保藏技术

1. 辐照保藏的原理

食品辐照保藏是利用射线照射食品，以延迟食品某些生理生化变化，或灭菌、杀虫等，以延长食品贮藏时间，是一种发展较快的保藏技术和方法。

辐照食品时，射线把能量和电荷传递给食品以及食品中的微生物和昆虫，微生物和昆虫是活的生物体，它们的新陈代谢、生长发育和生理生化反应等生命活动受射线影响而引起酶的钝化和各种损伤，从而导致代谢生长异常、损伤扩大直至丧失生命。水产品却不同，它是无生命的，射线对它的影响很小，其营养素变化也不大，所以能够达到保藏的目的。这是辐照用于水产品保藏的基本原理。

水产品中的水、蛋白质、脂质、糖类、维生素等成分经辐照后或多或少地发生了一些变化，会引发化学效应、生物效应等。所谓化学效应是指被辐照物质中的分子所发生的化学变化。水产品经辐照后，发生化学变化的物质，除了水产品本身的化学组成之外，还有包装材料、水产品内外部的微生物和寄生虫等。

2. 水产品的辐照技术

新鲜水产品辐射的方式有以下三种。

（1）辐射完全杀菌（辐射阿氏杀菌，Radappertization） 可以达到商业无菌，辐射剂量一般在 $10 \sim 50kGy$。

（2）辐射针对性杀菌（辐射巴氏杀菌，Radicidation） 能够完全杀死致病菌，并使杂菌量达标，辐射剂量一般在 $5 \sim 10 \ kGy$。由于该杀菌方法不能杀死全部微生物，因此，在水产品贮藏时需要与其他保藏手段相配合。

（3）辐射选择性杀菌（辐射耐贮杀菌，Radurization） 可以杀死水产品中的腐败性微生物，使水产品表面腐败微生物数量显著降低，因而可以延长水产品的保藏期。辐射剂量小于 $5 \ kGy$。

对水产品采用中、高剂量辐照时，会产生较大的异味，即使人不愉快的辐照臭。所以，一般采用 $3kGy$ 左右的低剂量进行辐照。另外为了避免出现辐照臭而影响产品质量，还可采取辐照与在 $3℃$ 冷藏相结合的操作方法，即在低温下辐照，可大大减轻异臭味。

研究表明，鱼类产品经 $3kGy$ 剂量辐照后，维生素 B_1 损失约为 15%，维生素 B_6 损失约为 25%，而维生素 B_2 和维生素 B_{12} 都保持不变。辐照后氨基酸含量不变。当辐照剂量达到 $5kGy$ 时，青鱼和鳕鱼类蛋白质的性质仍无明显改变。实验证明，用 ^{60}Co 的 γ 射线和高能电子束对水产品进行照射杀菌，可延长其贮藏时间。用剂量 $45 \sim 56kGy$ 照射虾类，在 $0.5 \sim 1.5℃$ 下贮藏 1 个月后，感官品质良好。

（二）水产品的高压保藏技术

食品高压力杀菌技术简称高压技术，是将食品密封于弹性容器或置于无菌压力系统（常以水或其他流体介质作为传递压力的媒介物）中，在高静压下（一般大于 100MPa）处理一段时间，以达到无菌保藏的目的。水产品的高压处理是在液态介质中对原料施加 $100\sim1\,000$ MPa 的压力并保持一定的时间，在水产品中会产生同加热处理一样的蛋白质变性、微生物灭活和酶失活等作用。水产品用高压处理后会保持原有的颜色、气味、滋味，只是外观和质地会略有改变。

加压使蛋白质凝固而变性。但这种变性的机理与加热不同，加热是使蛋白质分子运动得更加激烈，造成非共价键解离，疏水性基团外移，分子空间构象发生变化而变性。当蛋白质受到外部巨大压力时，这种压力首先作用在水分子上，由于压力使体系体积减小，所以也影响到了氢键、疏水键和离子键。由于水分子间距的减小，在蛋白质的氨基酸支链周围配位的水分子的位置就发生了变化，从而导致了蛋白质三、四级结构变化，即变性、凝固，这个压力过程中共价键未受到影响。

酶也是蛋白质，高压对水产品处理时的压力和升压速率对酶的活性有直接的影响。例如，在对水产品甲壳类动物高压处理时，会使其中的蛋白酶、酪氨酸酶等失活，减缓了酶促褐变及降解反应。

将水产品物料包装密封后，置于 200MPa 装置中加压处理，可使细菌灭活。这是因为高压导致了微生物的形态结构、生物化学反应、基因机制以及细胞壁膜发生了多方面的变化，从而影响微生物原有的生理活动机能，使原有功能被破坏或发生了不可逆变化。

（三）水产品的气调包装保藏技术

气调包装技术是国际流行的一种无防腐剂保藏包装技术，是由 CO_2、N_2 或 CO_2、O_2、N_2 组成的混合气体置换出食品包装袋内空气，使细菌及霉菌的生长得以控制，从而达到防腐保藏的目的。气调包装保藏技术能有效地防止微生物的二次污染，操作处理简单，具有整洁的外观感受性等特点。

1. 水产品气调保藏的原理

气调包装保藏是在适宜的低温下，通过调节和控制水产品包装内空气的组成，降低 O_2 的含量，增加 CO_2 的含量，或者充入惰性气体，或者抽出包装内的部分气体降低氧的含量，从而抑制微生物的生长繁殖，降低食品中化学反应的速度，达到延长保藏期和提高保藏效果的目的。

2. 气调保藏对水产品成分变化的影响

鱼贝类在保藏过程中，脂肪容易发生自动氧化作用，降解为醛、酮和羧酸等低分子化合物，导致水产品发生氧化酸败。在脂肪自动氧化过程中，由羟基游离基转变为过氧化物游离基的过程需要空气中的氧参与。由于采取了低氧、无氧或充氮，就可以使脂肪的氧化酸败减弱或不会发生。这不仅防止了水产品因脂肪氧化酸败所产生的异味，而且还防止了因"油烧"所产生的颜色变化。

O_2 除了会使水产品中的脂肪发生氧化酸败，还可以使水产品中多种成分发生氧化反应，如抗坏血酸、谷胱甘肽、半胱氨酸等。水产品成分的氧化不仅降低了食品的营养价值，甚至产生过氧化类脂物等有毒物质，使食品的色香味品质变差。而采用气调保藏可避免或减轻上述不利于食品质量的一系列变化。

3. 鲜鱼的气调包装

水产品气调包装采用的气体是 CO_2、N_2 或真空包装。对鲜鱼片一般采用廉价的多层尼龙薄膜来做真空包装。许多实验结果表明，使用 CO_2 气调包装进行冷却流通，可望得到很好的鲜度保持效果。但是当贮藏温度提高 $10 \sim 20℃$ 时，CO_2 也不能抑制细菌数的增加。所以，一定要两者结合使用才能实现保藏目的。

4. 气调包装的安全性

气调包装同样存在安全性问题，如果使用方法不当，这种水产品保藏新技术有可能会助长食物中毒的发生。尤其要注意偏性厌氧性细菌，这类菌群在空气中不能繁殖，而在无氧情况下却可快速增长，特别是作为食物中毒菌的产气荚膜芽孢梭菌。实验发现，用 $20\% CO_2$ 或 $40\% N_2$ 的气调包装，明显促进了产气荚膜芽孢梭菌的增殖和发芽。此结果说明，被这些偏性厌氧性菌所污染的食品，再使用气调包装，反倒助长了这些细菌的繁殖。因此，在开发使用水产品气调保藏技术时，对此必须予以高度注意。

（四）水产品高密度 CO_2 保藏技术

高密度 CO_2 保藏技术是通过 CO_2 的分子效应来影响和杀灭微生物和酶，避免热加工对食品所带来的不良效应，很好地保持食品品质。

迄今为止有关高密度 CO_2 技术杀菌机理还不十分清楚，现有的主要假说如下：①高密度 CO_2 处理对细胞造成了物理破坏。研究者认为高密度 CO_2 对细胞壁或者细胞膜造成了破坏，使其表面具有皱纹或破洞；也有人认为当用高密度 CO_2 处理微生物时，细胞对 CO_2 的吸收有可能导致微生物细胞膨胀而导致机械性破坏。②高密度 CO_2 处理导致细胞内溶物渗漏。微生物经过高密度 CO_2 处理会造成一些不可逆破坏，包括耐盐性丧失、紫外吸收物质泄漏、离子释放以及质子渗透性削弱，从而提高了膜的渗透性，而细胞及细胞膜中脂肪或其他物质的渗漏是微生物致死的原因。③高密度 CO_2 处理降低了 pH。高密度 CO_2 溶解形成碳酸，而碳酸进一步分解成 H^+，从而降低了细胞外部甚至细胞内部 pH。而细胞内部 pH 的降低比细胞外部 pH 降低更能导致微生物的死亡，这可能是由于细胞内部 pH 降低能钝化细胞内部一些与新陈代谢相关的关键酶，这些酶与糖酵解、氨基酸和小分子肽的运输、离子交换以及蛋白转换等有关。④高密度 CO_2 处理导致蛋白质沉淀。CO_2 分子渗透入细胞与水结合形成碳酸，并与细胞内的钙镁离子结合生成碳酸钙镁盐，从而造成蛋白沉淀而致微生物的钝化。

高密度 CO_2 保藏技术已在果汁加工、液蛋制品、乳制品及肉制品中使用，结合水产品的生鲜特点，其在水产品的保藏中将发挥更大的作用。

第五节　薯芋类的贮藏

薯芋类为粮菜兼用型作物，一般都具有可供食用的肥大多肉的块根、块茎。其产品器官（块根、块茎）生长期间位于地下，食用部位多含淀粉，且均用产品器官繁殖，如马铃薯、甘薯（番薯、山芋）、芋、木薯、山药、菊芋等。薯芋类既是我国主要的粮食作物，也是重要的蔬菜资源，同时又是重要的饲料和轻工、食品、医药等工业原料作物。薯类块根中淀粉含量达 20% 左右，可溶性糖（葡萄糖、蔗糖、果糖）含量约 3%，蛋白质含量 2%，还含有多种维生素，是营养价值较高的粮食作物。根据农业部2016年统计，我国薯类种植面积为8 940.6 k hm²，占我国粮食种植结构的7.91%，产量3 356.2万t。本节主要介绍甘薯、马铃薯、木薯、山药、芋头5种薯芋类的贮藏。

一、 马铃薯的贮藏

马铃薯又称土豆、洋芋等，是茄科茄属的一年生薯芋类蔬菜，可食器官为地下块茎。马铃薯是世界上仅次于小麦、水稻和玉米的第四种主要作物。全球马铃薯年产量约3亿t，其中一半以上供人类食用消费。马铃薯富含淀粉和蛋白质，菜粮兼用，用途广泛，不仅是重要的蔬菜种类，也是用于制造淀粉、酒精、葡萄糖等工业用品的原料。

2015年，中国启动马铃薯主粮化战略，推进把马铃薯加工成馒头、面条、米粉等主食，马铃薯已成稻米、小麦、玉米之外的第四主粮，故搞好马铃薯的贮藏保鲜意义重大。

（一）贮藏特性

马铃薯的食用部分是肥大的块茎，收获后有明显的生理休眠期。收获后的马铃薯块茎一般需要经过30d左右的后熟期，使其自身呼吸由强逐渐变弱，薯块表皮充分木栓化，块茎内的含水量迅速下降，并且释放大量的热量。因此，刚收获的马铃薯必须先进行通风处理，使块茎的各种伤口愈合，进一步形成木栓层，随后进入休眠状态，然后再装袋入库。马铃薯块茎休眠期的长短因品种和贮藏条件的不同有很大差异，一般为2~4个月。马铃薯具有不易失水和愈伤能力强的特性，是较耐贮藏和运输的一种产品。

就品种而言，以早熟品种在寒冷地区栽培，或是秋季栽培的马铃薯休眠期较长。目前，适合作为大量贮藏用的品种有早熟白、紫山药等。贮藏温度是延长马铃薯休眠期的关键因素，在适宜的低温条件下贮藏的马铃薯休眠期长，特别是初期低温对延长休眠期有利。马铃薯富含淀粉和糖，而且在贮藏中淀粉与糖能相互转化。试验证明，当温度降至0℃时，由于淀粉水解酶活力增高，薯块内淀粉含量下降，单糖积累，食用品质劣变；而当贮温提高后，单糖又合成淀粉，但温度过高淀粉水解成糖的量也会增多。所以，贮藏马铃薯的适宜温度为3~5℃。

贮藏环境的湿度对贮藏效果也有直接影响，过高容易造成致腐菌大量生长而引起腐烂；过低又会导致马铃薯失水量增大、新鲜度下降、损耗增多。实践证明，马铃薯适宜的贮藏相对湿度为80%~85%。

另外，光能促使马铃薯缩短休眠期而引起萌芽，并使芽眼周围组织中的茄碱苷含量急剧增加，显著超过中毒阈值0.02%。因此，马铃薯贮藏时应尽量避光。

（二）贮藏方式及技术要点

延长休眠期、抑制发芽、保持马铃薯食用安全品质是商品薯贮藏期间的主要要求。因此，马铃薯在贮藏前一般应进行预贮和适当的药物处理。对于夏季收获的马铃薯，将薯块放在阴凉通风的室内、窖内或荫棚下堆放预贮是必不可少的环节。薯堆一般不高于0.5cm，宽不超过2m，时间一般不超过10d。为了防止马铃薯在贮藏期间发芽，可在贮藏前用α-萘乙酸甲酯或乙酯处理，每吨马铃薯用药40~50g，加1.5~3kg细土制成粉剂撒在块茎堆中即可，施药应在生理休眠期即将结束之前进行。此外，化学方法也常采用氯苯胺灵（CIPC）来延长马铃薯休眠期，抑制马铃薯的发芽。我国目前有CIPC抑芽粉剂、乳油、气雾剂等剂型，在常温和低温下都能够有效地抑制马铃薯发芽。低温贮藏、⁶⁰Co辐射处理等物理方法也能够迫使马铃薯块茎休眠。

马铃薯的贮藏方式很多，从各地秋收冬贮的生产实践效果看，以上海、南京等地的堆藏，山西的窖藏，东北的沟藏较为成熟，适合各地的不同情况。另外，有条件的地方对马铃薯进行冷藏，效果会更好。

（1）堆藏 选择通风良好、场地干燥的库房，用福尔马林和高锰酸钾混合后进行喷雾消毒，2~4h 后，即可将预贮过的马铃薯进库堆藏。一般每 $10m^2$ 堆放 7 500kg，四周用板条箱、箩筐或木板围好，中间可放一定数量的竹制通气筒，以利通风散热。这种堆藏法只适于短期贮藏和秋马铃薯的贮藏。生产中应用较多的堆藏法是以板条箱或箩筐盛放马铃薯，采用"品"字形堆码在库内贮藏。板条箱的大小以 20kg/箱为宜，装至离箱口 5cm 处即可，以防压伤，且有利于通风。

（2）沟藏 东北地区的马铃薯一般在 7 月下旬收获，收后的马铃薯预贮在荫棚或空屋内，直到 10 月下旬贮藏。沟深 1~1.2m，宽 1~1.5m，长度不限。薯块堆至距地面 0.2m 处，上覆土保温，覆土总厚度 0.8m 左右。覆土要随气温下降分次覆盖。

（3）窖藏 西北地区土质黏重坚实，适合建窖贮藏。通常采用井窖和窑窖来贮藏马铃薯，其贮藏量可达 3 000~5 000kg/窖。由于只利用窖口通风调节温度，所以保温效果较好。缺点是入窖初期不易降温。因此，产品不能装得太满，并注意窖口的启闭。窖藏过程中，由于窖内湿度较大，容易在马铃薯表面出现"发汗"现象。为此，可在马铃薯表面铺放草毡，以转移出汗层，防止萌芽和腐烂。窖藏马铃薯入窖后一般不倒窖，但在窖温较高、贮期较长时，可酌情倒窖 1~2 次。倒窖时须轻拿轻放，以免造成新的机械损伤；并及时剔除病烂薯块，以防病菌蔓延。

（4）冷藏 冷藏马铃薯是各大、中城市使用较多的方法。薯块入库前，必须经过严格挑选和适当预冷。装箱入库后，库温应维持在 3~4℃的范围内。在贮藏过程中，通常每隔 1 个月检查一次，若发现变质者应及时拣出，防止感染。堆垛时垛与垛之间应留有过道，箱与箱之间应留间隙，以便通风散热和工作人员检查。

（5）通风库贮藏 通风库是一种空气流通性好、可利用外界低温空气来调节室内温度的贮藏场所。马铃薯在库内堆放时，薯堆高不超过 2m，堆内放置通风塔。也可将薯块装筐堆叠于库内，或是在库内设置木板贮藏柜，如此通风好、贮量大，但成本较高。

二、红薯的贮藏

红薯又名番薯、地瓜、甘薯等，属旋花科甘薯属的一个重要栽培品种，是具有蔓生习性的一年生或多年生作物，原产于南美洲。由于其高产稳产、抗干旱、耐贫瘠、适应性广及营养丰富等特点，已成为全球广泛种植的主要块根作物之一。我国是世界红薯生产大国，种植面积约 666.6 万 hm^2，年产鲜薯约 1.2 亿 t，占世界总产量的 80%以上，栽培面积和总产量均居世界首位。红薯品种颇多，其肉色有黄、杏黄、白黄、淡黄、紫红等。红薯块根中除了含有淀粉、可溶性糖（15%~20%）、果胶、矿物质和膳食纤维外，还含有丰富的胡萝卜素、维生素 C、叶酸、脱氢表雄酮和糖蛋白等生理活性物质，故有"长寿食品"之誉。

（一）贮藏特性
红薯块根体积大，含水量高，组织幼嫩，皮薄易碰伤，对温度、湿度很敏感，易发生冷害、湿害、干害、病害等而导致腐烂，很难做到安全贮藏。

1. 品种特性

不同品种红薯的耐贮性差异较大。判断红薯品种耐藏能力的大小，一般主要取决于红薯的淀粉酶活力和抗病性。如徐薯18、豫薯12号属于含淀粉酶活力低的品种，淀粉不易转化为可溶性糖，其耐藏性较强。同时，对黑斑病、软腐病和茎线虫病（又称糠心病）抵抗力强的红薯品种，耐藏性较好。

2. 贮藏条件

红薯贮藏的适宜温度是10~14℃，温度过低会遭受冷害，使薯块内部变褐变黑，蒸熟后有硬心并有异味，而且后期极易腐烂。温度过高，薯芽开始萌动、糠心，加速黑斑病和软腐病的发展。红薯贮藏适宜的湿度为80%~85%，在此范围内，呼吸相差不大。红薯入贮初期，温度高，呼吸旺盛，会引起贮藏环境内 O_2 含量下降，轻则丧失发芽力，重则缺氧"闷窖"，造成窒息性全窖腐烂。有研究指出，当薯窖内的 $O_2 < 7\%$，$CO_2 > 10\%$ 时，红薯会产生酒精味。

（二）贮藏方式及技术要点

无论采用哪种贮藏方式，红薯适期收获及贮前处理对其贮藏效果有显著影响。

红薯是无性繁殖营养体，没有明显的成熟标准和收获期，但适时收获对其贮藏有明显影响。通常地温在15℃左右，红薯会停止膨大；地温长时间在9℃以下，红薯会发生冷害。因此，一般在地温18℃左右时是红薯的最佳收获期，即霜降来临之前。过早收获产量低，且气温过高，收获后不能及时入窖；过晚收获易受冷害，不耐贮藏，增加贮藏难度。收获时做到轻刨、轻装、轻运，尽量减少薯块破损和表皮擦伤，最大限度地确保薯块及表皮完好。

刚挖出的红薯经常带有大小不等的伤口，加之皮层薄、含水量高、带病菌多、搬运过程中易造成机械损伤，若直接入贮，病菌易从伤口侵入导致大量腐烂。因此，入贮前必须对入贮的红薯进行愈伤处理。结合药物防治，可降低表层水分，减少薯表病菌，增厚皮层，增强红薯贮藏能力。适期收获的红薯经预处理后，可采用以下几种方式贮藏。

1. 棚窖贮藏

在户外挖窖，深2m，宽1.5m，长度可随贮量而定。窖口高出地面30cm以上，地上部分用土打墙；窖口上架设木棍，棍上铺30cm厚的秸秆，其上再覆土0.5m左右；在东南角留一出入口。红薯入窖前，先在窖底及四壁垫10cm厚的细软草，堆放薯块时尽量轻拿轻放，避免红薯与窖壁接触。红薯不可堆得过满，上部应留60~70cm的空间。接近窖口部位，围草要加厚，预防冻土层影响薯块。红薯入窖初期，上面不加盖，采取自然散热，待窖温降到13~15℃时，上部盖10cm厚的防寒物。另外，在窖底中部纵向放一根、横向等距离放两根直径20cm的空节破裂毛竹筒，并将两端沿窖壁露出红薯堆，以利于窖底空气成分的调节，避免 CO_2 伤害。

2. 井窖贮藏法

北方寒冷地区，可用此法。选好窖址，向下挖一井筒，一般上井口直径1m左右，下口直径1.5m，井窖深5~6m，井底需垫黄沙。在井底部两边挖贮藏室，贮藏室的大小可根据贮藏量多少而定，一般 $1m^3$ 可贮甘薯400kg。在井窖的拐窖上方，由地面向下掏一个直径30cm的气眼，以利空气对流和前期散热。井窖中的温、湿度比较稳定，但是通风换气功能较差。气眼型井窖与普通井窖贮藏甘薯相比，优点是除能满足保温、保湿性能外，其散热性较好。采用井窖法贮藏，每次入窖前，应先用明火（如蜡烛）探测窖内 CO_2 浓度，如明火熄灭，千万不可马上入窖，应采用通风措施后再进入。

3. 软库贮藏

软库是一种用塑料薄膜制作的活动库。庞杰等研究表明，软库内相对湿度较高，温、湿度变化小，冬季有一定保温作用，CO_2 浓度为 1% 左右，比较适宜红薯贮藏。适宜温度下贮藏120d 后，软库内完好薯块为入贮质量的 90.1%（普通库房为 83.2%，高温窖为 70.0%），营养物损失少，可控制薯块的蒸发失水，抑制病菌繁殖，较好地维持薯块耐贮性和抗病性，达到良好的贮藏效果。

4. 改良式贮藏库

改良式贮藏库是在原有红薯高温屋窖的基础上，结合节能日光温室结构改建而成。该种贮藏库增设了节能缓冲间，采用复合异质墙体和在外部增加防寒沟。朱志强等经温度等效应分析和贮藏试验分析表明，应用该种库贮藏红薯 144d 后，好薯率为 94.8%，硬度为 $60.61\ kg/cm^2$，贮藏效果均好于对照组，适合红薯的长期贮藏。

采用以上方式进行贮藏，需注意贮藏期间的管理。一是勤检查，发现烂薯及时剔除；二是应掌握红薯贮藏不同时期对温、湿度的调控要求。贮藏初期（1~20d）：温度高，湿度大，薯堆表面易"出汗"，造成潮湿环境导致腐烂，应注意通风降温；贮藏中期（20~120d）：红薯对低温比较敏感，气温低，易受冷害，应注意保温防寒；贮藏后期：红薯经长期贮藏后生理机能衰退，此时气温回升，应及时通风换气，平稳贮温。

三、 山药的贮藏

山药又名薯怀山药、山薯、山药薯等，属薯蓣科山药属的一年生或多年生草本蔓生植物，食用部分为肥大的肉质块茎，是一种菜药兼用的滋补保健佳品。中国既是山药的重要原产地和驯化中心，也是山药的主要栽培地区，主要分布在北部和中部地区。按其形状分为长圆根、扁长根、块根三种；按口感分为菜山药（白玉山药）和面山药（铁棍山药）。菜山药长得粗大，有的直径达 5cm 左右，口感脆爽；而面山药属于滋补类山药，通常形状细长，有的外皮附着红斑，口感面甜后味麻辣。山药含淀粉、鞣质、多糖、麦角甾醇、甘露聚糖、山药碱等成分，食用和保健价值较高。

（一）贮藏特性

山药属耐贮蔬菜，有较耐低温和耐低湿贮藏的特点。山药和马铃薯一样具有生理休眠期，一般为 3 个月。因此，在贮藏期内降低温度，可延长块茎休眠期，延缓发芽时间，同时也可减少块茎内淀粉的损失。休眠期一旦结束，生长刺激素促使块茎的表皮长出须根，生理活性大为增强。在这种情况下，保管不好就容易引起块茎发芽和腐烂变质。因此，延长山药的休眠期是提高贮藏效果的关键。

不同山药品种的耐贮性差异较大，铁棍山药较耐贮藏，而江苏和山东的菜山药耐贮性略差。受过机械损伤、未处理且愈伤组织尚未形成的山药不易贮藏。山药对贮藏温度适应性比较广，10~25℃均能贮藏，适宜的贮藏温度为 4~6℃，低于 4℃易发生冷害。山药贮藏要求相对湿度在 80%~85%，湿度过大时，山药受潮就会变软发黏，两周左右就可能会发霉、变黄，并且容易生虫。所以，贮藏过程中应该防止湿气的侵入。水浸过的山药生理活性紊乱，更易腐烂变质。山药对 O_2 有一定要求，低 O_2 条件下山药容易受到霉菌感染。因此，山药贮藏期间，应避免低温冷害、冻害、高湿发霉、变软等现象的发生。

（二）贮藏方式及技术要点

1. 筐藏或堆藏法

室内用竹筐或者砖砌的埋藏坑存放裸山药，注意存放室和用具要消毒杀菌，常用日晒消毒的稻草、麦秸或干细沙作为铺垫物。采用骑马式将晒过的完好山药堆放在通风条件好的贮藏室，室内保持阴凉和干燥。

2. 埋藏法

挖沟宽 1m 左右，深 80~150cm，长度依山药量而定。山药与沟垂直摆放，每隔 1~2 层就覆盖一层 5cm 厚的细砂，直至山药接近地面。贮藏量比较大时，每隔 1.5m 放一束高粱或玉米秸秆扎的草把，以便于山药进行通气散热。当温度降低时，在沟上加土防冻；同时应该注意沟内温度，防止出现高温烧沟的现象。

3. 室内贮藏法

北方室内贮藏一般为短期贮藏，贮藏时应该先在底面铺一层砂土或秸秆，将山药整根按照同一方向水平放置，要按一层山药、一层细砂或秸秆顺序摆放，堆高为 1.0~1.5m，最上层加盖秸秆或细砂。当温度降到 2℃ 以下时，加盖稻草或薄膜保温。

4. 冷藏法

贮藏冷库温度控制在 4~6℃、相对湿度为 80%~85%，并注意通风，可安全贮藏山药半年以上。

5. 辐照处理

采用 70Gy 剂量的 ^{60}Co-γ 射线辐照铁棍山药，可以有效抑制铁棍山药发芽，而且经辐照后，铁棍山药的可溶性总糖、粗蛋白和灰分含量均得到提高，其中粗蛋白含量显著提高。但是，经过辐照处理的铁棍山药中的氨基酸含量有所改变，其中，辐照处理与对照中的丙氨酸和色氨酸含量相同，组氨酸和脯氨酸含量高于未辐照的铁棍山药，其余 14 种氨基酸含量均比未辐照下降，氨基酸总量也低于未辐照。

四、 木薯的贮藏

木薯是大戟科木薯属多年生作物，又称树薯、木番薯。块根属变态根，呈圆柱状，是淀粉和蛋白质的贮藏器官，有"淀粉之王"的美誉。木薯起源于美洲的热带地区，栽培量以非洲最多，其次是亚洲。木薯耐旱、耐贫瘠、耐酸性土壤，是世界三大薯类作物（木薯、甘薯、马铃薯）之一，是热带地区仅次于水稻、甘蔗和玉米的第四大粮食作物。广西是我国木薯种植的第一大省，每年木薯生产总量已达 800 万 t，种植面积约 26.7 万 hm^2，种植面积和产量均占全国的 60% 以上。

新鲜的木薯块根毒性较大，其有毒物质为氰酸毒素，需经漂浸处理后方可食用。如果摄入生的或者未煮熟的木薯或喝其汤（100~200g 生木薯），都有可能引起中毒，甚至死亡。一些低毒品种，如面包木薯，剥去皮层后，便可除毒。

（一）贮藏特性

木薯块根体积大，水分含量高，呼吸作用较强，易发生生理性变质和由微生物引起的二次恶变，不易贮藏。木薯通常在常温下贮藏，以保证淀粉的含量和出粉率；冷藏的适宜温度为 10~15℃，相对湿度为 80%~85%。鲜薯块根收获后 2~3d，在伤害诱导下生理代谢开始出现变化，迅速在块根的维管束中出现褐条斑，称之为木薯特有的采后生理性变质。因此，采后腐烂是影响木薯安全贮藏的主要问题。木薯的耐贮性与品种、机械伤害有关；木薯属于非呼吸跃变类型。

相关研究表明，木薯块根收获后腐烂变质涉及两个阶段的不同生理生化过程：一个是生理代谢过程，称为变质初期的维管束褐变；另一个阶段是微生物引起的腐烂变质过程。因此，导致木薯块根腐烂的主导原因仍是微生物的入侵，而并非生理作用而腐烂。然而，通过对几种热带块根作物的采后贮藏生物化学特性进行研究，发现红薯和芋头在受伤后很快就在木栓层产生多酚类物质形成保护层，也表达了许多相关的蛋白，并迅速愈合；而木薯块根受伤后很难在伤口形成有效的保护层，容易发生腐烂变质。因此，采用贮藏技术加快木薯块根的伤口愈合以及减少微生物的入侵，是控制其贮藏腐烂的关键。

（二）贮藏方式及技术要点

1. 地窖贮藏

选择地势高、背风向阳、不易渗水、易排水、质地较硬、有梯壁的坡地挖窖。地窖长 3 ~ 4m、宽 1.5 ~ 2.0 m，深 0.7 ~ 1.0m。若挖 2 个以上地窖，两窖之间的距离不得小于 2m。使用前必须进行消毒，可用福尔马林喷雾或生石灰撒在四壁和底部消毒，也可在窖内点火燃烧稻草、干柴 10 ~ 20 min 进行消毒。木薯块根一般采取打捆入窖，块根堆放时，应以平放为宜。地窖消毒后，应及时将选好的块根放入地窖，争取在初霜前 1 ~ 2d 下窖。不能及时下窖而露地过夜的，一定要加盖薄膜、稻草等覆盖物并集中堆放，防止夜间温度低而受冷冻。木薯贮窖的越冬管理主要任务是：保温，保湿，防止冻害，将窖内温度控制在 6 ~ 16℃。勤观察，当气温在 2℃以下时，应用塑料薄膜全部封闭薯窖，当气温在 2 ~ 6℃可打开窖膜一端而封闭另一端（一般应采取封北开南），当夜间气温在 6℃以上时可打开窖膜两头通风。一般情况下，可长期保持窖膜两端敞开通风。每隔 15 ~ 20d 开窖观察块根及其上覆盖的稻草表面是否水分过重，有无霉变现象，必要时应在晴天里将稻草取出晒干后按原位盖回，保持窖内稻草干燥。

2. 沙藏法

选择阴凉通风处，以湿沙为介质来为木薯提供较稳定的湿度，以降低失重的发生。具体方法如下：在底部放置一层约 2cm 厚的干净湿沙，将收获分级后的木薯置于沙土之上，木薯与沙的体积比例约为 2：1。沙的水分含量约 2.5%，顶层沙厚约 5cm，并用编织袋将装沙顶层覆盖，防止沙中水分的散失。

五、芋头的贮藏

芋头又称芋、芋艿，是天南星科多年生块茎植物，其食用部分为地下球茎，在全球蔬菜消费量中居第 14 位。芋头形状、肉质因品种而异，通常食用的为小芋头。我国以珠江流域及台湾省种植最多，长江流域次之，其他省市也有种植。芋头口感细软，绵甜香糯，营养价值近似于马铃薯，又不含龙葵素，易于消化而不会引起中毒，是一种很好的碱性食物。

（一）贮藏特性

芋头喜干不喜湿，且不耐低温。故鲜芋头一定不能放入冰箱冷藏，最佳贮藏温度为 10 ~ 15℃，高于或低于此温度，芋头容易发生伤害。一般在下霜时收获，收后立即进行贮藏。

（1）品种　不同部位芋的耐贮性表现为：子芋>孙芋>母芋；不同球茎类型芋的耐贮性表现为：多头芋>多子芋>魁子兼用芋>魁芋。不同叶柄色芋的耐贮性表现为：叶柄紫色类>叶柄绿色类>叶柄乌绿类。针对不同的芋类型采取不同的保存方法。进入冬季后，对于不耐贮藏的魁芋、魁子兼用芋，可先将商品性较好的母芋挖取，而将子孙芋留在田间，采取就地培土和加盖塑料棚保温，或整株球茎移入温室等办法保存。对于其他较耐贮藏的多子芋和多头芋，可保留一部分在田间，采用挖沟培土的办法保存芋种，在-6℃以上可安全越冬；另一部分挖取，用尼龙网丝袋分别装好，晒干球茎表面水分后，挂藏在保温条件较好的室内，或摊放在支架上，或窖藏。

（2）温度、湿度　贮藏温度影响芋头的质量和食用品质。温度降至8~12℃，芋头进入休眠状态，8℃以下温度将降低种芋的活力，5℃以下母芋、子芋将发生冷害。对子芋品种红梗芋和白梗芋的研究表明，12℃贮藏的鲜芋质量及干物质含量、淀粉、蔗糖、葡萄糖、果糖含量及色泽最好，显著优于4℃、25℃贮藏的效果。芋头贮藏的适宜相对湿度为80%~85%，湿度偏低易失水干缩，品质劣变；湿度偏高易发病腐烂。

（二）贮藏方式及技术要点

芋头充分成熟后即叶片变黄和萎蔫干枯时收获。收获期因环境条件（特别是播种期和栽培地区）的不同而异，我国一般是在下霜时收获。

芋头的收获及清洁均靠手工。为提高其商品外观，在连根拔起后，去除残老叶及鬃毛，并分离母芋与子孙芋。母芋市价较低，常用于牲畜饲料，或用作种芋。子芋球茎大小因品种、土壤和栽培条件而不同，分为大、中、小三级，直径小于33mm者为次品。市售芋头以网袋或木箱包装，装量20kg左右。芋头出口企业通常采用纸箱包装，每箱15kg。也有一些农场将芋头清洗后包装，但实践证明清洗会缩短保存期。

芋头球茎无真正的休眠期，容易发芽，这也是其不耐贮藏的原因，通常在开放通风环境下可贮藏6周。当贮藏期达120d时，子芋失重率可达50%以上。目前，芋头一般采用窖藏、堆藏和田间贮藏的方式。

（1）窖藏　窖深为1m左右，宽1~1.5m，长2~3m，每窖可贮藏1500~2000kg。入窖前要先在窖内用稻草或茅草焚烧消毒，也可撒些硫黄粉消毒。入窖时窖底和四周用干燥的麦秆或稻草垫好，随后将芋头放入窖内，堆高至30cm左右，顶上呈弧形，上面盖一层10cm左右的麦秸或稻草，随后盖土，盖土厚约50cm，并拍打紧实，呈馒头形。贮藏期间要保持窖温8~15℃，相对湿度85%左右。同时在窖的四周（距离稍远）挖排水沟，做到四周无积水。调节温度可以通过覆盖土层的厚度及含水量的方法来解决。

（2）堆藏　选择朝南的房屋，靠墙角用砖块垒高30cm左右，上面铺放细竹竿或竹，再横铺一层干草，铺放芋头厚25~30cm。在第一层的两侧再用砖块垒高30cm，上架细竹竿、铺干草，再铺放第二层块茎，以此可堆放四层。根据气温变化，及时盖草保温或通风降温。一般将芋头堆放在温度为5~10℃，相对湿度为85%的通风良好的条件下贮存，贮期可长达6个月。也可以在干燥的地下室进行长期贮藏。为了延长贮藏时间并保证质量，在堆藏前要将芋头放在通风良好的地方晾晒1~2d，这样能减少真菌的感染。

（3）田间贮藏　在气温较高的地区，芋头可直接在田间越冬。一般选择地势高、排水方便、避风向阳的沙质土壤地块为贮藏场所。选择晴朗天气，土壤比较干燥时进行挖芋，以免球茎含水量多而在贮藏期间引起腐烂。芋头收获后，先摊放在地上晾2~3h以散发表面水分，同时去掉球茎上的泥土、须根和杂物，割掉芋叶，留芋蒂10cm左右。采用倒置盖土法，压实表土后，再把芋一个一个并排倒置放好，四周覆土约30cm厚，其上盖土50cm左右。

（4）辐照处理　采用低剂量（0.2~0.5kGy）^{60}Co-γ辐照处理能有效降低芋头发芽率、抑制芽体生长。在5~28℃条件下，贮藏75d后仍保持良好的食用品质，降低了贮藏要求的低温条件，且不同品种的芋头辐照后在15~20℃下均能得到良好的贮藏效果。

🔍 **思考题**

1. 叙述粮食（小麦、稻谷、玉米、大豆）的储藏特性及其储藏技术要点。
2. 叙述各种主要果品的贮藏特性及其贮藏技术要点。
3. 叙述各种主要蔬菜的贮藏特性及其贮藏技术要点。
4. 叙述生鲜畜禽食品（肉、蛋、乳）的贮藏特性及其贮藏技术要点。
5. 叙述生鲜鱼类的贮藏特性及其贮藏技术要点。
6. 叙述薯芋类（马铃薯、红薯、山药、芋头）的贮藏特性及贮藏技术要点。

参考文献

[1] 孙华阳. 柑橘生产大全. 北京：中国农业出版社，1998
[2] 杜玉宽. 水果蔬菜花卉气调贮藏及采后技术. 北京：中国农业大学出版社，2000
[3] 林洪. 水产品保鲜技术. 北京：中国轻工业出版社，2001
[4] 曾庆孝. 食品加工与保藏原理. 北京：化学工业出版社，2002
[5] 郑永华. 食品贮藏保鲜. 北京：中国计量出版社，2006
[6] 刘建学，纵伟. 食品保藏原理. 东南大学出版社，2006
[7] 浮吟梅，吴晓彤. 肉制品加工技术. 北京：化学工业出版社，2008
[8] 陈历俊. 乳品科学与技术. 北京：科学出版社，2008
[9] 张敏，周凤英. 粮食储藏学. 北京：科学出版社，2010
[10] 初峰. 食品保藏技术. 北京：化学工业出版社，2010
[11] 罗云波，生吉萍. 园艺产品贮藏加工学（贮藏篇）. 2 版. 北京：中国农业大学出版社，2010
[12] 孔保华. 肉品科学与技术. 北京：中国轻工业出版社，2011
[13] 王娜. 食品加工及保藏技术. 北京：中国轻工业出版社，2012
[14] 曾名湧. 食品保藏原理与技术. 北京：化学工业出版社，2013
[15] 于海杰. 食品贮藏与保鲜技术. 武汉：武汉理工大学出版社，2013
[16] 刘兴华，陈维信. 果品蔬菜贮藏运销学. 3 版. 北京：中国农业出版社，2014
[17] 郝修振，申晓琳. 畜产品工艺学. 北京：中国农业大学出版社，2015
[18] 刘兴华. 食品安全保藏学. 2 版. 北京：中国轻工业出版社，2012
[19] 曲泽州，李三凯，武元苏，孙平菲，胡京萍. 枣贮藏保鲜试验技术研究. 中国农业科学，1987，20（2）：86-91
[20] 史辉，邓伯勋. 气调贮藏对李果实保鲜效果的影响. 杭州师范学院学报（自然科学版），2007，6（2）：125-128
[21] 韩海彪，张有林，沈效东，李永华，赵健. 不同气体成分对灵武长枣贮藏中生理变化的影响. 农业工程学报，2007，23（10）：246-250
[22] 韩海彪，张有林，沈效东，赵健，李永华. 臭氧处理对灵武长枣品质的影响. 河南农业大学学报，2007，41（5）：519-521
[23] 郝晓玲，王如福. 减压贮藏对鲜枣保鲜效果的影响. 粮油加工与食品机械，2004，6：70-72
[24] 杨复康，冯素香，孙俊宝. 梨枣冰温贮藏技术的研究. 农产品加工（创新版），2010，3：43-45

第五章

CHAPTER

半成品食品的保藏

【内容提要】本章主要介绍小麦粉、大米、油脂等粮食油脂半成品的储藏特性与储藏技术；茶叶、干菜及干果等干制品的贮藏；腌鱼、腌肉、腌菜等腌制品的贮藏；速冻果蔬、速冻调理水产品等速冻食品的保藏及食糖、食盐的保藏技术。

【教学目标】本章以几类常见的半成品食品为代表，使学生了解各类半成品食品的理化特性及商品特性，掌握它们的储藏方式、储藏条件及储藏技术要点。

【名词及概念】半成品食品；爆腰；陈化；零售包装；干制品；腌制品；速冻食品。

半成品食品一般是指对食品原料经过初级加工，尚不能够直接食用的食品。例如，面粉、大米、油脂、干菜、冻肉等都属于半成品食品，它们经过进一步加工后才可食用。半成品食品的种类很多，它们的理化性状和商品特性各不相同，因而保藏技术要求也就有所不同。本章仅对几种常见的半成品食品的保藏知识予以简要介绍。

第一节　小麦粉的储藏

小麦粉是小麦经过研磨加工，去掉大部分皮层与胚之后呈粉末状的成品。按加工精度可以分为特制一等粉、特制二等粉、标准粉和普通粉四个等级。不同等级小麦粉的营养成分和食用品质都有所不同。

（1）特制一等粉　又称富强粉、精粉，基本上全是小麦胚乳加工而成。粉粒细，没有麸星，颜色洁白，面筋含量高（即弹性、延伸性和发酵性能好），食用口感好，消化吸收率最高，但粉中矿物质，维生素含量最低。特制一等粉适于制作高档食品。

（2）特制二等粉　又称七五粉（即每100kg小麦加工75kg左右小麦粉）。这种小麦粉的粉色白，含有很少量的麸星，粉粒较细，面筋含量高且品质较好，消化吸收率比特制一等粉略低，但矿物质和维生素的保存率却比特制一等粉略高。适宜于制作中档食品。

（3）标准粉　又称八五粉。粉中含有少量的麸星，粉色较白，基本上消除了粗纤维和植酸对小麦粉消化吸收率的影响。含有较多的矿物质和维生素，但面筋含量较低，且品质也略差，口味和消化吸收率也都不如以上两种小麦粉。粮店里日常供应的小麦粉一般都是标准粉。

（4）普通粉　是加工精度最低的小麦粉。加工时只提取少量的麸皮，含有大量的粗纤维素、灰分和植酸，这些物质会使小麦粉口感粗糙，食用品质降低。

面粉的储藏难度较大，长期储藏时多选用储藏稳定性较大的小麦，面粉仅在生产后至流通、加工、消费之前进行一段时间的储藏。

一、 小麦粉的储藏特性与储藏原理

小麦经加工成面粉后，其生物特性与化学特性都有了显著的变化。面粉颗粒细小，与外界接触面大，极易吸湿和氧化，高温、高湿还会引起小麦粉发热霉变。在某些场合下，由于面粉固有的酶类活动，能使面粉发生自溶现象。所以小麦粉粉是一种易于陈化、储藏稳定性差的粮食。为了做好小麦粉的储藏，延缓其品质下降，就必须了解小麦粉的储藏特性及在储藏期间的变化，以寻求适合不同地区小麦粉的储藏技术，确保小麦粉在储藏期间的安全。

（一）小麦粉的储藏特性

1. 小麦粉吸湿能力强

小麦面粉颗粒细小，其比表面积大，有很强的吸湿性，在高湿环境中，易于吸湿返潮、结块。仓库温度、湿度变化对小麦面粉吸湿影响较大。高温、高湿环境下的小麦粉吸湿现象突出，在较短时间内，就会出现明显的水分变化。为防止小麦面粉吸湿，应尽量做到覆盖密闭，可在仓房小麦面粉堆垛下层铺设草席、木板等防潮铺垫物。

2. 小麦粉的散落性与导热性差

小麦面粉颗粒间有较大的摩擦力，散落性很小，外力的作用可使小麦粉塑成一定形状，导致小麦粉自然结块。小麦粉的孔隙度较小，其内部气流运动缓慢，阻碍了颗粒间气体的流动，使小麦粉垛内的湿热扩散有一定的困难，表现为导热性差。据实验，将高温仓内的小麦与面粉同时转入低温仓内储藏，小麦从粮温降至仓温需 2~3d，而面粉则需 4~6d。

3. 小麦粉呼吸微弱

小麦粉是小麦经过加工后的半成品粮，小麦粉在加工时胚已被除去，本身没有呼吸作用。所谓小麦粉的呼吸是指面粉中感染的微生物、害虫的呼吸，它们的呼吸作用受储藏环境温度、湿度及气体成分的影响。温度高、湿度大、O_2 充足，小麦粉中生物体的呼吸作用增强，分解小麦粉中营养成分的速度就快；在低温干燥条件下，小麦粉中的营养物质消耗就慢。因此，利用低温密闭储藏小麦粉，可以抑制小麦面粉中生物体的代谢活动，延缓小麦面粉品质变化。

（二）小麦粉的储藏原理

1. 小麦的熟化

新磨制的面粉，特别是刚收获的小麦磨制的面粉，加工性能差。这是因为当新面粉搅拌成面团后，面团非常黏，不宜操作，而且筋力较弱，生产出来的面包体积小，弹性、疏松性差，内部组织粗糙，表皮色泽暗，无光泽。特别是面包在焙烤期间和出炉后，极易塌陷和收缩变形而降低商品价值。

新面粉经过 1~2 个月储藏后，则焙烤品质会得到大大改善，用其生产的面包色泽洁白而且有光泽，体积大，弹性好，内部组织均匀细腻。特别是操作时面团不黏，醒发、焙烤及面包出炉后，面团不跑气塌陷、不收缩变形。这种现象被称为面粉的熟化，或称为成熟、后熟。面粉熟化的机理包括以下几个方面：

（1）巯基逐渐减少　新磨制面粉中的半胱氨酸和胱氨酸，含有未被氧化的巯基（—SH），面粉在贮藏过沉中，—SH逐渐被氧化，形成非活性状态，使蛋白酶的活力降低，面筋筋力逐渐变强。

（2）蛋白质分子间发生了交联作用 麦谷蛋白中的亚硫基发生聚合作用，分子与分子间产生了聚合连接，分子间作用力增大，使面筋筋力增强。

（3）脂肪发生变化 在脂肪酶的作用下，脂肪逐渐被分解成游离脂肪酸，游离脂肪酸具有一定的氧化性，促使面筋弹性增大，筋力增强，延伸性和流散性变小，使弱筋粉变成中等粉、中等粉变成较强粉、较强粉转变成强筋粉。

（4）色素分子中的化学键变化 色素中的不饱和键，在氧化作用下一部分逐渐变成饱和键，使色素褪去，粉色变白。

面粉熟化时间应在1个月以上。新磨制的面粉在4~5d后开始"出汗"，进入面粉的呼吸阶段，发生某种生化和氧化作用而使面粉熟化，熟化通常在3周后结束。在"出汗"期间，面粉很难被制作成质量好的面包。除了O_2外，温度对面粉的熟化也有影响，高温会加速熟化，低温会抑制熟化，熟化温度一般以25℃左右为宜。

2. 小麦粉储藏中的水分平衡

小麦粉含水量低，有很强的吸湿性，与周围空气中的水汽处于一种动态平衡状态。面粉的吸湿和蒸发的程度受其含水量、包装、相对湿度及温度的影响。

据试验，空气相对湿度在65%~75%的时候，面粉的水分含量基本不变，维持在11%~12%的水平，这时候面粉的储藏安全性高；相对湿度超过75%时，面粉较多地吸收水分；相对湿度在55%~65%，温度18~24℃条件储藏面粉较安全。在温度、湿度和面粉的水分都处于最佳的条件下，储藏期最长为一年半左右。秋冬季加工的面粉比夏季加工的面粉耐储藏，陈小麦粉比新小麦粉耐储藏。

3. 小麦粉储藏中酸度和脂肪的变化

小麦粉储藏过程中较显著的变化就是酸度的增高，有时甚至使面粉发酵。酸度的增高是由于水溶性有机酸的积累，决定性的条件是面粉的水分和温度。在5℃以下，即使面粉的水分增高也能安全保存。而在温度较高的夏天，面粉就会发生许多生化反应。

（1）面粉水分高、储藏条件不良时，酸度增高由于水分增高，引起微生物（主要是霉菌）的生长发育，导致面粉的自然发热和腐败。面粉在水分15%、高温条件下储藏，可引起发霉和发酵的微生物迅速繁殖，同时有面粉的自热作用相伴发生。面粉发霉不仅决定于面粉的水分，更决定于温度。水分很高（16%~18%）的面粉，低温下两个月内不会变质，如果温度升高到14~15℃，会很快发生腐败现象。

面粉发霉时，总酸度有显著提高，脂肪含量则大为减少。腐败开始时脂肪的酸价增高，是由于微生物分解碳水化合物形成有机酸所致。如果继续储藏，总酸度会因蛋白质分解的碱性产物累积而开始下降。发霉面粉的味道显著恶化（例如酸、霉和腐败味），严重的会使面粉结块，失去食用价值。发霉面粉面筋的产出率大为降低，延伸性显著减小。发过霉的面粉，面筋变得更为坚实，弹性降低，延伸性也较差，面团性质也有相应的改变。

（2）面粉在干燥（水分小于13.5%）状态、正常环境条件下，酸度增高。干燥面粉酸度增高主要是脂肪水解引起的，脂肪分解成为甘油与脂肪酸是在酶类、空气中氧的影响下所发生的，因此脂肪酸价可以作为面粉新鲜度的指标。一般认为，酸度超过8，面粉便可出现酸味；酸度超过6，表示新鲜度已明显变差。脂肪酸价增加表明面粉中已经发生了水解作用，面粉已不新鲜。面粉中脂类的变化同样与温度有关。

小麦粉游离脂类在23℃下储藏较30℃、37℃下储藏的降低幅度大。当储藏温度从23℃升到30℃、37℃时，结合脂类分解有所增加，同时极性成分向类似非极性成分转化。结合脂类中非极性成分与极性比例随着面粉储藏温度上升而增大。但需要注意的是，当出现严重发热霉变时，由于脂肪酸被霉菌作为营养物质所消耗，脂肪酸值可能会突然降低。

含水分13%~14%的面粉，储藏过程中游离脂肪酸发生变化，如软脂酸、油酸、亚油酸、亚麻酸以一定比例（与它们在总脂类中的比例相近似）逐渐游离出来。

面粉的品质对其储藏中的脂肪水解有很大影响，例如发过芽、冻伤或自热的麦粒制成的面粉所进行的脂肪分解过程比正常麦粒制成的面粉激烈得多。

4. 小麦粉储藏中面筋及焙烤品质变化

面粉的熟化作用可引起面筋的变性和面粉焙烤品质的改变。面粉熟化过程中，脂肪水解，使不饱和的游离脂肪酸在面粉中积累。这种脂肪酸对面筋的胶体特性发生特殊的影响，同时减小面筋的膨胀能力和强化面筋的软胶。

面粉质量及脂肪酸值高低不同的面粉，熟化作用对面筋品质的改善效果不同。对弱性面筋面粉产生非常良好的影响，面筋在这些脂肪酸的影响下变得有强韧性、坚实，形成物理性状良好的面团，改善了面包焙烤品质，面包的流散性降低。但面粉储藏时间过长、脂肪酸值积累过高，达到它的皂化价，使面筋完全洗不出来或延伸性差；若面粉的面筋坚实，长期储藏并且脂肪酸值显著增长时，使面筋不能再形成胶状物质，呈颗粒状，易拉断破裂，面团必然失去弹力。因此，面粉成熟作用时间的长短，必须和新制面粉面筋特性联系起来具体确定存放的最佳时间。

5. 小麦粉储藏中的变苦

面粉过湿或在不正常条件下储藏，或干燥的面粉在高温下长期储藏，通常都有面粉变苦现象，有苦涩味出现。其原因与面粉精度（含胚麸多少）及含游离脂肪酸有关。由于O_2与游离脂肪酸的结合，不饱和脂肪酸便会形成过氧化物，随后又分解成为带有不良气味的醛和酮，使面粉变苦。面粉变苦的速度和程度与储藏条件和面粉的原料品质有关。正常小麦粒制成的面粉，在低温储藏条件下，经过长期储藏才会出现变苦现象，而发过热或发过芽的小麦磨制的面粉经过3~4个月就会发苦。干燥面粉在20℃下储藏，通常都有变苦现象的发生，如果空气进入面粉，这一现象就会加速，缺氧储藏限制空气进入面粉或充氮储藏能阻止变苦的发生。由于面粉的吸附性很强，一旦出现异味，就很难除去。

6. 面粉储藏中的变色

小麦新制面粉有胡萝卜素存在而使面粉发黄。胡萝卜素在O_2的作用下，生成无色化合物，可使面粉变白。所以，面粉在储藏中随胡萝卜素的氧化白度逐渐增加。空气进入面粉越多，变白速度越快，在真空中不会发生这种变化。

氧化在面粉储存中有很大作用，面粉吸收空气中的O_2而影响其储藏性。面粉的吸湿作用使其水分含量增加，为微生物发育造成有利条件，温度高时易使面粉发生霉变。

面粉中脂肪的氧化导致面粉变苦，胡萝卜素的氧化却使面粉变白。因此，我们要掌握面粉储藏规律，控制储藏条件，保证面粉储藏质量。

二、 小麦粉的储藏方式与技术

小麦粉是我国的主要成品粮之一，小麦粉的供应一般是以销定产，并不作长期储藏。但是为了保证市场供应和应对突发事件，必须将一定量的小麦粉储藏。小麦粉由于完全丧失了保护组织，直接受储藏环境中的 O_2、水蒸气分子和热量的影响，其储藏稳定性远不如小麦高。在夏季高温高湿的条件下，较易出现结块、变酸、发热、霉变以及害虫感染等情况，使其品质下降。在大型粮食储备库中小麦粉可采取常规储藏、密闭储藏和低温储藏。

（一）常规储藏

面粉是直接食用的成品粮，存放面粉的仓库必须清洁干燥、无虫，最好选择低温的仓库。一般采用实垛或通风垛储藏，可根据小麦面粉水分含量，采取不同的储藏方法。水分在 13% 以下，可用实垛储藏；水分在 13%~15% 时，可采用通风垛储藏。码垛时均应保持面袋内面粉松软，袋口朝内，避免浮面吸湿、生霉和害虫潜伏。实垛堆高 12~20 包，尽量排列紧密，减少垛间空隙，限制气体交换和吸湿。高水分小麦粉及新出机的小麦粉均宜码成"井"字形或"半非"字形的通风垛，每月应倒垛、搓揉面袋，防止发热、结块，在夜间相对湿度较小时进行通风。水分小的面粉在入春后采取密闭，保持低温，能够有效延长储藏期。

小麦粉的储藏期限与水分、温度及加工季节有关。秋凉后加工的面粉，水分在 13% 左右，可以储藏到次年 4 月份；冬季加工的面粉可储藏到次年 5 月份；夏季加工的新麦粉，一般只能储藏 1 个月。长期保管的小麦面粉要适时翻桩倒垛，调换上下位置，防止下层结块。倒垛时应注意原来在外层的仍放在外层，以免将外层吸湿较多的面袋堆入中心，引起发热。大量保管小麦粉时，新、陈面粉应分开堆放，便于"推陈储新"。

小麦粉生虫后较难清除，即使重新回机过筛，虫卵和螨类仍难除净，影响面粉的食用品质。因此，应严格做好防虫工作，小麦原料库、加工车间、面粉库等各储粮场所都要做好清洁卫生工作，为避免交叉感染，应全面进行综合治理。

（二）密闭储藏

根据面粉吸湿性强与导热性不良的特性，可采用低温入库，密闭保管的办法，以延长面粉的安全储藏期。一般将水分 13% 左右的面粉，利用自然低温，在 3 月上旬以前入仓密闭。密闭可采用仓库密闭或塑料薄膜密闭法，既可解决防潮、防霉，又能防止空气进入面粉引起氧化变质，同时也减少害虫感染的机会。进行密闭保管，可减少搓包、倒垛环节，收到较好效果。但需注意的是，新出机的面粉不能进行密闭储藏，特别是不能进行缺氧储藏，必须经过一段时间的降温和成熟过程，然后再缺氧或密闭，对保持面粉的品质会有较好的结果。

（三）低温、准低温储藏

低温储藏是防止面粉生虫、霉变、品质劣变、陈化的最有效途径，经低温储藏后的面粉，能保持良好的品质，效果明显优于其他储藏方法（表 5-1）。准低温储藏一般是通过空调设备或机械制冷设备将仓温控制在 18℃ 以下，具有投资较少、安装运行管理方便等特点，是近年来面粉储藏的一个发展方向。

表 5-1　　　　　　　　　不同条件下储藏小麦面粉品质变化指标

项目	初始值	准低温储藏/18℃		常温储藏/30℃	
		密封	不密封	密封	不密封
水分/%	14.40（低温） 13.66（常温）	14.14	14.24	13.77	14.26

续表

项目	初始值	准低温储藏/18℃		常温储藏/30℃	
		密封	不密封	密封	不密封
脂肪（mgKOH/100g 干重）	20.2	45.2	50.5	50.5	47.2
总酸度	0.93	1.42	1.45	1.73	2.14
白度	78.3	79.2	79.4	79.9	79.7
干面筋含量/%	9.1	9.1	9.2	9.3	9.4
湿面筋含量/%	28.1	27.6	27.4	26.9	27
降落数值/s	275	292	272	321	258
蒸煮品质	正常	正常	正常	陈宿味	黄色、霉味
现场感官鉴定	正常	正常	正常	正常	生霉、结块

第二节 大米的储藏

大米为稻谷的加工品，稻谷去壳成糙米，再碾去部分种皮和胚为大米。大米按品种分为籼米、糯米和粳米三大类；按成熟期分为早谷、晚谷；按加工精度分为糙米、精白米。大米营养价值较小麦、玉米等粮种高，是世界性的主食，具有食用面广、量大、储备任务大的特性。稻谷加工成大米时增加了破碎率，并含有不同程度的糠层，米粒外露，且米粒本身富含营养物质，极易受物理、化学因子影响及虫、霉生物性侵害。所以，大米储藏保鲜问题就显得非常重要。

一、 大米的储藏特性

（一）稳定性差

大米无外壳保护，胚乳直接与空气接触，易受外界湿、热、氧等不良环境条件的影响，储藏稳定性很差。大米的平衡水分在各种温度、湿度条件下均较稻谷高。大米的吸湿能力还与糠粉和碎米含量有关，糠粉与碎米含量高，增加了吸附面积，吸湿能力就更强。

大米易受昆虫和霉菌侵害，许多蛀粮害虫不能侵害完整的稻谷，却可以侵害大米。大米上的霉菌主要有白曲霉、黄曲霉、烟曲霉，其次为黑曲霉、棒曲霉、禾黑芽枝霉等，带菌量每克大米常以千计或万计。

由于大米上带有大量微生物，所以大米的呼吸强度很高，容易发热。如果粮堆中含有较多的糠粉与碎米，孔隙中空气流通受阻，则呼吸放出的热量不易散发，更易发热。

（二）容易爆腰

爆腰是指米粒上出现一条或多条横裂纹或纵裂纹的现象。大米迅速吸湿或迅速散湿时，都能造成大量爆腰；低温的大米急剧加热，或高温的大米急剧冷却，都能造成大量爆腰。所以，高水分大米不能烘干或暴晒，热机米与发热米不能冷冻或猛烈吹风，大米降水或降温都要缓慢进行。

大米爆腰的机理：在急速干燥的情况下，米粒外层干燥快，内部水分向外转移慢，内外层干燥速率不一，体积收缩程度不同，外层收缩大于内层收缩，因而爆腰；在急速吸湿的情况下，米粒外层膨胀快，内层膨胀慢，内外层膨胀速率不同，因而爆腰。热粮骤冷或冷粮骤热，都可使内外层收缩或膨胀速率不同而引起爆腰。大米爆腰一般先出现在米粒腰部，这是因为腰部皮薄，水分出入较其他部位快的缘故。特别是腹面的组织疏松，最易爆腰。

米粒的爆腰也可能在稻谷中发生，不过没有大米爆腰时那样容易和严重。稻谷暴晒时，阳光过强也能爆腰，故盛夏不宜晒稻谷。稻米爆腰后，加工易碎，出米率降低，加工后的大米难以储藏。爆腰大米蒸煮的米饭细碎黏稠，食用品质下降。

（三）容易陈化

随着储藏时间的延长，特别是到了夏季，米粒中的营养物质代谢过程加快，大米会出现明显的陈化现象。就品种而言，陈化速度以糯米最快，粳米次之，籼米较慢。陈化过程中物理特性变化主要表现为：含水量下降，硬度增加，米质变脆，吸水率和膨胀率增加，出饭率增加；生理特性变化表现为：生活力下降，新鲜度减退，糙米发芽率降低；化学特性变化表现为：黏性下降，色泽、气味发生变化。在这些变化中较为显著的变化如下：

1. 黏性变化

黏性是影响米饭品质的最重要因素。大米随着储藏时间延长，陈化加速，黏性逐渐降低，尤其经高温过夏后，黏度下降更为显著。影响大米黏性的主要原因有：α-淀粉酶活性的降低；大米中蛋白质由溶液变为凝胶；陈米细胞壁较为坚固，蒸煮时不易破裂；游离脂肪酸会包裹淀粉粒的细胞结构，使其膨化困难等。

2. 气味的变化

大米在陈化过程中，新鲜大米的清香味很易丧失，取而代之以陈米的臭味。通过气相色谱的研究，认为大米气味中的主要成分是一些挥发性的羰基化合物，新米气味中的主要成分是乙醛，随着陈化的进行，乙醛减少，戊醛、己醛增加，因此认为戊醛和己醛是陈米臭的主要组成成分。

3. 品质变化

在大米的主要成分中，虽然脂肪的含量比淀粉含量与蛋白质的含量低很多，但脂肪和酶的变化最为显著。研究表明，由于大米脂肪宜于水解、氧化，使游离脂肪酸增加，游离脂肪酸包藏在淀粉直链成分的螺旋结构中，使糊化所需要的水难以通过，因而糊化温度增高，淀粉粒的强度增加，陈米煮的饭硬。所以，常以测定稻米中游离脂肪酸含量，来了解大米的储藏品质变化情况。大米脂肪酸值一般随储藏期限的延长而逐渐增加，并与大米品种、水分含量、储藏技术等因素紧密相关。

（四）易吸湿

大米具有较高的吸湿性与平衡水分，这是因为大米中含有断米、碎米、米糠等成分，增加了表面积，其吸湿性相对大于整粒米，也大于稻谷。由于大米具有强的吸湿性，在外界水蒸气压高于米粒时，极易吸湿返潮，生霉发热，并促进生理代谢加剧，当水分从低到高增加时，呼吸强度将迅速增大，过氧化氢酶活力也增加很明显。另外，大米吸湿返潮、糠粉多、微生物感染是造成发热的主要原因。散装大米发热多出现在中、上层，包装大米则多发生在上层第2~3包，然后向中心部位及深处扩展蔓延。

二、 大米的储藏技术

常规储藏大米时，首先要考虑的是大米的相对安全含水量与温度的关系。根据各地多年的实践经验，这种关系大致可归纳为表5-2。

表5-2 各种温度条件下大米的相对安全含水量

温度/℃	0	5~10	20	25	30	35	40
相对安全含水量/%	18	≤16	≤14	≤13.5	≤13	≤12	≤11

我国各地的气温相差较大，因而各地大米常规储藏安全度夏的水分值也不一样。例如，广州为12.5%，上海为13.5%，沈阳为14%。

常规储藏的大米，如果水分偏高，到了梅雨高温季节，很容易发生霉变，因此有"大米过夏难"的习惯说法。不过大米发热霉变前，有许多预兆可通过感官察觉。例如，脱糠（或称挂灰、起毛），即米粒表面出现灰粉状碎屑，是米粒上未碾尽的糠皮浮起所造成；起筋，即米粒侧面与背面的各条纵沟内呈现灰白色，像一条条的筋；散落性降低，即大米由检验筒倾出时，不滑溜，断断续续，用手紧捏大米，可以暂时成团不散。发现这些预兆后，就应及时采取相应措施。

米堆发热霉变开始的部位与米质的均匀程度及包装与否有关。米质均匀、散装储藏的大米，发热霉变一般先发生于粮面上层10~30cm处，包装储藏者一般先发生于上层第2~3包；米质不均匀的，不论散装或包装储藏，均先发生于质量差的部位。上述这些部位开始发热霉变后，能逐步向其周围扩展。

大米生霉一般都伴随有发热现象，但也有个别的生霉无发热现象，对此需要特别注意。例如，籼米包装堆垛的外层靠近地面1m的部位就有这种情况，主要是靠地面湿度大，大米吸湿而生霉。但由于霉层很薄，一般不超过5cm，并且热量容易散发，所以生霉时不伴随发热。防止这种生霉的办法，可在包装大米的桩脚四周靠近地面1m高的范围内，用麻袋片或塑料薄膜围起来，可防止大米吸湿生霉。

三、 大米的储藏方式

（一）常规储藏

常规储藏是指大米在常温常湿条件下，适时进行通风或密闭的储藏方式。常规储藏是大米储藏的主要方式。大米水分控制在相对安全的水分标准以内，可以采取常规储藏法，即散装或包装储藏，秋冬季要通风，春夏季要密闭。

大米的包装一般采用麻袋，以便于搬运和供应。但从储藏安全的角度看，麻袋并不理想，不如塑料袋。

大米常规储藏时采用自然低温法就能取得较好的保鲜效果。但长江以南地区，单靠自然低温储藏大米不易度夏，可以运用低温、低氧、低药量的"三低"储藏法：低温季节入仓的大米，采取低温（冬季通风或冷冻）→低氧（2月份以后密封）→低药量（有虫时或有发热趋势时施药）方式；高温季节入仓的大米，采取低氧（密封）→低药量（有虫时或有发热趋势时施药）→低温（10月份以后降温）方式。通过低氧低药量处理度过了夏季的大米，到了10月份应撤除密封，利用冬季低温和干燥空气降温散湿。因为密封，大米度夏以后粮堆内的温度和湿度均高，而外界气温已经下降，如果继续密封，就会在薄膜内产生结露，结露的水分被表层大米吸收，易导致表层大米生霉。

（二）真空包装储藏

真空包装储藏是利用包装材料良好的气密性和防潮性，使大米处于绝氧稳定状态，从而防虫防霉，保持品质。为使大米能长期安全储藏，大米的水分不应超过 15.5%，精度应为特二级或标一级大米。

真空包装用的薄膜是聚酯聚乙烯复合薄膜，厚度 0.13~0.14mm，气密性良好。此种薄膜不易焊接封口，可以采用高频热焊法，热焊时刀口上需加垫聚氯乙烯塑料薄膜条，上面再覆垫四氟乙烯塑料薄膜条。

抽真空包装时先将特二级或标一级大米装袋，每袋 2.5kg、5kg、10kg 或 20kg，然后放在真空包装机的真空室内，将米袋铺平，再将袋口用钢条压牢，盖上真空室的盖子，真空室即能自动抽空。真空包装储藏的大米，真空度需抽至 0.1MPa，即将真空室内和米袋内的空气全部抽出送入贮气室。抽气毕，真空包装机能自动加热，焊牢米袋的封口，又能自动将贮气室内空气排除掉。最后打开真空室的盖子，即可取出一个硬实的真空米包。

真空包装的大米经 17 个月的储藏，感官质量及食用品质明显优于聚氯乙烯薄膜包装和麻袋包装的大米。

（三）低温贮藏

低温储藏是目前大米储藏保鲜比较先进有效的方法。低温可以有效控制害虫和微生物的生长繁殖，20℃以下霉菌大为减少，10℃以下可完全抑制害虫繁殖，霉菌停止活动，大米呼吸、酶的活性均极微弱，可以保持大米的新鲜程度。目前低温储藏的方法有：

1. 自然低温储藏

自然低温储藏技术的优点在于充分利用自然冷源（主要是冷空气），不需要外界其他的辅助手段。利用环境中的冷空气，降低大米周围温度，锁住大米水分，防止大米因温度过高而发生霉变现象。由于是自然低温技术，因此对自然冷源依赖较大。

我国北方城市冬米储藏即为自然低温储藏的很好方式。将低水分大米，在冬季加工，利用当时寒冷条件，降低米温后再入库储藏，并同时采用相应的防潮隔热措施，使大米长期处于低温状态，相对延长米温回升时间，是大米安全度夏的一种有效方法。

2. 机械通风低温储藏

机械通风低温储藏大米技术在降温过程中需要自然冷源的配合，而不是单纯的机械通风就可以达到预期的温度。因此，机械通风与自然冷源的配合，是决定机械通风低温储藏大米质量的关键。

机械通风对自然冷源的温度要求不高，只要自然冷源不高于规定温度即可。这决定了机械通风低温储藏大米技术的应用范围得到了有效拓展，而不仅局限于北方地区。机械通风低温储藏大米技术解决了冷源的综合利用问题，并且整体能耗不高，对大米储藏的成本控制有重要意义。

3. 机械制冷低温储藏

机械制冷低温储藏是低温贮粮技术中效果最好的一种。该技术不受自然温度的限制，因此，在具体应用过程中不受地区和温度限制，其应用范围较为广泛，在南方城市得到了一定程度的应用，起到了提高大米储藏效果的作用。机械制冷低温储藏大米总体投入比较高，同时也推高了储藏成本，不利于大米储藏成本的控制。但一旦建成之后，对大米的储藏能够起到良好的效果，特别是对于南方城市，机械制冷低温大米储藏技术成为了粮食储藏的一种重要选择。

综上所述，低温储藏技术在大米储藏中优势明显，主要优点是：①能抑制储粮的呼吸作用，延缓粮食陈化，有利于保鲜；②有利于抑制昆虫和霉菌对粮食的危害，降低储粮损耗；③有利于解决大米度夏问题；④还可以保持储粮卫生，防止污染。因此，立足粮食储藏实际，认真研究与对比粮食低温技术的特点，改进与完善大米低温储藏技术，对维护粮食品质具有重要意义。

（四）气调储藏

大米气调储藏目前最常用的有自然降氧、充 N_2 降氧、充 CO_2 密封等几种方法。

1. 自然降氧

用塑料薄膜密闭米堆，可防止吸湿和虫害感染。有研究表明，大米水分 13.6%～14.0%，采用 0.14mm 塑料薄膜密封，从 5 月上旬密封 88d 后，试验堆相继达到自然缺氧状态，O_2 浓度为 0.4%～2.7%，CO_2 浓度上升到 9.5% 以上。降氧的速度与温度关系密切，粮温在 28～29℃时下降速度最快，储藏 8 个月，可有效的达到无虫、不发热、不变质，安全过夏。

2. 充氮降氧

将大米用塑料薄膜严密封闭，抽出膜内空气，接近真空状态；而后冲入适量 N_2，保持膜内外气压平衡，避免膜布漏气。这种方法促进粮堆迅速绝氧，能降低粮食呼吸强度，抑制微生物繁殖，并杀死全部仓虫，基本上控制了粮堆内部产生热量的来源，从而可使大米安全度夏。

3. 充 CO_2 密封

试验表明，大米气调储藏时，每 10t 大米充入 $10kgCO_2$，用塑料薄膜密封储藏，有抑制虫、霉、发热、脱糠、保持米质正常过夏的效果。采用小包装"冬眠储藏"保鲜，每袋装大米 3～5kg，充 CO_2 保鲜储藏，常温下可以安全储藏 1 年以上。大米小包装充 CO_2 后密封，经 36～48h 后，由于大米吸附了袋中的 CO_2，袋内呈一种真空的胶实状，利于携带、运输和销售，是大米储藏中较有前途的一种，特别是有利于市场销售和家庭用粮。

（五）化学药剂处理

化学药剂处理是应用化学药剂抑制大米本身和微生物的生命活动，防止大米发热的措施。常用的化学药剂主要为磷化铝。气调储藏的大米在绝氧前后，投入适量的磷化铝，可达到抑制霉菌、防止异味的作用。发热大米储藏期间，每立方米库容使用磷化铝 3 片（每片重 3g，产生 1g 磷化氢气体），杀菌效果可达到 90%～97%，大米呼吸强度减弱，粮温、粮质均趋于稳定。但当粮堆磷化氢浓度低于 0.2mg/L 时，不能抑制微生物活动，大米呼吸强度增加，会使大米发热。如需继续储藏，则要补充施药。在生产中多应用磷化氢气体熏蒸法储藏高水分大米，不仅可以预防大米发热霉变，而且对已经发热生霉的大米也有抑制作用。

第三节　油脂的储藏

一、　植物油脂的储藏

植物油脂是食品工业中重要的半成品原料，为使其安全储藏，除应改善储藏条件、控制外界不良因素影响、定期检验油脂的质量、掌握其品质变化外，还应采用适应、有效、科学的储藏方式，以降低各种理化因素对油脂的不良影响。

（一）储藏方式

1. 常规储藏

一般常规的贮油方式包括密闭储藏与低温储藏。在密闭储藏中，主要做到入库时油品中的水分、杂质、酸价要严格控制在国家标准以内。储藏以密闭为主，装油时尽量装满，桶罐内少留空隙，避免不必要的开桶开罐，使油脂与空气少接触，这样可以延缓油脂的氧化酸败。密闭储藏还要做到合理堆放、加强管理，防止酸价升高及漏油现象发生。

温度对油脂的氧化速率有重要的影响，在 0~25℃ 条件下储藏时，温度上升会明显促进油脂氧化，温度每上升 10℃，氧化速度几乎提高 1 倍。因此，在低温环境下储藏油脂可以有效抑制油脂氧化，确保安全储藏。通常油脂在冬季几乎不会酸败，而在夏季则极易酸败，故进入高温季节后应采取有效措施隔热保冷，使油脂处于低温状态，以确保油脂安全储藏。将贮油库房的温度控制在 15℃ 以下，能够长期有效的安全储藏油脂。

2. 添加抗氧化剂储藏

油脂中使用的抗氧化剂除了高效、无毒以外，还应就其在油中的溶解度、热稳定性以及可能带入的臭味、变色程度及费用等方面加以综合考虑。由于种种条件的限制，目前适用于油脂的抗氧化剂还不多。我国允许使用并制订有国家标准的抗氧化剂有丁基羟基茴香醚（BHA）、二丁基羟基甲苯（BHT）、没食子酸丙酯（PG）、叔丁基对苯二酚（TBHG）、硫代二丙酸二月桂酯、L-抗坏血酸、L-抗坏血酸棕榈酸酯、茶多酚、维生素 E、4-己基间苯二酚等。叔丁基对苯二酚是一种在 GB 2760—2014《食品安全国家标准　食品添加剂使用标准》中新列入的抗氧化剂，抗氧化效果较好，使用限量为 0.2g/kg。据报道，在植物油中加入相同质量的叔丁基对苯二酚，其抗氧化效果优于丁基羟基茴香醚、二丁基羟基甲苯和没食子酸丙酯。

使用抗氧化剂的浓度要适当，虽然浓度较大抗氧化的效能也增大，但并不是呈正比例关系。由于抗氧化剂溶解度及毒性的关系，一般使用浓度不超过 0.2g/kg（没食子酸丙酯为 0.1g/kg），浓度太大除了造成使用困难外，还会引起相反的作用。同时还应注意，油脂在精制及高温时使用抗氧化剂，某些抗氧化剂会有一些损耗，例如二丁基羟基甲苯能与水蒸气一起蒸发，没食子酸丙酯在高温下会分解。因此，在这种情况下其用量应酌情多加一些，但最终含量不得超过国标。

抗氧化剂对油脂的抗氧化作用十分复杂，但大多数抗氧化剂主要是清除油脂中的自由基。因此，精炼后的新油中应及时加入柠檬酸等金属钝化剂，使油桶的金属钝化，才能获得理想的抗氧化效果。当油脂已经酸败，油脂中的过氧化值已升高到一定程度时才添加抗氧化剂，难以获得显著效果。

3. 气调储藏

气调储藏油脂是依据控制空气中 O_2 氧化油脂的原理，采用惰性气体（CO_2、N_2）置换储油桶（罐）空间内的 O_2，从而断绝或减少油脂氧化所需的氧量，增强油脂储藏的稳定性。气调储油是近年来应用于实际生产的一项技术，欧美的油脂管理与储藏多采用充氮储藏的方法。

（1）脱氧剂脱氧储藏　我国目前多采用无机系脱氧剂，常用的为特制铁粉脱氧剂，它是一种无毒、无臭的无机物，在水和金属卤化物的催化下，容易被空气中游离氧所氧化而降低空间中 O_2 的含量。脱氧剂脱氧储藏，要求油桶（罐）密闭性良好，并具有较好的机械强度，否则就难以保持缺氧状态或容易使油桶（罐）变形、损坏。因此，采用脱氧剂脱氧储藏时，为保护油罐安全，应增设调压装置，使其与油罐成一密闭的储油系统，当气温升高时，罐内气体自动进入调压装置；当气温降低时，调压装置内的气体又自动进入罐内，以此平衡罐内外压力差，保证油罐的安全。脱氧剂的用量可根据脱氧剂的脱氧能力及罐、桶内的空间计算而定。

（2）充惰性气体储藏　将惰性气体充入油罐和油桶，排除其中的空气使之缺氧，以抑制油脂氧化，确保油脂安全储藏的方法称为充惰性气体储藏法。常用的惰性气体有 N_2 和 CO_2。充气法因油脂容器不同分为油桶充气法和油罐充气法。

①油桶充气法：将能够密封的容量为180kg的标准油桶，在大盖焊接一阀门，在小盖上焊接一抽气橡皮管，装油后由桶内充入 N_2 或 CO_2，使桶内空气全部排出，然后即用橡皮塞密封。

②油罐充气法：在储油罐上装设压力安全阀、真空控制盘（真空安全阀）和 N_2 压力调节阀，然后用钢管将液氮瓶（或 N_2 发生器）与储油罐连接好，形成一个密封系统，并向油管内充入适量 N_2。将经过静置沉淀处理的精炼植物油直接装入已充 N_2 保护的储油罐中，通过 N_2 压力调节器控制充氮量。当油罐装满，压力达到最大值时，可将 N_2 排放到大气中去；当油脂从油罐中泵出时，罐内压力下降，N_2 压力调节器自动开启，N_2 又不断补充入油罐。

充氮储油试验证明，采用充氮法储藏的油脂，过氧化值增长速度慢，只有常规储藏（对照罐）油脂的1/4，甚至更少一些，具有明显的阻止氧化、抑制微生物活动、保持油脂品质的效果。

（二）储藏管理技术

1. 容器管理

装油脂的容器主要有钢板油罐和铁皮油桶两种，其中铁桶应用较为广泛。油罐是由一定厚度的钢板焊制而成的，内表面涂有防锈、防氧化涂料，外表面一般涂成银白色以减少太阳热辐射。油罐的容量各不相同，有50t、100t，大的可达500t或1 500t，标准铁桶的容量为180kg。

（1）清洁容器　油脂入库前要注意检查容器的清洁状况，特别是油桶在装油之前，必须用热碱水、酸水、清水分次洗刷干净，洗净后充分干燥，桶内不得有水珠或潮湿感。

（2）容器检漏与修整　油脂容器清洗干净后，要进行渗漏检查。先用感官方法检查，如发现漏洞、砂眼、铅缝、破损，应立即用粉笔画上记号，及时修焊好。然后在修焊处涂刷肥皂水，再打入空气（131~152kPa），观察修焊处是否漏气，如有气泡出现，表明尚有渗漏，应予以重焊，直到焊好为止。

2. 灌装油脂

油脂不能灌装太满，每桶定量灌装180kg。灌装过多会造成外溢浪费，而且夏季容易发生容器炸裂事故。但灌装太少，不仅会浪费容器利用率，而且其中空间太大，空气过多，易促进油脂的氧化变质。油罐如果无特殊调压装置，不论容量大小，一般应在罐内保留少量空间，以保安全。

3. 油桶堆放

油桶以仓内堆放为宜，仓库要低温、干燥、无光、隔热。露天堆放油桶应搭盖凉棚，以防日光直射和雨水浸入，确保油脂的储藏稳定性。堆放时要注意食用油与工业用油严格分开堆垛。

油桶在仓库堆放时，质量较差的旧油桶以一层直立堆放为宜，不要堆放双层，防止压坏下层油桶；质量好的新桶，在仓容不足时，则可垛成"品"字形的双层垛。不论采用一层或双层堆放，油桶上的大盖口均须朝同一方向，并与另一排油桶的大盖口相对，以便检查。

4. 储藏期间管理

（1）防日晒 仓库周围种树，库房门窗要遮盖密闭，减少高温影响。目前，储放的方式有库存、棚存与露天堆放。库内存储油脂受温度的影响较小。露天贮存受温度影响很大，油脂较库内贮存容易酸败，有较高的酸价与过氧化值。

（2）防潮湿 干燥天气时可适时对库房通风干燥，雨天不开盖检查。

（3）防氧化 旋紧桶盖，减少不必要的换桶。

（4）防感染 要求工具清洁，最好能做到专仓专用，不要用检查过酸败油脂、工业用油的工具去检查质量合格的食用油。

油脂储藏中的两大问题是酸败变质和渗漏油耗。油脂酸败的规律一般是先酸油脚后酸清油。渗漏油耗主要发生于油桶有漏洞的、桶盖冒油及油罐的阀门、管道、底部等处。所以，在储藏期间要勤检查，发现问题及时处理。

5. 质量检查

将一根长玻璃管上口用拇指按住，插入桶底，然后将拇指放开，轻轻摇动，使油脂流入管中，再用大拇指堵住管口，迅速提起观察。检查项目包括：

（1）色泽、气味 颜色清晰透明，滋味正常，没有异味者为好油。如果颜色变深，混浊不清，涩口，发酸或有其他异味者，为变质油。

（2）油脚 油脚黏稠发黄，说明油中的磷质和杂质多，应立即清除油脚。油脚颜色发白并有异味者，为酸败现象，有时会出现臭味或凝块，应立即倒桶分离。

（3）水分 将玻璃管提起后，如发现有水泡，表明水分多；如果有似肥皂水状的白色沉淀，说明水分较高，并且油脂已变质，应迅速处理。

（4）温度一般将玻璃温度计插入或悬挂在油桶内进行检测。

二、 奶油的贮藏

（一）成品奶油的贮藏性

成品奶油包装后应立即送入温度在-15℃以下的冷藏库内贮藏，如果需要长期贮藏则须在-23℃以下，在4~6℃的冷库内存放时间不应超过7d。

奶油在冷藏过程中pH逐渐降低，储藏7周后，如果在一般冷藏条件下，则其pH由6.7下降到5.7左右；如果在室温下贮藏，则其pH由6.7下降到4.8左右。在贮藏过程中奶油所发生的变化很复杂，造成这种变化的因素也很多，有空气、光照、温度、湿度、微生物、微量金属离子及酶的作用等，有些因素还起协同作用，导致奶油在贮藏过程中很快变质。

在保藏性方面，使用纯培养发酵剂发酵制出的酸性奶油比不经过发酵的鲜制奶油要好得多，尤其是在低温状态下保藏时，使用纯培养发酵剂制出的酸性奶油比用人工添加芳香成分的奶油也好得多。如果在0℃以上至室温状态下保藏时，酸性奶油和人工添加芳香成分的奶油相差不多。在搅拌加工过程中，经过洗涤的奶油与不经过洗涤的奶油或者洗涤不良的奶油比较，如果在低温状态下保藏，洗涤奶油的保藏性要好得多。

在判断奶油保藏性时，一般是通过测定奶油的过氧化值及硫代巴比妥酸值（TBA值）、奶油中脂肪的酸度、奶油中铜和铁的含量以及微生物等指标来判断。

（二）奶油在贮藏中组织状态的变化

奶油在低温贮藏过程中，不论表面或内部都会产生水滴聚合，特别是表面部分的水滴聚合较显著。加盐的奶油比不加盐的奶油更容易产生水滴聚合，致使水分分散状态恶化，这是因为食盐的结晶容易促使水滴聚合。

乳脂肪的结晶型状因奶油在保藏中的急速冷冻或缓慢冷冻而异。逐渐冷冻时会形成针状结晶，针状结晶多时会使奶油变硬；急冷时会形成大型片状结晶，结晶的成长很慢，这是因为结晶的成长需要有一定程度的自由度，急冷时自由度降低，因而会阻碍结晶的成长。

由于结晶的形成会使奶油组织中的连续相产生应变，这种应变在针状结晶时产生于水滴与水滴之间，或者产生于脂肪球之间，但不像片状结晶时所产生的应变对于水滴的结合作用那样大。另外，由于冷却而产生应变的奶油，随着温度的升高会破坏连续相中存在的水滴的平衡状态，这就更加进一步促进了水滴的结合而形成大水珠。

（三）奶油储藏中的抗氧化与防霉管理

奶油在储藏过程中常因氧化作用而使脂肪酸分解为小分子的醛类、酸类、羟酸类、酮类和酮酸类等，产生各种特殊的臭味，且这是一种自动氧化连锁反应。由于这种反应不断地进行，一旦小分子产物达到相当含量时，这种奶油就丧失了食用价值。

热和光线尤其是紫外线均有促进奶油氧化的作用。某些金属如铜、铁、镍等也可促进氧化而产生异臭，这些金属在脂肪中少量存在时就能与脂肪酸结合成为金属皂，脂肪的酸度越高则越易产生金属皂。这种金属皂具有很强的促氧化作用，正是由于这种促氧化剂的媒介作用而形成了自动氧化的连锁反应，致使奶油逐渐分解变质而产生异臭。

此外还有一种促进氧化的媒介物就是奶油中可能残存的酶，所以稀奶油杀菌时必须彻底钝化其中所含的酶，特别是脂酶。

为了提高奶油的保藏性，需要进行抗氧化和防霉处理。可以在压炼完毕后包装之前添加一些规定允许而且无害的抗氧化剂。抗氧化剂在奶油压炼时添加，使其均匀分布，或喷涂于包装纸上。常用的抗氧化剂及其允许添加量为维生素 C 0.02%、维生素 E 0.03%、柠檬酸 0.01%、正二氢愈疮酸（NDGA）0.01%、没食子酸丙酯 0.01%、卵磷脂适量即可。

除了氧化作用引起奶油变质外，霉菌的侵染也会造成奶油腐败。添加微量无害的防霉剂，可以防止奶油生霉变质。常用的防霉剂及其允许添加量为：脱氢乙酸 0.02%～0.05%、山梨酸 0.05%、维生素 K_3 0.001%～0.01%。防霉剂也在奶油压炼时加入，充分混合，或在表面喷涂，或喷涂于包装纸上。

第四节　干制品的保藏

干制食品的种类很多，其中茶叶、菜干、果干是最具代表性的半成品干制食品。各种干制食品的理化性质及商品性状不完全相同，因而保藏的方式及技术也就有所不同。

一、茶叶的保藏

茶叶虽然经过了干燥，但是如果包装不良，贮藏不当，其质量很容易发生变化，特别是茶叶的色、香、味会受到显著的影响。因此，做好茶叶的包装和保藏，是流通过程中保持茶叶质量十分重要的工作。

（一）茶叶的特性

1. 吸湿性

茶叶中含有多种有机成分，这些有机成分中的糖类、蛋白质、茶多酚、果胶质等都是亲水性物质。另外，茶叶经过干燥后，虽然水分已大部丧失，但形成了茶叶多孔性的组织，这就决定了茶叶具有较强的吸湿性。当空气的相对湿度超过其所含水分的平衡状态时，茶叶就要从空气中吸收水分，超过其原来的正常含水量。空气相对湿度与茶叶平衡水分的关系见表5-3。

表5-3　　　　　　　　　　不同湿度下红茶的平衡水分

相对湿度/%	45	60	70	80	90
平衡水分/%	6.7~7.4	8.7~9.4	11.4~11.8	12.3~12.6	20.5

从上表可以看出，要使茶叶水分保持在规定的范围内，就需要将空气相对湿度控制在60%以下，否则茶叶的水分就会增加。随着茶叶中水分的增加，茶叶的质量也会降低。所以，除了控制茶叶在运输、贮藏及销售环境的相对湿度外，采取较好的防潮包装也是十分必要的。

2. 陈化性

茶叶一般以新茶的质量为最好。随着存放时间的延长，尤其在不适宜的条件下，茶叶质量会显著降低，不仅茶香消失，而且还出现一种"陈味"；茶叶的收敛性降低，使茶味淡薄；茶汤发暗变深，透明度下降，特别是茶汤中的茶多酚和固形物减少。

茶叶的陈化是多种变化综合的结果。其主要变化有：

（1）茶叶中类脂成分发生水解，水解产生的游离脂肪酸继续发生自动氧化，氧化产物的分解是茶叶出现陈味的主要原因。茶叶水分含量增加，以及保藏温度较高时，茶叶的陈味会出现得更快。

（2）茶叶中挥发性芳香物质的散失和不饱和成分的氧化，使茶叶的茶香消失，尤其是温度升高和包装不严密时，茶香更容易消失。

（3）茶叶中茶黄素进一步自动氧化，并聚合形成透析度较差的深色色素；另外，茶叶中的氨基酸和糖类发生美拉德反应形成黑色素，这也是导致茶汤色泽加深、茶味变淡、收敛性和透明度降低的重要原因。温度、水分、空气中的O_2都能加速这些变化的进程。

由此可见，要延缓和减少茶叶的陈化，首先应控制茶叶中的水分和环境空气的湿度；其次贮藏茶叶的温度不宜高，温度超过30℃茶叶陈化会更为显著；第三，对于茶叶的包装应力求严密，具有较好的防潮性和气密性。充氮或真空包装是防止绿茶陈化的有效措施。茶箱码垛后，用塑料薄膜罩把茶垛密封起来，充N_2或充CO_2也能延缓茶叶的陈化。

3. 吸收异味性

茶叶的多孔性组织和存在的胶体成分决定了茶叶具有较强的吸附性。茶叶既能吸收鲜花的香气，同样也能吸收其他异味。一旦茶叶吸收了异味，就不容易使异味消失，轻者影响质量，重者可完全丧失其饮用价值。所以不论是包装、贮藏、运输、销售等各个环节，都应十分注意茶叶具有吸收异味这一特性，尤其是少量毛茶的运输和非专门经营茶叶的零售商店，更需要防止茶叶的串味。

（二）茶叶的包装

茶叶的包装应起到保护质量、便于贮运、便于经营等作用。我国的茶叶包装由于包装的目的和销售对象不同，归纳起来主要有三种类型。

1. 箱装

箱子是以木板、硬纸板或竹篾编制的方形箱，外销茶、高级内销茶和花茶大都采用木板箱装，竹篾编制的箱子主要装紧压茶和副茶。

包装箱应选择无味和干燥的材料制作，箱子的大小、尺寸规格都应符合规定的标准。包装高级茶的箱内应衬有铝箔纸（由两层牛皮纸中间夹一层铝箔制成）作为内包装，箱外糊有红、绿、黄不同的色纸，黄色代表花茶或青茶，红色代表红茶，绿色代表绿茶。纸上标明茶类、名称、重量、产地、厂名、出厂日期等。外销茶的箱装外层还要包以麻包、席包或篾包，并以铁条、铁丝捆扎牢固，印上商标等标记。

紧压茶则先用牛皮纸或折裱纸包一层，每个篾箱中包装的紧压茶的数量、重量都应一致。篾箱内衬有塑料膜等防潮材料，箱外印上茶类名称、数量、重量、厂名、出厂日期等，箱外用竹篾条以"十"字形或"井"字形捆扎牢固。对某些特种茶的包装多采用白铁皮箱装。

2. 篓装、麻袋和布袋包装

这些包装主要用于内销的一般茶类。篓是用竹篾编制而成，内衬竹叶，远距离运输的毛茶采用篓装。篓装的茶叶重量、篓的形状因各地习惯不同，目前尚缺乏统一规格，一般不超过50kg为宜，篓外用竹篾捆扎牢固，并附有标记。

麻袋包装时内衬一层聚乙烯薄膜塑料袋，袋口用麻绳扎牢并附有标记。

布袋多用于短途运输毛茶的包装，每袋净重约60kg，袋口必须扎紧，袋外附有标签，注明收购站名称、茶类（春茶、夏茶）、级别、净重、出运批次等。

3. 零售包装

零售包装是为了便于消费的小包装，常用塑料袋、铝箔袋、金属罐（如铁罐、不锈钢罐或锡罐），除了能有利于保护茶叶的质量，还要求携带方便，美观大方。尤其作为礼品用的零售包装，更需对包装的造型、色彩、图案等要求精细，并富有艺术性。我国竹制的小包装容器，既是包装茶叶的容器，又是工艺品，别具一格。

袋泡茶常用纸袋包装，纸袋是用无毒无味的特制的滤纸制成的，袋内装入一次冲泡的茶叶，冲泡时直接将纸袋放在杯中冲入开水，这样可以避免茶叶飘浮于水面，具有冲饮方便、清洁卫生、便于携带的优点，也有利于包装运输，同时还能提高茶叶冲泡的浸出率，增加茶汤的浓度，充分发挥茶叶的饮用性。袋泡茶在国外使用较广泛。

（三）茶叶的保藏

茶叶含水量控制在 3%~5% 才能作长时间的保藏，焙火及干燥程度与茶叶保藏期限有密切的关系。一般而言，焙火较重，含水量较低者可贮存较久。

茶叶的保藏必须根据其特性，确定适宜的温度、湿度和环境卫生。由于茶叶保藏的目的和方式不同，可分为较长期保藏的仓库保藏、短期保藏的零售保藏等。

1. 仓库保藏

用于保藏茶叶的仓库应选择地势较高、容易排水、向南或向西的仓库，仓库应设有蔽荫物，附近不能有不良异味，仓库门窗力求严密，与外界环境能较好的隔绝。

茶叶进出库时应严格执行验收和检验制度，避免不合格的茶叶入库和出库。

库内堆码的茶叶应按茶类、产区等不同情况分类码垛，垛与垛间、垛与墙间、垛基与地面间都应有一定的距离。包装较好的茶箱可以堆码较高，而篓装或麻袋包装堆码不宜过高。

仓库内的温度和湿度管理十分重要。茶叶怕潮、怕热，所以库内相对湿度应控制在60%以下，温度不超过30℃，应防止温度和湿度忽高忽低，特别是温差大时，库内相对湿度就会骤增，造成茶叶很快受潮，加速茶叶的变质。一般情况下最好不要通风，外界确实比较干燥而仓库内相对湿度较高时才可适当通风。当库内湿度较大且不宜进行自然通风时，可用块状石灰或氯化钙等吸湿剂放在适当的地方进行吸潮，容积不大的仓库可以采用吸潮机进行降湿。

茶叶仓库应该是专用库，不应同时保藏其他商品，更不能与有异味的商品存放在一起。仓库应保持清洁卫生，并堵塞所有的洞穴，防止鼠、虫的危害。

2. 零售保藏

零售保藏大部分是短期保藏的茶叶，很多是已经分装的小包装，这些茶叶应尽可能地减少与空气接触。小包装也应装在干燥、清洁的密闭容器内，在货架或橱窗内陈列或供销售的茶叶不宜过多，应随销售随时取出，并防止日晒。零售保藏时采用的包装形式主要有加入干燥剂的防潮包装、真空包装和充氮包装三种。零售茶叶的保藏以冰箱、冷柜保藏效果最佳，能很好地防止茶叶氧化、变色、陈化等。若是常温保藏，则尽可能避光、防潮。

二、 干菜的保藏

（一）干菜的包装

干菜的包装容器有铁罐、木箱、纸盒等。每种容器都有不同的大小和形状，但都要求能够密封、防虫、防潮。供出口的干菜包装箱有一定重量和容量的规定，一般干菜箱的容量为15~20kg。装箱时先在箱底和四壁铺垫一层防潮纸，也有按箱子的规格，先用纸或塑料薄膜做成袋子放入箱中，然后将产品按规定量装入箱内，再将箱外的纸头折盖在产品的上面，包好后上口复平，最后用蜡将口密封，再将盖压上封严。注意封口不得使用浆糊，以防霉烂。为使干制品保藏得好，也有在包装纸盒或木箱的内、外壁涂抹石蜡等防水材料以防潮。

应用真空包装或充入 N_2 或 CO_2 包装，使 O_2 的含量降低到2%以下，对于提高干菜的贮藏稳定性有很好的效果。

（二）干菜的保藏

影响干菜保藏效果的因素很多，如原料的选择与处理、干制品的含水量、包装、保藏条件及保藏技术等。

选择新鲜完整、充分成熟的原料，将其充分洗涤干净，能提高干制品的质量及其保藏效果。经烫漂处理而制得的干菜比未经烫漂的能更好地保持其色、香、味，并可降低保藏过程中的吸湿性。经过熏硫处理的干菜也比未经熏硫处理的易于保色，同时可避免微生物或害虫的危害。

干菜的含水量对保藏效果影响很大，在不损害产品质量的前提下，含水量愈低，保藏效果愈好。除有些干制蔬菜如马铃薯片等含水量可以稍高外，一般均应尽可能地保持低水分。例如当含水量降低到6%以下，则保藏期的变色和维生素的损失都可大大减少。反之，当含水量超过8%以上时，则大多数干菜的保藏期将缩短。

保藏环境应保持低温且干燥，高温高湿不利于脱水蔬菜的保藏。保藏温度最好控制在0~2℃。为了降低保藏费用，同时兼顾控制干菜的变质和生虫，保藏温度在15℃以下较为理想。空气愈干燥愈好，相对湿度在65%以下。另外，保藏环境中的光线能使干菜变色，同时香味损失也多。为了使制品保藏得好，库房应适当遮光。

良好的保藏管理对于获得好的保藏效果极为重要。保藏干菜的库房要求清洁卫生，通风良好又能密闭，具有防鼠设备。保藏干菜时切忌同时存放潮湿物品。

在保藏库内堆放箱装干菜时，以总高度 2.0～2.5m 为宜。箱子堆放要离开墙壁 30cm，堆顶距天花板至少 80cm，保证充足的自由空间，以利空气流动。保藏室的中央留宽 1.5～1.8m 的走道。

根据所保藏干菜的特性，要经常维持库内一定的温度和湿度，同时应经常检查产品质量并预防害虫、鼠类的危害。

三、 干果的保藏

干果指经过晾晒或烘干，水分含量较少的果实，即鲜果的干制品。干果的种类很多，主要包括红枣、核桃、葡萄干、桂圆、柿饼、银杏、开心果等。干果既可以直接食用，也可作为食品工业的加工原料。因此干果既可以看作成品食品，也可以视为半成品食品。

下面主要介绍生产数量较大、商品价值高、市场上常见的红枣、核桃、葡萄干、桂圆等几种干果的保藏。

（一）红枣的保藏

1. 保藏特性

鲜枣除少部分以鲜果进行贮藏保鲜外，绝大多数以干制的方式进行贮藏和销售。

鲜枣经过脱水干制后称为红枣（或干枣）。红枣含糖量高，具有较强的吸湿性和氧化性，在温度比较高的条件下，容易发酵变质。因此，要尽量降低贮藏温度和相对湿度。低温是减少红枣营养成分尤其是维生素C损失的主要手段。降低环境湿度，可以减少红枣的发酵变质和生霉腐烂，抑制微生物的生长繁殖，减少病虫害的发生。

2. 保藏方式及技术

红枣的保藏必须根据其保藏特性确定适宜的温度和湿度。红枣经过干制后，其含水量降至25%～28%以下，再彻底冷却，这是保证红枣品质、防止霉变和生虫的重要环节。然后挑选没有破损、没有病虫、色泽红润、大小整齐的果实进行贮藏。

（1）北方保藏法　红枣大批量贮存时，采用麻袋包装后码垛，在普通冷库中保藏。码垛时，袋与袋之间、垛与垛之间要留有通气的空隙，垛不要离墙壁太近，以利通风。注意库房温度管理，当库外温度低于库内温度时，应打开库房门窗和通气孔，以便排出库内热空气和潮气；当库外温度高于库内温度时，应立即将库房门窗和通气孔关严，防止红枣受热受潮而引起腐烂病害的发生。在暑期或梅雨季节，库房中设置石灰吸湿点，以降低湿度。

贮存量少时，可用塑料袋密封保藏，也可用缸（坛）保藏，缸（坛）口用塑料薄膜扎紧密封，置于阴凉处保藏，可以安全过夏。

（2）南方保藏法　我国南方地区高温多雨，霉暑季节应在冷库贮藏。红枣用麻袋包装，贮于 5℃的库房中。出冷库前，要移至温度稍高处过渡，逐步移到库外。为防水气在枣果上冷凝成水珠，不要马上重新装袋，而要摊晾，等冷凝水珠消失，再换袋包装外运。

（二）核桃的保藏

1. 保藏特性

核桃通常以干果保藏，具有较好的耐藏性。但是，由于核桃仁中脂肪含量较高，在保藏中易发生油脂氧化酸败，引起品质下降。核桃含水量是影响保藏品质的重要因素，含水量控制在6%~8%，A_w小于0.64，可以控制油脂酸败，抑制大多数微生物生长繁殖。环境温度过高或湿度过大，容易引起核桃的生霉和虫害。因此，在保藏时应注意保持环境干燥、低温、低O_2、高CO_2。

保藏核桃的温度为0~5℃。温度过高，容易使种仁中的脂肪发生氧化变质，并有利于微生物的活动而引起发霉。相对湿度宜控制在50%~60%，低温低湿可以抑制发霉变质。核桃保藏在低O_2、高CO_2或N_2下，可降低油脂氧化酸败，抑制呼吸，减少消耗，抑制霉菌的活动，防止霉烂。

2. 保藏前的处理

（1）脱青皮　核桃采收后，应尽快脱掉坚果外面的青皮，以保持坚果果面洁净，增加商品外观品质。脱青皮的方法有传统堆沤脱皮法和乙烯利脱皮法两种。传统堆沤脱皮是把青皮果放到阴凉处或通风室内，经过4~6d，当青皮膨胀或出现绽裂时，用木棍敲击，使青皮裂开，坚果脱出。乙烯利脱皮是用3~5mg/kg的乙烯利喷洒或浸沾青皮果0.5min，再堆放2~3d，离皮率可达95%以上。

（2）洗涤和漂白　脱掉青皮的核桃应及时清洗，去掉表面残留的腐烂青皮、泥土和其他污物。为了提高光洁度，清洗后可进行漂白处理。漂白一般在陶瓷缸内进行，每1kg漂白粉可配成80kg漂白液，再将洗净的核桃倒入缸内不断搅拌，漂白4~5min，果面变为棕乳色时捞出，用清水冲洗核桃表面残留的漂白液，置苇席上晾晒。

（3）干燥　经过漂洗的核桃放在通风处，待大部分坚果表皮干燥无水时，移到阳光下摊开晾晒。晾晒核桃的厚度以两层坚果为宜，并应经常翻动，达到干燥均匀，颜色一致，一般需要5~7d。如果秋雨连绵时，也可用火炕烘干，刚开始烘房温度以25~30℃为宜，同时要打开天窗，让大量水分蒸发排出；当到四五成干时，温度升到35~40℃；七八成干时，降低温度到30℃左右。有烘烤条件时，可在烘房内用30~40℃进行烘烤。不论采用那种干燥方式，核桃的最终含水量应降至8%以下才有利于其贮藏。

3. 保藏方式及技术

（1）常温贮藏　将干燥的核桃装在麻袋中，放在通风、阴凉、遮光的房内或棚下进行贮藏。保存量大时，可将麻袋垛放，码垛时底部要用砖块或木头垫起，防止受潮。每隔20~30d左右倒放一次，有利于通风，延长保藏寿命。保藏期间要防止鼠害、生虫、霉烂和发热等发生。

（2）冷藏　将经过前处理的核桃在室内预贮3~5d后，用衬有PE薄膜袋的筐或箱包装，分层摆放于库内，控制库房温度-2~0℃，相对湿度60%~70%，这样核桃可以保藏2年以上。冷藏时的湿度控制很重要，湿度过高核桃易生霉腐烂，湿度过低则使核桃仁变干变硬，降低品质。

（3）塑料薄膜密封贮藏　选用0.2~0.23mm的PVC膜做成帐，帐的大小和形状可根据贮存数量和仓储条件设置，然后将晾干的核桃封于帐内保藏。另外，也可以用0.05mm厚PE塑料小包装贮藏。

塑料薄膜密封保藏核桃必须在冷藏条件下进行，常温下容易发霉。密封时可配合充CO_2或充N_2以降低O_2，这样可以抑制霉菌，防止油脂氧化酸败和虫害的发生。

（三）葡萄干的保藏

1. 保藏特性

葡萄干水分含量在14%~16%，含糖60%~70%，富含矿物质、维生素，尤其维生素A、维生素B_1、维生素B_2含量较高。葡萄干耐藏性好，但如果保藏环境条件不适宜，会使其营养破坏，品质下降。

温度是影响葡萄干保藏品质的最重要的因素之一，低温可以有效地抑制葡萄干品质下降和营养成分变化。葡萄干应该在干燥、低温条件下保藏，如果湿度过高，碧绿色的葡萄干会因为吸水而颜色变深，一般要求的保藏条件为环境温度低于5℃，相对湿度为50%左右。

O_2 会引起维生素C氧化损失，使果实发生氧化褐变等，故用 N_2 或 CO_2 气体充填葡萄干包装容器来降低 O_2 浓度，是目前常用的保藏技术，一般要求包装容器中 O_2 浓度在2%以下。

2. 贮藏方式及技术

（1）常温保藏　常温保藏是葡萄干保藏的主要方式。葡萄干制后水分含量在14%~16%，经过精选和分级后用麻袋盛装，也可用木箱、纸箱、竹篓等包装，放在通风、阴凉、遮光的房内或棚下进行保藏。葡萄干应尽可能的在低温、干燥条件下贮存，温度最好不高于5℃，相对湿度在50%左右。

（2）降氧保藏　葡萄干在保藏过程中，各种生化成分的变化绝大多数需要 O_2 的参与。因此，无氧和低氧状态下可抑制葡萄干的品质变化。采用脱氧剂降氧和抽气充 N_2（或 CO_2）气调技术保藏葡萄干，可以显著增强葡萄干的保藏性。采用这些气调技术时，要求用阻隔性能良好的包装材料，如 PET/Al/CPP、PET/OPP、PET/镀铝/PE 等复合材料袋，否则效果较差。降氧保藏技术和低温配合使用，效果更好。

（四）桂圆的保藏

1. 保藏特性

桂圆是新鲜成熟的龙眼经日晒和烘烤等脱水方式加工成的干品，又称桂圆干或龙眼干。桂圆的含水量对保藏效果影响很大，含水量高，容易生虫和发霉，缩短保藏期。我国 GB 16325—2005《干果食品卫生标准》规定，桂圆干的含水量要求在25%以下。

2. 保藏方式及技术

生虫和发霉是桂圆保藏中发生最严重的问题。为了防止生虫和发霉，应将充分干燥后的桂圆立即包装。桂圆一般采用双重包装，即用胶合纸箱包装，内衬塑料薄膜。装箱时边装果边摇动，每箱装果实约30kg。最后将袋口密封，并密封箱盖，防止返潮。

如果要采取辐照处理，则包装材料的内层应选用食品级、耐辐照、保护性的材料密封包装，外盒应选用耐压的聚丙烯硬盒，用防潮胶带封口。在包装后10d内进行辐照处理。以杀虫为目的的最低有效剂量为0.4kGy，以防霉变为目的的最低有效剂量为6kGy。此外，还有多种小包装保藏。

保藏桂圆要避开阳光直射和高温潮湿的场所，通常放置于阴凉、通风、干燥、清洁的食品库进行保藏。桂圆产于我国南方省区，其保藏地也主要在南方。鉴于南方气候高温多湿的特点，最好将桂圆保藏在干燥的冷库中，库温在10℃以下，空气湿度70%左右。

第五节　腌制品的保藏

低浓度食盐的抑菌作用极其微弱，有时在 10~30g/L 的浓度下反而促进腐败菌和病原菌繁殖。食盐浓度达到150g/L以上时细菌的繁殖可被抑制，这是由于在高渗透压的作用下，微生物的原生质与细胞壁发生质壁分离，细胞液中溶解的氧减少，蛋白质分解酶被抑制等，而 A_w 的降低是最主要的原因。150g/L 食盐水的 A_w 约 0.90，比普通细菌发育所需要的最低 A_w 稍低些。因此，要充分发挥盐腌制品的保藏效果，一定要在高食盐浓度下，使盐腌产品脱水，进一步降低 A_w。

一、腌制鱼的保藏

（一）盐腌法

1. 撒盐腌

在鱼体上直接撒上固体食盐进行腌制的方法称为撒盐腌。在鱼体上撒布的食盐，被鱼体表面的水溶解，成为饱和食盐水包裹着鱼体，由于食盐的渗透、扩散，导致鱼体水分的渗出。

通常在渗水性好的不铺地板的土房内敷上竹帘，在其上面摊放撒满食盐的鱼体，再撒入干盐，以防止原料鱼因水分的渗出而使食盐浓度下降。一边将鱼体重叠一边补充食盐（一层鱼一层盐），然后盐腌几天。盐腌有的是一次完成，而重盐制品为了能达到长期保藏的目的，加工时要重复进行几次盐腌。在这种情况下，起初的盐腌称临时腌，后面的盐腌称正式盐腌。鲑、鳟类、鳕类、狮、鲐等大、中型鱼的盐腌采用撒盐腌的较多。

撒盐腌具有鱼肉的脱水效率高，盐腌处理时不需要特殊的设施等优点。其缺点是撒盐不均匀时易导致鱼体食盐浸透不均匀，由于强脱水致使鱼体的外观差，盐腌时鱼体与空气接触容易发生脂肪氧化等。

2. 盐水腌

将鱼体浸入食盐水中腌制保藏的方法叫盐水腌。通常在坛、桶等容器中加入一定浓度的食盐水，将鱼体放入浸腌。一边补充盐，一边进行浸腌，有的浸腌 1 次，有的浸腌 2 次。这种方法用于盐腌鲑、鳟、鳕鱼类等大型鱼及鲐鱼、秋刀鱼、沙丁鱼类的中、小型鱼。

盐水腌的特点是食盐的渗透均匀；盐腌中因鱼体不接触外界空气，故不易引起脂肪氧化；鱼体不会产生过度脱水，所以制品的外观和风味好。其缺点是设备及管理所需费用多，食盐的用量也多。

（二）腌制鱼的变化

1. 保藏性

盐腌鱼贝类如果不在适当的条件下进行加工保藏，就会发生由于腐败、自溶作用而产生的肉质软化、脂肪分解、哈败，霉变等现象，从而失去商品价值。

腌制品的食盐浓度是影响其保藏性的第一因素。盐分含量为 15% 左右的腌制品具有一定的贮藏性，但在流通过程中必须低温保管。盐分含量在 20% 以上的，虽然可在常温下流通，但在室温下经过 7~10d，也会由于自溶和发酵作用而引起肉质软化。重盐制品在冬季可贮藏 2~3 个月，但为了防止霉变和哈败，重盐制品最好也能在低温下进行保藏。

2. 脂肪变质

鱼类脂肪中以不饱和脂肪酸居多，容易发生自动氧化。加之食盐有促进脂质氧化的作用，所以鱼类的盐腌品在腌制及保藏中脂质极易氧化，随后分解生成低级脂肪酸、羰基化合物等带有不愉快刺激味和涩味的物质，并且羰基化合物与挥发性盐基氮反应容易产生油烧现象。与盐水腌相比，采用撒盐腌的鱼体由于长时间与空气接触，更易发生脂肪自动氧化。

为了防止脂质的氧化，腌制时可以加入二丁基羟基甲苯（BHT）、丁基羟基茴香醚

（BHA）、没食子酸丙酯（PG）等抗氧化剂。

３. 微生物作用产生的变色

一般霉菌对干燥的抵抗力较强，A_w 稍低于腐败细菌的最低生长界限时，霉菌仍然能够生长。在盐腌品中，撒盐腌制的制品表面常有霉菌繁殖，依据霉菌的种类会产生红、黄、白、黑等颜色的斑点而使盐制品失去商品价值。要防止霉菌的生长繁殖，低温贮藏仍然是必要的。

另外，在夏天高温多湿季节，腌制的鱼有时会变红，这是由于食盐中嗜盐性细菌的增殖所致。近年来用于盐腌的食盐质量有所改善，这种变色已很少发生。

二、　腌腊肉制品的保藏

腌腊肉就是在肉的表面涂抹食盐、硝石、砂糖及调料，然后进行堆叠。或用 $200 \sim 250 \mathrm{g/L}$ 的食盐溶液，在 $2 \sim 3 ℃$ 下经过几天甚至几十天的腌制。腌制的主要目的是使肉具有防腐作用，并增加肉的风味及颜色，以提高产品的质量。

（一）腌制的作用

腌制过程中由于食盐与肉汁具有不同的渗透压，盐分逐渐渗入肉组织的纤维中，肉内的水分则向外渗出，使肉脱水收缩干燥。同时，由于腌肉产生的渗透压，可以抑制有害微生物的繁殖，从而起到防腐作用，使腌肉便于保存。腌制过程的快慢，取决于食盐的浓度与腌制的温度。盐分越高，渗透压就越大，盐向肉内渗透的也越快；腌制的温度高，食盐等的分子运动加快，扩散作用增强，腌制速度也相应加快。但温度高时，微生物也容易繁殖而使肉发生腐败，所以腌制温度一般以 $3 \sim 4 ℃$ 为宜。

由于食盐的作用是使腌肉失水收缩，如果单用食盐与硝石腌制时，腌肉就会因肌肉过分收缩而发硬，并且味过咸。为了调节食盐的作用，腌制时可适量添加砂糖。砂糖的作用与食盐相反，有使肌肉组织柔软和缓和肌肉过硬的作用，并使腌肉带有甜味，从而改善了产品的风味。硝石（硝酸盐）的主要作用是发色，并兼有防腐作用。

（二）腌腊肉制品的保藏性

金华火腿属于肉类干腌制品或腌腊制品中最具代表性的一种产品，其传统的加工过程如下：用盐腌制（$2 \sim 4 ℃$，$9 \sim 11 \mathrm{d}$）→清洗→后期腌制（$2 \sim 4 ℃$，$20 \sim 40 \mathrm{d}$），以达到盐的均衡→熟化干燥（$12 \sim 22 ℃$，$7 \sim 12$ 个月）。这种腌腊肉制品在西班牙的塞拉诺、意大利的帕尔马和法国的巴约纳也很盛行。在历史上腌腊肉制品曾有过独特的意义。早先由于缺乏制冷技术，鲜肉又极易腐烂，必须有一种方法来保存鲜肉，这就导致了类似金华火腿等腌腊肉制品的产生。火腿含盐量高，水分含量低，不需冷藏，在室温下即可长时间保存。

三、　腌菜制品的保藏

（一）腌菜腐败变质的原因

１. 腌菜内的微生物及其酶的活动，促进化学及生化变化而变质

腌菜没有经过高温消毒，主要靠食盐和乳酸菌发酵产生的乳酸，使一般有害微生物的活动被抑制。但还有少量非致病的细菌，由于存放时间过久，这些细菌及其产生的酶就会引起腌菜质量的改变。

２. 腌菜受外界微生物的污染而致变质

由于容器不清洁、腌菜出坛后暴露过久、从坛内取腌菜的工具不清洁、生水带入坛内等，

导致外界有害微生物乘机侵入繁殖而产生危害。

3. 空气和温度等环境条件的影响，促使有害微生物繁殖而引起变质

虽然腌制时乳酸菌发酵抑制了其他有害微生物，但乳酸菌是嫌气性细菌，必须保持坛内缺少空气，如果坛内进入空气较多，有些好气性的有害微生物及其酶就会逐渐活跃起来。因此，凡是坛内菜未装满，或运转贮存中坛口封闭不严及坛子裂缝，导致空气进入，即可引起变质。另外，存放环境的温度高也导致变质，因为有些嗜温性微生物在 $10 \sim 50$℃ 温度范围内，温度越高越活跃，越易引起腌菜败坏。

4. 食盐用量不足而变质

由于食盐的高渗透压对腌菜内的有害微生物起抑制作用，如果食盐的用量没有因存放时间长或要通过高温季节而相应增加到必要的数量，则是造成有害微生物繁殖、引起变质的一个重要因素。但用盐量过多，味道太咸又会影响腌菜的风味和质量。

（二）腌菜中常见的变质现象

（1）生花　在泡菜卤水表面产生一层白色菌膜，俗称生花，是产膜酵母繁殖所致。

（2）生霉　在腌菜表面或泡菜卤水表层所长白色菌膜上面长出黄绿色、白色或黑色的霉菌。

（3）发黏　腌菜因腐败细菌繁殖，引起菜的细胞内物质变化而发黏。

（4）气泡或胀气　有的腌菜卤水表层出现气泡，有的袋装腌菜的塑料薄膜袋发生胀气，这主要是酵母菌繁殖发酵产生 CO_2 所致。

（5）发酸　有的榨菜、冬菜发酸或泡菜酸味过重，多是用盐量不足，醋酸菌或乳酸菌大量繁殖所致。

（6）发臭　受腐败细菌污染产生 NH_3 或 H_2S 等的结果。

（7）发软　有的腌菜感染霉菌或其他杂菌，这些有害菌分泌的果胶酶，使菜组织中的果胶质水解而使其发软。

（三）腌菜的保质和防腐措施

（1）制定腌菜的生产和销售计划之前，要调查市场对品种、等级、质量规格、数量等的需求，以免有的脱销，有的积压过久而造成变质。

（2）注意减少腌菜与空气接触。如榨菜、冬菜等应装紧、压实、密封容器口，经常检查封口的材料有无松动脱落，容器有无裂缝。从坛内分批转出销售时，坛内剩下的菜应随即压紧盖严。经常检查泡菜坛内的卤水是否淹没菜体，尽量缩小坛内空间。坛口水槽内应注满水，或用塑料薄膜严密封口。

（3）避免高温和冻害。腌菜尽可能贮存在 20℃ 以下阴凉场所，以减少嗜温性有害微生物的活动。贮存和运转中避免日晒、雨淋和冻害。

（4）注意清洁和消毒。容器应事先洗净消毒，从坛内取菜的工具也应充分洗净消毒，经常保持干净。从坛内取出的腌菜不宜放回坛内，以防交叉污染。贮存、运转的环境以及容器外部都应保持清洁，泡菜坛口水槽的水应常更换，以防止有害微生物滋生。

（5）为避免商品混杂和便于验收，密封的腌菜坛上应标明商品名称、毛重、净重等。为了防止贮运中破损，坛外应套竹箩，坛与箩的大小应吻合。

（6）堆存方法　用盐菜叶扎颈、水泥封口的榨菜坛，底层应立放，坛坛靠拢。上层卧式堆放 3~4 层，不宜堆得过高。用盐菜叶扎颈、草辫筑口的芽菜坛，堆存时最初坛口向上，经

过 30~40d 浸透香料、糖液后，再将坛口向下倒立，使糖液和香料均匀倒流全坛。外流汁水是多余的，不影响菜的质量。

（7）榨菜坛在气温高时，内部微生物活跃，促进发酵产生气体，易导致菜坛爆裂。因此，菜坛封口时应留小孔。封口时未留小孔的，应在封口处钻一小孔，以便排气，避免坛子爆裂。

第六节　速冻食品的保藏

随着我国经济的发展和人民生活水平的提高，人们对于速冻产品等冷冻冷藏食品的需求量日益增加，对其品质的要求也越来越高。但是，这些产品在运输过程中，尤其是冷链的最后一公里中，其品质受温度波动的影响较大，造成品质下降，保藏期缩短。目前，速冻汤圆、速冻水饺、速冻馒头、速冻冷饮等速冻食品已经成为许多食品超市必备的品种。

一、速冻果蔬的保藏

（一）稳定的低温

速冻果蔬是经过适当的烫漂、冷却、包装和冷冻后的产品。在保藏和供应期间，维持稳定的低温对质量的保持是很重要的。通常速冻果蔬在-18℃下保藏 1 年，足以稳定地保持其质量；同一原料在-18℃和-29℃下保藏 1 年，它们之间的微小差异只能是有经验的评味员才能察觉出来。根据生产成本与质量保持相协调的原则，规定-18℃作为速冻果蔬及其他冷冻食品的商业保藏温度。绝大多数微生物在0℃以下就受到抑制，致病菌在-9℃下不能生长，因而-18℃是一个合理的安全贮存温度。虽然在这个温度下不能完全消除产品中的一切变化，但其变化速度显著地受到抑制。目前也还有采取更低的冻藏温度如-26~-21℃。

（二）贮运中的管理

冷冻产品一般采用搁架堆码，底部高度至少离地面 10cm 以上，堆垛与墙壁之间应留有15~20cm 的距离，堆顶距库顶也应留有适当的空间，以利冷空气流通于产品堆垛的周围，使温度均匀分布，也便于管理。考虑产品的装卸操作，应在堆垛之间安排适当的通道。

日常管理工作中应注意库内的温度变化。从理论上讲，小的温差和短时间的波动对产品影响不大。即便如此，对冻藏库内温度的频繁波动也不能轻视，因为即使是在-18℃上下波动范围小到3℃以内，也会对许多食品造成损害，损害的程度随着时间的延长和波动次数的增多而加重。因此，管理人员应对库房门的启闭严格控制，制冷系统要经常检查、及时调正。冷冻产品贮藏库一般建有封闭式的装卸台，配有一定的冷却条件，以便冷冻产品进出冷库时少受外界气温的影响。

冻藏库中要保持较高的湿度以减少产品的升华脱水。冻藏库空气中的水蒸气接触蒸发管系统凝结成冰后，降低了空气的湿度，因而在冷冻库中维持高的湿度较为困难。现在有一种套间冻藏库的设计，冷空气在内外套室之间川流，可保持库内稳定的低温和高湿度。但这种建筑造价很高，尚未在生产上广泛应用。

（三）速冻果蔬的解冻

速冻果蔬在使用之前要进行解冻复原。冻结与解冻是两个相反的传热过程，非流体食品的解冻比冻结要缓慢。冷冻没有杀死所有的微生物，只是抑制了它们的活动，解冻时的温度变化有利于微生物的活动和理化变化的加强。果蔬解冻后，由于组织结构受损伤而使内溶物渗出，有利于微生物活动而导致果蔬败坏。因此，冷冻食品在食用之前要进行解冻，解冻后应立即食用或加工利用，而不应长期放置。

速冻蔬菜解冻后，一般要经过煮制调味后食用。速冻蔬菜的组织解冻后有较大的变化，不适于过度的热处理，因此烹调时间宜短。速冻果品解冻后即可食用，解冻后不能久置，最好当日内消费完，即使在低温下也不能放太长时间。

二、 冻结调理水产食品的保藏

冻结调理水产食品的生产工艺技术与普通冷冻水产品不完全相同，在冻结前必须有一系列的调理加工，这是冻结调理食品所特有的。冻结调理水产食品种类繁多，每种产品都有各自特殊的工艺流程和技术要求。一般的冻结调理鱼、虾、贝类食品的加工工艺流程及技术要点如下：新鲜原料→前处理→调理加工→冻结→包装→冻藏

（一）原料前处理

前处理包括清洗、去头、去鳞、去皮、去壳（贝类）、去内脏、分割、采肉、漂洗、脱水、绞碎、擂溃等工序。当然不是每种产品都包含这些工序，各种产品有各自的前处理工序。但前处理工艺流程要合理，不能产生交叉污染，要保证原料冲洗干净，每个操作工序都要按规定的质量标准进行加工处理。整个前处理工艺要在低温下进行，生产用水要符合生活饮用水标准，水温一般要求不超过10℃。

（二）调理加工

水产食品调理加工包括成形、调味、加热、冷却、包装等工序。加热方式包括油炸、水煮、蒸煮、焙烤等，采用其中任意一种或组合的方法来进行加热，使产品中心温度达到75℃以上。通过加热处理使得生鲜食品变成熟制品，蛋白质变性凝固，同时杀死大部分微生物，钝化酶的活力，如此可使品质下降速度减缓。但在以后的生产流程中要防止产生二次污染。加热后的水产食品应当快速冷却，避免高温对产品质量所产生的破坏作用，防止水产食品在危险温度区域即5~10℃停留时间过长，否则，残存的微生物会大量繁殖。冷却方式有空气冷却、水冷却、碎冰冷却等。如果用冷水冷却，应把冷水加氯消毒后才能使用。调理加工对产品的风味、形态和质构都有十分重要的影响。

（三）冻结

冻结调理水产食品一般要求快速冻结，以迅速降低品温，抑制微生物的生长、酶的作用和化学反应的进行。速冻可使食品内的冰晶按其原来的位置均匀分布，减轻冰晶成长对食品造成的机械损伤，以保持食品原来的形态，提高冻结产品的初始质量。目前冻结设备大多数采用螺旋带式吹风冻结装置、平板冻结装置和流态化冻结装置。冻结终温要求产品中心温度达到−15℃以下。

（四）包装

冻结后立即在低温（−10℃以下）包装间进行包装。包装材料和容器应当清洁卫生，无异味，与食品直接接触的包装材料如包装用纸、塑料薄膜等应无毒无害，并且要进行杀菌消毒处理。包装材料使用前也要进行预冷，冷却到−10℃左右。包装时产品应当符合食品卫生质量标准，不得含有任何杂物，不合格的产品应当剔除。先用纸或复合材料薄膜进行食品单体小包

装，然后放入纸盒或塑料盒，盒盖要盖严，最后把盒装冻结调理水产食品装箱，每箱的毛重最好不超过20kg，以便于搬运。包装箱外面显著位置应贴有商品标签，且应符合 GB 7718—2011《食品安全国家标准　预包装食品标签通则》的规定。

（五）冻藏

冻藏库应当清洁卫生，空库使用前要经过消毒处理。库温在-18℃以下并保持恒定，库内各处温度均匀一致。包装好的产品进库后按不同的品种、等级、规格和生产日期分别堆垛，垛底要垫木板，木板高度不小于10cm，垛与墙壁、排管之间的最小距离为30~50cm，垛与垛之间相距30cm以上，不同产品堆垛之间的距离70cm左右，库内中间要留有搬运车道，便于货物进出。

在冻藏过程中要经常进行产品质量和库温检查，及时发现问题并采取相应的措施，保证冻结调理水产食品不发生腐败变质。

三、 速冻米面制品的保藏

速冻米面制品主要包括一些速冻预制食品和速冻半成品，如速冻馒头、水饺、汤圆、春卷、面点、粽子、馄饨以及加工面包等烘焙食品用的速冻面团等。其中水饺的市场份额约占50%以上，汤圆约占20%，面点、粽子、馄饨、春卷及地方特色小吃等约占30%。

（一）速冻米面制品的冷链环境

速冻米面制品对贮藏温度要求高，一般控制温度要低于-18℃。在运输过程中若出现冷链断裂，致使速冻水饺的保存环境出现温度波动，会导致水饺表皮颜色发暗，甚至出现破裂的情况；长时间冷冻贮藏的过程中，冰晶的生长、脂肪的氧化和蛋白的变性等都会使速冻水饺的各方面品质下降。冻藏过程中，冰晶的生长会使细胞受到机械损伤，破坏面筋的网络结构，甚至可直接导致蛋白质的变性，从而影响速冻食品的营养价值和风味。同时，脂肪的分解氧化作用在速冻阶段并不明显，但在冷冻贮藏期间氧化速率则会加快，氧化过程中产生的游离脂肪酸、低级酮、醛等产物，也会加速蛋白质的变性。

（二）速冻米面制品的外观质量

速冻米面制品的表皮破裂是冻藏过程经常出现的品质劣变现象之一。其主要原因在于难以处理好高水分和低温仓储之间的关系，从而导致冰晶对小麦面筋蛋白造成了损伤。冻藏使速冻面制品表皮的品质发生劣变，具体表现在随着冻藏时间的延长，一方面，面皮的剪切硬度降低、强韧性下降、口感变差；另一方面，面筋蛋白二级结构中 β 转角向 β 折叠的转化、网络结构的弱化及高分子量聚合物的解聚是致使面筋强度下降，进而导致面皮品质劣变的根源。

此外，速冻水饺在长期贮藏中会发生干耗现象。一般来说，冷冻贮藏时间越长，水分损失越多。长期下去，会使速冻水饺的表皮持续干燥，并由此造成速冻水饺质量损失。随着时间的推移，"干耗"会由表及里逐步推进，使得脱水多孔层不断增多，增大速冻水饺与空气的接触面积，引起氧化反应，从而造成内部馅料的脂肪氧化酸败，表皮变黄并伴有裂纹的产生。

目前，为提高速冻面制品表皮的抗冻裂能力，主要是从使用食品添加剂和研发专用粉两方面来解决。如为解决速冻汤圆表皮破裂，可添加变性淀粉或者马铃薯氧化淀粉；速冻包子面皮中添加变性淀粉和瓜尔豆胶也可改善其表皮的抗冻裂能力。但更需要从冷冻面制品本身在低温贮藏过程中结构功能控制及功能提升等方面来攻克。

（三）速冻米面制品的食用品质

速冻米面制品在蒸煮后易出现表皮脆化、失去弹性、内部组织结构变差、质地变粗、硬化掉渣、色泽变差和风味减退等缺陷。这与速冻产品的原辅料、加工制作工艺、冻藏条件等相关。在工艺方面，有学者将饺子皮进行镀冰，以降低贮藏饺子皮的煮后破裂率；也可采用微波熟化的方法来改善速冻饺子的食用品质。

（四）速冻米面制品的包装及冻藏管理

产品速冻后，应立刻包装装箱，及时送冻藏室。若在车间的自然环境中放置时间过长，由于室温与品温之间的温差而造成产品回化，对产品不利。包装材料应具有耐低温、低透气性、防水、耐光等特性，也可采用充气包装、真空包装等特种包装工艺，以抑制微生物污染。

速冻使得约90%以上的水分被冻结，微生物与酶的作用被有效抑制。但在生产和贮藏等环节若出现较大的温湿度波动，尤其是温度波动发生在-18℃以上，再加上冻藏时间长而出现的缓慢氧化作用，往往使食品出现干耗、变色等现象，降低产品品质。因此，应尽可能形成冻藏、运输、销售及家庭储存全过程的冷链，使产品始终处于-18℃以下的恒定温度。

四、 速冻饮品的保藏

雪糕和冰淇淋是速冻饮品的典型代表，一般是以饮用水、乳制品、食糖等为主要原料，添加或不添加食用油脂、食品添加剂，经混合、灭菌、均质、老化、凝冻、硬化等工艺制成的体积膨胀的冷冻饮品。速冻饮品品种繁多，风味各异，是酷暑季节深受人们喜爱的一种饮品。

（一）保藏环境

速冻饮品的质量优劣取决于很多因素，如原料固有品质、冻结前后的处理与包装、冻结的方式与速度、产品在流通过程中所经历的温度和时间等。当速冻饮品进入流通领域后，其质量下降速度主要取决于保藏时间和保藏温度两大关键因素。冰淇淋和雪糕的标准保藏温度为不高于-22℃，但实际保藏时所用的冷柜常常达不到标准温度，并伴有温度波动。通常在搬运这个环节中，由于温度波动剧烈，质量下降率是其他环节的8~9倍；零售时，存放速冻饮品的冷柜由于制冷机的间歇化霜过程也会造成柜内的温度波动。

保藏环境中温度的波动能显著影响雪糕和冰淇淋的品质。如雪糕在升温的过程中会逐渐融化，并伴随有气泡逸出。此时虽然可以通过降温再使之变硬，但是这种升降温过程反复进行的话，雪糕体中的冰晶就会逐渐变大，使得雪糕原有的润滑感变得粗糙而丧失商品价值。因此，减少温度波动，对于提高速冻饮品的保藏时间和品质具有重要意义，可采用在速冻饮品包装中加入由适量蓄冷剂和防渗漏包装组成的蓄冷包。

（二）稳定剂在速冻饮品冻藏中的作用

冰淇淋是一个极为复杂的胶体体系，既可看作是一个泡沫体系，又可看作是 O/W 乳状液。其典型的配方包括：水、脂肪、非脂乳固体、糖、稳定剂、乳化剂、香精、色素等。稳定剂主要是通过在冰淇淋体系中形成一个三维网络，增加混合料的黏度，使空气搅入更加容易，同时能显著减少未冻结水分的流动性，使冰淇淋制品的组织更稳定。常用的稳定剂主要是多糖类，能在水中溶解形成高稠度溶液，与蛋白质或盐类组成冰淇淋骨架结构，在凝结过程中增加未冷冻部分的黏度，限制水分子向晶核中心移动，控制冰晶的扩大。

在冻藏中，温度波动导致速冻饮品的质地改变，当温度上升时部分冰结晶融化，温度下降时融化的游离水再结冰，稳定剂吸收或包容融化时释放的水分子，防止再次冻结产生大的冰晶。由此可知，稳定剂在冰淇淋中的作用就是强化蛋白质分子间、蛋白质分子与水分子间、糖分子与水分子间、蛋白质分子与色素及风味物质分子间、脂肪微粒与乳化剂分子间、胶质增稠剂分子与乳化剂分子间的作用等。常用的稳定剂有明胶、瓜尔豆胶、刺槐豆胶、卡拉胶、黄原胶、海藻酸钠、羧甲基纤维素钠（CMC-Na）、魔芋精粉等。稳定剂能防止产品的脱水收缩、提高冰淇淋的保形性、防止混合料液中乳清的析出，能改善冰淇淋的整体性，控制冰淇淋中冰晶增大和改善其组织结构，使冰淇淋具有可嚼性，使产品质地光滑，并能增进搅打性能，提高冰淇淋贮藏期的稳定性。生产中一般都是选择复合稳定剂，效果更好。

（三）乳化剂在速冻饮品冻藏中的作用

乳化剂有助于挤压时得到细腻的形体和质构以及抗融化性。乳化剂分子是一种表面活性剂，具有亲水与亲油基团，因此在乳状液中乳化剂分子可立即定向在油水界面上，降低体系自由能，有助于稳定乳状液。

除此之外，乳化剂具有降低油水界面张力，在脂肪球表面取代蛋白质，降低乳状液对剪切力的稳定性，增加在凝聚过程中脂肪的失稳作用，以得到具有质构细腻的抗融化的产品。

一定程度的凝聚对优质冰淇淋的生产是必不可少的。但是，如果乳化剂引起脂肪球的过度凝聚则造成了乳脂析出，从而抑制了冰淇淋的起泡性和膨胀率，口感油腻。因此，正确选择不同亲油性和亲水性的乳化剂，通过控制脂肪球的凝聚可生产出优质冰淇淋。天然乳化剂有卵磷脂、皂素、蛋白质分解物等，人工合成的有脂肪酸甘油酯、蔗糖脂肪酸酯。

（四）冰淇淋的融化

一般而言，冰淇淋中糖的含量越高，就越难将之冻结，也就越容易融化。因此，生产冰淇淋时，要在保证甜度的条件下，尽量少用蔗糖，而采用甜度较大的甜味剂来替代一部分蔗糖，以达到制品所需的甜度和口感，增加抗融性能。

合理的膨胀率是也是增加抗融性的指标。膨胀率是由混入物料中的空气含量决定的，空气混入多、分布均匀就会得到好的膨胀率。在气温骤变的情况下，冰淇淋中的空气阻止了热的快速传递，同时还起到了缓冲压力的作用，使其内部仍保持原有的状态，也就是保证了产品的外形变化不致过快，增加了冰淇淋的抗融性能。在实际生产中，出于对产品口感、抗融性、成本等多方面的考虑，理想的膨胀率一般以 90% ~ 100% 为宜。

要提高冰淇淋的抗融性能，除了控制生产工艺条件外，原料和配方的选择也扮演着极其重要的角色。生产高质量的冰淇淋应从以下方面考虑：①选用优质的原料，使用新型的复合乳化稳定剂；②配方中应保证高脂、低糖；③确保非脂肪固体的含量。

第七节　食糖与食盐的保藏

食糖和食盐是食品工业常用的原料。在具有良好包装的前提下，食糖和食盐是稳定而耐藏的。但对散装品，在温度较高以及空气相对湿度较大时，它们会发生融化、吸湿等质量劣变现象。

一、食糖的保藏

（一）白砂糖的质量标准

食糖既是食品工业的重要原料，又是供人们直接食用的食品。因此，保证食糖的质量具有重要意义。我国对生产的机制糖都制定有国家标准 GB/T 317—2018《白砂糖》、GB/T 1445—2018《绵白糖》、GB/T 35885-2018《红糖》和 GB/T 35884—2018《赤砂糖》。

白砂糖是机制糖中的主要产品，也是商业销售量最大的食糖。白砂糖纯度高，含蔗糖99%以上，色泽洁白明亮，晶粒整齐、均匀、坚实，水分、杂质和还原糖含量均较低。按晶粒大小分为粗砂糖、中砂糖和细砂糖。粗砂糖多用于食品工业，中砂糖和细砂糖多供应市场。按国家标准，白砂糖分为优级、一级、二级。白砂糖的质量标准参看相关国家标准。

（二）食糖的包装

食糖是一种散状、多直接食用的食品，为了保障食糖的卫生和数量上不受损失，在进入商业流通之前，必须将它按一定的规格进行包装。

根据糖的特性，应该选择清洁、干燥、结实的包装材料。目前我国食糖包装材料主要有麻袋、白布袋、蒲包和草袋等。麻袋多用于白砂糖，质地坚实，适宜长途运输，每袋装糖净重100kg。白布袋清洁美观，比较坚固，适宜盛装直接食用的食糖，每袋装糖净重50kg。土制糖多用蒲包或草袋，但蒲包和草袋的坚固性、防潮性和卫生性都较差，现在用得越来越少。近年来采用聚丙烯塑料编织袋包装赤砂糖，其坚固性、防潮性和卫生性都有改进。但由于塑料编织袋表面比较光滑，堆码的层数受到限制。

食糖包装时必须经过冷却，否则易溶化；包装封口必须严密，防止食糖漏出。

（三）食糖在运输和贮存中的质量变化

由于各种食糖的化学成分不尽相同，其保藏稳定性也不同。一般白砂糖的成分纯净，比较容易保管；绵白糖中含有转化糖，吸湿性较大；红糖中非糖物质含量多，更不易保管。因而绵白糖和红糖在运输和储存过程中，容易产生潮解、溶化、干缩、结块、变色和变味等现象。

1. 食糖的潮解和溶化

食糖的潮解和溶化是因食糖吸湿后发生的两种程度不同的质量变化。潮解是当空气中的相对湿度大于食糖储运所要求的相对湿度时，食糖即开始吸湿，使晶粒潮润，色泽变暗，继而糖粒发黏，失去干燥松散性，或发生黏结成块的现象。相对湿度越大，糖粒吸湿量就越多，吸湿速度也越快，当吸湿量达到一定程度时，糖粒表面的糖分便开始溶解，这时食糖就开始溶化，并逐渐由糖粒表面渗入内部，轻者出现卤包，严重时会产生流浆现象。

食糖之所以产生潮解和溶化现象，主要是由于食糖的化学成分、质量特点及外界环境的温度和湿度等原因造成的。同一种食糖由于外界环境的温度和湿度不同，其吸湿点（开始吸湿的起点）也不一样。以粗糖为例，其吸湿点与温度和湿度的关系见表5-4。

表5-4 食糖吸湿点与温度的关系

温度/℃	15	20	25	30	35	40
吸湿点的相对湿度/%	92	88	79	74	67	60

白砂糖中的还原糖、水分、杂质等含量都较粗糖低，在相同温度下，其吸湿点的相对湿度

相应地比粗糖高些。白砂糖在 25℃下，其吸湿点的相对湿度为 80%~86%。而绵白糖、赤砂糖和普通红糖，由于它们的还原糖和水分含量高于白砂糖，因而在同一温度下它们吸湿点的相对湿度都比白砂糖低些，例如赤砂糖 25℃下吸湿点的相对湿度为 70%左右。

2. 食糖的干缩和结块

食糖受潮后含水量增高，当遇到干燥的环境时，晶体表面的水分慢慢散失，糖表层达到较高的过饱和度，糖浆凝结，蔗糖分子重新结晶，糖粒与糖粒就相互黏结在一起，形成糖块。结块的时间越长，或遭受的压力越大，形成糖块的硬层就越厚、越坚实，严重时可使整包食糖结成一个整块。

含还原糖和水分较多、晶粒较细的赤砂糖、红糖粉、绵白糖一旦受潮，在干燥的季节里，更容易发生干缩结块现象。食糖的干缩和结块，多发生在干燥低温的冬季。干缩结块的食糖，遇到潮湿空气或温度上升，又会再吸湿，而且其吸湿性会比以前更大。

干缩结块后的食糖，不仅失去原有的光泽和疏松性，降低外观品质，而且给销售和食用带来极大的不便。在食糖储运过程中，防止干缩结块的根本办法，就是要控制适合的温度和湿度。

3. 食糖变色与变味

食糖经过长期贮存，颜色往往变黄或变暗。变黄是由于氧化的结果，特别是用亚硫酸法生产的食糖，与空气接触后，色素又会重新氧化而显色，并随着贮存时间的延长，颜色逐渐加深。变暗是由于食糖受潮后，晶体表面溶化，透明度降低的结果。

食糖变味是由两个原因造成的。一是食糖受潮后被微生物感染，引起蔗糖水解和发酵作用，使食糖带有酒味或酸味。其二是食糖与具有异味的商品如汽油、化妆品等存放在一起，或用装载过具有强烈异味商品的车辆装运等，都会使食糖染有异味。

综上所述，食糖在储运过程中，应根据食糖的性质和保管时间的长短以及出入库动态，合理选择贮存的地点、形式和库房，加强糖库的管理，掌握好库房内的温度和湿度，注意卫生条件，避免食糖受潮、溶化、干缩、结块、变色与变味等各种不良质量变化。

（四）食糖的储存管理

1. 加强仓库管理

加强食糖的入库验收，确保入库质量。坚持库内食糖的检查，建立严格的定期检查制度，尤其在气温较高和潮湿季节更要随时检查，发现有异常现象，尽快采取措施，避免造成严重损失。出入库要贯彻"先进先出"的原则。

2. 选择合理的储存场所和储存形式

储存食糖的库房地势要高，远离河道和水源，交通方便。库房地面要有防潮措施，库房顶部要高，墙壁要厚，门窗要严，防止日光直射入库房内。

堆码食糖时，要铺垫隔潮垛底。垛要码平码稳，先码角和边，然后码中间，使糖袋相互咬紧，垛边的糖袋口朝里，防止包口受压而崩裂，造成塌垛事故和损失。糖垛与糖垛、库项、墙壁间，都应留有适当距离的通道，以利通风和操作。

根据出入库动态和仓库条件，合理选择储存形式，可整库密封或按垛密封。不同品种和等级的食糖应分别存放密封。

3. 严格掌握和控制温度与湿度

温度和湿度管理是保管好食糖的关键。根据实践经验，食糖在正常的水分含量和 30℃以下保管，赤砂糖和普通红糖的相对湿度不超过 60%；绵白糖相对湿度不超过 70%；白砂糖相对湿度不超过 75%。糖库的相对湿度，要根据温度的变化随时调节，这样就可以防止食糖在保管中发生质量变化。

温度和湿度的调节，可采取通风降温或通风散湿的形式。还可以用吸潮剂如生石灰、氯化钙以及空气去湿机等办法降低库房内的湿度，这些都能取得较好的贮存效果。

二、 食盐的保藏

（一）食盐的感官品质要求

（1）颜色以洁白者为优 凡灰白、青白、褐黄、淡红等色泽，均说明或多或少有其他非氯化钠的成分存在，特别是食用盐，要求色泽洁白。

（2）结晶应该整齐一致 一般原盐的结晶颗粒以较大的质量较纯，但食用盐的结晶颗粒应细小松软，不能有结块现象；结晶粗大者，不易溶解，烹调困难。结晶颗粒大的盐应该磨碎后再进行销售。

（3）咸味要纯正 50g/L 的盐溶液应具有纯正的咸味，有苦味或其他异味者，表明盐质低劣，不宜食用。

（4）食盐中不能含有肉眼可见的外来杂质，如草屑、虫体、泥沙等。

（二）食盐的理化指标

1. 酸碱性

用石蕊试纸试验，食盐的水溶液（1∶3）应呈中性或近乎中性。呈酸性或碱性者，即证明食盐中可溶性的酸性或碱性杂质较多，不宜食用。

2. 水分

食盐的水分有严格要求，根据 GB/T 5461—2016《食用盐》，优级、一级、二级精制盐的水分含量分别要求小于 0.30%、0.50%、0.80%。水分含量过高则容易返潮和结块，不利于保管。

3. 氯化钠含量

氯化钠含量越高则品质越佳。根据 GB/T 5461—2016《食用盐》，优级、一级、二级精制盐的氯化钠含量分别要求达到 99.1%、98.5%、97.2%以上。

4. 杂质含量

杂质含量愈低则品质愈佳。盐中的杂质有可溶性的和不溶性的两类。可溶性杂质主要包括镁、钙、钾、铁等硫酸盐类或氯化盐类。不溶性杂质主要是指砂土、尘埃等。食用盐中污染物限量应符合 GB 2721—2015《食品安全国家标准 食用盐》（如钡的含量不能超过 15mg/kg）。

（三）食盐的包装

食盐的大袋包装材料主要是麻袋。食盐产地周边地区近距离运输时，可以采用蒲包包装，但蒲包不适宜于长途运输。麻袋固然是较好的包装材料，但麻袋的成本较高，故包装盐的麻袋必须节约使用，并加速麻袋的周转次数。同时还要做好麻袋的保护工作，在每次使用后，要将麻袋洗净、晒干、整理，避免被卤水腐蚀损坏。包装食用盐，必须用清洁干燥的包装材料。每袋盐的重量通常是以 100kg 为标准，以便于搬运。

食盐的小袋包装主要用食品级 PE、PET 或 PP 塑料袋，规格通常为 500g；加碘盐应贴有碘盐标志。

（四）食盐在储存中的质量变化及储存管理

1. 储存中的质量变化

食盐在储存中不会受微生物的破坏及发生生物化学变化。但是盐在储存过程中常常会发生返潮、干缩和结块现象，而这些现象又常会使盐的重量和质量受到损失。

（1）返潮　食盐的返潮是由于其吸湿性所致。品质纯净的盐，吸湿性很小，但含有镁盐和钙盐时，盐的吸湿性会显著增加。当空气中的相对湿度超过70%时，盐就会吸收空气中的水分而发生返潮现象，严重时使食盐化成卤水。储存在潮湿的仓库中，盐也会吸收仓库空气中的水分而返潮。

（2）干缩　当空气中相对湿度降低时，盐容易失水而干缩。如果和干燥的商品或吸湿性特别强的商品储存在一起，盐也会发生干缩。干缩盐的重量会有所减轻。

（3）结块　经过长期储存的盐会发生结块现象，使细软松散的盐结成坚硬的盐块，这种盐块经过敲击才能破碎。盐结块的原因是由于附着在盐表面的盐溶液发生了胶结作用，使盐表面产生坚硬的结晶。一般经过2~3个月的储存后，盐即会发生结块现象，随着时间的延长，结块现象会更加严重。为了避免结块，储存的盐层不能过厚，并尽量做到先进先出。

2. 储存管理

在仓库中储存包装的盐时，要注意码垛的类型，避免倒塌而造成严重损失。切勿靠墙依柱码垛，盐垛的类型以"T字型"较好。盐包可以错缝堆积，中心重量互相结合紧接在一起，长期储存也无倾斜倒塌的危险。

在仓库中储存散盐时，必须先检查仓库的设备条件，避免靠墙依柱堆盐，以防盐卤腐蚀和盐产生离心力而损坏仓库。散盐进仓前，先要将仓库打扫干净，铺垫苇席，避免污染。

露天储存盐应该选择高地建筑凸形垛台（约50cm高），将地面压实，四周掘有卤沟。垛与垛间留出人行道，以便进行检查。盐垛需用苇席或苦布遮盖严密，用麻绳织网拴牢，以防风雨浸入和吹卷。

🔍 **思考题**

1. 叙述腌鱼、腌腊肉、腌菜的理化特性、商品特性及保藏技术。
2. 叙述速冻果蔬、速冻调理水产食品的理化特性、商品特性及保藏技术。
3. 叙述速冻面制品和速冻饮品的理化特性、商品特性及保藏技术。
4. 叙述食糖和食盐的理化特性、商品特性及保藏技术。
5. 茶叶有哪些特性，在贮藏、销售等环节采取哪些措施减少和避免茶叶质量的劣变？
6. 茶叶的主要贮藏和包装方法有哪些？
7. 贮藏干菜时怎样调控库内的温度和湿度？
8. 红枣的保藏特性和保藏方法主要有哪些？
9. 核桃保藏前应如何处理？保藏方法主要有哪些？
10. 简述葡萄干的2种常用保藏方法。

参考文献

［1］刘兴华. 食品安全保藏学. 2版. 北京：中国轻工业出版社，2008

［2］浮吟梅，吴晓彤. 肉制品加工技术. 北京：化学工业出版社出版的图书，2008

［3］张敏，周凤英. 粮食储藏学. 北京：科学出版社，2010

［4］初峰. 食品保藏技术. 北京：化学工业出版社，2010

［5］钟秋平，周文化. 食品保藏原理. 北京：中国计量出版社，2010

［6］罗云波，生吉萍. 园艺产品贮藏加工学（贮藏篇）. 2版. 北京：中国农业大学出版社，2010

［7］孔保华. 肉品科学与技术. 北京：中国轻工业出版社，2011

［8］王娜. 食品加工及保藏技术. 北京：中国轻工业出版社，2012

［9］徐方浩，周凤英. 粮油储藏技术（上、下）. 北京：科学出版社，2012

［10］曾名湧. 食品保藏原理与技术. 北京：化学工业出版社，2013

［11］于海杰. 食品贮藏与保鲜技术. 武汉：武汉理工大学出版社，2013

［12］刘兴华，陈维信. 果蔬贮藏运销学. 3版. 北京：中国农业出版社，2014

［13］郝修振，申晓琳. 畜产品工艺学. 北京：中国农业大学出版社，2015

第六章

CHAPTER

成品食品的保藏

【内容提要】本章主要阐述罐头、酒类、饮料、消毒乳、酱油和食醋等杀菌密封包装食品，面包、饼干、糕点、糖果、巧克力、蜜饯、酸乳、乳粉、咖啡等其他包装食品的保藏。

【教学目标】掌握杀菌密封包装食品和其他包装食品在贮藏期间的变化，了解贮藏管理中要求的温度、湿度和卫生条件。

【名词及概念】成品食品；浓缩果汁；胀罐；陈酿；面包老化。

成品食品是指不经过任何处理即可直接供人安全食用的、符合营养卫生要求的各类食品。罐头、酒类、软饮料、面包、饼干、糕点等都是成品食品。随着国家经济发展和现代化程度的提高，人们在繁忙的现代生活里对成品食品的依赖程度越来越高，成品食品的安全保藏就显得更为重要。

第一节　杀菌密封包装食品的保藏

一、　罐头的保藏

食品罐藏就是将食品密封在容器中，经过高温处理，将绝大部分微生物杀灭，同时防止外界微生物和空气再次入侵，借以在常温下长期贮存的加工方法。凡是用密封容器包装并经高温杀菌的食品统称为罐头食品。

（一）常见的罐头败坏现象

罐头在生产过程中，由于原料处理不当，或加工不合理，或操作不谨慎，或成品贮藏条件不适宜等，往往使罐头发生败坏。罐头的败坏有两种类型，一是罐头内容物因微生物的作用而腐败变质，丧失食用价值；二是罐头外形失去正常状态，但罐头内容物的质量变化不大，不能被消费者接受，商品价值显著降低，只能作为次品。罐头贮藏及流通中常见的败坏现象及原因如下。

（1）理化性败坏　由物理或化学因素引起罐头或内容物的败坏，包括内容物的变色、变味、混浊沉淀、产生硫化斑、氧化圈、涂料脱落和内流胶现象。

（2）微生物败坏　罐头食品被微生物感染后易发生败坏，败坏的原因有多种，常见的原因有杀菌缺陷、密封缺陷、原料污染或冷却污染。

（3）罐藏容器的损伤　这类损坏现象常造成罐形的异常，包括胀罐、瘪罐、漏罐和变形罐，一般用肉眼就能鉴别。

（二）贮藏管理

1. 选择适合的贮存场所和贮存形式

贮存罐头的场所或仓库，要求环境清洁，通风良好，地面铺有地板或水泥，也可安装调节仓库温度和湿度的装置。

罐头贮藏的形式有两种：一种是散装堆放，即罐头保温检验后，运至仓库贮存，出厂前贴商标、装箱后运输。此法堆放费时费工，运输不便，且堆放高度不宜过高，否则容易倒塌造成损失。一般堆成长方形，堆与堆之间，堆与墙之间应留出30cm以上的距离，以便检查。另一种是装箱存放，罐头经过保温检验后，贴商标或不贴商标装箱，送进仓库堆放。此法适合大批量罐头的储藏，运输及堆放迅速方便，堆码放置较为稳固，操作简便，又因为外面有包装箱保护，罐头直接受外界条件的影响较小，易于保持清洁，不易"出汗"。罐头成品箱不得露天堆放或与潮湿地面直接接触，堆放时仓库底层应用垫板垫起，垫板与地面间距离15cm以上，箱与墙壁之间距离50cm以上，堆放高度以箱子受压不变形为宜。

2. 加强入库验收工作

每批罐头入库时要严格验收，分别存放，不可与有腐蚀性和水分较大的商品同库存放；并检查包装有无破损，是否有油渍、水渍或杂物污染。发现问题应及时采取措施，如用干布擦净罐外污物，挑出破损包装，方可入库。罐头的包装容器与材料应符合相关的卫生标准和有关规定，防止有毒、有害物质的污染；容器外表无锈蚀，内壁涂料无脱落。入库时要注意轻拿轻放，严禁野蛮搬卸，以防机械损伤。要求堆垛稳固，垛底垫木方，使之通风隔潮，保持一定垛距。同时罐头食品不可倒置存放，不同日期分别堆放，坚持先进先出，避免超过保质期限。

3. 严格控制温度和湿度

贮存仓库温度以20℃左右为宜，勿使受热受冻，避免温度骤然升降。贮藏环境温度的变化对罐头的色、香、味及营养均有直接影响。贮藏温度过高，罐头残留的好热性细菌芽孢易繁殖发育，使内容物败坏，甚至发生腐败膨胀；温度高易使水果罐头产生"氢胀"，也容易使食品中的维生素受到损失，甚至使食品败坏。贮藏温度过低，易使果蔬类罐头内容物结冰膨胀，严重者能胀坏罐头容器，或者因结冰后又解冻出现融块、碎片、浑浊、沉淀等现象，严重影响罐头质量。玻璃瓶装的罐头，在过低温度下会出现冻裂，造成破损。

仓库内保持通风良好，相对湿度一般不超过75%，在雨季应做好罐头的防潮、防锈、防霉工作。贮藏及流通过程中，仓库湿度与罐头的质量关系密切。高湿度的环境中，温度降低，罐头外壁迅速发生"出汗"现象，在罐外形成一层水珠，与空气接触发生氧化作用，使马口铁皮生锈、腐蚀穿孔，引起罐内食物变质。对库房中存放的罐头，要随时观察温度和湿度的变化，避免忽高忽低，尽量防止外界高温高湿空气进入。如果库内温度或湿度升高，可选择晴朗天气通风换气排潮，也可以采用吸湿机或用生石灰、氯化钙吸湿，均能取得满意效果。大多数罐头推荐表6-1所列的贮藏条件。

罐头应贮存在干燥、通风的场所，不得与有毒的化学药品和有害物质放在一起。贮藏期间应定期检查产品质量，保证成品的安全卫生。

表 6-1 罐头贮藏保管条件

罐头种类	温度/℃	相对湿度/%	罐头种类	温度/℃	相对湿度/%
肉禽类、鱼类罐头	0~15	70~75	果酱罐头	10~20	70~75
果蔬罐头	10~15	70~75	果汁罐头	0~12	70~75

运输罐头的工具必须清洁干燥,运输时应避免强烈振荡,长期运输的车船必须遮盖,避免日晒、雨淋。运输温度控制在 0~35℃,避免骤然升降。搬运一般不得在雨天进行,如遇特殊情况,必须用不透水的防雨布严密遮盖。搬运中必须轻拿轻放,贮运过程中不得接触和靠近潮湿、有腐蚀性或易于发潮的货物,远离污染源,保持清洁。

二、 酒类的保藏

(一)蒸馏酒

蒸馏酒是利用各种含糖物质经酒精发酵,再进行蒸馏所得的酒精含量很高的酒类,其乙醇含量为 30%~70%。刚蒸馏出来的新酒,一般有暴辣、冲鼻、刺激性大等缺点。新酒经一段时间贮存后,酒液会变得醇香、柔和,这个过程称为自然老熟,又称陈酿。

1. 贮存期间的变化

蒸馏酒在贮存过程中会发生一系列物理、化学的变化。

(1) 物理变化 酒精分子和水分子均是极性比较强的分子,两者之间有很强的亲和力。例如,将无水酒精与水混合,结果混合液的体积比两者单独体积的相加数小,说明酒精与水发生缔合后形成了酒精-水这样一种分子缔合体系。这种缔合体系的形成,混合液体积收缩,可能是蒸馏酒经贮存后口味变得柔和的原因。同时,在蒸馏酒贮藏过程中丙烯醛、硫化氢和硫醇等杂味物质挥发,使酒液中这些成分的含量减少,从而使酒液品质变好。

(2) 化学变化 蒸馏酒在贮存过程中,酒液中发生着一系列的氧化、还原、酯化和缩合等化学反应,这些反应对促进酒的老熟、减少酒液的刺激性、增加酒香起着十分重要的作用。其中主要的化学反应有:乙缩醛生成、乙醇氧化和酯的形成。

2. 贮存管理

(1) 贮存时间 根据白酒生产工艺的特点,对不同种类、不同香型、不同等级的白酒,有不同的贮存期要求。酱香型白酒贮存期较长,如茅台酒的贮存期达 3 年以上,浓香型白酒约 1 年以上,清香型白酒仅 1 年左右。酒的贮存时间是有限度的,并非越长越好。贮存期过长,则老熟过度,酒精挥发损失大,同时香气成分的损失也大,结果使酒的口味变得淡薄。

(2) 贮存条件 瓶装酒的外包装应采用木、纸、塑料等材料制作;箱内必须有防震防撞的间隔材料,每箱内应附有产品质量合格证书;箱上应注有厂名、厂址、酒名、净重、毛重、瓶数,并有"小心轻放"、"不可倒置"等标志;库内应阴凉、干燥,并有防火设施;成品必须贮存在成品库中,严禁与有腐蚀、污染的物品同库堆放;纸箱码放高度不超过 6 层。

运输工具应清洁干燥,必须用篷布遮盖,避免强烈振荡、日晒、雨淋;装卸时应轻拿轻放,严禁与有腐蚀、有毒、有害的物品混运。

(二)发酵酒

发酵酒和蒸馏酒的根本区别在于发酵酒在乙醇发酵后不经蒸馏,而是经压榨和过滤制成,故发酵酒的酒精含量比蒸馏酒低。我国常见的发酵酒有啤酒、黄酒和各种果酒。这类酒在生产过程中，往往加入亚硫酸钠或用二氧化硫气体熏蒸，以净化果汁和控制杂菌的生长。因此，其包装、贮藏管理与蒸馏酒不同。

发酵酒的包装除了防止乙醇蒸发散失外，亦要防止残留二氧化硫被氧化而降低对酒中所含细菌的抑制作用。发酵酒的传统包装是陶罐和玻璃瓶，啤酒则还有用铝罐、塑料瓶和衬袋盒包装。

1. 葡萄酒的贮存

发酵结束后刚获得的葡萄酒，酒体粗糙、酸涩，饮用质量较差，通常称之为生葡萄酒。生葡萄酒必须经过一系列的物理、化学变化后，才能达到最佳饮用质量。实际上，在适当的贮存管理条件下，葡萄酒的饮用质量在贮存过程中有如下变化规律：初期随着贮存时间的延长，葡萄酒的饮用质量不断提高，一直达到最佳饮用质量，这就是葡萄酒的成熟过程；此后，葡萄酒的饮用质量则随着贮存时间的延长而逐渐降低，这就是葡萄酒的衰老过程（图6-1）。

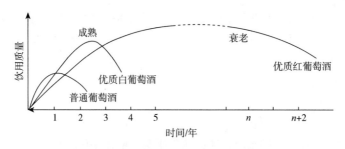

图6-1 葡萄酒的成熟与衰老示意图

（1）葡萄酒在贮存期间的变化

①氧化：葡萄酒中的酒石酸被氧化为草酰乙醇酸，单宁和色素均缓慢地被氧化。结果一方面红葡萄酒的颜色逐渐由鲜红色变为橙红色，最后变为瓦红色，白葡萄酒则稍微变黄；另一方面葡萄酒的苦涩味和粗糙的感觉逐渐减少、消失。若葡萄酒通风过强，乙醇可被氧化为乙醛，氧化太重，会使葡萄酒出现过氧化味。因此，在贮存过程中，过强的通风严重影响葡萄酒的质量，特别是铁和氧化酶含量高的葡萄酒；但适量的通风对葡萄酒的成熟却是完全必要的。

②酯化：葡萄酒在发酵过程中形成挥发性中性酯，主要有醋酸乙酯和乳酸乙酯。在贮存过程中形成的酯主要是化学酯类，包括酒石酸、苹果酸、柠檬酸等的中性酯和酸性酯。

在贮藏的前两年酯化作用最为显著，以后就很缓慢。酯类物质是构成果香和酒香的重要物质，但是缓慢的酯化作用形成的酯类对醇香的产生并不起任何作用。普通葡萄酒随着陈酿，其质量下降；相反，优质葡萄酒随着陈酿，质量得以改善。这是因为葡萄酒中悬浮物质继续形成聚合物沉淀下来，同时也引起少量的单宁沉淀，使葡萄酒更加澄清透亮。另外，单宁也可与蛋白质、多糖、花色素苷聚合。花色素苷除与单宁聚合外，还可与酒石酸形成复合物，从而导致酒石的沉淀。此外，花色素苷与蛋白质、多糖聚合，形成复合胶体，也导致在贮藏容器或瓶内的色素沉淀。这些均有利于葡萄酒的澄清，从而使感官质量得到改善。

③醇香的形成：葡萄酒在贮存过程中，果香、酒香浓度下降，而醇香逐渐产生并变浓。醇香在贮存的第一年夏天就开始出现，以后逐渐变浓，在瓶内贮存几年后获得最佳香气。由于在隔绝空气后，氧化还原电位的下降、芳香物质的化学反应，促使葡萄酒的醇香向更浓厚的方向

变化，从而减轻生葡萄酒的风味特征，并使各种气味趋于平衡融合、协调。因此，葡萄酒成熟过程中的管理任务就是促进上述物理、化学反应的顺利进行，防止葡萄酒的衰老和解体。生产中应避免任何对葡萄酒不必要的处理，保证葡萄酒的正常成熟。

（2）贮存管理　葡萄酒的内包装必须用符合食品卫生要求的包装材料。瓶装酒须装入绿色、棕色或无色玻璃瓶中，要求瓶底端正、整齐，瓶外洁亮。瓶口封闭严密，不得有漏气、漏酒现象。包装的葡萄酒，允许在5~35℃运输和储存，最好贮藏在阴暗湿冷的地窖。长期贮酒的仓库温度最好保持在5~20℃，温度过高，酒成熟太快，温度过低则不易成熟。最佳贮存湿度应为70%左右，太潮湿易使软木塞及标签腐烂，太干燥则容易让软木塞干燥，失去弹性。在运输和贮存过程中，应保持厂地清洁、干燥、通风良好，严防日光直射，不得与潮湿地面直接接触，不能接触和靠近有腐蚀性或易于发霉、发潮的货物，严禁与有毒有害物品堆放在一起。用软木塞封口的葡萄酒，须卧放或倒放，让酒和软木塞能充分接触，以保持软木塞湿润。软木塞若干燥，无法紧闭瓶口，容易使酒质变差。按以上条件贮存，瓶装酒不应发生混浊、酸败等现象，否则由生产方负责处理。超过18个月的酒，允许有少量沉淀。开瓶后的酒尽量避免放置过久，因为酒与空气接触容易变质产生酸味。另外，葡萄酒经过长途运输，应静置一段时间再消费，让酒的香气与味道能稍稍回复，特别是老酒长途运输，易使酒的气味散失。

2. 黄酒的贮存

黄酒是以稻米、黍米、玉米、黑米、小麦等为原料，经过蒸料，拌以麦曲、米曲或酒药，经糖化和发酵而成的低酒精度的发酵酒。刚酿制出来的黄酒各成分很不稳定，分子之间的排列很混乱，因此必须经过贮存。贮存的过程就是黄酒的老熟过程，通常称为"陈酿"。一般名优黄酒的贮存期均需3~5年，贮存时间的长短，需根据不同的酒种来确定。一般干型黄酒需贮存1年，因为传统习惯认为，干型黄酒需要经过两次霉天，第一个是农历五月至六月之间的霉天，第二个是农历八月桂花霉天。经过两次霉天，到第二年春天，新酒基本上变成醇香、绵软、口味协调的陈酒。

（1）贮存过程中的变化

①色泽变化：经过贮存的黄酒，其色泽随贮存时间而加深。这主要是酒中的糖分与氨基酸相结合，产生类黑精的物质，逐渐使酒色变深。这是一种非酶褐变现象，类黑精是美拉德反应的产物。色泽变深的程度因酒种而不同，一般含糖分和氨基酸、肽等多的及pH高的酒易着色。所以，含糖、氮等浸出物多的甜黄酒和半甜黄酒，要比干黄酒的色泽容易变深。有些不加麦曲的酒贮存变色速度较慢，这是因为没有加麦曲，蛋白质分解差，含氮浸出物少的缘故。所以，贮存期间色泽变深的快慢取决于糖、氮浸出物的多少。此外，高温贮存也可促进着色。黄酒贮存时间越长，则色泽越深，在贮存期间黄酒色泽变深是老熟的一个标志。

②香气变化：黄酒的香气是其中所含的各种挥发性成分综合反应的结果。黄酒中既有酒精的香气，又有曲的香气。曲香主要是蛋白质转化为氨基酸所产生的某些氨基酸的芳香，新配制出来的酒带有的香气就是曲香。各地黄酒的香气不完全一样，但是新酒总不及陈酿后的陈酒香。黄酒的主要成分除乙醇外，还有少量其他高级醇存在，这些醇类在长期陈酿过程中会和酒中的有机酸发生酯化反应。各种酯均有其特殊的香气，如酒精与醋酸结合产生醋酸乙酯就具有鲜果香气。由于黄酒所包含的不是单一的醇和有机酸，因此黄酒的香气就很复杂，陈酒的香气主要来源于酯化作用。但是，黄酒的酯化反应速度非常缓慢，因此酒的陈酿期越长，香味越浓厚。一般陈酿3~4年就已有相当浓厚的酒香，如果无限制地延长陈酿期，香气虽好，但酒精

含量会下降，酒味变淡，再加上损耗加大，并没有实际意义。

③风味变化：黄酒经过陈酿之后，风味由辛辣变得纯厚柔和。新酒的刺激辛辣味，主要由酒精、高级醇及乙醛等成分构成。黄酒在长期陈酿过程中，发生酒精的氧化、酯化反应，乙醛的缩合和酒精与水的缔合作用，再加上氧化物质与还原物质随着贮存时间的延长而引起较大的改变，以及其他复杂的各种化学变化，结果改变了酒的刺激味，从而引起酒体风味的改善。这是由于经过几年的贮存，各有机物之间化学反应更趋于完全，使苦、酸、辣味协调，而使酒味变得更适合消费者饮用。

另外，用曲量多的甜酒、半甜酒等，糖分含量过高，如果陈酿时间过长即过熟的酒，除了酒色变深外，同时也会给酒带来焦糖的苦味。

（2）贮存管理

①贮存时间：袋装酒保质期不少于3个月，瓶装、坛装酒不少于12个月。企业可根据自身的技术水平具体标注。贮存期的长短应由酒的成熟速度而定，而成熟速度又与浸出物的多少及pH高低等因素有关，特别是糖、氮的含量多少影响较大。一般干型黄酒含糖极低，所以贮存期可以长些。有的不加麦曲的甜型酒虽然有较高的含糖量，但含氮浸出物的含量较低，贮存期也可适当延长。对于含糖、氮等浸出物高的甜黄酒和半甜黄酒，贮存期过长会影响酒的色、香、味，往往会发生酒色变深和有焦糖气味。但贮存后判断酒的老熟程度，至今仍没有一个好的办法，主要是靠感官品尝来判定。

②贮运条件：成品酒应按巴氏杀菌工艺进行灭菌，还可采用微波对黄酒灭菌。成品酒必须按品种分库贮藏，防止相互混杂，库房内要做到定期通风换气、清扫、消毒。产品不得与有毒、有害、有腐蚀性、易挥发或有异味的物品同库贮存。产品应贮存于阴凉、干燥、通风的库房中，不得露天堆放，不能靠近热源。接触地面的包装箱底部应垫有10cm以上的间隔材料。产品应在5~35℃贮存，低于或高于此温度范围，应有防冻或防热措施。由于黄酒是低度酒，长期贮酒的仓库温度最好保持在5~20℃。过冷会减慢陈酿的速度，过热会使酒精挥发，以及发生浑浊变质。瓶装酒必须以木箱或纸箱等装运，箱内必须有防压、防撞的间隔材料。运输工具应清洁干燥，运输时必须带有篷布等遮盖物，避免强烈振荡、日晒、雨淋，严禁与有毒、有腐蚀的物品同时装运。经过长途运输后，为了使酒脚沉淀，一般要求静置3~5d，这样酒体会变得清亮。

3. 啤酒的贮存

啤酒根据灌装设备和包装容器的不同，可生产瓶装啤酒、罐装啤酒和桶装啤酒等。按生产方式可分为熟啤酒、生啤酒和鲜啤酒。熟啤酒是指经过巴氏灭菌或瞬时高温灭菌的啤酒。瓶装、听装熟啤酒的保质期可达180d。生啤酒是不经巴氏灭菌或瞬时高温灭菌，而采用其他物理方法除菌，达到一定生物稳定性的啤酒。鲜啤酒是不经巴氏灭菌或瞬时高温灭菌，成品中允许含有一定量活酵母菌，达到一定生物稳定性的啤酒。生啤酒的保质期也为180d。鲜啤酒一般就地销售，保存时间不宜太长，瓶装鲜啤酒保质期不少于7d，罐装、桶装鲜啤酒保质期不少于3d。

搬运啤酒时，应轻拿轻放，不得扔摔，应避免撞击和挤压。啤酒不得与有毒、有害、有腐蚀性、易挥发或有异味的物品混装、混贮、混运。啤酒宜在5~25℃下运输和贮存；低于或高于此温度范围，应采取相应的防冻或防热措施。贮存场所应阴凉、干燥、通风；不得露天堆放，严防日晒、雨淋，不得与潮湿地面直接接触。

三、　软饮料的保藏

（一）果蔬浓缩汁的保藏

1. 果蔬浓缩汁的包装形式

果蔬浓缩汁可用小容量（3~5kg）的铝箔袋包装，也可用大容量（50~200kg）复合塑料袋或铁桶包装。对于运往远地加工的袋装果蔬浓缩汁还需增加外包装，目前多采用箱中袋（纸箱中套铝箔袋）或桶中袋（铁桶中套铝箔袋）的包装形式。我国出口的浓缩苹果汁多用200kg的桶中袋包装。

2. 不同类型浓缩汁的保藏

果蔬浓缩汁的可溶性固形物含量和酸度均高，一般微生物不宜生长，但浓缩汁在贮藏中最主要的变化是褐变和风味劣化。根据浓缩汁的浓度，贮藏时一般应区别两类不同的产品。

（1）浓度为 68~70° Bx 的浓缩汁可贮性好，贮藏和运输时，装于贮罐（容积可大至 1000m³）或用塑料桶包装，浓缩汁温度和贮藏温度应控制在 5~10℃，防止产品褐变或变味。苹果和葡萄的浓缩汁一般采用该方法贮藏。

（2）浓度低于 68°Bx 的浓缩汁根据包装方式不同分为下列三种情况贮藏和运输：

①用 200L 涂料铁桶或大容量桶（箱）装袋包装，在 −18℃ 以下贮藏和运输。例如欧洲国家生产的橘子浓缩汁，几乎均是冷冻贮藏，浓缩汁在冷却至−8~−5℃后装入桶或袋内，密封后置于−30~−25℃冷冻库内贮藏。由于冷冻贮藏的浓缩汁不用再加热杀菌，因而可以明显减少褐变，果汁风味、色泽变化小，微生物显著降低，浓缩汁可以长期保持良好的状态。

②采用热灌装，这种包装方式也可长期保持无菌状态。灌装温度依产品的 pH 而定，灌装密封后冷却至 25~30℃。这种方法适用于番茄浓缩汁，以及柑橘、芒果、香蕉、杏等的浓缩汁或浓缩浆。贮存时温度控制在 5~10℃，既可延缓浓缩汁褐变，又可延长产品保存期。

③采用无菌包装或无菌化包装，这种包装也应在 5~10℃下保存。

（二）果蔬汁饮料的保藏

1. 保藏期间的质量变化及防止措施

果蔬汁饮料生产后，从入库直至销售的流通过程中，需要保藏很长的时间。加之运输条件、市场变化等因素，可能保藏的时间更长。在正常的保质期内，果蔬汁饮料的质量往往也会发生变化，即使配料精良、风味极佳的饮料，如果不重视贮藏条件，也可能腐败变质。因此，必须重视果蔬汁及其饮料在加工和贮藏过程中的质量变化，采取有效措施，提高果蔬汁饮料的保藏性，保证保质期内的质量。果蔬汁饮料在贮藏过程中的主要变化有：

（1）浑浊沉淀与分层现象　澄清果蔬汁饮料要求汁液透明，没有浑浊和沉淀现象；浑浊果蔬汁要求有均匀的浑浊度。这是对不同类型的果蔬汁饮料的两个相反要求，但果蔬汁饮料在贮藏流通过程中很难达到上述要求，例如澄清的苹果汁和葡萄汁在贮藏期间往往产生浑浊和沉淀现象。据研究，苹果汁的浑浊沉淀主要是厌氧微生物生长所引起，沉淀物主要是酚类化合物的降解物、蛋白质和灰分。低浓度的铜可促进沉淀，而沉淀内含有大量的铜。锡也有类似的影响。葡萄汁的沉淀大部分是色素的分解物和果汁中其他物质的反应产物，大量的酒石或酸性酒石酸钾也同时沉淀。如果葡萄汁未经脱除酒石，则酒石的沉淀很严重，会降低产品的商品质量。

浑浊型饮料要求具有均匀的浑浊度。但这类果汁在贮藏期间常常发生不良的悬浮性固体的絮状凝结和分离，以致在包装容器底部出现沉淀。虽然这些沉淀在重新摇匀后仍具有优良的风味，但就其外观而言，有损其商品质量。

但是必须指出，对果肉型和果粒型果汁饮料来说，分层和沉淀主要是由于果肉微粒与汁液存在密度差，由重力沉降作用引起的。表现的仅仅是饮料外观状态，并不表明饮料质量的败坏，在饮用时稍加摇动，沉淀和分层便被破坏，重新恢复悬浮或浑浊状态，实际饮用的效果并无两样。

（2）果汁中维生素C的变化与糠醛的生成　果汁中的维生素C含量及其稳定性与水果种类和果汁的性质、包装容器中的含气量及容器材料有关，例如从氧化酶活力强的水果取得的果汁，其中的维生素C是不稳定的；黑醋栗中的维生素C特别稳定，这是因为黑醋栗中存在的黄酮醇，在没有铜离子存在的情况下能增加维生素C的稳定性；与苹果汁相比，菠萝汁中的维生素C较稳定，这是金属离子和氧化酶活力的差异造成的。1L容量的容器存在 $30cm^3$ 的顶隙，其中的 O_2 足够氧化约 100mg 的维生素C，在现代灌装设备中每 1L 果汁会带入 $0.5 \sim 1.5mg$ 的 O_2，可在每 1L 果汁中添加 $50 \sim 150mg$ 的维生素C。高锡带（HTF）罐的价格虽然比素铁罐高，但可以抑制锡的溶出，可较好地保存维生素C。用玻璃、PE、聚苯乙烯和蜡纸等不同容器贮藏天然橙汁时，维生素C保存率由大到小依次为玻璃容器、PE、聚苯乙烯和蜡纸的容器。

柑橘汁在贮藏中生成糠醛，糠醛的生成与贮藏温度和柠檬酸含量有关。贮藏温度或柠檬酸含量越高，糠醛生成量越多。因此，果汁产品在低温下贮藏可以抑制糠醛的生成。而在30℃左右的温度下贮藏时，糠醛积累较为显著。

（3）果蔬汁在加工和贮藏过程中色泽的变化　果蔬汁在加工或贮藏流通过程中常常发生变色问题。果蔬汁变色的主要原因除了非酶褐变或酶促褐变外，还有类黄酮化合物、类胡萝卜素、叶绿素等天然色素的变色。

2. 不同类型果蔬汁饮料的贮藏管理

果蔬汁饮料可以根据灌装方式、包装容器、流通条件分为以下四类：

（1）热灌装果蔬汁饮料　果蔬汁经过换热器加热至93℃以上杀菌，立即装入洗净容器内，再进行密封、冷却。包装容器使用玻璃瓶时，要注意灌装温度和冷却温度之间的温差，温差过大（>30℃）时防止破瓶。热灌装产品一般在常温下贮藏，保存期可达 1 年。因为受热时间长，果蔬汁的新鲜风味较差，有时还会产生加热臭。

（2）冷灌装果蔬汁饮料　冷灌装果蔬汁杀菌温度同热灌装，但杀菌时间短，而且将其温度冷却至2~3℃时灌装，灌装密封后不再杀菌，饮料的风味较佳。采用冷灌装的果蔬汁饮料由于容器的杀菌处理不充分，会慢慢引起微生物的增殖。因此，在5℃左右的低温下流通时，保质期仅有 2 周。

冷灌装的特殊方式是无菌包装。无菌灌装时，容器用 H_2O_2 或热风完全杀菌，而且在无菌环境下完成灌装。因此，无菌包装产品的保存性好，可在常温下流通。冷藏条件下保质期一般6~12 个月。

低温流通的新鲜果汁是将质量较好的原料水果榨汁后，不经杀菌直接装入容器，在1~2℃下流通，可保存2~3d。这类果汁又称鲜榨汁，风味极好，是真正的原汁原味。

如今超高压杀菌技术也应用于果汁饮料、浓缩果汁等液体的杀菌。超高压处理过的果汁其颜色、风味、营养与未经加压处理的新鲜果汁几乎无任何差别。

（3）冷冻浓缩果汁　对于冷冻浓缩果汁，应特别注意微生物污染。贮存试验表明，冷冻浓缩果汁在-20℃贮存时总菌数不断减少，6个月后平均减少约41%。根据美国的研究结果，冷冻贮藏的浓缩汁在750d内风味稳定，275d内色泽无变化，特别是含酸量高的浓缩汁，冷冻过程中不存在微生物引起的变质问题。

（4）纸容器装果蔬汁饮料　纸容器装果蔬汁饮料的保藏性主要与氧化引起的质量劣化和微生物的二次污染有关。氧化的原因，一是PE材料的透气性，二是低温灌装引起的空气再溶解。微生物的二次污染可通过生产场所的工艺管理以及加强日常卫生管理得到控制。

果蔬汁饮料的包装容器应封口严密、无渗漏。成品应贮存在干燥、通风良好的场所，箱体码放离地20cm以上。不得与有毒、有害、有异味、易挥发、易腐蚀的物品同处贮存。运输工具应清洁、干燥。搬运时应轻拿轻放，长途运输时有防雨防晒设施，不得与有毒、有害、有异味或影响产品质量的物品混装运输。果蔬汁饮料的保质期均应达到12个月。

（三）碳酸饮料的保藏

碳酸饮料是指在一定条件下充入 CO_2 的产品。不包括由发酵法自身产生 CO_2 的饮料。成品中 CO_2 的含量（20℃时体积倍数）不低于1.5倍。碳酸饮料有果汁型、果味型、可乐型等。

光和温度是引起碳酸饮料变质的主要物理因素。另外，由于质量差或处理不当的原辅材料发生沉降、凝聚等作用也会使饮料产生絮状物或沉淀。过度曝光使饮料风味变坏，产生馊味（双乙酰味）、油腻味或萜烯风味（柑橘类饮料）。光线的照射使耐光性弱的色素褪色。为防止光照引起的变质，饮料和糖浆应贮藏于避光的地方。温度变化可能引起饮料外观和风味缺陷以及碳酸化作用的降低，温度过高使耐热性弱的色素变色褪色，同时也会加速氧化还原等作用。配料温度过高，易挥发物质（例如香精等）或热敏性物质（例如果汁等）会挥发或变性，使香气减弱或风味变异。另外，在4℃左右时，CO_2 在水中的溶解度比在较高温度时大，有利于 CO_2 的溶解。其他物质也有各自的溶解度，某些色素和风味剂在低温下的可溶性小得多，容易产生沉淀，这些沉淀物可能在后来温度升高时也不再溶解，即使能重新溶解，其色泽或风味也可能改变。乳化香精不能贮藏于冻结温度下，如果温度太低，可能会引起结晶或油水分离，饮料分层，产生严重的絮状物。香精贮存温度以10~30℃为宜，碳酸饮料适宜的贮藏温度为0~20℃。

碳酸饮料应贮存在干燥、通风良好的场所，不得与有毒、有害、有异味、易挥发、易腐蚀的物品同处贮存。运输产品时应避免日晒、雨淋，不得与有毒、有害、有异味或影响产品质量的物品混装运输。成品最高叠放高度，玻璃瓶装成品不得超过15层，金属罐装成品不得超过30层，塑料瓶装成品0.5L的不得超过12层，1.25L的不得超过8层。

（四）固体饮料的保藏

用喷雾干燥或冷冻干燥生产的天然果汁粉、茶粉、咖啡、奶粉、豆奶粉等固体饮料具有较大的表面积，吸湿性强，在普通空气中（相对湿度70%~80%，20~25℃）很快吸湿，黏结固化。吸湿速度与环境温度和湿度有关，一般应在控制相对湿度10%~20%、温度15~20℃的室内进行粉碎和包装。为防止吸湿结块，固体饮料均应采用阻隔性能优良的包装材料进行防潮包装。

吸湿性很强的固体饮料尽管密封在金属容器或玻璃瓶中或封入惰性气体，但也难以长期保存，含水量2%~3%的粉末果汁保存6个月也会结块固化，产生褐变现象。因此，将干燥剂与固体饮料一起密封在容器内，在保存中进一步减少水分，至安全水分极限以下，可延长保质期。干燥剂可用硅胶、氧化铝、氯化钙、氧化钙，其中以氧化钙价格低廉、来源广泛而使用最普遍。在常温下贮藏时，应尽量保持室内空气干燥。

成品应贮存在干燥、通风良好的场所，不得与有毒、有害、有异味、易挥发、易腐蚀的物品同处贮存。运输产品时应避免日晒、雨淋，不得与有毒、有害、有异味或影响产品质量的物品混装运输。

四、 消毒乳的保藏

消毒乳又称杀菌鲜乳，是指以新鲜牛乳为原料，经净化、杀菌、均质等处理，以液体鲜乳状态用瓶装或其他形式的小包装，直接供应消费者饮用的商品乳。

消毒乳又因杀菌条件不同而分为巴氏消毒乳和灭菌乳，它们的保存条件有很大差异。前者虽然绝大部分细菌均已被杀灭，但乳中仍然有一些嗜热菌、耐热菌和芽孢菌未能杀死。因此，消毒乳冷却后应直接分装，及时销售和饮用。欧美国家巴氏消毒乳贮藏期为 1 周，国内为 1~2d。

灭菌乳包括灭菌纯牛（羊）乳和灭菌调味乳。灭菌纯牛（羊）乳是以牛（羊）乳或复原乳为原料，脱脂或不脱脂，不添加辅料，经超高温瞬时灭菌、无菌灌装制成的产品。灭菌调味乳是以牛（羊）乳或复原乳为主料，脱脂或不脱脂，不添加辅料，经超高温瞬时灭菌、无菌灌装制成的产品。

超高压杀菌也应用于乳制品的杀菌，经超高压杀菌处理的乳制品与传统的加热杀菌乳制品比较，可以很大程度的保留食品内的营养成分和原有风味，且杀菌时间较短，不产生毒性物质。但由于有些技术还不完善，如果用超高压技术取代热处理尚需做进一步的研究。

灭菌乳应贮存在干燥、通风良好的场所，不得与有毒、有害、有异味、易挥发、易腐蚀的物品同处贮存。巴氏杀菌乳应在 2~6℃条件下贮存。

有造成污染成品可能的物品禁止与成品一起储运。仓库出货顺序应按先进先出的原则。合格成品应按品种、批次分类存放，并有明显标志。成品库不得贮存有毒、有害物品或其他易腐、易燃品以及可能引起串味的物品。

运输产品时应避免日晒、雨淋，不得与有毒、有害、有异味或影响产品质量的物品混装运输。巴氏杀菌乳应用冷藏车运输。

五、 酱油和食醋的保藏

酱油分为酿造酱油和配制酱油。酿造酱油指以大豆、小麦或麸皮为原料，经微生物发酵制成具有特殊色、香、味的液体调味品。配制酱油是以酿造酱油为主体，与酸水解植物蛋白调味液、食品添加剂等配制而成的液体调味品。

食醋分为酿造食醋和配制食醋。酿造食醋指单独或混合使用各种含有淀粉、糖的物料或酒精，经微生物发酵酿制而成的液体调味品。配制食醋以酿造食醋为主体，与冰醋酸、食品添加剂等混合配制而成的调味食醋。

如今，一些新型杀菌技术广泛应用于传统调味品中。例如可以采用频率为 2 450MHz 的微波处理酱油，经微波处理后，可以抑制霉菌的生长及杀灭肠道致病菌，但对氨基酸态氮无破坏作用，并且还略有增加，使其味道更加鲜美；可以采用微孔滤膜除菌，处理后酱油鲜味纯正、咸淡适中，具有浓郁的酱香与醇香气味；超滤对酱油的可溶性无盐固形物、食盐、总酸、全氮、氨基酸态氮、还原糖等各项理化指标影响极小；也可采用辐照杀菌，有学者用 ^{60}Co-γ 射线对袋装酱油、食醋做了杀菌试验，在 15~25℃ 的常温下保存 12 个月，测定细菌总数、大肠杆菌数及黄曲霉毒素等卫生指标均符合国家标准。辐照前后食品的色、香、味及澄清度等无明显差异。

用于包装酱油、食醋的容器材料有玻璃瓶、塑料瓶、塑料袋，它们均应符合食品包装材料的国家标准。

酱油和食醋成品贮存在阴凉、通风、干燥的专用仓库内，库房应定期清洗、消毒，并有防蝇、防鼠、防虫和防尘设施。成品库不得贮存其他物品。成品贮藏期间应定期抽样检验，确保产品安全卫生。产品在运输过程中应轻拿轻放，防止日晒雨淋。运输工具应清洁卫生，不得与有毒、有污染的物品混运。瓶装产品的保质期不少于 12 个月，袋装产品的保质期不少于 6 个月。

第二节　其他包装食品的保藏

一、　面包的保藏

面包是以面粉、酵母、水和其他辅料调制成面团，经发酵、烘烤后制成的一种方便食品。

（一）面包的包装

新鲜面包的保质期很短，在贮存过程中很容易发生淀粉结晶失水引起的老化变硬、外皮变硬、掉渣，细菌引起的面包瓤发黏和霉菌引起的面包皮霉变等品质劣变现象。因此，面包包装的要求主要是保持水分、防止老化、防止微生物的侵染以及防尘。

面包心部的平衡湿度约为 90%，因而很容易散失水分而变硬。面包皮的平衡湿度较低，在潮湿条件下容易吸潮而变湿润。因此，面包的裹包材料应具有中等的防潮性能。如果包装材料的水蒸气透过率太低，将促进霉菌的生长，而且面包皮会发软。反之，如果包装材料的透湿率太高，则面包很容易发干而变质。此外，面包的裹包材料成本要低，常用的包装材料有蜡纸、玻璃纸和塑料薄膜等。

面包在贮藏和运输中最显著的变化就是"老化"。面包老化后口味变劣，组织变硬，易掉渣，香味消失，口感粗糙，其消化吸收率降低。因此，有的发达国家规定面包出炉后仅供应 2d，之后便减价 30%~50% 销售。日本许多面包厂采用提前两天预约的办法，或者是前店后厂的经营方式，以保证消费者吃到新鲜的面包。

（二）面包的贮存管理

面包必须贮存在专用仓库内。仓库要干燥和通风，不得与有毒、有害、有异味、易挥发、易腐蚀、水分含量较高的物品同库贮存。面包老化与温度有直接关系，-7~20℃ 是面包老化速度最快的老化带，面包出炉后应尽量不通过这个温度区。其中，1℃ 老化最快；贮存温度在 20℃ 以上，老化缓慢；30℃ 时老化速度几乎成一直线，非常缓慢；温度降到 -7℃ 时，水分开始冻结，老化急剧减慢。-20~-18℃ 时，水分有 80% 冻结，在这种条件下可长时间防止老化。另外，高温处理也是延缓面包老化的措施之一。在一定温度范围内，温度越高，面包的延伸性越大，强度越低，面包越柔软。已经老化的面包，当重新加热至 50℃ 以上时，可以恢复到新鲜柔软状态。

面包中因添加了糖、盐，故其冻结温度为-8～-3℃。要使面包中80%的水分冻结成稳定状态，至少要在-18℃条件下贮藏。

工业化生产中可将面包贮存在20℃以上。当然，-18℃以下冻藏也可减轻面包的老化，但此条件不易满足，而且食用也不方便。家庭贮藏时，不应将面包放入冰箱冷藏间，因为冷藏间的温度通常在2～5℃，恰好是老化速度最快的温度。另外，面包最好不要长期存放。

运输面包时必须使用符合卫生要求的专用工具、容器，运输时应码放整齐，不得挤压，并且要避免日晒、雨淋，不得与有毒、有害、有异味或影响产品质量的物品混装运输。

二、 饼干的保藏

饼干是以谷类的面粉、油脂、食糖等为主要原料，添加适量的辅料，经调粉、成型、烘烤等工艺制成的食品。饼干的含水量很低（≤6.5%），属于干制食品，具有很好的保藏性。饼干有许多种类，有的含糖量高，有的含脂肪高，有的含有香精，有的含夹心巧克力或果酱、奶油等。

（一）饼干的包装

饼干的包装容器和材料应符合相应的卫生标准和有关规定。饼干包装目的一是防止运输过程中被破碎；二是防止被微生物污染而变质；三是防止酸败、吸湿或脱水以及"走油"等。饼干的包装形式根据市场的要求，包装的材料、容器、包装量等多种多样。例如，饼干的销售包装有100g、250g、500g和1 000g等，长途运输多采用10～20kg的大包装。为了保证产品质量，均采用包装箱内使用内衬纸，纸箱的外部用塑料胶带扎紧。

（二）饼干的贮存管理

饼干虽是一种耐贮藏的食品，但也必须考虑贮藏条件。饼干适宜的贮藏条件是低温、干燥、空气流通、环境整洁，并有防尘、防蝇、防虫、防鼠等设施。不得与有毒、有害、有异味、易挥发、易腐蚀的物品同库贮存。产品不应与有特殊气味、含水分超过10%、易变质、易腐败、易生虫的物品存放在一起。产品应放置在垫板上，且离墙10 cm以上，每个堆位应保持一定距离，堆放高度以不倒塌、不压坏外包装及产品为限。库温应在20℃左右，如果温度再低，更有利于饼干的贮藏。库房湿度不超过70%～75%。

运输工具必须干燥、清洁，符合食品卫生要求，并且具有防晒、防雨措施。运输时不应将盛有饼干的容器侧放、倒放、受重压；不应与有毒、有害、有异味的物品混运。

装卸时应小心轻放，严禁抛、摔、踢等不良方式。运输产品时应避免日晒、雨淋，不得与有毒、有害、有异味或影响产品质量的物品混装运输。

符合上述贮存条件时，听装饼干的最短保质期为6个月，复合材料袋装的最短保质期为3个月，单层材料袋装（包括纸箱内衬垫塑料层）的最短保质期为2个月。

三、 糕点的保藏

糕点是以面粉、油脂、糖、蛋等为主要原料，添加果仁、蜜饯等辅料混合后，经熟制而成的方便食品。各地生产的糕点种类特色各不相同，以制作方法来分，主要有焙烤制品、油炸制品、蒸煮制品和熟粉制品四大类。根据原料特点和成品特性又可分为许多种类：有的糕点含水量极高，例如蛋糕、年糕；有的含水量极低，例如桃酥等；有的含油脂很高，例如油酥饼，开口笑等；有的包馅，例如月饼、点心等。

（一）糕点的包装

糕点的包装应适应不同种类的不同特点。

1. 含水分较低的糕点

酥饼、香糕、酥糖、蛋卷等食品的包装，应选择防潮、阻气、耐压、耐油和耐撕裂的材料。主要包装形式有用塑料薄膜袋充填包装，纸盒、浅盘包装外裹包薄膜，纸盒内衬塑料薄膜袋等。

2. 含水分较高的糕点

蛋糕、奶油点心等很容易霉变，同时其内部组织呈多孔状，表面积较大，很容易散失水分而变干、变硬。另外，由于糕点成分复杂，氧化串味也是品质劣变的主要原因。这类糕点包装主要是防止水分散失、防霉及防氧化串味等。包装材料及形式有：用具有较好阻湿阻气性能的包装材料包装，如塑料薄膜；塑料片材热成型成盒，盛装后再套塑料袋装；质量和价值高的糕点，可用高性能复合薄膜配以真空或充气包装。另外，在包装中还可以同时封入脱氧剂或抗菌抑菌剂。

3. 油炸糕点

开口笑、麻花等糕点油脂含量很高，极易引起氧化酸败而导致色香味劣变，甚至产生哈喇味。这类食品包装的关键是防止氧化酸败；其次是防止油脂渗出，以免造成包装材料污染而影响外观。要求较高的油炸风味食品，可采用真空或充气包装，或包装中封入脱氧剂等。

糕点的包装形式分为箱包装、纸包装、袋（纸袋、塑料袋）包装及盒（纸盒、塑料盒、铁盒）包装。包装糕点用的包装纸、塑料薄膜、纸箱必须符合 GB 4806.6—2016《食品安全国家标准　食品接触用塑料树脂》和 GB 4806.1—2016《食品安全国家标准　食品接触材料及制品通用安全要求》的规定。严禁使用再生纸（包括板纸）包装糕点。

小包装糕点应在专用包装室内包装。室内设专用操作台、专用库及洗手、消毒设施。大包装产品应使用清洁、干燥、无异味的糕点专用箱，产品不得外露，箱内应垫以包装纸，装箱高度应低于箱边 2cm 以上。

（二）糕点的贮存管理

贮存糕点的仓库应清洁卫生，有防潮、防霉、防鼠、防蝇、防虫、防污染措施，库内通风良好、干燥，夏季库温应控制在 27℃ 以下，湿度不得超过 75%。产品入库时应分类、定位码放，产品不得接触墙面或地面，离地 20~25 cm，离墙 30 cm。堆放高度应以提取方便、防止虫吃鼠咬为宜，并有明显的分类标志。库内禁止存放其他物品。不合格的产品一律禁止入库。

运输饼干时须用专用防尘车。车辆应随时清扫，定期清洗、消毒，成品专用车不得运输其他物品。装卸时应小心，严禁重压。产品应勤进勤出，先进先出，不符合技术要求的产品不得入库。

四、 糖果和巧克力的保藏

糖果是以白砂糖或淀粉糖浆为主要原料制成的甜味固形食品。巧克力是指非脂可可固形物占产品净重的 17% 以上，可可脂占产品净重的 10% 以上者；或者非脂可可固形物占产品净重的 3% 以上，可可脂占产品净重的 10% 以上，加上乳固形物不低于产品净重的 35%（其中乳脂肪占总重量的 3% 以上）者。

（一）糖果的质量变化

（1）返潮　糖果含有一定的还原糖和水分，吸潮性较大，所以在潮湿的环境下贮存，容易吸收空气中的水蒸气而发生返潮现象。轻者糖果表面微呈湿润或黏住包装纸，严重时使糖果表面发黏、溶化和变形，夹心糖的馅心会流出。

（2）返砂　这是糖果中的糖经过溶化后形成的，溶化的糖果随着外界条件的变化，原来吸收的水分蒸发掉，这时表面上的糖分子重新析出，并且规则的排列成为晶粒，形成不透明的薄粉层（白色砂层），失去原有的光泽。

（3）酸败　在配有脂肪、乳品、果仁的糖果中，变质现象主要是酸败。糖果酸败变质后，外表面颜色变暗，有时会产生哈喇味和酸苦味。

（4）走油　原料中的脂肪没有完全乳化，制成糖果后发生油脂分离，或者配料中果仁的用量较多，果仁中油脂析出。糖果贮藏时温度过高，也会出现走油现象。

（5）虫蛀　主要发生在含有果仁和酥心的糖果中。原因是使用带有虫卵的不洁果仁所致，或者是环境中的食品害虫侵染引起。

（6）变白　巧克力糖果经常发生变白的现象。其原因之一是由脂肪结晶引起的；其二是"出汗"或潮解后的糖果遇到干燥条件时，水分蒸发，在糖果的表面便会留下糖的结晶，致使巧克力糖果表面变白。

（二）糖果的贮藏管理

（1）库房卫生　存放糖果的库房应干燥、清洁、凉爽，地势较高，墙壁和库顶严密，空气不易流入。糖果不得与有毒、有害、有异味、易挥发、易腐蚀的物品同处贮存。

（2）检验　每批糖果入库前，必须检查糖果有无变质，包装是否严密，糖果是否返潮，有问题的糖果不得入库。

（3）堆码　由于糖果的形状、大小不一样，因而堆码的方法也多种多样，根据季节变化、品种特征、包装规格和坚固程度来堆码。

（4）温度和湿度　根据库外温度的变化，做好库内的温度和湿度调节。如果在连阴雨天或黄梅季节，应使用氯化钙吸潮；如果库内过于干燥，可在库内地面洒水以增加湿度，使湿度保持在70%左右。早晚外界空气温度低，库内要进行通风换气，硬糖贮藏的库温应在20℃左右。运输产品时，应避免日晒、雨淋，不得与有毒、有害、有异味或影响产品质量的物品混装运输。

（三）巧克力的贮藏管理

巧克力的包装材料、容器必须符合相应的国家卫生标准。各种巧克力所使用的铝箔、PE、聚丙乙烯、金属和塑料复合薄膜等包装材料必须经检验合格方可使用。

巧克力成品库必须通风、干燥，定期杀菌消毒，消除环境中任何不良气味，并设防蝇、防尘、防鼠、防虫及除湿设施。成品库不得贮存与巧克力无关的物品，贮藏环境的温度应保持在（20±1）℃，相对湿度不得超过50%。

运输工具应专用，并保持清洁、干燥、无异味。运输巧克力时应防止受热、受潮，气温在25℃以上时，必须用冷藏车运输。装卸时应轻装轻卸，防止包装破损而使产品受污染。不得与有毒、有害及与其无关的物品同车（船）混运。

五、　蜜饯的保藏

蜜饯是用鲜果或果坯经糖渍或糖煮而成，其含糖量一般为 60% 左右。个别品种的含糖量较低，不经或经过烘干、晒干的半干态、干态制品，带有原料的固有风味。通常将蜜饯分为湿态蜜饯、干态蜜饯和凉果三类，其糖制原理是以食糖的保藏作用为基础。保藏作用主要表现在高浓度糖液具有强大的渗透压，使微生物细胞脱水发生生理干燥而无法活动。同时，高浓度的糖使糖制品的 A_w 下降，也抑制了微生物的活动。此外，高浓度糖液也有利于改善制品的色泽和饱满度，提高产品的外观质量。

蜜饯含糖量高具有防腐作用，但在贮存过程中管理不当也会发生溶化、返砂、变色、变味现象。贮存蜜饯的库房要清洁、干燥、通风，库房地面要有隔湿材料铺垫。不得与有毒、有害、有异味、易挥发、易腐蚀的物品同处贮存。库房温度最好保持在 12~15℃，避免温度低于10℃而引起蔗糖晶析（返砂）。同时避免湿度过高而引起的溶化流糖、变色现象，库房湿度一般应控制在 70% 左右，否则蜜饯吸湿回潮，不仅有损于外观，而且因局部糖浓度的下降可能引起生霉变质。贮存期间如果发现制品有轻度吸湿变质现象，应及时将制品放入烘房复烤，冷却后重新包装；受潮严重的产品要重新煮、烘后复制为成品。湿态蜜饯采用罐头包装形式，贮存时按罐头贮存要求操作。

运输产品时应避免日晒、雨淋，不得与有毒、有害、有异味或影响产品质量的物品混装运输。

六、　酸乳的保藏

酸乳是指以牛（羊）乳或复原乳为主要原料，经杀菌、发酵、搅拌或不搅拌，添加或不添加其他成分制成的具有特殊风味的乳制品。酸乳包括纯酸乳和风味酸乳。

酸乳营养丰富，并且含有大量对人体有益的乳酸菌，产品应在 2~6℃ 的温度贮存，凝固的酸乳在此条件下可存放 1 周，能保证质量；杀菌后接种并密封发酵的工业化酸乳，在 2~6℃ 可保质 21d。存放过久，一旦表面产生霉点或霉斑就不能食用。酸乳的冰点在 -1℃ 左右，若存放温度过低，则导致其结冰，会破坏酸乳的组织结构，使乳清析出。所以，酸乳应存放在家用冰箱的冷藏室内。由于酸乳凝固结构主要是由蛋白质的胶体组成，质地嫩软，易于破碎，因此酸乳在振动较强或颠倒的情况下，虽然乳清容易析出，但营养价值不变。

酸乳运输时应采用冷藏工具，温度控制在 2~6℃，应避免日晒、雨淋，不得与有毒、有害、有异味或影响产品质量的物品混装运输。

七、　乳粉的保藏

GB 19644—2010《食品安全国家标准　乳粉》对乳粉的定义为：以生牛（羊）乳为原料，经加工制成的粉状产品。调制乳粉定义为：以生牛（羊）乳或及其加工制品为主要原料，添加其他原料，添加或不添加食品添加剂和营养强化剂，经加工制成的乳固体含量不低于 70% 的粉状产品。根据加工原料和加工工艺可分为全脂乳粉、脱脂乳粉、速溶乳粉、配方乳粉及其他乳粉等。

（一）乳粉的包装

乳粉的包装容器和材料应符合相应的卫生标准和有关规定。乳粉包装的基本要求是：卫生性、无异味、密封性。乳粉包装的目的一是防止因受微生物、酶的作用使其腐败；二是防止因受氧气、水分、光线等的影响，使其部分氧化、褐变、褪色等；三是防止吸潮而使乳粉结晶、凝块、吸入异味等。乳粉包装的主要形式有金属罐和塑料软包装袋两种形式，其中金属罐的密封性好，保质期长，但其生产和运输成本都比较高；而软塑料袋包装重量轻、价格便宜、封口开启容易、加工制造、运输过程耗能较少，但其密封性不如金属罐好。

（二）乳粉的贮存管理

乳粉应贮存在干燥、通风良好的场所。不得与有毒、有害、有异味、易挥发、易腐蚀的物品同处贮存。不应与有特殊气味、含水分超过10%、易变质、易腐败、易生虫的物品存放在一起。库温不高于15℃。库房湿度不超过70%~75%。

运输产品时应避免日晒、雨淋，不得与有毒、有害、有异味或影响产品质量的物品混装运输。

八、 咖啡的保藏

根据 GB/T 18007—2011《咖啡及其制品 术语》的定义，咖啡是咖啡属植物的果实和种子以及这些果实和种子制成的供人类消费的产品。

（一）咖啡的包装

咖啡豆和咖啡粉是咖啡最常见的两种成品。咖啡豆烘焙后会产生 CO_2，直接包装容易引起包装破损，而长时间接触空气又会造成香气流失，并导致咖啡中的油脂和芳香成分氧化而使品质下降。因此，其包装尤为重要。咖啡包装根据咖啡的供应形式可分为生豆出口包装、烘焙咖啡豆（粉）包装、速溶咖啡包装。生豆包装通常采用的是 70kg 装的麻袋。烘焙咖啡豆（粉）包装分为袋装（非气密性包装、真空包装、单向阀包装、加压包装）和罐装；速溶咖啡包装一般采用密封小包装袋，以长条装为主，另外还会备有外包装盒。市场上也有部分采用罐装的速溶咖啡供应。

（二）咖啡的贮藏管理

咖啡保存的基本要求是密封好、避免阳光直射、低温贮存。在运输过程中应避免日晒、雨淋、重压；产品应在清洁、避光、干燥、通风、无虫害、无鼠害的仓库贮存；不应与有毒、有害、有异味、易挥发、易腐蚀的物品混装运输或贮存。产品不应浸泡在水中，以防止造成污染。需冷链运输贮藏的产品，应符合产品标示的贮运条件。

思考题

1. 罐头、酒类、软饮料等常见杀菌密封包装食品贮藏期间容易发生哪些变化？
2. 叙述常见杀菌密封包装食品贮藏管理的技术要点。
3. 叙述常见其他包装食品贮藏管理的技术要点。

参考文献

[1] 叶兴乾 . 果蔬加工工艺学 . 北京：中国农业出版社，2016

［2］周光宏．畜产品加工学．北京：中国农业出版社，2014

［3］章建浩．食品包装学．北京：中国农业出版社，2010

［4］王福源．现代食品发酵技术．北京：中国轻工业出版社，2004

［5］陈月英，王林山．饮料生产技术．2版．北京：科学出版社，2015

［6］何国庆．食品发酵与酿造工艺学．北京：中国农业出版社，2016

［7］顾国贤．酿造工艺学．北京：中国轻工业出版社，2004

［8］李平兰，王成涛．发酵食品安全生产与品质控制．北京：化学工业出版社，2005

［9］张欣．果蔬制品安全生产与品质控制．北京：化学工业出版社，2005

［10］刘兴华．食品安全保藏学．2版．北京：中国轻工业出版社，2008

CHAPTER

第七章

食品物流中的质量安全控制

7

【内容提要】 本章主要介绍食品物流的概念、形式与技术规程；食品运输中的包装、预冷、环境条件控制、运输方式、运输工具、卫生要求与质量安全控制措施；食品销售、消费中的质量安全控制措施及食品冷链物流。

【教学目标】 了解食品物流的概念、模式和技术规程；掌握影响食品质量的运输环境因素，食品运输的基本要求以及运输中的质量安全控制措施；掌握销售、消费和物流环节中保持食品质量的一系列卫生、安全控制措施；掌握食品冷链的组成和实现条件；了解我国食品冷链及冷链物流的发展对策和趋势。

【名词及概念】 食品物流；预冷；食品冷链；速冻食品；货架期。

第一节　食品的物流

一、食品物流的概念

食品物流是食品通过运输、加工、贮藏、分级、包装、装卸、配送等活动，借助各种运输工具使食品实体发生空间的转移，还包括保管、物流信息管理等一系列活动。食品物流既是食品科学的一个分支，同时又是物流和管理学的一个分支。

食品有着与众不同的特殊性，由于与人们的健康和安全息息相关，食品的物流要求必须保鲜保质的送达。总的来说，食品物流具有以下几个方面的特点：一是不稳定性，这主要是由于食品原材料的生产需要遵循自然生长规律，食品的供应和采购的季节性也就远远强于其他商品；二是对卫生条件的要求比较高；三是食品储存和运输条件也要根据食品的特点满足相应的环境条件；四是需要使用一些专门的物流设备，形成配套的食品供应链。

二、食品物流的模式

（一）食品物流形式

食品物流是借助各种运输工具使商品实体发生空间的转移。物流的形式多种多样，如肩挑、手提、车运、船运和机运等。选择什么运输工具和运输方式，必须根据食品特性、运输数量、目标市场、交易时间等来确定。

（二）食品物流模式

目前我国食品物流的运作方式多样，总体上看主要有以批发零售商、食品加工商、连锁经营企业等为主体的自营物流、战略联盟物流、第三方物流和第四方物流四种模式。

1. 自营物流模式

自营物流模式见图7-1，包括以食品加工企业为主体的第一方物流和以批发、零售、连锁经营企业为主导的第二方物流两种模式。实力较强的企业自建配送中心，主要是为本企业的连锁店进行配货，同时也可以为其他企业进行配货服务，这种配送模式有利于协调企业和连锁店之间的关系。此模式是企业自主投资购置冷链设施设备，自建冷藏库自购冷藏车，运用自有的冷链物流设施设备完成各项物流作业。目前我国食品冷链物流运用最为广泛，具有代表性的如大型乳制品、冷鲜肉制品生产企业以及大型连锁超市的自营冷链物流体系。如处于冷链供应链上游的河南双汇集团作为食品加工企业、中

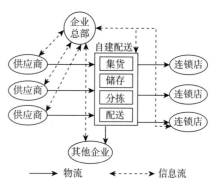

图7-1　自营物流模式

游的大型农产品批发市场和配送中心、下游的大型连锁零售企业均有自身的冷链物流服务体系。以沃尔玛为例，在中国沃尔玛有两个配送中心：一个是深圳配送中心，另一个是天津配送中心。沃尔玛所有连锁店外地采购的商品必须通过配送中心转运，其供应商根据各连锁店的订货单将商品运送到配送中心，配送中心对商品进行筛选、包装和分拣后再运送到各连锁店。

2. 战略联盟物流模式

战略联盟模式也是目前我国食品物流的一种常见运作方式。企业为集中有限资源发展其核心业务而与其他企业形成战略合作伙伴关系，实现优势互补、资源共享、风险共担的深层次合作。联盟由一个处于主导地位的核心企业将不同类型的企业联合在一起（图7-2）。如不同企业同类冷藏食品的共同配送，食品加工企业和下游的批发商、连锁零售店进行合作，组织共同配送，提高了车辆实载率，

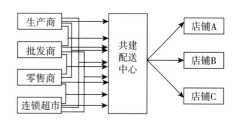

图7-2　战略联盟物流模式

有效降低了配送成本。此外，食品加工企业结成联盟，按地区提供冷藏运输环节的冷链分割功能服务也属于此模式。随着社会分工的深化和信息技术的发展，战略联盟的优势不断显现。这种模式能实现资源共享，提高设施设备利用率，在不影响客户服务水平的前提下有效降低物流运作成本；且能实现企业间优势互补，有利于企业发挥特长、提升核心竞争力。

3. 第三方物流模式

第三方物流模式又可称为外包模式。第三方物流的提供者通过一整套的物流活动为客户企业提供专业的物流服务，其主要内容包括仓储、运输、信息管理、订货服务、包装、咨询等一系列完整的物流服务（图7-3）。在外包过程中，食品企业通过信息技术与第三方物流企业保

持紧密联系，以实现对物流全程的监督和控制。真正意义上的第三方冷链物流企业，不仅提供专业化的低温运输、低温仓储、低温加工等，而且能为冷链物流需求方提供高效的冷链物流解决方案，实现冷链物流的全程监控，具备整合冷链供应链的能力。

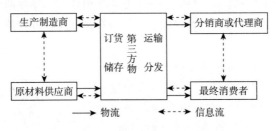

图7-3　第三方物流模式

4. 第四方物流模式

第四方物流，是一个现代化先进物流服务模式下的供应链集成商。第四方物流可具体包含到流通内部和外部一切相关联的、具有互补性的服务供应商资源、能力和技术等，通过对流通资源进行优化整合，最终形成的一套供应链解决方案。同时，第四方物流是对第三方物流的延伸与发展，因为第四方物流包括第一方、第二方、第三方物流在内的所有物流规划、咨询、信息、管理、产品、服务与货物供应链管理等系统活动（图7-4），将其进行最大限度的资源整合后，最终为上游企业、下游企业以及物流业者提供一个整合的物流体系框架和平台。第四方物流几乎囊括了金融、保险、物流、交通等多站式货物配送的安排管理控制模式，能够为企业市场经济行为提供多样化的物流服务。该种物流包括了服务提供商、管理咨询商、增值提供商和客户联系商，这使得第四方物流既是物流系统的设计者，又是物流资源的整合者。

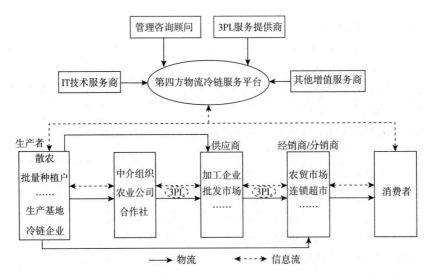

图7-4　第四方物流模式

（三）食品电子商务的物流模式

电子商务活动中包括物流、资金流、信息流和商流四个基本要素，其中资金流、信息流和商流均可以在网络平台上实现，而物流则需要在线下实体进行。"四流"的完美结合和相互协调是电子商务模式充分发挥其优势的必要条件。"四流"中物流最终决定了电子商务的效率，发挥着独立的无法替代的作用。食品电子商务企业与其他电子商务企业一样，多数采用商对客（Business to Customer，B2C）电子商务模式，具体指企业通过构建网络为消费者提供一定的购物平台，消费者在网上挑选自己需要的商品，并支付一定的费用，再由商家选择一定的配送方式将商品送至消费者手中的一种运营模式。如亚马逊、天猫商城、京东商城、苏宁易购等都是B2C电子商务模式。电商企业纷纷运用物联网、云计算、大数据、人工智能等先进信息技术来降低成本，优化资源配置，从而提升物流水平。

作为一种全新的商务模式，电子商务需要一套与之相适应的电子物流模式，配合其低成本商业竞争优势。物流作为电商运行中极其重要的一环，其配送方式对企业的生存发展产生重要的影响。常见的食品电子商务物流模式与普通食品物流模式类似，主要有自营物流、战略联盟物流、第三方物流和第四方物流四种模式。

三、 食品物流的技术规程

我国食品物流正以飞快的速度发展，如何保证食品物流向规范健康的方向发展，以及如何保证食品物流中的食品安全，就成为一个关键问题。按照供应链环节，食品物流包括采购、运输、加工、包装、储存、配送、销售等环节。要按照不同食品物流的技术要求和规程进行操作，保证食品的安全。

（一）食品物流各环节的技术规程

（1）采购　食品的原材料供应是控制食品安全的第一个环节。要保证从"农田到餐桌"的安全，必须首先保证食品原料的安全，要坚决按照国家相关标准保证原材料的安全、质量，控制好食品原材料这个源头。

（2）运输　运输是食品物流的关键环节。除了提高运输中储存特殊食品的设备水平外，科学合理的调配运输车辆，节约运输的时间是食品保质保鲜的一个重要方面。此外，装卸时的卫生安全和运输过程中的环境变化都值得物流企业重视。

（3）加工　加工是对食品原料进行深加工，获得所需的产品。加工过程是食品物流出现安全问题较多的环节之一。要从以下几个方面着手：①厂址选择合理；②严格执行《食品安全法》；③企业必须通过ISO9000、HACCP、GMP、卫生标准操作程序（SSOP）等认证；④符合相关卫生条件；⑤禁止乱用食品添加剂，严格按照添加剂使用要求进行添加。

（4）包装　食品包装是食品生产的最后一个环节，同时也是食品进入流通的首要环节。近年来很多食品安全案件都是由于包装材料的问题造成的。因此，我们必须严格根据国家相关标准，加强食品包装管理，控制好食品包装材料、印刷油墨、添加剂等容易出现的安全问题。

（5）储存　食品储存是防止其腐坏变质、起到调节市场供需的一个环节。食品储存设备和环境的要求是很高的，要根据不同食品的特点合理安排；另外，合理的食品储存时间和流通对保持食品质量安全十分重要。

（6）配送　配送是指食品企业或配送公司在规定的时间内，按照规定的要求，将食品送到规定的地点。食品配送非常重要，不仅可以降低企业的综合成本，又能保证食品的新鲜状态，满足消费者的需求。许多食品的保质期都很短，日配的方式较为合适，分拣和配货时要注意食品的卫生条件和保质条件。

（7）销售　食品销售是指为了方便消费者，以超市、批发市场、便利店等形式进行食品买卖的活动。食品销售是离消费者最近的一个环节，也是最容易发生安全问题的环节之一。由于食品销售主体的多元性，销售手段的多样性，销售方式的复杂性，销售条件的简单性和销售监管的困难性等因素，导致食品销售环节安全隐患较大，必须加强监管。

（二）食品物流技术规程案例

食品种类不同，其物流技术规程也不相同。这里以 2009 年 11 月 15 日发布、2010 年 3 月 1 日实施的 GB/T 24616—2009《冷藏食品物流包装、标志、运输和储存》和 2012 年 12 月 10 日发布、2013 年 6 月 1 日实施的 SB/T 10827—2012《速冻食品物流规范》为例，展示这两类食品特有的物流技术规程，具体内容详见该国家标准和行业标准。

第二节　食品运输中的质量安全控制

食品运输就是指采用各种运输工具和设备，通过多种方式使食品在区域之间实现位置转移的过程。它是食品流通过程中形成物流的媒介，是流通过程中的一个重要环节，也是联系生产与消费、供应与销售之间的纽带。运输过程很容易造成损失，主要是由于运输工具不良、包装不善、装卸粗放和管理不当引起的。食品的运输业越发达，越能促进食品的商品化生产，加速食品的流通，扩大流量，对于均衡供应和活跃市场都有着重要意义。食品空间移动的基本要求是及时、准确、安全、经济。食品运输应考虑流通区域间的交通运输条件，选择适宜的运输工具及运输形式，力求用最少的时间、走最短的距离、花最低的成本、以最有效的质量控制，安全及时地将食品运达目的地。目前，世界上发达国家的食品大多采取"适地生产，运输供应"的办法，运输的意义更是显而易见。

一、　食品的包装

对食品的质量安全控制，首先应该提到的就是包装，因为包装是对食品最直接有效的保护。严格地讲，食品没有包装就不能贮运和销售。

（一）食品包装的定义和功能

国家标准对包装的定义是"为在流通过程中保护产品，方便储运，促进销售，按一定技术方法而采用的容器、材料及辅助物等的总体名称。"食品包装就是采用适当材料、容器和技术把食品裹包起来，以使食品在运输、贮藏、流通过程中保持其原有品质状态和价值。即食品包装具有保护食品、方便物流、促进销售、提高商品价值四大功能，其中防止食品变质、保证食品质量是食品包装的最重要的目的。

1. 保护食品功能

食品的种类繁多，性状千差万别，在贮存、运输、销售、消费等流通过程中易受外界各种不利条件及环境因素的破坏和影响。例如，微生物、虫害等生物引起的危害；在直射光、高温、有氧环境中引起的各种化学反应；由于吸收或散失水分使食物变质或失鲜等。合理包装可以减少因运输中相互摩擦、碰撞、挤压、振动而造成的机械损伤；减少病害蔓延和水分蒸发；

也可以避免散堆食品发热而引起腐烂变质。

2. 方便物流功能

包装能为生产、贮存、运输、消费等环节提供诸多方便；能方便物流过程的搬运装卸、贮存保管和陈列销售；也方便消费者的携带、取用和消费。现代食品包装还注重包装形态的展示方便、自动售货方便及消费时开启和定量取用方便。

3. 促进销售功能

包装是"无声的推销员"，是提高食品竞争力、促进销售的重要手段。精美的包装能在心理上征服消费者，增加其购买欲望，有利于宣传产品和树立企业形象。

4. 提高商品价值功能

包装是商品生产的继续。食品在物流过程中如果不用合理的包装加以保护，就会受到各种损害而失去价值或降低价值。包装的增值作用还体现在包装不仅直接给商品增加价值，而且更体现在通过包装塑造名牌所体现的品牌价值。

（二）食品包装的分类

（1）按包装层次可分为个体包装（对单个食品的包装）、内包装（包装货物内部的包装）和外包装（包装货物外层的包装）。

（2）按包装食品的状态可分为液体包装和固体包装。

（3）按包装材料及容器性质可分为纸包装、金属包装、玻璃包装、陶瓷包装和塑料包装等。

（4）按包装技术可分为防潮包装、防霉包装、防虫包装、保鲜包装、真空包装、充气包装。

（5）按在流通中的功能和作用可分为贮藏包装、运输包装和销售包装。

二、运输前的预冷

这里的预冷主要指在装车、船运输之前，将易腐食品如肉及肉制品、鱼及鱼制品、乳及乳制品，特别是果蔬等的品温降到适宜的贮藏或运输温度。这样可以降低食品内部的各种生理生化反应，减少养分消耗和腐烂损失，尤其对果蔬来说，可以尽快除去田间热和呼吸热，抑制生理代谢，最大限度地保持果蔬原来的新鲜品质。例如刚采集的牛乳温度是37℃，很容易受微生物的污染，将其快速降到4℃以下时，微生物的生长和繁殖就非常缓慢，28h内微生物保持初始水平，而15℃以上的温度下微生物总数则快速增加。

在低温运输系统中，运输工具所提供的制冷能力有限，不能用来降低产品的温度，只能维持产品的温度不超过所要求保持的最高温度。所以，一般食品不放在冷藏运输工具上预冷，而是在运输前采用专门的冷却或冷冻设备，将品温降低到最佳贮运温度以下，这样可减少运输工具的热负荷，并保证冷藏过程中温度波动不至于过大，以便更有利于保持贮运食品的质量。经过彻底预冷的果蔬，用普通保温车运输，就能够达到低温运输的效果。反之，即使用冷藏车，若不经过预冷就难以发挥其冷藏车的效能。例如，未经预冷的广东香蕉装入火车冷藏箱中时，果箱内温度为27~28℃，火车运行5d后，果箱内温度仍在14℃；而经过预冷的香蕉，入箱14h后就可以将品温降到12℃。

因此，低温贮藏或长距离大量运输鲜活和生鲜食品时，预冷是必不可少的一项措施。食品的预冷方法主要有空气预冷、水预冷、冰预冷和真空预冷等。考虑到我国目前食品的产销实际状况和预冷效果，预冷设备和方式可结合现有的贮藏冷库，采用强制冷风预冷方式，也可采用差压预冷方式。

三、 运输的环境条件及其控制

食品运输可被看作是在特殊环境下的短期贮藏。运输中的温度、湿度、气体等环境条件对食品品质的影响与贮藏中的情况基本类似。然而，运输环境是一个动态环境，故在讨论上述环境的同时，还应当重点考虑运输环境的特点及其对食品的影响。运输环境条件的调控是减少或避免食品破损、腐烂变质的重要环节，所以在运输中要考虑以下诸多因素。

（一）振动

振动是运输环境中最为突出的因素，它直接造成食品的物理性损伤，也可以发生由振动引起的品质劣化反应。振动的强度以普通振动产生的加速度（$g = 9.8 \text{m/s}^2$）大小来计算，由弱到强分为 1 级、2 级、3 级、4 级等。运输中产品的振动加速度长期达 1 级以上时，就会产生物理性损伤。

不同的运输方式、运输工具、行驶速度及货物所处的不同位置，其振动强度都不一样。一般铁路运输的振动强度小于公路运输，海路运输的振动强度又小于铁路运输。铁路运输途中，货车的振动强度通常都小于 1 级。公路运输的振动强度则与路面状况、卡车车轮数有密切的关系，高速公路上一般不会超过 1 级；振动较大，路面较差以及小型机动车辆可产生 3~5 级的振动。就货物在车厢中的位置而言，以后部上端的振动强度最大，前部下端最小。因箱子的跳动还会发生二次相撞，使振动强度大大增强，造成食品损伤。海上运输的振动强度一般较小。然而，由于摇摆会使船内的货箱和食品受压，而且海运一般途中时间较长，这些会对一些新鲜易腐食品产生影响。此外，运输前后装卸时发生的碰撞、跌落等能够产生 10~20 级以上的撞击振动，对食品的损伤最大。

不同类型的食品对振动损伤的耐受力不同，表 7-1 所示为一些不同类型的新鲜果蔬对振动损伤的最大耐受力。运输时应该针对不同的食品种类因地制宜地选择运输的方式和路径，并做好食品的包装作业和在运输中的码垛，尽量减少食品在运输中的振动；另外要杜绝一切野蛮装卸，以保持食品品质和安全。

表 7-1　　　　　　　　　　一些新鲜水果蔬菜的种类及其对振动损伤的抵抗力

类型	种类	能够忍耐运输中振动加速度的临界点/级
耐碰撞、耐摩擦的	柿、柑橘类、绿熟番茄、根菜类、甜椒	3.0
不耐碰撞的	苹果、红熟番茄	2.5
不耐摩擦的	梨、茄子、黄瓜、结球类蔬菜	2.0
不耐碰撞、不耐摩擦的	桃、草莓、西瓜、香蕉、柔软的叶菜类	1.0
易脱粒的	葡萄	1.0

（二）温度

与食品在贮藏时一样，运输温度对食品品质也同样有着重要影响，也是运输中最受关注的环境条件之一。采用适宜的低温流通措施对保持食品的新鲜度和品质以及降低运输损耗是十分重要的。根据国际制冷学会规定，一般果蔬的运输温度要等于或略高于贮藏温度，而且对一些新鲜果蔬的运输和装载温度提出了建议（表7-2、表7-3），要求温度低而运输时间超过6d的果蔬，要与低温贮藏的适温相同。表7-4所示为一些新鲜畜产品的推荐运输温度。速冻食品除了具有对食品共同的质的要求外，最重要的要求是在生产、运输和销售过程中的各个环节，食品中心温度应保持-18℃以下，这是有效地保持速冻食品质量的特征值。

表7-2 国际制冷学会推荐的新鲜蔬菜的运输温度

蔬菜种类	1~2d的运输温度/℃	2~3d的运输温度/℃	蔬菜种类	1~2d的运输温度/℃	2~3d的运输温度/℃
芦笋	0~5	0~2	菜豆	5~8	未推荐
花椰菜	0~8	0~4	食荚豌豆	0~5	未推荐
甘蓝	0~10	0~6	南瓜	0~5	未推荐
薹菜	0~8	0~4	番茄（未熟）	10~15	10~13
莴苣	0~6	0~2	番茄（成熟）	4~8	未推荐
菠菜	0~5	未推荐	胡萝卜	0~8	0~5
辣椒	7~10	7~8	洋葱	-1~20	-1~13
黄瓜	10~15	10~13	马铃薯	5~10	5~20

表7-3 国际制冷学会推荐的新鲜果品运输与装载温度

水果种类	2~3d的运输温度		5~6d的运输温度	
	最高装载温度/℃	建议运输温度/℃	最高装载温度/℃	建议运输温度/℃
杏	3	0~3	3	0~2
香蕉（大密舍）	≥12	12~13	≥2	12~13
香蕉	≥15	15~18	≥15	15~16
樱桃	4	0~4	建议运输≤3d	
板栗①	20	0~20	20	0~20
甜橙	10	2~10	10	2~10
柑和橘	8	2~8	8	2~8
柠檬	12~15	8~15	12~15	8~15
葡萄	8	0~8	6	0~6
桃	7	0~7	8	0~3
梨②	5	0~5	3	0~3
菠萝	≥10	10~11	≥10	10~11
草莓	8	-1~2	建议运输≤3d	
李	7	0~7	3	0~3

注：①我国板栗运输温度≤4℃；②我国鸭梨在5℃时可能发生冷害。

表 7-4 一些新鲜畜产品低温运输的推荐温度

产品及其特性	温度[①]/℃	
	1~3d 的运输	4~6d 的运输
肉和生咸肉[②③]	−1~7	−1~7
肉制品[④]	−1~8	未推荐
生内脏[②]	−1~3	未推荐
猪油	≤12	≤10
家禽、兔[②]、野味[②]	−1~4	−1~4
带壳鸡蛋	0~15	0~15
冰镇鱼[⑤]	0~2	0~2
烟熏鱼	≤10	≤6
对虾[⑥]	0~4	未推荐
牛乳，生的或经巴氏消毒的[⑦]	0~4	未推荐
牛乳，工业的	0~6	未推荐
奶油，新鲜干酪，酸化的	0~4	未推荐
奶油和人造奶油	≤6	≤6
硬干酪和加工过的干酪	0~15	0~15
软干酪，未成熟的	8~12	8~12
软干酪，成熟的[⑧]	4~7	未推荐
蓝干酪，精制的	0~10	0~6

注：①产品的平均温度；②必须防止大气中水汽的凝结；③屠宰僵直后最高温度为3℃；④屠宰僵直后最高温度为6℃；⑤鱼必须足够新鲜；⑥运输温度下不超过24h；⑦到达目的地的时间不得超过60h；⑧过分成熟的干酪不能运输。

理论上讲，把食品放在适宜的贮藏温度下运输是最安全的。但在运输中由于运输时间的相对短暂，略高于最适贮藏温度对许多种果蔬的品质影响并不是很大，尤其在目前我国低温冷链的发展还远不能满足食品低温运输需要的情况下，采取略高的温度，在经济上有明显的好处。例如，可用保温车代替冷藏车。现将运输中应该注意的一些事项介绍如下。

1. 常温运输

常温运输中，不论何种运输工具，其货箱和产品温度都会受到外界气温的影响，特别是在盛夏或严冬时，这种影响更为突出。如果外界气温高，那么受外温和呼吸热（果蔬）的影响，食品温度一旦上升就不容易降下来，这使得大量食品质量劣变甚至腐烂；如果外温较低又易使食品受冻。假如只能采用常温运输时，对于卡车要采取遮阳和防雨措施，尽量减少外界环境对食品的影响。即使如此，一般夏季运输货垛上部或中部的货温与下部货温会有5℃以上的温差。木箱与纸箱包装的温度也不同，由于纸箱堆得较密，在运输途中箱温比木箱高1~2℃。常温运输时货箱内温度随外界条件的变化而起伏很大，应注意保护，且不宜作长途运输。

2. 低温运输

在低温运输中，由于增加了制冷设备，所以可以相对保证运输工具内食品有较低的温度。

其温度的控制不仅受冷藏车或冷藏箱的构造及冷却能力的影响，而且也与空气排出口的位置和冷气循环状况密切相关。要注意堆码不能太紧密，否则冷气循环不好，造成车厢上下部位的温差较大，特别是未经预冷的食品更是如此。冷藏船的船舱仓容一般较大，进货时间延长必然延迟货物的冷却速度，并使仓内不同部位的温差增大。如果以冷藏集装箱为货运单位，可避免上述弊端。

3. 防止食品在运输中受冻受热

原产于寒温带地区的苹果、梨、葡萄、胡萝卜、洋葱、蒜薹等适宜贮运温度在0℃左右。而原产于热带和亚热带地区的果蔬对低温比较敏感，应在较高温度下运输，如，香蕉运输适温为12~14℃，番茄（绿熟）、辣椒、黄瓜等运输温度为10℃左右，低于10℃就会导致冷害发生。对于冻肉、冻鱼及速冻包子、饺子、春卷、蔬菜等来说，要尽量防止运输过程中温度升高，以免引起食品质量下降和解冻。易腐食品最好采用冷藏或冷冻运输。如果没有条件，则要有通风、遮阳等条件，否则运输不得超过4h。寒区冬季运输蔬菜、水果等应有草帘、棉被等保温防冻条件。

4. 防止运输中温度的波动

要尽量维持运输过程中恒定的适温，防止温度的波动。运输过程中温度的波动频繁或过大都对保持产品质量不利。生鲜食品的呼吸作用涉及多种酶的反应，在生理温度范围内，这些反应的速度随着温度的升高以指数规律增大，可以用温度系数 Q_{10} 来表示。Q_{10} 在 0~10℃ 范围内较高，最高可达7；而温度在10℃以上时可降到2~3。所以在较低温度下，温度每波动1℃，对食品造成的品质影响要比较高温度下严重。另外，冷冻食品在运输中也要尽量控制温度不发生波动，在-18℃的冻藏温度下，环境温度上下波动3℃左右时，会对多数食品造成危害；当温度高于-12℃时，解冻就会增强温度效应，重新冻结时水分就会从小冰晶体中融化出来，浸泡未融化的冰晶体，从而形成更大的冰晶体。

总之，不论使用何种运输工具，都要尽量调节和控制好温度，使之达到或接近食品的适宜贮运温度，以保证其质量和安全。

（三）湿度

正如前面章节提到的，食品腐败变质与环境中的湿度条件有很大关系，运输中也要求保持适宜的湿度条件。当运输环境中的相对湿度在80%~95%时，对大多数食品的贮藏和运输是适宜的。但有些食品对贮藏和运输的湿度条件要求也有例外。例如，芹菜等鲜嫩蔬菜所需的相对湿度为90%~95%，洋葱、大蒜为65%~75%，瓜类为70%~85%；一些散装食品、干燥或焙烤食品的运输则需要非常干燥的环境，如果湿度过大，则食品易吸湿而促进细菌、霉菌等微生物的繁殖；乳粉、蛋粉及豆乳粉等干燥和粒状产品在冷藏温度下的贮藏期较长，但相对湿度高于50%时，如果包装的阻湿性不好，也会发生成团或结块现象，此类产品应采用阻湿性较好的包装材料，并要求运输时环境适当干燥。

对于果蔬来说，新鲜度和品质的保持需要较高的湿度条件，新鲜果蔬装入普通纸箱，在一天内箱内空气的相对湿度可达到95%~100%，如果车厢密封性好或产品堆码高度密集，运输中仍然会保持在这个水平。一般而言，由于运输时间相对较短，这样的高湿不至于影响果蔬的品质和腐烂率。然而，包装纸箱吸潮后抗压强度下降，有可能使产品受损伤。如果采用隔水纸箱（在纸板上涂以石蜡和石蜡树脂为主要成分的防水剂），或在纸箱中用PE薄膜铺垫，则可有效防止纸箱吸潮；用塑料箱等运输时，可在箱外罩以塑料薄膜以防止产品失水。

（四）气体

气体环境对食品的腐败速度和腐败程度可产生很大的影响。由好氧性细菌、霉菌等微生物引起的食品腐败，以及有氧呼吸作用、脂肪氧化、色素褪色、非酶褐变等化学变化引起的食品变质，都受食品所处环境 O_2 浓度的影响。另外，CO_2 是果品、蔬菜和微生物等呼吸生成的低活性气体，如果在贮运时，适当降低 O_2 的浓度（2%~5%），提高 CO_2 的浓度（5%~10%），则可大幅度降低果蔬及微生物的呼吸作用，抑制催熟激素乙烯的生成，减少病害的发生，延缓果蔬的衰老。对于其他一些加工食品，在包装中抽真空或充入 N_2，可以延长保质期。所以，可以采用调节气体包装、低氧包装、加脱氧剂包装、真空包装、充 N_2 包装或充 CO_2 包装等形式来调节食品所处微环境的气体组分，从而对食品达到安全防护的目的。另外，还可以用乙烯气体处理香蕉、柑橘等果实，以达到催熟、脱绿目的。

一般短途和短期运输中空气成分的变化不大，但运输工具和包装不同，也会产生一定的差异。密闭性好的设备使 CO_2 浓度增高，振动使乙烯和 CO_2 增高，所以要加强运输过程中的通风和换气，避免有害气体积累而产生生理伤害。另外在运输过程中要轻装轻卸，防止食品包装破损而破坏包装物内的气体组分，从而引起食品的腐败变质。

（五）装载与堆码

食品在运输车、船内正确的装载，对于保持食品在运输中的质量有很大作用。易腐食品在冷藏车、船低温运输时应当合理堆放，使冷却空气能够合理流动，保持货物间温度均匀，防止因局部温度升高而导致腐败变质。食品的装载首先必须保证运输食品的质量，同时兼顾车、船载重力和容积的充分利用。为此必须做到：①在车厢底板与货物之间，空气能沿着车厢、船舱中心到端壁的方向自由流通；②在各个货件之间空气能同样沿着车厢中心向端壁自由流通，最好也能保证各货件之间空气能顺着由车厢、船舱上部到下部的方向自由流通，这点在冬季加温运输时尤为重要；③在堆放的货物与车、船壁之间，空气能顺着车厢、船舱中心到端壁和由车厢、船舱上部至下部的方向自由流通；④食品在堆码时，每件货物都不能直接接触车、船底板和壁板，在货件与底板和壁板之间必须留有间隙，以免通过车、船壁和底板进入车内的热量直接传给货物，而使品温上升；⑤在装载对低温较敏感的水果蔬菜时，货件不能紧靠机械冷藏车、船的出风口或加冰冷藏车、船的冰箱挡板，以免发生低温伤害，必要时可在上述部位的货件上面遮盖草席或草袋，使低温空气不直接与货件接触。

食品装车、船运输的堆码方法大体上分为两类：一是紧密堆码法，适用于冻结货物、冬季短途保温运输的某些怕冷货物，热季运输的某些不发热的冷却货物或者夹冰运输的鱼、虾或蔬菜等。冻结货物必须实行紧密堆码，车、船内空气不能在货件之间流通，这样货物本身所积蓄的冷量就不易散发，有利于保持货物温度的稳定并有效地利用车、船载重力和容积。对于本身不发热的冷却货物，例如夹冰鱼，也可采用较紧密的装载方法，但不应过于挤压，以免造成机械伤害影响货物质量。二是留间隙堆码法，此法适用于冷却和未冷却的果蔬、鲜蛋等的运输，以及外包装为纸箱或塑料箱的普通食品的装载码垛。采用这种码垛方法应当遵循堆垛稳固、间隙适当、布风均匀、便于装卸和清洁卫生等原则，使得车、船内各货件之间都留有适当的间隙，各处温度均匀，保持货物原有品质。

目前国外运输易腐食品时多使用托盘，在装车前将货物用托盘码好，用叉车搬运装载，各托盘之间留有间隙供空气循环。这种方法简便易行而且堆码稳固。

（六）光线

许多食品易受光线的影响，光线可以催化许多化学反应，进而影响食品的贮存稳定性。光可促进油脂产生复杂的氧化腐败产物；牛乳及乳制品的光促氧化常产生令人不悦的硫醇味；光能引起植物类产品的叶绿素、肉的红色素、鱼虾类的粉红色素、虾黄素等发生变色；某些维生素对光敏感，如核黄素和抗坏血酸暴露在光下，很容易失去其营养价值。为了抑制这些食品的变质，可以采用避光包装，即选择合适的包装材料阻挡某种波长的光线通过或减弱光的强度。除此之外，还可采用真空包装、加抗氧化剂等措施来减少光线对食品的不利影响。在运输中也要采取相应的措施，譬如采用密闭性较好的货箱，如果用敞车运输应该覆盖苫布，尽量减少光线对食品的影响。

（七）鼠害

食品在储存、运输、销售、消费过程中，会受到各种鼠类的危害。鼠类能危害所有的食品，特别是粮食和果蔬。害鼠不仅取食或啃咬各种食品，而且所形成的缺口和鼠粪便污染食品，加剧了食品的霉变，造成很大的经济损失。

船舶、汽车、列车是许多食品的主要运输工具，也是部分鼠类的栖息场所。在这里鼠类不仅可以获得足够的食物，还可以随车、船等转移到其他地区，造成鼠类的人为扩散。火车站的鼠类可通过列车或其他交通工具传带，其防鼠措施以改造环境为基础，站区外设防鼠带，防止外围鼠迁入。车厢结构要严密，通向车厢外的管道要加铁丝网，防止地面鼠进入车厢。船舶停靠港口时，所有缆绳上要设置防鼠板以免地面鼠进入车厢和船舱。防治船舶、车厢和集装箱内的鼠害，可用磷化铝等熏蒸剂进行熏蒸。为了避免污染环境和引起人畜中毒，一般不采用直接投饵的方法来灭鼠。

四、运输的方式和工具

（一）运输方式

从我国现有的情况来看，食品运输的形式通常有陆运（包括公路和铁路）、水运（包括内河运和海运）、空运及上几种形式的联运。各种运输方式都有自身的优缺点，应在充分了解各种运输工具的优缺点后加以选择利用。

1. 公路运输

公路运输是我国最重要和最常见的短途运输方式。公路运输机动方便，可实现直达上门服务，中间搬运少，短距离运输成本低；但存在振动大、运量小、能耗大的缺点。主要工具有各种大小车辆、汽车、双挂车、拖拉机等。公路运输可针对食品特性采用相应的车辆。例如，液体油罐车，活鱼运输车，对需要保持低温的货物使用保温车、冷冻车或冷藏车。

2. 铁路运输

铁路运输运载量大，速度快，效率高，不受季节影响；但机动性差，没有铁路的地方不能直接运达。运输的基本单位是货车或集装箱，货车的载重量为 $15\sim30t$，集装箱为 $5t$、$10t$ 或 $20t$ 左右，运输量比较大的时候也可以专列运输。对需要保持低温的货物，可使用冷藏、冷冻车或冷冻、冷藏集装箱。

3. 水路运输

利用船舶运输运载量大，成本低（各种运输方式中最低），行驶平稳；但受地理条件限制，运输速度慢，受季节影响运输连续性差。发展冷藏船、集装箱专用船和车辆轮渡是水路运输的发展方向。

4. 航空运输

航空运输的优点是不受地理条件限制，运行速度快，损伤少；但运量少，运费高，适于特供高档生鲜食品。空运由于时间短，只要提前预冷并采取一定保温措施即可，一般不用制冷装置，较长时间飞行可用干冰制冷。今后随着大型专用运输机的出现，运输量会有所增大。

5. 联运

联运是指食品从产地到目的地的运输全过程使用同一运输凭证，采用两种或两种以上不同运输工具的相互衔接的运送过程。例如铁路公路联运、水陆联运、江海联运等。国外普遍应用的联运方式是：把适用公路运输的拖车装于火车的平板车上或轮船内，到达车站或港口时，把拖车卸下来，挂在牵引车后面，进行短距离的公路运输，直达目的地。联运可以充分利用运输能力，简化托运手续，缩短途中滞留时间，节省运费。现在推行集装箱运输，是用集装箱为装卸容器，将食品装进各种规格不同的集装箱内，直接送达目的地卸货，可适用于多种运输工具，具有安全、迅速、简便、节省人力、便于机械化装卸的特点，有利于食品质量的保持和联运的发展。

（二）运输工具

目前食品公路运输所用的运输工具包括汽车、拖拉机、畜力车和人力拖车等。汽车有普通货运卡车、保温车、冷藏汽车、冷藏拖车和平板冷藏拖车。水路运输工具用于短途的一般为木船、小艇、拖驳和帆船；远途则用大型船舶、远洋货轮等，远途运输的轮船有普通舱和冷藏舱。铁路运输工具有普通篷车、通风隔热车、加冰冷藏车、冷冻冷藏车。集装箱有冷藏集装箱和气调集装箱。

随着我国综合国力的增强，大市场、大流通的进一步完善，交通、装载设备的不断发展，我国的食品运输业必将与发达国家接轨，逐步实现现代化。

五、 运输中质量安全控制的基本要求及措施

（一）食品运输的基本要求

运输是食品流通中的重要环节，如果这些环节的工作做得不好，会导致食品质量的下降。食品的运输是联系生产者与消费者之间的桥梁，为了加强对食品的质量安全控制，在运输中要做到两轻、三快、四防。

两轻即轻装、轻卸；三快即快装、快运、快卸；四防即防热、防冻、防晒、防淋。食品在运输和销售过程中，都要求有适于保持其质量的环境条件，这些条件应和食品贮藏时的条件基本相同，否则很容易导致食品质量的劣变。食品在运输过程中，由于环境条件特别是气候条件的变化和运输过程中的颠簸碰压，对食品特别是鲜活易腐食品是极为不利的。

轻装轻卸可大大减少食品机械损伤和包装物的损伤，以及因这两种损伤而导致的微生物污染。实现装卸工作自动化，既可减小劳动强度，又可保证食品质量和缩短装卸时间。所以，在进行食品装卸时应轻装、轻卸，防止野蛮装卸。

装车装船时特别是搬运过程中，货物将直接暴露于空气中，这必然引起货温的变化。加快装卸速度，改善搬运条件，加大每次搬运的货物数量，采取必要的隔热防护措施，对减少货温的升降变化是十分必要的。同时还应尽量缩短运输时间，这就要求快装、快运、快卸，尽量减少周转环节。采用机械装卸和托盘装卸是加快装卸速度的有效手段。积极推行汽车和铁路车辆

的对装、对卸，也是加快装卸速度的有效措施。例如成都东站采用了这一措施后，每辆冷藏车可减少 3h 的在站停留时间。

任何食品对运输温度都有严格的要求，温度过高会加快食品的腐败变质，加快新鲜果蔬的衰老，使品质下降；温度过低，容易使产品产生冻害或冷害，所以要防热防冻。另外，日晒会使食品温度升高，加快一些维生素的降解和损失，提高果蔬的呼吸强度，加速自然损耗；雨淋则影响产品包装的完美，过多的含水量也有利于微生物的生长和繁殖，加速腐烂。敞篷车船运输时应覆盖防水布或芦席，以免日晒雨淋，冬季应盖棉被进行防寒。

（二）不同食品运输中的质量安全控制措施

1. 新鲜果蔬的运输

新鲜果蔬由于它们的生理特性不同，运输途中要采取不同的防护措施，其中最关键的是对温度的调控。另外，这些食品运输时还应注意以下事宜：

（1）运输的果蔬质量要符合运输标准，没有病虫害，成熟度和包装应符合规定，并且新鲜完整、清洁、无损伤；

（2）装运堆码要注意安全稳当，要有支撑的垫条，防止运输中的移动或倾倒，堆码不能过多，堆间应留有适当的空隙，以利于通风；

（3）装运时应避免撞击、挤压、跌落等现象，尽量做到运行快速平稳；

（4）运输时要注意通风，如用篷车、敞车运载，可将篷车门窗打开，或将敞车侧板调起捆牢，并用栅栏将货物挡住，保温车要有通风设备；

（5）不同种类果蔬最好不要混装，以免挥发性物质相互干扰，影响运输安全；

（6）运输时间在 1d 内的，一般可以不要冷却设备，长距离运输最好用保温车、船，在夏季或南方运输时要降温，在冬季尤其是北方运输时要保温。

2. 肉与肉制品的运输

如果肉与肉制品在运输中卫生管理不够完善，会受到细菌污染，极大地影响肉的保存性。初期就受到较多污染的肉，即使在 0℃ 条件下，也会出现细菌繁殖。所以，需要进行长时间运输的肉，应注意以下几点：

（1）不运送严重污染的肉品；

（2）运输途中，车、船内应保持温度 0~5℃、相对湿度 80%~90%，肉制品除肉罐头外，应在 10℃ 以下流通为好，尽量减少与外界空气的接触；

（3）堆码冷冻食品要求紧密，不仅可以提高运输工具容积的利用率，而且可以减少与空气的接触面，降低能耗；

（4）运输车、船的结构应为不易腐蚀的金属制品，并便于清扫和长期使用；

（5）运输车、船的装卸尽可能使用机械，装运应简便快速，尽量缩短交运时间；

（6）装卸方法　胴体肉应使用吊挂式，分割肉应避免高层垛起，最好库内有货架或使用集装箱，并且留出一定空隙，以便于冷气顺畅流通。

3. 干燥食品的运输

对于单独包装的干燥食品，只要包装材料、容器选择适当，包装工艺合理，储运过程控制温度严格，避免高温高湿环境，防止包装破损和食品自身的损坏，其品质就能得到控制。许多食品物料，例如干燥谷物及干燥食品，采用大包装（非密封包装）或货仓式储存，这类食品在储运中应注意做到：

（1）控制运输干燥品的质量，对于谷物类粮食来说，秕粒、破损的种子和发芽粒不能太多，水分含量应控制在 10%~14%，水分越高，发热越快，霉变越严重；

（2）避免储运过程中有较大的温差，采用有效的保温隔热措施；

（3）控制运输中的相对湿度低于65%，尽量减少霉菌的污染。

4. 易碎易损食品的运输

易碎易损食品包括用玻璃及其制品包装的食品，例如，瓶装罐头、瓶装饮料、各种酒类、调味品等。在运输中应注意做到：

（1）装卸搬运时要防止撞击、挤压、振动，否则包装破碎，不但造成较大损失，而且还会污染其他食品；

（2）堆码时不能以重压轻，不准木箱压纸箱，包装上必须注有"易碎商品""防挤压"等标记；

（3）冬季运输液体类食品时，还会由于温度低而引起浑浊、沉淀，甚至出现结冰，对质量影响较大，所以要采取必要的保温措施。

第三节　食品销售中的质量安全控制

食品销售是食品生产和消费过程的一个中间环节，此时食品的质量水平才能说明生产企业是否具有向消费者提供符合质量要求产品的能力。当食品运输到销售地点后，不可能马上就出售，有时需要在销售场所临时存放一段时间。这些销售场所包括一级、二级或三级批发市场、仓储市场、超级市场、零售商场、零售商店等。在食品销售过程中，为了保证食品的质量，必须像前面所叙述的那样，把食品放在一个温度、湿度、气体等环境条件适宜的贮藏场所。大中型商场、正规水产和果蔬批发市场的冰箱、冰柜或冷藏库，一般都可以提供保证食品贮存的适宜温度和湿度条件，而普通零售商店则可能缺乏这些保障措施。为了保持食品质量，向消费者提供色、香、味、形俱佳的产品，也应注意加强销售中对食品的质量安全控制。

一、销售部门必须具备的贮藏条件

在销售环节，食品由于温度波动次数多、幅度大，被污染机会也多，食品的质量往往受影响很大。为保持食品的安全性和应有品质，要求在销售过程中实施低温控制。这就要求食品销售部门在进行销售时具有贮藏食品的条件，如冷藏食品需具有恒温冷藏设备，冷冻食品需具有低温冷藏设备。目前主要设备是销售陈列柜，陈列柜是食品零售部门展示、销售食品所必需的设备。

（一）食品销售陈列柜的要求

具有制冷设备，可进行隔热处理，能保证冷冻和冷藏食品处于适宜的低温下；能很好地展示食品的外观，便于顾客选购；具有一定的贮藏容积；日常运转与维修方便；安全、卫生、无噪声；动力消耗小。

（二）食品销售陈列柜的种类

（1）根据销售陈列的食品种类，可分为冷冻式陈列柜和冷藏式陈列柜。

（2）根据销售陈列柜的结构形式，可分为敞开式和封闭式。敞开式包括卧式敞开式和立式多层敞开式，封闭式包括卧式封闭式和立式多层封闭式。

（三）食品销售陈列柜的结构与特性

（1）卧式敞开式陈列柜　这种陈列柜上部敞开，开口处有循环冷空气形成的空气幕，可防止外界热空气侵入柜内。通过维护结构，传入的热量也被循环的冷风吸收，不影响食品的质量。对食品质量影响较大的是由开口部侵入的热空气及热辐射，当外界湿空气侵入陈列柜时，遇到蒸发器就会结霜，随着霜层的增厚，冷却能力降低。因此，必须在24h内至少进行一次自动除霜。

（2）立式多层敞开陈列柜　与卧式相比，立式多层陈列柜单位占地面积的容积大，商品放置高度与人体高度相近，展示效果好，也便于顾客购物。但这种陈列柜内部的冷空气更易溢出柜外，外界侵入的空气量也多。为了防止冷空气与外界空气的混合，在冷风幕的外侧，再设置一层或两层非冷空气构成的空气幕，同时配置较大的制冷能力和冷风量。由于立式陈列柜的风幕是垂直的，外界空气侵入柜内的数量受空气流速的影响更大。

（3）卧式封闭陈列柜　卧式封闭陈列柜的结构和敞开式的相似，它在开口处设有2~3层玻璃构成的滑动盖，玻璃夹层中的空气起到隔热作用。另外，冷空气风幕也由埋在柜壁上的冷却排管代替，通过外壁面传入的热量被冷却排管吸收。为了提高保冷性能，在陈列柜后部的上方装置冷却器，让冷空气像水平盖子那样强制循环。缺点是商品装载量少，销售效率低。

（4）立式封闭式陈列柜　立式封闭式柜体后壁上有冷空气循环通道，冷空气在风机作用下强制地在柜内循环。柜门为2~3层玻璃，玻璃夹层中的空气具有隔热作用。由于玻璃对红外线的透过率低，虽然柜门很大，但传入的辐射热并不多。

二、　销售过程中的质量安全控制

（一）进货要有质量确认制度

食品在进货时要有质量确认制度，主要是温度确认。对于生鲜易腐食品要确认其在运输和贮藏过程中始终保持在0~4℃环境中，速冻食品在-18℃以下。如果进货时食品已经在不适温度下存放了较长时间，食品升温较高，冷冻食品是已经解冻的质量低下的产品，那么势必会影响食品质量，难以保证销售过程中的食品安全。国家食品药品监督管理总局令第16号《食品生产许可管理办法》（自2015年10月1日起施行）规定：食品生产许可证编号由SC（"生产"的汉语拼音字母，缩写）和14位阿拉伯数字组成。数字从左至右依次为：3位食品类别编码，2位省（自治区、直辖市）代码，2位市（地）代码，2位县（区）代码，4位顺序码，1位校验码。且2018年10月1日及以后生产的食品一律不得继续使用原包装和标签以及"QS"标志，取而代之的是有"SC"标志的编码。

（二）适宜的温度下销售

为保证食品的安全性和食品出厂时的品质，要求销售过程必须在较低的温度下进行。经营销售冷藏和冷冻食品的商店和超市、食品专营店，必须具备冷藏和冷冻设备，使冷藏食品中心温度控制在0~4℃，冷冻食品的中心温度控制在-18℃以下。敞开式冷藏柜由于冷气强制循环，在开启处形成一种气幕，取货、进货都很方便。

（三）销售柜中的食品周转要快

冷藏食品一旦运送到零售商店，在放入零售冷藏柜之前通常要先在普通仓库进行短暂的贮存周转，陈列的商品要经过事先预冷。冷冻和冷藏食品在销售商店滞留的时间越短越好，陈列柜内的食品周转要快，决不能将销售柜当作冷藏库或冷冻库使用。否则，升温过高和温度波动频繁，会严重影响食品质量。一般而言，速冻食品可在销售柜中存放15d左右。

（四）防止温度的波动

食品在陈列柜中的存放是温度波动的一个潜在因素。产品从冷藏库转移堆放到陈列柜时，在室温下停放的时间不能太长。食品在陈列柜中的存放位置对温度也有重要影响，位置之间的温差可达5℃左右，越靠近冷却盘管和远离柜门的地方温度越低。零售陈列柜的另一个主要作用是给消费者提供可见和易取的方便性，故陈列柜大部分时间都是敞开的，其冷量会不断损失。另外，柜中的照明也需要消耗额外的冷量。因此，制冷系统必须满足冷量的损失和照明所消耗的冷量，陈列食品时的灯光亮度要适宜，不宜过强，尽量防止温度的波动。

（五）保证售出的食品具有一定时间的保质期

要注意食品的保质期，一方面不能销售超过保质期的食品，另一方面销售出去的食品应具有一定时间的保质期，以避免消费者购回食品后因不能及时食用而造成损失。贮存在冷藏柜中的食品要经常轮换，实行食品先进先出的原则，让较早放入的食品尽先被消费者买走，以确保食品在冷藏柜中的存放时间不超过最佳保质期。

（六）重视从业人员的卫生管理

食品从业人员的健康直接关系到广大消费者的健康，必须按规定加强食品从业人员的健康管理。食品从业人员不仅要从思想上牢固地树立卫生观念，而且要在操作中保持个人的清洁卫生，这是防止食品污染的重要防护手段之一。

（七）加强对销售陈列柜的管理

食品展卖区要按散装熟食品区、散装粮食区、定型包装食品区、蔬菜水果区、速冻食品区和生鲜动物性食品区等分区布置，防止生、熟食品，干、湿食品间的污染。从业人员应当按规范操作，销售过程中应轻拿轻放，避免损坏食品的销售包装；冷藏柜不能装得太满；结霜不能太厚，应定期除霜；要定期检查柜内的温度，及时清扫货柜；把温度计放在比较醒目的位置，让消费者容易看到陈列柜中的温度值。速冻陈列柜一般标有堆装线以保持食品品质，故食品堆放时不应超过堆装线。

三、餐饮行业的冷藏

自助餐厅、餐馆以及其他一些饮食服务行业都需要用冷柜保存食品。尤其是自助餐厅，其冷柜的功能与零售陈列柜的功能完全一样，即在保持食品冷藏或冷冻条件的前提下，还必须考虑到可见性和消费者取用方便。目前已有许多不同类型的冷柜可以满足这些要求。

第四节　食品消费中的质量安全控制

食品物流的最后一个环节就是消费者的消费。消费者的消费包括人们的生活消费和食品企业的原料利用，这里重点介绍前者。消费者的正确消费应包括即时消费以及在消费前和消费过程中的临时贮存。在食品消费过程中，为保持食品的质量和安全，仍要注意将食品放在适宜的环境条件下；另外，还要注意各种不同食品正确的食用和烹调方法。

消费者一旦从市场购买了食品，那么食品物流就进入到消费阶段。在消费阶段，食品的质量安全控制也非常重要，如果操作不当，那么前面各个环节所做的努力就会前功尽弃。要进行消费中的质量安全控制，首先要保证选购食品的质量，如果食品本身的质量不好，已经过了保质期，那么无论采取何种先进有效的保鲜措施或质量安全控制措施，都无法保证其质量。所以，消费者要学会正确的消费，以保证食用食品的营养、安全、优质。

一、　购买新鲜优质的食品

食品被购买后，即使有适宜的贮藏条件，例如冰箱、冰柜或者小型贮藏库，也只能保持原有质量，并不能改善其质量。因此，为了保证食品的质量安全，购买时应注意以下几点。

（1）由于温度是保持食品品质的关键，因此购买时要仔细观察存放食品的货柜温度是否在食品的适宜保藏温度下；

（2）要选择形状完整、包装完好、新鲜的食品，速冻食品要选择质地坚硬、包装纸（袋）无破损、包装袋内侧冰霜少的食品，千万不能买解冻的食品；

（3）要看清食品的生产日期或保质期，生产日期不宜距离购买日期过长，另外还应验看产品检验合格证；

（4）速冻陈列柜一般标有堆装线以保持食品的品质，所以不要购买超过堆装线的速冻食品。

二、　食品在消费中的质量安全控制措施

（一）在适宜的温度下存放食品

食品购买后如果不立即食用，应将其放在适宜的环境条件下，特别是冷藏或冷冻食品，必须将它们快速放入冰箱或冰柜中。食品被带回家的过程及将食品放入冰箱、冰柜之前存放的时间较长，会在很大程度上影响到食品的货架期。冰箱中的冷藏温度一般在0~5℃，不过通过隔离设计可以形成不同的贮存区，可保持不同的温度。具体贮藏条件可参考前面章节的有关内容。

目前，在消费阶段保持低温的设备主要是家用冰箱和冰柜等。家用冰箱在我国大城市日趋普及，为食品消费中的保护和完善冷链提供了条件。因此，食品的家庭消费实际上就是消费者从市场买回食品后放入冰箱、冰柜中短暂贮藏，维持其品质及其合理食用的过程。

（二）勿让食品超过保质期

在食品消费阶段，因为冰箱本身温度不很均匀，只是作为临时的短期贮藏，不宜进行长期贮藏。冰箱中的食品要分类，要先进先出，一次进入冰箱、冰柜的食品不要太多，如果发现有超过保质期的食品千万不要食用，冰箱中超过保质期的鲜乳、酸奶，开盖后冷藏超过7d的果汁饮料等都不能食用。

对于食品的贮藏期不能控制得太机械，因为贮藏期的长短不但受食品本身的品质、种类的限制，而且也受冰箱诸因素的限制，为了使冰箱贮藏的食品保持好的质量，贮存时要了解食品的贮藏期限，尽早在贮藏期内食用完。

（三）一次未消费完食品的再贮藏

食品尽量一次消费完，如果消费不完，比如番茄酱、大桶装饮料、乳制品、茶叶等，最好

还是保持原有包装，置于适宜的贮藏条件下以保持其原有品质。对于易变质的乳粉等散装食品，在开袋或开罐消费过程中，要注意对开封的食品进行适当的密封，以防止吸潮和氧化变质，贮存温度应尽可能低些，相对湿度75%以下。

（四）经常消毒杀菌以保证冰箱、冰柜内清洁卫生

家用冰箱、冰柜由于放置的食品种类很多，常常会带入很多微生物和病菌，所以要定时清洗和消毒，以防止相互间的交叉污染。没有包装的散装食品，例如没有包装的各种蔬菜或肉品等，一定要进行适当的裹包，裹包后可防止串味和相互之间产生不良的影响。

（五）勿损坏食品的包装

食品在购买之后和消费之前，尽量不要损坏食品的原有包装，以防止食品遭受微生物的污染而腐败变质。例如，鲜切食品、方便菜肴等易腐食品，大都采用了贴体保鲜包装，购买后应尽量尽快食用，食用之前请勿损伤包装，以免加快其腐烂变质。

三、正确消费，以获取更多营养

消费者从商场可能会买到很多食品，而每种食品的特性和食用方法不同。因此，在消费时最好在说明书指导下烹调和食用，以保持其最佳品质和获取最大营养。不同食品在食用前要予以适当的处理。下面以冷冻食品为例介绍其正确的解冻方法。

理想的解冻效果要求是解冻速度要快，要迅速通过最大冰晶生成带；要均匀解冻，以保持其外形良好，汁液不外流，易于加工。通过有效的控制解冻温度和终温，可以达到半解冻状态，这对某些食品的质量保证和加工更为有利。

家庭中速冻食品的解冻一般可采用自然解冻、加热解冻和微波解冻三种方法。自然解冻法是利用空气或水作为介质使食品自然解冻。具体方法如下：

（1）空气解冻　一是将食品从冻藏室移至冷藏室解冻，解冻后的食品质量好，但时间长；二是将冷冻食品放在室内常温下解冻，这种方法解冻时间短，但受气温的影响较大，产品汁液流失多。

（2）流水解冻　食品外应有密封的包装，否则流水不但会带走营养成分，使风味变差，而且食品还会受到水的污染。

加热解冻法一般是将解冻和烹调同时进行的一种方法。微波解冻是通过介质分子在电磁场作用下的振动摩擦发热来实现的，速度快，汁液流失少。

第五节　食品的冷链物流

许多食品特别是易腐食品，从生产到消费的过程中，要保持高品质就必须采用冷链。食品冷链（cold chain）是指食品在生产、贮藏、运输、销售直至消费前的各个环节中始终处于规定的低温环境中，以保证食品质量，减少食品损耗的一项系统工程。冷链是随着制冷技术的发展而建立起来的，它以食品冷冻工艺学为基础，以制冷技术为手段，是一种在低温条件下的物流现象。因此，要求把所涉及的生产、运输、销售、消费、经济性和技术性等各种问题集中起来考虑，协同相互间的关系。对所有食品采用科学的包装方式，提供适宜的保管、贮藏、运

输、销售条件是非常必要的，尤其是物流温度对确保食品的质量有很大关系。从保证品质、促进销售的角度来说，食品物流离不开低温流通体系即冷链。

一、 食品冷链的分类和组成

（一）食品冷链的分类

1. 按食品从加工到消费所经过的时间顺序分类

（1）低温加工　包括肉类、鱼类的冷冻与冻结，果蔬的预冷与速冻，各种冷冻食品的加工等。主要涉及冷却与冻结装置。

（2）低温贮藏　包括食品的冷藏与冻藏。主要涉及各类冷藏库与冷冻库、冷藏柜或冻结柜及家用冰箱等。

（3）低温运输　包括食品的短、中、长途运输。主要涉及铁路冷藏车、冷藏汽车、冷藏船、冷藏集装箱等低温运输工具。

（4）低温销售　包括冷藏或冷冻食品的批发和零售等，由生产厂家、批发商和零售商共同完成。超市、商场中的陈列柜，兼有冷藏和销售的功能。

（5）低温消费　包括食品在家庭消费和生产企业的原料消费。家用冰箱、冰柜，工厂的冷藏库或冻藏库是消费阶段的主要设备。

2. 按冷链中各个环节的装置分类

（1）固定装置　包括冷藏柜、冷藏库、家用冰箱、超市销售陈列柜等。冷藏库主要完成食品的收集、加工、贮藏和分配；冷藏柜和陈列柜主要供零售；家用冰箱主要是供家庭存放食品。

（2）流动装置　包括铁路冷藏车、冷藏汽车、冷藏船和冷藏集装箱等。

（二）食品冷链的结构

食品冷链的结构大体如图 7-5 所示。

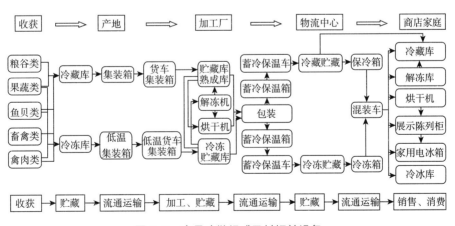

图 7-5　食品冷链组成及其相关设备

食品冷链中各环节都起着非常重要的作用。食品在生产、采购、运输、销售和消费等环节，必须在作业上紧密衔接，相互协调，形成一个完整的冷链。组成冷链的各个环节和设施，在运作上的一般原则是：一要保证冷链中的食品初始质量应该是优良的，最重要的是新鲜度，如果食品已经开始变质，低温也不可能使其恢复到初始状态；二是食品在生产、收获后尽快予以冷加工处理，以尽可能保持原有品质；三是产品从最初的加工工序到消费者手中的全过程，均应保持在适当的低温条件下。

（三）食品冷链的三阶段

1. 生产阶段

食品冷链的生产阶段指易腐食品收获后的现场冷冻保鲜至低温贮藏阶段，它关系到食品保鲜质量的起点。主要冷链设施是肉联厂、水产冷冻厂、外贸冷藏厂、制冰厂、冷冻库及恒温库等。上述设施统称为冷藏库，是食品冷链不可缺少的重要环节，也是食品冷链的硬件设施和主体。

冷库按照温度的不同可分为：①恒温冷藏库：主要贮藏新鲜的水果、蔬菜、禽蛋、生鲜肉等，贮藏温度以食品的种类而定，其中许多食品的温度维持在0℃左右。②低温冷冻库：主要贮藏冻鱼、冻肉、速冻制品、冰淇淋、雪糕等，温度一般维持在-18℃左右。③急冻库：主要用于速冻食品、冻鱼、冻肉等的快速冻结，温度一般保持在-23℃以下。

2. 流通阶段

流通阶段主要是指流通过程的冷藏运输，包括冷藏火车、冷藏汽车、冷藏船和冷藏集装箱等。截至2018年10月，全国各类冷藏车保有量为16.42万辆，新增冷藏车2.4万辆，同比增长33%；2018年国内新开通铁路冷链线路近20条，铁路冷链运量超过160万t，极大丰富了运输手段，降低了冷链成本。但这对于我国每年4亿多吨易腐食品的运输来说仍是远远不够的，缺口非常大。

3. 消费阶段

冷链消费阶段的硬件设施从20世纪90年代初有了快速发展，我国先后引进多家国外商业零售环节冷藏设施的先进生产技术和设备，各种用途和各种形式的商用冷柜不断推进市场，商业批发零售基本也配置了冷柜或小冷库，这些设施基本满足了冷链消费阶段实际销售环节的需要。同时，冰箱及冷柜也已进入普通城镇居民家庭，农村家庭的冰箱拥有率已达到49%。

二、 实现冷链的条件

虽然恒定的低温是冷链的基础和基本特征，也是保证食品质量的重要条件。但这并不是唯一条件，因为影响食品贮运质量的因素很多，必须综合考虑，协调配合，才能实现真正有效的冷链。归纳起来，实现冷链的条件有以下几方面：

（一）"三 P" 条件

即食品原料（Products）、处理工艺（Processing）、包装（Package），要求原料品质好，处理工艺质量高，包装符合食品特性。这是食品进入冷链的早期质量要求。

（二）"三 C" 条件

即在整个加工与流通过程中，对食品的小心（Care）、清洁卫生（Clean）、低温冷却（Chilling），这是保证食品流通质量的基本要求。

（三）"三 T" 条件

即著名的"T. T. T"理论，也就是时间（Time）、温度（Temperature）、耐藏性或容许变质量（Tolerane）。其要点包括：①对每种易腐食品而言，在一定的温度下，食品所发生的质量下降与所经历的时间存在确定的关系。以苹果为例，贮藏的基准温度为-1℃时，在环境温度5℃

下存放 10d 时的质量降低为原来的 83%；而在 10℃下存放 10d，则质量降低为原来的 71%。②冻结食品在贮运过程中，因时间-温度的经历而引起的品质降低是累积的，也是不可逆的，但与经历的顺序无关。例如，把相同的冻结食品分别放在两种场合冻藏：一种先在-10℃下贮藏 1 个月，然后在-30℃下贮藏 6 个月；另一种先在-30℃下贮藏 6 个月，然后在-10℃下贮藏 1 个月，两种方式贮藏 7 个月后的品质下降是相等的。③对大多数冻结食品来说，都符合 T.T.T 理论，温度越低，品质变化越小，贮藏期越长。

(四)"三 Q" 条件

即冷链中设备的数量（Quantity）协调、设备的质量（Quality）标准一致以及快速（Quick）的作业组织。冷藏设备的数量协调就是能保证食品始终处于低温环境中。因此要求预冷站、各种冷库、冷藏汽车、冷藏船、冷藏列车等都应按照食品货源货流的客观需要，相互协调发展。设备的质量标准一致，是指各环节的标准应当统一，包括温度、湿度、卫生以及包装等条件。快速的作业组织，是指生产部门的货源组织、车辆准备与途中服务、中转作业的衔接、销售部门的库容准备等，应快速组织并协调配合。

三、 食品冷藏运输

冷藏运输是食品冷链中必不可少的一个重要环节，由冷藏运输设备完成。冷藏运输设备是指本身能提供并维持一定的低温环境，用以运输冷藏冷冻食品的设施及装置，包括冷藏汽车、铁路冷藏车、冷藏船和冷藏集装箱等。冷藏运输包括食品的中、长途运输及短途送货，它应用于冷链中食品从原料产地到加工基地及商场冷藏柜之间的低温运输，也应用于冷链中冷冻食品从生产厂到消费地之间的批量运输，以及消费区域内冷库之间和消费店之间的运输。

(一) 对冷藏运输设备的要求

(1) 产生并维持一定的低温环境，保持食品的低温；

(2) 隔热性好，尽量减少外界传入的热量；

(3) 可根据食品种类或环境的变化调节温度；

(4) 制冷装置在设备内所占用的空间尽可能的小；

(5) 制冷装置重量轻，安装稳定，安全可靠，不易出事故；

(6) 运输成本低。

(二) 冷藏汽车

根据制冷方式，冷藏汽车可以分为机械制冷，液氮或干冰制冷，蓄冷板制冷等。

1. 机械制冷

机械制冷汽车通常用于远距离运输，它的蒸发器通常安装在车厢的前端，采用强制通风方式。冷风贴着车厢顶部向后流动，从两侧及车厢后部流向车厢底面，沿底面间隙返回车厢前端。这种通风方式使整个食品货堆都被冷空气包围着，外界传入车厢的热流直接被冷风吸收，不会影响食品的温度。机械制冷冷藏车的优点是车内温度比较均匀稳定，温度可调且范围广，运输成本低。

2. 液氮制冷

液氮制冷冷藏车主要由液氮罐、喷嘴及控温器组成。液氮制冷时，车厢内的空气被 N_2 置换，因 N_2 是一种惰性气体，长途运输果蔬时，不但可降低其呼吸水平，还可防止产品被氧化。液氮制冷具有降温快、能较好保持食品质量的优点；但成本高，液氮中途补给困难。

3. 干冰制冷

先使空气与干冰换热，然后借助通风机使冷却后的空气在车厢内循环，吸热升华后的 CO_2 由排气管排出车外。干冰制冷具有设备简单、投资少、无噪声等优点；但降温速度慢，车厢内温度不均匀。

4. 蓄冷板制冷

蓄冷板中充注有低温共晶溶液，使蓄冷板内共晶溶液冻结的过程就是蓄冷过程。将蓄冷板安装在车厢内，外界传入车厢的热量被共晶溶液吸收，共晶溶液由固态转变成液态。常用的低温共晶溶液有己二醇、丙二醇的水溶液及氯化钙、氯化钠的水溶液。共晶点应比车厢规定的温度低 $2 \sim 3℃$。

蓄冷的方法通常有两种：一是蓄冷板中装有制冷剂盘管，只要把蓄冷板上的管接头与制冷系统连接起来，就可以进行蓄冷；二是借助于装在冷藏车内部的制冷机组，停车时借助外部电源驱动制冷机组使制冷板蓄冷。蓄冷板汽车的蓄冷时间一般为 $8 \sim 12h$，特殊的冷藏汽车可达 $2 \sim 3d$。

（三）铁路冷藏车

陆路远距离运输大批冷冻食品时，铁路冷藏车是冷链中最重要的设备，具有运量大、速度快、费用低等优点。铁路冷藏车可以分为冰制冷、液氮或干冰制冷、机械制冷、蓄冷板制冷等类型。

1. 冰制冷

直到现在，冰仍然是铁路运输中一种常用的制冷介质。车厢内带有冰槽，冰槽可以设置在车厢顶部，也可以设置在车厢两头。设置在顶部时，一般车顶装有 $6 \sim 7$ 台马鞍形贮冰箱，$2 \sim 3$ 台为一组。为了增强换热，冰箱侧面、底面设有散热片。每组冰箱设有两个排水器，并保持冰箱内具有一定高度的盐水水位。对于水产品，可直接把碎冰撒在包装箱里面，然后将包装箱码放在火车厢里，车厢底面有排水管将融化的冰水排到车外。

2. 机械制冷

机械制冷铁路冷藏车有两种结构形式。一种是每一节车厢都备有制冷设备，用自备的柴油发电机组来驱动制冷压缩机，冷藏车可以单节与一般货物车厢编列运行；另一种是车厢中只装有制冷机组，没有柴油发电机，这种铁路冷藏车不能单辆与一般货物列车编列运行，只能组成单一机列运行，由专用车厢中的柴油发动机统一供电，驱动压缩机。

（四）冷藏船

冷藏船主要用于渔业，尤其是远洋渔业。远洋渔业的作业时间长，有的长达半年以上，必须用冷藏船将捕捞物及时冷冻加工和冷藏。此外，由海洋运输易腐食品也必须用冷藏船。

冷藏船分为冷冻母船、冷冻运输船和冷冻渔船三种。冷冻母船是万吨以上的大型船，它配置冷却、冷冻装置，可以进行冷藏运输；冷冻运输船包括集装箱船，它的隔热保温要求很严格，温度波动不超过 $±0.5℃$；冷冻渔船一般是指备有低温装置的远洋捕鱼船或船队中较大型的船。

冷藏船上一般都装有制冷设备，船舱要求具备隔热保温性能。与海水接触的部件如冷凝器、泵及水管等，必须由耐海水腐蚀的材料制成。为了确保制冷装置连续工作，必须装备备用机组。

（五）冷藏集装箱

冷藏集装箱是具有一定的隔热性能，并能保持一定低温，适用于各类食品冷藏贮运而进行特殊设计的集装箱。冷藏集装箱具有钢质轻型骨架，内、外贴有钢板或轻金属板，两板之间充填隔热材料。常用的隔热材料有玻璃棉、聚苯乙烯、发泡聚氨酯等。

1. 冷藏集装箱的分类

根据制冷方式，冷藏集装箱主要包括以下几种：

（1）保温集装箱　无任何制冷装置，但箱壁具有良好的隔热性能。

（2）外置式保温集装箱　无任何制冷装置，隔热性能很强，箱的一端有软管连接器，可以与船上或陆上供冷站的制冷装置连接，使冷气在集装箱内循环，达到制冷效果，一般能保持-25℃的冷藏温度。该集装箱容积利用率较高，自重轻，使用时机械故障少。但它必须由设有专门制冷装置的船舶装运，使用时箱内温度不能单独调节。

（3）内藏式冷藏集装箱　箱内带有制冷装置，可自己供冷，制冷机组安装在箱体的一端，冷风由风机送入箱内。如果箱体过长，则采用两端同时送风，以保证箱内温度均匀。

（4）液氮和干冰冷藏集装箱　利用液氮或干冰制冷，以维持箱体内的低温。

按照运输方式，冷藏集装箱可以分为海运和陆运两种，它们的外形尺寸没有很大的差别。

海运集装箱的制冷机组用电是由船上、码头上的电源统一供给，不需要自备发电机组，但转入铁路或公路运输时，就必须增设发电机组，国际上一般采用的是插入式发电机组。陆运集装箱主要用于铁路、公路和内河航运船上，必须自备发电机组，才能保证运输途中制冷机组的用电。

2. 冷藏集装箱的型号

国际上冷藏集装箱的型号及其规格和性能都已标准化，如表7-5所示。

表7-5　　　　　　　　　　　　　国际集装箱规格

类型	箱型	长/mm	宽/mm	高/mm	最大总质量/kg
Ⅰ	1A	12 191	2 438	2 438	30 480
	1AA	12 191	2 438	2 591	30 480
	1B	9 125	2 438	2 438	25 400
	1C	6 058	2 438	2 438	20 320
	1D	2 991	2 438	2 438	10 160
	1E	1 968	2 438	2 438	7 110
	1F	1 450	2 438	2 438	5 080
Ⅱ	2A	2 920	2 300	2 100	7 110
	2B	2 400	2 100	2 100	7 110
	2C	1 450	2 300	2 100	7 110
Ⅲ	3A	2 650	2 100	2 400	5 080
	3B	1 325	2 100	2 400	5 080
	3C	1 325	2 100	2 000	2 540

3. 冷藏集装箱的特点

冷藏集装箱可广泛应用于铁路、公路、水路和空中运输，是一种经济合理的运输方式。使用集装箱运输的优点有：

（1）减少和避免了运输的货损和货差　更换运输工具时，不需要重新装卸食品，简化了理货手续，可减少和避免货损和货差；

（2）提高了货物质量箱内温度　可以在一定的范围内调节，箱体上还设有气孔，因此能适用于各种易腐食品的冷藏运输要求，而且温差可以控制在±1℃之内，避免了温差波动对食品质量的影响；

（3）装卸效率高，人工费用低　采用集装箱运输，简化了装卸作业，缩短了装卸时间，降低了运输费用。

四、 食品冷藏销售和消费

冷链物流不仅要求食品在适宜的温度下加工、运输，而且要求在适宜的温度下销售和消费。现在常用的销售设备是销售陈列柜，消费设备为家用冰箱或冰柜。

（一）销售陈列柜

销售陈列柜是菜场、副食品商场、超级市场等销售环节的冷藏设施，目前已成为冷链建设中的重要环节。它要求具有制冷和隔热装置，能保证食品处于适宜的温度下，又能很好地展示其外观，便于顾客选购。根据陈列食品种类可分为冷冻和冷藏食品用两类；根据陈列柜的结构形式，可分为敞开式和封闭式两种，详见本章第三节。

（二）家用冰箱

家用冰箱是最小的冷藏单位，也是冷链的终端。家用冰箱通常有冷冻室和冷藏室。冷冻室用于食品的冷冻贮藏，贮存时间较长。根据冻结食品的种类或贮藏期限，冷冻室温度可以为-18℃、-12℃或-6℃。冷藏室用于冷却食品的贮藏，温度约为0~10℃。在一些新型的冰箱中，还有冰温室或微冻室（-4~0℃）、低温冷冻室（-25~-20℃）和解冻室。

五、 冷链中的温度监控及食品货架期预测

食品货架期即保质期，指预包装食品在标签指明的贮存条件下，保持品质的期限。在此期限内，产品完全适于销售，并保持标签中不必说明或已经说明的特有品质（GB 7718—2011《食品安全国家标准　预包装食品标签通则》）。由于在整个消费阶段温度的不可预测性，使得预测的食品货架期与食品真正可流通的期限很难达到一致。例如，某食品标定保存温度为4℃，货架期为7d，若食品的保存温度高于4℃，将会导致食品在货架期未到之前就腐败变质了；反之，如果存放温度为0℃，那这类食品储存的时间就会长于7d，若仍按其预定的货架期，超过7d就认为它已变质而被处理，势必会造成优质食品的浪费。由此可见，仅用标明的食品使用期限存放食品，很难保证食品品质。从生产到分配、贮藏和消费的整个过程，食品的品质和它的货架期在很大程度上取决于其温度历程。

食品一旦离开加工过程，其变质速率是它的微环境的函数，这个微环境包括温度、湿度和气体等因素。气体组成和湿度通常可通过适当的包装达到较好地控制；而食品的温度则取决于贮藏条件。不同的食品有不同的冷链温度要求，国外称之为"不高于规则"（the never warmer than rule），即从生产者到消费者之间各环节的温度都不高于设定温度。温度历程可以用时间-温度指示器（time temperature indicator, TTI）来监视。时间-温度指示器是一种根据时间和温度参数而设计的质量记录装置，作为包装的一部分，可以对食品整个物流过程中的一些关键参数进行监控和记录。通过时间-温度积累效应反映食品所经历的温度变化历程，对需要在低

温环境中流通的食品进行实时监测是非常必要的。这种指示器通常分为机械形变或颜色变化，既可以放在食品箱和冰箱内，也可以贴于食品或食品包装上，能够反映出被指示食品的全部或部分温度历史，也可以反映食品的剩余货架期，以便及时掌握食品的质量状态，保证食品品质，减少损耗。

六、 我国食品冷链的发展对策及趋势

食品冷链在国外起步早，发展速度快，目前已广泛应用于易腐食品的生产、贮运、销售及消费。食品冷链在我国虽然起步较晚，但发展速度却非常地快，近年来已有长足地发展。同时也要看到，由于起步较晚、基础薄弱，我国冷链物流总体发展水平不高，冷链"不冷""断链"、交叉污染等现象仍比较突出，与此相关的食品安全隐患较多，难以满足城乡居民日益多元化、个性化的消费需求。

（一）我国冷链发展对策

我国食品冷链还处于发展初期阶段，面对加入 WTO 的机遇和挑战，任务相当艰巨。因此，我们应着眼现状，寻求对策，加快食品冷链的发展。

1. 建立食品冷链的相关法律、法规及标准体系

目前我国贯穿整个冷链的国家和行业法律、法规及标准还十分有限，质量保障体系薄弱，必须建立独立完整的冷链标准体系。要完善冷链物流相关法律法规，规范冷链物流市场，保障食品在冷链物流过程中规范化流通。应制定相应的法律法规以及食品质量标准，约束企业在食品冷链中的行为；要规范食品低温物流各环节的硬件建设、使用和维护的标准；要研究制订涉及食品安全的各项理化指标的执行标准，加快构建食品低温物流标准化体系及安全保障体系。

2. 加强冷链设施和装备建设，提高制冷装备的技术水平

要对目前全国现有的陈旧冷库设备进行节能改造；学习国外先进的生产技术，快速提高我国冷链设备自主研发水平，从降低能耗、噪声，提高设备自动化程度与可靠性方面提升国产设备的质量；还要积极采用冷藏新工艺新技术，如果蔬真空冷却保鲜、差压保鲜、减压贮藏，水产品的综合保活保鲜技术，新型解冻技术等；大力开发新型叉螺旋速冻机、液氮喷淋速冻机；走可持续化发展道路，重视环境保护和能源的高效利用。

3. 加强食品冷链信息化建设

要不断完善市场信息服务体系建设，着力开发和应用先进的信息技术，普及计算机、条码、射频识别（RFID）标识技术、全球定位系统（GPS）技术的应用，对食品冷链物流各环节进行信息追踪、控制与全程管理，保证食品在整条链上始终保持在低温环境下而不断链，增强食品物流供应链的透明度和控制力，提高食品物流信息化水平。

4. 充分开展冷藏食品第三方物流业务，有效控制成本和避免"断链"

要大力培育专业的冷藏物流供应商，借助第三方物流可以更好地促进冷链物流上、下游的整合，降低食品冷链断链的风险，保障食品安全，从而提高冷链物流作业的效率，降低企业营运成本。

5. 加强加工和流通全过程质量管理

食品加工过程应严格遵循 3C 和 3P 原则，贮运和流通过程要遵循 3T 和 3Q 原则，对不同的食品和不同的品质要求，提出相应的品温和贮藏时间的技术经济指标。冷链是由若干环节环环相扣连接而成的系统工程，每个工程环节自成体系。为合理组织生产，提供优质服务，各环节

必须建立和实施优良的质量保证和质量管理体系。

6. 质量检查要坚持"终端原则"

不管冷链如何运行，最终质量检查应该是在冷链的终端，即应当以到达消费者手中食品的质量为衡量标准。

（二）我国冷链物流发展措施

2017 年 4 月 21 日，国务院办公厅印发《关于加快发展冷链物流保障食品安全促进消费升级的意见》。文件为推动冷链物流行业健康发展，保障生鲜农产品和食品消费安全，提出八方面措施：

1. 健全冷链物流标准和服务规范体系

系统梳理和修订完善现行冷链物流各类标准，抓紧制定实施一批强制性标准。针对重要管理环节研究建立冷链物流服务管理规范，建立冷链物流全程温度记录制度。

2. 完善冷链物流基础设施网络

加强对冷链物流基础设施建设的统筹规划，逐步构建覆盖全国主要产地和消费地的冷链物流基础设施网络。健全冷链物流标准化设施设备和监控设施体系。

3. 鼓励冷链物流企业经营创新

推动冷链物流服务由基础服务向增值服务延伸，鼓励冷链共同配送、"生鲜电商+冷链宅配"等经营模式创新，鼓励冷链物流平台企业为小微企业、农业合作社等创业创新提供支撑。

4. 提升冷链物流信息化水平

加强先进信息技术应用，大力发展"互联网+"冷链物流，提高冷链资源综合利用率。推动构建全国性、区域性冷链物流公共信息服务和质量安全追溯平台。

5. 加快冷链物流技术装备创新和应用

加强基础性研究以及核心技术工艺等的自主研发，加速淘汰不规范、高能耗的库和冷藏运输车辆，提高冷藏运输车辆专业化、轻量化水平，推广标准冷藏集装箱。

6. 加大行业监管力度

将从源头至终端的冷链物流全链条纳入监管范围，建立冷链物流企业信用记录，加强信用信息共享和应用。

7. 创新管理体制机制

进一步简化冷链物流企业设立和开展业务的行政审批事项办理程序，加快建设开放统一的全国性冷链物流市场。利用信息化手段完善现有监管方式，加强事中事后监管。

8. 完善政策支持体系

继续执行鲜活农产品"绿色通道"政策，完善和优化城市配送冷藏运输车辆的通行和停靠管理措施，探索鼓励社会资本通过设立产业发展基金等多种方式参与投资建设。

（三）我国食品冷链发展趋势

我国食品冷链经历了 20 多年的形成和发展，已有了良好的基础。2015 年，我国果蔬、肉类、水产品等的冷链流通率分别达到 22%、34% 和 41%，冷藏运输率分别达到 35%、57% 和 69%；2018 年，我国冷库总容量已达到 5 238 万 t，冷藏车保有量 16.42 万辆。同时，专业化的第三方冷链物流企业开始兴起，并呈现规模化、集团化、网络化发展。冷链宅配、生鲜供应链、冷链资源交易平台等新模式新业态不断涌现，部分冷链物流企业开始向具有供应链管理特征的冷链综合服务商转变。随着科技进步，消费者对冷藏食物需求量的日益增加以及物流技术的飞速发展，我国的冷链将呈现下列发展趋势。

1. 政府将加强冷链行业的监管

依据相关法律法规、强制性标准和操作规范，健全冷链物流监管体系，在生产和贮藏环节重点监督保质期、温度控制等，在销售终端重点监督冷藏、冷冻设施和贮存温度控制等，加强对冷链各环节温控记录和产品品质的监督和不定期抽查。研究将配备温度监测装置作为冷藏运输车辆出厂的强制性要求，在车辆进入营运市场、年度审验等环节加强监督管理。充分发挥行业协会、第三方征信机构和各类现有信息平台的作用，完善冷链物流企业服务评价和信用评价体系。

2. 冷链行业竞争将走向规范化

链库是聚焦于冷库领域的物联网大数据平台，平台现有 10 000 多家冷库信息，链库目前正配合中国物流技术协会冷链物流专业委员会（中物联冷链委，CCLC）在全国范围开展温度达标冷库认证工作，通过温度监测筛选出温度符合国家标准的冷库，从而达到净化冷库市场环境的作用。CCLC 冷藏车认证平台主要面向货主、第三方物流、冷藏车专用厂等行业主体，通过平台认证，整合优质冷藏车资源，提高优质冷藏车使用率。

3. 优质冷链资源将趋于向好

我国沿海地区冷链资源多，中西部冷链资源少的问题依旧存在，发达地区尤其北、上、广、深等一线城市冷库资源越来越多，但与需求相比，仍有较大不足。第一代储存型冷库建设会越来越少，集仓储、加工、分拣、包装、办公等多功能的现代化配送中心会成为趋势。数字化、智能化、节能化是冷库升级和改造的关注点。

4. 冷链人才需求越来越旺盛

无论是一线的驾驶员、操作工、搬运工、制冷工，还是中层的主管，或是负责整体运营的高级管理人才，都越来越稀缺。

5. 冷链的模式创新和新业态将不断涌现

一方面随着节能环保的推进和政府对城市配送的管理，冷藏运输车辆城市通行依旧困难，对冷链城市配送提出更多挑战，将倒逼冷链行业企业不断创新。另一方面新零售、冷链宅配、同城冷链需求也快速增长，订单将越来越小批量、多频次和个性化，电动冷藏车、冷链包装、社区微仓等新技术和新模式将迎来快速发展。

6. 技术将驱动冷链服务快速升级

随着易果生鲜、京东、盒马鲜生、超级物种、无人零售业态的发展，将带动冷链物联网技术、信息技术及人工智能与自动化设备的快速发展，冷链物流将迎来新的机遇。一些物流公司推出智能保温箱，集保温、定位、实时温度监测为一体，冷库和冷藏车也很快会实现，未来温度将会向消费者公开而成为标准服务。

经过各方面努力，今后一段时间我国有望形成布局合理、覆盖广泛、衔接顺畅的冷链基础设施网络；基本建立"全程温控、标准健全、绿色安全、应用广泛"的冷链物流服务体系；培育一批具有核心竞争力、综合服务能力强的冷链物流企业；冷链物流信息化、标准化水平大幅提升；普遍实现冷链服务全程可视、可追溯；生鲜农产品和易腐食品冷链流通率、冷藏运输率显著提高，腐损率明显降低，食品质量安全得到有效保障。随着人们生活水平的提高和国内外贸易的发展，对食品的卫生、营养、新鲜、方便性等方面的要求也在日益提高，冷链的发展前景非常广阔。

思考题

1. 食品物流的概念及包括哪些环节？
2. 食品物流的模式有哪些？
3. 运输的环境条件对食品质量有哪些影响？在实际生产中如何控制？
4. 食品运输的方式有哪些？在运输中如何对食品进行质量安全控制？
5. 食品在销售和消费过程中应该采取哪些质量安全控制措施？
6. 食品冷链物流的组成和实现条件是什么？以自己比较熟悉的一种易腐食品为例，叙述其冷链物流的模式和操作要点。
7. 食品冷链的发展趋势如何？

参考文献

［1］日本食品流通系统协会，中日食品流通开发委员会译．食品流通技术指南．北京：中国商业出版社，1992

［2］冯志哲，沈月新，史维一．食品冷藏学．北京：中国轻工业出版社，2001

［3］华泽钊，李云飞，刘宝林．食品冷冻冷藏原理与设备．北京：机械工业出版社，1999

［4］章建浩．食品包装学．4版．北京：中国农业出版社，2017

［5］刘学浩，张培正．食品冷冻学．北京：中国商业出版社，2002

［6］谢如鹤，欧阳仲志，李绍荣．易腐食品贮运技术．北京：中国铁道出版社，1998

［7］邵双全，石文星，李先庭．食品冷链技术的应用现状与前景分析．食品工业科技，2001，22（6）：84-88

［8］国务院办公厅．国务院办公厅关于加快发展冷链物流保障食品安全促进消费升级的意见．国办发［2017］29号文

［9］谢晶，邱伟强．我国食品冷藏链的现状及展望．中国食品学报，2013，13（3）：1-7

［10］王志玲．"互联网+"背景下食品冷链物流发展状况．合作经济与科技，2015，（7）：8-9

［11］SB/T 10827-2012 速冻食品物流规范．中华人民共和国内贸行业标准．2012

［12］GB/T 24616-2009 冷藏食品物流包装、标志、运输和储存．中华人民共和国国家标准．2009

［13］杨雪泥．探究食品物流体系构建的必要性及建议．才智，2013，（11）：341

［14］闫文杰，李鸿玉，李兴民，等．食品物流与食品安全．食品工业科技，2006，（5）：24-26

［15］张丽，刘雯忆，曾雄发．我国食品冷链物流运作模式的探讨．中国高新技企业，2014，（3）：163-164

［16］钟苹．B2C电子商务环境下鲜肉类食品物流配送模式的研究．食品研究与开发，2017，38（4）：198-201

［17］任维哲，王林林．国内外食品冷链物流典型模式分析．广东农业科学，2013，（2）：212-215

［18］潘娅媚．我国农产品流通第四方物流模式构建．商业经济研究，2017，（7）：112-114

［19］张懂，余本功．基于第四方物流的农产品冷链平台研究．物流技术，2015，34（9）：252-255

［20］冀雪娟，冀巨海．"互联网+"下我国B2C电子商务物流配送模式研究．黑龙江畜牧兽医，2017，（4）：280-282

第八章　CHAPTER

8

食品物流中的包装

【内容提要】本章主要对食品包装的概念与功能、食品包装的材料和类型，以及果蔬类、粮油类、畜禽类、水产类、调理类食品及饮品、酒类的包装要求、包装形式与包装材料进行介绍。

【教学目标】了解食品包装的概念与功能，熟悉各类食品包装的材料与包装要求，掌握各类食品的包装技术。

【名词及概念】食品包装；真空包装；气调包装；活性包装；智能包装。

现代社会中，商品流通范围广、途径多和速度快，日益复杂精细的包装工业已经成为现代社会的一个基本特点。在产品的加工生产、处理运输、销售、使用整个过程中，包装一直起到盛装、提升和保护产品的作用。

第一节　食品包装的定义和功能

一、食品包装的定义

依据国家标准（GB/T 4122.1—2008《包装术语　第 1 部分：基础》），包装的定义为：为在流通过程中保护产品、方便贮运、促进销售，按一定技术方法而采用的容器、材料及辅助物等的总体名称；也指为了达到上述目的而采用容器、材料和辅助物的过程中施加一定技术方法等的操作活动。

食品包装指采用适当的包装材料、容器和包装技术，把食品包装起来，以便食品在运输和贮藏过程中保持其价值和原有状态。

二、食品包装的功能

国际食品法典委员会将食品包装的功能归为三个方面：保持食品品质和价值、便于贮运销售、吸引消费者。综合考虑食品包装的设计开发，可以将包装的基本功能确定为以下四个：盛装、保护、便利和提供信息。在设计食品包装时必须同时考虑这四个功能。

1. 盛装

容器的基本功能是盛装食品。包装的盛装功能经常因为显而易见而被忽视。除了个别体积较大、不易分离的食品外，几乎所有的食品在从一个地方运输到另一个地方的过程中，都必须有各类的包装进行盛装。现代社会中，大量食品每天需要从生产地点运送到消费者手中，如果缺少包装容器的盛装，产品的损失和对环境的污染将变得十分普遍。

2. 保护

保护产品通常被认为是包装的基本功能。包装能够在贮运、销售、消费等整个流通过程中保护食品免受外界各种不利条件和环境因素的破坏和影响。例如，水、温度、湿度、气体、异味、微生物、尘土、震动、冲击等。

对于大多数食品来说，包装的保护功能是保藏工艺的必须环节，一旦包装的完整性受到破坏，食品将难以有效保鲜和贮藏。例如，只要包装持续提供保护，无菌包装乳和果汁将保持无菌状态；一旦 O_2 进入，真空包装肉制品将不能达到理想货架期。因此，根据产品的特性，选择适当的包装材料、容器和技术方法，是保证产品保质期的重要途径。

3. 便利

现代化和工业化发展给人们生活方式带来的改变，显著提高了消费者对食品包装便利性的要求。人们的家庭单位越来越小，全职妇女越来越多，生活方式变化越来越大，生活节奏越来越快，与包装一起到消费者手中的各类快餐食品、即食即烹食品发展极快。因此，包装不仅要满足消费者对食品的快捷便利需求，包装设计中还要考虑到食品大规模工厂化生产与消费者对小包装食品便利性的需求，以及在国内外贸易和流通中，食品包装的尺寸和形状设计需要利于运输、装卸、贮藏。

4. 提供信息

促进销售是食品包装的重要特性。销售包装需要与消费者进行信息沟通，从视觉上吸引消费者，有利于增加销售量。随着人们对品质、营养和安全的重视，消费者对食品包装提供的产品信息需求增加。除了零售市场以外，包装上的完整信息对于产品在贮藏、运输、配送等整个流通过程中的顺利运行至关重要。

食品包装需要在食品装卸、贮藏、运输、配送、销售过程中提供有效的信息。包装上涉及产品的信息包括产品配料、营养、产地、流通过程等。包装提供信息的方式主要有文字、二维码、射频识别（RFID）标签等。其中 RFID 标签是近几年发展起来的新型标签，可以记录产品流通过程中的温度、时间等条件。

第二节 食品包装的材料和类型

一、 食品包装的要求

食品包装作为一门学科，涉及食品科学、包装技术、环境科学、市场营销等多个学科，涉及化学、生物、物理和艺术美学等基础科学。食品包装设计和应用工程中，要求从食品和包装材料两个方面综合考虑。

食品包装首先需要保证产品的质量和安全。包装要能够在设定的食品保质期内保证食品质量，避免外界环境条件造成的危害，应有效防止食品的物理机械损伤、避免化学污染及食品的化学变化、防止生物（微生物、昆虫、鼠等）侵染。具体应该达到以下四点要求：

（1）所有接触食品的包装材料必须卫生安全，不能产生对人有害的物质并迁移入食品，也不能与食品成分发生反应；

（2）包装要有良好的加工贮藏适应性，在食品生产加工过程及随后的贮藏、运输和销售过程中，应操作简单、使用便利。例如，便于成型、密封、机械化操作、印刷、码垛、搬运等；

（3）食品包装成本合理，环境友好，避免过度包装以及包装材料对环境的污染；

（4）包装应该符合国内外关于包装的标准和法规，以及食品卫生和安全相关法律法规，保证安全，促进贸易。

二、 食品包装材料

食品包装材料主要包括纸、塑料、金属、玻璃、陶瓷、木材及各种复合材料，以及由它们所制成的各种包装容器及辅助品。

（一）塑料包装材料及容器

1. 基本概念

塑料是以高分子聚合物（树脂）为基本成分，通过加入（或不加入）一些能够改善性能的添加剂，在一定温度和压力下，加工塑制成型和交联固化成型，制成的固体高分子有机材料。塑料来源丰富、成本低廉、性能优良，近年来广泛应用于食品包装，在逐步取代玻璃、金属、纸等包装材料。

塑料按性质可分为热塑性塑料和热固性塑料。前者主要以聚合树脂为基料，加热时会变软直至熔融，冷却后则变硬成固态，利于再生利用。热固性塑料主要以缩聚树脂为基料，在受热时可塑制成一定形状，但再加热时不会熔融，只会分解，只能一次成型，其再生利用比较困难。

2. 食品包装塑料常用树脂

高分子聚合物（树脂）是塑料的最基本成分，在塑料中占 40%～100%，是决定塑料类型、性能和用途的根本因素。生产上常用两类树脂，一类树脂是加聚树脂，有 PE、PVC、PP、聚苯乙烯（PS）、尼龙等，是食品包装中主要使用的塑料主体；另一类是缩聚树脂，如酚醛、脲醛、环氧树脂等，在食品包装上应用较少。塑料中常用的添加剂有增塑剂、稳定剂、填充剂、着色剂、润滑剂等。这些添加剂应与树脂有良好的相容性，且不能影响食品的质量及安全。

（1）PE　PE 塑料是由 PE 树脂加入少量的润滑剂等添加剂制成，是一种安全性较好的包装材料。PE 树脂是由乙烯单体经加成聚合而成的高分子化合物。PE 耐低温性能好，不耐高温，一般不用于高温杀菌食品的包装。食品包装中使用的 PE 产品主要有：低密度聚乙烯（LDPE）、高密度聚乙烯（HDPE）、线型低密度聚乙烯（LLDPE）等。

LDPE（又称高压聚乙烯）在高压（通常在 100～200MPa）条件下聚合，主要制成薄膜，对 O_2 和 CO_2 透过性高，透明、柔软、韧性好、成本低，应用普遍。常用于果蔬等生鲜食品的保鲜包装薄膜，也可用于冷冻食品包装，但不宜单独用于隔氧要求高的食品包装。

HDPE（又称低压聚乙烯）的机械强度、硬度、耐溶剂性和阻气、阻湿性均优于 LDPE，但透明度较差。耐高温性较好，可用于 100℃煮沸消毒，也可制成瓶罐，用于果汁、果酱、牛乳等食品的包装。

LLDPE 是乙烯与 α-烯烃的共聚物，比一般的 LDPE 具有更好的拉伸强度，柔韧性高于 HDPE。主要制成薄膜用于肉类制品，如午餐肉、香肠、冷冻食品、干酪等食品的包装。

（2）PP　PP 塑料是由 PP 树脂制成，包括单纯丙烯的聚合物和改进了耐冲击性的共聚物（与乙烯的共聚物）两种，无色、无味、无毒。PP 膜比 PE 膜透明度高、阻气性强，其 O_2 透过率为 PE 的 1/2。

PP 作为包装材料的主要形式是制成薄膜包装食品，经定向拉伸后制成的双向拉伸聚丙烯（BOPP）和定向聚丙烯（OPP）的强度、透明度、阻隔性都大幅度增加。PP 可以作为热收缩包装薄膜用于食品包装。

（3）PVC　PVC 塑料是以 PVC 树脂为主要原料，加入增塑剂、稳定剂、润滑剂以及其他辅料制成的不同硬度、不同用途的制品，其物理性能随工艺配方的改变而改变。

PVC 具有可塑性强、透明度高、易着色、易印刷、耐磨、阻燃以及对电、热、声的绝缘性等性能。采用了无毒助剂以及在 PVC 树脂合成中将氯乙烯单体含量成功地降至 5mg/kg（食品包装容器中氯乙烯单体含量小于 1mg/kg），可以生产出无毒 PVC。如用于啤酒瓶盖和饮料瓶盖的滴塑内衬；吹塑 PVC 瓶用于调味品、油料及饮料等包装以代替玻璃瓶；PVC 薄膜有较低的水汽透过性和较高 CO_2 透过性，被用于肉类及农产品的包装；也可用作糖果的扭结包装膜。定向拉伸 PVC 薄膜作为热收缩包装膜发展迅速。

（4）聚偏二氯乙烯（PVDC）　PVDC 塑料主要是由偏二氯乙烯（VDC）和氯乙烯（VC）等共聚而成，其商品名赛纶（Saran）。PVDC 最大的特点是对气体、水蒸气有很强的阻隔性，又具有较好的黏接性、透明性、保香性和耐化学性。PVDC 薄膜大量应用于香肠、火腿包装以代替天然肠衣，高收缩型 PVDC 膜热收缩率达 45%~50%，一般不用于加热杀菌，而用于真空包装材料或作为外包装材料。用 PVDC 涂布的塑料薄膜，特别适合作对氧敏感及需长期保存的食品、医药品等的包装材料。

（5）PS　PS 塑料是由聚苯乙烯单体聚合而成。PS 易于着色，加工成型性好，尺寸稳定性较好，可用于注射模塑和真空成型。PS 导热性差、发泡性能好，常用于隔热材料、缓冲包装和托盘。改性的 PS 可制作乳制品（酸乳、冰淇淋、干酪和奶油等）的包装容器或塑杯。

（6）聚乙烯醇（PVA）　PVA 由聚乙酸乙烯酯经皂化制得，有耐水性和水溶性 2 种。PVA 成膜性好，耐高温不耐低温，吸湿性强，可直接用于包装含油食品。PVA 主要用于香肠、烤肉、黄油、干酪及快餐食品。

（7）乙烯/乙酸乙烯共聚物（EVA）　EVA 由乙烯和乙酸乙烯酯共聚而成，是聚乙烯分子链上无规则地连接着乙酸基。EVA 塑料具有优良的韧性和裹包性，是托盘包装和收缩包装的理想材料。用 EVA 共挤出的复合膜也是快餐食品包装的良好材料。

（8）乙烯/乙烯醇（EVAL 或 EVOH）　EVOH 是乙烯和乙烯醇共聚制成，具有较好的阻隔气体、阻湿、保香性能，可以用作复合塑料及薄膜的涂覆材料、中间隔绝层、隔气层。目前用于真空包装、充气包装、脱氧包装等阻隔性要求较高的食品包装。

（9）非乙烯热塑性聚合物聚酰胺（PA）　是聚合物链节中含有酰胺基（—CONH—）的一类聚合物，商品名称尼龙（Nylons）。PA 膜透明、耐高低温性能好（-60~150℃），稳定性好，强度高，韧性好，不易穿孔，但水蒸气透过率高。常用于制作复合薄膜在食品包装上使用。

（10）聚酯（PET）　是指链节间由酯基（—COO—）相连的高分子化合物。PET 主要用来做纤维（涤纶）、制薄膜、包装容器。PET 吹塑的中空容器（PET 瓶）表面光泽度好、透明度高、机械强度高、不易破碎且质量轻，用于 500mL 以上饮料瓶能更显出其用料省、经济的特点，可取代玻璃瓶。

3. 塑料包装容器及应用

塑料和以塑料材料为主的包装形式有袋、杯、瓶、箱及各种编织物。

（1）塑料袋　根据不同的材料特性，塑料袋可用于保鲜包装、热杀菌包装（蒸煮袋）、冷冻食品包装、微波食品包装等专门目的。塑料袋包装容量可以是几克一袋的调味料，也可以是 100kg 的大包粮食。塑料袋可制成扁平形状的或具有角撑。袋的顶部可以密封，也可制成扣合式或自封式，便于开启。在食品包装中多采用边热封袋，以保证袋装食品的密封性。塑料袋的周边密封采用电热封合或高频封合。

塑料袋主要包括单层薄膜袋和复合薄膜袋。现已从简单的单层薄膜袋发展到多层（5～7层）的复合薄膜袋。单层塑料袋主要有 PE、PP 薄膜，主要用于生鲜果蔬、超市购物袋等。根据不同的目的，将不同材料复合制成多层复合薄膜包装材料，满足不同食品的特性要求。常见食品用复合包装薄膜的性能比较及适用食品如表 8-1 所示。

（2）中空塑料容器　中空塑料容器指采用中空吹塑成型工艺制造的塑料瓶以及用注模成型或加热成型工艺制造的塑料杯、罐、瓶等容器。用于吹塑制瓶、罐的塑料有 LDPE、HDPE、PE、PVC、PS 和 PET，也可采用 PVDC 涂覆的 PP 以及复合塑料。根据塑料瓶、罐的硬度，有硬质塑料瓶和软质塑料瓶之分。

硬质塑料瓶采用 PVC 材料制成，其透明性、成型性良好，用于酱油、油及调味品、饮料的包装；另一种是阻气性强的共挤多层复合瓶，如 PP/LDPE/EVAL/LDPE、PP/ON 复合瓶，其透明性较差。PET 瓶由于其阻气性、透明性和外观美观等特点，可取代其他塑料瓶用于饮料、调味品的包装。软质塑料瓶多采用 PE 制造，为了改善其阻气性能，近来也采用 PVDC 复合材料制成。而 PS、耐冲击性聚苯乙烯（HIPS）、PVC、PP 或多层复合材料多用于塑料杯的制造。

（3）塑料箱　塑料箱坚固、外观好看、容易清洗，可代替木箱和纸箱。常用的有钙塑瓦楞箱、周转箱、保温箱等。

钙塑瓦楞箱也称钙塑纸箱。箱原纸是以亚硫酸钙、碳酸钙为主要填料，根据不同的用途要求采用不同比例的高低压 PE 共混、压延生产出来的。和一般瓦楞纸箱相比，钙塑瓦楞箱的耐水性优良。因此，特别适于冷冻鱼、虾等水产品，蔬菜、水果等含水量较高食品的包装。

周转箱用于啤酒、饮料及果蔬等食品的运输销售包装。由于其体积小、质量轻、坚固、耐用、可以叠合等，将取代木箱和竹篓。

塑料周转箱主要由 HDPE 注塑生产。为了提高箱体的强度，通常在箱体的内、外壁和底板处设计加强筋，加强筋还起到隔离瓶体的作用，避免互相碰擦，减少破损。为了避免周转箱的老化，应采用相对分子质量分布较宽的树脂，或以高、低压 PE 混用，以增加防应力开裂能力。为了防止日光中紫外线的影响，可在加工中加入蓝色颜料和掺入适量的防氧剂和抗紫外线剂，防止紫外光辐射和氧化。

保温箱是指箱的两边用钙塑纸或 PE、PP 片材，中间用钙塑泡沫片材黏接层压制成的隔热性较好的钙塑泡沫板箱。保温箱的隔热层常用 PS 或 PA 泡沫塑料材料。

（4）塑料编织物　塑料编织物多以袋的形式用于食品包装，编织袋（网）多用于重包装的场合。

表8-1　复合薄膜的构成、特性及用途

复合包装用薄膜的构成	特性									用途
	防湿性	阻气性	耐油性	耐水性	耐煮性	透明性	防紫外线	成形性	封合性	
PT/PE	◎	◎	○	×	×	◎	×	×	◎	方便面、米制糕点、医药
OPP/PE	◎	○	○	×	◎	◎	×	○	◎	干紫菜、方便面、米制糕点、冷冻食品
PVDC涂PT/PE	◎	◎	○	○	◎	◎	○~×	×	◎	豆酱、腌菜、火腿、果子酱、饮料粉、鱼类加工品
OPP/CPP	○	○	◎	◎	○	◎	×	○	◎	糕点（米制、豆制及油糕点）
PT/CPP	◎	◎	◎	×	◎	◎	×	×	◎	糕点
OPP/PT/PP	◎	◎	○	◎	×	◎	×	×	◎	豆酱、腌菜、糖酱制鱼品、果子酱
OPP/K涂PT/PE	◎	◎	○	◎	○	◎	○~×	○	◎	高级加工肉类食品、豆品、面汤
OPP/PVDC/PE	◎	◎	○	◎	○	◎	○~	○	◎	火腿、红肠、鱼糕
PET/PE	◎	○	◎	◎	◎	◎	○~×	○	◎	蒸煮食品、冷冻食品、年糕、饮料粉、面汤
PET/PVDC/PE	◎	◎	◎	◎	◎	◎	○~×	○	◎	豆酱、鱼糕、冷冻食品、饮料粉、面汤
Ny/PE	○	◎	◎	◎	◎	◎	×	○	◎	鱼糕、汤面、年糕、饮料粉、面汤
Ny/PVDC/PE	◎	◎	◎	◎	◎	◎	○~×	○	◎	鱼糕、汤面、年糕、饮料粉、面汤
OPP/PVA/PE	◎	◎	◎	◎	○	◎	×	×	◎	豆酱、饮料等
OPP/EVAL/PE	◎	◎	◎	◎	◎	◎	×	○	◎	气密性小袋（饮料粉、鱼片菜）
PC/PE	○	○	○	◎	○	◎	○~×	○	◎	切片火腿（饮料粉、鱼片菜）
AL/PE	◎	◎	◎	○	○	×	◎	×	◎	医药、照片用胶卷、糕点
PT/AL/PE	◎	◎	◎	×	×	×	◎	×	◎	医药、糕点、茶叶、方便食品
PET/AL/PE	◎	◎	◎	◎	◎	×	◎	×	◎	咖喱、焖制食品、蒸煮食品
PT/纸/PVDC	◎	○	◎	×	×	×	◎	×	◎	干紫菜、茶叶、干食品
PT/PE/纸/PE	○	○	◎	×	×	×	◎	×	◎	茶叶、香菠、汤粉、豆料粉、乳粉

注：◎—好；○—一般；×—差。

经过拉伸的 PE 和 PP，由于分子定向的作用，强度大大提高。拉伸后的塑料窄带（丝）被织成袋料，缝合成为编织袋。编织袋不会霉烂，不怕虫蛀，耐冲击，但堆藏性较差，袋与袋之间容易打滑。在原料中加入防滑助剂可使该缺陷得到适当弥补。挤出成型塑料和泡沫塑料网是具有良好透气性的包装袋，主要用 PE、PP 和软 PVC 制成，用于鲜果蔬、海鲜和贝类等需充足 O_2 的食品包装。

（二）玻璃包装材料与容器

玻璃是由石英石（主要成分）、纯碱（碳酸钠，助熔剂）、石灰石（碳酸钙，稳定剂）为主要原料，加入澄清剂、着色剂、脱色剂等，经过 1 400~1 600℃高温熔炼成黏稠玻璃液，再经过冷凝而成的非晶体材料。

1. 玻璃包装材料的特性

玻璃包装材料的优点有：化学稳定性、阻隔性及透明度高；机械强度高，耐高温；可被加工成棕色等其他颜色；可回收循环使用。缺点是密度及自重大、运输费用高；不耐机械冲击和突发性的热冲击，易破碎；印刷等二次加工性差。

2. 玻璃包装容器及应用

玻璃容器常用于各种饮料、罐头、酒、果酱、调味料、粉体等干、湿食品的包装。玻璃瓶种类依其形状及玻璃加工工艺有：普通玻璃瓶（小口瓶与广口瓶）、轻量瓶、轻量强化瓶、塑料强化瓶等。常见玻璃瓶种类、特性及应用如表 8-2 所示。

表 8-2　　　　　　　　　　常见玻璃瓶种类、特性及应用

分类	品种	特性	包装食品
普通玻璃瓶	小口瓶	吹制成形。封口多采用金属瓶盖（皇冠盖）、塑料瓶盖（塞）或其他软木塞	软饮料，啤酒、黄酒、白酒等酒类，酱油等调味料
	广口瓶	吹塑冲压成形。封口采用易开式、中间封闭式、螺旋盖或金属密封盖	牛乳，果酱，果蔬，罐头，速溶咖啡等固体饮料
轻量瓶	小口瓶	采用窄颈压吹法（NNPB）成形，瓶重比一般瓶减轻 33%~55%	啤酒
轻量强化瓶	小口瓶	化学强化玻璃瓶，质量为原玻璃瓶的 50%~60%，瓶表面经热涂或冷涂处理	酱油，番茄汁，果汁等果汁饮料，碳酸饮料
塑料强化瓶	小口瓶	在玻璃表面涂覆聚氨酯类的树脂以提高强度、防止破裂	可口可乐等碳酸饮料

（三）金属包装材料与容器

1. 金属包装材料的特性

金属包装材料具有对空气成分、水分、光等完全的阻隔性，可延长食品的货架期；具有良好的耐热性，传热性能好，满足高温加热杀菌、快速冷却等的加工需要；机械强度大，刚性好，便于在流通过程中保护食品；优良的塑性变形性能，有利于制罐及包装过程的高速度、机械化操作和自动控制；包装废弃物较易回收，减少对环境的污染，它的回炉再生可节约资源、节省能源。金属罐的缺点是：无法直接看见内容物，重量大，化学稳定性差，不耐酸碱，易锈

蚀等。

2. 金属包装材料的种类及性质

食品包装常用的金属材料是镀锡薄膜钢板、镀铬薄钢板和铝。

（1）镀锡薄钢板　镀锡薄钢板是两面镀有纯锡的低碳薄钢板，又称镀锡板、马口铁。用于制造食品罐藏容器的镀锡钢板不允许表面有凹坑、折角、缺角、边裂、气泡及溶剂斑点等缺陷，露铁点不超过 2 点/cm^2。选用何种镀锡薄钢板制作容器，要视包装品种、罐藏大小、食品性质以及杀菌条件等而定。一般来说，罐型较大的应选用比较厚的镀锡钢板，罐型小的选用较薄的镀锡钢板。

（2）镀铬薄钢板（TFS）　镀铬薄钢板是在低碳钢薄板上镀上一层薄的金属铬制成的，也称无锡钢板、镀铬板。镀铬板对油膜的附着力特别优良，适宜于制罐的底盖和 DRD 二片罐。锡铬板不能锡焊，但可以熔接或使用尼龙黏合剂黏接。镀铬板制作的容器可用于一般食品、软饮料和啤酒的包装。

（3）铝质包装材料　铝质包装材料性能优良，广泛用于食品包装。铝板延展性优于镀锡板与镀铬板，易滚轧为铝箔和冲拔拉伸成二片罐，常用作易拉罐体和各种易拉盖的材料。工业中，通过在纯铝中加入少量合金（镁和锰），提高强度和耐腐蚀性。

铝质包装材料主要有硬性包装和柔性包装。硬性包装多指易拉罐，多用于罐内有正压力的食品包装，如啤酒与饮料包装。柔性铝包装是指用铝箔或由铝箔复合的可扭曲包装材料制成的软包装，如蒸煮袋、铝复合包装膜等，用于软罐头、口香糖内包装等。

3. 金属包装容器及应用食品的金属包装容器主要有罐、桶、盒、管等，其中金属罐使用量最大。可根据材料、结构、用途对食品金属包装容器进行分类（表8-3）。

表8-3　　　　　　　　　　　　作为食品容器使用的金属容器

容器	品种	作为食品容器的性质和用途
马口铁罐	三片罐（盖、底、桶体三部分焊接或粘接）	内面涂装，用焊锡连接盖和罐身，用于鱼、肉、蔬菜罐头以及各种饮料
	锡罐（圆和方形）	
	二片罐	
	浅冲罐（变性罐、圆罐）	内面涂装，罐体为冲拔罐，用于鱼、肉、蔬菜罐头以及各种饮料
	深冲罐（变性罐、圆罐）	
	DI 罐（Drawn and Ironing Can）冲拉伸罐	内面喷涂，用于各种饮料
铬处理罐	三片罐	
	粘接罐（圆罐、方罐）	内面喷涂，罐身用尼龙带黏结，用于调理罐头和各种饮料罐头
	焊接罐（圆罐、方罐）	内面喷涂，罐身焊接，用于调理罐头和各种饮料罐头
	二片罐	同马口铁罐
	深冲罐、浅冲罐	

续表

容器	品种	作为食品容器的性质和用途
铝罐	三片罐	同铬处理罐
	粘接罐（圆罐、方罐）	
	二片罐	同马口铁罐
	深冲罐、浅冲罐	
	DI 罐	
铝箔容器	软质铝箔容器	馅饼，糕点、调理食品用
	硬质铝箔容器	容器内面、盖部涂热可塑性漆的耐高温的全封闭容器
金属管	铝管	熔点高，内面可涂装，外面可以印刷。可作软黄油、芥末酱的包装容器
	锡管	成形性好，有耐药性，光泽好，可作为特殊食品的包装容器

（四）纸包装材料与容器

1. 纸包装材料的特性

纸和纸板是由木材、竹、秸秆等原料提取纤维素制成的，纸类包装在现代包装材料中占总量的50%左右。纸包装材料具有制造成本低、易获得、易回收；加工性能好、便于复合加工、印刷性能优良；具有一定机械性能、重量较轻、缓冲性好；卫生安全性好等优点，是食品包装的重要材料。

2. 纸包装材料的种类及性质

（1）纸　常用的食品包装用纸有牛皮纸、羊皮纸、防潮纸等。纸的性质主要受制浆和抄纸工艺的影响。

牛皮纸色泽呈黄褐色，机械强度高，耐破度较好，具有一定的抗水性，主要用于外包装用纸。羊皮纸又称植物羊皮纸或硫酸纸，是具有高撕裂度的纸，其抗油性能较好，有较好的湿强度，可用于奶油、油脂食品、糖果、茶叶的包装。防潮纸又称涂蜡纸，是成本最低的防水材料之一，并具有良好的抗油脂性和热封性。过滤纸有一定的湿强度和良好的滤水性能，无异味，可用于袋泡茶的包装。

（2）纸板　纸板常按其纸浆来源及构成特点分类，常用的纸板有黄纸板、箱纸板、瓦楞纸板、白纸板等。

黄纸板又称草纸板，组织紧密，双面平整，呈稻草的黄色；主要用于加工中小型纸盒、双层瓦楞纸板的芯层，也用于加工讲义夹、皮箱衬板以及书簿封面等。箱纸板耐折度较大，用于纸箱材料。瓦楞纸板有单面瓦楞纸板（一层瓦楞纸与一层箱板纸黏合而成），其强度不大，多用于缓冲与不定型包装；双面单瓦楞纸板（一层瓦楞纸两面各与一层箱板纸黏合而成），用于制作中小型纸箱（盒）；双层瓦楞纸板（由两层瓦楞纸与三层箱板纸构成），多用于水果蔬菜等常规包装箱；三层瓦楞纸板（由三层瓦楞纸与四层箱板纸黏合而成），用于制作大型包装容器和托盘式集合包装箱。此外也有更多层次的瓦楞纸板。瓦楞纸板具有强度大、质量轻、便于印刷及造型等特点，成为主要的纸包装材料。

另外，与食品直接接触的包装纸（或纸板）必须符合国家食品法律法规要求。

3. 纸包装容器及应用

纸包装容器是以纸或纸板等原料制成的纸袋、纸盒（杯）、纸箱、纸罐、纸筒等容器。纸容器按用途分为两大类：一是用于销售包装（如纸盒、纸罐、纸杯等），另一是用于运输包装（如纸箱等）。根据食品特性和包装规格不同，包装容器也不同。表 8-4 所示为常见食品包装用纸及容器的种类及用途。

表 8-4 食品包装用纸、纸板的分类

区分	品种	作为食品包装材料的性质和用途
牛皮纸	重包装用纸（3~6 层）	砂糖，小麦粉，稻米
	轻包装用纸	点心，粉末食品，固体食品
加工纸	加工玻璃纸	耐湿性、耐油性好，用于包装炸马铃薯等食品
	羊皮纸（硫酸纸）	有耐油和耐热性，用于黄油、人造黄油的包装和特殊罐头、冷冻食品的包装
	蜡纸	由于纸表涂有石蜡，所以，食品安全、卫生，用于包装冷冻食品、面包等
瓦楞纸	外包装用衬纸（A、B、C 级）	外包装用衬纸和波形芯材制造瓦楞纸箱
	内包装用衬纸（中心为蚕卵纸）	可包装一切食品
纤维容器	合成罐	罐体用纤维卷成螺旋线制成，盖用镀锡铁板或铝，用作油性食品和干燥食品容器
	食品原料（肉、谷类）的输送容器	纤维桶
纸容器	牛乳盒	牛乳容器
	纸箱、纸杯	折叠箱、组装箱，适用于冷冻食品、点心及普通食品
赛珞玢	普通赛珞玢	食品包装使用防湿赛珞玢，肉和点心
	防湿赛珞玢	

用纸、塑、铝材料复合纸板制成的可折叠纸盒，密封性能好，其材料构成为 PE/纸/PE/Al/PE，在牛乳与果汁等饮料的无菌包装中应用广泛。纸盒在纸盒加工厂制成折叠式的，在灌装前盒口被打开，再消毒、灌装、热封口。

（五）陶瓷包装材料与容器

1. 陶瓷包装材料及性质

陶瓷是利用自然界的高岭土、黏土、陶土等材料，经加工调制成型、干燥、装饰和施釉、烧制等工艺而制成的容器。陶瓷具有一定的机械强度、隔绝性、化学稳定性及热稳定性，甚至可以用来直接加热，工艺美术性高，价格低。但导热性差，抗冲击强度低，笨重，易破碎，不透明。

2. 陶瓷包装容器及应用

自从人类懂得生产陶瓷容器开始，就将其用于贮藏粮食，作为水、酒类、腌菜等食品的包装容器。我国陶瓷容器主要用于酱菜、腌渍蔬菜、酒等食品的包装。陶瓷具有一部分玻璃相合气孔，是复杂的多相体系，能够使食品存于特殊的环境，产生特色风味食品。而且现代陶瓷容器具有工艺品的特征，因此在我国食品包装容器中一直占有重要的位置。但是，陶瓷作为食品包装材料，需要严格控制彩釉中的铅、镉溶出量，防止影响人类健康。

（六）木制包装材料与容器

木材来源广泛，具有一定的强度和刚度，变形小。用木材制作的包装箱或容器主要用于运输和贮藏的外包装。在食品的个体包装使用木材较少，已逐渐被纸及塑料所代替。

现代食品工业中，葡萄酒酿造、陈化、贮存过程中仍选择橡木桶，赋予特殊风味和色泽。选用直接接触包装木材时，需要防止其气味污染食品。另外，木材包装在进出口食品的包装时需要进行检验检疫处理。木制容器主要有木箱和木桶。

（七）可降解包装材料与应用

塑料在现代食品包装中发展很快，代替了很多传统包装材料。但石油基化合物塑料不易降解、污染环境，环境友好型生物基包装材料的发展为食品包装提供了新材料和新方向。

目前，淀粉基塑料成为最重要的生物塑料包装，目前75%左右的淀粉塑料用于水溶性薄膜、包或袋用薄膜和松散性填充料。

生物基聚合包装在食品中的应用如表8-5所示。但目前还主要在科研阶段，商业化应用尚不足。

表8-5　　　　　　　　生物基聚合包装在食品中的最新应用及其缺点

食品分类	食品包装	产品	缺点及额外功能
乳制品	可生物降解共聚物膜	干酪	吸湿及降低聚合物分子质量
	淀粉层压板	干酪	形成真空
饮料	生物降解聚乳酸聚合物	橙汁	—
	涂生物降解塑料的纸杯	普通饮料	湿气阻隔性差
果蔬	淀粉层压板	分割蔬菜	防雾
干制品	淀粉和淀粉压层板	普通	防雾
	涂生物降解塑料的纸包	面包	湿气阻隔性差
其他	基于木薯淀粉、向日葵蛋白及纤维素纤维的生物降解泡沫	—	降低水分吸收

（八）辅助包装材料

（1）缓冲材料　缓冲材料可以吸收冲击能，用于保护运输包装中易机械损伤的食品及容器。主要有瓦楞纸板、纸丝（碎纸）、纸浆模制衬垫、木丝、动植物纤维、海绵、橡胶、泡沫塑料、气泡塑料薄膜等。

（2）标签　食品法律法规要求在食品包装上使用标签，明确表明食品名称、配料表、净含量及固形物含量、厂名、批号、日期标志等。标签材料的选择根据产品的包装容器材料确定，主要有纸、塑料、金属等。

（3）密封垫料　硬质食品包装容器需要胶或者垫进行密封，保证食品的质量稳定性和安全性。密封垫料主要是高分子有机化合物，如橡胶、树脂等。使用中应保证具有良好的密封性，避免产生食品污染物。

（4）捆扎材料　为了保证包装的完整性，并便于码垛、运输、装卸，食品外包装常需用塑料带、绳子等进行捆扎，捆扎是包装过程的最后操作。它可以是单件包装捆扎，如木箱、木盒、纸箱等；也可以数件合并捆扎为一单元。随着托盘及单个包装箱的规范化和标准化，捆扎的操作也逐渐自动化。单个包装的捆扎材料主要有塑料带及各种胶带，多个固体物品的捆扎常采用软包装材料整体包裹的方式进行。

三、 食品包装类型

（一）按包装的功能分类

按照包装的功能可以分为销售包装和运输包装。

①销售包装：将产品进行包装后，以单个或者多个单位进行直接销售，也称为商品包装。

②运输包装：将用于销售且包装好的产品装入箱、袋、盒、桶等较大的容器中，经捆扎成件后便于装卸搬运。运输包装表面要有明显的标识，防止运输过程中的不当搬运造成产品损失。

（二）按包装的层次分类

按照包装的层次可以分为内包装和外包装。

①内包装：主要指与食品接触的包装，包括袋、瓶、罐、盘、盒等。包装内用于缓冲的材料也通常称为内包装。

②外包装：包括木箱、瓦楞纸箱、塑料箱、筐、桶等。外包装主要作用是保护产品防震、防挤压、防碰撞、利于流通运输、产品标识等。

（三）按包装材料及容器分类

按照包装材料可以分为纸包装、塑料包装、金属包装、玻璃包装、陶瓷包装、木质包装、复合材料包装等。

按照包装容器形状可以分为瓶、盒、罐、桶、盘、袋、兜等。

按照包装容器的使用次数还可分为一次性包装、可重复利用包装。

（四）按包装食品的状态和性质分类

按照食品的状态可以分为液体包装、固体包装。

液体包装主要用于饮料、酒、油、酱油、醋等液体食品，通常使用瓶、袋、罐、桶等。

固体包装主要用于固体食品，如块状、颗粒状、粉状、各种不规则形状等，通常用袋、盒、大口罐和瓶等。

（五）按包装技术分类

根据不同的保证食品质量和安全的包装技术，可以分为活性包装、智能包装、无菌包装、真空包装、充气包装、脱氧包装等。

四、 食品包装技术

食品包装技术是指采用特定的机械、包装材料、包装方法对食品进行包装，从而保持食品形态的技术，是实施对食品包装功能技术的总称。包装一般在食品开始贮藏、运输、销售前进行。食品包装技术可以分为基本技术和专用技术。

（一）食品包装基本技术

食品包装基本技术指将食品在生产线上进行包装，制造出商品化包装食品形式的技术。主要包括供料充填、罐装、装袋、封口、装箱、裹包、贴标、捆扎等。

食品的基本包装技术与包装机械相对应，有辅助人手包装的机械，也有自动化包装机械。

食品包装基本技术的关键是针对食品最终的包装形式（形状、尺寸、重量），选择合适的包装机械并制定合理的工艺参数，保证包装过程中食品的质量规格一致、规范，避免产生新的影响食品质量安全的不良因素。

（二）食品包装专用技术

随着科技和工业的发展，为了更有力的保证食品的质量安全，形成了许多新型专用技术，如无菌包装技术、真空包装技术、气调包装技术、活性包装技术、智能包装技术等。

1. 无菌包装技术

（1）概念与原理　食品无菌包装是指将经过杀菌后已获得的商业无菌状态的产品，在无菌环境下灌注到已杀菌的容器中，灌装后包装容器保持密封以防止微生物再度侵入的包装方法。

经无菌包装的食品中微生物数量满足商业无菌要求，因此不需添加防腐剂。在常温下可以保持 12~18 个月不变质，色、味保持较好，大大节省了能源和设备，延长了食品保质期和流通距离。与传统罐头食品加工工艺相比，在保证同样杀菌效果的基础上，无菌包装技术显著缩短了杀菌时间，有效的保持了产品的品质。由于无菌包装比较复杂，成本高，无菌包装技术主要用于 pH>4.5 的低酸性食品、$A_w>0.85$（如牛乳）的食品以及均一食品（如牛乳、果汁）和小颗粒液态食品（如果酱）等。

（2）技术关键无菌包装技术的四个要素包括：包装材料的无菌，包装产品的无菌，包装环境的无菌和包装后完整封合的无菌。这四个要素每一个环节都需要控制好，一个环节出现问题，包装内的整个无菌环境就会受到破坏，影响到产品的质量。

2. 真空包装技术

（1）概念与原理　真空包装是将产品加入气密性包装容器，抽去容器内部的空气，使密封后的容器内达到预定真空度的一种包装方法。

真空包装最重要的作用就是除去包装中的大部分 O_2，可以有效延缓食品的氧化变质，抑制微生物的繁殖速度。目前真空包装大量用于肉类、粮食、谷物类食品以及易氧化变质食品的包装。

（2）技术关键　真空包装的关键是真空度的获得及保持。真空包装机是产品进行真空包装的基本设备，可以将包装袋内抽成低真空后，自动封口。食品真空包装材料的性能是真空包装成功与否的关键，其阻隔性要求较高，而且应具有良好的封口性能，目前使用最多的是复合薄膜材料。

3. 气调包装技术

（1）概念与原理　气调包装是采用具有气体阻隔性能的包装材料包装食品，通过改变或者调整气体成分和浓度，使包装内具有最适宜的气体环境的包装方法。气调包装技术包括被动气调包装和主动气调包装。

气调包装内的特殊气体环境（不同比例的 O_2、CO_2、N_2组合）可以有效抑制微生物的繁殖速度、延缓生化反应，从而保持食品品质、延长货架期。气调包装技术广泛用于生鲜食品品质的保持，如果蔬、鲜肉、即食食品等，还广泛用于保持干制品和半干制品的感官品质，如坚果、咖啡等。

（2）技术关键 气调包装技术的关键是确定适宜的气体配比和浓度、筛选适宜透气性和透气比的包装材料、进行合理的包装操作。

对于包装材料来说，除了生鲜果蔬需要较高透气性的包装膜（PE、PP等）以外，其他不具有生命活动的产品（如快餐、茶叶、乳粉、巧克力、干酪等）都采用高阻隔性的包装材料，如PET、PA、PVDC、乙烯基乙醇等。

气调包装技术的实现对于包装机械也有很高的要求，需要提供精准的配气充气、良好的密封技术、连续化的工作能力。对于现代应用较多的装盘气调包装来说，包装袋生产和装袋通常由成型–装样–密封的机器连续化操作。主要步骤有：加热形成盘、装样、排空气、充气、封口。对于枕形袋来说，需要袋同时成型、装样、充气，然后密封。

4. 活性包装技术

（1）概念与原理 活性包装指通过在包装容器内或者包装材料上加入辅助成分的包装技术，用以改变包装内环境，提高包装对食品的保鲜效果，以更好地保持食品品质、保证安全性、延长货架期。

活性包装系统的应用主要是根据包装食品的具体要求，在包装材料和容器的基础上通过不同的方式调节食品的生理作用（果蔬呼吸）、化学变化（脂质氧化）、物理变化（面包老化、脱水）、微生物活动、虫害作用等。活性包装内添加的辅助成分主要有吸收剂、释放剂等（表8-6）。主要以小袋型、标签型、薄膜型等方式进行应用。

表8-6　　　　　　　　　　食品活性包装内的吸收剂、释放剂

种类及剂型	作用原理/试剂	目的	应用对象
脱氧剂（小袋、标签、薄膜、木塞）	铁、抗坏血酸、金属盐、抗坏血酸盐、酶	降低氧的浓度，抑制微生物、氧化，防虫及虫卵造成的破坏	焙烤食品、干酪、肉类食品、咖啡、干制食品、饮料
CO_2吸收剂/释放剂（小袋）	氢氧化钙、氧化钙+硅胶、碳酸氢钠+抗坏血酸盐	除去CO_2防止胀袋、产生CO_2抑制霉菌和革兰阴性菌	咖啡豆、鲜肉、坚果、面包、水果蔬菜
乙烯吸收剂（小袋）	高锰酸钾、沸石、活性炭	延缓果蔬的衰老和快速成熟	果蔬
抗菌释放剂（薄膜）	有机酸、硅酸银、香辛料提取物、抗氧化剂	抑制腐败菌和致病菌生长	肉、面包、干酪、果蔬
乙醇释放剂（小袋）	吸附有乙醇和水混合物的二氧化硅粉	抑制霉菌和酵母菌生长	焙烤食品（尤其是食用前需要加热的食物）
吸湿剂（雾滴吸收薄片、小袋）	聚乙烯乙酸酯、活性黏土、硅胶	控制包装内多余水分	鱼肉、肉、禽肉、谷物、干制食品、焙烤食品、果蔬
异味吸收剂（小袋、薄膜）	三醋酸纤维素、乙酰化纸、柠檬酸、铁盐/抗坏血酸/活性炭（黏土、沸石）	减少浆果果汁苦味、改善鱼肉和含油食品风味	果汁、油炸食品、鱼肉、谷物、水果、乳制品、禽肉

具有自加热、自冷却、自保护的包装系统又称为活性包装系统。表8-7所示为一些活性包装系统及其在食品中的应用例子。

表8-7　　　　　　　　　　　　具有特殊作用的活性包装系统

其他系统名称	作用原理/机制/反应试剂	目的	应用举例
隔热物	带有大量气孔的特殊无纺塑料	控制温度以抑制微生物的生长	各种冷藏的食物
自加热铝罐或铁罐	石灰和水的混合物	通过内置加热装置来处理或蒸煮食物	日本清酒、咖啡、茶、即食食品
自冷却铝罐或铁罐	氯化氨、硝酸铵和水的混合物	冷却食物	不含气的饮料
微波感受剂	卡纸或多层薄膜上镀有铝或不锈钢	微波食品的干燥、脆化及最终的褐变	爆米花、比萨、即食食品
微波加热改良剂	一系列改变微波到达食品的方式的天线结构	均匀加热、表面褐变、脆化和选择性加热	爆米花、比萨、即食食品
感温膜	通过填充剂、脱填充剂粒度和拉伸程度来控制气体的多聚物透气性	避免厌氧呼吸	蔬菜和水果
紫外辐射尼龙薄膜	使用受激准份子激光器在193nm处紫外照射,将尼龙表面的氨基转化为胺	抑制腐败菌的生长	肉、家禽、鱼类、面包、干酪、水果和蔬菜

（2）技术关键　活性包装系统的设计需要考虑到添加的辅助成分、包装食品的性质及品质变化规律,关键是依据食品类别、重量、包装形式、产品特性及品质变化规律,选择出适宜的辅助成分、使用方式、用量,以保证活性包装的效果。

5. 智能包装技术

（1）概念与原理　智能包装技术是指在贮藏运输过程中能够监测包装食品的环境条件变化并传递食品质量信息的技术。食品质量与安全保证体系的应用需要通过监测、记录和控制产品整个生命周期中的关键品质和环境参数,从而避免食品质量安全问题的发生。

当前商业化应用的智能化包装,有反映时间和温度变化（TTI,时间-温度指示卡）和监测到某种化学成分（泄漏指示卡、新鲜度指示卡）的可目测标签。

（2）质量指示卡　智能化包装的定义中包含了用于包装食物质量监控的指示卡（表8-8）。这些指示卡有:①外用指示卡,即安装于包装外部的指示卡（时间-温度指示卡）;②内用指示卡,即放置于包装内部的指示卡,具体包括放置于包装的顶隙内、贴在瓶盖内（指示 O_2 变化或者包装是否泄漏的 O_2 指示卡、CO_2 指示卡、微生物生长指示卡、病原体指示卡）。

表 8-8 　品质控制的智能化包装的内、外部指示器的工作原理和反应组分举例

指示卡	原理/组分	提供的信息	应用
时间–温度指示卡（外用）	机械学 化学 酶学	储藏条件	冷藏或冷冻条件下的食物
氧气指示卡	氧化还原染色剂 pH 染色剂 酶	储藏条件 包装的泄漏	储藏的低氧包装食物
CO_2 指示卡（内用）	化学	储藏条件；包装的泄漏	气调或受控气体包装果蔬
微生物生长指示卡（内用/外用），即新鲜度指示卡	pH 染色剂 能与某些代谢物（挥发性的、非挥发性的）反应的所有染色剂	食物中的微生物状态（即腐败）	容易腐烂的食物，如肉、水产、禽肉
病原体指示卡	与毒素反应相关的各种化学的或者免疫学的方法	一些特殊的致病菌，如 O-157 大肠杆菌	容易腐烂的食物，如肉、水产、禽肉

（3）时间–温度指示卡　温度在很大程度上决定着在良好操作和卫生条件下的食品品质和保质期。工业实践表明，冷却或冷冻流通、加工处理过程中经常偏离推荐的温度条件，直接影响到产品质量。最为经济有效的方法就是在整个流通过程中监测产品的温度状况，这样才能标示出它们真实的安全和质量。利用基于时间–温度指示卡的系统，可以实现冷链质量的有效控制、库存周转的优化和浪费的减少，而且还能够提供未出售产品的保质期方面的信息。

时间–温度指示卡可呈现出易于测量且与时间及温度相关的变化，这种变化能够反映出产品的全部或部分温度历程。时间–温度指示卡的工作原理，可以是机械、化学、电化学、酶学或微生物学方面的不可逆变化，通常以机械变形或颜色变化的形式表现为可目测响应。这种可目测响应能够显示出时间–温度指示卡历经储藏条件的积累效应。指示卡分为临界温度指示卡（CTI）、临界时间–温度指示卡（CTTI）、时间–温度积分指示卡（TTI）三类。

TTI 主要有扩散型、聚合物型和酶反应型。3M Monitor Mark ® TTI（3M 公司）（美国专利3954011）是一种扩散型指示卡。该公司推向市场的产品有 Monitor Mark ®温度指示卡（图8-1）和 Freshness Check（新鲜度检测试剂），工作原理是专用高分子聚合材料的扩散（美国专利 5667303）。

Freshness Monitor（新鲜度指示卡）为一块方形薄纸板，其前面为条形无色丁二酮单体的涂层，还有 2 个条形码，分别表述产品和指示卡型号。Fresh-Check ®指示卡为零售型，呈圆片结构，活性中心的颜色与周围环形的参考颜色形成对比（图 8-2）。这种薄片设计为红色或者黄色，便于对从透明到黑色的颜色变化进行观察。Freshness Monitor 的颜色可利用配套的手

图 8-1　扩散型 TTI

提仪器进行激光扫描并存储。Fresh Scan 的响应可通过与参照环对比来目测，也可以用便携式色度计或光度计来连续测量。这种指示卡制作完成后即自动活化，因此在使用前必须使之处于深度冷冻状态，以保持很低的反应速度。

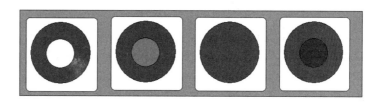

图 8-2　新鲜度指示卡

（4）技术关键　不管使用何种包装材料，一定要符合相关的法规，防止对人们身体健康造成危害。在食品工业能够决定将智能化包装技术付诸实施之前，需要研究国内外市场，评估消费者和生产者对这些技术的接受程度。

智能化包装系统要求使用方便、成本低、适于包装操作，不影响装卸。

质量指示卡必须能够反映产品的品质（而不是环境条件）、颜色变化不可逆、容易读取（即有清晰而标准的颜色变化，尤其是由消费者读取的指示卡）、使用前易于储存。

目前，时间-温度指示卡主要用在冷冻食品上，在易变质水果蔬菜上刚开始应用。要使时间-温度指示卡得到应用，首要条件就是需要对温度与保质期之间关系的系统研究和动力学的模拟。利用食品保质期的可靠模拟和时间-温度指示卡响应动力学，才能对于从生产到消费者餐桌的整个过程中的温度效应进行监测、记录和表述。

第三节 各类食品的包装

一、 果蔬类食品的包装

（一）新鲜果蔬的包装

1. 包装要求

新鲜果蔬营养丰富，含水量高，贮藏流通过程中需要维持正常的生命代谢，而且易受机械损害，造成微生物侵染，导致品质下降。果蔬包装方案是否成功，其选择并非盲目，除了按照一般商品包装的要求进行设计外，还要根据被包装果蔬产品的本身要求进行，从减少果蔬产品贮运销过程中的损耗角度去考虑。

（1）防止果蔬产品机械伤害 果蔬贮运过程中主要有三种机械伤害：碰撞伤害、挤压伤害、震动伤害。要求包装必须能够保护果蔬产品免受伤害。碰撞伤害是产品与坚硬的表面物体相碰撞的结果，这种伤害可以用底部衬垫加以解决。挤压伤害是由于包装设计不适当或包装材料性能不好引起的，增强包装材料的强度，减少堆叠层数就可以解决。震荡擦伤是由于震荡引起的，防治方法可在包装时附加包裹物、浅盘杯、薄垫片、衬垫等材料来解决。

（2）保持果蔬保鲜需要的适宜环境 包装须为果蔬产品提供一个相对安全的贮藏环境，这就要求在选择包装材料和包装时，包装材料有合适的排气孔以利温度降低，能保持较高的湿度，保持适宜的气体条件，防止因积累过高 CO_2 导致的果蔬气体伤害。

①温度：果蔬产品通过包装材料与包装上的通气孔与外界环境接触，进行温度交换，使内部温度不至于显著升高。增强包装内果蔬与环境温度一致的措施有：增加外包装通气孔大小，有5%侧面或底部面积的通气孔，瓦楞箱包装就可满足热交换的要求，并且不会使包装的机械强度下降过多。少量的大孔径的通气孔比数量多而孔径小的通气孔热交换效果要好。侧面的通气孔距边缘5cm时的通气效果良好。内包装排列方式合适，减少由此而引起的通气孔堵塞。但是，一些特殊的包装箱没有通气孔，并且包装材料的保温性能良好，如用 PS 泡沫塑料箱等，主要是为了防止外界热空气进入已制冷或加有冷源的果蔬包装内。

②湿度：包装要能够防止果蔬贮运销过程中的失水。使用纸箱、塑料筐、木箱或竹筐等包装时，需要内衬塑料袋或湿润的草纸，以保持包装内环境较高的湿度，减缓果蔬失水。

③气体：合适的内包装能利用果蔬自身的呼吸作用，在包装内形成高浓度 CO_2、低浓度 O_2 的自发气调环境，达到气调效果，同时排出包装内产生的乙烯、乙醛等不良气体。推荐的果蔬自发气调包装内的气体组合（图8-3、图8-4），为新鲜果蔬的保鲜包装要求提供了基本指导。图中方格为不同果蔬的推荐气体浓度，方格越小，包装内的气体设计要求越严格。图中 A—C 线表示包装膜的 CO_2 和 O_2 透气系数比（β）大约为0.8（空气），这条线及以上的气体组合适于浆果类包装要求，可以采取打孔包装；A—B 线为透气比 β 为5.0的点的组合，符合 LDPE 和 PVDC 包装膜的透气比，A—B 和 A—C 线之间的气体环境内适于多种果蔬的包装，但 PVDC 透气性较低，仅适于低呼吸强度的果蔬。A—B 线以下部分的气体浓度环境主要适于对 CO_2 敏感的果蔬，多采用微孔包装的 LDPE 实现保鲜包装要求。

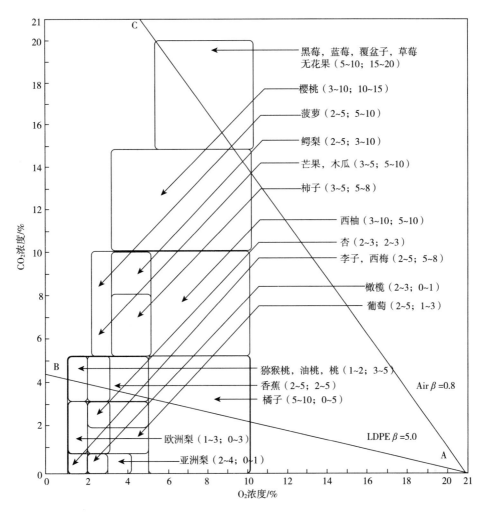

图 8-3　主要水果包装中需要的适宜 O_2 和 CO_2 浓度（Gordon L. Robertson， 2006）

2. 包装材料与方法

果蔬产品的包装包括外包装和内包装。内包装主要是自发气调（MA）保鲜膜，主要用于防失水、达到气调保鲜效果。外包装包括筐、袋、木箱、瓦楞纸箱、塑料箱等，用于保护果蔬产品，防震、防挤压、防碰撞、利于流通、产品宣传等。

（1）MA 保鲜膜

①保鲜膜的种类：生产中常用于果蔬的 MA 薄膜主要有 PE 和 PVC。PVDC、PET 等以透气率低的特点而开始应用于呼吸速率特别低的果蔬产品。常见的用于 MA 保鲜膜及其透气性如表 8-9 所示。

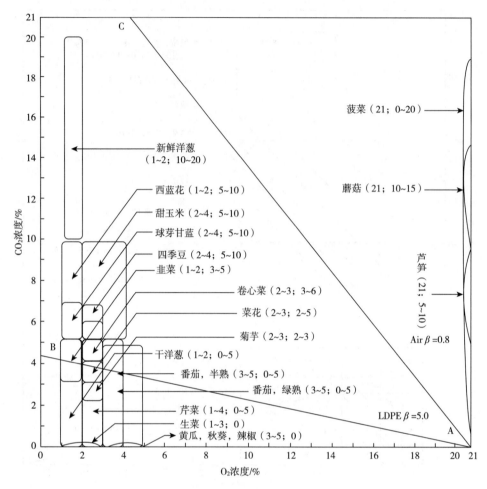

图8-4 主要蔬菜包装中需要的适宜 O_2 和 CO_2 浓度（Gordon L. Robertson, 2006）

表8-9 常用塑料薄膜的透气率和透水率

塑料薄膜种类	透气率 [mL/（m²·h·MPa）]			透水率/ [（g/m²·h）]
	CO_2	O_2	N_2	
LDPE	14 800~17 000	3 800~4 700	1 000~1 330	0.40~0.80
HDPE	4 240~6 360	1 170~1 750	330~500	0.02~0.04
PVC	2 120~8 480	1 170~4 650	670~2 660	0.35~2.00
PP	5 300~7 400	1 460~2 340	—	0.06
PET	42	23	—	—
PVA	21	9	—	0.30~1.80
PVDC	21	9	3	0.10~0.30

多年实践已证明，PE、PP、PVC 保鲜膜是 MA 包装中应用最多的材料。PE 是应用最多的果蔬保鲜膜，具有价格便宜、透明度高等特点；PP 具有透明度高、色泽好、韧度强等特点，在高档果蔬销售期间的应用日益增多，但由于透气性低，需要在包装袋上打孔；PVC 极性高，具有柔韧性、低温下柔软不易破损、透湿性能好、不易结露等优点，但价格较高，主要用于一些长期贮藏的果蔬和销售时的收缩包装，在我国蒜薹的长期贮藏中应用甚广。

②保鲜膜选择的基本要求：选择 MA 薄膜时，首先要考虑其对 CO_2、O_2 的透过比，要求其对 O_2 及 CO_2 的透过率要大，而且 CO_2 的透过率要比 O_2 的透过率大 3～5 倍，防止包装袋内形成缺 O_2 状态以及产生高 CO_2 伤害。其次，为了防止包装内结露，要求薄膜具有一定的水蒸气透过能力或者具有防湿层。

开孔薄膜包装是用表面有肉眼看不清的微孔至直径 5～10mm 的若干孔洞的薄膜袋贮藏产品，孔径及密度因果蔬种类和贮温而定。薄膜开孔的目的是提高膜的透气性和透水性，以防止无孔膜包装贮藏时常会出现的 O_2 过低、CO_2 过高及袋内湿度太高而造成的危害（图 8-5）。

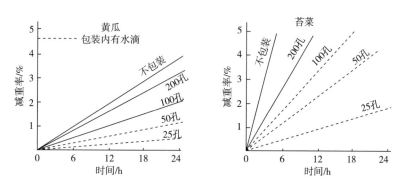

图 8-5　不同开孔密度薄膜的包装效应

微孔平均面积：0.03mm²；密度：100cm²面上的孔数

（2）MA 保鲜包装方法

①建立 MA 保鲜包装的方法：自发 MA 包装：当包装内果蔬的呼吸特性与包装薄膜的透气性相适合时，通过果蔬的呼吸作用在密闭包装内即可建立一个适宜的气体环境。利用此法建立自发气调包装时，要避免果蔬呼吸活动可能造成的低 O_2 或高 CO_2 引起生理伤害。此法主要适用于部分果蔬的长期贮藏。主要有苹果、李、猕猴桃、香蕉、葡萄、蒜薹、辣椒、番茄等，而柑橘、中国梨等则不适用。

充气式的 MA 包装：通过对包装袋抽气并充入所需要的 N_2 和 CO_2 等气体，可在较短时间内在包装袋内建立合适的气体环境，从而使果蔬的贮藏保鲜效果明显增加。如用 CO_2 间歇处理技术对于防止甜樱桃的腐烂非常有用，比连续气调贮藏操作更便利。

②MA 保鲜包装的管理：要根据不同种类，不同品种果蔬的生理特性来选择薄膜材料、装量、调气方法等。不是任何果蔬都可用一种 MA 薄膜。例如不耐高湿和怕结露的果蔬（如草莓等浆果类）应选择透湿性好和防结露的 PVC 保鲜膜。

环境温度是影响果蔬 MA 包装的一个关键因素。温度变化对包装内气体浓度的变化影响极大，温度过高时，常常造成密封 MA 包装内出现一个有害的厌氧环境（<2% O_2 和>10% CO_2）。因此，不可随意调整 MA 包装内果蔬的量及贮运温度，否则，容易出现低 O_2、高 CO_2 伤害，导致果蔬发酵产生酒味以及袋内结露，造成较大损失。

因此，在预测到流通过程中温度偏高时，应当放松密封状态防止气体伤害，或选用较薄的薄膜或透气性较高的薄膜。另外，加强贮藏设施的温度管理，避免贮藏温度的大幅度波动或持续偏离。对于土窑洞、通风库一类的变温贮藏设施中使用的小包装，应当在贮藏设计阶段采取措施，一般应以最高贮藏温度作为设计条件。

定期取样检查，是 MA 贮藏管理过程中的重要环节。对于同期入贮、同品种规格的小包装袋，应每间隔一段时间即对袋内气体进行取样分析，发现异常应及时采取补救措施，或提前出库。

（3）果蔬外包装

新鲜果蔬常用的包装容器、材料及适用范围如表 8-10 所示。

表 8-10　　新鲜果蔬常用的包装容器、材料及适用范围（GB/T 33129—2016）

种类	材料	适用范围
塑料箱	高密度 PE	适用于任何水果、蔬菜
纸箱	瓦楞纸板	适用于任何水果、经过修整的蔬菜
纸袋	具有一定强度的纸张	装果量通常不超过 2kg
纸盒	具有一定强度的纸张	适用于易受机械伤的水果
板条箱	木板条	适用于任何水果、果菜类蔬菜
筐	竹子、荆条	适用于任何水果、蔬菜
网袋	天然纤维或合成纤维	适用于不易受机械损伤的含水量少的果蔬
塑料托盘与塑料膜组成的包装	聚乙烯	适用于蒸发失水率高的水果，装果量通常不超过 1kg
泡沫塑料箱	聚苯乙烯	附加值较高、对温度比较敏感、易损伤的水果和蔬菜
加固竹筐	筐体竹皮、筐盖木板	任何蔬菜

随着果蔬商品经济的发展及流通渠道和范围的扩大，包装容器的标准化问题愈来愈显得重要。标准化容器便于机械化作业，有利于运输贮藏，防止使用规格不一的非标准容器造成货堆的不稳定或倒塌。目前我国已经制定了适合我国新鲜水果、蔬菜包装和冷链运输通用的操作规程（GB/T 33129—2016），在促进我国果蔬包装、运输的标准化方面起到了推动作用。

（二）鲜切果蔬的包装

由于鲜切果蔬大多作为零售包装销售，薄膜包装的应用是基本工艺，为 MA 技术的应用提供了良好的前提。MA 包装为鲜切果蔬提供了良好的 O_2 和 CO_2 条件，从而与温度控制相结合，能够显著地抑制鲜切果蔬的品质劣变和微生物繁殖，目前在发达国家基本实现了鲜切果蔬的 MA 包装产业化。我国鲜切果蔬产业的发展刚刚开始。

鲜切果蔬 MA 包装与完整果蔬 MA 包装的设计思路一致，但鲜切产品经历了一系列加工步骤，应用条件大不相同。由于保存期短、流通过程中能够有低温条件，且对微生物指标的要求严格，鲜切果蔬 MA 包装通常采用充气式 MA 包装或者透气性较低的包装薄膜，而且薄膜上印刷的产品商标、保质期等宣传和技术信息较多。鲜切果蔬的 MA 包装薄膜材料主要是 PE 和 PP 两种，厚度在 0.02~0.05mm。微孔 OPP 包装常用于鲜切果蔬，膜上有不同数量和大小的微孔以对应不同的呼吸率。很多情况下可充入 100% 的 N_2。对于高呼吸率的鲜切产品，很难找到合适通透性的包装材料，难以达到希望的 MA 效果，往往造成无氧呼吸，产生不良的生理生化代谢和品质下降。

鲜切果蔬的销售包装方式主要有袋、盒和托盘等，外包装则多为纸箱和泡沫箱。

（三）干制果蔬的包装

干制果蔬含水量低，富含抗氧化物质，贮藏流通过程中遇到不良环境容易吸湿发潮、氧化变质、发生虫害。

干制果蔬包装应具有较高的阻水、阻气性，并能够防止虫害侵入。干制果蔬的包装材料通常选用 PE、PT/PE、BOPP/PE 等薄膜材料，对于要求较高的需要采用 PET（Ny）、真空涂铝膜/PE、BOPP/Al/PE 等复合包装薄膜材料。很多零售包装采用密封包装，封入脱氧剂或者真空充氮包装，可用金属罐、玻璃罐、复合多层纸盒、铝箔袋等。

（四）速冻果蔬的包装

速冻果蔬含水量高，在低温下流通，容易因温度波动造成水分损失和重结晶。速冻果蔬质地坚硬，容易导致包装破裂。故其包装应该能够有效防止脱水、具有一定的耐破度和低温柔韧性、利于装卸和搬运。

速冻果蔬的内包装常用 PP、PET、尼龙、HDPE 或 LDPE 等单层膜，也可采用 OPP/PE、Ny/PE 等复合膜。目前也有采用 PET/PE 膜包装配好作料的混合蔬菜进行速冻保藏，食用时可直接将包装放入锅中煮熟食用，非常方便。

速冻果蔬的外包装常用涂蜡的防潮纸盒及发泡 PS 作保温层的纸箱包装。

（五）果蔬罐头的包装

果蔬罐头在加工过程中往往是包装后进行高温杀菌，并要求杀菌处理后包装要保持完整密封以防止微生物二次侵染。因此，罐头的包装应具有良好的耐高温处理能力和密封性。

金属罐和玻璃瓶包装是果蔬罐头传统采用的经典包装，其中金属罐主要是马口铁罐和涂料马口铁罐。随着包装技术的进步，蒸煮袋包装（软罐头）的应用逐渐增多，正在逐步取代金属罐和玻璃罐。蒸煮袋包装传热快，可以缩短杀菌时间，有利于保持产品品质，而且使用方便、成本较低。

（六）果蔬汁的包装

果蔬汁的包装应能够有效的维持果蔬汁加工后的质量品质，优质的包装还需要向消费者展示果蔬汁诱人的色泽和质地。

果蔬汁饮料的包装形式主要是瓶装、盒装，单体包装主要有玻璃瓶、塑料瓶、纸塑铝箔复合材料盒等。透明的玻璃瓶和塑料瓶是广泛采用的果蔬汁饮料包装，具有透明、通气性低、密封好、消费者喜欢等优点。纸基复合包装材料也是目前国际流行的无菌包装用材料。

二、粮油类食品的包装

（一）粮食谷物食品的包装

粮食谷物主要指大米、小麦、玉米、大麦、荞麦、高粱等。此类食品主要是以粮食谷物为主要原料制成的食品，如焙烤食品等。

1. 粮食谷物的包装

粮食谷物储藏流通过程中容易因环境湿度过高造成微生物侵染霉变、品质下降。仓储害虫以及老鼠也是导致粮食谷物储藏中损失的主要因素。因此，粮谷类食品包装应考虑的主要问题是防潮、防虫和防陈化。同时，因为粮食谷物的重量大，应考虑包装袋的柔韧牢固性和搬运的方便性。

粮食谷物的传统包装一般使用的都是麻袋、塑料编织袋，但防潮性能很差。目前粮食谷物的包装袋主要是编织袋、复合塑料袋、复合纸袋等，且大多在袋中衬一层聚乙烯薄膜袋，既能有效地防潮，又有轻微的透气性。

塑料编织袋比塑料膜袋的强度高得多，且不易变形，耐冲击性好，同时由于编织袋表面有编织纹，提高了防滑性能，便于贮存时的堆积，但防潮、防湿性能差，环境污染大。

复合塑料袋是由高阻隔性包装材料 EVOH、PVDC、PET、PA 与 PE、PP 等多层塑料复合，基本上解决了粮食包装上防霉、防虫、保质问题，具有一定推广、使用价值。

复合纸袋一般以基重 50~70lb（1lb ≈ 0.4536kg）的牛皮纸制成，因其具有较长的纤维，扭曲度和耐用性均较好。它的外层一般采用无伸缩性皱纹纸，以增加摩擦力，防止包装件堆码时的滑动。多层纸袋是一种伸性袋，与普通纸袋相比，其强度提高 1~5 倍，一袋装满 25kg 面粉的四层伸性纸袋，在 1~5m 高处自由落下 15 次，仍不破袋。纸袋无毒、无味、无污染，符合国家粮食卫生标准。

粮食谷物的包装方式主要采用普通包装、真空包装和充气包装。普通包装是利用聚丙烯等材料的塑料编织袋进行包装，采用缝线封口，价格便宜，操作简单，但对大米的防虫、防霉及保鲜的效果相对较差。采用真空包装，有利于防止陈化、发霉、生虫等。充气包装是通过充入 CO_2、N_2，能够有效地保持大米品质，防止大米的霉变和生虫。

2. 焙烤食品的包装

焙烤食品主要包括面包、饼干、糕点等。除了方便运输销售、商品化宣传外，不同的焙烤食品因其特性、品质劣变原因不同而采取不同的包装。

面包包装需要防止失水、保持松软、防霉等，主要采用 PE、OPP 或二者多层共挤复合膜进行包装。为了延长保鲜期，面包的包装还常采用充气包装、加入乙醇缓释保鲜剂的活性包装方式。面包充气包装中的气体组分多为 100%CO_2 或 50%CO_2+50%N_2。面包包装中加入乙醇缓释片（乙醇加入量通常为产品质量的 0.5%左右）可以有效防霉。乙醇缓释片是由装有硅胶粉的纸——EVA 复合膜材料吸收乙醇制成，为了掩饰乙醇气味，还可以加入一些香草精。

饼干包装需要防潮、防氧化、防碎裂，透明包装主要采用 PE/OPP 复合膜，不透明包装多采用铝箔/PE 复合包装。丙烯酸和 PVDC 喷涂的 OPP 膜隔绝 O_2 进入和防止风味损失效果更好。为了防止饼干碎裂，常采用内置 PVC、PS 热成型盒或者紧缩包装的方式。对于盒装的饼干，通常加入脱氧剂以防止氧化。

糕点包装材料要求具有较高的阻隔性，能阻气、阻水、阻油，有的还要求阻光。常见的糕点内包装材料有透明塑料复合膜、不透明镀铝复合膜、蜡纸等，如 KOPP/CPP 复合薄膜的阻气性极高，在月饼等高油脂含量的糕点包装中应用广泛；外包装常用硬纸盒、铁盒，防止糕点碎裂。为进一步提高防氧化效果，常在包装袋中放置脱氧剂或采用充氮包装。随着近几年新技术的发展，纳米复合膜、纳米包装纸在糕点包装中逐渐得到应用，具有较好的抑菌防霉效果，保质期得以延长。

（二）豆类和油料的包装

豆类和油料是生产食用油和其他加工品的主要原料，主要包括大豆、花生仁、油菜籽、葵花籽、芝麻、棉籽等。

豆类和油料包装的主要目的是用于搬运，利于运输流通。生产中流通的豆类和油料包装主要采用麻袋和塑料编织袋。麻袋是常用的豆类和油料传统包装，使用时要符合国家标准《粮食包装　麻袋》（GB/T 24904—2010）。塑料编织袋具有质轻、韧性高、耐霉烂等优点，使用量逐渐增多。

豆类和油料的零售小包装主要采用透明度高、密封性能好的复合塑料袋包装，包装方式主要采用普通热封口包装、真空包装。为了进一步保持品质，普通包装中常加入脱氧剂。

（三）食用油的包装

食用油脂包括动物脂肪和植物油，市场上流通的主要是植物油，动物油脂多是加工用。油脂流通过程中容易氧化酸败，其密度大、搬运不便。食用油包装应该具有隔气性好、机械强度大、防潮、不易受微生物侵染及包装成本低等特点。对于销售周期和贮存期较长的食用油脂，还要考虑遮光包装，或者在包装材料中加入阻挡紫外光透过的颜料。油脂的包装材料和容器主要有：

（1）桶包装　适用于粗油、精炼油油品，小批量流通领域的包装以及高级食用油制品的小批量应急流通领域包装；

（2）金属罐包装　适用于起酥油、人造奶油、精制猪脂等塑性脂肪包装，以及高级食用油制品的大容量包装；

（3）玻璃瓶包装　适用于稀珍油品、调味油品、蛋黄酱调味汁制品的包装；

（4）塑料吹制品包装　适用于精制油品、调和油直接消费包装；

（5）塑料杯、盒包装　适用于人造奶油、蛋黄酱制品包装；

（6）塑料软包装　适用于精制油品家庭消费小包装；

（7）复合材料软包装　适用于风味油品、半固态调味汁制品包装。

早期的食用油通常用玻璃瓶包装，由于玻璃密度大、易碎、携带不方便等缺点，近几年逐渐被PVC、PET、PS和HDPE、LDPE等各种塑料容器所取代。瓶盖多采用PP螺旋盖，盖内衬垫一层PVDC垫片，以增强其密封性。油脂的大容量包装大多采用铁桶。

三、　畜禽类食品的包装

（一）生鲜肉的包装

1. 生鲜肉的包装要求

生鲜肉流通过程中的主要问题涉及微生物繁殖导致的腐败变质、肌红蛋白与氧结合变化导致的感官品质下降以及水分损失等。生鲜肉的包装可以防止鲜肉储藏、运输和销售过程中微生物污染，避免鲜肉水分损失，方便与气调等其他保鲜方式相结合。包装仅是生鲜肉保鲜工艺的一个环节，能发挥作用的前提是生鲜肉的所有技术工艺环节要规范合理，只有从屠宰开始到销售整个过程中的技术工艺合理科学，尤其是全程低温环境的保持，包装的保鲜作用才能实现。

2. 生鲜肉的包装方式及材料

（1）生鲜肉包装的方式　生鲜肉包装的方式主要有托盘包装、真空包装和气调包装三种方式。对于鲜肉的远距离运输和贸易，多采用真空包装而不是保鲜效果更好的气调包装。近距离运输或者分割零售生鲜肉则适合气调包装。在生鲜肉的零售包装中通常采用底部有吸垫的盘子，防止汁液流出的积累。

①托盘包装：托盘包装主要用于生鲜肉 1~3d 的货架销售包装，采用 PS 泡沫托盘作为底，将肉分割成适合零售的重量和大小后，用透明度较好的 PVC 或 PE 保鲜膜（透氧率为 1 800~8 400mL/ [m² · d · （kgf/cm²）]）把整个托盘和肉包装起来，这样的包装内气体成分基本接近自然空气，肉的颜色鲜亮，但缺乏气调保鲜效果。近年来开始有在托盘外面再套具有良好气密性的袋子，并进行充氮包装。

②真空包装：可用于整个胴体及零售分割肉。真空处理除去了包装内的空气，能够有效地抑制需氧微生物的生长繁殖，减少鲜肉成分的氧化分解，显著延长了生鲜肉的保鲜时间。生鲜肉真空包装的缺点是：由于缺氧造成生鲜肉的颜色鲜亮程度较低，以及生鲜肉受到挤压造成汁液流出，影响商品外观。真空包装袋的材料主要是透氧率为 100mL/ [m² · d · （kgf/cm²）] 左右的 PET、PVDC、尼龙/PE 等。

③气调包装：气调包装是指将包装内的空气抽出后再冲入特定气体的包装，可用于整个胴体和零售分割肉。由于包装内充入了特定比例的 CO_2、O_2、N_2、NO 等气体，气调包装可以根据需要调节鲜肉的颜色，更好地抑制病原微生物生长，是目前最常用的生鲜肉保鲜包装。

根据包装内的气体种类和比例，生鲜肉气调包装内的气体组分有以下几种：100% CO_2，40%~80% CO_2+20%~60% N_2，10%~70% O_2+30%~80% CO_2+10%~40% N_2，0.5% CO+69% CO_2+39.5% N_2，20%~25% CO_2+75%~80% O_2+10%~40% N_2 等。

气调包装一定要与合理的温度相结合。采用 75% O_2+25% CO_2 气调包装结合 -1℃ 冰温和 -3℃ 微冻保鲜新鲜羊肉，保鲜期可相应达到 20 d 和 40 d，比对照普通包装延长 10d 以上（如图 8-6 所示）。

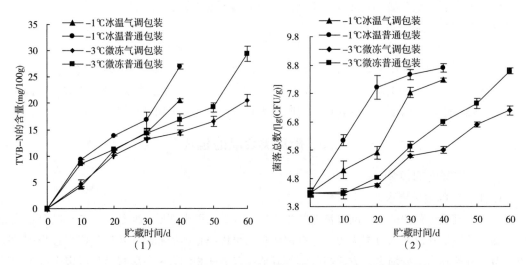

图 8-6 气调包装对不同温度下贮藏羊肉挥发性盐基氮和微生物菌落总数的影响

（2）生鲜肉包装材料 生鲜肉保鲜包装的材料一定要具有良好的气体阻隔性能。用于气调包装的膜材料主要是透氧率为 10~100mL/ [m² · d · （kgf/cm²）] 的 PET、PVDC、尼龙/PE、PVDC/PE 等。对于长期保存产品的包装材料，透氧率要求低于 10mL/ [m² · d · （kgf/cm²）]。另外，所有包装材料必须有足够的机械强度，能承受抽真空时压力的变化，还要有一定的塑性，以使包装袋能自动张开充气。

（3）生鲜肉的新型包装技术 已有研究表明，加入到肉制品抗菌包装材料（PE 等）的抗菌剂主要有乳酸链球菌素、EDTA、柠檬酸盐、植物提取物（如浆果种子提取物、烯丙基异硫氰酸酯、植物精油等）。这些抗菌剂主要通过简单混合、固定化、涂覆的方法加入到包装材料中。

对于容易腐败的生鲜肉来说，可采用微生物生长指示卡（内用/外用）来判断肉的新鲜程度，即新鲜度指示卡。该指示卡是一种 pH 染色剂，能与某些代谢物（挥发性的、非挥发性的）反应产生颜色变化，从而判断食物中的微生物状态（即腐败）。也可以采用病原体指示卡，通过与毒素反应相关的各种化学的或者免疫学的方法，来提供一些特殊的致病菌信息，如 O157：H7 大肠杆菌的安全性问题。

（二）冷冻肉的包装

1. 冷冻肉的包装要求

用于冷冻肉包装的材料首先应具有较强的耐低温性，在 -30℃ 时仍能保持其柔软性，同时还要具有较强的阻隔性，以减少 O_2 进入和水分挥发，防止冷冻肉的氧化和干耗。

2. 冷冻肉的包装材料

冷冻肉常用的包装材料有 PE、PP、PET、尼龙等单层薄膜，以及多种复合材料如 PET/PE/铝箔/PE、玻璃纸/PE/铝箔/PE 等。

（三）熟肉制品的包装

1. 熟肉制品的包装要求

熟肉制品主要作为消费者即食产品或者食品工业中的加工原料，流通中主要问题是保持加工形成的食用特性，防止微生物的繁殖和侵染。熟肉制品的包装应该具有良好的气体阻隔性、避光性，并能够适应加工包装操作。

2. 熟肉制品的包装方式及材料

传统肉罐头采用金属包装，现代熟肉制品包装方式主要有薄膜裹包、真空包装、充气包装等。常用的包装材料有：平光玻璃纸、涂塑玻璃纸、PE、PP、PVC、PVDC、铝箔及复合薄膜，如玻璃纸/聚乙烯、聚酯/聚偏二氯乙烯/聚乙烯、玻璃纸/聚偏二氯乙烯/聚乙烯等。

3. 熟肉制品的气调包装技术

使用 CO_2 和 N_2 混合气体（CO_2 占 25%～50%，N_2 占 50%～75%）进行气调包装，同时保持充入的混合气体与产品的体积比为 2：1。这种工艺广泛应用，可以得到最长的产品货架寿命，并有效地抑制引起失香和腐败的氧化产生。腌肉制品如咸肉气调包装，由于亚硝酸胺肌红蛋白呈淡红色，比氧化肌红蛋白的颜色要稳定得多，而且还不受 CO_2 浓度的影响。

（四）鲜蛋的包装

1. 鲜蛋的包装要求

鲜蛋富含蛋白质和脂肪，蛋壳易破裂，并且携带有沙门菌等微生物，流通过程中主要问题是破裂、微生物腐败、品质下降。鲜蛋包装的关键是防震缓冲以防破损、控制微生物繁殖侵染、保持品质。

2. 鲜蛋的包装方式及材料

鲜蛋流通中的包装通常采用瓦楞纸箱作为外包装，包装内采用泡沫塑料蛋托、纸浆模塑蛋托等作为衬垫。PE 塑料蛋盘箱也常用于鲜蛋的流通包装，有单面的（冷库贮存用）、多面的（适用于收购点和零售点）以及可折叠多层（运输用）。鲜蛋的包装也可采用收缩包装，每个蛋托中装鸡蛋 4～12 个，收缩包装后直接销售。

随着电商和快递业的发展，鲜鸡蛋的缓冲防震包装新形式不断出现。天津五谷香农业发展有限公司生产的富硒鲜蛋内包装采用可发性聚乙烯（EPE）泡沫塑料，30个鸡蛋分别装入单个打孔（直径4~4.5cm）的EPE发泡板（长宽高分别为32cm、27cm、6cm）中，在上下层分别衬垫32cm×27cm×1 cm尺寸的EPE发泡薄板，可以有效防止鲜鸡蛋运输过程中的破裂（如图8-7所示）。安徽龙耕食品有限公司则采用纸箱复合稻壳缓冲材料的包装，纸箱内采用1cm厚的单层瓦楞纸板隔成30个小方格，每个方格内放入鸡蛋和稻壳，稻壳可以有效缓冲鸡蛋运输过程中的振动撞击（如图8-8所示）。

图8-7　鲜鸡蛋纸箱复合EPE包装　　　　　图8-8　鲜鸡蛋纸箱复合稻壳包装

3. 鸡蛋的保鲜涂膜包装

涂膜技术是保持鲜蛋品质的重要手段。目前国内外生产中应用的主要方法是将鲜蛋表面清洗、烘干、消毒后，采用食品级液体石蜡油进行涂布，封堵鲜蛋蛋壳的空隙，防止O_2进入，抑制微生物的繁殖，保持鲜蛋的品质。

四、 水产类食品的包装

（一）冰鲜水产品的包装

1. 冰鲜水产品的包装要求

新鲜鱼类等水产品含有丰富的蛋白质和不饱和脂肪，产品表面湿润，气味比较大，流通过程中极易遭受有害细菌和不良化学因素影响引起腐败变质。控制良好的低温条件是其包装技术应用的前提条件。水产品的包装应该具有较好的水分和气体阻隔性，防止内外气体交换，同时要有一定的柔韧性，防止包装破损。

由于消费者对新鲜水产品的外观有较高的要求，故包装要求具有较好的透明性，或包装上有透明部分。为防止水产品滴汁或汁液渗出，可在冰鲜水产品包装内底部放置吸水垫片。

2. 冰鲜水产品的包装方式及材料

用于鱼类等水产品的包装材料和方式主要有以下几种：①PE薄膜袋；②涂蜡或涂以热溶胶的纸箱（盒），纸箱内的热溶胶黏合剂涂层改善了纸盒的热封强度，提高了热封效率；③采用纸盒包装在纸盒外用其他有一定韧性的材料如热收缩薄膜裹包；④将鱼放在塑料浅盘中，然后裹包一层透明的塑料薄膜或用塑料袋套装后热封，塑料浅盘可采用PVC、PS或发泡PS等材质制成，浅盘中衬垫一层纸，以吸收鱼汁和水分；⑤生鲜的鱼块或鱼片也可以直接用玻璃纸或经过涂塑的防潮玻璃纸裹包。

气调包装也可以用于鱼类包装，有研究推荐 40%CO_2+30%N_2+30%O_2 包装白鱼；60%CO_2+40%N_2 包装脂肪含量高的鱼，可以有效抑制微生物生长、防止脂肪氧化。

用于新鲜水产品的普通包装箱主要有铝合金箱、塑料箱和纤维板箱等；保温箱有钙塑泡沫片复合塑料保温箱、EPS 或 PUR 泡沫片复合塑料保温箱、EPS 复合保温纸箱等。

（二）冷冻水产食品的包装

1. 冷冻水产食品的包装要求

冷冻水产品流通温度低、产品硬度高，主要问题是保证产品的温度稳定性和包装的完整性。内包装材料应具有较强的阻隔性和柔韧性。另外，由于冷冻工艺直接影响到产品质量，包装的形状和尺寸应该符合快速冷冻工艺的要求。外包装材料应能保护好产品，并有利于码垛。外包装容器的底部应有底脚，避免容器直接接触地面，受到高温影响和地面的污染。

2. 冷冻水产食品的包装方式及材料

冷冻水产品的销售包装可以采用塑料浅盘裹包透明塑料薄膜的形式。冷冻水产品流通中内包装多采用复合包装材料如玻璃纸/铝箔/PE、PET/PVDC/PE，阻隔性好，能减少氧化和酸败。外包装主要采用防水的钙塑纸箱。

（三）活体水产品物流的包装

1. 活体水产品物流的包装要求

活体水产品物流中要保持产品的生命活性，要求提供适宜的温度、气体、水分等条件，而且单位包装重量大。为了保持其鲜味及新鲜度，需要通过合理包装来防止水分的蒸发和细菌的二次污染，尽量减少水产品脂肪的氧化变质，防止气味污染等。活体水产品的包装应该具有较高的强度，能承受规定的重量和堆码压力，具有良好的隔热性能、通气性能、卫生性能。

2. 活体水产品物流的包装方式及材料

活体水产品物流的包装分为带水包装和无水包装。

（1）带水包装 运输带水的活鱼运输包装是通过运输的活水船，或用水箱、水桶装入活鱼，不断增氧，装于火车、汽车、飞机等运输工具。对于专门的运输水槽，由空气泵不断向安装在运输工具上的水槽中补充 O_2，控制温度为 10~20℃，可用于大量而且长距离的运输。可以将水和鱼放入 PE 塑料袋中，袋内空间充满 O_2 或者空气，再装入纸箱等容器中进行运输，主要应用于小规模和短距离运输。

（2）无水运输包装 无水运输活体水产品主要用于不需要大量水即可存活的产品（虾、蟹等）、以麻醉休眠状态进行运输的产品（鱼）。无水包装主要包括塑料薄膜袋、橡胶袋、无水运输垫、泡沫箱、聚苯乙烯箱等，一般具有很强的保温性能和良好的防震性能。

为了提高运输效率，鱼的无水活体运输技术受到关注。鱼的无水保活运输方式主要是将休眠（冰温驯化）或者麻醉（高 CO_2）的鱼装入专用无水运输盒或垫，放入塑料薄膜袋、橡胶袋或泡沫箱等密闭容器中充入纯氧密封。目前活鱼无水运输技术因技术本身的成熟性不够高、成本高、操作复杂、装备条件要求高等，尚未被广泛应用。

螃蟹也通常采用无水运输。螃蟹可用湿透水的蒲包装运，也可以用严实的篓子存装，放些吸水的海绵等材料。运输过程中的温度不能太高，要避免受压和暴晒。将螃蟹捆好后放入内置冰袋的泡沫塑料箱中进行流通也是近年来发展起来的一种方式。

五、 调理类食品的包装

（一）调理食品的包装要求

调理食品又称方便预制食品，是指以农、畜、禽、水产品等为主要原料，经适当加工（如切分、搅拌、成型、调理）后以包装或散装形式于冷冻（-18℃）或冷藏（7℃以下）或常温条件下储存、销售，可直接食用或食用前经简单加工的产品。

调理食品按其加工方式和运销储存特性，分为低温调理类和常温调理类。包括煮制食品、烧烤食品、油炸食品、蒸制食品、凉拌食品以及这些食品与米饭、面条、馒头、面包等主食组合的盒饭等。对于调理食品的包装，基本要求是从生产、运输到销售，保持其产品的品质特性，防止细菌污染且调理要方便。包装材料需具有一定的机械强度（耐高低温）、良好的阻隔性（对气体和液体的高度阻断性）、对内容物的可耐性（耐酸、油）、卫生、操作方便。在满足以上条件的前提下，调整包装费用，使包装材料的成本更趋合理化。

（二）包装方式及材料

1. 塑料托盘和盒包装

作为盒饭快餐等调理食品的包装，常采用带盖塑料浅盘的形式。浅盘的大小、形状根据食品的种类和性质设计，多为 PP 材料。

2. 真空袋包装

在冷冻食品中广泛使用真空袋包装。其优点是对个体较为厚重的食品（例如猪蹄或大丸子等），这种紧密包装会给消费者感官产生一定的价值感。另外一种方式是采用全自动化的新型设备，分别由设备将上部薄膜和下部薄膜加以组成包装；在国外，在大规模生产汉堡包、烧麦等多种冷冻调理食品中均已经使用了这种包装方式。包装材料主体采用软质类型，大多用成型性好无伸展性的尼龙/PE，上部薄膜采用对光电管标志灵敏、适合印刷的 PET/PE 复合材料。

3. 纸盒包装

这种包装形式除保持膨胀外观外，充填速度加快，生产效率提高，外观效果好，更具有容易处理、方便调理等特点。冷冻食品的纸盒包装分为上部装载和内部装载两种方式。前者的材料是表面由 PE、PP 塑料薄膜与纸板压合在一起，由小型包装机冲压裁剪，由制盒机制盒，内容物从上部充填后，机械自动用盖封口。盒盖与盒身是连成一体的片形体，机械将其上、下分开时，内容物从侧面进入，再自动封口，这种方式采用的较多。

4. 铝箔包装

铝箔作为包装材料，具有耐热、耐寒、良好的阻隔性等优点，能够防止调理食品吸收外部的不良气味，防止食品干燥和重量减少等。这种材料热传导性好，适合作为解冻后再加热的容器。

5. 微波炉用包装物

随着微波炉的普及，适合于微波炉加热的冷冻食品的包装容器有可加热的塑料盒，这种材料在微波炉和烤箱中都可使用。由美国 International Paper 公司开发出来的压合容器，用长纤维的原纸和 PET 挤压成型，纸厚 0.43~0.69mm，涂层厚 25~38μm，一般能够耐受高温。日本的专用微波炉加热冷冻食品的包装材料，使用的是 PET/纸、PP 和耐热的 PET 等。

六、 饮料、 酒类的包装

(一) 饮料的包装

1. 碳酸饮料的包装

(1) 碳酸饮料包装的基本要求 碳酸饮料的单体包装应能承受一定的内压，防止 CO_2 渗漏，还要同时防止风味物质的挥发。由于碳酸饮料市场需求量较多，密度高，运输包装应该利于码垛搬运。

(2) 碳酸饮料的包装材料 玻璃瓶是碳酸饮料的传统包装容器，近年来向轻量化和高强度方向发展，受到塑料及其复合材料以及金属罐等的挑战。

目前碳酸饮料包装金属罐主要有二片罐和三片罐两种。两片罐有深冲拉拔两片罐 (DRD) 和变薄拉伸两片罐 (DWI) 两种。三片罐则有锡焊三片罐、电阻焊接三片罐和黏接三片罐三种，但粘结三片罐未得到广泛推广应用。锡焊三片罐正被两片罐和电阻焊接三片罐所替代。变薄拉伸两片罐应用于各种饮料的包装，包括果汁及溶有 CO_2 的饮料和啤酒等的包装。深冲拉拔两片罐和电阻焊接三片罐则主要应用于罐头食品包装，也用于饮料包装和其他包装。

用于碳酸饮料的塑料容器主要是有 PET 瓶和 PBT 瓶，其中 PBT 瓶大量用于碳酸饮料包装。

2. 其他饮料的包装

(1) 其他饮料包装的基本要求 除碳酸饮料外，其他饮料容器对耐压性能没有特殊要求。但蛋白饮料、茶饮料、果蔬汁饮料等易氧化的饮料种类，其包装容器和材料要求有较高的阻气、阻光性能；且这类饮料多为热灌装，还要求有较高的耐热性能，灌装时不变形。而对于矿泉水、纯净水等饮用水，则要求透明度高，材质轻薄。

(2) 其他饮料的包装材料 目前，包装饮用水的主流包装材料是 PE 或 PVC，少量高端水采用玻璃瓶包装，桶装水采用 PC 材料包装。蛋白饮料如杏仁露、核桃露、椰汁等主要采用三片罐包装。茶饮料、果蔬汁饮料、咖啡饮料主要采用 PET 瓶包装，少量采用三片罐包装。特殊用途饮料主要采用三片罐包装，少量采用 PE 瓶或 PET 瓶包装。植物饮料主要采用三片罐包装。

(二) 酒精饮料的性质与包装

1. 啤酒的性质与包装

啤酒富含 CO_2 气体，具有啤酒花特有的苦味，pH 约为 4.0。啤酒的包装形式主要有玻璃瓶、金属罐 (桶) 等，塑料瓶较少使用。

玻璃瓶是传统的啤酒包装，采用皇冠盖盖封后即经巴氏杀菌。皇冠盖由马口铁压制而成，内衬 PVC 或 HDPE 垫层，压盖后具有良好的密封性。由于光线中紫外线对啤酒中的营养成分影响较大，所以，一般采用棕色或墨绿色玻璃瓶，可遮掉 400nm 以下的紫外线，避免光照对啤酒质量的影响。玻璃瓶是目前啤酒包装的主流。

用于啤酒金属罐包装的主要是铝质二片罐。由于金属罐的高阻气性、遮光性及密封性，使得包装内的啤酒质量更稳定，包装成本高于玻璃瓶。

大容量短期贮存的散装啤酒可用 PE 桶包装。由于其重量轻、耐冲击、耐高温，适用于蒸汽清洗消毒，特别适用于就地销售的散装啤酒。国外大容量啤酒也用衬袋箱包装，便于贮运。

2. 葡萄酒的性质与包装

葡萄酒的包装通常为玻璃瓶。玻璃瓶的良好阻隔性避免了香气的逸散和氧气的透入，采用棕色或墨绿色玻璃瓶可有效地阻隔紫外光对酒的影响。玻璃瓶的良好造型设计和其色泽、光洁度，可赋予瓶装葡萄酒高档华美的感觉。

葡萄酒瓶的封口常用栎树制成的软木塞，木塞外包上一层保护性的锡铅层，以保证优良的密封性。锡铅箔是由一层薄铅层夹在两层更薄的锡层之间，滚压在瓶口上，外可进行高质量的装饰，包括印刷和浮雕图案。近年来，采用螺旋瓶盖替代软木塞的包装盖形式逐渐增多，螺旋盖是由铝合金制造的，里面的衬垫则由聚乙烯或锡制造而成。螺旋盖封口可以避免橡木塞污染的问题，而且更方便开启。螺旋盖在澳大利亚和新西兰葡萄酒产品中被广泛使用，但在其他国家使用率较低。

在葡萄酒包装中可以在抽真空后立即充入一定量的 N_2 来置换出包装内的空气。在葡萄酒生产中可加入抗坏血酸类脱氧剂来防止葡萄酒的氧化变质。

3. 其他果酒的包装

其他果酒一般采用传统的玻璃瓶包装，包装方法类似葡萄酒。

4. 蒸馏酒（白酒）

蒸馏酒包装的主要问题是阻止酒精、特殊香气的挥发，同时为贮运销售提供方便。

蒸馏酒的包装主要是玻璃瓶和陶瓷瓶。这类包装能保持酒类特有的芳香而能长期存放，包装器皿的造型灵活多变，既能体现古朴风格又能表达时代气息，可以很好地体现出酒的文化品位和商品价值。但玻璃和陶瓷笨重易碎，运输销售不便。近年来，塑料包装容器已开始引入酒类包装，可选用塑料共挤复合瓶，也可选用 K 涂膜的 PET 瓶包装，轻便、耐冲击，十分适合于旅行和野外工作者饮用。塑料包装一般适用于中、低档酒类包装。

各种散装的蒸馏酒在我国采用陶罐封装，而国外则采用木质酒桶（橡木）封装贮存，合适的包装方式有利于酒的陈酿。短期贮存的低档酒也可采用聚乙烯桶，但 PE 对酒精蒸气的阻隔性很差，不宜作较长时间的贮存。

酒类包装的改进大多是在瓶型设计和瓶盖结构上的变化，目前大多采用塑料旋盖和金属止旋螺纹盖作为防盗盖包装。

防伪包装技术在白酒包装中十分重要。一类是标识防伪，主要用于商品的外层包装，如激光模压全息技术可用于白酒的纸盒包装部分；另一类是包装结构防伪，主要用于商品的内层包装。因白酒内层包装多采用玻璃容器，故目前采用较多的有防盗盖、一次破坏性结构等技术。

🔍 思考题

1. 设计食品包装时要考虑到哪些功能？
2. 食品包装主要有哪些材料，各有什么主要优缺点？
3. 食品活性包装和智能包装在哪些功能方面具有重要发展潜力？
4. 各类食品对包装的基本要求是什么？
5. 新鲜果蔬自发气调保鲜包装设计时应考虑的关键点是什么？
6. 设计易腐烂食品的电商物流包装时重点考虑哪些问题？
7. 如何防止食品包装危害人类健康？

参考文献

［1］赵晋府．食品技术原理．北京：中国轻工业出版社，2010

［2］Gordon L. Robertson. Food Packaging：Principles and Practice（Second Edition）．CRC Press，Taylor and Francis Group，LLC，2006

［3］Raija Ahvenainen. 现代食品包装技术．崔建云，任发政，郑丽敏，葛克山，译．北京：中国农业大学出版社，2006.6

［4］李大鹏，王洪江，孙文秀．食品包装学．北京：中国纺织出版社，2014

［5］章建浩．食品包装学．3 版．北京：中国农业出版社，2016

［6］Maria Laura Passos，Claudio P Ribeiro. 食品工程的创新——新技术新产品．张懋，译．北京：中国轻工业出版社，2013

［7］日本食品流通系统协会．食品流通技术指南．中日食品流通开发委员会译．北京：中国商业出版社，1992

［8］陈黎敏．食品包装技术与应用．北京：化学工业出版社．2002

［9］李大鹏．食品包装学．北京：中国纺织出版社．2014

［10］高德．实用食品包装技术．北京：化学工业出版社．2003

［11］章建浩．食品包装大全．北京：中国轻工业出版社．2000

［12］马传国．油脂加工工艺与设备．北京：化学工业出版社．2003

［13］杨福馨，吴龙奇．食品包装实用新材料新技术．北京：化学工业出版社．2001

［14］关文强，陈绍慧，阎瑞香．果蔬物流保鲜技术．北京：中国轻工业出版社，2008

［15］高愿军，熊卫东．食品包装［M］．北京：化学工业出版社，2005

［16］Richard Coles Derek McDowell Mark J. Kirwan. 食品包装技术［M］．蔡和平等，译．北京：中国轻工业出版社，2012

［17］王冬梅．冷冻调理食品的包装工程［J］．农村实用工程技术，2000（09）：31

［18］许立兴，薛晓东，仵轩轩等．微冻及冰温结合气调包装对羊肉的保鲜效果．食品科学，2017，38（3）：232-238

第九章

CHAPTER

9

食品仓库的管理与卫生

【内容提要】本章主要概述了食品仓库的分类、主要仓库的特点和性能，食品仓库的管理内容和技术措施，食品仓库的卫生要求。

【教学目标】了解各种食品仓库的分类，掌握主要仓库的特点及性能；了解食品仓库入库、出库管理的主要内容和技术要点，掌握食品仓库温度、湿度和气体等环境条件的控制技术，理解严格控制食品贮藏期限的意义和方法；了解食品仓库相关的卫生要求及其管理措施。

【名词及概念】常规储藏库；机械冷库；气调库；贮藏期限。

第一节　食品仓库的类型

食品仓库在食品流通过程中发挥着重要作用，不仅满足消费者对营养安全食品的需要，又为食品加工企业对原辅材料的需要提供保障。人们在长期的生产实践中，根据不同的食品特性，结合各地的自然和经济条件，创造了各种行之有效的食品仓储类型。随着科学技术的不断进步，食品仓库也在发生着不断的革新和发展，为更好地储藏食品提供了保障。

目前生产中将食品仓库一般分为常规储藏库、机械冷库和气调库三大类型。

常规储藏库一般不需要特殊的建筑材料和设备，结构简单，充分利用气候条件，因地制宜，形式多样。例如，粮食、果蔬等农产品常常采用的沟藏、窖藏、地下储藏、通风储藏等方式，都比较典型。常规储藏库主要依靠自然气候条件的调节作用来维持一定的储藏环境，会随外界环境温湿度变化而发生一定的波动，使用上受到一定程度的限制。

机械冷库是在有良好隔热性能的库房内，用机械制冷的方法，将库内温度、湿度条件稳定地控制在产品贮藏的最适状态，从而保持产品优良品质的建筑物。机械冷库是当今国内外应用最广泛的食品贮藏库。

气调库是在冷藏的基础上，增加气体成分调节，通过对贮藏环境的温度、湿度、CO_2、O_2浓度等条件的控制，更好地保持食品的新鲜度和商品性。气调库的建筑特点是气密性，关键设施是气调设备。目前气调库主要应用在水果蔬菜和粮油储藏上。

一、粮食仓库

粮食储藏库也称粮仓，是储藏粮食的专用建筑物。目前我国大型的中央粮食储备库代表仓型主要有平房仓、浅圆仓和立筒仓。这些常用的粮仓都配备了完善齐全的仓储设施，例如，粮情检测系统、通风降温系统、环流熏蒸系统和谷物冷却系统，使保管员可以及时发现储粮问题，采取措施，确保安全储藏，提高粮库的应变能力。

（一）粮仓的分类

1. 按照建筑结构形式分类

（1）房式仓　房式仓包括普通平房仓、高大平房仓、拱板仓、楼房仓、钢板仓等，是我国目前建造最多、使用最普遍的一种仓型，以平房仓、拱板仓为主，楼房仓较少。新建高大平房仓的隔热防潮性能较好，储粮配套设施齐全，标准长度为 60m，折线形屋架仓房的跨度为24m、27m、30m，粮食堆高 6m。房式仓的仓容量较大，一栋仓房可储粮 5 000t 以上。

（2）圆筒仓　圆筒仓包括浅圆仓、钢筋混凝土立筒仓、钢板立筒仓、砖立筒仓和土圆仓等，在发达国家使用普遍，目前在我国尚不普及，但是今后粮仓发展的方向。

立筒仓包括工作塔和筒仓群，在工作塔内一般设有控制台以及提升、清理、称重、除尘等设备，筒仓群的上下设有输送设备，故立筒仓粮食接收、发放的机械化程度较高。

浅圆仓是 20 世纪 60~70 年代在欧美、大洋洲出现的仓型。小浅圆仓直径 6~14m，高 8m，波纹钢板仓，移动式进粮设备，用作农场的收纳仓；大浅圆仓直径 18~35m，高 17~50m，固定式进粮设备。浅圆仓的优点是存储量大，投资少，运营成本低，造价仅比平房仓略高，而机械化程度远高于平房仓；缺点是自流后剩余的粮食需进仓用机械或人工进行清扫。浅圆仓是我国近年大力发展的一种新仓型。

（3）地下仓　地下仓根据地域、地质、结构等方面的不同，可大致分为土体地下仓和岩体地下仓两大类。土体地下仓又称土洞仓，主要兴建在土层厚、土壤坚硬、地质结构稳定、地形有利和地下水位较低的地区，如窑洞仓、双曲拱仓、喇叭形仓、椭圆形仓等。岩体地下仓又称岩洞或石洞仓，建造于山体宽厚、石质坚固、无裂缝、不渗水、交通便利的地区，如直通道仓或马蹄形仓等。

2. 按照仓内粮食堆装形式分类

（1）散装仓　散装仓具有良好的隔热防潮性能，粮仓墙身能承受一定的粮食侧压力，较为厚实坚固。粮食散装入仓，不需用装具，可直接靠墙堆放。这种仓房的空间利用率较高，也可兼作包装仓用。

（2）包装仓　由于包装仓在设计时不需考虑粮食的侧压力，仓壁强度较低，不能作散装用。粮食装包入仓分块堆垛存放，堆垛与墙身不直接接触，需留出一定的通道，仓房空间利用率比散装仓低。

3. 按照设备和建筑条件分类

（1）一般粮仓　一般粮仓指仓房结构合理、建筑和设备条件比较好的粮仓。

（2）简易仓　简易仓指仓房结构较简单、设备较差、建筑材料就地取材、建筑施工因陋就简的粮仓。

（3）机械化仓　机械化仓指仓房内安装有固定式机械设备、进出仓方便、节省人力的粮仓。

（4）装配式仓　装配式仓指多采用钢筋混凝土结构或钢结构，建仓时先按设计要求预制构件，然后装配而成的仓房。

4. 按照建造位置分类

（1）地上仓 指仓房的主要承重结构（仓壁、仓顶）都建在地表面上，如房式仓、圆筒仓等。

（2）地下仓 指主要承重结构都在地表以下的仓房，隔热性能良好，年温差变化小，具有一定的防震、防火和密闭性能，储粮费用低；但通风性能差，出仓不太方便，有的粮库可能运输困难。

（3）半地下仓 主要承重结构中仓壁局部或全部在地表以下，仓顶在地表面的仓房。

5. 按照控温条件分类

（1）低温仓 低温仓指利用天然条件或机械手段可将粮温控制在15℃以下的仓房。一般需要通过机械措施才能达到低温的要求。

（2）准低温仓 准低温仓指将粮温控制在20℃以下的仓房。它一般也需辅以机械降温，但在我国北方一些地下粮仓可利用自然冷空气达到上述要求。

（3）常温仓 常温仓指不设置机械制冷装置的各种形式的仓房，仓内温度通常随仓外气温变化而变化。

6. 根据购、销、储、运环节所承担的任务分类

（1）收纳库 收纳库设于粮食产区，主要接收国家向农业生产者征购的粮食。入库后做短期储存或做必要的烘干降水、清杂、杀虫处理后，即调给中转库或储备库。一般以平房仓库为主，仓位大小要配套，以适应接收多品种粮食的需要。

（2）中转库 中转库设于交通枢纽地，主要接收从收纳库或港口调运来的粮食，做集中或短期储存后，即调给储备库。若中转单一品种的散装粮，周转率又较高，则以筒仓为主；若中转多品种、有包装粮时，则以简易仓棚为宜，以便于调给储备库。

（3）储备库 储备库是国家为了储备必要的粮食，以应付严重自然灾害等特殊情况而设置的粮库。一般以房式仓为主，尤以具备防潮、隔热、密闭或通风条件均好的平房仓或地下仓为宜。

（二）主要仓型和储粮性能

我国已基本形成以高大平房仓、浅圆仓和筒仓为代表的主要仓型，其结构特点与储粮性能如下。

1. 平房仓的结构及储粮性能

平房仓是我国粮库中最普遍的储粮建筑，因为建筑材料可以因地制宜，不需要很高技术，造价低廉，所以应用很普遍。

图9-1 高大平房仓的外观

（1）平房仓的结构 新建平房仓一般为矩形砖石结构的单层建筑，双坡屋顶、砖墙。由于屋架结构不同，可分为大型预应力混凝土折线形屋架平房仓、钢彩板屋面、钢屋架结构平房仓和板架合一的拱板仓等几种，还有全钢结构的平房仓。图9-1所示为典型高大平房仓的外观。

平房仓以简单的砖石结构为主，用混凝土或砖砌柱和壁柱，使墙体具有抵抗粮食侧压的能力。多数折线形屋架平房仓的跨度为21m、24m、27m、30m，拱板仓的跨度为21m、24m。平房仓的仓门主要用于粮食输送机械的进出和仓房的通风换气。各仓的仓门数量相差较大，小仓房仓门为2个，大仓房的仓门多达6个。现在仓房都配有通风设备、照明设施和进出仓设备。为提高仓房本身的隔热与气密性能，对长期储藏的储备仓来说，仓房的门窗数量宜少不宜多。

（2）平房仓的仓储性能

①仓房容量较大：跨度21m以上的大型平房仓，堆粮线6m以上，有较大的有效面积和负载仓容，可散装或包装，便于清扫、翻倒粮堆。平房仓单位面积的储粮容量是较低的，散装仓一般为3.45~4.14t/m²，包装仓一般为2.4~3.3t/m²。

②仓房的隔热、防潮性能增强：新仓在屋面上设置了隔热层和防水层，对仓房内墙和地坪都采用高聚物改性沥青［北方苯乙烯-丁二烯-苯乙烯三嵌段共聚物（SBS）、南方无规聚丙烯（APP）］等防水卷材处理，或屋面采用硬质聚氨酯防水保温材料处理，仓房内墙粉刷聚合物砂浆进行防潮处理，提高了整体仓房隔热、防潮抗渗的效果。但由于平房仓是向平面发展，而不是向空间发展的仓型，其仓顶和侧墙的受热面积较浅圆仓、筒仓的大，在高温季节特别容易引起仓内温度过高的现象。

③新仓的仓储设施齐全：新建的高大平房仓内配备了粮情测控、通风降温、环流熏蒸、谷物冷却等配套设备，粮库具有较强的应变能力，保管员可以及时发现储粮问题，采取措施，确保储粮安全。

④仓房密闭性能差：平房仓门大、窗多、孔洞难密封，拱板仓的下弦板缝易漏气。储粮既容易受仓外不利环境条件的影响，又会使熏蒸杀虫效果降低。

⑤进出仓作业效率低、劳动强度大：平房仓属平底仓，无法进行快速机械操作，进出粮操作要比浅圆仓、筒仓麻烦得多，且工作效率也低。因此，平房仓只能用作长期储备仓。

2. 筒仓的结构与储粮性能

筒仓是指平面为圆形、方形或多边形储存散粒物料的直立容器。目前粮库主要使用的筒仓有钢筋混凝土筒仓、钢板筒仓和砖筒仓三种形式。钢筋混凝土筒仓强度大，耐久性好，抗震性好，是较现代化的仓型。但是这种仓型造价高，设计和施工周期长。

（1）筒仓的结构　目前我国建造的粮食筒仓直径8~12m，筒仓底部形式一般为漏斗型，装粮高度为25~35m，筒壁厚度约为20mm。筒仓群一般采用行列式排列方式，纵向为行，横向为列，四个相邻筒仓之间的空间称为星仓，也可储存粮食。行列式排列时，通常行数取2~4，列数取4~8。当仓容量超过35 000t时，可采用双翼式布置，即在工作塔两边布置筒仓群（图9-2，图9-3）。筒仓的进出仓方式与深粮层仓型类似，筒顶、筒底都安有水平输送设备，工作塔内安有垂直提升、清理、称重和除尘等设备，构成整个筒仓群粮食的接收、发放与倒仓系统。

图9-2　立筒仓　　　　　　　　　　图9-3　钢板筒仓

（2）筒仓的储粮性能

①筒仓的机械化程度高：由于筒仓顶部与底部均有输送设备，筒仓群的工作塔内设有提升、称重、清理、除尘、控制等设备，能迅速完成粮食进出仓操作，有利于提高入库粮质，实现现代化管理。

②采用滑模施工方法：钢筋混凝土筒仓通常使用水泥等建筑材料，筒仓顶部有顶棚，筒仓锥斗与出粮口又高于地面，所以这种筒仓具有良好的密闭、防潮、防虫、防鼠和防火性能，有利于粮食安全储藏。

③筒仓储粮设施配套齐全：筒仓大都安装了粮情检测系统和多功能通风熏蒸装置，后者集筒仓的通风降温、环流熏蒸、减缓分级和卸粮减载等功能于一体，提高了粮食储藏稳定性，减少了筒仓的频繁倒仓次数，降低了储粮保管费用。

④筒仓直径小，筒体高：入粮时会形成严重的自动分级现象，给安全储粮带来隐患。所以，强调筒仓入粮质量和入粮环节的清理，对做好筒仓安全储粮工作非常重要。中心管进（出）粮可以有效减少进出粮操作时的自动分级现象。

⑤钢板筒仓壁薄，导热性好：筒壁处粮食易受外温影响，仓内外温差易导致粮堆水分转移，在仓壁处或粮堆表层形成结露。因此，钢板筒仓一定要配置通风系统，改善筒仓的湿热环境。另外，钢板筒仓的仓壁与仓顶的结合处有缝隙，影响筒仓的气密性与熏蒸杀虫效果。钢板筒仓常用作中转仓或加工厂的原料仓，不作长期储粮。

⑥筒仓基本上是一种密闭仓型，通风不良，应注意粉尘：粉尘浓度高的场合，特别是工作塔内，凡在尘源产生的地方，都要采取除尘、防爆措施，严防粉尘爆炸。

⑦筒仓属自流型仓型：筒仓为全自流仓型，打开筒仓底部的卸粮闸板，筒内粮食可完全自流出来。若粮食出仓筒内发生结拱现象时，应停止出粮，采取措施破拱后，再继续出仓。

3. 浅圆仓的结构与储粮性能

浅圆仓是我国近年大力发展的一种新仓型，它具有储存量大、造价低、施工期短、进出粮易于实现机械化操作等特点。

（1）浅圆仓的结构　浅圆仓直径较大，一般为 25～30m，仓壁为钢筋混凝土结构，厚度为 250～270mm，檐高 15m，装粮 5 600～8 000t。浅圆仓采用钢筋混凝土条形基础，仓顶为乙烯夹心预制装配整体式钢筋锥面薄壳，坡度为 30%，也有采用现浇薄壳结构和其他保温材料的。浅圆仓也可采用镀锌钢板结构。图 9-4 所示为浅圆仓的外观。

在浅圆仓的仓顶中心设有 1 个入粮口，在仓顶设有 4 个自然通风孔、4 个轴流风机孔和 1 个进人孔。浅圆仓内壁安装有爬梯，供保管员检查粮情时，从仓顶进人孔上下用。每座浅圆仓有 1 或 2 个双层仓门，外门为密闭防护门，内门为可多层开启的钢结构弧形对开挡粮门，可根据仓内粮面高度变化分层开启和关闭。每扇挡粮门下部开有 1 个紧急出粮口。浅圆仓底置有一条输送通廊，沿通廊方向在浅圆仓地坪上开设 5 个卸粮口。浅圆仓的进出粮方式与筒仓相似，仓顶、仓底安有水平输送设备，工作塔内安有清理、称

图 9-4　浅圆仓

重、垂直提升设备。

（2）浅圆仓的储粮性能

①储量大，占地面积适中。浅圆仓机械化程度、吨粮单位造价高于平房仓，但远低于筒仓。且随着浅圆仓直径的增大，储量增大，造价更低。

②浅圆仓的粮堆要比平房仓、筒仓的更大，其保温性能-保冷性与湿热扩散性更加突出。混凝土屋面结构浅圆仓的气密性、隔热性能等都优于彩钢板屋面结构的浅圆仓。在生产中，要按照低温储粮模式管理好浅圆仓的储粮，同时要防止粮食水分转移引起发热霉变，造成损失。

③浅圆仓体高度在14m以上，入粮时粮食落差较大，自动分级现象要比平房仓严重，须把好入仓粮食的质量关。

④浅圆仓进出粮机械化水平比平房仓的高，比筒仓的低。从提高粮食发放速度、降低粮食流通成本来讲，浅圆仓要比平房仓更具有优越性。

二、　常温贮藏库

（一）土窑洞

土窑洞由于深入土中，借助于土壤对温度和湿度的调节作用，维持了窑洞内低而稳定的温度和较高的湿度，有利于新鲜果蔬的品质保持。

土窑洞的建造应选黏性土质地段，利用山坡、山崖等陡坡向内掘进，深度可达几十米，窑顶土层厚度至少在2m。窑门以向北为最好，一般不能朝南。为了把窑温调整到理想范围，现出现了机械辅助制冷或建立通风体系的改良式土窑洞。土窑洞主要分为大平窑和母子窑两种，大平窑由窑门、窑身和通气孔组成。母子窑以母窑作通道，子窑呈"非字形"或"梳字形"排列。

土窑洞洞体多为拱形结构，洞内衬砌多为砖石砌体，洞外用相当厚度的黄土覆盖作为隔热层。由于降温热负荷大，降温时间长，所以有的土窑洞在洞体衬砌内侧作了隔热层处理。土窑洞因地制宜，就地取材，结构简单，造价低廉，但规模有限，货物进出不便，运转费用高。

（二）通风库

通风库是砖、木和水泥结构的固定式建筑，具有完备的通风系统和隔热结构，主要利用库房内外温差和昼夜温度的变化，以通风换气的方式来维持库内较稳定和适宜的贮藏温度。因此，通风系统的效能决定通风库的贮藏效果，通风量取决于通风口（进气口和排气口）的面积和空气流动速度（风速），风速又受制于进、排气口的构造和配置。

由于通风库贮藏仍然是依靠自然温度调节库温，库温的变化随着自然温度的变化而变化，在高温和低温季节，不附加其他辅助设施，很难维持理想的贮藏温度，使用上受到一定限制，目前我国该库型已日渐减少。但通风库具有造价低、节能等优点，因此即使在一些发达国家，尤其是自然冷源比较丰富的地区，出于节省能源和经济效益的考虑，通风库贮藏形式依然存在。

如果通风库辅以风机强制通风和智能控制，用于苹果、梨、洋葱、大蒜、马铃薯等果蔬贮藏保鲜，其效果几乎可以达到普通商业冷库的效果。

三、　机械冷藏库

机械冷藏库是指利用制冷剂的相变特性，通过制冷机械循环运动作用产生冷量，并将其导入有良好隔热效能的库房中，根据不同贮藏产品的要求，控制库房内的温度、湿度条件在合理的水平，并适当加以通风换气的建筑物。机械冷库是当今国内外应用最广泛的食品仓库。

（一）机械冷藏库的分类

1. 按结构分类

（1）土建式冷库　是目前国内建造较多的一种冷库，可建成单层或多层。建筑物主体一般为砖混结构或者钢筋混凝土结构。其维护结构的热惰性大，受室外温度的昼夜波动影响较小。土建式冷库建设周期较长，施工复杂，保温效果好，一次性投资较小。

（2）组合板式冷库　这种冷库为单层形式，库体为钢框架轻质预制隔热板装配结构，其承重构建多采用薄壁型钢材制作。库板为隔热良好的组合夹心保温板，其两面为彩色镀锌钢板，芯材为发泡硬质聚氨酯板或硬质聚苯乙烯泡沫板。除地面外，所有构建和库体由专业生产厂家制作，运至工地现场组装。因此，建设周期短，保温效果好，但造价较高。

2. 按冷库容量规模分类

冷库的容量大小有两种表示方式，一种是用容积（m³）表示，一种是用贮藏货物的吨位（t）表示。目前，冷库容量划分没有统一标准，一般划分为大、中、小型。按吨位分为：10 000t及以上为大型冷库，1 000~10 000t 为中型冷库，1 000t 以下为小型冷库。

3. 按贮藏温度分类

冷库可分为低温冷库（-15℃以下）和高温库（-2℃以上）。高温库用于贮藏新鲜的园艺产品和禽蛋等，尤其以贮藏果蔬居多。低温库用于贮藏速冻食品或冷冻食品。

（二）机械冷藏库的建筑结构

冷库由主体建筑和附属建筑组成。主体建筑包括冷藏间、预冷间。附属建筑包括穿堂、装卸货物用的月台以及制冷机房、变配电间、挑选包装间、循环水池、品质检验室等。冷库的构成随生产性质、建设规模、贮藏产品的种类及品种对工艺要求的不同而有所区别。图9-5所示为一个典型的"非"字型果蔬冷库平面布局图。

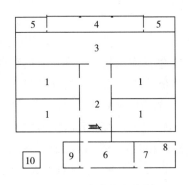

图9-5　果蔬冷库平面布局

1—冷藏间　2—穿堂（上面为技术走廊）　3—挑选间
4—装卸月台　5—管理室　6—制冷机房　7—配电机电控室
8—变压器室　9—水泵房　10—循环水池

1. 预冷间和冷藏间

（1）预冷间　也称为冷却间，用于消除园艺产品的田间热，时间一般在12~24h。

（2）冻结间　是将需要冻结的食品由常温或冷却状态快速降至 -20~-15℃，时间一般在12~24h。

（3）冷却物冷藏间　主要用于新鲜产品的贮藏。

（4）冻结物冷藏间　主要用于经冻结加工后的产品的贮藏，如速冻果蔬、肉类、水产品等。

2. 生产附属建筑

生产附属建筑主要是指与冷库主体建筑有密切联系的生产建筑，主要包括制冷机房、变配电间、电控室、水泵房和循环水池、挑选包装间、品质检验室等。

3. 生产辅助建筑

生产辅助建筑主要有月台、穿堂、楼梯间、过磅间、工作人员办公室、休息室和更衣室等。

（三）隔热结构

冷藏库必须具备良好的隔热性能，以最大幅度地隔绝库体内外热量的传递和交换，维持库内稳定而又适宜的贮藏温度、湿度条件。通常采用在建筑结构内敷设隔热材料来达到隔热要求。冷库的外墙、屋面和地面应设置隔热层，而且在有温差存在的相邻库房的隔墙、楼面也要做隔热处理。库体的隔热性能与所用隔热材料的性能和厚度有关。

1. 常用的隔热材料

目前，冷库最常用的隔热材料有聚氨酯泡沫塑料和 PS 泡沫塑料。

（1）聚氨酯泡沫冷库和气调库　常用硬质聚氨酯泡沫塑料板材，也可在施工现场直接喷涂发泡或灌注发泡成型。它的优点是容重和热导率小，强度较高，吸水率低，有自熄性能，能与金属和非金属材料黏结，施工方便。缺点是在施工现场发泡时，产生有毒的异氰酸酯蒸气，当浓度 $\geq 0.02 mg/L$ 时对人体有害，故施工现场喷涂时，应有完善的通风设施。价格较昂贵。

（2）PS 泡沫　它具有质轻，热导率小，耐低温，耐酸碱，离开火焰后立即自行熄灭的特点。PS 泡沫塑料出厂前已经压制成板材（俗称苯板）。缺点是吸水性大，并有冷缩现象。近年来发展的挤压型聚苯乙烯具有坚硬紧密的晶体结构，因此有优良的机械性能和很高的蒸气渗透阻隔性能，克服了发泡型聚苯乙烯吸水性强、压缩易变形的缺点。

2. 隔热层的施工

隔热层的施工因材料而异。聚氨酯泡沫塑料一般是在现场直接灌注或喷涂发泡，达到需要的厚度。PS 泡沫塑料施工时可用防水油膏黏接，并注意避免烫伤苯板。苯板在冷库中长期使用易老化收缩，因此施工中要尽可能地缩小苯板之间的缝隙，避免形成"冷桥"，影响保温效果。近年来，一些冷库也多用双面彩色钢板的聚氨酯泡沫塑料或 PS 泡沫塑料的夹芯板做保温和隔气材料，在板材的接缝处灌注聚氨酯发泡材料。这种材料施工方便，隔热效果好，但造价较高。

无论选用哪种材料，在墙体之间的接缝处及墙体和地面的结茬处都要做好连接，确保围护结构隔热层的连续性，使库内的隔热层形成一个整体，杜绝冷量的损失。

（四）冷库的隔汽防潮

库内外侧的温度差，会促成水蒸气形成分压差，从而形成水蒸气渗透的动力，能把水蒸气压入微小的气孔和裂缝。当水蒸气渗透到库体的隔热层内部，遇冷若达到露点温度时，水蒸气就会在隔热材料的孔隙和缝隙中积聚凝结成水珠或冻结成冰晶，使隔热材料受潮而降低隔热性能，严重时还会破坏隔热层。因此，为确保隔热材料良好的隔热性能，延长其使用寿命，保证冷藏库的正常使用，在隔热层的外表面设置防潮隔汽层是至关重要的。

在冷库建筑的防潮层施工中，粘贴 PE 薄膜的常温施工法已广泛使用，常用的是 $0.1 \sim 0.2 mm$ 厚的 PE 薄膜。近年来又涌现出防水涂料、复合型材料等隔汽性能更好、施工更方便的新型材料。无论何种防潮材料，敷用时要使完全封闭，不能留有任何微细的缝隙，尤其是在温度较高的一面。如果只在隔热层的一面敷设防潮层，就必须敷设在隔热层经常温度较高的一面。

（五）制冷系统

机械冷藏库的制冷系统是由制冷剂和制冷机械组成的一个密闭的循环系统。目前应用最广泛的是蒸气压缩制冷技术。国内大中型冷库多采用氨系统，中小型冷库采用氟利昂系统。制冷机械是由实现制冷循环所需的各种设备和辅助装置组成（图9-6），主要由压缩机、冷凝器、调节阀和蒸发器四部分组成。制冷剂在这一密闭的循环系统中重复进行着被压缩、冷凝和蒸发的过程，从而完成使冷库降温的作用。在制冷系统中，一般多采取直接冷却方式、即利用制冷剂的蒸发冷却产品或冷藏间的空气。也可采取间接冷却的方式，即将被冷却的产品或冷藏间的热量，通过中间介质传递给蒸发器中的制冷剂液体，如盐水、空气调节的冷却系统。

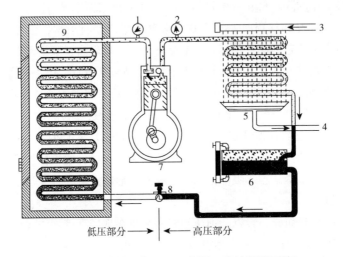

图9-6　冷冻机工作原理示意图（直接蒸发系统）

1—低压压力表　2—高压压力表　3—冷却水进水管　4—冷却水出水管；
5—冷却水容器　6—贮氨罐　7—压缩机　8—膨胀阀（调节阀）　9—蒸发盘管

四、　气调贮藏库

气调库是在机械冷库的基础上，增加气体调节系统，通过对贮藏环境中温度、湿度、CO_2、O_2浓度等条件的控制，更好地保持食品的新鲜度和商品性。气调库的建筑特点是气密性，关键设施是气调设备。国内的气调库已经实现了气体成分的自动监测和气调系统的自动控制。目前气调库主要用于果蔬贮藏。

（一）气调库的类型

按建筑的形式分类，气调库可分为砌筑式、夹套式、装配式三种形式。

1. 砌筑式气调库

砌筑式气调库也称为土建式气调库，建筑基本上与冷藏库一样，在库体的内表面增加一层气密层，气密层直接铺设在库体上。砌筑式气调库的造价比装配式气调库低约30%，气密性能接近装配式气调库，比较适合我国国情。但存在施工周期长，难度大，随着建筑物的沉降和变形，气密性容易被破坏等缺点。砌筑式气调库在我国主要用于贮藏苹果、猕猴桃、板栗等果品，约20%~30%的气调库属于这种类型。

2. 夹套式气调库

夹套式气调库是在普通的冷藏库内，用柔性或刚性的气密材料围成一个密闭的贮藏空间，是在砌筑式气调库的基础上发展而来的。气密材料与库内的墙、屋面保持一定的距离，气密层有一个供货物进出的可密闭的门。在密闭空间与围护结构之间形成了一个夹层，气调在气密层内部进行，制冷装置仍然安装在原来的位置，冷风在夹层内循环。这种形式主要用于葡萄气调贮藏中，在气密层内部进行 SO_2 处理，可以避免 SO_2 腐蚀库内的风机等金属设施。

3. 装配式气调库

装配式气调库是目前国内外应用最多的气调库形式。其围护结构采用彩镀夹心板。彩镀夹心板具有隔热、防潮、气密三重作用，而且构造简单，施工便捷，这是现代气调库广泛采用装配式组合结构的主要原因。

（二）气调库的建筑特点

按照气调贮藏技术的要求，气调库的建筑结构有着不同于冷藏库的特点。

1. 气密性

气密性是气调库在建筑上区别于冷藏库的一个最大特点。气调库不仅要求库体隔热，更重要的是库体结构要密闭，减少库内外的气体交换。只有这样，在气体调节时，库内的气体成分才能稳定。

气调库的气密层通常是设置在围护结构的内侧，其优点是便于检查和修复。由于库内的压力处于波动状态，当库内出现负压时，容易使气密层与基底脱开，影响库体的气密性。因此，在施工和使用过程中，对气密层可能造成的损害应予以高度重视。气调库围护结构良好的气密性，不仅依赖气密材料本身的特性，更依赖于气密层的整体性能。常用做气密层的材料有钢板或铝合金板、玻璃纤维增强塑料、塑料薄膜和塑料板、软质密封材料。

2. 安全性

这是由气密性带来的问题。在气调库的降温、调气过程中，库内的压力、温度的变化，引起库体内外产生压差。这种压差如果不及时消除或控制在一定的范围内，将会对库体造成危害，轻微的会破坏气密层，严重的还会出现库体塌陷或胀裂。因此，在气调库建筑中增加了安全阀（又称减压阀）和调压袋（又称贮气袋、膨胀袋），来缓解库内外的压差。

此外，气调库运行过程中处于低浓度 O_2、高浓度 CO_2 环境，人员进出有生命危险。为了便于观察库内情况，在气调库上部设有观察窗。

3. 单层结构

由于气调库气密性和安全性的要求，现代气调库几乎都是单层的地面建筑。气调库的地面不仅要满足承重和隔热的要求，而且要满足气密的要求。气调库常用的彩镀夹心板无法承载两层以上结构的重量，因而气调库一般采用单层建筑。

（三）气调库的组成

气调库的主体包括气调贮藏间、预冷间、穿堂、技术走廊、挑选包装间和月台。除了气调库的主体外，气调库还有一些配套建筑和设施，包括机房、循环水池、变配电间、质检室、包装材料库。技术走廊通常设在穿堂的上部，是为操作人员在贮藏期间观察库内水果的贮藏状况和库内设备的运行状况提供的立足之地，也是制冷、气调、水电等管线的安装、操作、维修的场所。一些大型的气调库，把 CO_2 脱除机、除乙烯机、加湿器等也安装在技术走廊，这样缩短了管路的长度。观察窗、CO_2 安全阀均设在技术走廊两边的墙体上。除此之外，其他的组成与

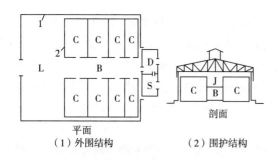

图9-7 非字型装配式气调库的主体布局

L—包装挑选间 B—穿堂 J—技术走廊

C—气调间 D—气调机房 S—制冷机房

冷库基本相同。气调库的布局大多采用非字形（图9-7），小型气调库采用单非字形布局。大中型气调库采用双非字形，即主体部分加宽，再增加一个穿堂和技术走廊。

一般气调贮藏库规模都在1 000~5 000t。气调库的单间容量不宜过大，中小型气调库在50~150t，大型气调库在300t左右。气调库的高度一般在6~7m，因此有效容积相对较大。气调库的容量与贮藏包装和堆码方式有密切的关系。

（四）气调系统

气调库的建筑特点是气密性，关键设施是气调设备，包括降O_2、脱除CO_2、除乙烯、加湿等设备，这些设备及其与气调间相连的管道称为气调系统。图9-8所示为气调库气调系统组成示意图。国内的气调库已经实现了气体成分的自动监测和气调系统的自动控制。

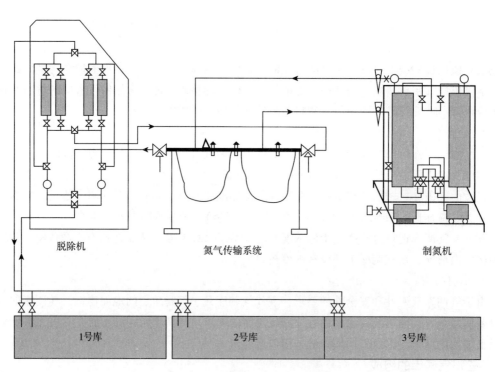

图9-8 气调库气调系统示意图

1. 降氧方式和设备

（1）降氧方式

①充氮降氧：用制氮设备分离出大气中O_2，得到96%以上的N_2，将N_2经进气管输入库内，库内的气体从排气管排到库外，直到库内的O_2浓度接近规定值为止。这种气体循环方式称为开式循环。

②分离降氧：采用气体分离装置（如制氮机）的闭式循环系统，即把库内需降 O_2 的混合气体抽至分离装置，进行 O_2、N_2 分离，分离后将 O_2 排至大气，将富 N_2 气体送回库内，如此循环，直至库内的 O_2 浓度达到规定值。

（2）降氧设备

①分子筛制氮机：这是气调中最常用的制氮机，主要使用碳分子筛。碳分子筛是一种兼具活性炭和分子筛特性的碳基吸附剂，孔径分布在 $0.3 \sim 1nm$。较小直径的气体（O_2）扩散较快，较多进入分子筛固相，这样气相中就可以得到 N_2 的富集成分。

固定式分子筛制氮工艺流程如图9-9所示，由空气压缩部分（空气压缩机、缓冲罐）、空气净化部分（精密过滤器、冷冻式干燥机、活性炭过滤器、高效除油器、空气缓冲罐）和制氮主机部分（氮气吸附塔、氮气储罐、粉尘过滤器、PLC控制器以及图上未显示的蒸汽过滤器、除菌过滤器等）组成。在制氮主机部分中，净化后的空气经由两路分别进入两个吸附塔（塔A和塔B），通过制氮机上气动阀门的自动切换进行交替吸附与解吸，这个过程将空气中的大部分 N_2 与少部分 O_2 进行分离，并将富氧空气排空。N_2 在塔顶富集，由管路输送到后级 N_2 储罐，并经流量计后进入用气点。

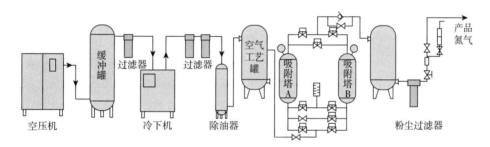

图9-9　分子筛制氮工艺流程图

②中空纤维膜制氮机：膜是一种分子级分离过滤作用的介质，当混合气体与膜接触时，在压力下，某些气体可以透过膜，而另一些气体则被选择性地拦截，从而使得混合气体的不同组分被分离。膜分离制氮机气体流程如图9-10所示。

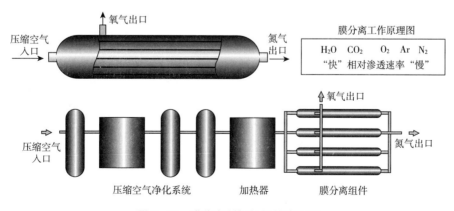

图9-10　膜分离制氮机气体流程图

膜分离氮与碳分子筛制氮相比，膜容易被压缩气源中的油分和尘埃所堵塞，使用一定时间后会出现产氮能力下降的现象，且细菌的侵入会加速膜分解；此外，膜分离制氮机要求气源温度为 $45\sim50℃$，因此需要安装加热器，但温度高会加速膜老化。而碳分子筛因有再生过程，所以对气源要求不像膜那么苛刻，且碳分子筛可在常温下工作。因此，从经济实用角度考虑，膜分离制氮机适宜在 N_2 纯度小于98%的气调系统中使用。

2. 脱除 CO_2 设备

在气调贮藏过程中，为了保证贮藏环境中 CO_2 浓度的稳定，脱出过量的 CO_2 是一项经常性的工作，对保证产品的贮藏质量是十分重要的。

（1）吸收装置　应用较多的是碳酸钾溶液。与 CO_2 生成极易分解的碳酸氢钾，碳酸氢钾可在常温下用空气再生，解吸为碳酸钾和 CO_2。碳酸钾溶液无毒、无气味，且在正常工作温度下对金属无腐蚀。如果不被污染，则可无限循环使用，即使掺杂了灰尘等沉积物，也可以过滤使用。库内气体从下往上经过时与碳酸钾作用被吸收。空气通过同样的方法即可再生碳酸钾。由于碳酸钾溶液具有吸收 CO_2 量大，易于再生，使用寿命长等优点，碳酸钾吸收装置得到了普遍应用。

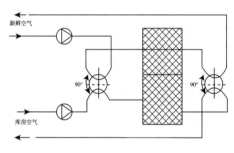

图9-11　双室活性炭吸附装置示意图

（2）吸附装置　CO_2 吸附剂有活性炭、硅胶、分子筛等，活性炭吸附 CO_2 装置是目前国内外应用最广泛的 CO_2 脱除设备，装置如图9-11所示。

活性炭具有多孔结构，因而吸附表面积较大。它与其他物质的结合是通过吸附，同时也通过毛细管凝结进行。气调贮藏所采用的活性炭，是一种经特殊浸渍处理过的活性炭，可用空气在一般温度下再生，而且再生后滞留在多孔结构空隙中的 O_2 很少，只能将库内过量的 CO_2 吸附并排出，不会使库内 O_2 浓度升高。活性炭脱除 CO_2 能力强，再生容易，自动化程度高，对环境无任何污染。

硅胶和分子筛尽管也能吸附 CO_2，但由于它们对吸附和再生的温度和压力要求较为苛刻，因而在气调贮藏中很少采用。

（3）除乙烯设备　乙烯能促进园艺产品的衰老。在气调贮藏环境中，有产品自身代谢产生的乙烯，也有环境中存在的乙烯。尤其是进出库时装卸中使用的柴油叉车，对贮藏环境乙烯水平的影响很大。

常用除乙烯的方法有两种，一是用高锰酸钾氧化吸收，另一种是在高温下催化氧化。前者常用于简易气调贮藏，后者用于气调库贮藏。气调库贮藏除乙烯装置常用除乙烯机，其原理是在催化剂的作用下，在大约250℃将乙烯氧化为 CO_2 和水。除乙烯机与气调库连接采用闭式循环。

（五）加湿设备

在气调环境中，整个贮藏过程都要进行调气，不论是开式循环还是闭式循环，出库的气体有一定湿度，而进库的气体是干燥的。故气调库的产品更易失水。因此，气调库必须安装加湿设备，以保证湿度达到产品贮藏需要的最佳湿度。一般的果蔬贮藏要求相对湿度在90%~95%。加湿的方法很多，生产上使用的有效方法有两种：一种是喷雾加湿，另一种是高压雾化加湿。

1. 喷雾加湿

喷雾加湿就是把水雾化后，随冷风送至库内的各个角落，形成一个较为均衡的湿度场。用非加热的超声波加湿器产生高频振荡波，使水雾化成很小的水粒，加湿效果好，不形成水滴。这种方法的优点在于不引起库内 O_2 浓度增加，不增加库内热量，但对水质要求较高。

2. 高压雾化加湿

高压雾化加湿是在库外将空气压缩到 0.4MPa，在库内由高压空气使水雾化，雾化后扩散到各个角落。目前，由于设备、技术方面的原因，这个方法雾化效果较差，产生的雾粒较大而不易扩散，容易形成水滴而集中在较小的范围内，加湿效果不如超声波雾化加湿器。

（六）气调贮藏运行的监测系统

气调贮藏运行过程中监测的指标包括：气调库的温度、湿度、O_2、CO_2 和乙烯的浓度。在气调库的中央控制室，巡回监测和显示各气调间这些指标的变化。根据检测的数据对气调间进行温度、湿度、气体成分的自动控制。温度、湿度通过与库内传感器的连接而取得数据，O_2、CO_2 和乙烯通过取样系统和分析系统取得数据。

自动采样在每一个气调间设置一根取样管，通过电磁阀和气体分析仪相连。气体分析仪包括顺磁测氧仪和红外线 CO_2 分析仪，通过电磁阀的控制实现气调间的巡回检测、自动控制和自动记录。自动检测一个气调间仅需 2~3min，万吨规模的气调库巡回一次约需 1.5h。这对保证库内各项指标稳定在较小的范围内有重要作用。

第二节　食品仓库的管理

食品库房的管理主要包括食品入库和出库管理、储藏环境的控制与调节等环节，其中做好储存环境的控制与调节，是维护食品质量和安全的重要措施。

一、　食品入库管理

（一）库房的清洁消毒

入库前需要对库房进行彻底的清扫，并将库房的所有门窗（或通气口）打开通风换气，然后对库房进行严格的消毒。常用的消毒方法有：用 1%~2% 的福尔马林或漂白粉液喷洒；或按 1m³ 库体 10~15g 的硫黄进行燃烧熏蒸；也可用 O_3 处理，浓度为 40mg/m³，既消毒又可消除异味。熏蒸消毒时可将各种机械、器具、架子、垫木等一并放在库内，密闭 24~48h。库房消毒后开启门窗、通气口，或起动风扇通风换气，排尽残药方可使用。

（二）食品的入库验收

验收是做好食品保藏的基础。入库验收是货物入库操作的第一道程序，所有到库的食品必须在入库前进行验收，验收合格后方能正式入库。食品入库验收必须以入库通知单、订货合同、调拨单或采购计划为据。这道操作程序主要包括验收准备、核对凭证和检验实物三个作业环节。

验收前的准备工作，大致包括人员准备、资料准备、器具准备、货位准备、设备准备。

核对凭证就是根据入库通知单、订货合同、调拨单或采购计划所列项目，与外包装标志进行核对。

实物检验就是根据入库单和有关技术资料对实物进行数量和质量的检验。对于食品而言，其品质包括食品的色香味、营养价值、应具有的形态、质量及应达到的卫生指标。到货食品品质状况如何，对确定和合理采用保藏方式、技术条件和控制、保藏时间等具有重大的意义。因此，食品的内在质量检验和外观质量检验同样重要，入库检验时不可偏颇。

（三）食品的堆码

码垛就是根据食品的包装形状、重量和性能特点，结合地面负荷、储存时间，将食品分别堆码成各种垛形。食品的堆码方式直接影响着食品的保管。合理的堆码，能使食品不变形、不变质，保证食品储存安全，同时还能提高仓容的利用率，并便利食品的保管保养和收发。目前，许多大型库房的操作运行已基本实现了机械化作业，库存食品的装卸和搬运码垛均由吊车或铲车完成。

根据食品的性能、外形等不同，码垛的基本形式有重叠式、纵横交错式、仰伏相间式、压缝式、宝塔式、通风式、栽柱式、鱼鳞式、衬垫式和架子化等。

一般认为，库内食品堆放应距墙 20~30cm；食品不能直接堆放在地面上，应用垫板架空，使空气能在垛底形成循环，保持库房内各部位温度均匀一致；堆的高度应离库顶 50~80cm 或低于冷风管的送风口 30~40cm。新鲜的果蔬类产品装箱（或筐）要分层码放，堆码之间要有通风道。

（四）食品的盘点与检查

盘点是指定期或临时对储存的食品进行数量清点，检查有无残缺和质量问题等的业务活动。食品盘点是保证储存的食品货物达到账、货、卡完全相符的重要措施之一，目的在于通过盘点，各类食品的实存数量、种类、规格可随时得到真实反映；可以掌握各类食品的保管情况，以此为依据合理调节储存条件，并对不利情况作出妥善处置；查明各类食品的储备和利用情况；了解验收、保管、发放、调拨、报废等各项工作是否按规定办理。库存货物，只有经常保持数量准确和质量完好，才能更有效地为经营和流通提供可靠的库存依据。

食品的检查是为保证在库储存保管的食品质量完好、数量齐全。检查工作内容有：查数量、查质量、查保管条件、查计量工具、查安全等。检查方法包括：日常性检查、定期检查和临时性检查。

1. 日常性检查

指保管员每日上下班时，对所管食品的安全情况、保管状况、计量工具的准确性、库房和货场的清洁整齐等的检查。这是保管员每日必须进行的一项工作。

2. 定期检查

指根据季节变化和工作的需要，由仓库组织有关方面的专业人员，对在库食品进行定期检查。即梅雨季节到来前后，组织质量和保养情况的检查；暑热季节到来前，对怕热食品的防热措施的检查；寒冬季节前，对冬防措施的检查；以及节假日前，组织安全措施的检查等。

3. 临时性检查

是指风雨前后，有灾害性气象预报时，所组织的临时性检查；或者是根据工作中发现的问题而决定进行的临时性检查。如在暴雨、台风到来前，要检查建筑物是否承受得住风雨袭击，水道是否畅通，露天货场苫盖是否严密牢固，风雨过后再检查有无损失等。

二、 食品仓库的环境条件控制

食品储存环境条件是否适宜和稳定，直接关系到在库食品的安全。气温、空气湿度、光线、外界及库内气体成分等的变化会直接作用于食品的储存环境，致使其发生变化，而影响食品的安全储藏。只有创造或调节好库内适宜的温度、湿度和气体成分，才能充分发挥仓库的保藏作用。

（一）温度、 湿度的控制

1. 常规储藏库

常规储藏主要依靠自然气候条件的调节作用来维持一定的储藏环境，会随外界环境温度、湿度变化而发生一定的波动。为了创造适宜于食品储存的环境，应采取各种措施控制仓内温湿度的变化，对不适宜的温湿度及时进行调节。常规储藏库温度、湿度控制方法主要包括：

（1）密封　密封措施是仓库内温度、湿度控制和调节的基础，没有密封措施，就无法运用通风、吸潮、降温、升温等方法调节温度、湿度。对仓房进行密封就能保持库内温度、湿度处于相对稳定状态。密封储存不仅能够达到防潮、防热、防干裂、防冻等目的，还可以收到防霉、防虫、防锈蚀、防老化等多方面的效果。

（2）通风　通风就是根据空气流动的规律，有计划地使库内外的空气交换，以达到调节库内空气温度、湿度的目的。正确运用通风，是要掌握库内外空气自然流动的规律，根据食品性质的要求，对比库内外温度、湿度的实际情况和变化趋势而有计划地进行。例如，在秋、冬季库外温度寒冷，空气干燥，可以进行机械或自然通风；或者在仓内温度、湿度大于库外的温度、湿度时，也可以开启门窗进行通风，保持仓内对食品适宜的温度、湿度，以保证食品储存的稳定性。

（3）增湿　常规储藏库内湿度不足时，一般通过向库内地面洒水，或在库内挂湿帘的方法补充库内湿度。

（4）去湿　在梅雨季节或阴天，当库内温度过高，不适宜食品保管，而库外湿度长期过大，不适合进行通风散湿时，可以暂时采用密封仓库的办法，减少外界温度、湿度对仓内食品的影响。如果仓内湿度过大，比较好的办法是使用空气去湿机。此外，还可以用生石灰、氯化钙、硅胶等吸湿剂吸湿。

2. 机械冷库

机械冷库温度的控制是靠调节制冷剂在蒸发器中的流量和气化速率来完成的。现在建造的冷库大多采用自动控制技术，只要给机械设定温度值，温度调节便可自动完成。

在一般冷藏库中，绝大部分的产品都要求入贮时尽快降温，贮藏期温度维持在产品最适宜的温度范围内即可。但有些产品冷藏中温度下降过快会造成伤害，例如，鸭梨的黑心病等，在此情况下就要求产品降温过程的速度不能太快，有的甚至要求缓慢降温。大多数鲜活和生鲜食品冷藏的最适宜温度在 $0 \sim 10℃$；而大多数冻结产品最经济、最安全的冻藏温度是 $-18℃$，水产品冻藏温度要更低些，一般在 $-30 \sim -24℃$。不论是冷藏还是冻藏，都要求冷库的温度波动尽可能小，同时还要求库内各处的温度均匀，无过冷和过热的死角，防止局部产品受害。温度分布的均匀性除受冷库设计结构的影响外，还受产品堆垛方式的影响。为了解库内温度变化，需在库内不同位置装置温度计，做好库内各部位温度的观察和记载工作。对于冷藏的鲜活食品，出库时要求尽量升温至接近外温，以防产品结露而短货架寿命。

冷库内冷风机的运转、蒸发器结霜是造成冷库湿度降低的主要原因。在冷库设计时要有较大的蒸发器面积，使蒸发面的温度与库温的温差缩小（不超过2~3℃），从而减少结霜量。在冷库中增湿也有很多办法，常用的方法是采用超声波加湿器；也有设置空气调节柜，在通风时将外界引入的空气先经加湿装置加湿。机械加湿方法效果很好，易于控制加湿量，冷库内湿度分布亦均匀。如果湿度过大，可用吸湿剂或除湿机去湿。

3. 气调库

气调库多用于新鲜果蔬的贮藏。在入库前7~10d应开机梯度降温，至新鲜产品入贮前使库温稳定在设定的温度，为贮藏做好准备。产品在入库前应先预冷，以消除田间热。入库速度要快，尽快装满封库。封库后的2~3d内应将库温降至最佳贮温范围，并始终保持这一温度，避免产生较大波动。

（二）气体控制

1. 常规贮藏库

常规贮藏库通常采用通风换气的方式来实现。在开启库房的门窗和进、排气口调节温度的时候，达到通风换气的效果。通风换气一般选择在气温较低的清晨，雨天、雾天等外界湿度大时不宜进行通风，以免引起库内温度和湿度的剧烈变化，影响产品的贮藏效果。

2. 机械冷库

中、小型冷库多无专门通风设施，一般冷库日常管理中的库门启闭即可使库内外有足够气体交换。对直接冷却的库房，需要适当的内部空气流动，使各部位温度分布均匀，一般可在库内安装通风装置或风扇。对于中、大型冷库做长期贮藏时，CO_2的积累成为不可忽视的问题，此时如彻底更换库内空气耗能太大，不经济，故往往采用空气洗涤的方法去除CO_2或其他有害气体。

3. 气调贮藏库

气调库气体成分管理的重点是库内O_2和CO_2浓度的控制。当产品入库结束、库温基本稳定之后，即应迅速降O_2。一般低氧贮藏库内O_2一次降至5%左右，再利用产品自身的呼吸作用继续降低库内O_2含量，同时提高CO_2浓度，直至达到设定指标，这一过程需7~10d。而后即靠脱除多余的CO_2和补充O_2的办法，使库内O_2和CO_2稳定在适宜的范围之内，直到贮藏结束。气调贮藏中的气体成分和温度等条件对贮藏产品起着综合的影响。要取得良好贮藏效果，O_2、CO_2和温度必须有最佳的配合。表9-1所示为部分果蔬的气调贮藏条件。

表9-1　　　　　　　　　　　部分果蔬的气调贮藏条件

种类	O_2/%	CO_2/%	温度/℃	备注
元帅苹果	2~3	2.5	0	澳大利亚
金冠苹果	2~3	1~2	−1~0	美国
巴梨	0.5~1	7~8	0	日本
柿	3~5	8	0	日本
桃	5~10	7~9	0~2	日本
香蕉	10	5~10	12~14	日本
蜜柑	10	0~2	3	日本

续表

种类	O_2/%	CO_2/%	温度/℃	备注
草莓	2~4	5~10	0	日本
番茄（绿）	2~4	0~5	10~13	中国北京
番茄（半红）	3~6	<3	6~8	中国新疆
甜椒	2~5	3~6	7~9	中国沈阳
洋葱	3~6	10~15	常温	中国沈阳
花椰菜	2~3	3~4	0	中国北京
蒜薹	2~5	0~3	0	中国沈阳

　　气调库的调气方法通常采用气流法进行，即将 O_2 和 CO_2 按配比指标要求，人工预先混合配制好后，通过分配管道输送入气调库内，从气调库房输出的气体经过成分调整后，再重新输入分配管道注入气调库，形成气体循环。对于库内的有害气体如乙烯，一般采用乙烯脱除器定期开机来进行脱除。

　　气调库房运行中一定要定期对气体成分进行监测，以便超过指标范围时能及时予以调整。气调条件要尽可能与设定的要求一致，气体浓度的波动最好能控制在 0.3% 以内。库中气调环境建立后，产品不要随便出库，直到需要上市时再整批出库，以免贮藏过程中气体指标发生明显变化。

三、控制食品的贮藏期限

（一）食品的贮藏期

　　食品在贮藏和流通过程中质量会发生变化，这些变化包括化学的、物理的和生物的变化。这些变化决定了食品具有一定的贮藏期，或称贮藏寿命。贮藏期是指食品保持商品价值和食用价值的期限。食品中除了高度酒等极少数食品在储藏和流通中质量逐渐有所提高外，绝大多数食品的质量总体呈现下降的趋势。特别是鲜活农产品经过长时间贮藏后，不仅质量会有不同程度的下降，而且贮藏时间过长，投入人力、物力和财力更多，反而影响了经济效益。因此，还应根据产品的质量状况和市场形势来确定适宜的贮藏期限，做到保质保量，及时销售。

（二）食品贮藏期预测

　　食品贮藏期预测在商品流通系统中起着十分重要的作用。食品贮藏期预测有两个方面的实际含义：一是预告食品自加工或采收后至质量降低到人们不能接受的时间，俗称质量保证期，以便及时销售食用；二是在质量保证期内预测食品质量，如营养成分等的保留量。制约食品质量下降速度的因素很多，除食品自身的理化特性、包装容器及其材料、工艺技术等因素外，流通环境中的温度是一个极为重要的经常性因素。

　　1. 粮油储存品质控制指标及安全储藏期预测

　　（1）粮油储存品质控制指标　为了及时掌握粮油储存品质的变化情况，适时"推陈储新"，国家规定主要粮油储存品质控制指标及技术要求（见表9-2、表9-3、表9-4、表9-5）。

　　粮食入库前，应逐批次抽取样品进行检验，并出具检验报告，作为入库的技术依据。入库时，应随机抽取样品进行检验，并出具检验报告，取平均值作为该仓（垛、囤、货位）建立质量档案的原始技术依据。储存中，应定期、逐仓（垛、囤、货位）取样进行检验，并出具检验报告，作为质量档案记录和出库的技术依据。

表 9-2 小麦储存品质指标（GB/T 20571—2006）

项目	宜存	不宜存	
		轻度	重度
色泽、气味	正常	正常	基本正常
面筋吸水量/%	≥180	<180	—
品尝评分值	≥70	≥60且<70	<60

表 9-3 稻谷储存品质指标（GB/T 20569—2006）

项目	籼稻谷			粳稻谷		
	宜存	不宜存		宜存	不宜存	
		轻度	重度		轻度	重度
色泽、气味	正常	正常	基本正常	正常	正常	基本正常
脂肪酸值（KOH/干基）/（mg/100g）	≤30.0	≤37.0	>37.0	≤25.0	≤35.0	>35.0
品尝评分	≥70	≥60	<60	≥70	≥60	<60

表 9-4 玉米储存品质指标（GB/T 20570—2006）

项目	宜存	不宜存	
		轻度	重度
色泽、气味	正常	正常	基本正常
脂肪酸值（KOH/干基）/（mg/100g）	≤50.0	≤78.0	>78.0
品尝评分	≥70	≥60	<60

表 9-5 食用油储存品质指标

项目	大豆油、菜籽油			花生油、葵花籽油		
	宜存	不宜存	陈化	宜存	不宜存	陈化
过氧化值/（mmol/kg）	≤8	>8~≤12	>12	≤12	>12~≤20	>20
酸值（KOH）/（mg/kg）	≤3.5	>3.5~≤4	>4	≤3.5	>3.5~≤4	>4

注：参照国标 GB/T 1534—2017、GB/T 1536—2004、GB/T 10464—2017。

粮食检验结果项目指标均符合表中"宜存"标准的，判定为宜存产品，适宜继续储存；有 1 项符合表中"轻度不宜存"标准的，判定为轻度不宜存，应尽快轮换处理；有 1 项符合表中"重度不宜存"标准的，判定为重度不宜存，应立即安排出库。小麦因色泽、气味判定为重度不宜存的，还应报告品尝评分值检验结果。稻谷、玉米因色泽、气味判定为重度不宜存的，还应报告脂肪酸值、品尝评分值检验结果。

食用油的过氧化值、酸值均符合规定的，判定为宜存；有一项符合表中"不宜存"的，判定为不宜存；有一项符合表中"陈化"的，即可判定为陈化。

（2）粮食安全储藏期预测　粮食品质控制指标能够反映出粮食品质是否发生劣变，可用来决策粮食是否适宜继续储存，但它不能预测粮食的安全储存期限。粮食安全储藏期的预测必须把粮食品质状况与储藏条件联系起来，目前这种联系仅是简单的、初步的；随着研究的深入及科学技术的进步，对粮食安全储藏期的预测会更准确、更系统、更完善，也会对粮食轮换工作发挥更大的指导作用。下面介绍一些预测粮食安全储藏期限的粗略方法。

①布热、比乐尔曲线图：该曲线图是以粮食水分为横坐标，以储藏温度为纵坐标，粗略预测什么水分的粮食，在什么温度下是不安全的。或者说，可以预测某一温度下，什么水分的粮食储藏是安全的，什么水分是有危险的，什么水分是不安全的。它是由三个单因子曲线图（生虫、生霉、品质）组成如图 9-12 所示。当粮食水分为 15% 时，若储藏温度低于 15℃ 时，储粮是安全的；若高于 15℃，储粮会有生虫、发芽和霉变的危险。

②玉米水分温度等时曲线图：水分温度等时曲线图有三种不同形式，但都是表示粮食水分、储藏温度与储藏时间三者关系的曲线图。在三种曲线图中的任一种上，都可以找到已知水分的粮食，在一定温度下安全储藏的时间。当然也可以找到已知水分的粮食，需要储存一定时间，必须储存在什么温度下才安全。例如，有一批玉米，水分含量为 18%，在 25℃ 条件下能储存多久呢？首先在图上找到 18% 的等水线，然后在纵坐标上找到 25℃ 的点，通过这点作横坐标的平行线与 18% 的等水线交于一点，再通过这点作纵坐标的平行线与横坐标相交点的时间，就是安全储藏的时间，大约是 28d。如果是同批粮食，水分含量为 18%，要求必须储藏 80d，则用类似的办法，可以得到储存温度必须在 14℃ 下才安全的。另外根据曲线，还可以查到在一定的温度下，储藏一定的期限，粮食所必须干燥到的最低水分限如图 9-13 所示。

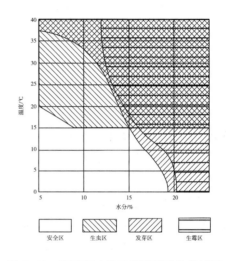

图 9-12　温度和水分对储粮影响的曲线图

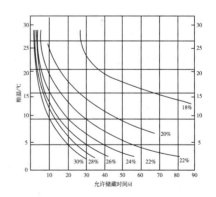

图 9-13　在不同温度和水分条件下，
玉米允许储藏时间

需要说明的是，这些曲线的制作是在实验条件下完成的，粮食品质劣变的依据是粮食干物质损失为 0.5% 时，即视为品质劣变。

③玉米安全储藏期预测方程式：谬伊尔方程是针对玉米这一粮种的，所以只能用于玉米安全储藏期的预测，它所依据的劣变指标是干物质损失 0.5%。在实验条件下，以一个标准玉米（水分 25%，机械损伤 30%，储藏温度 15.6℃）干物质损失 0.5% 所需的时间为参数，再通过试验求出温度系数、水分系数和机械损伤系数，就可制定出方程式进行预测。

$$T = TR \times MT \times MM \times MD$$

式中　T——干物质损失 0.5%时，估计最长储藏时间，h；

TR——水分 25%、机械损伤 30%的玉米，在储藏温度 15.6℃下干物质损失 0.5% 时的储藏时间，h；

MT——温度系数；

MM——水分系数；

MD——机械损伤系数。

2. 化学动力学与食品贮藏期预测

由于食品在贮藏过程中发生的各种品质上的变化，大部分是与某种化学或生物化学反应有关，受化学动力学的支配。因此化学动力学为贮藏期预测提供了重要手段。随交叉学科的互相渗透，不少形式的数学方程，如动力学与经 Arrhenius 方程的结合得到以温度为变量的预测方程、以呼吸速率为特征的酶抑制动力学方程、以感官或化学指标为变量的 Weibull 模型、以微生物指标为特征值的生长模型等，已经应用到各种农产品的货架期预测，并取得了较好的预测效果。其中，动力学规律结合 Arrhenius 方程是最为常用的一种货架期预测方法。虽然其温度依赖性使试验得到的活化能（Ea）只适用于一定的温度区间，但是食物内营养成分降解活化能具有专一性，使这一定律也有相当的应用优势。

以果蔬产品为例，许多研究表明，叶绿素、还原型抗坏血酸和颜色参数都能较好地表现蔬菜品质指标的动力学变化，进而反映其所处的储藏时间。Taoukis 等研究表明一级动力学和 Arrhenius 方程能很好地描述冻藏菠菜的维生素含量在 $-20 \sim -3$℃的变化（$R^2 > 0.980$）；任珂等研究了不同包装青花菜的颜色动力学；杨宏顺等根据嫩茎花椰菜在不同气调包装下的叶绿素和维生素动力学变化；根据以上品质变化与动力学关系，进而预测出菠菜、青花菜、花椰菜在不同条件下的贮藏期。

（三）过期食品的处理

依据食品原料特性、生产工艺、包装方式、储存条件等因素，食品都有相应的保质期规定，过了保质期限意味着食品的各项理化指标就会发生质变，就可能腐烂变质。食用过期食品可导致因细菌繁殖引起的"生物型"食物中毒和急性传染病，或因产生化学变化而导致"化学型"食物中毒，危害人体健康。我国《食品安全法》规定禁止经营超过保质期的食品。根据相关法律规定，过期食品都应回收销毁。

食品仓储企业应对临期、过期食品加强管理，建立食品贮藏期检查制度，必须定期对食品保质期和食品质量进行检查，并建立检查台账；规范到期食品的下架与销毁制度，对临近保质期的产品及时处理，严格下架过期食品。对保质期到期食品尽可能采取由食品仓库统一销毁方式，保证储藏食品安全。

如果把过期食品随意丢弃，会污染环境，目前最正规的处理就是销毁。有的食品企业设有专门的环保焚化炉设备，可以将过期产品进行烧毁，但成本很高，也给企业带来很大负担。借鉴国外做法，以过期食品为原料，实现变废为宝的处理模式，将过期食品打造成其他生产原料，既不增加企业处理过期食品的负担，还能充分发挥这些食品的利用价值。日本有专业的过期食品处理企业，将过期食品制成饲料、肥料，或者发酵产生甲烷，作为工业能源。据统计，日本过期食品的 70%能够得到回收利用。

四、仓库管理的辅助措施

（一）产品预冷

1. 预冷的作用

新鲜果蔬预冷是将果蔬在运输或贮藏之前进行适当降温处理的一种措施。预冷可除去产品的田间热，迅速降低品温，以抑制果蔬采后的生理生化活动，减少微生物的侵染和营养物质的损失，从而提高贮运保鲜效果。预冷温度因果蔬的种类、品种而异，一般要求达到或者接近贮藏的适温水平。实践证明，预冷是搞好果蔬贮藏保鲜工作的第一步，也是至关重要的一步。预冷不及时或者预冷不彻底，都会增加产品的采后损失。有研究指出，苹果在常温下（20℃）延迟1d，就相当于缩短0℃冷藏条件下7~10d的贮藏寿命。此外，未经预冷的果蔬直接进入冷库，也会加大制冷机的热负荷量，当果蔬的品温为20℃时装车或入库，所需排除的热量为0℃时的40~50倍。

速冻食品的预冷是指将食品温度降低到规定温度，但不低于其冻结点。速冻食品在入冷库冻藏前为更好地保持其品质，往往需要进行预冷处理，例如速冻蔬菜预冷就是为了避免余热继续使产品中某些可溶性物质发生变化，引起变色或重新污染微生物；而动物性食品速冻前进行预冷，也是为尽可能地保持冻结前原料的新鲜度。另外，预冷还有利于下一步的速冻操作，提高速冻效率。有研究指出，冻结前的蔬菜温度每降低1℃，冻结时间大约缩短1%。

2. 预冷方式

食品的预冷方式有多种，如冷风冷却、冷水冷却、冰冷却、真空冷却等，其中以冷风冷却最为普遍。预冷时应根据食品种类、数量和包装状况来决定采用最适宜的方式和设施。

（1）冷风冷却　是一种使用较广泛的预冷方式，是利用流动的冷空气使被冷却食品的温度下降。一般冷风冷却有自然对流冷却、冷库空气冷却和强制通风冷却三种。

①自然对流冷却：是一种最简单易行的预冷方式，将采后的新鲜果蔬放在阴凉通风之处放置一段时间，利用昼夜温差散去产品的田间热。这种方式冷却时间较长，并且难以达到产品所要求的预冷温度。在没有更好的预冷条件时，自然冷却仍然是一种应用较普遍的方法。

②冷库空气冷却：此法是将待预冷的产品直接放在冷藏库内进行预冷。这种方法的冷却速度很慢，一般需1昼夜甚至更长时间。但此法操作简单，不需另外增设冷却设备，冷却和贮藏同时进行。可用于果蔬耐贮产品的预冷。

③强制通风冷却：采用专门的快速冷却装置，通过强制冷空气高速循环，使产品温度快速下降。强制通风冷却多采用隧道式预冷装置，即将产品包装或不带包装放在冷却隧道的传送带上，高速冷风在隧道内循环而使产品冷却。

（2）冷水冷却　用0~3℃的自来水作媒介，将食品冷却到指定温度。水冷却比风冷却速度快，并且没有干耗。但缺点是当某一个产品染病菌后，就会通过冷却水作媒介传染给其他的产品；另外，冷却后的产品一般要进行表面脱水干燥处理，操作较烦琐。

（3）碎冰冷却　冰是很好的冷却介质，它比冷水的热容量更大。当冰与被冷却的食品接触时，冰吸收热量融化成水，使食品迅速冷却。冰特别适合做鱼虾的冷却介质，不仅能使鱼虾冷却，而且还可避免使用其他冷却方法产生的干耗现象。

（4）真空冷却　真空冷却又称减压冷却。其原理是根据水分在不同压力下的沸点不同，当气压下降到600Pa时，水的沸点降为0℃。真空条件加快了食品水分的蒸发，其中的潜热随水蒸气释放到体外，从而使产品温度下降。

真空冷却降温快、冷却效果好，一般冷却时间只需 20～30min；但真空预冷易使产品失水，且成本较高。目前该法主要用于蔬菜的预冷，国外一般都是在离冷库较远的蔬菜产地，对大量收获后的蔬菜在运输途中使用。

总之，在选择预冷方式时，必须考虑现有的设备、成本、包装类型、距销售市场的远近和产品本身的要求。在预冷前后要测量产品的温度，判断冷却的程度，注意产品的最终温度，防止温度过低发生冷害或冻害。

（二）仓库内的除霉、杀虫、灭鼠

1. 除霉

霉菌易于生长在阴冷潮湿的地方，储藏鲜活农产品的食品仓库适于霉菌的生长。食品生霉后严重地损害了商品的外观，并促进了食品的变质，故杀灭霉菌是库房卫生工作的重要任务。除霉方法有机械除霉、物理除霉和化学除霉。

（1）机械除霉法　用机械打扫和铲除生霉的地方，要和其他除霉方法结合进行。在机械除霉法中有一种空气洗涤法，即在进风口处装一喷水器，空气在循环时通过水幕将霉菌的孢子洗去，起到减少霉菌的作用。

（2）物理除霉法　是利用温度、湿度、紫外光、高频电和铜丝网来除霉。霉菌生长的温度一般在 $-6～40℃$，因此在冻藏库中很少看到霉菌的生长。紫外光既能杀菌，又能除霉，也有一定的除臭作用。一般用 $0.33～3\ W/m^3$ 的紫外光照射，在距离 2m 的面积上照射 6h，可以起到杀灭微生物的作用。铜丝网过滤器是在进风口处装一个铜丝网，可以杀灭一部分霉菌。

（3）化学除霉法　此法是使用化学品杀灭霉菌。用得较多的化学品有乳酸、CO_2、O_3、甲醛、漂白粉、羟基联苯酚钠等。

①乳酸法：这是一种可靠的消毒方法，它能除霉杀菌，也能除氧。具体操作是先将库房打扫干净，每立方米容积用 1mL 粗制乳酸，每份乳酸再加 1～2 份清水，将混合液放在陶瓷盆内，置于电炉上加热蒸发，一般要求将药液控制在 0.5～3h 蒸发完。然后关闭电炉，密闭库门 6～24h，使乳酸充分与霉菌接触，以期达到消毒目的。

②臭氧法：此法有杀菌、除霉、除臭味的作用。一般采用臭氧发生器，将 O_3 引入库房，O_3 浓度为 $1～3mg/m^3$ 即可起作用。但是，O_3 是一种强氧化剂，它能使瘦肉变色和脂肪氧化，同时 O_3 对人的黏膜有刺激，所以使用时应该注意。

③甲醛法：即福尔马林熏蒸法，一般使用量为甲醛浓度 $12mL/m^3$。但甲醛对人体有害，如果被食品吸收，食品就不能食用，因此该法已较少使用。

④漂白粉法：一般用 4% 漂白粉溶液进行洗刷消毒，也可在 5 份漂白粉中加入 7 份碱石灰，效果更好。消毒几小时后进行通风排气。

2. 杀虫

仓库害虫的防治也是确保食品安全贮藏、保持其品质的重要措施之一。防治仓库害虫必须贯彻"预防为主，综合防治，防重于治"的方针。仓库害虫的防治措施主要有清洁卫生防治和化学药剂防治。

（1）清洁卫生防治　仓库害虫一般需要潮湿、温暖和肮脏的生活环境，尤其喜欢在孔、洞、缝隙、角落和不通风透光的地方生存。清洁卫生防治可以阻挠、隔离仓虫的活动和抑制其生命力，使仓虫无法生存、繁殖而死亡。

清洁卫生防治的内容主要有：①应将仓库内外及四周的垃圾、杂草、蜘蛛网、污水等脏物彻底清扫干净；②仓库内一切用具及器材均应经常清理消毒，保持干净；③仓库内裂缝、孔隙及大小洞穴等残破地方要采用剔刮、嵌缝、粉刷等处理；④应在清洁后对整个仓库和用具进行化学消毒，以弥补清洁工作的不足，彻底消灭害虫。

（2）化学药剂防治　利用有毒的化学药剂破坏害虫正常的生理机能，或造成不利于害虫生长繁殖的条件，从而使害虫停止活动或致死的方法称化学药剂防治。此法具有高效、快速、经济等优点，但使用不当，往往会影响贮存产品和工作人员的安全。因此，此法只能作为综合防治中的一项技术措施，结合低温贮藏、密封包装等措施，防虫效果会更好。

化学防治所用药剂种类较多，介绍几种常用药剂如下：

① 熏蒸剂：主要有磷化铝、溴甲烷等。由于成本和仓库密闭性能等的原因，溴甲烷则主要用于检疫性的货船和港口；而一般仓库熏蒸杀虫主要使用磷化铝。

磷化铝片剂每片重约3g，能产生磷化氢气体约1g。磷化铝片剂用药量为$3\sim6g/m^3$，磷化铝粉剂用药量为$2\sim4g/m^3$。投药方法是在垛与垛之间的地面上，先垫好15cm见方的塑料布或铁皮板，将药撒在其上即可；也可将药片用布袋分装放置于库中。投药后库房一般密闭$3\sim5d$，即可达到杀虫效果，然后通风$5\sim7d$排除磷化氢有害气体。

② 防护剂：利用液体或固体状态的药剂，通过胃毒或触杀使仓库害虫致死的药剂为防护剂。主要的防护剂有敌敌畏、防虫磷和辛硫磷等。一般仓贮粮食的防虫多采用如下办法：

a. 空仓灭虫：可用敌敌畏等药剂进行喷雾，即用80%乳油加水$100\sim200$倍，用喷雾器喷洒，密闭仓库3d，然后通风24h，一般用药$100\sim200mg/m^3$。也可用悬挂法，即将浸有敌敌畏原油的布条或纸条均匀地悬挂在绳子上，任其挥发灭虫。

b. 实仓灭虫：可用防虫磷拌粮法进行。防虫磷处理原粮，不至于造成农药污染，也不会影响粮食的品质。它对仓库害虫的毒性很高，但对人体毒性很低，而且药剂在粮食加工、淘洗、蒸煮过程中容易被清除掉，故在成品粮、米饭和面包中残留甚微。一般用30mg/kg甚至低于此剂量的防虫磷处理稻谷和小麦，只要严密封闭粮堆，就可保持10个月以上无害虫发生。

防虫磷的使用方法有：①载体拌药法：即将防虫磷负载在其他物体表面（如稻壳），然后把载体均匀拌入粮堆内，操作方式可在粮食表层、分层或全仓粮堆内均匀分布。②喷雾法：即将已稀释的药液用喷雾器分若干次直接喷布在粮食上，操作方式同载体拌药法。③配合应用法：即将拌药处理和毒气熏蒸混合使用，有先喷药后熏蒸、先熏蒸后喷（拌）药、喷（拌）药熏蒸同时进行三种操作方式。

3. 灭鼠

消灭老鼠对库房安全与卫生具有重要意义。老鼠破坏库房的隔热结构，污染食品，传播疾病，被老鼠咬破电线而引起库房火灾的情况也时有报道。鼠类可以由周围环境潜入库房，也可与食品一同入库。因此，必须设法使库房周围地区没有老鼠。在接收物品时，应该仔细检查，特别是带有外包装的食品，更应仔细检查，以免把老鼠带入库房。

目前，冷库内灭鼠方法有机械捕鼠、化学药物灭鼠和CO_2灭鼠三种。一般用机械捕鼠器来捕捉库内的老鼠效果不太理想。而用化学药物毒杀老鼠效果虽好，但因所用化学药物都有毒，故使用时一定要特别慎重。最理想的是用CO_2来灭鼠，不但无毒害，而且效果显著。做法是将钢瓶内的CO_2通入库房内，如果库房密封性好，不论库房处于何种温度，用浓度为$500g/m^3$的CO_2在24h内即可达到灭鼠的目的。同时CO_2也有灭菌的作用，库内温度和食品的堆放都不需改变，省时省力。

五、 食品出库

食品出库必须依据货主开具的调拨通知单，在任何情况下，仓库都不得擅自动用、变相动用或外借货主的库存食品。调拨通知单的格式不尽相同，不论采用何种形式，都必须是符合财务制度要求的、有法律效力的凭证，坚决杜绝凭信誉或无正式手续的发货。

（一）出库要求

食品出库要做到"三不三核五检查"。"三不"即未接单据不登账，未经审单不备货，未经复核不出库。"三核"即在发货时，要核实凭证、核对实物、核对账卡。"五检查"即对单据和实物要进行品名检查、规格检查、包装检查、件数检查、重量检查。

（二）出库形式

（1）送货　仓库根据货主单位预先送来的食品调拨通知单，通过发货作业，把应发食品交由运输部门送达收货单位，这种发货形式就是通常所说的送货制。

（2）自提　由收货人或其代理人持食品调拨通知单直接到库提取，仓库凭单发货，这种发货形式就是通常说的提货制。

（3）过户　过户是一种就地划拨的形式，即食品未出库，但是所有权已从原存货主转移到新存货主。仓库必须根据原存货单位开出的正式过户凭证，才予以办理过户手续。

（4）取样　货主单位出于对食品质量检验、样品陈列等的需要，到仓库提取货样。仓库也必须根据正式取样凭证才发给样品，并做好账务记录。

（5）转仓　货主单位为了业务方便或改变储存条件，需要将某批库存食品从甲库转移到乙库，这就是转仓的发货形式。仓库必须根据货主单位开出的正式转仓单，才予以办理转仓手续。

（三）出库程序

食品出库程序包括：核单→复核→包装→点交→登账→清理等过程。出库采用何种方式，主要取决于收货人。

（1）核单备料　发货食品必须有正式的出库凭证，严禁无单或白条发货。保管员接到出库凭证后，应仔细核对，这就是出库业务的核单（验单）工作。首先要审核出库凭证的真实性，其次核对食品的品名、型号、规格、单价、数量、收货单位、到站、银行账号，再次审核出库凭证的有效期等。如果属于自提食品，还需要检查有无财务部门准许发货的签单。

（2）复核　为防止差错，备料后应立即进行复核。出库的复核形式主要有专职复核、交叉复核和环环复核三种。除此之外，在发货作业的各道环节上，都贯穿着复核工作。例如理货员核对货单、门卫凭票放行、保管会计核对账单（票）等。这些分散的复核形式，起到分头把关的作用，有助于提高仓库发货业务的工作质量。复核的主要内容包括：品种数量是否准确、食品质量是否完好、配套是否齐全、技术证书是否齐备、外观质量和包装是否完好等。复核后保管员和复核员应在食品"调拨通知单"上签字。

（3）包装　出库的货物如果没有符合运输方式所要求的包装，应该进行包装。根据食品特点，选用适宜的包装材料，其重量和尺寸应便于装卸和搬运。出库食品的包装要求干燥、牢固，如有破损、潮湿、捆扎松散等不能保障食品运输途中安全的，应负责加固整理，做到破包破箱不出门。此外，若包装容器的外包装上有水湿、油迹、污损，均不许出库。另外包装中严禁将互相影响或互相抵触的食品混合包装。包装后要写明收货单位、到站、发货号、本批总件数、发货单位等。

（4）点交 食品经复核后，如果是本单位内部取货，则将食品的单据当面点交给提货人，办清交接手续；如系送货或将食品调出本单位办理托运的，则与送货人员或运输部门办理交接手续，当面将食品点清。交清后，提货人员应在出库凭证上签字并盖章。

（5）登账 点交后，保管员应在出库单上填写实发数、发货日期等内容，并签名。然后将出库单连同有关证件资料及时交给货主，以便货主办理货款结算。保管员把留存的一联出库凭证交给实物明细账登记人员做账。

（6）现场和档案的清理 现场清理包括清理库存食品、库房、场地、设备及工具等。档案清理是指对收发、保养、盈亏数量和垛位安排等情况进行分析。

在整个出库业务过程中，复核和点交是两个最为关键的环节。复核是防止差错的重要和必不可少的措施，而点交则是划清仓库和提货方两者责任的必要手续。

第三节　食品仓库的卫生要求

食品卫生是指为确保食品安全必须采取的重要措施。仓库是食品贮存的场所，是食品生产经营企业不可缺少的组成部分，其卫生管理的好坏会直接影响食品的质量安全。食品仓库的卫生要求包括食品仓库及其周围环境的卫生、仓库工作人员卫生以及食品仓储过程的卫生要求。

一、　工作人员的卫生要求

仓库管理的工作人员直接或间接地接触所贮的食品，他们的健康状况如何，将直接关系到食品的安全和广大消费者的健康，如果这些人患有传染病或是带菌者，就很容易通过被污染的食品造成传染病的传染和流行。因此，加强食品从业人员的健康管理是贯彻"预防为主"的一项重要措施。

（一）卫生教育

食品仓库应定期对职工进行食品卫生法、食品企业卫生规范及其他有关卫生规定的宣传教育，做到教育有计划、考核有标准、卫生培训制度化和规范化。

（二）健康检查与要求

食品仓库及与之相关的从业人员每年应至少进行一次健康检查，必要时接受临时性的检查。新参加工作的从业人员，必须经健康检查并取得健康合格证后方可上岗。食品仓库应建立职工健康档案。

凡患有痢疾、伤寒、病毒性肝炎等消化道疾病（包括病源携带者），活动性肺结核、化脓性或渗出性皮肤病以及其他有碍食品卫生的疾病者，不得参加接触直接入口食品的工作。凡发现患有上述疾病时，应及时调离并积极治疗。

（三）个人卫生

食品的从业人员应保持良好的个人卫生，勤洗手剪指甲、勤理发、勤换衣、勤洗澡；不得将与生产无关的个人用品带入仓库；进仓库时必须穿戴工作服、工作帽、工作鞋；工作衣帽应每天（或定时及时）换洗；不得穿戴工作服、工作帽、工作鞋上厕所；严禁在工作期间吃食物、吸烟及随地吐痰。

二、 仓库内的卫生要求

食品仓库在建筑设计上要考虑食品储藏对卫生的要求，同时配备通风、防鼠、防蝇、防虫等设施和环境温度、湿度监测装置，建立卫生制度，保证食品仓库达到卫生要求，满足食品安全储藏的需要。

（1）为避免阳光直接射入导致库内温度升高，食品仓库要建在背阴地段，同时库房的门窗、通风口也应有遮光设施。食品仓库布局合理，地面平坦，用防滑、坚固、耐腐蚀的材料修建。

（2）仓库应当通风良好。除了自然通风外，还可安装机械排风装置，有条件的地方可以安装空调。通风处应装有防鼠、防蝇、防虫设施。

（3）预冷库、冷藏库、冻藏库的温度、湿度应当符合工艺要求并配备温度、湿度计及自动温度、湿度记录装置。

（4）食品仓库及仓库的设备、设施应当保持清洁，无霉斑、鼠迹，无苍蝇、蟑螂。

（5）仓库要建立清洁卫生制度，库房应定期进行清扫、消毒，保持仓库内及周围环境的卫生。

三、 仓库周围环境的卫生要求

食品仓库的周围也应该有良好的卫生环境，否则也将会使被贮存的食品受到污染，间接地影响到消费者的身体健康。为此，库址选择应远离可排放有害气体、烟雾、粉尘、放射性物质的工厂企业，远离传染病医院、厕所、垃圾场及动物饲养场所，将仓库尽可能地建在上述有害环境的上风地带。同时还应考虑当地城市建设的远期发展规划，了解仓库地址周围环境情况和今后污染的可能性。

四、 食品仓储的卫生要求

（1）食品入库储存时应分类存放，有条件时应分仓存放，做到原料、半成品、成品分开；生、熟食品分开；干燥食品与含水量高的食品分开；有特殊气味的食品如海产品与容易吸收气味的食品如面粉、茶叶等分开。食品与非食品要分开，特别是贮存杀虫剂和其他有毒物品的商品库，应严禁贮存食品。

（2）应根据各类食品的不同性质，选择合适的储存方式及储存条件。例如用冷库贮存肉、蛋、果蔬等易腐败变质的食品时，要注意选择各自最佳的储存温度。特别要防止库内温度、湿度骤变，以免影响食品的储存质量。除了新鲜水果蔬菜等鲜活和生鲜食品贮藏需要控制高湿条件外，其他许多食品贮藏则需要保持干燥的环境，以防止受潮和霉变。

（3）定型包装食品，必须有中文标识，凡食品包装标识不清楚或无标识的，不得进入食品仓库。

（4）堆放食品要做到隔墙、离地，堆垛之间要保持一定距离，不能过分密集，以利于通风换气和检查。

（5）做好防虫、防霉、防鼠工作，杜绝鼠害，防止虫害，减少病害。对发生病、虫、鼠害的食品要进行处理，不能上市销售。

（6）要掌握食品的安全贮藏期限，执行先进先出制度，并定期或不定期对食品质量进行抽查。如果食品将要超过贮藏期限或发现有变质迹象时，应及时处理。对由于库存时间过长而超过保存期限的，或发现由于其他原因出现腐败变质、酸败、生虫、霉变、鼠害的食品，一律不得交付下一工序进行加工或销售，要按国家相关法律法规进行处理。

（7）建立规章制度，对入库食品要认真验收，定期对库存食品的卫生质量进行检查，发现问题及时处理。

🔍 思考题

1. 食品仓库分几大类？各类仓库的特点是什么？
2. 主要粮仓仓型的储粮性能有何不同？
3. 机械冷库常用隔热和防潮材料的特性和施工方法是什么？
4. 气调库的建筑有何特点？气体调节系统主要设备的性能是什么？
5. 食品入库、出库主要环节的工作内容有哪些？
6. 各类仓库的温度、湿度和气体条件是如何调节控制的？
7. 为什么要严格控制食品贮藏期限？如何确定食品贮藏期限？
8. 食品仓库内的除霉、杀虫、灭鼠方法有哪些？
9. 食品在仓库贮藏管理中，对卫生有哪些要求？

参考文献

［1］张敏，周凤英. 粮油储藏学. 北京：科学出版社，2010
［2］王若兰. 粮油储藏学. 2版. 北京：中国轻工出版社，2016
［3］陈锦权. 食品物流学. 北京：中国轻工业出版社，2007
［4］沈月新. 食品保鲜贮藏手册. 上海：上海科学技术出版社，2006
［5］饶景萍. 园艺产品贮运学. 北京：科学出版社，2009
［6］刘北林. 食品保鲜与冷藏链. 北京：化学工业出版社，2004
［7］熊善柏. 水产品保鲜储运与检验. 北京：化学工业出版社，2007
［8］刘兴华、陈维信. 果蔬贮藏运销学. 北京：中国农业出版社，2002
［9］赵丽芹. 园艺产品贮藏加工学. 2版. 北京：中国轻工出版社，2009
［10］王尔茂. 食品营养与卫生. 北京：中国轻工业出版社，2003
［11］王金刚，梁建荣. 大型马铃薯恒温保鲜库通风设计. 粮食加工，2010，35（1）：87-91
［12］谢晶，张利平，苏辉等. 上海青蔬菜的品质变化动力学模型及货架期预测. 农业工程学报，2013，29（15）：271-278